棉花纤维发育生物学

喻树迅　朱玉贤　陈晓亚　主编

科学出版社

北京

内 容 简 介

本书内容包括棉花的起源与进化，棉花纤维基因资源的创制、挖掘与利用及遗传连锁图谱的构建；棉花基因组学、棉花纤维转录组学和蛋白质组学研究进展；棉花纤维发育相关基因、启动子的克隆与功能验证及转基因优质材料创制；棉花纤维品质和产量相关性状遗传分析方法研究及QTL定位、棉花抗逆高产分子改良的遗传基础及优质高产多抗棉花新品种的分子改良。

本书适合从事棉花生物学研究、植物细胞伸长研究及相关研究的科研人员参考。

图书在版编目（CIP）数据

棉花纤维发育生物学/喻树迅，朱玉贤，陈晓亚主编. —北京：科学出版社，2016.8
　ISBN 978-7-03-045099-9

Ⅰ.①棉⋯　Ⅱ.①喻⋯　②朱⋯　③陈⋯　Ⅲ.①棉纤维–发育生物学
Ⅳ.①S562.01

中国版本图书馆 CIP 数据核字(2015)第 132957 号

责任编辑：韩学哲　贺窑青 / 责任校对：郑金红　张小霞
责任印制：肖　兴 / 封面设计：铭轩堂

科 学 出 版 社 出版
北京东黄城根北街 16 号
邮政编码：100717
http://www.sciencep.com

中国科学院印刷厂 印刷
科学出版社发行　各地新华书店经销

*

2016 年 8 月第 一 版　开本：787×1092　1/16
2016 年 8 月第一次印刷　印张：33 1/4
字数：770 000
定价：280.00 元
(如有印装质量问题，我社负责调换)

前　言

　　1997 年 6 月 4 日，国家科技领导小组第三次会议制定了《国家重点基础研究发展规划》，科学技术部随即组织实施了国家重点基础研究发展计划（973 计划）。973 计划的主要任务是以认识自然现象、揭示客观规律为主要目的，并遵循基础研究的特点和规律，开展重点探索性基础研究，以解决在国民经济和社会发展，以及科学自身发展中所提出的重大科学问题为目的的定向性基础研究。973 计划无论从理论水平还是从资助力度上都高于国家高技术研究发展计划（863 计划）和自然科学基金（一般性的理论科学研究）。实施 973 计划的战略目标是加强原始性创新，在更深的层面和更广泛的领域解决国家经济与社会发展中的重大科学问题，以提高我国自主创新和解决重大问题的能力，为国家未来发展提供科学支撑。在项目管理上，973 计划采用首席科学家负责制。

　　棉花是我国重要的经济作物，常年种植面积在 8000 万亩左右，在我国国民经济中具有举足轻重的地位。然而，我国每年进口优质原棉 100 多万吨，且优质原棉主要（95%）依赖进口，严重影响棉农收入和国民经济的健康可持续发展。提高棉花品质及产量是我国棉花安全的重大需求。随着项目研究的深入，需要在棉花纤维品质功能基因组学研究和优质高产的分子改良方面进行持续深化研究，需要开展纤维数量与品质间的调控模式研究，全面解析棉花纤维发育相关的基因互作网络，探讨棉花纤维改良的分子机制，全面提升国产原棉的国际竞争力，保证我国棉花产业的可持续发展。针对我国棉花产业发展中的重大需求和关键科学问题，科学技术部自 2004 年以来，通过连续两轮 973 计划对棉花纤维有关的基础研究进行立项资助，第一轮 973 计划"棉花纤维品质功能基因组学研究与分子改良"（2004CB117300），第二轮 973 计划"棉花纤维品质功能基因组研究及优质高产新品种的分子改良"（2010CB126000），均由中国农业科学院棉花研究所主持，喻树迅院士为首席科学家，主要承担单位有北京大学、清华大学、中国科学院上海生命科学研究院、浙江大学、华中农业大学、西南大学、河北农业大学、中国科学院微生物研究所、上海交通大学等。

　　棉花是天然纤维植物，我国是世界上的主要产棉国家，棉花生产在我国国民经济中起着举足轻重的作用，棉花纤维发育的机制研究是棉花纤维品质研究的重大基础课题。连续两轮 973 计划的实施，在科学技术部的大力支持下，棉花纤维品质相关基础研究实现了国家重大需求导向与科学目标的高度统一。以喻树迅院士为首席科学家的棉花纤维品质项目团队，经过连续 10 年两轮 973 计划的协同攻关，不仅在管理机制上实现了从基础研究到材料创新应用的有机衔接，而且在棉花纤维发育、品质形成与分子改良等方面取得了理论、方法和技术的创新及突破，大大提升了我国棉花科技的国际影响力。项目团队先后发现了乙烯可促进棉花纤维细胞伸长、超长链脂肪酸在转录组水平可调节乙烯生物合成与释放和调控纤维发育，以及生长素可促进纤维细胞起始并提高皮棉产量的分子机制，相继探明了乙烯促进棉花纤维伸长的信号通路（COBP），而且在国际上率先完成 D 基因组草图绘制和 A 基因组测序，建立了棉花纤维蛋白质组学研究的新方法，并构建了与纤维发育密切相关的 235 个差异显示蛋白表达谱，建立了棉花规模化转基因技术体系、高效外源基因功能验证平台和棉花分子聚合育种体系，成功将海岛棉优质基因转移到陆地棉中，获得一批高强优质纤维材料，并成功培育出我国第一个国审优质棉新品种 '中棉 70'。10 年来，项目团队在 *Nature Genetics*、*Nature Biotech*、*Nature Commun*、*Plant Cell* 等国际知名学术期刊发表了一批有影响的论文，共荣获国家级科技奖励成果 8 项、省部级奖励 14 项，其中国家自然科学奖二等奖 1 项，国家技术发明奖二等奖 1 项，国家科学技术进步奖二等奖 6 项，省级科学技术进步奖一等奖 4 项，2 位科学家分别当选中国科学院院士和中国工程院院士，1 位科学家获得国家杰出青年科学基金项目资助，2 位科学家入选国家 "万人计划"，打造出一支高水平的创新研究队伍。

根据科学技术部基础研究司 "关于 2014 年 973 计划项目结题验收工作安排的通知"（国科基函[2014]24 号）要求，973 计划于 2014 年 9 月 20～21 日在北京召开课题结题验收。为了总结 973 计划实施 10 年来的研究进展，展示两轮 973 计划的巨大成就，我们编写这部专著，作为我国棉花纤维基础性研究的里程碑。

在科学技术部的资助下，973 计划顾问组、973 计划项目责任专家和项目各参加单位主持人及参加人在计划实施的 10 年中付出了巨大的艰辛，也取得了可喜的进展。如果说艰辛的 10 年，换回了我们在棉花纤维发育基础研究上前进的一小步，我们应该感谢前人的研究。在棉花纤维基础研究的长河中我们才刚刚起步，正如牛顿所说，"我不知道在别人看来，我是什么样的人；但在我自己看来，我不过就像是一个在海滨玩耍的小孩，为不时发现比寻常更为光滑的一块卵石或比寻常更为美丽的一片贝壳而沾沾自喜，而对于展现在我面前的浩瀚的真理的海洋，却全然没有发现。"

著 者

2015 年 8 月

目　　录

第一章　棉花纤维基因资源与创新

棉花纤维是棉花经济价值最重要的部分，掌握棉花纤维资源数量的多少直接影响着棉花优质育种的广度和深度。棉花在长时期的进化规程中逐渐形成了以纤维为主要利用价值的现代栽培种，挖掘棉花中现有的优异纤维资源，或利用生物或物理化学诱变技术创造纤维资源是丰富和利用棉花纤维资源多样性的重要手段，对这些纤维基因的遗传定位在一定程度上加速了纤维优异基因聚合，为培育优质高产的棉花新品种提供了资源和技术支撑。

本章引证形态学、分子细胞生物学等多方面的证据介绍了棉属的分类、起源与进化，探讨了四倍体棉种的 A、D 亚基因组的起源。详细介绍了通过杂交回交结合系统选择、远缘杂交、物理化学诱变、基因工程等方法创造的纤维和产量新种质，及其对这些种质材料的分子鉴定。介绍了各类遗传群体的构建、分子标记的开发，以及棉花种间、种内遗传图谱的构建。

第一节　棉花起源与进化

一、棉属的系统分类

（一）棉属分类

棉属（*Gossypium*）属于锦葵目（Malvales），锦葵科（Malvaleae），棉族（Gossypiceae）。棉属，共分为 4 个亚属，包括 50 多个种，其中二倍体棉种（$2n=2x=26$）有 40 多个，四倍体棉种（$2n=4x=52$）有 5 个（Fryxell，1992）。棉属植物广泛分布于全世界，种间形态特征和生长习性存在广泛的多样性，而早期的棉属植物分类研究，基本上依据棉属植物的形态特征和地理分布，不同的分类学家所偏重的形态特征不完全相同。

自从细胞学研究手段被广泛应用之后，棉属的分类得到关键性的突破。Nikolajeva（1923）提出，亚洲棉和草棉的体细胞染色体数目为 $2n=26$，陆地棉和海岛棉的染色体数目为 $2n=52$。在棉属分类学中作出划时代贡献的当推美国的 Beasley（1940；1941），他在总结前人已积累的棉属细胞遗传学知识的基础上结合他本人进行的大量的种间杂交研究成果，以杂种后代减数分裂时染色体的配对情况为依据，参照棉种的地理分布，提出了划分染色体组的细胞学分类原则，即凡种间染色体同源性较高的棉种归为同一染色体组，反之则列为不同的染色体组。二倍体棉种分为 A、B、C、D、E、F、G 和 K 等 8 个基因组（Beasley，1940；1941；Endrizzi et al.，1985；Wendel et al.，2010），其中 A、B、E 和 F 基因组代表亚洲-非洲棉；C、G 和 K 基因组代表澳洲棉；D 基因组代表美洲棉；四倍体棉种被认为是 A 基因组和 D 基因组种间杂交产生的双二倍体种，将其定为 AD 基因组（图 1-1）。

关于棉属起源的时间，已有大量文献对此进行了推测。棉属约在 1250 万年前从最近的亲属分开，与跨海洋传播有关（Johnson and Thein，1970；Edwards et al.，1974）。由于缺乏清晰的化石记录，重建棉属的系统发育的方法主要是通过分子数据，如叶绿体基因组（cpDNA）限制位点（Wendel and Albert，1992）、5S 核糖体基因及其间隔区的 DNA 序列（Cronn et al.，1996）、叶绿体基因 *ndhF*、5.8S 基因及其侧翼内转录间隔区（ITS）（Seelanan et al.，1997）。利用这些基因序列获得的棉属系统发育关系大部分都与基因组名称和地理分布一致（图 1-1、表 1-1）。

（二）二倍体棉种的分类

澳洲棉种（**Australian species**）：澳洲棉种（亚属 *Sturtia*）包括 C、G、K 基因组，分别包含 2 种、3 种和 12 种。DNA 序列数据表明这 3 个基因组属于自然家系，与先前它

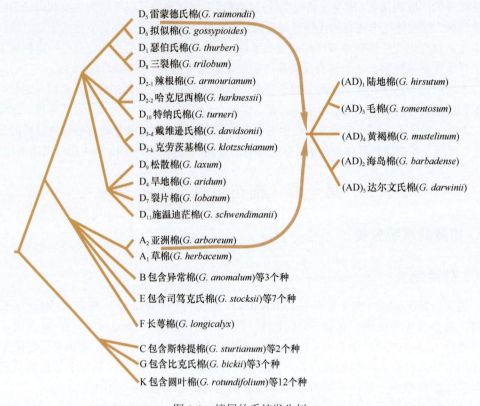

图 1-1　棉属的系统发生树

表 1-1　棉属各基因组编号和地理分布

编号	种名	中译名	基因组类型	地理分布
1	*G. hirsutum*	陆地棉	(AD)$_1$	中美洲
2	*G. barbadense*	海岛棉	(AD)$_2$	南美洲
3	*G. tomentosum*	毛棉	(AD)$_3$	夏威夷
4	*G. mustelinum*	黄褐棉	(AD)$_4$	巴西
5	*G. darwinii*	达尔文氏棉	(AD)$_5$	加拉帕戈斯群岛
6	*G. herbaceum*	草棉	A$_1$	中东和非洲
7	*G. arboreum*	亚洲棉	A$_2$	远东和印度
8	*G. anomalum*	异常棉	B$_1$	非洲
9	*G. triphyllum*	三叶棉	B$_2$	非洲南部
10	*G. capitis-viridis*	绿顶棉	B$_3$	佛得角群岛
11	*G. senarense*	桑纳氏棉	B	非洲

续表

编号	种名	中译名	基因组类型	地理分布
12	*G. trifurcatum*	三叉棉	B	非洲
13	*G. sturtianum*	斯特提棉	C_1	澳大利亚中部
14	*G. nandewarense*	南岱华棉	C_{1-n}	澳大利亚东南部
15	*G. robinsonii*	鲁滨逊氏棉	C_2	澳大利亚西部
16	*G. thurberi*	瑟伯氏棉	D_1	亚利桑那州
17	*G. armourianum*	辣根棉	D_{2-1}	墨西哥
18	*G. harknessii*	哈克尼西棉	D_{2-2}	墨西哥
19	*G. davidsonii*	戴维逊氏棉	D_{3-d}	墨西哥
20	*G. klotzschianum*	克劳茨基棉	D_{3-k}	加拉帕戈斯群岛
21	*G. aridum*	旱地棉	D_4	墨科利马地区
22	*G. raimondii*	雷蒙德氏棉	D_5	秘鲁
23	*G. gossypioides*	拟似棉	D_6	墨互哈卡州
24	*G. lobatum*	裂片棉	D_7	墨米却肯州
25	*G. trilobum*	三裂棉	D_8	墨西哥西部
26	*G. laxum*	松散棉	D_9	墨哥雷罗
27	*G. turneri*	特纳氏棉	D_{10}	摩索诺拉州
28	*G. schwendimanii*	施温迪茫棉	D_{11}	墨西哥
29	*G. stocksii*	司笃克氏棉	E_1	阿拉伯地区
30	*G. somalense*	索马里棉	E_2	北非
31	*G. areysianum*	亚雷西亚棉	E_3	南也门
32	*G. incanum*	灰白棉	E_4	阿拉伯南部
33	*G. benadirense*	伯纳迪氏棉	E	北非
34	*G. bricchettii*	伯里切氏棉	E	北非
35	*G. vollesenii*	佛伦生氏棉	E	索马里
36	*G. longicalyx*	长萼棉	F_1	非洲东部
37	*G. bickii*	比克氏棉	G_1	澳大利亚中部
38	*G. australe*	澳洲棉	G_2	澳大利亚中北部
39	*G. nelsonii*	奈尔逊氏棉	G_3	澳大利亚中部
40	*G. exiguum*	小小棉	K_1	澳大利亚
41	*G. rotundifolium*	圆叶棉	K_2	澳大利亚
42	*G. populifolium*	杨叶棉	K_3	澳大利亚
43	*G. pilosum*	稀毛棉	K_4	澳大利亚
44	*G. marchantii*	马全特氏棉	K_5	澳大利亚
45	*G. londonderriense*	伦敦德里棉	K_6	澳大利亚
46	*G. enthyle*	林地棉	K_7	澳大利亚
47	*G. costulatum*	皱壳棉	K_8	澳大利亚
48	*G. cunninghamii*	肯宁汉氏棉	K_9	澳大利亚最北部
49	*G. pulchellum*	小丽棉	K_{10}	澳大利亚
50	*G. nobile*	显贵棉	K_{11}	澳大利亚
51	*G. anapoides*	孪生叶面棉	K_{12}	澳大利亚

们分别被分成 Sturtia 组（C 基因组）、Hibiscoidea 组（G 基因组）和 Grandicalyx 组（K 基因组）一致。这 3 个基因组的分类，仅对 C 基因组和 G 基因组研究得比较多，其分类学地位已经明确（Wendel and Albert，1992；Seelanan et al.，1997）。K 基因组的棉种有不寻常的地理、形态和生态特征，具有适应干旱的综合性状，特别是具有多年生季节周期生长模式，它们的分类地位还没有确定（Wendel et al.，2010）。

非洲-亚洲棉种（African-Asian species）：非洲-亚洲棉种包括 14 种。分布于棉属基因组的 A、B、E、F 基因组，具有丰富的物种多样性。A 基因组包括 Gossypium 亚组的 2 个栽培种亚洲棉和草棉，B 基因组包括 Anomala 亚组的 3 个非洲种异常棉、三叶棉、绿顶棉。三叉棉也可能属于 B 组。唯一一个 F 基因组种长萼棉，在细胞遗传学上有独特的特性（Phillips，1966），在形态上与其他种相互分开，这可能是因为其比其他二倍体棉种更适应湿地环境。

美洲二倍体棉种（American diploid species）：美洲二倍体棉种为新世界二倍体 D 基因组种，共 13 种，包括 Houzingenia 组（含亚组 Houzingenia、Integrifolia、Caducibracteolata）和 Erioxylum 组（含亚组 Erioxylum、Selera、Austroamericana）。其中，亚组 Houzingenia 包括瑟伯氏棉（D_1）和三裂棉（D_8）；亚组 Integrifolia 包括克劳茨基棉（D_{3-k}）和戴维逊氏棉（D_{3-d}）；亚组 Caducibracteolata 包括辣根棉（D_{2-1}）、哈克尼西棉（D_{2-2}）和特纳氏棉（D_{10}）；亚组 Erioxylum 包括旱地棉（D_4）、裂片棉（D_7）、松散棉（D_9）和施温迪茫棉（D_{11}）；亚组 Selera 包括拟似棉（D_6）；亚组 Austroamericana 包括雷蒙德氏棉（D_5）（Wendel and Cronn，2003）。

与澳洲棉和非洲-亚洲棉相比，美洲棉的分类和系统发生学方面得到了广泛的研究。尽管 6 个亚组间的系统进化关系证据不是十分充足（Wendel et al.，2010），但 13 个 D 基因组种与 6 个亚组相对应被精细地分成家系，这与 Fryxell（1992）长期按照形态已经得到的系统发生关系并不十分一致。已有多个证据表明拟似棉是美洲棉，并作为亚组 Selera 的唯一代表种，与地理上隔离的亚组 Austroamericana 的唯一种雷蒙德氏棉的亲缘关系最近（Cronn et al.，2003）。

（三）基于叶绿体基因组的棉属系统发育分析

植物分子系统发育学研究主要基于植物的 3 个基因组，即核基因组、线粒体基因组和叶绿体基因组。植物核基因组较为复杂，单拷贝或低拷贝的基因筛选较为困难，不易进行分析，而且测序进度比较缓慢，序列完全拼接困难，目前只有较少物种的核基因组得到发布，如水稻、高粱、黄瓜和拟南芥等，缺乏数据基础，使得基于此的大规模的植物系统发育分析相对滞后。植物线粒体基因组为 300～600kb，但在不同的植物类群中变异很大，而且进化速率较慢，是叶绿体基因组进化速率的 1/4，且线粒体基因组还存在分子内重组现象。植物叶绿体基因组作系统发育分析具有很多优点：第一，叶绿体基因组是单拷贝的，且大多是母系遗传，不存在自由组合和连锁交换现象，独立进化；第二，叶绿体基因组结构相对简单，相对保守，不同物种叶绿体基因组之间具有一定的共线性；第三，叶绿体基因组长度仅为 120～160kb，容易测序和分析；第四，叶绿体基因组进化速率适中，包含大量遗传信息，而且其中的编码区和非编码区由于进化速率的差异，可以分别适用于不同分类阶元的系统发育研究（Clegg et al.，1994）。

利用变异度高和进化速率快的序列区域，建立系统发育树（图 1-2），3 种方法构建的 ML、MP 和 NJ 树拓扑结构基本一致，支持率也较高，较为可信。整个棉属分类与生

物地理学十分吻合，一支为澳洲棉种，包括 C 组和 G 组棉；另一支为美洲棉种，包括 D 组和（AD）组四倍体棉种；而亚洲-非洲棉种位于两支之间，其中 B 组进入澳洲棉种分支，而 A 组、F 组和 E 组进入美洲棉种分支。棉种聚合情况与传统分类基本一致，但 G 组的 G_1 却与 C 组较近，符合"双系祖先"观点（Wendel and Cronn，2003），即比克氏棉以斯特提棉的祖先种为母本，以澳洲棉和奈尔逊氏棉的祖先种为父本，经种间杂交而成，进化后代中斯特提棉的核基因组被删除。

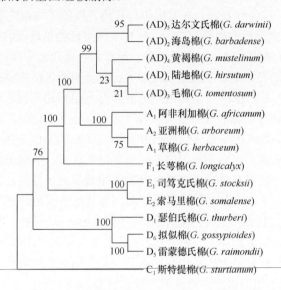

图 1-2　基于 10 个高变异叶绿体序列的 15 个棉种系统发育树

基于叶绿体基因组的系统发育分析，将棉种较为准确的聚合分类，与传统分类基本一致，各个染色体组自我聚合成一支。基因组内棉种的亲缘关系最近，二倍体棉种，A 组（A_1 和 A_2）、B 组（B_1 和 B_3）、C 组（C_1 和 C_{1-n}）、D 组（D_1、D_5 和 D_6）、E 组（E_1 和 E_2）、F 组（F_1）、G 组（G_2 和 G_3）分别聚成一支；四倍体棉种大致分为 3 支（Flagel and Wendel，2010），一支为(AD)$_1$ 和(AD)$_3$，一支为(AD)$_2$ 和(AD)$_5$，剩余的(AD)$_4$ 自成一支。亲缘关系很近的四倍体棉种，叶绿体基因组相似度很高，所以(AD)$_2$ 和(AD)$_5$ 聚在一支可与其他三个棉种区别开来。

二、二倍体棉种的起源与进化

分属于 8 个基因组的二倍体棉种各染色体组间的演化关系是个很复杂的理论问题，有许多学者从不同方面进行过探讨。Phillips（1966）根据二倍体棉种种间杂种 F_1 减数分裂过程中染色体的配对情况，提出分布于阿拉伯地区的 E 基因组可能是最原始的祖先种，因为 E 基因组和其他基因组杂交形成杂种，其基因同源配对最低，出现最高频率的单价体；A、B 基因组则是由同一祖先分化而来的。因为 A、B 基因组的种间杂种平均单价体频率为 3；D 基因组与 C 基因组的分化在 A、B 基因组之前，因为 A、B 与 C、D 两个基因组的种间杂种单价体频率为 10～18。由于 D 基因组形成的杂种单价体频率又高于 C 基因组形成的杂种的单价体频率，所以 D 基因组应在 C 基因组之前先分化出来。按照

Phillips 的观点，A、B 基因组是由同一祖先进化而来的，在细胞学上等同于两个基因组；它们与 D、E 基因组杂交形成的杂交种单价体频率应该等同或相似，但他的实验结果显示 A、B 基因组与 D、E 基因组形成的杂种与单价体频率却相差较大。说明仅靠杂种单价体频率并不能阐明所有二倍体种间的演化规律。

有人通过种子蛋白质电泳分析发现雷蒙德氏棉、裂片棉、松散棉、旱地棉、拟似棉 5 个 D 基因组种有一特异的条带，而此带仅在 B 基因组内出现，E 基因组未出现，随之把上述 5 种划分为 D_β 组，其余为 D_ε 组。B 基因组与其他各组的平均相关系数最高（$r=0.59$），并考虑到 B 基因组的大面积的地理分布，认为 B 基因组可能是最近的棉属祖先代表种。据此推断，D_β 组是由 B 基因组通过巴西至秘鲁，最后到达墨西哥中部衍生而形成的；而 D_ε 的形成则通过另一条途径，即 B 基因组通过加勒比海至墨西哥衍生成的。E 基因组由 B 基因组向北衍生形成，A 基因组和 C 基因组则是由 B 基因组向南和向东南衍生而形成。这样便形成了现今二倍体棉种的地理分布格局。聂汝芝和李懋学（1993）通过 22 个二倍体棉种的核型分析也认为，现有的二倍体棉种是 B 基因组最原始的祖先种所衍生的，而 A、B、D、E 基因组则是由 B 基因组向不同方向扩展而分化形成的。根据表型性关系的原理，估价了系统发育的性状，发现 B 基因组是所有基因组中最具同质性的，其组内种间平均相关系数最大，而且与 A、E、D 基因组呈显著相关，与其他基因组的平均相关系数最大，因而基因组可看成是棉属其他二倍体的某种原型。但 Johnson 和 Thein（1970）的蛋白质电泳发现，南非作为 A 基因组的起源中心更合理，因为它与 B 基因组的相关系数很低（$r=0.15$），且 A、B、D_β 组在 3.5cm 处共有一条特异的深带，此带除比克氏棉外，其他基因组的棉种缺失此带。这样 A 基因组的起源问题就陷入悖论状态。

根据单 DNA 含量分析，发现染色体最大核 DNA 含量最高的是分布于澳洲棉种的 C 基因组，DNA 含量最低的是分布于美洲棉种的 D 基因组，据此提出 D 基因组是棉属中的原始类群，其他基因组是由 D 基因组中的重复序列扩增而形成的；然而仅根据 DNA 含量最少就认为是原始类群的观点似乎过于简单，因为根据已进行过详细分析和比较研究的一些高等植物的属，在属内二倍体种之间的进化趋势均伴随着 DNA 含量减少。此外，把 D 基因组作为最原始的种群，也与现今的观点相悖，通常认为，起源中心一般都是分化中心，而现今美洲棉种仅分布一个 D 基因组，而非洲棉种则有 A、B、D、E 和 F 共 5 个基因组。因此多数人认为非洲棉种是二倍体棉种的起源中心（宋国立，2007；Wendel et al.，2010）。

三、四倍体棉种的起源与进化

（一）应用荧光原位杂交技术研究四倍体棉花的起源

目前荧光原位杂交（FISH）技术广泛应用于棉花基因组中单拷贝 DNA 序列、DNA 重复序列、多拷贝基因家族的染色体定位，且可定位遗传图到特定的染色体或染色体臂上，从而构建染色体的物理图谱，确定遗传连锁图和物理图之间的关系，对染色体和基因组的结构进行分析，研究异源多倍体物种的进化机制等。

1. 棉花染色体核型分析

rDNA 的 FISH 信号是使用最多的染色体识别标记。45S rDNA 和 5S rDNA 位点产生杂交信号，杂交信号的有无、数目、位置和大小均可作为染色体识别的标记。用基因组 DNA 和 rDNA 作为探针，定位除 K 基因组外的 A~G 和 AD 等 21 个棉种基因组的 45S rDNA，发现随体或 45S rDNA 位点在棉种的分布有"主区域"的特点，即集中于某些或某一序号染色体上，如 D 基因组分布于以 5 号、9 号和 13 号染色体为中心的 3 个区域。9 个二倍体棉种定位了 5S rDNA，其中 7 个棉种都与 45S rDNA 在同一染色体上，推测棉属中两种 rDNA 可能有高度的共线性（王坤波等，1995；王坤波，2009）。

棉花上除了最常用的 rDNA 作为染色体标记外，近年来随着棉花基因组学的快速发展，还出现了以染色体着丝粒克隆和染色体特异的 BAC 克隆、端粒、基因组 DNA 等作为染色体标记，进一步提高了棉花染色体核型分析的精细度。采用陆地棉 A 亚基因组的染色体特异的 22 个 BAC 克隆和 45S rDNA、5S rDNA 作为混合探针，在 A 基因组亚洲棉有丝分裂中期染色体上进行 BAC-FISH，将 45S rDNA 定位到了染色体 A5 和 A7 上（Wang et al.，2008）。根据四倍体棉的同源性，成功地将亚洲棉的 26 条染色体进行定位，亚洲棉染色体被重新命名为 $A_1 \sim A_{13}$，并进行了亚洲棉染色体的标准核型分析。陈丹（2009）将从 Pima90 的 BAC 文库中筛选出来的 D 亚基因组着丝粒 BAC 克隆 150-D-24 作为探针，在 D 基因组瑟伯氏棉的粗线期染色体进行核型分析，分析其核型公式为 $2n=2x=26=18m$（SAT）$+8sm$，平均臂比为 1.48。凌键（2008）根据拟南芥端粒序列扩增到拟南芥类型的端粒序列，对 7 个二倍体棉种进行核型分析。结果发现，G 基因组的比克氏棉、F 基因组的长萼棉和 A 基因组的草棉具有进化的核型。核型最原始的是 B 基因组的异常棉；比较原始的核型有异常棉和 D 基因组雷蒙德氏棉，它们的核型非常相似；E 基因组的索马里棉和 C 基因组的奈尔逊氏棉也是比较原始的核型。

2. 棉属四倍体及其供体种基因组 rDNA 的定位

核糖体 DNA（rDNA）是研究植物基因组进化的非常有效的手段，而 rDNA-FISH 则是 rDNA 定位的直观可视的方法。属内或种间 rDNA 位点的分析已经给分类学研究（Bogunic et al.，2011）、种间进化、rDNA 本身的进化与功能研究提供了有力的证据。通过基于易位杂合子材料筛选的染色体特异 BAC 克隆，系统地鉴定所有四倍体棉种、大部分 D 基因组二倍体野生棉种和 A 基因组二倍体棉种的 rDNA 的位点，为 rDNA 在棉属分类、四倍体棉的供体种研究、二倍体和四倍体间的演化关系及 rDNA 位点的进化提供了有力的证据。

四倍体棉及其大多数二倍体供体棉种的 5S rDNA 位点的数目、在染色体上的位置及染色体定位都是高度保守的。这与豆科的落花生中 5S rDNA 位点结果是一致。这些位点的保守分布可能是它们的近着丝粒区域分布的结果。因为小染色体的近中间区域很少与染色体结构重排有关，且棉花染色体末端的重组率明显较高（Wang et al.，2007）。

杂交信号的大小和强度差异可以反映串联重复单元拷贝数的差别。尽管棉花 rDNA 的拷贝数还没有确定，但是 D 基因组棉种间或 A 基因组棉种间的 5S rDNA 位点基本一致的信号强度说明 D 基因组或 A 基因组 5S rDNA 有相近的拷贝数。5 个四倍体棉中，A 亚组或 D 亚基因组染色体上的 5S rDNA 位点大小和信号强度近似，同样说明它们有相近的拷贝数。但是同一个四倍体棉中的 A 亚基因组和 D 亚基因组上的 5S rDNA 位点大小和信号强度不一致，说明 A 亚基因组和 D 亚基因组间 5S rDNA 的拷贝数差异比较大。D 亚基因组染色体上的 5S rDNA 位点大小和信号强度明显比 D 基因组棉种的小，说明其在四倍体中的拷贝数减少了。四倍体棉和二倍体棉间 5S rDNA 拷贝数在四倍体棉花中的减少，可能有助于棉花在多倍体化过程中保持基因组的稳定性。

3. 四倍体棉的 rDNA 位点进化

在物种多倍化的过程中，基因突变、遗传修饰及 DNA 排除等因素都会导致祖先种基因在多倍化了的基因组中不能够正常表达。通过对不同倍性小麦基因组的特点进行研究，发现在其他基因组中是否出现某一特异序列决定了某一个基因组是否会排除该序列，说明了这种由倍性变异引发的 DNA 排除现象是定向发生的，而不是一个随机的过程。大多数异源多倍体植物的 rDNA 基因座数是其亲本基因座数的累加。理论上，二倍体 A、D 供体种的 rDNA 位点数之和应该等于异源四倍体棉种的 rDNA 位点数。但四倍体棉中 45S rDNA 位点数明显要少于两个二倍体祖先种的位点数之和。

rDNA 的表达通常会受到胞嘧啶甲基化、组蛋白乙酰化和沉默等表观事件的影响。在杂交后代或异源多倍体种中，整个 rDNA 簇的沉默是非常普遍的，导致了一个亲本 rDNA 簇比另一亲本的优先表达，这种现象称为核仁显性。异源四倍体棉的陆地棉、海岛棉、毛棉和达尔文氏棉的 A、D 亚基因组中，通过 FISH 都检测到 rDNA，并且与二倍体 A、D 基因组有一定的对应关系，但四倍体棉中也有些 rDNA 位点已经消失或将消失（图 1-3），说明这可能不是核仁显性可以解释的。在黄褐棉中，45S rDNA 位点只存在于 A 亚基因组中，D 亚基因组的 45S rDNA 位点已经消失，表明 A 亚基因组的 rDNA 簇比 D 亚基因组的要优先表达。

另外一种进化机制是同步进化，即指种群内或个体基因的重复序列发生了随机而定向纯合的进化方式。当同步进化的力量较弱时，出现序列的杂合性；当这种力量较强时，重复单位间接近纯合或纯合。异源多倍体物种的 rDNA 家族的协同进化是同步进化最有力的证据，其结果就是只有祖先种中的一种 rDNA 类型在杂种中被保留。对四倍体棉种及其供体基因组种的 45S rDNA 中的基因内可转录间隔区（ITS1、ITS2 及 5.8S rDNA）进行核苷酸序列分析，结果显示所有参试棉种都只有单一的序列，不存在基因座的多态性，这说明四倍体及其供体基因组棉种之间 ITS 区重复序列间的杂合性不存在或已经很低，重复单位序列已接近或完全纯合。然而二倍体 A、D 基因组间的 ITS 序列存在明显的差异。5 个四倍棉种有相同类型的祖先 rDNA，除了黄褐棉的 ITS 序列属于 A 基因组类型外，其他 4 个棉种毛棉、达尔文氏棉、海岛棉、陆地棉的 ITS 序列都属于 D 基因组类型。同步进化通常是由重复序列间的同源重组引起的，进化机制主要包括不等交换和偏向基因转换两种。姐妹染色单体间 rDNA 进化的主要力量来自于不等交换，而染色体间 rDNA 遗传进化机制的主要力量为偏向基因转换。所以可能因为这些 rDNA 的同步进化，使本研究中两个二倍体供体基因组棉种的 45S rDNA 位点数之和多于四倍体棉种的。

4. 四倍体棉 rDNA 位点拷贝数的变化

二倍体祖先在形成四倍体过程中为获得基因组的稳定性，可能会经历基因组改变，如重组和转座子激活。rDNA-FISH 模式结果表明多倍体棉中已经发生了一些改变，如扩增、删除、减少等，可能是由于同源配对和随后的重组导致的。通过对棉种间 rDNA 位点数、所处的染色体号及线性关系进行研究，还发现了棉种间存在着拷贝数的显著差异。在 D 基因组二倍体棉中，5S rDNA 位点的信号强、拷贝数多；然而在四倍体棉 D 亚基因组染

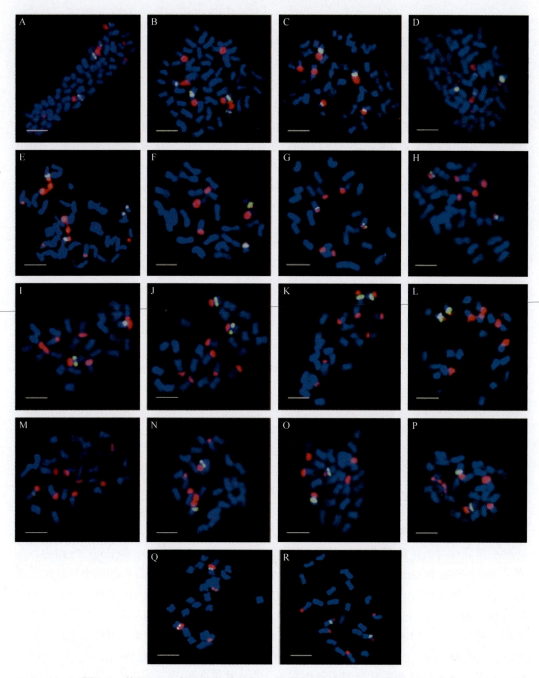

图 1-3　基于 FISH 的四倍体棉种和 A 基因组、D 基因组棉种的 rDNA 定位

A. 陆地棉；B. 海岛棉；C. 毛棉；D. 达尔文氏棉；E. 黄褐棉；F. 亚洲棉；G. 草棉；H. 阿非利加棉；I. 瑟伯氏棉；J. 三裂棉；K. 克劳茨基棉；L. 戴维逊氏棉；M. 松散棉；N. 旱地棉；O. 施温迪茫棉；P. 辣根棉；Q. 拟似棉；R. 雷蒙德氏棉。红色信号表示 45S rDNA；绿色信号表示 5S rDNA

色体上，5S rDNA 位点的信号明显变弱，拷贝数变少。5S rDNA 位点在多倍体化后消失或拷贝数降低，有几个假说可以解释，如不平衡交叉、基因转换和转座子事件。就四倍体棉而言，有两种可能，一种是四倍体棉原始供体种的 5S rDNA 位点拷贝数本来就比较

低，并已经灭绝（Wendel and Cronn，2003）。另一种是四倍体棉形成后 5S rDNA 位点拷贝数高，但随着其不断演化，拷贝数逐渐变少。

在二倍体 A 基因组中，染色体 Ag09 上的 45S rDNA 位点的信号弱，拷贝数少；但在四倍体棉 A 亚组染色体上的 45S rDNA 位点的信号明显变强，拷贝数变多。这种现象可能是由于多倍体化后四倍体棉的 A 亚组染色体上的 45S rDNA 位点通过不平衡交叉或反转录转座子不断积累拷贝数形成的；也可能是四倍体棉的 A 基因组原始供体种的 45S rDNA 位点拷贝数比较高，但已经灭绝了（Wendel and Cronn，2003）。对亚洲棉、草棉和阿非利加棉的 rDNA 多次 FISH 分析发现，它们的染色体 Ag09 上的 45S rDNA 位点拷贝数呈递增趋势。阿非利加棉在分类学上归为草棉变种（Stewart，1995），但它是 A 基因组唯一的野生类型，说明它比亚洲棉和草棉更原始，染色体 Ag09 上的 45S rDNA 位点拷贝数也最多。

5. rDNA 位点与二倍体 D 基因组的系统发生

二倍体 D 基因组的 13 个种中，除了克劳茨基棉来自加拉帕戈斯和雷蒙德氏棉来自南美洲的秘鲁之外，其他 11 个种都属于中美洲墨西哥本地种。D 基因组种的 rDNA-FISH 模式基本与这些种的系统发生一致，但也存在差异。首先，所有供试 D 基因组种的染色体 Dg07 和 Dg09 上的 45S rDNA 及 5S rDNA 位点的信号强度、染色体位置及它们的线性关系都是相似的。但雷蒙德氏棉的染色体 D_507 上没有 45S rDNA 位点，戴维逊氏棉的染色体 D_3-d09 上的 45S rDNA 位点的信号强度明显比其他种的要弱。与戴维逊氏棉同属一个亚组的克劳茨基棉的 45S rDNA 位点的信号强度与其他棉种的相似。然而，这两个棉种植株的形态相似，有时难以区分。为何形态相似的两个种的 9 号染色体上的 45S rDNA 位点信号强度差异如此大？首先可能是克劳茨基棉来自加拉帕戈斯；戴维逊氏棉来自中美洲，分布于中美洲和美国的加利福尼亚州（Wendel and Cronn，2003）。可能二者曾发生过种质渐渗，导致形态相似，某些分子序列相似，但 rDNA 位点的拷贝数却不因为种质渐渗而发生改变。其次可能是亚组 Integrifolia（克劳茨基棉、戴维逊氏棉）、Caducibracteolata（辣根棉）和 Erioxylum（旱地棉、松散棉和施温迪茫棉）的 5 号染色体上都有 45S rDNA 位点。这 6 个种中，克劳茨基棉、戴维逊氏棉和松散棉的 12 号染色体上都有 45S rDNA 位点，但另外 3 个种的相同序号染色体上都没有 45S rDNA 位点。然而这 3 个亚组不属于同一个组内，与亚组 Integrifolia 和 Caducibracteolata 属于同一个组的亚组 Houzingenia 中的两个种瑟伯氏棉和三裂棉（Wendel et al.，2008）的染色体 Dg05 及 Dg12 上却没有 45S rDNA 位点，而在染色体 Dg03 和 Dg11 上有 45S rDNA 位点。松散棉有 4 对 45S rDNA 位点，与该亚组中另外两个棉种只有 3 对 45S rDNA 位点不同。而雷蒙德氏棉虽有 3 对 45S rDNA 位点，但不出现在染色体 D_507 上，却出现在染色体 D_511 和 D_509 上，另外一对可能在染色体 D_501、D_502、D_510 上。这可能与其起源于秘鲁有关，并与其单独属于一个亚组一致，也可能是雷蒙德氏棉和陆地棉 D 亚基因组间发生了染色体结构重排所致。而拟似棉只有 2 对分别位于染色体 D_607 和 D_609 的 45S rDNA 位点，具有与众不同的形态特征，并作为亚组 Selera 的唯一代表种，表明拟似棉可能是 D 基因组棉种的基础。

6. 45S rDNA 和 5S rDNA 间的线性关系分析

棉花中关于 45S rDNA 和 5S rDNA 的线性关系已经有一些报道。陆地棉 A 亚基因组和 D

亚基因组的 At09（Dt09）号染色体的 45S rDNA 和 5S rDNA 呈线性关系。而瑟伯氏棉、雷蒙德氏棉、草棉和亚洲棉的 45S rDNA 和 5S rDNA 呈线性关系。通过 rDNA-FISH 对二倍体 A、B、C、D、E、F、G 这 7 个基因组的各自代表种进行研究，检测出 A、C、D、F、G 基因组的 45S rDNA 和 5S rDNA 都是线性关系。B 基因组的两个棉种和 E 基因组的索马里棉、亚雷西棉，它们的 45S rDNA 与 5S rDNA 是非线性关系；E 基因组的灰白棉 5S 位点为 2 对，其中一对单独存在，而另一对与 45S rDNA 位点是线性关系。其中 rDNA 位点特殊的基因组 B、E、F 基因组，对棉属起源与进化具有重要的作用。总结这些 rDNA 位点分布模式，对 rDNA 的演化过程进行推测：二倍体棉种中，非线性分布 E 基因组的索马里棉、亚雷西棉及与其相近的 B 基因组棉种是最接近棉属祖先的原始棉种，它们向着 45S 和 5S 染色体间的共线性的方向进化，这期间，F 基因组的长萼棉、E 基因组的灰白棉则位于全部二倍体棉种中较为"动荡"的时期，很可能是棉种从 45S rDNA 和 5S rDNA 染色体由非线性向线性染色体进化，最终到达 A、C、D、G 基因组——线性的 45S rDNA 和 5S rDNA 染色体。

通过对二倍体 10 个 D 基因组棉种、3 个二倍体 A 基因组棉种（变种）和 5 个四倍体棉种的 45S rDNA 和 5S rDNA 线性分析发现，除了黄褐棉的 45S rDNA 和 5S rDNA 有一对是线性、另一对是非线性外，其他棉种的 45S rDNA 和 5S rDNA 都呈线性分布。黄褐棉的 5S rDNA 位点为两对，其中一对单独存在，而另一对与 45S 位点共线性，这与 E 基因组的灰白棉的情况相一致。通过地理分布、系统发生和细胞学研究，5 个四倍体棉被分成 3 组，即毛棉和陆地棉归为一组，达尔文氏棉和海岛棉归为一组，黄褐棉单独为一组，并且黄褐棉比其他 4 个种更加原始（Wendel and Cronn，2003）。通过对 5 个四倍体棉 rDNA 的 ITS 序列分析发现，黄褐棉的 ITS 序列属于 A 基因组，另外 4 个四倍体棉的 ITS 序列属于 D 基因组。而通过对黄褐棉的基因组原位杂交分析发现，黄褐棉的 3 对 45S rDNA 位点都位于 A 亚基因组。黄褐棉的 45S rDNA 位点位于 A 亚基因组的染色体 Am07 和 Am09 上，且染色体 Am09 上的 45S rDNA 明显较大，可连成 3 个位点。因此，这些比较原始的棉种的非线性关系，暗示棉属中的 45S 和 5S 非线性向线性关系演化。

（二）四倍体棉种的 A、D 亚基因组供体种

1. 四倍体 A 亚基因组供体种

二倍体 A 基因组的亚洲棉可能与二倍体 D 基因组棉杂交加倍形成异源四倍体棉种。对亚洲棉、草棉和阿非利加棉进行 rDNA 定位分析，发现这 3 个棉种的染色体 Ag09 上的 45S rDNA 位点拷贝数有明显差异，亚洲棉的最少，草棉次之，阿非利加棉最多。而所有四倍体棉 A 亚基因组染色体 Ag09 上的 45S rDNA 位点拷贝数都非常多，这暗示着阿非利加棉与四倍体棉 A 亚基因组亲缘关系最近，可能是四倍体棉 A 亚组的最接近的供体种。阿非利加棉被研究认为是四倍体棉的 A 亚基因组供体种已经有很多报道。以二倍体 A 基因组亚洲棉、草棉及阿非利加棉对达尔文氏棉、黄褐棉进行基因组 FISH 研究，对比其 DA 值，计算分析产生的信号强度，认为阿非利加棉最有可能是四倍体棉达尔文氏棉、黄褐棉的 A 基因组供体种。同样，以二倍体 A 基因组野生棉阿非利加棉为探针，对毛棉、海岛棉、陆地棉进行基因组 FISH，发现除在 A 亚基因组上有信号分布外，还观察到 6 个 GISH-NOR 信号，其中 4 个在 D 亚基因组染色体上，2 个在 A 亚基因组染色体上。而以 A 基因组亚洲棉石系亚 1 号和红星草棉为探针时却没有出现 GISH-NOR 信号（图 1-4）。A 基因组栽培棉草棉和

亚洲棉 45S rDNA 序列与 D 基因组的 45S rDNA 同源性较低,而阿非利加棉的 45S rDNA 序列与 D 基因组的 45S rDNA 具有一定的同源性。推测阿非利加棉可能是所有供试四倍体棉种的 A 亚基因组供体种。

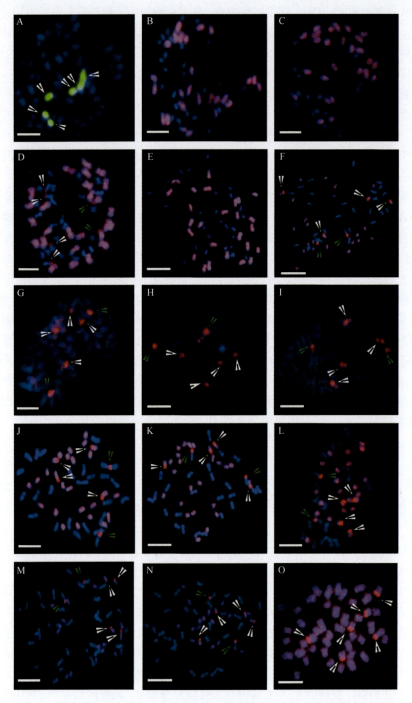

图 1-4   陆地棉品种中棉所 16 有丝分裂中期染色体以 45S rDNA 作为探针的
原位杂交(白色箭头示 NOR 信号)

关于异源四倍体棉种的起源问题，多数支持单系发生。Wendel 和 Cronn（2003）强调多倍体棉种的供体亲本基因组分布于不同的半球上，A 基因组在非洲，D 基因组在美洲，需要横穿海洋，不可能是多次事件。叶绿体基因组的系统发育分析表明，四倍体棉种的细胞质是同一个来源，说明异源四倍体棉种最先起源于仅仅一个种子亲本。可以确定的是 A 基因组与四倍体棉种最近，而 D 基因组较远，由于叶绿体基因组属母系遗传，因此，可推断出异源四倍体棉种的母本来源于 A 基因组。

2. 四倍体 D 亚基因组供体种

雷蒙德氏棉、拟似棉、瑟伯氏棉、三裂棉、戴维逊氏棉、克劳茨基棉都可能是四倍体棉 D 亚基因组供体种（聂汝芝和李懋学，1993；王坤波等，1995；Wendel and Cronn，2003）。单染色体鉴定和 rDNA 定位分析发现，其他二倍体 D 基因组和四倍体 D 亚基因组 7 号染色体上都有 45S rDNA 位点，而雷蒙德氏棉的 7 号染色体上却没有 45S rDNA 位点，并且雷蒙德氏棉染色体间存在一定的部分同源片段，这是在其他棉种中不存在的。

在 13 个新世界 D 基因组棉种中，拟似棉是唯一分布在墨西哥西南部瓦哈卡州（Oaxaca）的棉种，且与雷蒙德氏棉亲缘关系最近（Wendel et al，2010）。通过 ITS 和分子生物学数据分析，推测拟似棉早期发生过与 A 基因组棉种的杂交，含有 A 基因组的成分，是四倍体棉 D 亚基因组供体种（Wendel and Cronn，2003）。拟似棉只有两对 45S rDNA 位点，分布在染色体 $D_6 07$ 和 $D_6 09$ 上，并被认为是 D 基因组棉种的基础棉种，而四倍体棉（黄褐棉除外）D 亚基因组只有染色体 Dt07 和 Dt09 上分布着明显的 45S rDNA 位点。因此，rDNA 定位结果认为拟似棉可能是除黄褐棉外的 4 个四倍体棉 D 亚基因组的供体种。

核型分析和 GISH 分析结果认为，戴维逊氏棉可能是陆地棉和达尔文氏棉的 D 亚基因组供体种，克劳茨基棉是海岛棉的 D 亚基因组供体种。同时具有 45S rDNA 位点的染色体同源关系较近，较容易杂交成功。戴维逊氏棉、克劳茨基棉及其他 D 基因组棉种（辣根棉、松散棉、旱地棉和施温迪茫棉）的 7 号、9 号和 5 号染色体上都有 45S rDNA，与二倍体 A 基因组棉上的 3 对 45S rDNA 位点分布于相同序号的染色体上。推测这些 D 基因组棉种和 A 基因组棉种同源关系比较近，可能是除黄褐棉外的 4 个四倍体棉 D 亚基因组的供体种（王坤波等，1995）。有人以二倍体 D 基因组棉种 gDNA 为探针，对陆地棉、海岛棉、毛棉、达尔文氏棉进行原位杂交，发现除 D 亚基因组上显示出杂交信号外，无论是否用 A 基因组封阻，都能产生 6 个 GISH-NOR 信号，其中 4 个在 D 亚基因组上、2 个在 A 亚组上，D 基因组的 45S rDNA 序列与所有供试的四倍体棉种的 45S rDNA 序列相似（图1-4）；戴维逊氏棉可能是陆地棉、达尔文氏棉的 D 亚基因组供体种，也有可能是毛棉的 D 亚基因组供体种。

核型分析结果认为，瑟伯氏棉可能是海岛棉的 D 亚基因组供体种（聂汝芝和李懋学，1993），而瑟伯氏棉和三裂棉均可能是陆地棉的祖先种。瑟伯氏棉及其姐妹种三裂棉都有 4 对 45S rDNA 位点，分别在 7 号、9 号、3 号和 11 号染色体上。同时具有 45S rDNA 位点的染色体同源关系较近，较容易杂交成功。二倍体 A 基因组棉上的 3 对 45S rDNA 位点均分布于 7 号、9 号和 5 号染色体上，而瑟伯氏棉和三裂棉的 5 号染色体则没有 45S rDNA 位点，因此认为 A 基因组的 5 号染色体与这两个棉种的 5 号染色体的同源关系不是很近，从而推测瑟伯氏棉和三裂棉不太可能是四倍体棉的 D 亚基因组供体种。

通过对棉属酶基因研究发现，黄褐棉的基因遗传多样性明显比其他 4 个四倍体棉种的小得多。结合酶分析数据、棉属起源的时间、DNA 序列分析，认为黄褐棉是一个逐渐衰退的种。根据叶绿体和 rDNA 序列中酶切位点的分析，认为黄褐棉是异源四倍体最初形成的两个分支中一个分支的唯一后代。总的来说，与其他四倍体棉种相比，对黄褐棉在基因差异、基因表达、细胞水平和分子水平等方面的了解还比较少，但许多研究者一致认为，从四倍体棉种系统发育方面分析可将四倍体棉种分成 3 组，即达尔文氏棉和海岛棉归为一组；毛棉和陆地棉归为一组；黄褐棉独立归为一组，并且是异源四倍体最初形成的两个分支中一个分支的唯一后代。通过对四倍体及 D 基因组 15 个棉种的 rDNA 位点分析发现，黄褐棉的 D 亚基因组不含有 45S rDNA，A 亚组含有 3 对 45S rDNA，这与现有 D 基因组的 45S rDNA 位点不一致，推断黄褐棉与其他四倍体棉种起源不同，它们的供体种也不同，即黄褐棉的供体种可能已经灭绝或未被发现。

现存的二倍体 D 基因组棉种与其祖先种在形态、生理特征和农艺形状等方面已存在较大差异，这是由于它们的基因组处于不断地重组和交换过程中，异源四倍体种的 A 亚基因组、D 亚基因组染色体也同样如此，其与最原始的 A 基因组、D 基因组供体种基因组之间的差异也同样在逐渐扩大，这是研究工作中无法回避的问题。本书从不同棉种的 rDNA 位点进行探讨，推测四倍体为多系统起源，认为黄褐棉和其他 4 个四倍体棉种的 D 亚基因组供体种不同。推测黄褐棉的 D 亚基因组供体种已经灭绝或未被发现，而其他 4 个四倍体棉种的 D 亚基因组供体种可能是拟似棉、戴维逊氏棉、克劳茨基棉、辣根棉、松散棉、旱地棉和施温迪茫棉而不是雷蒙德氏棉、瑟伯氏棉和三裂棉。这为四倍体棉 D 亚基因组供体种提供了一定的证据，要最终确定四倍体棉 D 亚基因组供体种还需要做很多的工作。

第二节　棉花纤维基因资源挖掘与创制

一、棉花纤维基因资源创制

棉花纤维由棉花种子表皮细胞发育而成，是已知纤维素纯度最高的天然资源，在世界纺织工业中具有重要的经济地位。纤维品质是纤维长度、强度、细度等性状的综合指标。随着纺织工业快速发展和人民生活水平的不断提高，对棉花纤维品质的要求越来越高。提高纤维品质除了注重生产品质的提高外，更要注重内在品质的提高。我国棉花纤维的内在品质仍然较差，表现为主要品质指标纤维长度、强度、细度之间不配套，类型单一，纤维长度多集中在 27～29mm，仅适纺 30～42 支纱，因此增加纤维品质资源的遗传多样性势在必行。棉花纤维品质资源创制实际上就是创造具有不同纤维品质特性的种质资源材料。这就要求从纤维品质形成的遗传机制出发，采用常规育种手段与现代生物技术相结合，创造丰富多样的、适应多种用途的种质资源，以培育出满足各种需要的棉花新品种。

（一）棉花纤维品质资源的创制

创造、培育具有优异性状的种质资源是棉花研究的重要工作。我国以往培育的棉花品种，追溯其亲本，主要来自美国引进的岱字棉、金字棉、福字棉、斯字棉等基础种质。这些基础种质最早都来源于墨西哥的一个陆地棉家系的 12 个棉株，这说明现有的种质资源的遗传基础相当狭窄，已成为限制棉花育种突破和发展的主要因素。因此，采用各种方法进行种质资源的创新，拓宽种质资源的遗传基因库，将为培育具有突破性棉花新品种开辟新思路，也为棉花生产持续发展提供重要保证。棉花种质资源的创新方法包括利用已有的基础种质和优异种质资源，采用杂交回交系统选择相结合进行种质创新的方法；远缘杂交创造新种质的方法；物理化学诱变的方法；基因工程创造新种质的方法；等等。

　　棉花纤维是棉花最主要的经济价值所在，培育纤维品质优异的品种一直是棉花生产和纺织工业的目标。然而纤维品质性状是受复杂多基因控制的数量性状，不同材料携带有不同的与纤维品质相关的基因资源，因此筛选不同纤维品质特性材料和创造棉花纤维发育突变体，有助于开展棉花纤维品质遗传基础研究和纤维品质功能基因组研究，这也是品质改良的前提和基础。

1. 利用系统选择、杂交和复合杂交创造纤维品质资源

　　我国早期的自有棉花品种就是通过对引进的基础种质进行系统选择而创造出的。基础种质是指育种研究用作亲本次数最多、培育品种数量最多、遗传性状稳定的优良种质。我国育种的基础种质共 52 个，其中陆地棉 47 个、海岛棉 5 个，这些基础种质在我国棉花育种和生产的发展中起了非常重要的作用。分析我国育成的陆地棉 1376 个品种和海岛棉 59 个品种的系谱成分，约有 80%的品种可追溯到这 52 个基础种质。陆地棉 47 个基础种质，按照从国外引进的时间和育成的年限可分为三期。第一期基础种质大多是 1950 年前后在生产上大面积推广的优良品种，有美国的金字棉（172，衍生品种数量，下同）、福字棉 6 号（109）、德字棉 531（50）、斯字棉 4 号（67）、斯字棉 4B（32）、斯字棉 2B（88）、帝国棉（24）、珂字棉 100（27）、脱字棉（37）、岱字棉 14（49）、岱字棉 15（465）和我国从金字棉系中选出的关农 1 号（166）及它与隆字棉育成的锦育 3 号（25）、与脱字棉育成的锦育 9 号（108）共 14 个。它们通过系统、杂交等育种方法不仅育成了大批品种，还衍生出第二期、第三期基础种质。它们是我国新品种选育的基础，影响着我国棉花育种和生产的发展。第二期基础种质选自 1955～1970 年推广的品种，产生的抗源和引进的品种。有我国自育的一树红（24）、锦棉 1 号（22）、锦棉 2 号（20）、辽棉 1 号（24）、赣棉 1 号（97）、陕棉 3 号（81）、52-128（29）、陕棉 5 号（29）、辽棉 3 号（26）、徐州209（86）、徐州 1818（62）、洞庭 1 号（88）、中棉所 2 号（47）、中棉所 3 号（94）、中棉所 4 号（25）、陕棉 4 号（72）、57-681（25）、中棉所 7 号（68）、乌干达 4 号（34）、江苏棉 1-3 号（21），有美国的光叶岱字棉（29）、岱字棉 16（20），苏联的 24-21（52）、克克 1543（25）和乌干达棉（104）共 25 个。第二期基础种质和它们产生的品种，使我国自育品种替代了早期的引进品种，使抗病品种替代了部分感病品种。第三期基础种质是 1971～1990 年重要的抗病品种，有 86-1（24）、中棉所 12（24）；短季棉品种，有黑山棉 1 号（74）、中棉所 10 号（39）；美国引进的低酚棉种质源，有布兰莱特 GL-5（29）、布兰珂 210（20）；还有高衣分、高配合的冀棉 1 号（42）和洞 A 不育系（22），共 8 个。第三期基础种质和它们衍生的品种，使我国棉花品种全部换上了抗病品种，人多地少棉区推广短季棉品种，使棉花和粮食同步增长；低酚棉的开发与利用，使棉花成为集纤维、油料、蛋白质于一体的经济作物，提高了棉花的利用价值。海岛棉基础种质有苏联的司6022（8）、8763 依（6）、9122 依（25），以及我国的新海棉（6）、军海 1 号（23）共 5个，它们与其衍生品种几乎包括了新疆的全部海岛棉推广品种。

　　棉花品种间杂交、回交是棉花种质创新的主要途径。我国近年来大面积推广的优良品种，如中棉 12 号、中棉所 35 号、鲁棉 21 号、徐州 553、冀 3016 等都是杂交选育而成的。潘家驹（1998）把杂种品系间杂交和回交相结合，提出了修饰回交法，也可称为回交品系间杂交法。该方法既保持了回交后代快速稳定，又克服了回交后代遗传基础贫乏的缺陷，是棉花种质创新的又一方法。复合杂交是在改进多个性状时采用的方式，目的是把多个优良基因结合在一起，其方法主要包括轮回选择、修饰杂交法等。轮回选择是多个亲本杂交与选择轮回进行。美国爱字棉 SJ-1 优质棉品种是轮回选择育成的。其丰产及适应性来自于爱字棉 18C、爱字棉 29、新墨西 2302，优良纤维品质来自于高纤维强力的三交种，早熟性来自于 Fluff，耐黄萎病性来自于岱字棉（Culp，1984）。为打破棉花产量与纤维品质主要性状间的不利连锁，Hanson（1959）、Meredith（1971）提出的连续几代姐妹系间互交和株间互交的方法可以增加变异幅度和有利基因的积累速率。Culp（1984）根据多年的品质育种经验提出修饰杂交法。例如，用推广品种与 PD 系杂交，从杂交后代中选两个系互交，产生了 PD6132 等种质系，其皮棉产量与纤维强度的相关系数由极显著的负值（−0.93）转变为正值（0.45），打破了两者之间的不利连锁关系。

　　现有收集保存的棉花种质中，具有不同基因来源和不同遗传背景的纤维品质优异的种质，然而这些种质的优质纤维基因由于其他重要性状的连锁，很难有效聚合。轮回选择、修饰杂交和互交可以在一定程度上打破棉花产量与纤维品质主要性状间的不利连锁，从而创造出优质高产的新种质。我国已经利用优异种质培育出一批新品种在生产上大面积推广。例如，用优质纤维种质 PD4548、PD2164、SC-1 等 9 个 PD 系，先后育成了鄂棉 21、鲁棉 14、皖棉 10 号等 11 个审定品种，贝尔斯诺育成了新陆早 6 号、新陆早 9 号，爱字棉育成了鲁棉 9 号等。

　　通过对国内种质资源的广泛收集，并对材料进行系统选育和鉴定，筛选到一批优异纤维种质，利用杂交和复合杂交将这些优质材料的优异基因与现有当家品种进行聚合，创造出了一批优质高产的新材料（表 1-2）。

表 1-2　鉴定筛选和系统选择到的优质纤维材料

材料名称	上半部平均长度/mm	马克隆值	断裂比强度/（cN/tex）	来源
Acala（1）	34.98	4.19	32.8	收集
FJA	32.23	4.22	29.3	收集
PD3249	32.35	4.76	31.6	收集
Line F	33.30	4.36	33.7	收集
sicala34	33.07	4.50	29.6	收集
苏联棉 85 系	34.84	3.73	30.6	收集
中无 383	35.52	4.27	29.6	收集
08K-2	33.03	3.85	33.3	收集
原 247-31	33.69	3.92	33.6	收集
博乐 24-6-1-3	32.41	4.13	33.7	收集
邯 8959	31.52	5.06	33.13	收集
Acala SJ-5	31.08	4.69	33.17	收集

续表

材料名称	上半部平均长度/mm	马克隆值	断裂比强度/（cN/tex）	来源
LineF	30.31	3.89	34.47	收集
冀 91-31	31.27	4.64	31.83	收集
库车 T94-6	32.73	4.04	36.1	收集
0102X-10-1	29.84	3.83	32	收集
601 长绒棉	32.36	3.46	32.17	收集
MSCO-12	33.67	3.09	32.5	收集
中 ARR40683-4/RILNnXu0082	32.4	4.5	29.6	杂交系选
中 2220	31.7	4.0	35.3	杂交系选
中 R40772	31.9	4.2	32.5	杂交系选
中 R40773	31.2	3.6	34.0	杂交系选
中 R40773-1	30.4	3.9	33.3	杂交系选
中 R40773-2	32.0	3.7	36.2	杂交系选
中 ARR40681	30.3	4.5	31.2	杂交系选
中 ARR40682	31.4	4.6	30.3	杂交系选
LA887/Su9108	31.1	4.8	31.5	杂交系选
鲁 11/Su9108	31.9	4.3	31.8	杂交系选
邯 109/SGK9708	29.8	5.0	28.0	杂交系选
RT1641W/Su9108	29.1	4.7	28.7	杂交系选
美双价棉/Su9108	30.9	5.1	29.8	杂交系选
CRI-508	33.66	4.43	40.57	杂交系选
中 R773-309	30.32	3.98	34	杂交系选
中资 9196	30.45	4.30	32.07	杂交系选
中 R773-314	30.50	3.63	34.83	杂交系选
中 Arc-185	32.07	3.95	33.2	杂交系选
R01/中三都 4121	33.29	4.39	31.1	杂交系选
SGKJ508-1	32.22	4.94	31.85	杂交系选
SGKJ247-1	33.8	3.96	30.77	杂交系选
SGK 鲁 9108	32.61	4.76	34.2	杂交系选
中 R40772	32.31	3.94	34.7	杂交系选
Su9108/R03	33.20	5.28	33.7	杂交系选
中沪植 210-195/Su9108	32.58	4.80	30.3	杂交系选
中 AR40772	34.41	4.32	37.7	杂交系选

纤维突变体材料，如光子、无絮、稀絮等，对研究纤维分化和发育的遗传及生理机制具有重要价值。前期从陆地棉选材料中发现两种类型的光子突变体 *GZNn* 和 *GZnn*，从豫棉 4 号中发现了新乡小吉无絮，从徐州 142 中发现自然光子无絮突变体徐州 142 无絮，并以此突变体为基础创造以 TM-1 为背景的近等基因系 TMGZnn、TMGZNn、TMH10、TM 新乡无絮、TM142 无絮。通过对国内退化陆地棉的收集，并进行系统选择鉴定，发现了一系列来源于退化陆地棉的光子突变体，如隆林光子、望谟铁子等（表 1-3）。

表 1-3　陆地棉光子材料

材料名称	光子类型	材料名称	光子类型
TMgznn	光子有絮	乐记大花	光子有絮
TMGZNn	光子有絮	SA50	光子有絮
TMH10	光子有絮	SA65	光子有絮
TM 新乡无絮	光子有絮	皱缩红鸡脚叶棕絮光子	光子有絮
TM142 无絮	光子有絮	Ⅶ3527	光子有絮
新乡小吉无絮棉	光子无絮	椰光子	光子有絮
徐州 142 无絮	光子无絮	浙大 E210	光子有絮
GZNn2-1	光子有絮	T586	光子有絮
稀絮 H10	光子有絮	H10	光子有絮
黄红鸡脚叶光子	光子有絮	N1	光子有絮
红鸡脚波边叶绿絮	光子有絮	n1	光子有絮
浅绿波边鸡脚叶光子	光子有絮	得州 9102	光子有絮
紫红棕絮（宽叶）	光子有絮	Texas9107	光子有絮
RILTmNn0132LP	光子有絮	Texas9108	光子有絮
RILTmNn0142LP	光子有絮	Texas9110	光子有絮
Texas9117	光子有絮	黄红波边鸡脚叶	光子有絮
稀絮 H10	光子有絮	N1Hi%B	光子有絮
绉缩红鸡脚叶棕絮光子	光子有絮	N1Hi%A	光子有絮
望谟光子棉	光子有絮	紫红鸡脚叶棕絮	光子有絮
红心半光子	光子有絮	GZNn2-1 光子	光子有絮
红心光子	光子有絮	红鸡脚叶绿絮红心	光子有絮
罗甸铁籽	光子有絮	平果回老光子	光子有絮、端毛
蚂蚁寨大花	光子有絮	GP54	光子有絮、端毛
喀什黑籽	光子有絮	QF-10/1	光子有絮、端毛
库光子	光子有絮	AH2	光子有絮、端毛
n2	光子有絮	n2 Hil%A	光子有絮、端毛
gznn1-1 光子	光子有絮	83MHR-3	光子有絮、端毛
SA27	光子有絮	南丹巴地大花	光子有絮、端毛
隆林革步光子	光子有絮	新研 96-48	光子有絮、端毛
巴马那桃大棉	光子有絮	布隆迪棉	光子有絮、端毛
望谟铁子	光子有絮	41B006	光子有絮、端毛
莎车土棉	光子有絮	安江棉	光子有絮、端毛

　　中宿 410408 是通过中 UA4104×Su9108 组合杂交选育的优质大铃材料,其中 Su9108 为 Su9108 辐射诱变系选的纤维品质优异大铃种质,中 UA4104 为从美国引进的纤维品质优异种质。该种质生育期为 140 天,株型较松散,植株呈塔形,叶片较大,叶色深绿,前期长势一般,中后期长势转强,铃较大,铃重 7.1g,衣分 37.8%,铃卵圆形,吐絮畅,易收摘。前期抗性较差,抗枯萎、耐黄萎病。2010 年农业部棉花品质监督检验测试中心的测试结果,纤维上半部平均长度为 32.3mm、断裂比强度为 34.4cN/tex、整齐度指数为

86.1%、马克隆值为4.2。

中R014121 是通过R01×中三都4121组合选育的优质大铃材料，其中中三都4121为2000年我们对三都大洋花辐射诱变系选的纤维品质优异种质。该种质生育期为136天，株型较松散，植株呈塔形，叶片中等大小，铃较大，铃重6.7g，衣分37.0%，铃卵圆形偏长，结铃性较强，絮色洁白。抗棉铃虫，抗枯萎、耐黄萎病。2010年农业部棉花品质监督检验测试中心的测试结果，纤维上半部平均长度为32.6mm、断裂比强度为33.4cN/tex、整齐度指数为85.4%、马克隆值为3.4。

M2Bt-4133 是由抗病丰产材料4133与大铃丰产材料M21Bt杂交选育成的抗病优质材料，其中4133是由邯4104与抗黄萎病材料CZA（70）33杂交选育而成，M21Bt是2006年我们利用MM-2×中SGK9708组合选育而成的大铃种质。该材料生育期为143天，抗黄萎，株型松散，植株较高，叶片深绿，大小中等。铃重5.3g，衣分38.3%，铃卵圆偏长，结铃性较强，絮色洁白，吐絮畅。抗棉铃虫，抗枯萎、抗黄萎病。2013年农业部棉花品质监督检验测试中心的测试结果，纤维上半部平均长度为31.5mm、断裂比强度为36.3cN/tex、整齐度指数为87.2%、马克隆值为4.3。

S-05003 是由新疆农业科学院经济作物研究所提供的大铃种质。品系来源为美棉723446（岱46）×自育早熟品系202。该种质株型紧凑，植株较矮，果枝较短，叶片大，叶色深绿，前期长势较强，铃较大，铃壳较厚，铃卵圆形，感黄萎病。2006年农业部棉花品质监督检验测试中心的测试结果，绒长为31.1mm、断裂比强度为36.4cN/tex、马克隆值为4.5、铃重为6.7g、衣分为33.9%。

中RI015 是由TM-1×Nn杂交选育而成的短纤维材料。该材料较耐高温，配合力高，生育期为141天，株型塔形，铃较小，铃重4.2g，衣分33.6%。2011年农业部棉花品质监督检验测试中心的测试结果，纤维上半部平均长度为22～24.1mm、断裂比强度为29.6cN/tex、整齐度指数为83.0%、马克隆值为5.6，属于短纤维材料。

徐州142无絮 是从徐州142自然群体中发现的光子无絮突变体。该材料种子无短绒，也着生长绒，表现为光子无纤维性状，其他农艺性状与其野生型徐州142相比无显著差异。与普通有绒有絮材料杂交发现其子代F_1表现为光子有絮，说明其控制短绒与长绒发育的基因具有不同的遗传规律。

DPL971、DPL972 是从引进亚洲棉材料美中棉中发现的一对自然突变体，二者主要农艺经济性状表现相近，仅在种子短绒上有差异，其中DPL972表现为光子有絮，野生型DPL971表现为光子有绒有絮。DPL972相对其野生型表现为显性，但其F_2群体中存在偏分离。

2. 利用物理诱变创造纤维品质资源

棉花纤维是由胚珠表皮细胞发育而成的，纤维品质的形成与纤维细胞突起、伸长，以及初生壁、次生壁形成等多个发育阶段的程序性调控相关，然而在棉花生长发育过程中，仅有20%～30%的胚珠外表皮细胞分化成纤维，大量具有分化潜能的细胞在整个生育期中未有分化，因此，通过物理、化学诱变技术改变纤维表皮细胞发育过程，具有创造不同纤维品质材料的潜力。鲁棉1号是我国较早经辐射诱变选育而成的品种，其是由（中棉所2号×1195）P4选育的一个优异品系经γ射线处理后获得的，生育期较原品系明显缩短，表现为早熟、结铃性好、高产、适应性广。其他通过 γ 射线不同辐照剂量处理的棉花种子育成的品种和种质有冀棉 8 号、运辐 885、辐洞 1 号等。

前期中国农业科学院棉花研究所利用原子能、离子束、激光诱变等技术对大量种质进行物理辐照处理，创造了系列纤维品质较优异的材料（表 1-4），包括 23 份不同类型的突变体和近等基因系、四套重组自交系（RIL）、遗传标记材料等。发现了具有不同诱变敏感反应的种质，找到了几个诱变敏感的材料。利用 250Gy 的 $^{60}Co \gamma$ 射线对 Arcot-1（国外引进的抗黄萎病品种）、宿 9108（Su9108，国内大铃优质品种）和冀棉 11 号（J11，国内感黄萎病品种）3 个品种的风干种子进行辐射处理，获得了 32 个 Arcot-1、25 个 Su9108、17 个冀棉 11 号的诱变后代材料。

表 1-4 辐射诱变创造的优质材料

材料名称或编号	上半部平均长度/mm	马克隆值	断裂比强度/（cN/tex）
Arcot-1（离）1	33.7	4.1	32.6
Arcot-1（离）2	34.19	4.3	34.8
Ari3650	33.94	4.54	31.5
Ari3666	33	5.04	30.6
Ari3670	33.1	4.48	32.9
Ari3672	33.4	4.46	30.2
Ari3696	33.22	4.2	30.2
Ari3698	33.52	4.5	28.9
Ari971（激光）1	33.56	3.9	32.6
Ari971（激光）2	33.91	4.32	32.2
Ari971（物理诱变）1	35.37	4.38	35.7
Ari971（物理诱变）2	33.62	4.58	34.2
Ari971（物理诱变）3	34.13	4.37	31.8
Ari971（物理诱变）4	34.69	4.53	31.7
060323-24	33.4	3.9	36.4
060314-15	34.0	4.0	36.1
060293-94-2	33.9	3.8	36.0
060325-26	33.7	3.9	35.5
060316-17	34.1	4.0	35.0
060268-69	33.2	3.9	34.4
062298	31.0	4.0	34.4
060291-92	32.1	4.6	34.3
060312-13	34.6	4.6	34.1
060327-28	33.6	4.1	34.1
061253	33.5	3.3	34.1
062290	32.5	3.9	34.1
061257	32.8	3.7	33.9

Arcot-1 的诱变后代 M_1 与未辐射处理的亲本相比，有 20%左右为正常株型，不正常植株主要表现在叶片变小、变皱，铃变小，有些株型变紧凑、有些株型变松散，且有 10%～

20%的植株出苗后，在苗期死亡。Su9108 的诱变后代 M_1 植株的主要表现为，出苗晚，有 20%～30%的植株出苗后，在苗期死亡，剩余大多数植株的株型变化不大，不正常植株主要表现在叶微皱、较小，植株矮化。而 J11 的诱变后代 M_1，所有植株均出苗晚，70%～80%幼苗的真叶无或缩小，且在苗期死亡，有些植株无蕾，有些植株铃变小、叶变皱，植株均表现明显矮化。

辐射诱变后代 M_5 群体的主要农艺经济性状出现变异。由表 1-5 可以看出，3 个诱变后代株系群体的各个农艺经济性状的变异范围、平均数和变异系数均存在明显差异。从平均变异系数分析，马克隆值的变异系数超过 10.0%以上，纤维整齐度的变异系数最小，为 1.32%，2.5%跨长和比强度的变异系数也相对较小；这说明从诱变后代 M_5 群体中选择到有理想马克隆值材料的可能性较大。在 3 个品种的 M_5 群体中，相同性状的变异系数也存在较大差异，其中，Arcot-1 诱变株系的马克隆值变异系数比其他两个品种小。说明以同等条件进行辐射诱变，不同品种诱变后代 M_5 表型性状的变异范围和方向是不同；同时，变异较大性状主要表现在整齐度和伸长率等性状上，在纤维长度和断裂比强度等性状方面变异较小，所以在 M_5 群体中选择纤维品质性状的突变体是有效的（表 1-6）。

表 1-5 三个品种的 M_5 群体主要农艺经济性状的变异分析

	品种群体	2.5%跨长/mm	整齐度/%	断裂比强度/（cN/tex）	伸长率/%	马克隆值
变幅	Arcot-1	30.9±3.4	85.3±3.8	28.9±5.3	6.8±1.2	4.4±1.0
	Su9108	29.8±4.7	85.8±2.9	33.3±5.7	6.0±1.2	4.7±2.1
	J11	30.8±3.0	85.6±4.0	28.2±5.9	6.9±1.6	4.9±1.6
变异系数	Arcot-1	3.95	1.35	6.73	7.92	7.72
	Su9108	5.28	1.09	6.57	7.55	17.39
	J11	4.69	1.50	8.96	10.88	13.76
	平均	4.64	1.32	7.42	8.78	12.96

表 1-6 诱变后代 M_5 筛选出的特异材料表型性状

诱变材料	2.5%跨长/mm	整齐度/%	断裂比强度/（cN/tex）	伸长率/%	马克隆值
M5A13	29.8	85.0	27.1	7.2	4.6
M5A14	29.6	83.6	26.0	6.9	3.9
M5A27	31.0	86.2	33.2	6.3	4.2
M5S4	26.1	84.5	30.5	5.2	6.3
M5S5	26.2	85.7	32.2	4.9	6.5
M5S19	30.2	84.6	33.5	5.9	4.3
M5J2	28.7	83.3	24.6	5.6	5.6
M5J4	29.0	84.4	25.8	6.0	5.7
M5J8	33.3	86.2	32.5	7.2	4.6
M5J11	32.7	84.4	35.1	7.9	3.1

中 ARR40681 是由 Arcot-1 经辐射诱变后系统选育而成的优质大铃材料。该种质生

育期为 132 天，株型较松散，植株呈塔形，植株中等高，叶片中等，叶色深绿，前中期长势强，后期长势转弱，铃大，7.0g 以上，衣分较高，39.0%以上，铃卵圆形，铃尖突起程度中等，结铃性较好，吐絮畅，易收摘，絮色洁白。抗枯萎、耐黄萎病。2006 年农业部棉花品质监督检验测试中心的测试结果，绒长为 32.3mm、断裂比强度为 33.3cN/tex、马克隆值为 4.8。其作为大铃、纤维品质优异的基因源材料，可通过转移、聚合和改造，为育种和生产提供突出的目标性状。该材料已被多个单位引用。

中 R40773 是由冀棉 11 经辐射诱变后系统选育成的抗病、大铃、优质材料。该种质生育期为 133 天，株型较紧凑，植株呈塔形，植株中等高，叶片中等偏大，叶色深绿，前期长势一般，中后期长势转强，结铃性好，铃较大，6.5g 以上，衣分较高，39.0%以上，铃卵圆形，铃尖突起程度中等，综合性状较好。抗枯萎、抗黄萎病，2005 年抗病性鉴定黄萎病病指为 14.3。2006 年农业部棉花品质监督检验测试中心的测试结果，绒长为 31.3mm、断裂比强度为 33.0cN/tex、马克隆值为 4.3。其作为大铃、优质、抗黄萎病的基因源材料，可通过转移、聚合和改造，为育种和生产提供突出的目标性状。该材料已被多个单位引用。

Su9108 是由徐 553 经辐射诱变后系统选育的大铃优质材料。该材料铃重 7.0g 以上，优质（长度为 30.2mm、断裂比强度为 33.4cN/tex、马克隆值为 4.8）。其作为大铃、纤维品质优异的基因源材料，可通过转移、聚合和改造，为育种和生产提供突出的目标性状，因新品种的育成和推广可产生巨大的间接经济效益，该材料已被育种家作为亲本利用育成中棉所 48，累计推广 20.0 多万公顷。

Ari3670 是由 Aril971 经辐射诱变后系统选育而成的丰产优质材料。该材料生育期为 138 天，株型松散，植株较高，叶片中等偏大，主茎绒毛较多，前期长势一般，中后期长势转强。铃重 5.3g 以上，铃卵圆形，铃尖突起程度中等，抗枯萎、耐黄萎病。2009 年农业部棉花品质监督检验测试中心的测试结果，绒长为 33.1mm、断裂比强度为 32.9cN/tex、马克隆值为 4.5。

3. 利用远缘杂交创造纤维品质资源

棉属野生棉种和陆地棉半野生种系具有抗病虫、耐逆境特性，并具有潜在的高强、超细纤维特性，这是栽培棉种无法比拟的，因而，利用远缘杂交技术将蕴藏于野生棉种的有益性状转移到栽培棉品种中是创造新种质的主要方法（表 1-7）。尽管棉属野生种多数本身不长纤维，但其具有高纤维品质（纤维强而细）潜力基因，如异常棉、雷蒙德氏棉、辣根棉等是育种的重要种质资源，已为前人所证实。因此，利用野生棉种资源创造突变体材料是一种大量高效获得纤维品质资源的有效途径。

美国利用亚洲棉×瑟伯氏棉×陆地棉三交种，育成了高产、优质、抗病的 ATH 型的 Acala 和 PD 系统品种。美国南卡罗来纳州 Pee Dee 育种试验站从 1946 年以来，采用陆地棉、瑟伯氏棉和亚洲棉 3 个棉种远缘杂交，育成了纤维强力高的种系，以它作为亲本，与陆地棉推广品种杂交，并采用杂种系间互交和选择交替的轮回育种法，通过 30 年的努力，已将皮棉产量和纱强的相关系数（r）从 -0.928 改变为 $+0.448$，育成并发放了 40 多个 Pee Dee 种质系和品种，其中高产的 SC-1、PD-1、PD-2、PD-3 等 PD 系已在生产上广泛推广和应用。美国加利福尼亚州夏福特试验站，从杂交组合 ATE-1×爱字棉 1517D 育成了爱字棉 SJ-1、爱字棉 SJ-2、爱字棉 SJ-3、爱字棉 SJ-4、爱字棉 SJ-5 和爱字棉 SJC-1。所有这批再次改进的品种都是在这个材料内主要利用修饰性相互交配法育成的。

表 1-7　野生棉种具有的优异基因

优异基因资源	野生棉种
高强纤维基因	异常棉、瑟伯氏棉、雷蒙德氏棉、斯特提棉、辣根棉、斯托克斯氏棉、亚雷西棉、旱地棉、哈克尼西棉、毛棉
改良纤维细度基因	异常棉、瑟伯氏棉、雷蒙德氏棉、毛棉、达尔文氏棉
改良纤维长度基因	异常棉、雷蒙德氏棉、斯托克斯氏棉、亚雷西棉
抗黄萎病基因	异常棉、斯特提棉、澳洲棉、瑟伯氏棉、三裂棉、旱地棉、比克氏棉、索马里棉、雷蒙德氏棉、黄褐棉、哈克尼西棉
抗枯萎病基因	瑟伯氏棉、三裂棉、旱地棉、裂片棉、拟似棉、克劳茨基棉、比克氏棉、澳洲棉
抗角斑病和锈病基因	雷蒙德氏棉
抗棉铃虫基因	索马里棉、异常棉、瑟伯氏棉、辣根棉、雷蒙德氏棉
抗蚜虫基因	戴维逊氏棉、斯托克斯氏棉、比克氏棉
抗红铃虫基因	瑟伯氏棉、三裂棉
抗棉叶螨基因	比克氏棉、灰白棉、哈克尼西棉、亚雷西棉、斯托克斯氏棉、戴维逊氏棉、异常棉、裂片棉、澳洲棉
抗棉铃象鼻虫基因	瑟伯氏棉
抗棉蓟马基因	辣根棉
抗旱基因	亚雷西棉、灰白棉、澳洲棉、辣根棉、戴维逊氏棉、哈克尼西棉、旱地棉、雷蒙德氏棉、斯托克斯氏棉、毛棉、达尔文氏棉
耐盐渍基因	戴维逊氏棉
耐低温基因	斯特提棉和瑟伯氏棉
细胞质雄性不育基因	异常棉、瑟伯棉、哈克尼西棉、长萼棉、毛棉
无腺体基因	斯特提棉、南岱华棉、鲁滨逊氏棉、澳洲棉、比克氏棉
早落苞叶基因	哈克尼西棉、辣根棉、特纳氏棉
致死基因	克劳茨基棉、戴维逊氏棉、拟似棉

法国 IRCT 利用陆地棉×亚洲棉×雷蒙德氏棉育成了高产、优质的 HAR 型种质系,目前美国、非洲的许多推广品种均直接或间接与这两个种质系有关。1954 年,法国育种家 Mammacher 从美国将 HAT 和 HAR 两个三元杂种引入象牙海岸,在非洲殖民地各国开展育种试验,从三元杂种后代中选出了高衣分、高纤维强度系列并具有野生棉外源基因的陆地棉种质,如 L231-24、142-9、HR1-219、扎伊尔 1832、HB2347-85-178、B2347-85-117、G115、G183.3 等。在非洲,许多推广品种与这一组合有亲缘关系。显然,瑟伯氏棉、雷蒙德氏棉两个野生种是棉花高纤维品质育种最重要的基础亲本来源。

我国已经从海岛棉、异常棉、辣根棉、雷蒙德氏棉、瑟伯氏棉、索马里棉、斯特提棉、比克氏棉、克劳茨基棉、黄褐棉、三裂棉、鲍莫尔氏棉、墨西哥半野生棉中转育了优质纤维特性,育成优质纤维种质共 335 份(表 1-8)。该类种质资源纤维品质基本稳定,农艺性状良好,分别具有纤维细强、长绒等特点,有的兼具多种优质纤维性状,成为高品质育种的重要基因库。周宝良和钱思颖(1994)通过对具有野生棉外源基因的高品质

表 1-8　具有野生棉外源基因的优质纤维陆地棉种质

育成者	育成年份	份数	代表种质	外源基因来源	主要性状简介（断裂比强度、长度、马克隆值的平均值或范围）
周宝良等	2003	101	370、371、372 等	异常棉	38.15cN/tex、33.35mm、4.11
周宝良等	2003	49	240、249、266 等	辣根棉	35.50cN/tex、33.16mm、4.29
周宝良等	2003	47	189、191、192 等	雷蒙德氏棉	34.3cN/tex、32.29mm、4.37
李俊兰等	2003	6	南 6、南 11、168 等	海岛棉、瑟伯氏棉	33.2~35.7cN/tex、33.0~35.1mm、3.9~4.5
牛永章等	1998	15	BZ601-BZ615	瑟伯氏棉、异常棉、比克氏棉	24.0~29.6cN/tex、27.3~32.6mm、3.3~4.9
翟学军等	1995	2	33 系、91-19 系	海岛棉	6.5cN/tex、32.4mm、3.4
梁理民等	2002	9	BS7-BS15	斯特提棉	高强纤维 25.5~27.1cN/tex
梁正兰等	1996	4	91007、91006 等	海岛棉、瑟伯氏棉、陆地棉三元杂种	高强纤维 26~33.3cN/tex
赵国忠等	1994	26	91007、7122 等	8 个野生种和 2 个二倍体栽培种	高强纤维 25.3~33.3cN/tex
胡绍安等	1993	2	中远 2、中远 5	分别是鲍莫尔氏棉、中棉	高强纤维 24~26.7cN/tex
胡绍安等	1993	2	中远 3、中远 6	墨西哥半野生棉	高强纤维 24~26.7cN/tex
胡绍安等	1993	2	中远 1、中远 4	陆地棉、斯特提棉、中棉三元杂种	高强纤维 24~26cN/tex
崔淑芳等	1996	27	84-5、87-12 等	瑟伯氏棉、武安中棉	长纤维 5 份、强纤维 3 份、细纤维 8 份
梁正兰等	1999	5	191、486、500 等	雷蒙德氏棉	长纤维 34.9~36.5mm
牛永章等	1998	12	BZ701-BZ712	瑟伯氏棉、异常棉、斯特提棉	2.5 跨长 33.4~37.7mm
姜茹琴等	1996	5	94-315、94-351 等	索马里棉	长纤维 36.7~39.5mm
赵国忠等	1994	15	577 等	8 个野生棉种和 2 个二倍体栽培种	长纤维 36.0~40.65mm
赵国忠等	1994	6	577、S27 等	索马里棉	长纤维 36.0~40.65mm

纤维种质的比较分析，认为异常棉有最好的改良纤维强度、细度和长度的潜力，辣根棉有最佳改良绒长的潜力，雷蒙德氏棉也可以用来改良纤维品质，但效果不如异常棉、辣根棉。赵国忠等（1994）通过对 8 个野生种与陆地棉杂交后代的选择，认为高强纤维种质材料以斯特提棉、瑟伯氏棉、比克氏棉的杂种后代的选出率高。姜茹琴等（1996）首次发现索马里棉有极大提高纤维长度的潜力。为此江苏省农业科学院经济作物研究所用陆地棉与异常棉培育出高纤维种质系苏 7235，纤维长度为 34.7mm、断裂比强度为 34.5cN/tex、马克隆值为 4.3、衣分为 30%；用陆地棉与雷蒙德氏棉育成的种质系 JSCG1058，纤维长度为 34.2mm、断裂比强度为 31.1cN/tex、马克隆值为 3.8、衣分为 33.4%，都达到了海岛棉的纤维品质。石家庄市农业科学研究院在海岛棉、瑟伯氏棉、陆地棉组合中选出的纤维细强种质系 97007，2.5%跨长为 34.8mm、断裂比强度为 33.3cN/tex、马克隆值为 4.4、衣分为 37.4%。中国农业科学院棉花研究所利用陆地棉与斯托克斯氏棉杂

交，育成的中 HST2 无腺体系，抗枯（黄）萎病、中抗红铃虫、高抗旱，棉花纤维品质也较好，2.5%跨长为 29.1mm、断裂比强度为 23.5cN/tex、马克隆值为 4.3。西南农业大学利用海岛棉血缘材料 7231-6、从美国引进的优质三元杂交材料（亚洲棉、瑟伯氏棉、陆地棉）PD4381 和从法国引进的优质三元杂交材料（陆地棉、亚洲棉、雷蒙德氏棉）L231-24 互交选育而成优质新品种渝棉 1 号，其纤维断裂比强度达到 36.77cN/tex。

　　棉花 51 个种中海岛棉具有最优的纤维品质，因此利用海陆远缘杂交，将海岛棉优异纤维基因导入陆地棉中一直是纤维品质研究的热点。为此美国利用海岛棉 3-79 和陆地棉 TM-1 创造了海岛棉染色体代换系，并对位于海岛棉各条染色体的优质纤维基因进行了研究。我国利用陆地棉与海岛棉杂交育成长绒陆地棉莘棉 5 号、山农 3 号和苏长 1 号等优质陆地棉。中国农业科学院棉花研究所利用海陆杂交、回交，创造了海岛棉染色体片段代换系（表 1-9）；并通过徐州 209×海岛棉 910 依组合的后代与陕棉 4 号再杂交和选育系，培育出了优质品系中 6651；利用该品系与中 7259 和中棉所 10 号复合杂交，育成了优质棉中棉所 17 号，该品种绒长为 31.4mm、强力为 3.94g、细度为 6337m/g、断长为 24.97km、成

表 1-9　远缘杂交创造的优质材料

材料名称	上半部平均长度/mm	马克隆值	断裂比强度/(cN/tex)
鲁 E24-1	34.01	3.83	38.61
鲁 E24-2	33.32	3.14	25.87
鲁 E24-3	37.22	2.94	33.32
鲁 E24-4	33.03	4.77	33.32
鲁 E24-5	30.94	4.28	31.46
鲁 E24-6	31.38	5.12	31.46
鲁 E24-7	35.66	4.26	30.67
鲁 E24-8	33.74	4.02	31.26
鲁 E24-9	30.3	4.67	32.54
鲁 E24-10	28.54	5.98	33.42
鲁 E24-11	35.25	3.47	31.26
鲁 E24-12	35.68	3.83	35.28
鲁 E24-13	34.56	3.1	29.79
鲁 E24-14	34.8	3.71	32.83
苏 7036 远缘	35.28	4.01	33.9
苏 7158 远缘	32.60	4.08	31
苏远 7235	32.28	4.32	32.7
苏远 7252	34.28	4.39	33.8
苏远 04-129	32.05	3.87	34.17
J02-508	33.4	4.6	36.3
J02-247	32.2	4.4	31.9
苏优 6003	34.91	4.23	36.1

熟系数为 1.6，纤维洁白有丝光，具有早熟、丰产、优质、抗病的综合优良性状，适于麦棉两熟晚春套种，1992 年种植 1100 万亩[①]，1986～1987 年福建三明棉纺厂试纺 7.5 号纱精梳，质量达上等一级及部优产品水平。

J02-508 是由江苏省农业科学院经济作物研究所用陆地棉与异常棉远缘杂交系统选育而成的优质材料，其系谱为 86-1/异常棉//岱字棉 15///76-63/86-1////徐棉 6 号/////M$_5$。该材料生育期为 141 天，株型松散，植株中等高，叶片中等偏大，铃卵圆形偏长，单铃重 4.9g 以上，衣分较高，36.3%以上。2007～2009 年经农业部棉花品质监督检验测试中心测试的结果，平均绒长为 33.2mm、平均比强度为 36.3cN/tex、平均马克隆值为 4.6、平均整齐度指数为 85.3%。

苏优 6003 是由江苏省农业科学院经济作物研究所用陆地棉与辣根棉远缘杂交系统选育而成的优质材料，其系谱为苏棉 8 号//86-1/辣根棉，枯萎病病指为 3.2。2010 年农业部棉花品质监督检验测试中心的测试结果，绒长为 35mm、比强度为 36.1cN/tex、马克隆值为 4.2。

苏优 6108 是由江苏省农业科学院经济作物研究所用陆地棉与异常棉远缘杂交系统选育而成的优质材料，其系谱为 86-1/异常棉//低酚棉 76-63/86-1///徐棉 6 号////Acala3080/////PD4381，2010 年农业部棉花品质监督检验测试中心的测试结果，绒长为 34mm、比强度为 36cN/tex、马克隆值为 4.0。

鲁 E24-4 是由陆地棉鲁 1138 与海岛棉 E24-3389 远缘杂交和系统选育而成的抗病优质材料。该材料生育期为 149 天，株型松散，株高中等，叶片深绿，铃卵圆，单铃重 5.4g，较抗黄萎病。2012 年农业部棉花品质监督检验测试中心的测试结果，绒长为 33mm、比强度为 33.3cN/tex、马克隆值为 4.8，属于具有海岛血缘的抗病优质材料。

4. 利用基因工程技术创造纤维品质资源

棉花纤维是由胚珠外珠被表皮层的单细胞分化而来的，其纤维长度、比强度、细度等品质性状是评价棉花质量的重要标准，也是当前棉花育种工作中关注的重点。研究表明，棉花纤维主要是由多糖（纤维素、半纤维素）、木质素、细胞壁蛋白及一些次生物质（果胶等）组成，影响棉花纤维发育过程中纤维素（*CesA* 基因）、木质素（*PAL*、*4CL*、*CCR* 基因等）等合成的基因都与纤维品质的形成相关。国内外科研人员相继发现并挖掘了与棉花纤维发育相关的基因，这些基因包括蔗糖合酶基因（*GhSusA1*）、细胞骨架（Cytoskeleton）相关基因（*GhTua1-9*、*GhTUB1*、*GhACT1-15*）、油菜素内酯合成与响应相关基因（*GhDET2*、*GhDWF4*、*GhBIN1-2*）、一些转录因子（*GhMYB*）。Jiang 等（2012）发现，蔗糖合酶基因 *GhSusA1* 在纤维强度、棉铃大小及种子质量等性状中起着重要的作用。Li 等（2005）发现，抑制 *GhTua9*、*GhTUB1*、*GhTUBL* 表达可能是纤维伸长所必需的，并且 *GhACT1* 控制纤维伸长，但不参与纤维的分化起始。John 和 Keller（1996）把来源于细菌的 *PhaB* 和 *PhaC* 基因连到纤维发育期特异性表达的 E6 启动子上转化棉花，与内源 PhaA 共同催化乙酰-CoA 合成多聚物，获得了吸热性增强、导热性降低的转基因棉花。

通过自然突变、诱变（化学诱变及辐射诱变等），以及近年发展的 Ac/Ds 和 T-DNA

---

① 1 亩≈666.7m^2，下同

插入或转座突变等技术，初步建立了棉花的突变基因库，获得了光子突变体、无短绒突变体、无纤维突变体、棕色纤维突变体、绿色纤维突变体等。

花粉管通道法是在授粉后向子房注射含目的基因的 DNA 溶液，利用植物在开花、受精过程中形成的花粉管通道，将外源 DNA 导入受精卵细胞，并进一步被整合到受体细胞的基因组中，随着受精卵的发育而成为带转基因的新个体。科学家利用花粉管通道技术，将海岛棉 DNA 导入陆地棉栽培品种豫棉 17 号中，获得了大量转基因后代材料，并对其进行了衣分、铃重、纤维长度、强度、细度等农艺经济性状，以及多态性简单重复序列（simple sequence repeat，SSR）引物扩增产物的差异分析，结果表明，有 4 个遗传转化系是海岛棉 DNA 导入陆地棉豫棉 17 产生的变异系。这些材料的农艺性状变异和 SSR 标记的分析结果非常吻合。外源海岛棉 DNA 导入陆地棉后，在第 4 代（T_4）就选择出了具有明显变异的类型，其中的主要变化是铃变小、纤维变短、衣分降低、生育期偏晚等特征，认为其性状偏向海岛棉，证明已经有海岛棉基因转入。利用 SSR 引物对海岛棉 DNA 导入陆地棉产生的第 4 代遗传转化系和受体、供体进行了 PCR 扩增，有 4 对 SSR 引物扩增的电泳带型在供体、受体与变异系之间有较大的差异。从而从分子水平证明有外源基因转入。

利用转基因技术将纤维品质相关基因转入陆地棉中也是创造纤维品质资源的有效方式。为了发掘与长纤维紧密相关的基因，利用反向遗传学技术和 cDNA 文库法，科学家获得了与纤维伸长紧密相关的基因 *GhPEL* 基因，主要在开花后 5～15 天（DPA）的纤维中表达（纤维发育伸长期），在 10DPA 的纤维中表达量最高。通过原核表达技术，从大肠杆菌中纯化到预期大小的棉花果胶裂解酶蛋白，酶活性测定发现其具有典型的果胶裂解酶活性。将其转入陆地棉中获得了纤维缩短的转基因株系。

（二）棉花纤维产量资源创制

棉花纤维产量是指棉花去掉植株、种子后的经济学产量。影响棉花纤维产量的因素包括铃重、衣分、铃数等。通过提高棉花衣分、铃重及株铃数等均可以使棉花纤维产量大幅度提高。因而筛选不同纤维铃重、衣分资源材料有助于开展棉花纤维产量因子的遗传基础研究。丰产种质，即直接改良产量性状使新品种达到高产目标的种质。

1. 利用杂交、复交系统选择创造纤维产量资源

美国密西西比州松滩种子公司 1911 年开始用多品种多年杂交、复交和回交，于 1947 年育成了优良的岱字棉 15 号品种。该品种 1950 年由原华东农林部从美国引进我国，1950～1953 年，在长江、黄河流域分别比当地推广品种增产 20.3% 和 14.6%，该品种在长江、黄河流域的种植面积占当时全国植棉面积的 90% 以上，推广面积逐年扩大，1958 年种植面积达 5248 万亩。岱字棉 15 号在我国种植了 20 多年，是我国年种植面积最大、分布地域最广的棉花品种。采用系谱选择、杂交育种等方法，我国已培育出了 400 多个与岱字棉 15 号有亲缘关系的新品种，用系统选择法选育出的品种有洞庭 1 号、洞庭 3 号、沪棉 204、南通棉 5 号、鄂棉 4 号、鄂棉 6 号、鄂棉 9 号、鄂棉 10 号、中棉所 2 号、中棉所 3 号、宁棉 12、泗棉 1 号、浙棉 1 号、鸭棚棉、商丘 17、商丘 24、彭泽 3 号、彭泽 4 号、敬安 508、新洲大桃、运城 4 号、宝棉 13、宝棉 114（23 个）。从岱字棉 15 选

育出的品种再经系统选育而成的品种还有川简 6 号、天棉 1 号、华棉 2 号、达棉 1 号、协作 1 号、协作 2 号、宝山大桃、徐州 1214 等。这些品种高产、稳产，实应性强，还有的品种配合力好，再进一步被培育成更多更新的品种。例如，以洞庭 1 号为亲本培育成了大面积推广的丰产品种泗棉 2 号、苏棉 4 号、宛棉 1 号、盐棉 1 号、绵 83-21、川棉 56、川棉 109、赣棉 4 号等，其中，泗棉 2 号在 1986 年后成为长江流域推广面积最大的品种，1991 年种植面积就达 519 万亩。泗棉 3 号是集丰产、优质、抗病虫、早熟和适应性广于一体的一个优良品种。泗棉 3 号育成的关键技术主要是注重丰富的遗传基础，集高产、抗病虫、早熟、优质等性状为一体，并注重综合优良性状间的协调。从血缘关系中可以看出，泗棉 3 号包含福字棉、斯字棉、德字棉、岱字棉系统和非洲乌干达棉的血缘，有丰富的遗传基础，因而表现丰产、优质、抗病虫、早熟等综合优良性状。

　　铃重和衣分分别是指单个铃籽棉的质量和去掉种子后皮棉占籽棉的比例。通过对国内外材料的广泛收集和鉴定，筛选出了一批铃较大、衣分较高的材料，并在此基础上采用杂交、复交创造了一批不同遗传背景的大铃、高衣分材料（表 1-10、表 1-11）。

表 1-10　高衣分材料

材料名称	衣分/%	材料名称	衣分/%
湘 163	43.0	Ari971	48.0
邱县 0904	45.0	A41772Bt	46.1
邱县 0905	45.0	大铃棉 69 号/A4171//长桃 F3	45.8
邱县 0907	45.0	084140-49/084138-39 F5	44.6
邱县 0917	45.0	084140-49/084138-39 F5	43.6
邱县 0921	44.0	鲁 16Bt-鲁 188 f7	43.3
CHUAN118	44.0	4612 鲁 118	45.1
荆 173	42.0	时 09	44.7
银山 6	45.0	鲁 1138/E24-3389 F7	44.0
DAS2	43.0	鲁 1138/E24-3389 F7	44.6
开 043	42.0	中 1421	49.4
徐 2419	42.0	A41772B	43.1
鄂荆 55173	44.0		

表 1-11　大铃材料

材料名称	单铃重/g	材料名称	单铃重/g
LA887/Su9108	6.0	中 UA4104/ Su 9108	7.5
FJA	6.1	中 A4097/ Su 9108	7.5
红桃	6.2	R01/中三都 4121	7.7
Acala（1）	6.3	中 UA4104/ Su 9108	7.8
MM-2	6.4	Su 9108/R03	7.9
J02-247	6.6	美双价棉/ Su 9108	8.1

续表

材料名称	单铃重/g	材料名称	单铃重/g
中沪植 210-195/ Su 9108	6.8	Su 9108-5	8.1
中 AR40772	6.8	Su 9108-2	8.2
鲁 11/ Su 9108	7.1	RT1641W/ Su 9108	8.5
R01	7.2		

Ari971 是从美国亚利桑那州引进的陆地棉材料系统选育而成的高衣分材料。该材料生育期为 134 天，株型松散，株高中等。抗枯萎、耐黄萎病。铃中等大小，铃卵圆形，铃尖突起程度中等，单铃重 5.5g 以上，衣分较高，46.0%~49%，结铃性较好，吐絮畅，易收摘，絮色洁白。2010 年农业部棉花品质监督检验测试中心的测试结果，绒长为 28.8mm、比强度为 27.2cN/tex、马克隆值为 5.1。作为丰产高衣分基因源材料，其可通过转移、聚合和改造，为育种和生产提供突出的目标性状。

A41772Bt 是利用国内品种与引进美国材料杂交系统选育而成的紧凑株型材料，其系谱为 Acala4-42///中 11/晋 7//晋 7////中 12////sGK9708。该材料生育期为 130 天，株型紧凑，株高中等，果节较短，主茎绒毛较多。抗枯萎、耐黄萎病。铃卵圆形，铃中等大小，铃重 5.7g，衣分为 46.9%，吐絮畅，吐期集中，易收摘。2011 年农业部棉花品质监督检验测试中心的测试结果，绒长为 28.5mm、比强度为 28cN/tex、马克隆值为 5.2。作为紧凑、高衣分、丰产基因源材料，其可以通过转移、聚合和改造，为育种和生产提供突出的目标性状。

4612鲁 188 是利用创新材料 4612 与创新材料鲁 118 杂交系统选育而来，其系谱为中棉所 14/FH87//裕丰 1 号///9901////鲁棉 11 号/838。该材料生育期为 139 天，株型松散，株高中等，果枝较长。抗枯萎、抗黄萎病。铃中等大小，铃重 5.6g，衣分较高，为 43%~46%，节铃性好，吐絮畅，易收摘，絮色洁白。2011 年农业部棉花品质监督检验测试中心的测试结果，绒长为 27mm、比强度为 27cN/tex、马克隆值为 5.4。

邱县 0904 是从河北邱县棉农田间发现的光子突变体，后经系统选育而成光子高衣分材料。该材料生育期为 132 天，株型松散，株高中等，主茎较细。抗枯萎、耐黄萎病。铃中等大小，铃重 5.7g，衣分较高为 43%~45%。2010 年农业部棉花品质监督检验测试中心的测试结果，绒长为 27.8mm、比强度为 27cN/tex、马克隆值为 4.8。

2. 利用辐射诱变创造纤维产量资源

鲁棉 1 号是山东省棉花研究所以中棉所 2 号为母本，与岱字棉 15 选系 1195 系为父本杂交，F_9 代用 ^{60}Co 4 万伦琴的 γ 射线处理后经系统选育，于 1975 年育成的丰产品种。1977~1978 年黄河流域区试平均皮棉亩产 79.7kg，比对照岱字棉 15 增产了 16.2%。1980 年山东省种植 850 多万亩，次后迅速推广到河北、河南、山西、陕西等省和长江流域部分地区，1982 年最大种植面积达 3160 万亩，到 1984 年累计种植面积 1 亿亩。鲁棉 1 号是我国自育棉花品种历史上的第一个繁殖推广快，种植面积最大的品种。我国从 20 世纪 60 年代开始棉花诱变育种创新种质，在提高产量方面取得了巨大成功。除了鲁棉 1

号外，我国还利用 ^{60}Co 辐射诱变，培育成了新海 2 号、太原 112、粤陆 1 号、辐射 1 号、安农 121、冀棉 8 号、辐观 3、荷 781（5）-2、晋物 691、运幅 885 等品种（系），以及鄂棉 15 号、皖棉 1 号、皖棉 5 号、盐城 651、90197-1 等品种。冀棉 8 号是原石家庄地区农业科学研究所从冀邯 5 号//岱 45A/紫花棉的组合后代经 ^{60}Co 辐射，于 1978 年育成的丰产品种。1982～1984 年黄河流域区试平均皮棉亩产 91.5kg，较对照鲁棉 1 号增产了 17.3%。1985 年在河北种植 773 万亩，1983～1989 年累计种植 2300 万亩。棉花诱变育种开始于 30 年代，到了 60 年代，由于离子辐射装置的大量安装和使用，苏联、美国、中国等国家将辐射诱变大量用于种质创新，其中，研究最为系统和富有成效的是苏联。全苏棉花育种和良种繁育研究所利用 ^{60}Co 对植株和花粉辐射培育出了一系列陆地棉和海岛棉品种及品系。乌兹别克斯坦科学院实验生物所用放射线磷处理墨西哥半野生棉，培育出了抗病高产的陆地棉品种 AH-402。全苏棉花栽培研究所、塔什干农学院等利用辐射创新也获得了棉花新品系和新品种。国内外诱变育种说明，在生产上推广的经辐射培育的品种具有矮秆、早熟、产量高等特点，辐射用于创新的最大优点是变异范围广、稳定快，可加速育种进程。辐射诱变不但对棉花新品种培育有重要作用，而且对创造新的棉花品种类型和新的遗传工具材料也有较好的效果。无色素腺体海岛棉 BAHTIM110 则是由 ^{32}P 内照射吉扎 45 的种子而获得的。Galen 等（1968）和胡保民（1996）用 ^{60}Co 照射花粉后受粉，都诱导出了初级单体、初级三体、三级三体等。辐射诱变作为一种提高突变频率、促进基因重组、提高产量、创造新类型的有效手段，已在棉花品种改良和种质创新中起了较大的作用。然而，自 90 年代后，由于组织培养和基因工程等新技术的发展及利用，辐射诱变的应用大大受到了限制。不过，近些年，由于新辐射源（激光、离子束等）的应用，诱变创新又开始受到重视。安徽省较早地将激光和离子束应用于育种及种质创新，皖棉 1 号是安徽农业大学用激光辐照徐州 142×中棉所 7 号组合，当年选择变异株，于 1983 年育成的。1985～1986 年，其在长江流域夏棉区试点平均皮棉亩产 58.2kg，比对照中棉所 10 号增产了 8.8%，在长江流域作接茬棉能发挥增产潜力；1988 年种植 12 万亩，累计推广面积 66 万亩。安徽农业大学还与中国科学院等离子所合作用氮离子注入棉花，获得了可遗传的短果枝突变体，而且还选育出了高产、优质、抗病和早熟新品系 4 个。近年来，中国农业科学院棉花研究所与郑州大学合作，用激光和离子束诱变棉花种子也获得了有利变异。

中国农业科学院棉花研究所利用 250Gy 的 ^{60}Co γ 射线对 Arcot-1、Su9108 和 J11 3 个品种的风干种子进行辐射处理，获得了 32 个 Arcot-1、25 个 Su9108、17 个 J11 的诱变后代材料（表 1-12、表 1-13）。发现部分诱变后的材料纤维产量相关性状发生变化。3 个诱变后代株系群体的各个农艺经济性状的变异范围、平均数和变异系数均存在明显差异。从平均变异系数分析，铃重、铃数、株高、果枝数均超过 10.0% 以上，其中铃数的变异系数达 29.03%，这说明产量性状的变异大，从诱变后代 M_5 群体中选择高产品种的可能性较大。在 3 个品种的 M_5 群体中，相同性状的变异系数也存在较大差异，其中 Su9108 诱变株系的衣分变异系数最大。说明以同等条件进行辐射诱变，不同品种诱变后代 M_5 表型性状的变异范围和方向不同；变异较大性状主要表现在单株铃数、果枝数等上，产量性状在 M_5 以后世代中可能选择到更好材料。

表 1-12　3 个品种的 M₅ 群体主要农艺经济性状的变异分析

	品种群体	衣分/%	铃重/g	株高/cm	铃数/个	果枝数/枝
变幅	Arcot-1	39.2±4.6	5.3±3.7	74.7±27.1	14.1±11.6	9.8±4.5
	Su9108	40.1±9.6	6.2±2.3	60.7±36.1	9.8±10.9	7.7±3.0
	J11	40.7±4.7	5.5±2.0	68.1±14.4	11.5±8.8	9.3±2.8
变异系数	Arcot-1	4.72	15.88	12.82	24.07	14.96
	Su9108	7.58	15.75	14.60	33.49	14.41
	J11	5.77	14.08	8.89	29.55	14.06
	平均	6.02	15.24	12.10	29.03	14.47

表 1-13　诱变后代 M₅ 筛选出的特异材料表型性状

诱变材料	衣分/%	单铃重/g	株高/cm	铃数/个	果枝数/枝
M₅A13	41.1	3.4	84.0	20.7	12.2
M₅A14	41.2	3.8	52.0	11.3	8.4
M₅A27	40.5	6.8	65.9	8.9	9.7
M₅S4	33.5	4.9	71.2	16.4	9.2
M₅S5	30.9	5.4	83.0	14.8	9.4
M₅S19	42.2	6.3	54.9	7.9	7.2
M₅J2	44.6	5.6	67.4	12.7	9.2
M₅J4	44.1	5.1	66.8	13.6	9.7
M₅J8	41.8	6.6	71.9	13.6	8.7
M₅J11	34.9	6.3	61.8	8.1	7.9

3. 利用远缘杂交创造丰产种质资源

与野生棉远缘杂交，获得了一些丰产的品种。河北省石家庄市农业科学研究院与中国科学院遗传研究所协作，1990 年用 ｛86-1［（吉扎 45×瑟伯氏棉）F₂×ASJ-2］F₃｝×中 381 组合远缘杂交和系统选相结合选育而成高产品种冀棉 24 号（石远 321），其将 3 种棉花的诸多优良性状结合在一起，在产量、抗性、纤维品质等方面均优于母本和父本，达到了高产、优质、多抗，其霜前皮棉比对照中棉新 12 号增产了 19.7%，每公顷增产皮棉 150kg，连续几年的示范种植，亩产皮棉都在 100 kg 以上，衣分达到 42.6%以上。后来，河北省石家庄市农业科学研究院和中国农业科学院生物技术研究所又将 *BT+CPTI* 双价抗虫基因导入石远 321，培育成抗虫、高产的新品种 SGK321。石抗 39（sGK13、冀石 39）是由河北省石家庄市农业科学研究院与中国农业科学院生物技术研究所对 ｛86-1×［（吉扎 45×瑟伯氏棉）F₂×ASJ - 2］F₃｝381 的组合后代导入 *Bt + CpTI* 双价抗虫基因，经选育而成的转 *Bt+CpTI* 双价转基因抗虫棉品种。2004～2005 年河北省春播抗虫棉棉花品种区域试验结果显示，平均皮棉产量达 1519.5kg/hm²，较对照 DP99B 增产

21.9%，高抗枯萎病、耐黄萎病。晋棉 21 号（820）由山西省农业科学院作物遗传研究所以（陆地棉×瑟伯氏）F_3 作母本、（陆地棉×异常棉）F_2 作父本远缘杂交，经激素处理、染色体加倍、组织培养等生物技术培育而成。1993～1995 年山西省特早熟棉花品种区域试验结果表明，平均皮棉产量达 739.5kg/hm^2，比对照晋棉 6 号增产了 11.3%。抗棉苗根病、枯萎病，高抗黄萎病，黄萎病病指为 4.0，对棉铃虫、棉蚜有一定抗性。晋棉 27 号（2918）是由山西省农业科学院作物遗传研究所、中国科学院遗传研究所、山西农业大学农学系，以（陆地棉×比克氏棉）F_3 为母本、（陆地棉×瑟伯氏棉）F_4 为父本，采用棉属种间复合杂交及染色体加倍等技术和方法选育而成。1997～1998 年参加山西省特早熟棉花品种区域试验，皮棉产量达 1672.5kg/hm^2，比对照增产 21.7%。石旱 1 号（sGK12）是由河北省石家庄市农业科学研究院和中国农业科学院生物技术研究所，以远缘材料 E91（组合为辽 1038×科遗 2 号×雷蒙德氏棉）为母本，双价抗虫棉 sGK321 为父本在海南进行杂交，于 2001 年选育而成的双价转基因抗虫棉品种。河北省两年棉花品种区域试验结果显示，平均皮棉产量达 870.0kg/hm^2，比对照增产 17.4%，耐枯萎病，枯萎病病指为 12.0。

C-6524 品种是乌兹别克斯坦国家棉花育种研究所以 159 夫为母本、半野生棉尖斑棉（$G.$ ssp.$punctatum$）为父本，于 1988 年育成的丰产、优质、抗病等综合性状良好的品种，生产种植 20 年还有很大面积。2007 年和 2008 年乌兹别克斯坦推广种植面积最大的品种是 C-6524，年推广种植面积达到 278 000～290 000hm^2。中国新疆农业科学研究院于 1993 年从乌兹别克斯坦共和国引进该品种，1997 年经新疆维吾尔自治区农作物品种审定委员会审定通过。该品种 1995 年参加新疆维吾尔自治区南疆中早熟陆地棉区域试验，籽棉产量达 4265.1kg/hm^2，比对照军棉 1 号增产 17.7%；皮棉产量达 1500.3kg/hm^2，比对照军棉 1 号增产 16.2%；抗耐黄萎病较好。

利用亚洲棉育成的丰产品种不多。湘棉 12 号（D-03）是由湖南农学院采用授粉后外源 DNA 导入法，将亚洲棉常熟黑子的 DNA 导入陆地棉岱红岱，经连续选择育成的。1985～1987 年参加湖南省棉花品种区域试验，平均皮棉产量达 1264.1kg/hm^2；耐渍涝，兼耐枯萎病。

利用海岛棉与陆地棉杂交育成了不少丰产品种。中棉所 17（中 117）和中棉所 19（中 7886）都是由中国农业科学院棉花研究所以海岛棉材料 6651 为背景育成的丰产品种。中棉所 17 以（7259×6651）为母本、中 10 为父本杂交育成。中棉所 19 以（7259×6651）×中 10 系为母本、（7263×6429）系为父本进行复合杂交选育而成，而 6651 为"徐 209×910 依"的后代，910 依为海岛棉。1989～1990 年黄河流域麦棉套品种区域试验结果显示，中棉所 17 霜前皮棉产量为 871.5kg/hm^2，比对照中棉所 12 增产 14.2%。1989～1990 年河南省棉花抗病棉品种区域试验结果显示，中棉所 19 霜前皮棉产量比对照中棉所 12 增产 2.6%。冀棉 13 号（119）由河北省农林科学院棉花研究所采用海岛棉与陆地棉多亲本种间杂交，后代又以陆地棉回交，（组合｛C-8017×［宁细 6153-3+（910-N×陆地棉）F_4］｝×冀棉 5 号）南繁加代和多年连续选择于 1981 年育成，铃重为 5.0g、籽指为 9.0～10.0g、衣分为 43.0%，皮棉产量为 1500kg/hm^2，最高可达 2466kg/hm^2；抗旱，耐瘠薄，耐蚜虫，耐水肥，感枯、黄萎病。赣棉 9 号（万棉 82-1）由江西万年县农业科学研究所以岱字 15 号为母本、（鲁棉 1 号×浙棉×海岛棉）为父本杂交选育而成，铃重为 5.6g，衣分为 40.4%、籽指为 10.2g。江西省棉花品种区域试验结果显示，其与对照泗棉 2 号平产，1993 年通过江西省农作物品种审定委员会审定。新陆中 8 号（冀 91-19）由河北省农林科学院棉花研究所采用陆地棉与海岛棉种间杂交后代经连续多年选择培育而成，铃重为 5.9g、衣分为 42.5%；一般皮棉产量为 1662kg/hm^2，生产试验结果显示，平均皮棉产量为 2274kg/hm^2。新陆中 15 号（16-1）由新疆农业大学农学院以自育品系 ND25 为母本、海岛棉 3287 品系为父本杂交，其后代经南繁北育，连续与 ND25 品系回交 4 次，并在人工病圃中系统选出 16 号株系，又从 16 号株系中选育出 16-1 单株培育而成，铃重为 6.2～6.5g、衣分为 41%；1999～2000 年参加国家西北内陆棉区早熟组棉花品种区域试验，平均皮棉产量达 1176.5kg/hm^2、霜前皮棉产量达 1575.0kg/hm^2；抗枯萎病，较耐肥水，较耐旱。川 98 由四川省农业科学院棉花研究所以高抗螨的海岛棉 Pima S-3 作母本、江苏棉 1 号作父本进行种间杂交和回交后系统选育而成，铃重为 5.0～5.5g、衣分为 34.0%～38.0%、衣指为 7.5g、籽指为 10.5g，抗螨效果达 60% 以上。苏棉 2186 由江苏中江种业股份有限公司以（苏棉 12 号×海岛棉 7124）的 F$_1$ 代为母本、9604 品系（泗棉 3 号变异株）为父本杂交选育而成，铃重为 5.8g、衣分为 38.2%、籽指为 10.8g。2004～2005 年参加江苏省棉花品种区域试验，平均籽棉产量达 3529.5kg/hm^2，较对照苏棉 9 号增产 7.9%；皮棉产量达 1347kg/hm^2，较对照增产 1.0%。苏抗 3118 是由江苏省农业科学院经济作物研究所与中国科学院上海生物化学研究所采用花粉管通道法，将抗黄萎病的海岛棉 7124（供体）DNA 导入陆地棉抗枯萎病品系江苏 9101（江苏 3 号×碧抗号），在病圃中选抗病、丰产株育成的品系，铃重为 5.7g、衣分为 40%，棉花品种多点试验结果显示，比对照泗棉 3 号与盐棉 48 增产皮棉 14.1%。

4. 利用基因工程技术创造丰产种质资源

棉花纤维是由胚珠外珠被表皮层的单细胞分化而来的，其发育过程包括纤维的起始、伸长、加厚和脱水成熟几个阶段，其中纤维的起始阶段关系到纤维分化的数量，因此通过增加胚珠表皮细胞分化的数量，可以提高棉花纤维的数量，增加衣分。Zhang 等（2011）利用植物基因工程技术通过外源启动子提高吲哚乙酸（IAA）在胚珠的表达，从而促进了生长素在棉花胚珠上皮中的合成，大大提高了衣分。

二、棉花纤维基因资源挖掘与利用

（一）优异纤维品质种质的鉴定和筛选

中国农业科学院棉花研究所通过对收集、保存、创新的 330 份材料在不同生态区进行多年多点的鉴定，筛选出纤维品质表达稳定的材料（表 1-14）。并研究了材料的遗传多样性，对 18 个主要农艺性状进行主成分和系统聚类法分析发现，前 3 个主成分的累计贡献率达 89.22%，主要为纤维品质性状因子（贡献率为 66.77%）、株高和病指因子（贡献率为 14.65%）、生育期因子（贡献率为 7.80%）。根据 SSR 标记多态性信息量 PIC 值的大小、Shannon-Wiener 多样性指数的高低及引物 PCR 扩增 DNA 片段的电泳结果，从 111 对多态性引物中筛选出 25 对多态性较丰富、扩增条带清晰稳定的引物作为核心引物，用于不同种质指纹图谱的构建。25 对多态性较丰富、条带清晰稳定的核心引物在 330 份材料中共发现 145 个等位位点，平均为 5.8 个；基因型数为 3～12 种，平均为 6 种；PIC 值为 0.5121～0.8501，平均值为 0.7463；Shannon-Wiener 多样性指数为 0.7528～1.9268，平均值为 1.4896，多态性较丰富。核心标记分布于棉花 26 条染色体中的 19 条上，有 4 条染色体无标记，19 号染色体上标记最多为 6 个，其次是 5 号染色体上有 4 个，1 号、13 号染色体上分别有 3 个。

表 1-14　纤维品质表现稳定材料

品种名称	安阳上半部平均长度/mm	江苏上半部平均长度/mm	新疆上半部平均长度/mm	安阳断裂比强度/(cN/tex)	江苏断裂比强度/(cN/tex)	新疆断裂比强度/(cN/tex)	安阳马克隆值	江苏马克隆值	新疆马克隆值
邯 8959	30.10	31.52	31.61	28.5	33.13	32.4	4.57	5.06	4.23
Acala SJ-5	30.40	31.08	31.09	31.57	33.17	32.1	4.74	4.69	4.42
LineF	30.45	30.31	31.28	33.77	34.47	31.17	4.62	3.89	4.09
冀 91-31	30.50	31.27	30.31	30.8	31.83	30.03	4.37	4.64	4.39
中资 9196	30.51	30.45	30.07	30.9	32.07	30.83	4.64	4.30	3.70
苏远 04-129	31.51	32.05	31.47	32.17	34.17	28.67	4.30	3.87	3.57
苏 7036 远缘	31.82	31.62	31.33	36.57	32.87	30.6	4.03	3.53	3.66
中 R773-314	32.13	30.50	31.81	30.67	34.83	33.1	4.28	3.95	3.70
中 Arc-185	32.27	32.07	32.78	31.1	33.2	30.17	4.05	3.95	3.32
库车 T94-6	32.36	32.73	31.63	33.5	36.1	34.83	4.13	4.04	3.87
0102X-10-1	32.43	29.84	31.54	31.37	32	31.9	4.96	3.83	4.42
CRI-508	32.55	33.66	33.39	28.17	40.57	35.33	4.49	4.43	4.40
中 R773-309	32.73	30.32	32.01	31.55	34	32.17	4.03	3.98	3.61
601 长绒棉	33.06	32.36	31.24	27.2	32.17	29.9	3.71	3.46	3.75
MSCO-12	35.28	33.67	32.77	28.1	32.5	32.7	3.62	3.09	3.46

（二）分子水平上检测不同纤维种质的优质纤维基因来源

1. 渐渗系材料纤维品质基因的挖掘

从分子水平上检测不同纤维品质来源种质的优质纤维基因来源，是加速优质纤维育种进程的关键。刘根齐等（2000）通过 RAPD 技术，对来自科遗 181 与野生比克氏棉杂交后代的 6 个遗传稳定的不同种质系，以及从海岛棉×野生瑟伯氏棉×陆地棉三元杂种后代中选育的种间杂交新品种石远 321 进行了分析；聂以春等（2000）通过 RAPD 技术，对陆地棉栽培种与雷蒙德氏棉的杂种后代中选育的 9 个种质系，以及 [4×（亚洲棉×异常棉）]×陆地的杂交后代培育的 5 个种质系进行了分析。结果均表明，种质系中均发现野生亲本的特征带，不同种质系之间在基因组水平上具有一定的异质性，种质系与陆地棉回交亲本相似性较高。

　　通过对收集到的国内外棉花突变体及具有外源野生血缘的种质，中国农业科学院棉花研究所在安阳进行田间性状鉴定，发现不同外源野生种基因成分在陆地棉优质纤维改良上发挥了不同的作用。对 400 多份含有野生棉外缘成分材料进行进一步鉴定，从中筛选出特异优良纤维材料 38 份，通过分子标记鉴定，初步明确了海岛棉、瑟伯氏棉、亚洲棉、比克氏棉、斯特提棉、异常棉、黄褐棉等外源基因渗入陆地棉栽培种的遗传成分的多少情况，在这些优异纤维材料中，纤维长度优异性很容易随着海岛棉成分的渗入而在陆地棉种质中表达，纤维强度优异性很容易随着瑟伯氏棉成分的渗入而在陆地棉种质中表达。

　　通过对各类种间杂交渐渗系纤维品质性状平均值及优质纤维种质（长度大于 30mm 或比强度大于 30cN/tex）占各类总种质数的比例的比较分析发现（表 1-15），种间杂交渐渗系和常规品种均表现纤维整齐度较高、马克隆值合适，但种间杂交渐渗系比常规品种的纤维长度和断裂比强度均有一定程度的提高，说明棉属远缘杂交在陆地棉种质资源的纤维品质改良上起到了一定的作用；不同野生资源在陆地棉种质纤维品质改良上有不同的作用，从陆地棉种质纤维长度改良上看，海岛棉和异常棉有较大的作用，它们的纤维长度平均值高于常规品种 1.77mm 以上，也均高于全部种间杂交渐渗系的纤维长度平均值，而且异常棉和海岛棉血缘的种质中，纤维长度大于 30mm 的种质所占比例也比较高。虽然瑟伯氏棉血缘类纤维长度平均值也高于常规品种 1.42mm，但该类种质中 72% 的种质均还有海岛棉血缘的渗入，有可能是海岛棉成分发挥的作用，不能判断瑟伯氏棉的作用。在纤维强度改良上，异常棉、瑟伯氏棉有较大的作用，而海岛棉和亚洲棉的作用相对较小。通过对瑟伯氏棉血缘类种质中的国内和国外两个群体比较发现，国内利用瑟伯氏棉进行陆地棉种质纤维强度改良上几乎没有作用，国外利用瑟伯氏棉进行纤维强度改良上作用突出，这可能是国外，特别是美国对纤维强度指标更加重视的缘故。通过对各类种间杂交渐渗系的农艺性状鉴定与分析发现，海岛棉血缘类种质在纤维长度上表现优异。

表 1-15　各类种间杂交渐渗系的纤维品质性状平均值及优质纤维种质所占比例的比较

种间杂交渐渗系类型	份数	长度/mm	整齐度/%	比强度/(cN/tex)	伸长率/%	马克隆值	长度大于 30mm 的种质比率/%	比强度大于 30 (cN/tex) 的种质比率/%
瑟伯氏棉血缘	45	29.46	84.52	29.02	6.67	4.44	32	25
国内瑟伯氏棉血缘	13	29.32	84.32	27.49	7.18	4.50	31	0
国外瑟伯氏棉血缘	32	29.52	84.60	29.66	6.45	4.41	32	35
海岛棉血缘	29	29.80	84.17	26.56	7.01	4.19	40	0
亚洲棉血缘	21	28.60	84.12	26.60	6.93	4.35	15	0
斯特提棉血缘	12	28.93	84.13	27.22	6.80	4.56	0	9
异常棉血缘	6	31.21	83.39	30.21	6.59	4.31	50	50
全部种间杂交渐渗系	155	29.21	84.27	27.73	6.83	4.39	25	14
常规陆地棉品种	10	28.03	84.25	26.83	6.63	4.56	11	0

纤维品质结合 SSR 位点分析发现（表 1-16、表 1-17），29 份海岛棉血缘类种质中有特异位点的种质 18 份和无特异位点的种质 11 份的纤维长度平均值分别为 29.95mm 和 29.48mm，前者比后者长 0.47mm。有特异位点和无特异位点两类种质中纤维长度大于 30mm 的种质所占比例分别为 47% 和 25%，可见有特异位点种质中的长纤维种质所占比

表 1-16　不同瑟伯氏棉+亚洲棉渐渗系的 SSR 特征位点数与纤维品质性状的相关性

品种名称	瑟伯氏特征位点/%	亚洲棉特征位点/%	特征位点总和/个	纤维长度/mm	马克隆值	伸长率/%	比强度平均值/（cN/tex）	整齐度平均值/%
AC239	41.18	58.82	17	29.15	5.45	6.17	26.62	84.53
AC-241	34.62	65.38	26	29.73	4.51	6.38	28.43	84.47
Acala SJ-1	25.00	75.00	24	30.66	4.38	6.30	29.86	83.13
Acala SJ-2	31.25	68.75	16	29.57	5.06	6.38	29.29	84.72
Acala SJ-3	38.46	61.54	13	31.18	4.63	6.52	30.65	84.53
Acala SJ-5	15.79	84.21	19	30.05	4.73	6.43	28.04	83.50
Acala SJC-1	25.00	75.00	16	31.27	4.82	6.20	29.41	84.72
F（PDline）	45.00	55.00	20	31.63	4.27	6.42	33.23	84.83
FJA（PDline）	34.78	65.22	23	32.23	4.65	6.37	27.73	84.30
PD0109	30.43	69.57	23	29.67	5.00	6.65	29.55	84.82
PD0111	41.18	58.82	17	29.93	5.23	6.25	28.80	84.88
PD0113	37.50	62.50	16	30.15	4.71	6.27	28.87	85.00
PD2164	31.82	68.18	22	29.06	4.86	6.37	27.50	83.40
PD3246	30.43	69.57	23	30.10	4.56	6.32	29.11	83.17
PD3249	32.00	68.00	25	29.55	4.87	6.32	29.64	84.57
PD4381	35.00	65.00	20	29.62	4.72	6.73	27.93	84.55
PD6179	31.82	68.18	22	29.77	4.69	6.63	28.04	83.90
PD9223	42.11	57.89	19	29.54	4.46	6.35	28.46	83.48
PD9232	31.58	68.42	19	29.55	4.89	6.83	28.24	84.28
PD9364	31.03	68.97	29	29.52	4.42	6.22	28.61	83.62
代尔柯特 277-5	36.84	63.16	19	30.68	4.69	6.82	29.70	84.65
邯 8901	35.00	65.00	20	31.16	4.57	6.22	31.74	86.15
邯 8904	31.58	68.42	19	27.32	4.80	6.88	26.96	83.85
邯 8957	18.18	81.82	11	36.76	4.86	6.40	28.28	84.25
华中 T72001	23.53	76.47	17	28.03	4.79	6.68	26.55	84.17
晋远 1081	15.38	84.62	13	29.26	4.81	6.68	27.64	84.70
与所有特征位点数的相关系数				−0.311	−0.394*	−0.156	0.073	−0.326
与瑟伯氏特征位点数的相关系数				−0.145	−0.037	−0.175	0.344	0.273
与亚洲棉特征位点数的相关系数				0.145	0.037	0.175	−0.344	−0.273

*表示在 0.05 水平上显著相关

表 1-17　海岛棉渐渗系的 SSR 特征位点数与纤维品质性状相关性

品种名称	海岛棉特征位点数	纤维长度平均值/mm	马克隆值平均值	伸长率平均值/%	比强度平均值/（cN/tex）	整齐度平均值/%
SC-1	8	29.81	4.79	6.43	29.29	84.93
川 109	7	30.83	4.75	6.30	28.78	84.07
邯 81-272	8	28.58	4.96	6.85	25.53	83.88
红叶棉 1	5	28.66	4.64	6.40	27.21	83.23
红叶棉 2	5	29.14	4.49	6.47	26.30	84.53
红叶棉 3	8	30.52	4.25	6.67	28.85	83.82
冀 182	5	29.21	4.74	6.85	27.06	84.60
冀 574	4	27.45	4.75	6.83	24.76	83.73
冀 A-6-7	9	29.57	4.74	6.47	27.59	84.85
冀 A-7-8	11	30.00	4.66	6.67	28.40	85.23
冀棉 12 号	4	30.95	4.91	6.60	28.60	85.05
冀棉 20	6	29.51	5.13	6.20	26.94	83.68
鲁棉 12 号	9	32.00	4.73	6.40	28.91	84.05
鲁无 401	4	30.99	4.46	6.42	28.50	84.15
麻城 96-1	4	32.34	3.91	6.88	28.09	83.43
山农 3 号	9	30.77	4.63	6.13	26.89	84.18
莘棉 5 号	5	30.68	4.22	6.68	30.13	83.90
莘棉 718		30.88	4.32	6.67	29.42	83.63
莘棉 8 号	7	28.73	4.75	6.50	26.21	83.33
莘棉 9 号	4	30.14	4.41	6.65	26.91	84.33
新陆 202	10	28.22	5.40	6.30	24.79	81.60
中棉所 13 号	5	30.65	4.26	6.83	27.87	83.82
中棉所 8 号	6	30.58	4.43	6.77	27.46	83.52
中无 383	7	29.62	4.66	6.40	26.08	84.07
与特征位点数的相关系数		−0.118	0.454*	−0.391	−0.092	−0.001

*表示在 0.05 水平上显著相关

例明显提高，说明海岛棉成分在该类种质所表现的纤维长度特异性中发挥了重要作用。同样，32 份国外瑟伯氏棉血缘类种质中有特异位点种质和无特异位点种质比强度平均值分别为 30.15cN/tex 和 28.01cN/tex，前者比后者增加了 2.14cN/tex，32 份国外瑟伯氏棉血缘类种质中纤维断裂比强度大于 30cN/tex 的 11 份种质全部都有特异 SSR 位点，说明瑟伯氏棉外源成分在该类种质所表现的纤维品质特异性中发挥了重要作用。分析这类种质系谱来源可知，它们的高强纤维特性都来自于 1940 年 Beasley 等得到的 HAT（陆地棉×亚洲棉×瑟伯氏棉）三元杂种后代。这为利用分子标记筛选具有由野生棉基因控制的特异性状的特异种质提供了有效策略。

对渐渗特征标记位点与纤维品质性状及田间主要农艺性状进行相关性分析，在 73 个与渐渗有关的 SSR 特征位点中，发现 13 个 SSR 特征位点与纤维品质性状显著相关，其中分别有 6 个正相关和 3 个负相关达到极显著水平，与纤维长度显著正相关的 SSR 特征位点有 3 个，2 个来自瑟伯氏棉，海岛棉和异常棉各 1 个，其中来自异常棉的 BNL387-201

的决定系数最大（9.08%）（表 1-18）。与纤维强度显著相关的特征位点共有 8 个，除亚洲棉含两个负相关的特征位点外，其他都与比强度呈正相关，它们分别是亚洲棉 2 个、瑟伯氏棉和海岛棉各 2 个、异常棉 1 个。与比强度相关极显著的特征位点共有 4 个，全部呈正相关，来自瑟伯氏棉和海岛棉的 NAU1070-175、来自瑟伯氏棉的 NAU1071-178 两个特征位点与比强度正相关性最显著，决定系数都为 26.59%。亚洲棉中 4 个与比强度显著相关的特征位点中，以呈正相关的 NAU2173-224 决定系数最大，且相关性唯一达到极显著水平。同纤维细度显著相关的外源特征位点共有 4 个，其中瑟伯氏棉 3 个、海岛棉和亚洲棉各 1 个，但是除来自瑟伯氏棉的 NAU1125-222 外，其他均与纤维强度呈负相关，且来自海岛棉和瑟伯氏棉的两个位点达到极显著水平。纤维伸长率方面，海岛棉和瑟伯氏棉各 1 个 SSR 特征位点显著负相关，亚洲棉的 NAU2162-222 负相关达到极显著水平。除 NAU1125-222 外，与整齐度指数极显著相关的特征位点有 5 个，且全部呈正相关，其中所含位点数量从多到少依次为瑟伯氏棉、海岛棉和亚洲棉。亚洲棉、瑟伯氏棉和海岛棉都可以增强棉花纤维的细度，而亚洲棉的作用要小于后两者；海岛棉、亚洲棉和瑟伯氏棉均可以明显增强棉花纤维的整齐度，但是三者同时会降低纤维的伸长率，以亚洲棉作用最显著。

表 1-18　外源血缘特征位点与纤维品质性状的相关性分析

纤维品质性状	SSR 特征位点	外源血缘	P 值	R	R^2/%
纤维长度/mm	NAU1070-175	瑟伯氏棉、海岛棉	0.045	0.264	6.96*
	NAU1071-178	瑟伯氏棉	0.045	0.264	6.96*
	BNL387-201	异常棉	0.022	0.301	9.08*
比强度/（cN/tex）	NAU1070-175	瑟伯氏棉、海岛棉	<0.001	0.516	26.59**
	NAU1071-178	瑟伯氏棉	<0.001	0.516	26.59**
	NAU1070-156	亚洲棉	0.043	−0.266	7.09*
	NAU1071-155	亚洲棉	0.011	−0.333	11.10*
	NAU2173-224	亚洲棉	0.001	0.440	19.32**
	MUSS138-200	亚洲棉	0.044	0.265	7.02*
	BNL830-100	海岛棉	0.001	0.434	18.81**
	BNL387-201	异常棉	0.027	0.290	8.43*
马克隆值	NAU1070-175	瑟伯氏棉、海岛棉	0.010	−0.335	11.24**
	NAU1071-178	瑟伯氏棉	0.010	−0.335	11.24**
	NAU1125-222	瑟伯氏棉	0.012	0.328	10.76*
	NAU1167-200	亚洲棉	0.036	−0.276	7.59*
伸长率/%	NAU1125-222	瑟伯氏棉	0.014	−0.322	10.39*
	NAU2162-222	亚洲棉	0.001	−0.419	17.57**
	NAU1190-222	海岛棉	0.039	−0.272	7.38*
整齐度指数/%	NAU1070-175	瑟伯氏棉、海岛棉	0.006	0.264	12.65**
	NAU1071-178	瑟伯氏棉	0.006	0.264	12.65**
	NAU1125-222	瑟伯氏棉	0.038	0.301	7.47*
	NAU1071-155	亚洲棉	0.005	0.516	12.98**
	NAU1233-242	海岛棉	0.004	0.516	13.78**

*、**分别表示 5%和 1%显著水平

2. 诱变材料纤维品质基因的挖掘

中国农业科学院棉花研究所利用 250Gy 的 ^{60}Co γ 射线对 Arcot-1、Su9108、J11 进行辐射诱变，得到不同纤维品质的诱变后代材料。利用 296 对 SSR 引物对 74 份辐射诱变后代材料（M_5）进行多样性分析。所有材料中共筛选到 39 个多态性位点，其中 Arcot-1 诱变后代材料中检测到 20 个多态性位点，Su9108 诱变后代材料中检测到 19 个多态性位点，J11 诱变后代材料中检测到 26 个多态性位点，各多态性位点占总多态性位点的比例分别为 51.3%、48.7% 和 66.7%。其中 Arcot-1 与 Su9108 诱变后代材料检测到的相同多态性位点为 8 个，Arcot-1 与 J11 诱变后代材料检测到的相同多态性位点为 13 个，Su9108 与 J11 诱变后代材料检测到的相同多态性位点为 11 个，3 个品种诱变后代材料检测到的相同多态性位点为 6 个（表 1-19）。20 个 SSR 引物在 Arcot-1 诱变后代 32 个材料群体检测出 66 个等位变异，不同位点等位变异数 2～7 个，平均为 3.30 个，其中 1 个多态性位点可将 32 个材料分为 7 类，1 个多态性位点将其分为 6 类，4 个多态性位点将其分为 4 类，9 个多态性位点将其分为 3 类，剩余 5 个多态性位点将其分为 2 类，平均每个多态位点的基因型数为 2.90 个。位点多态信息量（PIC）为 0.305～0.853，平均值为 0.585。19 个 SSR 引物在 Su9108 诱变后代 25 个材料群体、26 个 SSR 引物在 J11 诱变后代 17 个材料群体分别检测出 66 个和 105 个等位变异，不同位点等位变异数分别为 2～4 个和 2～5 个，平均分别为 3.47 个和 4.04 个。其中 Su9108 有 2 个多态性位点可将 25 个材料分为 4 类、5 个多态性位点将其分为 3 类，平均每个多态位点的基因型数为 2.47 个；J11 有 2 个多态性位点将 17 个材料分为 5 类、1 个多态性位点将其分为 4 类、11 个多态性位点将其分为 3 类，平均每个多态位点的基因型数为 2.73 个。它们的位点多态信息量（PIC）分别为 0.077～0.760 和 0.360～0.834，平均值分别为 0.542 和 0.648。

表 1-19　诱变后代 M_5 群体的 SSR 标记遗传多样性

引物	等位变异数			基因型数			位点多态信息量（PIC）		
	Arcot-1	Su9108	J11	Arcot-1	Su9108	J11	Arcot-1	Su9108	J11
BNL1672	6	4	5	5	2	4	0.768	0.537	0.783
BNL2960	2	2	2	3	3	3	0.448	0.204	0.465
BNL3474	4	5	4	3	4	2	0.697	0.759	0.679
BNL4030	2	2	3	3	2	3	0.500	0.365	0.523
JESPR-114	3	3	7	3	3	3	0.595	0.580	0.834
JESPR-274	3	3	6	3	3	5	0.542	0.755	0.810
BNL193	–	3	–	–	2	–	–	0.537	–
BNL827	–	–	3	–	–	2	–	–	0.625
BNL1034	3	–	–	2	–	–	0.554	–	–
BNL1053	2	–	8	–	–	2	0.370	–	0.826
BNL1231	2	–	2	–	–	2	0.305	–	0.484
BNL1317	–	–	5	–	–	3	–	–	0.791
BNL1395	–	–	3	–	–	2	–	–	0.625
BNL1414	–	3	5	–	2	2	–	0.519	0.731

续表

引物	等位变异数			基因型数			位点多态信息量（PIC）		
	Arcot-1	Su9108	J11	Arcot-1	Su9108	J11	Arcot-1	Su9108	J11
BNL1421	–	–	2	–	–	2	–	–	0.360
BNL1440	–	3	–	–	2	–	–	0.553	–
BNL1604	–	–	5	–	–	2	–	–	0.759
BNL1694	–	–	5	–	–	3	–	–	0.783
BNL2449	3	–	4	3	–	3	0.611	–	0.643
BNL2634	–	–	5	–	–	2	–	–	0.777
BNL3031	7	2	–	5	2	–	0.853	0.077	–
BNL3140	3	–	–	3	–	–	0.629	–	–
BNL3171	–	–	2	–	–	3	–	–	0.475
BNL3255	3	–	3	2	–	2	0.594	–	0.604
BNL3383	–	5	–	–	4	–	–	0.705	–
BNL3442	4	–	4	–	–	3	0.620	–	0.616
BNL3646	2	–	2	3	–	2	0.381	–	0.498
BNL3649	–	3	7	–	2	5	–	0.537	0.834
BNL3806	–	5	–	–	2	–	–	0.755	–
BNL3948	3	–	–	2	–	–	0.628	–	–
BNL3994	3	–	–	3	–	–	0.638	–	–
JESPR-101	–	3	6	–	2	3	–	0.552	0.804
JESPR-152	–	2	2	–	3	3	–	0.337	0.500
JESPR-204	4	3	–	2	2	–	0.748	0.667	–
TMK19	–	4	–	–	3	–	–	0.570	–
TMP02	3	–	–	4	–	–	0.526	–	–
TMB04	4	–	3	2	–	2	0.686	–	0.527
TME12	–	3	2	–	3	3	–	0.538	0.496
TMH08	–	6	–	–	2	–	–	0.760	–
平均	3.30	3.47	4.04	2.90	2.47	2.73	0.585	0.542	0.648

　　计算诱变材料的遗传相似系数（表 1-20），发现 32 份 Arcot-1 诱变后代材料间的遗传相似系数变幅为 0.6129（M_5A2 与 M_5A30）～0.9848（M_5A8 与 M_5A9），遗传相似系数平均值为 0.8241。诱变后代材料与未辐射处理对照（M_5A32）的总遗传相似系数平均值为 0.8637，与 M_5A32 相似性最低的材料为 M_5A30（遗传相似系数为 0.6515），其次为 M_5A29、M_5A27、M_5A14、M_5A20 和 M_5A1，遗传相似系数均低于 0.8000，说明这些材料从 SSR 标记的遗传相似系数分析，通过辐射诱变的选择，与未辐射处理对照的相似性较低，变异较明显；与 M_5A32 相似性最高的材料为 M_5A8（遗传相似系数为 0.9697），其次为 M_5A9、M_5A22 和 M_5A5，说明这些材料与未辐射处理对照的相似性较高，变异不明显。

表 1-20　诱变后代材料与原亲本对照的遗传相似系数

Arcot-1 诱变后代群体		Su9108 诱变后代群体		J11 诱变后代群体	
诱变材料	与原亲本对照的遗传相似系数	诱变材料	与原亲本对照的遗传相似系数	诱变材料	与原亲本对照的遗传相似系数
M_5A1	0.7903	M_5S1（CK）	1.0000	M_5J1（CK）	1.0000
M_5A2	0.8548	M_5S2	1.0000	M_5J2	0.6000
M_5A3	0.8475	M_5S3	0.9697	M_5J3	0.5524
M_5A4	0.9242	M_5S4	0.8485	M_5J4	0.6952
M_5A5	0.9394	M_5S5	0.7727	M_5J5	0.7429
M_5A6	0.8788	M_5S6	0.7121	M_5J6	0.7143
M_5A7	0.8772	M_5S7	0.9848	M_5J7	0.7524
M_5A8	0.9697	M_5S8	0.9848	M_5J8	0.6286
M_5A9	0.9545	M_5S9	0.9545	M_5J9	0.8095
M_5A10	0.8030	M_5S10	0.9394	M_5J10	0.6095
M_5A11	0.8333	M_5S11	0.9545	M_5J11	0.6095
M_5A12	0.8182	M_5S12	0.8939	M_5J12	0.6762
M_5A13	0.8333	M_5S13	0.6970	M_5J13	0.6667
M_5A14	0.7727	M_5S14	0.9242	M_5J14	0.6667
M_5A15	0.8788	M_5S15	0.9545	M_5J15	0.6857
M_5A16	0.9153	M_5S16	0.9394	M_5J16	0.6095
M_5A17	0.9242	M_5S17	0.9242	M_5J17	0.5714
M_5A18	0.9091	M_5S18	0.9242		
M_5A19	0.8030	M_5S19	0.9848		
M_5A20	0.7857	M_5S20	0.9242		
M_5A21	0.8939	M_5S21	0.9545		
M_5A22	0.9394	M_5S22	0.9545		
M_5A23	0.9242	M_5S23	0.9242		
M_5A24	0.9091	M_5S24	0.9545		
M_5A25	0.8939	M_5S25	0.9394		
M_5A26	0.8485				
M_5A27	0.7656				
M_5A28	0.8333				
M_5A29	0.7424				
M_5A30	0.6515				
M_5A31	0.9245				
M_5A32（CK）	1.0000				
平均值	0.8637		0.9206		0.6818

Su9108 诱变后代材料间的遗传相似系数变幅为 0.6212（M_5S6 与 M_5S13）～1.000（M_5S1 与 M_5S2，M_5S7、M_5S8 与 M_5S19，M_5S9、M_5S11、M_5S15、M_5S21、M_5S22 与 M_5S24），

遗传相似系数平均值为 0.9022。诱变后代材料与对照（M_5S1）的总遗传相似系数平均值为 0.9206，与 M_5S1 相似性最低的材料为 M_5S13（遗传相似系数为 0.6970），其次为 M_5S6 和 M_5S5，遗传相似系数均小于 0.8000，说明这些材料通过辐射诱变选择具有较大变异；与 M_5S1 相似性最高的材料为 M_5S2（遗传相似系数为 1.0000），其次为 M_5S19、M_5S8 和 M_5S7，说明这些材料变异不大。

J11 诱变后代材料间的遗传相似系数变幅为 0.4857（M_5J3 与 M_5J15）～0.9905（M_5J2 与 M_5J16），遗传相似系数平均值为 0.7025。诱变后代材料与未辐射处理对照（M_5J1）的总遗传相似系数平均值为 0.6818，与 M_5J1 相似性最低的材料为 M_5J3（遗传相似系数为 0.5524），其次为 M_5J17、M_5J2、M_5J10、M_5J11 和 M_5J16，遗传相似系数均小于 0.6100，说明这些材料通过辐射诱变选择具有很大遗传变异；与 M_5J1 相似性最高的材料为 M_5J9，但其遗传相似系数仅为 0.8095，说明 J11 通过辐射诱变选择后，诱变后代材料变异都较明显，证明该品种对辐射较敏感。

根据 SSR 引物扩增的多态性等位基因变异计算的 Arcot-1、Su9108 和 J11 诱变后代 M_5 材料间的遗传相似系数，利用类平均法（UPGMA）分别进行聚类，结果如图 1-5～图 1-7 所示。

由图 1-5 可以看出，如果以 Arcot-1 诱变后代材料的遗传相似系数为 0.8000 作尺度对聚类图的结果进行分类，可以分为 6 类，第 1 类有 2 个材料（M_5A30、M_5A29），该类属于纤维品质较差、高衣分材料，其衣分超过 41.0%；第 2 类包括 3 个材料（M_5A20、M_5A14 和 M_5A11），属于小铃（4.2g）、纤维品质较差、株型较矮的材料；第 3 类包括 2 个材料（M_5A31 和 M_5A27），属于大铃（6.5g）、纤维品质较好的材料；第 4 类为最大类，

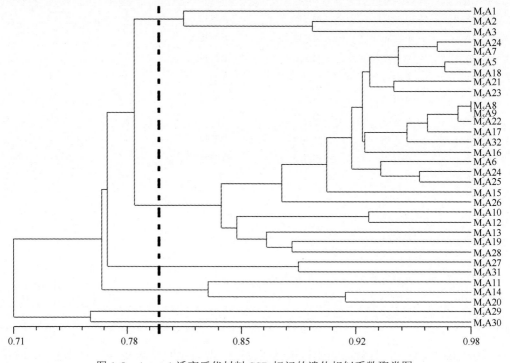

图 1-5　Arcot-1 诱变后代材料 SSR 标记的遗传相似系数聚类图

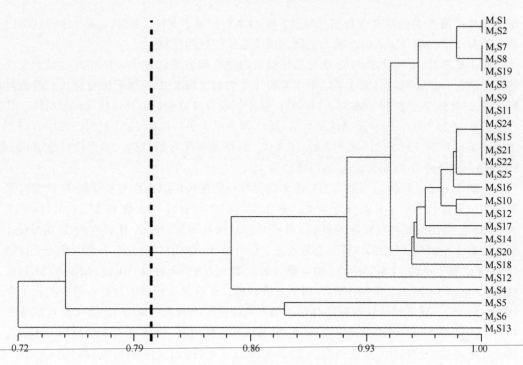

图 1-6　Su9108 诱变后代材料 SSR 标记的遗传相似系数聚类图

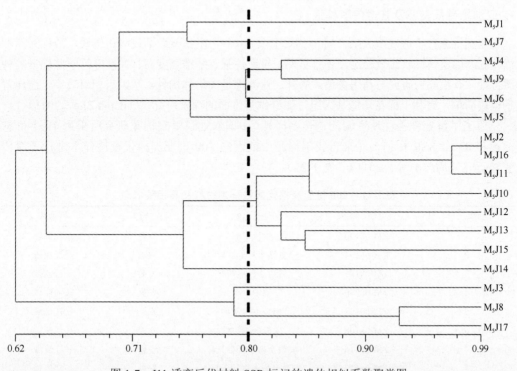

图 1-7　J11 诱变后代材料 SSR 标记的遗传相似系数聚类图

包括 22 个材料，其中含有一个未辐射处理对照（M_5A32），属于衣分较低、综合性状较好的材料；第 5 类包括 2 个材料（M_5A2 和 M_5A3），属于大铃、纤维品质一般的材料；第 6 类有 1 个材料（M_5A1），属于大铃、纤维品质较好的材料。

图 1-6 表明，如果以 Su9108 诱变后代材料的遗传相似系数为 0.8000 作尺度对聚类图的结果进行分类，可以分为 3 类，第 1 类有 1 个材料（M_5S13），属于综合性状一般的材料；第 2 类有 2 个材料（M_5S6、M_5S5），属于低衣分（33.5%）、纤维粗又短的材料，其纤维长度为 26.7mm、马克隆值达到 6.3；第 3 类为最大类，包括 22 个材料，其中有一个未辐射处理对照（M_5S1），属于大铃（6.4g）、纤维品质优异的材料，其平均纤维绒长为30.1mm、比强度为 33.6cN/tex、马克隆值为 4.5。

由图 1-7 可以看出，如果以 J11 诱变后代材料的遗传相似系数为 0.8000 作尺度对聚类图的结果进行分类，可以分为 9 类，第 1 类包括 2 个材料（M_5J8 和 M_5J17），属于大铃（6.6g）、纤维品质性状较好的材料，其平均纤维绒长为 32.2mm、比强度为 31.0cN/tex；第 2 类有 1 个材料（M_5J3），属于衣分较高、综合性状一般的材料；第 3 类也是 1 个材料（M_5J14），属于小铃（4.3g）材料；第 4 类为最大类，包括 7 个材料（M_5J2、M_5J10、M_5J11、M_5J12、M_5J13、M_5J15 和 M_5J16），属于衣分较低、纤维品质较好的材料；第 5 类有 1 个材料（M_5J5），属于结铃性较强的材料；第 6 类也是 1 个材料（M_5J6）；第 7 类包括 2 个材料（M_5J4 和 M_5J9），属于衣分较高、纤维品质较差的材料；第 8 类有 1 个材料（M_5J7），属于纤维品质差的材料，其比强度为 25.3cN/tex；第 9 类是 1 个未辐射处理对照（M_5J1），属于综合性状一般的材料。

3. 亚洲棉种质资源及其遗传多样性

亚洲棉原产于印度次大陆，属 A 基因组，由于它在亚洲最早栽培和传播，故称为亚洲棉。亚洲棉遗传性状比较稳定，具有早熟、抗逆性强、纤维强度高、弹性好等一些优良的种质特性，有很高的研究与利用价值。另外，亚洲棉是二倍体棉种，基因组相对较小，遗传背景也较简单，有利于棉花功能基因组，如纤维等方面的深入研究（Qin and Zhu，2011）。

为了了解亚洲棉种质资源的遗传多样性，中国农业科学院棉花研究所采用 19 个形态标记和 83 个 SSR 标记，对来自我国棉花中期库的 200 份亚洲棉代表性样本进行了遗传变异研究（周忠丽等，2011）（表 1-21）。

表 1-21　200 份亚洲棉代表性样本材料及其相关信息

种质序号	国家统一编号	种质名称	原产地	生态区
1	ZM-08190	贵池中棉	安徽	长江流域
2	ZM-08194	贵池小籽棉白籽	安徽	长江流域
3	ZM-08195	贵池小籽棉灰籽	安徽	长江流域
4	ZM-08260	铜陵中棉	安徽	长江流域
5	ZM-08198	桐城中棉灰籽	安徽	长江流域
6	ZM-08108	安徽全椒中棉	安徽	长江流域
7	ZM-08116	安徽全椒小籽棉光籽	安徽	长江流域
8	ZM-08117	安徽全椒小籽棉毛籽 1	安徽	长江流域
9	ZM-08183	宣城中籽棉白籽	安徽	长江流域
10	ZM-08184	宣城中棉光籽	安徽	长江流域

种质序号	国家统一编号	种质名称	原产地	生态区
11	ZM-08199	桐城中棉光籽	安徽	长江流域
12	ZM-08272	滁县小籽棉	安徽	长江流域
13	ZM-08145	定远紫花棉	安徽定远	长江流域
14	ZM-08103	安徽肥西小黑籽	安徽肥西	长江流域
15	ZM-08032	凤阳中棉	安徽凤阳	长江流域
16	ZM-08110	安徽阜阳二洋花	安徽阜阳	长江流域
17	ZM-08112	安徽阜阳紫色小花	安徽阜阳	长江流域
18	ZM-08273	皖贵池乌籽	交徽贵池	长江流域
19	ZM-08133	安徽怀宁县黑籽	安徽怀宁	长江流域
20	ZM-08104	安徽舒城中棉	安徽舒城	长江流域
21	ZM-08297	119S	巴基斯坦	国外
22	ZM-08138	完紫中棉	北京	黄河流域
23	ZM-08284	福建深山乡紫花中棉	福建	华南棉区
24	ZM-80045	高台中棉	甘肃高台	黄河流域
25	ZM-08185	临泽中棉	甘肃临泽	黄河流域
26	ZM-08045	甘肃武都中棉	甘肃武都	黄河流域
27	ZM-08023	广东东大乡星籽中棉	广东	华南棉区
28	ZM-08261	蛤贝棉	广东	华南棉区
29	ZM-08287	新淦中棉	广东	华南棉区
30	ZM-08022	广东连县星籽中棉	广东连县	华南棉区
31	ZM-80013	巴马那桃中棉	广西巴马	华南棉区
32	ZM-80050	富川江塘中棉	广西富川	华南棉区
33	ZM-08020	广西富钟中棉	广西富钟	华南棉区
34	ZM-80055	靖西遂怀中棉	广西靖西	华南棉区
35	ZM-08063	龙胜小花	广西龙胜	华南棉区
36	ZM-80040	南丹巴地中棉	广西南丹	华南棉区
37	ZM-80017	平果九坪中棉	广西平果	华南棉区
38	ZM-80005	三江八江中棉	广西三江	华南棉区
39	ZM-80006	三江八江棕絮中棉	广西三江	华南棉区
40	ZM-08019	广西天保县中棉	广西天保	华南棉区
41	ZM-08021	广西左县中棉	广西左县	华南棉区
42	ZM-08274	紫茎中棉	贵州	华南棉区
43	ZM-08307	安龙小花	贵州安龙	华南棉区
44	ZM-08302	长顺代化小花	贵州长顺	华南棉区
45	ZM-08303	从江中棉	贵州从江	华南棉区
46	ZM-80054	新埔小花	贵州关岭	华南棉区
47	ZM-80022	平乐小花	贵州凯里	华南棉区
48	ZM-80037	沫阳小花	贵州罗甸	华南棉区
49	ZM-80038	罗捆区小花	贵州罗甸	华南棉区
50	ZM-80036	学官小花	贵州晴隆	华南棉区

续表

种质序号	国家统一编号	种质名称	原产地	生态区
51	ZM-80024	凸桥小花	贵州榕江	华南棉区
52	ZM-80003	下寨小花 1	贵州三都	华南棉区
53	ZM-80028	廷牌小花	贵州三都	华南棉区
54	ZM-08051	石阡中棉	贵州石阡	华南棉区
55	ZM-80035	纳夜小花	贵州望漠	华南棉区
56	ZM-80009	大观小花 3	贵州望漠	华南棉区
57	ZM-08308	贞丰土棉	贵州贞丰	华南棉区
58	ZM-08046	丝花中棉	河北	黄河流域
59	ZM-08285	矮棵小洋花	河北	黄河流域
60	ZM-08136	完县紫秸小白花	河北	黄河流域
61	ZM-08114	安国白秸白花白	河北	黄河流域
62	ZM-08278	紫褐中棉	河北	黄河流域
63	ZM-08053	白秸棉	河北	黄河流域
64	ZM-08130	束鹿白花白	河北	黄河流域
65	ZM-08279	紫秸紫褐中棉	河北	黄河流域
66	ZM-08281	御系 3-3	河北	黄河流域
67	ZM-08115	安国留双树大青秸	河北安国	黄河流域
68	ZM-08142	定县小白秸棉	河北定县	黄河流域
69	ZM-08009	小紫秸棉	河北邯郸	黄河流域
70	ZM-08048	乐亭小黑籽	河北乐亭	黄河流域
71	ZM-08049	石家庄茧棉	河北石家庄	黄河流域
72	ZM-08050	石系亚 1 号	河北石家庄	黄河流域
73	ZM-08044	元氏中棉	河北元氏	黄河流域
74	ZM-80039	赵县红秸棉	河北赵县	黄河流域
75	ZM-08187	赵县大青秸	河北赵县	黄河流域
76	ZM-08163	河南淮阳土棉白籽	河南	黄河流域
77	ZM-08164	河南淮阳土棉光籽	河南	黄河流域
78	ZM-08166	河南商丘灰籽	河南商丘	黄河流域
79	ZM-08258	商丘小白花	河南商丘	黄河流域
80	ZM-08167	河南商丘黑籽	河南商丘	黄河流域
81	ZM-08165	河南上蔡中棉	河南上蔡	黄河流域
82	ZM-08289	睢县紫花棉	河南睢县	黄河流域
83	ZM-08268	湖北孝感铁籽小衣花	湖北	长江流域
84	ZM-80059	华中紫秆中棉	湖北	长江流域
85	ZM-08097	江陵中棉	湖北	长江流域
86	ZM-08141	苏边铁籽	湖北	长江流域
87	ZM-08270	湖北孝感铁籽大衣花	湖北	长江流域
88	ZM-08011	大冶细绒茧	湖北大冶	长江流域
89	ZM-08235	鄂城县中棉	湖北鄂城	长江流域
90	ZM-80046	黄冈矮脚搓	湖北黄冈	长江流域

续表

种质序号	国家统一编号	种质名称	原产地	生态区
91	ZM-08239	黄州	湖北龙冈	长江流域
92	ZM-08238	随县白籽	湖北随县	长江流域
93	ZM-08267	湖北孝感青皮苏中棉白籽	湖北孝感	长江流域
94	ZM-08263	湖南麻阳铁籽棉	湖南	长江流域
95	ZM-08264	湖南长德铁籽棉	湖南	长江流域
96	ZM-08244	常紫 1 号	湖南常德	长江流域
97	ZM-08076	江苏常熟龙种 1	江苏	长江流域
98	ZM-08079	江阴白籽	江苏	长江流域
99	ZM-08084	江阴鸡脚棉光籽	江苏	长江流域
100	ZM-08090	江苏川沙青茎中棉	江苏	长江流域
101	ZM-08123	如东鸡脚娅果	江苏	长江流域
102	ZM-08223	通农 1 号（长丰黑籽 234）	江苏	长江流域
103	ZM-08245	常熟常阴白花	江苏	长江流域
104	ZM-08248	常熟小白籽 1	江苏	长江流域
105	ZM-08039	中印杂交种	江苏	长江流域
106	ZM-08040	中印杂交棉 4	江苏	长江流域
107	ZM-08041	中印杂交棉 5	江苏	长江流域
108	ZM-08075	江苏常熟羊毛白	江苏	长江流域
109	ZM-08080	江阴白籽 111	江苏	长江流域
110	ZM-08100	江西修水中棉光籽	江西	长江流域
111	ZM-08121	百万棉 83-4	江苏	长江流域
112	ZM-08125	场山白籽中棉	安徽	长江流域
113	ZM-08146	青浦小籽中棉	江苏	长江流域
114	ZM-08288	漂阳铁籽	江苏	长江流域
115	ZM-08074	江苏常熟黑籽	江苏常熟	长江流域
116	ZM-08078	江苏常熟鸡脚棉	江苏常熟	长江流域
117	ZM-08064	东乡铁籽	江苏东乡	长江流域
118	ZM-08158	奉贤中棉	原江苏奉贤	长江流域
119	ZM-08001	小白花	江苏海门	长江流域
120	ZM-08227	海门鸡脚棉	江苏海门	长江流域
121	ZM-08228	海门黄花青茎鸡脚棉	江苏海门	长江流域
122	ZM-08225	浦东火机棉	江苏海门	长江流域
123	ZM-08229	海门绿核籽	江苏海门	长江流域
124	ZM-08230	海门紫棉花	江苏海门	长江流域
125	ZM-08085	江苏红茎鸡脚	江苏南通	长江流域
126	ZM-08174	南通紫茎鸡脚白花红心	江苏南通	长江流域
127	ZM-08175	南通青茎鸡脚娅铃果黄花	江苏南通	长江流域
128	ZM-08176	南通观音花	江苏南通	长江流域
129	ZM-08181	南通青茎通棉	江苏南通	长江流域
130	ZM-08151	泗阳仓集青茎中棉	江苏泗阳	长江流域

续表

种质序号	国家统一编号	种质名称	原产地	生态区
131	ZM-08036	太仓白籽（浏）	江苏太仓	长江流域
132	ZM-08099	江西修水中棉毛籽	江西	长江流域
133	ZM-08224	莲花中棉	江西	长江流域
134	ZM-08292	横峰铁籽	江西	长江流域
135	ZM-08038	中棉 6 号	辽宁	黄河流域
136	ZM-80044	铁木赤	辽宁	黄河流域
137	ZM-08171	法库白籽	辽宁	黄河流域
138	ZM-08042	辽阳 1 号	辽宁	黄河流域
139	ZM-08299	辽宁中棉	辽宁	黄河流域
140	ZM-08139	赤木黑种	辽宁赤木	黄河流域
141	ZM-80032	赤木白种	辽宁辽阳	黄河流域
142	ZM-80016	辽中红	辽宁辽阳	黄河流域
143	ZM-08296	德哈瓦棉 Dharwar	美国	国外
144	ZM-80061	美中棉	美国	国外
145	ZM-300380	美中棉 971（毛籽）	美国	国外
146	ZM-300379	美中棉 972（光子）	美国	国外
147		农林 4 号	日本	国外
148		农林 5 号	日本	国外
149		农林 6 号	日本	国外
150	ZM-08295	自密拉黄花黑籽	日本	国外
151	ZM-08026	山东小淤花	山东	黄河流域
152	ZM-80027	西土 1 号	山东	黄河流域
153	ZM-08277	紫花	山东	黄河流域
154	ZM-08027	山东小光絮	山东	黄河流域
155	ZM-08052	对花	山东	黄河流域
156	ZM-80062	棕絮小笨花	山东	黄河流域
157	ZM-08170	单县小紫花	山东单县	黄河流域
158	ZM-08143	定陶中棉	山东定陶	黄河流域
159	ZM-08029	山东惠民仓山小棉	山东惠民	黄河流域
160	ZM-08028	山东济阳小棉 200	山东济阳	黄河流域
161	ZM-08025	山西临汾东麻册中棉	山西临汾	黄河流域
162	ZM-08006	小白花中棉	山西运城	黄河流域
163	ZM-08169	陕西南郑中棉	陕西	黄河流域
164	ZM-08015	上海莺湖棉	上海	长江流域
165	ZM-08016	上海金家花籽	上海	长江流域
166	ZM-08017	上海大籽棉	上海	长江流域
167	ZM-08290	嘉定白籽	上海	长江流域
168	ZM-08159	宝山紫花	上海宝山	长江流域
169	ZM-08291	嘉定中棉	上海嘉定	长江流域
170	ZM-08254	淞江白籽	上海淞江	长江流域

种质序号	国家统一编号	种质名称	原产地	生态区
171	ZM-08060	四川遂宁中棉白籽	四川	长江流域
172	ZM-08055	四川府顺中棉	四川	长江流域
173	ZM-08056	四川资中中棉	四川	长江流域
174	ZM-08059	四川遂宁中棉灰籽	四川	长江流域
175	ZM-08062	四川双流中棉	四川	长江流域
176	ZM-08058	四川遂宁中棉光籽	四川遂宁	长江流域
177	ZM-08294	India N. V50-70	印度	国外
178	ZM-80012	云南黄绒土棉	云南	华南棉区
179	ZM-08186	保山土棉	云南保山	华南棉区
180	ZM-08033	云南富宁中棉	云南富宁	华南棉区
181	ZM-08314	景洪中棉	云南景洪	华南棉区
182	ZM-80021	平展寨中棉	云南景洪	华南棉区
183	ZM-08300	开远土棉	云南开远	华南棉区
184	ZM-08311	勐腊中棉	云南勐腊	华南棉区
185	ZM-80047	曼岭中棉	云南勐腊	华南棉区
186	ZM-08315	新平土棉	云南新平	华南棉区
187	ZM-08206	浙江海盐绿树	浙江	长江流域
188	ZM-08209	浙江萧山紫红梗大棵棉白籽	浙江	长江流域
189	ZM-08210	浙江萧山紫红梗大棵棉光籽	浙江	长江流域
190	ZM-08200	浙江金华中棉	浙江	长江流域
191	ZM-08201	浙江定海中棉	浙江	长江流域
192	ZM-08202	浙江镇海后施红茎中棉	浙江	长江流域
193	ZM-08205	浙江海盐红梗	浙江	长江流域
194	ZM-08066	平湖小种灰籽	浙江平湖	长江流域
195	ZM-08067	平湖小种光籽	浙江平湖	长江流域
196	ZM-08203	浙江上虞大棵绿树	浙江上虞	长江流域
197	ZM-08204	浙江上虞青山红梗	浙江上虞	长江流域
198	ZM-80031	余姚紫白衣	浙江余桃	长江流域
199	ZM-08219	浙江余姚黄蒂大部	浙江余姚	长江流域
200	ZM-08221	浙江余姚紫血棉花	浙江余姚	长江流域

　　研究发现，亚洲棉表型遗传多样性丰富。19 个表型性状的 Shannon-Wiener 多样性指数为 0.34～2.15。棉区间表型遗传多样性水平依次为：长江流域>黄河流域>华南棉区。种质间欧氏距离为 0.85～11.72，当阈值为 5.48 时，200 份种质可聚为绿色阔叶、红叶、鸡脚叶、棕絮、早熟、晚熟、大铃、高衣分等 16 种形态类型。亚洲棉分子水平的遗传多样性也较高。83 个多态性位点共检测到 368 个等位基因变异，其中多态性的等位基因数为 329 个，平均每个 SSR 位点 3.964 个。位点多态性信息量（PIC）为 0.010～0.882，平均为 0.578，大于 0.7 的高 PIC 值标记有 33 个（占 39.8%）。种质间 SSR 相似系数变幅为 0.58～0.997，平均为 0.745。在阈值 0.73 处，200 份亚洲棉聚为 8 个组群。棉区间分子水

平的遗传多样性依次为华南棉区>长江流域>黄河流域，从理论上支持被广泛接受的亚洲棉在我国的传播路线：亚洲棉由印度等国首先传入我国的华南棉区，然后逐渐北上至长江、黄河流域，直至辽河流域，经不同地理环境下的长期驯化，产生了类型丰富的地方品种。另外，基于表型和分子标记的综合聚类中种质处于极端偏分布状态，当欧氏距离阈值为 1.48 时可分为 19 个组群，其中 16 个组群都由单份种质组成，2 个组群分别由 2 份种质组成，这 20 份材料具有更高的遗传多样性，其中 13 份具有特异性 SSR 标记。形态和分子水平综合分析表明，我国保存的亚洲棉遗传多样性丰富。种质间遗传距离与地理距离没有必然联系，但亲缘关系表现很近和很远的种质中，SSR 标记与形态标记结果较为吻合，且与地理距离有关，即 SSR 相似系数低，一般地理距离也较远，且表型差别较大。

另外，对 103 份分别来源于印度、越南，以及中国贵州、广西和云南等不同地域的亚洲棉进行了表型遗传多样性分析（刘方等，2014）。研究发现，亚洲棉在质量性状和数量性状上均存在不同程度的遗传多样性。质量性状遗传多样性指数在主茎、叶、花、铃等不同部位表现不同，21 个质量性状的多样性指数为 0.04～1.01，平均为 0.57，3 个数量性状的多样性指数为 1.65～1.96，平均为 1.82，表明数量性状的遗传多样性大于质量性状的遗传多样性。研究发现，不同地域的亚洲棉遗传多样性不同，并将这 103 份亚洲棉聚类到 8 个组群。这些研究从表型水平和分子水平两个层面揭示了我国保存的亚洲棉的遗传多样性，为棉花核心种质构建奠定了基础，为遗传改良、基因发掘等利用研究提供参考。

第三节　棉花遗传连锁图的构建

棉花的许多重要农艺性状属于数量性状，其遗传基础的解析需要借助于覆盖全基因组的遗传连锁图以及定位群体，通过多环境的性状鉴定并通过统计分析来实现。分子标记的开发使得遗传连锁图的标记密度、基因组覆盖率得以大幅度提高，为棉花数量性状的遗传解析奠定了基础。

一、遗传群体的构建

遗传群体是遗传连锁图构建和 QTL 定位的前提，目前使用的定位群体有暂时性分离群体和永久性分离群体。

（一）暂时性分离群体的构建

棉花 4 个栽培种中，陆地棉和海岛棉是四倍体。陆地棉产量高、适应性广，是栽培面积最大的棉种，但纤维品质和抗病性比海岛棉差。海岛棉纤维品质优良、抗病性强，但产量低，栽培面积小。因两者性状互补，是研究棉花重要性状遗传基础的优良材料。华中农业大学配置了 2 个种间杂交群体进行遗传图谱构建，以及定位纤维品质和产量相关性状 QTL。

1998 年夏季在武汉，华中农业大学以邯郸 208 为母本、Pima90 为父本进行杂交，获

得 F_1 代种子。陆地棉邯郸 208 具有纤维产量高的特点（高籽棉产量、高衣指）。海岛棉 Pima90 具有纤维产量低但长度、强度和细度优等特点。1999 年，获得 F_1 代单株并鉴定出真杂种，人工自交获得 F_2 代种子。2000 年，将所有 F_2 代种子播种，组建了含有 260 个单株的 F_2 群体。该 F_2 群体中单株结实率差，不育株较多，导致在 F_3 代能设置 2 重复试验的 F_2 代单株大大减少。2001 年，种植 $F_{2:3}$ 家系，株距 0.40m、行距 0.85m，设置 2 个重复，随机区组排列，单行小区，每行 10 株，各重复内均设置两组亲本材料作为对照。最终只有 69 个 F_2 代单株获得了可供性状考查的 $F_{2:3}$ 家系。田间试验均在华中农业大学棉花试验田进行。

第二个种间杂交群体是 2004 年夏季在武汉，以鄂棉 22 为母本、海岛棉 3-79 为父本进行杂交，获得 F_1 代种子。2004 年冬季在海南，获 F_1 代单株并鉴定出真杂种，以鄂棉 22 为轮回亲本（父本）回交，获得 [（鄂棉 22×海岛棉 3-79）×鄂棉 22] 的 BC_1 代种子。2005 年，将所有 BC_1 代种子播种，获得 243 个单株的 BC_1 群体。去掉不育株和结铃数较少的单株，最终有 141 个 BC_1 代单株获得了可供性状考查的 BC_1F_2 家系。

除了种间群体外，我们还构建了陆地棉种内群体。2002 年夏季在华中农业大学棉花试验基地以冀棉 5 号为父本与 DH962 杂交产生 F_1 代种子。DH962 由山西省农业科学研究院牛永章老师友情提供，其来源为 VSG×[（晋棉 6 号×瑟伯氏棉）F_4×晋棉 6 号] F_3。1994～1996 年通过半配合的方法育成并一直自交至今，其突出特点为纤维品质优良。冀棉 5 号是一个高产品种，但品质比较差。2002 年冬季在海南种植 F_1 代并自交产生 F_2 代。2003 年夏季在华中农业大学棉花试验基地随机种植 137 个 F_2 代单株。

（二）永久性分离群体的构建

1. 海陆种间高世代群体的创建

华中农业大学将邯郸 208 和 Pima90 的 F_2 代种子于 2000～2004 年，通过单籽传法每年夏季在武汉种植（其中 2003 年冬季在海南加繁一代）。由于分离，在 F_4 代至 F_6 世代根据表型，少数株系分离成为 2～4 个株系，最终获得 121 个 F_6 代株系（贺道华，2006）。

2. 陆地棉种内重组自交系的构建

华中农业大学利用冀棉 5 号与 DH962 杂交产生 F_2 代种子，并通过单籽传法构建重组自交系，至 2013 年，已获得 178 个 F_{11} 代株系（林忠旭，2005）。

3. 陆地棉为受体的导入系的构建

陆地棉是主栽棉花品种，但因长期的人工选择造成其遗传基础狭窄，品种改良空间有限。要实现陆地棉品种的新突破，必须拓宽其遗传基础。陆地棉之外的其他四倍体棉种可以与陆地棉直接杂交，F_1 代可育，但其后的世代会发生性状的严重分离，出现不育、迟熟、自交衰退等现象。通过有效的选择可以获得单性状或多个性状表现优良的品系，从而应用于陆地棉的品种改良中。为了能够保持陆地棉本身的优良性状，同时引入其他棉种的其他优良性状，以陆地棉为受体，海岛棉、达尔文氏棉、黄褐棉和毛棉为供体，通过回交和分子标记辅助选择的策略构建导入系群体。这些导入系群体可以用于重要性状的数量性状位点（quantitative trait locus，QTL）定位，同时可应用于陆地棉的品种改良。

1）达尔文氏棉为供体的导入系构建

2003 年冬季，华中农业大学在海南以陆地棉品种鄂荆 1 号为母本、野生种达尔文氏棉为父本进行人工去雄杂交获得 F_1 代；2004 年冬季在海南种植 F_1 代，并以陆地棉品种鄂荆 1 号为轮回亲本与 F_1 代回交，获得［（鄂荆 1 号×达尔文氏棉）×鄂荆 1 号］BC_1 世代；2005 年春季在武汉将 BC_1 世代分别与鄂荆 1 号和陆地棉品种荆楚 201 回交获得 BC_2 世代；2005 年冬季在海南种植 BC_2 世代，并分别继续与鄂荆 1 号和荆楚 201 回交，同时与鄂抗 9 号转抗虫基因系和 IR3 转抗虫基因系回交，分别获得由陆地棉不同品种回交的 BC_3 世代；2006 年春季，所有获得的 4 个不同来源的材料单株自交，同年冬季在海南按不同的回交亲本扩繁，并随机选择单株自交和单收；2007 年春季和冬季继续按单株或株系种植并自交，至 2008 年春季最终获得了 106 份后代种质系。106 份后代种质系的培育过程如下，根据最后一次回交亲本的不同将种质系划分为 4 个不同的亚群，即（E1×达尔文氏棉）×E1×E1×E1、（E1×达尔文氏棉）×E1×J201×IR3、（E1×达尔文氏棉）×E1×JC201×JC201、（E1×达尔文氏棉）×E1×E1×RK9Bt，分别记为 pop1、pop2、pop3、pop4，种质系数量依次为 38、34、16、18（图 1-8）（王斌，2010）。

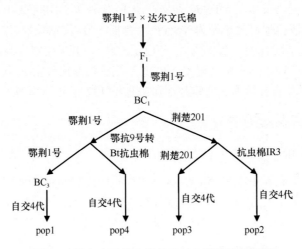

图 1-8　达尔文氏棉为供体的导入系构建流程图

5 个亲本中，达尔文氏棉在抗旱性、抗线虫、纤维细度等方面有育种潜力，但是较系统、全面的综合评价尚未见报道。鄂荆 1 号是 1974 年湖北省荆州农业科学研究所以（锦州 3208×荆棉 4 号）F_2 代为母本、美国品种安通 SP21 为父本，定向选择培育而成的陆地棉品种，综合性状表现优良，单铃重特高，衣分也较高，同时早熟性和纤维品质等各项性状都表现优秀，突破性性状较多。荆楚 201 是高产优质的陆地棉栽培品种。IR3 是未审定的高抗虫品系。鄂抗 9 号转 Bt 抗虫棉是鄂抗 9 号双价转基因抗虫棉品种，在原来高产抗病不抗虫常规种鄂抗 9 号的基础上，弥补了常规种不抗虫的缺点，在抗病、抗虫和丰产性方面表现均比较突出。

2008 年，从华中农业大学棉花试验田，每行选定两株取 3～5 片未展开的嫩叶，提取棉花总 DNA。从张艳欣博士构建的高密度海陆种间 SSR 连锁图（Zhang et al.，2008）上平均每隔 10cM 选取 1 个标记，选取了覆盖全基因组的 295 对 SSR 引物，共 311 个位点，其中包括 54 个 EST-SSR 位点。另外还有 13 个位点是基因组的 SSR 标记，但不位于海陆种间连锁图上。

应用 307 对 SSR 引物对 4 个陆地棉亲本和达尔文氏棉检测，共检测到 324 个差异位点，其中 25 个位点是陆地棉和达尔文氏棉之间的差异位点，同时陆地棉亲本之间也有差异。图 1-9 所示为 MUSS422 在达尔文氏棉和 3 个陆地棉亲本及部分后代种质系中的表现，MUSS422 在达尔文氏棉与陆地棉之间有多态性，在陆地棉之间也有多态性的条带。324 个差异位点中有 311 个位点位于张艳欣博士构建的海陆遗传连锁图谱上，均匀分布于 26 条染色体的 44 个连锁群上，覆盖了整个 AD 基因组；13 个位点来自达尔文氏棉的特异位点，不在连锁图上。

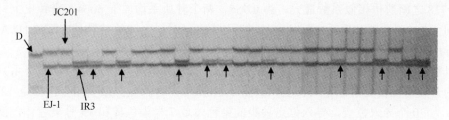

图 1-9　MUSS422 引物在 4 个亲本和部分后代种质系中的表现

聚类分析表明，这 106 份种质系材料之间的亲缘关系很近，而且不能明确的划分成几个类群（图 1-10）。陆地棉亲本之间鄂抗 9 号转 Bt 抗虫棉与鄂荆 1 号的遗传相似系数最高，为 0.921。荆楚 201 与 IR3 的遗传相似系数最小，为 0.855。可见，陆地棉亲本之间的亲缘关系非常近，差异比较小。

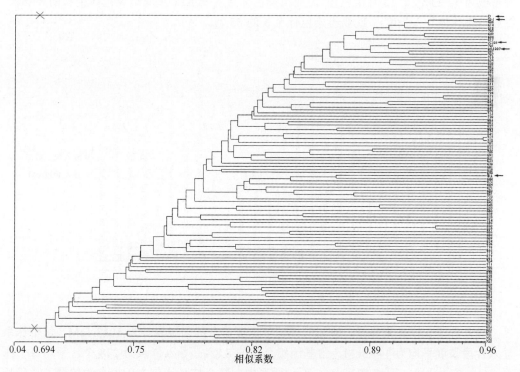

图 1-10　106 份种质系和 5 个亲本的 UPGMA 聚类

　　106 份后代种质系中，与达尔文氏棉亲缘关系最近的是 HD678。与鄂荆 1 号亲缘关系最近的是 HD606，遗传相似系数为 0.952。与荆楚 201 亲缘关系最近的是 HD701，遗传相似系数为 0.925。与 IR3 亲缘关系最近的是 HD644，遗传相似系数为 0.870。与鄂抗 9 号转 Bt 抗虫棉亲缘关系最近的是 HD649，遗传相似系数为 0.892。

　　106 份种质系之间遗传相似系数平均值为 0.759，中位数为 0.760。平均值与中位数极其接近，说明种质系间的遗传相似系数在中位数两侧分布基本均等，整个群体的遗传相似系数均匀分布在一个比较广泛的范围中。其中，HD698 和 HD722 之间遗传相似系数最小，为 0.562，HD698 和 HD722 分别属于 pop3 和 pop4，育种史上材料来源不同。HD717 与 HD718 之间遗传相似系数最大，为 0.958，两个种质系均属于 pop4，育种史上材料来源相同。这说明这些种质系之间的亲缘关系比较近，材料之间的差异是有限的 DNA 水平的变异所造成的。

　　以鄂荆 1 号为遗传背景，分析来源于达尔文氏棉和其他 3 个陆地棉品种（系）导入位点的分布情况及其累计导入长度。如图 1-11 所示，导入位点最多的染色体是 12 号染色体，为 20 个导入位点，导入位点最少的染色体是 7 号染色体和 15 号染色体，仅 4 个导入位点，每条染色体平均 11 个导入位点，A 亚组染色体导入位点总数为 144，D 亚组染色体导入位点总数为 134；导入长度最长的染色体为 19 号染色体，导入长度为 328.7cM，导入长度最短的染色体为 7 号染色体，导入长度为 53.4cM，平均每条染色体导入长度为 176.9cM，A 亚组染色体导入长度总计为 2311.0cM，D 亚组染色体导入长度总计为 2289.3cM。导入长度占染色体长度比例最高为 99.96%，是 24 号染色体，导入长度占染色体长度比例最低为 52.23%，是 13 号染色体，A 亚组染色体导入长度占 A 亚组染色体全长的 83.6%，D 亚组染色体导入长度占 D 亚组染色体全长的 85.2%。

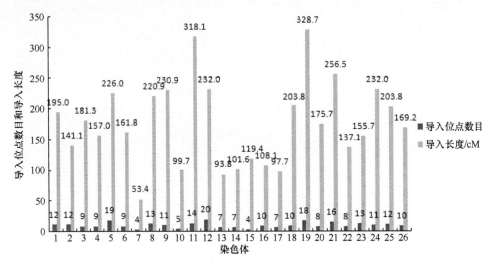

图 1-11　导入位点数目和导入长度在不同染色体上的分布

　　导入片段长度结果显示，检测的标记位点覆盖全基因组累计为 5013.1cM，每个株系导入片段长度平均为 441.3cM，占基因组全长的 8.8%；导入位点为 278 个，平均每个株系 24 个导入片段（图 1-12）。106 份种质系中，每个株系达尔文氏棉来源的导入片段长度平均为 325.8cM，占基因组全长的 6.49%；每个株系陆地棉品种荆楚 201 特异位点来源

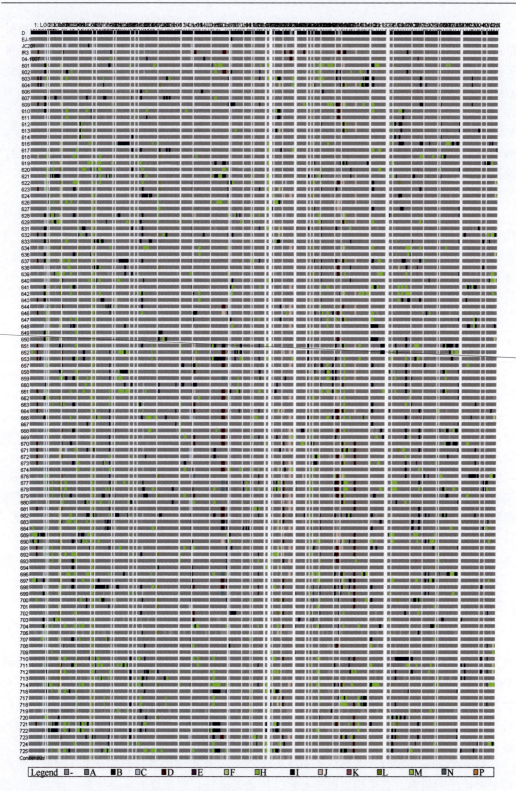

图1-12　5亲本和106份陆地棉和达尔文氏棉后代种质系基因型直观图

的导入片段长度平均为 58.7cM，占基因组全长的 1.17%；每个株系陆地棉品种 IR3 特异位点来源的导入片段长度平均为 55.8cM，占基因组全长的 1.11%；每个株系陆地棉品种鄂抗 9 号转 Bt 抗虫棉特异位点来源的导入片段长度平均为 1.0cM，占基因组全长的 0.02%；鄂荆 1 号来源的导入片段长度每个株系平均累计为 4551.3cM，占基因组全长的 90.8%。每个株系陆地棉品种荆楚 201 特异位点来源的导入片段长度平均为 69.7cM，占基因组全长的 1.39%；每个株系陆地棉品种 IR3 特异位点来源的导入片段长度平均为 89.4cM，占基因组全长的 1.78%；每个株系鄂抗 9 号转 Bt 抗虫棉特异位点来源的导入片段长度平均为 1.4cM，占基因组全长的 0.03%。

2）其他棉种为供体的导入系构建

华中农业大学还以海岛棉 3-79 为供体，鄂棉 22 为受体构建导入系群体。回交第 2 代开始进行分子标记辅助选择至回交第 4 代或第 5 代，尽量使每个导入系只含有 1 个导入片段，目前正在进行自交纯合；他们还以华杂棉 H318 的亲本 B11 和 4105 为受体，分别以黄褐棉和毛棉为供体回交 4 代并进行分子标记的辅助选择构建导入系群体，目前也正在进行自交纯合。

二、分子标记的开发

本项目启动伊始，棉花的分子标记非常匮乏，常见的有 RFLP（restriction fragment length polymorphism）、RAPD（randomly amplified polymorphic DNA）、AFLP（amplified fragment length polymorphsim）和 SSR（simple sequence repeat）。RFLP 的探针来源是关键，但当时其主要在美国应用，探针引进困难，因此在国内很少应用。RAPD 因其技术要求简便曾一度得到广泛应用，但其稳定性较差，最近淡出研究领域。AFLP 通量高，但因操作步骤多、条件优化难等缺点限制了它的广泛应用。SSR 是基于 PCR 的分子标记，具有操作简单、共显性遗传、可重复性高、数量多、多态性高等优点被广大研究者所喜爱。但早期棉花的 SSR 标记不足 500 对，且多态性低，因而应用效率不高。众所周知，分子标记是遗传图谱构建、QTL 定位、遗传多样性研究、品种指纹鉴定等研究的基本工具，开发新的分子标记是开展棉花基础研究的前提和基础。在本项目的支持下，华中农业大学通过多途径开发了多种分子标记，丰富了棉花基础研究的工具。

（一）相关序列扩增多态性

相关序列扩增多态性（sequence-related amplified polymorphism，SRAP）是一种基于 PCR 的分子标记，对开放阅读框（open reading frame，ORF）进行扩增。上游引物长 17bp，5′端的前 10bp 是一段填充序列，紧接着是 CCGG，组成核心序列及 3′端 3 个选择碱基，对外显子进行特异扩增。下游引物长 18bp，5′端的前 11bp 是一段填充序列，紧接着是 AATT，组成核心序列及 3′端 3 个选择碱基，对内含子区域、启动子区域进行特异扩增。因不同个体、物种的内含子、启动子及间隔区长度不同而产生多态性（Li and Quiros，2001）。

Li 和 Quiros（2001）没有公布 SRAP 标记的 PCR 扩增的具体反应体系。因此，将此标记付诸于应用中，必须建立稳定可靠、扩增效果好、可重复的反应体系。林忠旭等通过对 SRAP 引物的研究发现，SRAP 标记所使用的引物的核心序列与 AFLP 分析所用引物的核心序列具有很大的相似性（Lin et al.，2005）。SRAP 和 AFLP 引物的核心序列比较如图 1-13（阴影部分为相同序列）：

SRAP 上游引物核心序列：5′– TGAGTCCAAACCGG–3′；

AFLP-*Mse*I 引物核心+酶切位点序列：5′– GATGAGTCCTGAGTAA–3′；

SRAP 标记下游引物核心序列：5′– GACTGCGTACGAATT–3′；

AFLP-*Eco*RI 引物核心+酶切位点序列：5′– GACTGCGTACCAATTC–3′。

因此，林忠旭等借鉴 AFLP 分析方法构建 SRAP 的 PCR 反应体系，并取得了很好的扩增效果（图 1-13）。

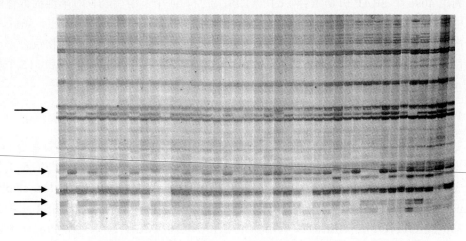

图 1-13　SRAP 引物组合 me11 和 em17 对海陆 F_2 群体进行扩增的电泳图

应用 238 个 SRAP 引物组合（14 个上游引物和 17 个下游引物）（表 1-22）对作图亲本（邯郸 208 和 Pima90）进行多态性筛选，挑选了 121 个多态性较好的引物组合对 F_2 群体进行分析，共产生 437 个多态性位点，每个引物组合产生 1～13 个多态性位点，平均每个组合产生 3.61 个多态性位点（Lin et al.，2005）。

表 1-22　研究中使用的 SRAP 引物

上游引物 5′→3′	下游引物 5′→3′
me1: TGAGTCCAAACCGGATA	em1: GACTGCGTACGAATTAAT
me2: TGAGTCCAAACCGGAGC	em2: GACTGCGTACGAATTTGC
me3: TGAGTCCAAACCGGAAT	em3: GACTGCGTACGAATTGAC
me4: TGAGTCCAAACCGGACC	em4: GACTGCGTACGAATTTGA
me5: TGAGTCCAAACCGGAAG	em5: GACTGCGTACGAATTAAC
me6: TGAGTCCAAACCGGTAG	em6: GACTGCGTACGAATTGCA
me7: TGAGTCCAAACCGGTTG	em7: GACTGCGTACGAATTATG
me8: TGAGTCCAAACCGGTGT	em8: GACTGCGTACGAATTAGC
me9: TGAGTCCAAACCGGTCA	em9: GACTGCGTACGAATTACG
me10: TGAGTCCAAACCGGGAC	em10: GACTGCGTACGAATTTAG
me11: TGAGTCCAAACCGGGTA	em11: GACTGCGTACGAATTTCG
me12: TGAGTCCAAACCGGGGT	em12: GACTGCGTACGAATTGTC
me13: TGAGTCCAAACCGGCAG	em13: GACTGCGTACGAATTGGT

上游引物 5′→3′	下游引物 5′→3′
me14: TGAGTCCAAACCGGCTA	em14: GACTGCGTACGAATTCAG
	em15: GACTGCGTACGAATTCTG
	em16: GACTGCGTACGAATTCGG
	em17: GACTGCGTACGAATTCCA

利用 4096 个 SRAP 引物组合（64 个上游引物和 64 个下游引物）对陆地棉群体的亲本冀棉 5 号和 DH962 进行多态性筛选，238 个引物组合产生单个多态性位点，36 个引物组合产生 2 个多态性位点，8 个引物组合产生 3 个多态性位点，3814 个引物组合未产生多态性。共 282 个引物组合产生 331 个多态性位点，包括 16 个共显性位点和 315 个显性位点（Lin et al.，2009）。

（二）REMAP

贺道华根据反转录转座子的 LTR 保守序列和微卫星序列设计引物，然后进行 PCR，扩增出反转录转座子与最接近的微卫星间的片段，从而检测反转录转座子与简单重复序列之间的多态性（贺道华，2006）。REMAP（retrotransposon microsatellite amplified polymorphism）标记的引物包括 ISSR 引物和与转座子序列有关的引物。ISSR 引物为：UBC890-1，CTC(GT)$_7$；UBC811，(GA)$_8$C；UBC890.2，TCC(GT)$_7$。利用 Primer 5 软件对转座子有关的序列设计引物序列：ENV1，TGACCATAGGAAGAAGCC（GenBank 中的序列号为 AY257163）；ENV2，TCAGTTGCAAGAAAGTCGCCG（GenBank 中的序列号为 AY081176）；ENV3，CCTCTATCAGTGTTTCGGGGC（GenBank 中的序列号为 AY081177）；GYP1，CATTAGTGAGCCCGAACG（GenBank 中的序列号为 U75247）。其中 7 个 REMAP 引物组合有多态性，产生 16 个多态性位点（图 1-14）。

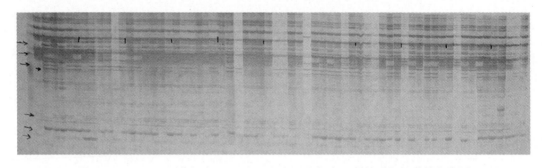

图 1-14　REMAP 引物组合 Env2 和 UBC811 对海陆 F$_2$ 群体进行扩增的电泳图

在 6%的变性聚丙烯酰胺（PAGE）（含 0.5×TBE）凝胶上电泳。泳道 1 为 DNA ladder，泳道 2 为亲本邯郸 208，泳道 3 为亲本 Pima90，其余泳道为 F$_2$ 单株

（三）基于海岛棉 3-79 纤维 cDNA 文库的 EST-SSR 引物开发及应用评价

张艳欣以 889 条来自海岛棉 3-79（2～25DPA 纤维 cDNA 文库）的 EST 序列拼接去重复后产生 210 条 Unigene，用于开发 EST-SSR 引物（张艳欣，2008）。在 210 条 Unigene

上共发现了 178 个 SSR 位点，其中 100 条（47.6%）Unigene 含有 1 个 SSR 位点、33 条（15.7%）Unigene 含有 2 个 SSR 位点、4 条（1.9%）Unigene 含有 3 个 SSR 位点、73 条（34.8%）Unigene 不含 SSR 位点，就总体而言，平均 100 条 Unigene 中含有约 85 个 SSR 位点，相当于每 5 条 EST 含有 1 个 SSR 位点。

最后共设计得到 119 对海岛棉 EST-SSR 引物（来自 98 条 EST 序列），并命名为"HAU×××"（HAU 代表 Huazhong Agriculture University）。这些引物的重复基序类型、正向和反向引物序列及其相应 EST 序列在 GeneBank 的登录号均已提交棉花数据库（http://www.cottongen.org/）。

119 对 HAU 引物中，出现频率最高的重复基序是三核苷酸重复（46.22%），与前人研究的结果，即在植物 EST 中分布最广泛的微卫星形式是三核苷酸重复相吻合，其次是二核苷酸重复（22.69%）、四核苷酸重复（15.97%）、五核苷酸重复（7.56%）和六核苷酸重复（7.56%）。

在二核苷酸重复中，AT 出现频率（9.24%）最高，其次是 AG（8.40%）、AC（5.04%），而三核苷酸重复中 AAG 出现频率（11.76%）最高，其次是 ATC（8.40%）、ACC（6.72%），四核苷酸重复中 TAAT、AAAT、GTTT 出现频率（2.52%）同样最高（图 1-15）。大部分 EST-SSR 的位点长度都集中在 10~20bp，其中 12bp 的最多，占 44.54%，15bp 和 18bp 的分别占 15.97%和 10.92%。其次是分布在 20~30bp 的位点，长度大于 30bp 的位点只占很少一部分。

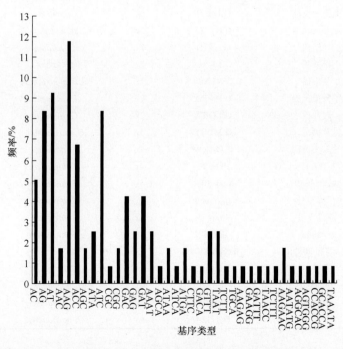

图 1-15　HAU 引物各类型基序出现的频率

用 A 基因组的 13 份二倍体材料、D 基因组的 11 份二倍体材料和 AD 基因组的 12 份异源四倍体材料来评价 EST-SSR 引物，本研究所用来自于 17 个棉种的 36 份材料的情况概括如表 1-23 所示。随后，来自种间 BC$_1$ 作图群体 [（鄂棉 22 ×海岛棉 3-79）×鄂棉 22] 的 141 个单株也被用来定位新的引物，其亲本鄂棉 22 和海岛棉 3-79 被包含于上述 36 份材料中。

表 1-23　本研究所用 36 份材料的情况概括

编号	品种	缩写	倍性	棉种	栽培/野生
1	罗甸官田小棉花	LDGTXMH	2x	G. arboreum	栽培
2	铁木赤	TMC	2x	G. arboreum	栽培
3	下寨小花 3	XZXH3	2x	G. arboreum	栽培
4	长绒中棉	CRZM	2x	G. arboreum	栽培
5	华中紫秆中棉	HZZGZM	2x	G. arboreum	栽培
6	东台小白花	DTXBH	2x	G. arboreum	栽培
7	束鹿白花白	SLBHB	2x	G. arboreum	栽培
8	宝山紫花	BSZH	2x	G. arboreum	栽培
9	长顺代化小花	CSDHXH	2x	G. arboreum	栽培
10	戊寨小花	WZXH	2x	G. arboreum	栽培
11	御系 3-3	YX3-3	2x	G. arboreum	栽培
12	完县小白花	WXXBH	2x	G. arboreum	栽培
13	阿非利加棉	G.HERB	2x	G. herbaceum	栽培
14	瑟伯氏棉	G.THUR	2x	G. thurberi	野生
15	三裂棉	G.TRIL	2x	G. trilobum	野生
16	拟似棉	G.GOSS	2x	G. gossypioides	野生
17	哈克尼西棉	G.HARK	2x	G. harknessii	野生
18	戴维逊氏棉	G.DAVI	2x	G. davidsonii	野生
19	克劳斯基棉	G.KLOT	2x	G. klotzschianum	野生
20	旱地棉	G.ARID	2x	G. aridum	野生
21	松散棉	G.LAXU	2x	G. laxum	野生
22	辣根棉	G.ARMO	2x	G. armourianum	野生
23	雷蒙德氏棉	G.RAIM	2x	G. raimondii	野生
24	裂片棉	G.LOBA	2x	G. lobatum	野生
25	黄褐棉	G.MUST	4x	G. mustelinum	野生
26	达尔文氏棉	G.DARW	4x	G. darwinii	野生
27	TM-1	TM-1	4x	G. hirsutum	栽培
28	Acala3080	Acala3080	4x	G. hirsutum	栽培
29	晋棉 6 号	Jinmian6	4x	G. hirsutum	栽培
30	冀棉 5 号	Jimian5	4x	G. hirsutum	栽培
31	DH962	DH962	4x	G. hirsutum	栽培
32	邯郸 208	Handan208	4x	G. hirsutum	栽培
33	鄂棉 22	Emian22	4x	G. hirsutum	栽培
34	Pima3-79	Pima3-79	4x	G. barbadense	栽培
35	Pima90	Pima90	4x	G. barbadense	栽培
36	海 7124	Hai7124	4x	G. barbadense	栽培

用 119 对 EST-SSR 引物扩增 36 份材料，76 对（63.87%）引物有扩增产物，共得到 313 个多态性条带，平均每对引物产生 4.11 个多态性条带。每对引物产生的多态性条带数目为 1～13，引物 HAU059 得到多态性条带最多，达 13 个。有 6 对（0.05%）引物扩增得到非特异性产物，37 对（31.09%）引物在任何一份材料中扩增都无产物。图 1-16

所示为引物 HAU077 对 36 份材料 DNA 的扩增情况。上述 76 对引物中，在鄂棉 22 和海岛棉 3-79 之间表现多态性的有 33 对（43.42%），都被用来扩增 BC₁ 作图群体的 141 个单株的 DNA，最后有 21 对引物产生了 24 个多态性位点。本研究中 76 对可扩增的 EST-SSR 引物在二倍体棉种中的扩增效率为 78.95%（瑟伯氏棉）～94.74%（中棉和草棉），在四倍体棉种中的扩增效率为 93.42%（黄褐棉）～100%（达尔文氏棉）。在二倍体棉种中棉的扩增多态性率为 11.84%，与四倍体棉种陆地棉的扩增多态性率相同。

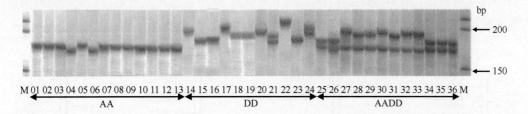

图 1-16　用引物 HAU077 对 36 份材料进行 PCR 扩增所得产物 6%变性聚丙烯酰胺凝胶电泳分离的结果
第一泳道和最后一个泳道为 DNA ladder，中间 36 份材料的编号见表 1-23

依据 76 对引物在 36 份材料中扩增得到的等位基因的变异信息计算各引物的 PIC 值。它们的 PIC 值为 0.17～0.95，平均为 0.53。引物 HAU072 的 PIC 值最大，达 0.95，而引物 HAU100 的最小，只有 0.17。聚类分析将 36 份材料聚为三大类（图 1-17），第一大类包括来自 A 基因组的 13 个二倍体材料（12 份中棉和 1 份草棉）；第二大类包括 12 份异源四倍体材料（1 份黄褐棉、1 份达尔文氏棉、7 份陆地棉及 3 份海岛棉）；第三大类包括来自 D 基因组的 11 份二倍体材料，均为野生棉。36 份材料间的两两 Jaccard 相似系数为 0.149～0.991。中棉和草棉间高达 0.921 的相似系数揭示了二者极高的遗传相似度。来自 D 基因组的 11 份二倍体野生棉间的相似系数为 0.245～0.763，这一广泛的变异反映了

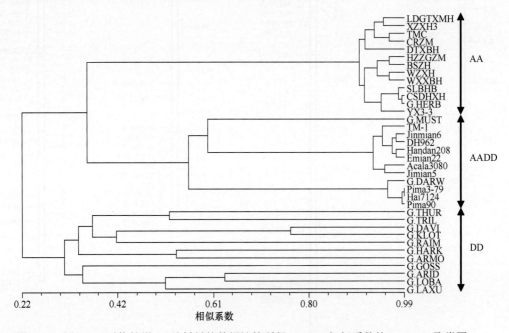

图 1-17　用 HAU 引物扩增 36 份材料的数据计算所得 Jaccard 相似系数的 UPGMA 聚类图

它们遗传关系较远。通过比较平均每对引物在三大类材料中各自扩增的等位基因数，同样可以得到上述结论。扩增 D 基因组材料时，平均每对引物得到 3.76 个等位基因，但是在 A 基因组材料中仅得到 1.46 个，在 AD 基因组材料中得到 2.23 个。所以，D 基因组材料间存在高度的遗传多样性。

　　75 对特异性的有扩增产物的引物中，有 33 对（44.0%）在鄂棉 22 和海岛棉 3-79 之间有多态性，其中 21 对在 BC_1[（鄂棉 22×海岛棉 3-79）×鄂棉 22]作图群体中扩增得到 24 个多态性位点。用 MapMaker version 3.0 软件将 24 个多态性位点整合到它们的种间遗传连锁图谱上，其平均分布于 13 个连锁群中（图 1-18）。

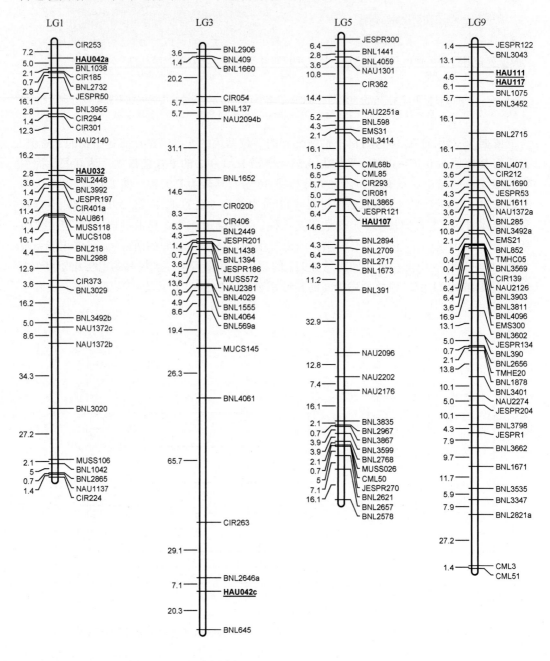

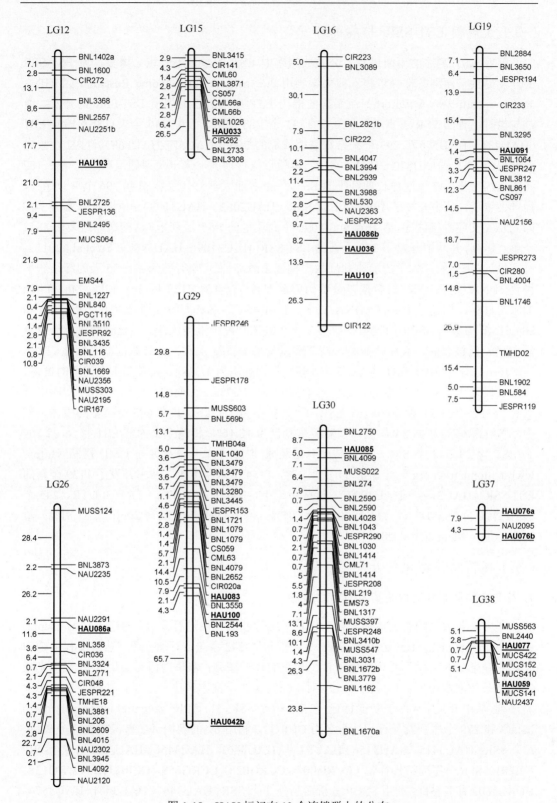

图 1-18 HAU 标记在 13 个连锁群上的分布

（四）大规模 EST-SSR 引物的开发

随着 EST 测序的不断进行，公共数据库中 EST 的数量不断积累增多，为 EST-SSR 的开发提供了便利条件。华中农业大学利用 the Institute for Genome Research（TIGR）database（http://www.tigr.org）组装好的棉花 EST 序列进行大规模 EST-SSR 的开发。通过与当时已有的 SSR 去重后，新获得 1831 个 EST-SSR，其中 346 个来自亚洲棉的 EST（HAU231～HAU576）、293 个来自雷蒙德式棉的 EST（HAU577-HAU869）、1192 个来自陆地棉的 EST（HAU870～HAU2061）。本项目执行期间，朱玉贤课题组释放了 131 182 条陆地棉徐州 142 快速伸长期纤维的 EST，华中农业大学将其组装成 46 296 个单一序列，经过去重后，从中开发了 1047 个 EST-SSR（HAU2062～HAU3108）。他们对海岛棉 3-79 的 cDNA 文库继续测序，新获得了 10 090 个高质量的 EST 序列，将这些序列组装成 5852 个单一序列，并从中开发了 299 个新的 EST-SSR（HAU3109～HAU3407）（Yu et al.，2011）。

最近，华中农业大学的涂礼莉副教授构建了海岛棉 3-79 开花后–3～25 天的纤维非平衡化 cDNA 文库；朱龙付教授以黄萎病菌系 V991 处理海 7124 后 4h、12h、24h 和 48h 的根为材料，构建了平衡化 cDNA 文库。利用 454 高通量测序分别获得了 219.63Mb 和 204.61Mb 的数据。SSR 的搜索参数为二核苷酸重复最少重复 7 次，三核苷酸重复最少重复 5 次，四核苷酸、五核苷酸和六核苷酸重复最少重复 4 次。在纤维的非平衡化 cDNA 文库中，共有 6791 条 EST 含 7255 个 SSR，平均频率为 1/31kb。共有 351 个类型的模体，其中三核苷酸重复为 53.76%、二核苷酸重复为 32.27%。在根的平衡化 cDNA 文库中，共有 15 378 条 EST 含 16 087 个 SSR，平均频率为 1/13kb。共有 683 个类型的模体，其中三核苷酸重复为 57.34%，但二核苷酸重复仅为 18.16%。将两个文库的 EST 整合，22 169 个 EST 含 23 342 个 SSR。将这些序列组装成 4718 个单一序列并与 CMD 网站（http://www.cottonmarker.org/）含 SSR 的序列比对，1784 个未匹配上，从中开发了 1129 个新的 EST-SSR（HAU3799～HAU4927）。这些标记中，206 个（14.09%）位于 3′-UTR、245 个（22.15%）位于 5'-UTR、473 个位于（41.95%）位于 ORF 中，其余 205 个（21.81%）暂时未定位（Wang et al.，2014）。

（五）棉花功能标记的开发

1. 棉花细胞形态发生相关基因的功能标记

华中农业大学的曾范昌博士针对棉花体细胞胚胎发生进行研究，构建了 SSH（suppression subtractive hybridization）文库，克隆获得了 242 条单一序列；杨细燕博士利用 SSH 文库克隆了 210 条原生质体细胞壁再生相关的单一序列；朱华国博士利用 SSH 文库克隆了 112 条体细胞脱分化相关的单一序列。他们将 3 个文库的序列去重，获得了 331 个单一序列，从中开发了 489 个功能标记，包括 180 个 SSR、31 个 PIP（potential intron polymorphism）和 278 个序列特异标记（命名为 CCRG）。利用 6% 的聚丙烯酰胺凝胶电泳分离后，6 个 SSR（HAU3415、HAU3456、HAU3459、HAU3461、HAU3466、HAU3530）、1 个 PIP（PIP01）和 6 个序列特异标记（CCRG007、CCRG028、CCRG058、CCRG112、CCRG138、CCRG180）有多态性。利用 SSCP 分析后另外 3 个 SSR（HAU3465、HAU3561、HAU3574）和 3 个序列特异标记（CCRG049、CCRG087、CCRG094）表现多态性。这 19 个多态性引物扩增本实验室的种间 BC$_1$ 作图群体共获得 21 个多态性位点；连锁分析后，13 个位点整合到 9 条染色体上，其中 4 个位点位于 Chr16，呈现非均匀分布特点（Liu et al.，2012）。

2. 棉花纤维素合成酶基因的功能标记

纤维素合成酶基因在棉花中起着非常重要的作用，参与棉花纤维发育和植株形态建成。为了将这些基因应用于棉花遗传和育种研究中，华中农业大学开发了这些基因的功能标记。他们利用这些基因的不同基因型的序列开发单核苷酸多态性（single-nucleotide polymorphism，SNP），82 个基因序列中有 6 个基因的序列含 55 个 SNP，从中开发了 10 对引物。利用 SSCP 分型 AD$_1$、AD$_2$ 和 AD$_5$ 的材料后，有 3 对引物有多态性。为了检测更多的多态性，他们针对每个基因序列共开发了 82 对序列特异引物，SSCP检测之后，36 对引物表现多态性。这些引物在四倍体棉种中共产生 74 个位点，并可明确区别不同棉种。与常用的 SSR 比较发现，这些功能标记与 SSR 有类似的鉴别能力（Lin et al.，2012）。

3. 棉花纤维发育特异或优势表达基因标记的开发

棉花纤维是棉花的主要产品，因而也是科学研究的主要对象。棉花纤维发育机制的研究有助于棉花纤维的遗传改良，不同研究者通过转录组学和蛋白质组学克隆鉴定了一些棉花纤维发育特异或优势表达的基因，这些基因可用于分子标记辅助选择，提高育种选择的准确性和效率。因此，华中农业大学针对这些基因开发相应的功能标记。根据前人纤维发育相关基因研究报道中提供的登录号，从 GenBank（http://www.ncbi.nlm.nih.gov/genbank）数据库中下载收集棉花基因的核酸序列。针对蛋白质组学获得的优势表达蛋白质，利用 NCBI 中的 tblastn 工具，参考前人研究报道中提供的纤维发育相关蛋白质的氨基酸序列，最终获得相应的核苷酸序列。利用 Primer-BLAST（http://blast.ncbi.nlm.nih.gov/Blast.cgi）共设计了 331 对纤维基因引物和 164 对纤维优势表达蛋白的引物。其中，199 对（60.12%）基因的引物和 114 对（69.51%）蛋白质的引物在两个作图亲本中扩增出目标产物。经过改进的 SSCP 分型技术的分析后，分别有 33 对（9.97%）基因的引物和 19 对（11.59%）蛋白质的引物表现出多态性，并分别得到了 37 个和 21 个多态性标记位点。

用作图亲本鄂棉 22 和海岛棉 3-79 之间检测到清晰可信的多态性的标记对整个 BC$_1$群体进行基因型分析，连锁分析使代表 48 个基因或蛋白质的 53 个多态性标记整合进本实验室构建的棉花海陆种间遗传连锁图谱上。其中 23 个标记被定位于 At 亚组的 9 条染色体上，另外 30 个标记被定位于 Dt 亚组的 12 条染色体上。总体来说，这些多态性功能标记广泛随机分布于棉花的 21 条染色体，具体如下，Chr13 上定位到 5 个标记，Chr8、Chr9、Chr16 和 Chr26 上分别定位到 4 个标记，Chr3、Chr15、Chr19、Chr22、Chr24 和 Chr25 上分别定位到 3 个标记，Chr10、Chr11、Chr18 和 Chr21 上分别定位到 2 个标记，Chr4、Chr5、Chr6、Chr14、Chr17 和 Chr23 上分别定位到 1 个标记（图 1-19）。

利用 BC$_1$ 群体定位纤维品质 QTL 发现，位于 15 号染色体上的 GhPEPC2-ds 与 *qFEchr15.1* 紧密连锁，解析 7.35% 的表型变异；位于 16 号染色体上的 FPG012-ss 与 *qFSchr16* 紧密连锁，解析 4.48% 的表型变异；Chr 26 上的 GhCAD6-ss 与 *qMVchr26* 紧密

棉花纤维发育生物学

连锁，解析 8.07%的表型变异（Li et al.，2013）。

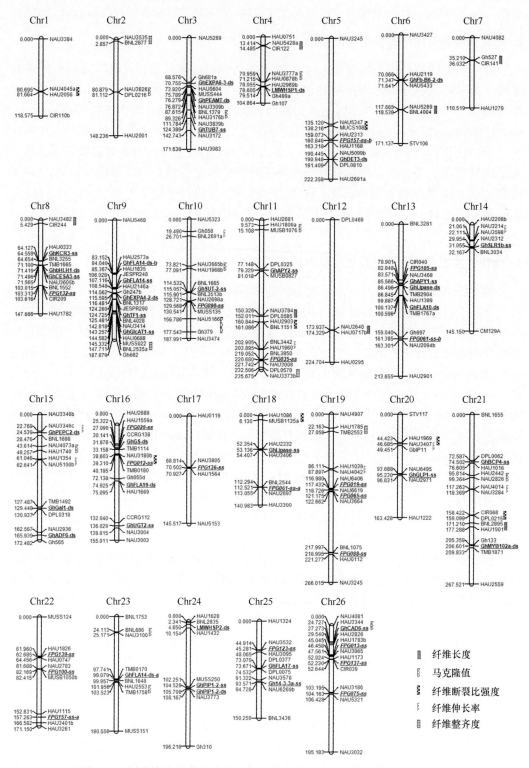

图 1-19　纤维特异/优势表达基因标记的染色体分布和纤维性状 QTL 定位

4. 海陆种间纤维发育差异表达基因功能标记的开发

棉花纤维的发育是一个复杂的过程，棉花纤维是由胚珠表皮细胞发育而成的，其分化和发育分为：纤维原始细胞分化和突起、纤维细胞的伸长或初生壁的加厚、次生壁的加厚和脱水成熟 4 个时期（Basra and Malik，1984；Ruan and Chourey，1998）。在不同发育时期及不同品种棉花的纤维发育涉及多个基因的特异表达和优势表达。海岛棉的纤维品质明显优于陆地棉的纤维品质，明确海岛棉和陆地棉之间各个发育时期的特异或优势表达基因在纤维发育中的作用对提高棉花纤维品质具有重要作用。为探寻海岛棉和陆地棉纤维发育过程中基因表达的差异，华中农业大学利用 cDNA-SRAP 差异显示技术比较了海岛棉和陆地棉纤维发育过程中的差异表达基因，对差异片段回收测序并转化成功能标记定位于棉花种间遗传图谱上。

他们以陆地棉鄂棉 22 为母本、海岛棉 3-79 为父本，分别提取亲本发育 5 天、10 天、15 天、20 天的纤维 RNA，并将其反转录合成第一链 cDNA。为了有效地筛选差异表达片段，他们利用 4096 对 SRAP 引物组合筛选亲本 DNA，获得多态性高的 275 对引物，再对 DNA、叶片和不同发育时期纤维 cDNA 进行分析。对比纤维 cDNA、叶片 cDNA 和基因组 DNA 扩增出的带型差异，结果显示可分为三大类：三者扩增的条带是相同的、只有纤维和叶片的 cDNA 有扩增产物、只有叶片或纤维的 cDNA 有扩增产物。

利用 cDNA-SRAP 技术对发育 5 天、10 天、15 天、20 天的棉花纤维基因表达进行分析，将清晰的差异条带进行挖胶测序，这些差异条带既包括同一发育时期海陆间出现的差异，也包括海岛棉或陆地棉的纤维在不同发育时期出现的差异。差异条带挖胶测序后，去除出现高级结构的序列和相同的序列，共得到 166 条序列。序列长度为 200～800bp，多数差异序列长度在 300bp 左右。差异序列在各个时期分布统计详见表 1-24。

表 1-24 差异序列在各个时期的分布

纤维发育时期	鄂棉 22 差异条带	海岛棉 3-79 差异条带	两亲本共有	总计
5DPA	36	16		52
10DPA	16	14		30
15DPA	20	18		38
20DPA	35	6		41
其他	4	0	1	5
总计	111	54	1	166

利用 cDNA-SRAP 差异显示的方法分析海岛棉和陆地棉纤维发育的差异表达，发育 20 天的纤维海岛棉和陆地棉表达差异最大，发育 5 天的纤维海岛棉和陆地棉表达差异次之，发育 10 天的纤维海岛棉和陆地棉表达差异最小。纤维发育 5 天和 20 天，陆地棉和海岛棉差异最显著。前者是棉花纤维发育初期的开端，与单个棉籽上的纤维数目和棉花的产量有直接关系。后者是与纤维的品质形成有较大影响的时期。这两个时期得到的差异 EST 序列可能与陆地棉的高产量和海岛棉的优良品质有很大关系，为进一步研究棉花纤维的产量和品质提供了新的切入点。

从 168 条序列中开发了 104 个功能标记，这些标记在常温和低温条件下利用两亲本的 DNA 筛选多态性，61 对引物可以扩增出清晰的条带，表现出多态性的引物有 15 对。对 BC₁ 群体分析，共得到 7 个多态性位点，其中有 5 个显性位点、2 个共显性位点（CF77、CF85）。7 个多态性位点中有 6 个被整合到海岛棉和陆地棉种间遗传连锁图谱上，分别位于 6 条染色体上。有 5 个位点分别定位在 A 亚基因组的 5 条染色体上（Chr1、Chr 8、Chr 10、Chr 12、Chr 13），1 个位点定位在 D 亚基因组的 1 条染色体上（Chr15）（图 1-20）（Liu et al.，2012）。

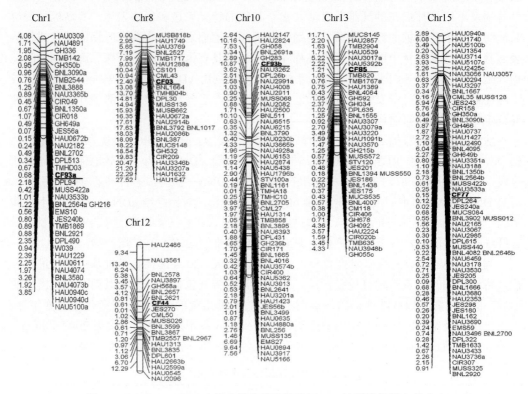

图 1-20　6 个 EST-SSR 在海岛棉和陆地棉种间 BC$_1$ 连锁遗传图上的分布

5. miRNA 及其靶标功能标记的开发和定位

miRNA 作为一类负调控因子广泛参与植物的生长发育过程中。在植物中，miRNA 的目标 mRNA 编码所得到的产物大多数为转录因子，这些转录因子参与植物的分生组织特性形成、细胞分裂、器官分化和极性的形成等过程，一些转录因子也可能与棉花纤维的发育过程有关。但目前 miRNA 在棉花纤维发育过程中发挥何种作用，如何发挥作用都不是很清楚，而且棉花中 miRNA 的研究相对来说比较滞后，模式作物拟南芥和水稻中 miRNA 的研究比较成熟，很多 miRNA 的功能也都得到验证，因此对棉花 miRNA 及其靶标的染色体定位及表达的研究对棉花纤维产量的提高和纤维品质的改良有着十分重要的意义。华中农业大学对棉花 miRNA 及其潜在的靶基因进行了染色体定位（陈学梅，2013）。

陈学梅通过文献和 mirbase 网站（http://www.mirbase.org）收集 miRNA 的前体序列，对得到的所有序列经过去除重复序列后共收集了 123 条 miRNA 序列，其中从文献中共得到了 122 条序列、从 mirbase 网站收集了 1 条序列。对得到的所有 miRNA 序列在 miRNA 前体两端设计引物（图 1-21），得到了 88 对特异引物，经 Blast 比对去重，最终得到了 83 对 miRNA 引物（表 1-25）。受已报道的棉属 miRNA 数量及 miRNA 引物多态性低的限制，为了定位更多的 miRNA 标记，一种改良的 SRAP 方法，即 miRNA-SRAP 标记被应用于本实验中，具体方法为利用 23 个特异的 miRNA 引物（Pang et al.，2011）分别与 64 个 SRAP 上游引物和 64 个 SRAP 下游引物进行组合，共得到 2944 对引物组合。

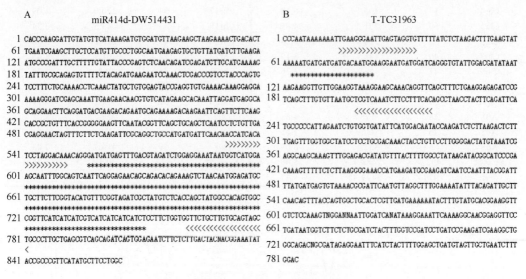

图 1-21　miRNA 与靶基因的引物设计方法

A. miR414d-DW514431（基因库编号 DW514431）；B. miR414d 的靶基因 TC31963（基因库 acc 编号 TC31963）。
*. 目标序列；>>>>>、<<<<<. 引物区域

表 1-25　miRNA 序列来源及在各文献中的分配

序列来源	序列数目	设计引物数量	去重后引物数
Barozai et al.，2008	11	6	6
Kwak et al.，2009	2	2	2
Pang et al.，2009	32	19	17
Qiu et al.，2007	37	34	32
Ruan et al.，2009	8	4	4
Zhang et al.，2005	15	8	7
Zhang et al.，2007	17	15	15
http://www.mirbase.org/	1	0	0
总计	123	88	83

设计的 83 对 miRNA 前体引物中，有 12 对引物在群体中有多态性，产生了 13 个多态性位点，引物多态性比例为 14.5%。13 个多态性位点中只有 9 个被定位到染色体上，其中 miR479-ES809290 产生的两个多态性位点，只有 a 位点被添加到遗传连锁图谱中。这 9 个标记分布在 7 条染色体上，分别为 Chr1、Chr4、Chr13、Chr15、Chr16、Chr23 和 Chr26，其中 At 亚基因组有 4 个标记，Dt 亚基因组包含 5 个标记（表 1-26、图 1-22）。

表 1-26　各染色体的位点数、长度与标记间距

染色体	位点数	长度/cM	平均间距/cm	染色体	位点数	长度/cM	平均间距/cm
Chr1	22	69.5	3.16	Chr14	47	304.2	6.47
Chr2	6	16.3	2.72	Chr15	36	289.8	8.05
Chr3	37	201.8	5.45	Chr16	33	113.9	3.45
Chr4	17	105.1	6.18	Chr17	54	220.9	4.09
Chr5	60	291.2	4.85	Chr18	43	143.5	3.34
Chr6	35	228.8	6.54	Chr20	42	210.2	5.00
Chr7	46	146.7	3.19	Chr22	24	202.9	8.45
Chr9	41	154	3.76	Chr23	55	207	3.76
Chr10	52	271	5.21	Chr25	53	328.1	6.19
Chr12	37	133.5	3.61	Chr26	37	154.2	4.17
A01	38	178	4.68	D02	28	224.7	8.03
A02	46	360.9	7.85	D03	26	169.3	6.51
A03	55	332.1	6.04	D08	59	414.7	7.03
At 亚组	492	2488.9	5.06	Dt 亚组	537	2983.4	5.56
合计	1029	5472.3	5.32				

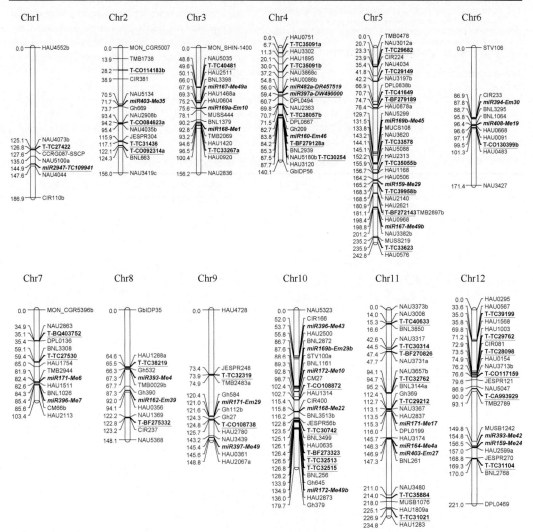

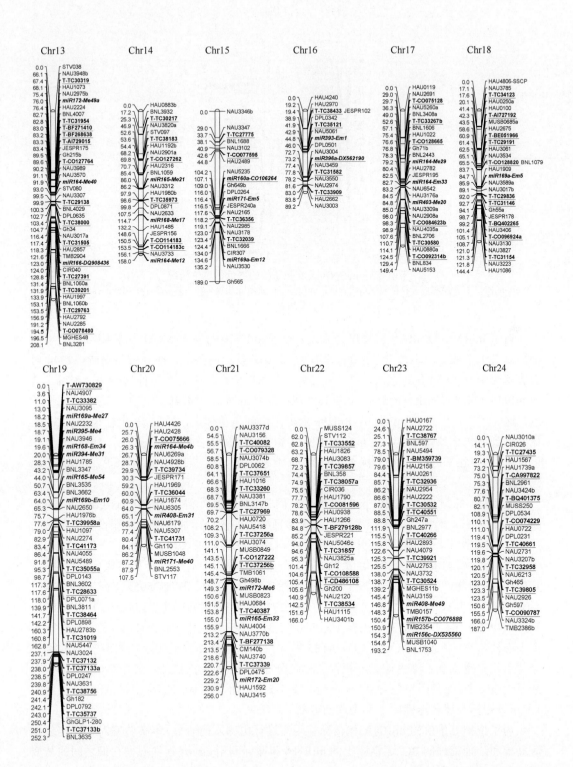

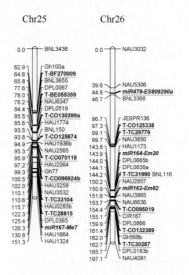

图 1-22　miRNA 及其靶基因的染色体定位情况

pre-miRNA 标记用粗体、斜体和下划线表示；miRNA-SRAP 标记用粗体和下划线表示；靶基因标记用粗体和下划线表示

　　对于 miRNA 与 SRAP 引物组合来说，除了 miR319 与所有 SRAP 引物组合所扩增的带型只有 1 个或 2 个之外，其余组合均产生了 6 条以上的条带，而且带型清晰。2944 对引物组合中有 55 对有多态性，产生了 59 个多态性位点，引物多态性比例为 1.87%，其中 miR167-Me49、miR164-Me4、miR169b-Em29 和 miR172-Me49 均产生了 2 个多态性位点，这 8 个位点中只有 miR169b-Em29a 未被定位到染色体上，最后 59 个标记中有 54 个被添加到遗传连锁图谱中，分布在除 Chr22 和 Chr24 外的 24 条染色体上，其中 28 个标记定位到 At 亚基因组、26 个标记定位到 Dt 亚基因组（图 1-22），总体来说，miRNA 标记在染色体上呈均衡分布。

　　miRNA 的靶基因均从 psRNATarget 网站中下载所得（http://plantgrn.noble.org/psRNATarget/），对得到的靶标序列经去除重复序列后在目标片段序列两端设计引物（图 1-21）。共设计了 1265 对靶标引物，有 147 对引物在群体中表现多态性，产生了 161 个多态性位点，引物多态性比例为 11.7%。161 个多态性位点中有 156 个被定位到染色体上，其中 12 对引物产生了 2 个多态性位点（包括 T-CO130399、T-TC35055、T-CO092314、T-BF279128、T-TC33267、T-CO096924、T-TC37133、T-TC39958、T-TC37256、T-TC35091、T-TC38057 和 T-CO084623），还有 1 对产生了 3 个多态性位点（T-CO114183），这些有多个多态性位点的标记中只有 T-CO114183 的 a 位点未被添加到遗传连锁图谱中，其余 26 个位点均被定位到了染色体上。靶标的标记分布在 26 条染色体上，其中 At 亚基因组有 59 个标记、Dt 亚基因组包含 97 个标记（图 1-22），Dt 亚基因组的标记是 At 亚基因组的 1.6 倍，靶标在遗传连锁图上呈不均衡分布。

　　为了挖掘有价值的 miRNA 和靶标基因需进行更深入的研究，本实验室对已经定位到海岛棉和陆地棉种间 BC₁ 连锁图上的 miRNA 和靶标利用 circos 软件根据它们之间的从属调控关系绘制了网络图（图 1-23、图 1-24），从图 1-23 可以直接明了地研究所有定位到海陆种间 BC₁ 连锁图上的 miRNA 和靶标的位置及相互之间的调控关系；而图 1-24 更清晰直观地显示了单个 miRNA 家族及其靶标在染色体上的位置关系。

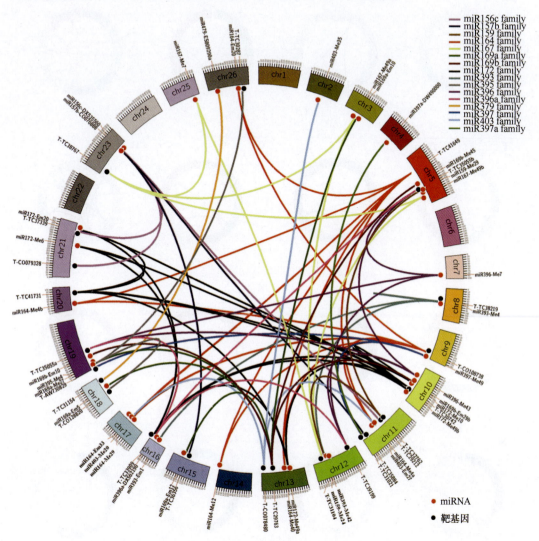

图 1-23　miRNA 及其靶标相互关系网络图
图中红点表示 miRNA，黑点代表靶标；染色体上的刻度代表遗传距离（cM）；不同 miRNA 家族用不同颜色的线与其靶标连接

　　从图 1-24I 可以看出，miR393 和它的靶标 T-TC38219 位于同一条染色体上，而且它们之间遗传距离很近，仅相距 1.78cM。miR172 及其靶标 TC30742 也位于同一条染色体上（图 1-24H），miR172-Me10 和靶标 T-TC30742 相距 30.72cM，miR172-Me49b 和靶标 T-TC30742 相距 11.41cM；从图 1-24H 还可以看出 miR172 的靶标 T-TC30742 和 TC41731 分别位于 10 号染色体和 20 号染色体，而 Chr10 和 Chr20 为同源染色体。对于 miR396 家族（图 1-24K）和 miR396a（图 1-24L）来说，在网络图上它们有相同的靶标 T-TC35055 和 T-TC39199，miR396-Me7 位于 7 号染色体，miR396a-DX562190 位于 16 号染色体，而 Chr7 和 Chr16 为同源染色体，即同一靶标的不同 miRNA 家族位于同源染色体上；对于

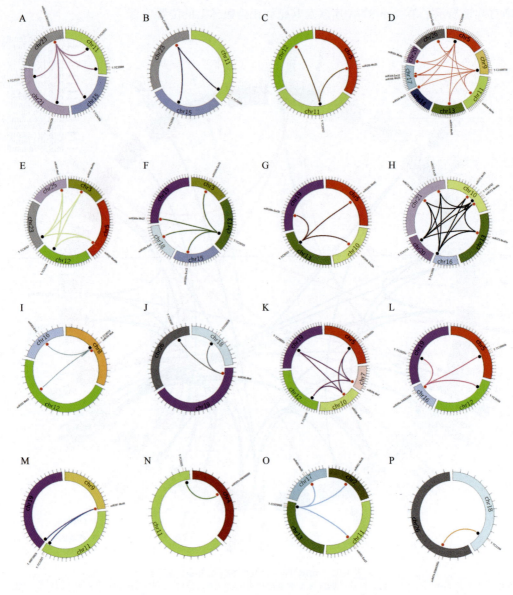

图 1-24　单个 miRNA 及其靶标相互关系网络图

A. miR156c 家族；B. miR157b 家族；C. miR159 家族；D. miR164 家族；E. miR167 家族；F. miR169a 家族；G. miR169b 家族；H. miR172 家族；I. miR393 家族；J. miR395 家族；K. miR396 家族；L. miR396a 家族；M. miR397 家族；N. miR397a 家族；O. miR403 家族；P. miR479 家族。图中红点表示 miRNA，黑点代表靶标；染色体上的刻度代表遗传距离（cM）

靶标 T-TC35055 来说，它产生了 2 个位点，有趣的是 T-TC350055a 位于 19 号染色体上，而 T-TC350055b 位于 5 号染色体上，Chr5 和 Chr19 同样是同源染色体。图 1-24G 也有同样的同源关系，其中 miR169b-Me45 位于 5 号染色体上，miR169b-Em10 位于 19 号染色体上，即同一靶标的不同 miRNA 所在的染色体为同源染色体。对 miR156c- DX53560 来说（图 1-24A），它的靶标 T-TC37339 和 T-CO079328 位于 21 号染色体，而靶基因 T-TC29212 和 T-TC35884 位于 11 号染色体，同样的 Chr21 和 Chr11 也为同源染色体。

图 1-24F 显示 miR169a 与其靶标 TC29763 所在的染色体为同源染色体，其中 miR169a 位于 18 号染色体，T-TC29763 位于 13 号染色体。综上可以看出，Chr5 和 Chr19 之间存在大量的相互关联的 miRNA 和靶标。

三、高密度连锁图的构建

（一）海陆种间 F_2 遗传图谱的构建

华中农业大学用 1362 对 SSR 引物（7 个系列的棉花 SSR 引物，BNL 系列 700 对、JESPR 系列 309 对、CIR 系列 204 对、TMH 系列 96 对、MGHES 系列 46 对、NAU 系列 5 对、CML 系列 2 对）、238 个 SRAP 引物组合、600 条 RAPD 引物和一些 REMAP 引物组合进行亲本间多态性的检测（贺道华，2006）。筛选出在双亲间表现多态性的 SSR 引物 655 对（占 48.1%）、SRAP 引物组合 121 个（50.8%）、RAPD 引物 62 条、REMAP 引物组合 7 个。

进行 F_2 群体分析，产生了 834 个 SSR 位点（554 个 BNL 位点、92 个 JESPR 位点、130 个 CIR 位点、22 个 TMH 位点、33 个 MGHES 位点、2 个 NAU 位点、1 个 CML 位点）、437 个 SRAP 位点、107 个 RAPD 位点、16 个 REMAP 位点。

对 F_2 群体检测所获得的 1394 个标记位点（834 个 SSR、437 个 SRAP、107 个 RAPD、16 个 REMAP）进行偏分离检测。结果显示，834 个 SSR 位点的分离情况符合孟德尔分离比例，只有 173 个 SSR 位点（68 个显性标记、105 个共显性标记）的分离比不符合 3∶1 或 1∶2∶1（当 $P<0.01$ 时），其中 47 个显性标记偏向于母本邯郸 208，21 个显性标记偏向于父本 Pima90。105 个共显性的偏分离标记中，在 4 个标记位点上，母本邯郸 208 的基因频率高于 50%；其他基因频率正常的共显性偏分离位点中，有 16 个位点其杂合型的比例偏高，有 8 个位点其杂合型和邯郸 208 纯合型的比例同时偏高。总之，此群体的基因频率略偏向于邯郸 208。在 437 个 SRAP 位点和 107 个 RAPD 位点中，48 个 SRAP 和 17 个 RAPD 不符合孟德尔分离比例。偏分离的 57 个 SRAP 位点中，31 个位点偏向母本邯郸 208 纯合型，1 个位点偏向 B_（父本为显型），2 个偏向父本 Pima90 纯合型，23 个位点偏向 A_（母本为显型）。偏分离的 20 个 RAPD 位点中，3 个位点偏向母本邯郸 208 纯合型，7 个位点偏向 B_（父本为显型），2 个偏向父本 Pima90 纯合型，8 个位点偏向 A_（母本为显型）。16 个 REMAP 位点中，6 个不符合孟德尔分离比例。综合统计 4 种标记，总的来说，此群体邯郸 208 的基因频率为 56.26%，略高于 Pima90（43.73%）。偏分离检测的结果表明，此群体适合于遗传连锁图谱的构建。

遗传连锁图谱构建前，首先定义 26 个连锁群/染色体，然后在各个连锁群上锚定 2 个标记。以 LOD 值 3.0 为阈值构建遗传连锁图谱。所获得的连锁群含有 6～60 个标记位点。每个连锁群的信息见表 1-26 和图 1-25。根据 At 和 Dt 两亚基因组间共有的 SSR 位点来推测两亚基因组间的部分同源性。图 1-25 中连锁群的排列按 At 和 Dt 两亚基因组间的部分同源（性）对进行，如 At 亚基因组的 Chr1 与 Dt 亚基因组的 Chr15 相邻排列等。

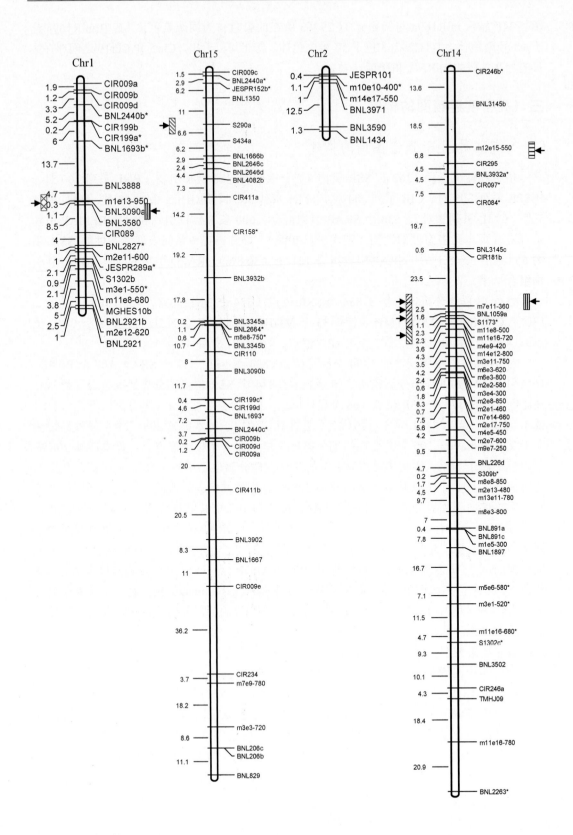

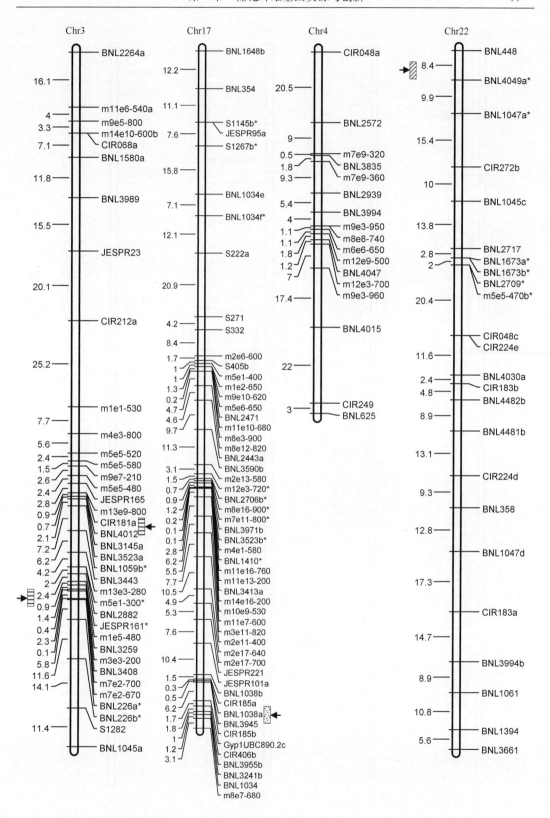

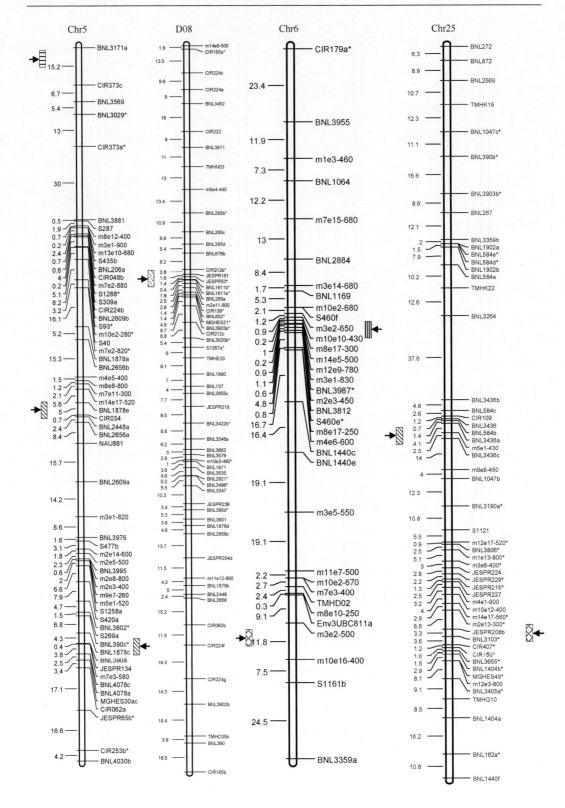

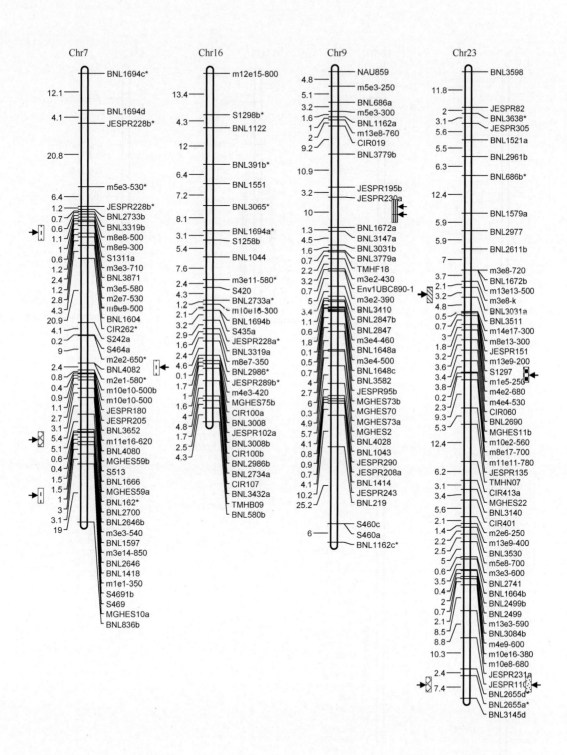

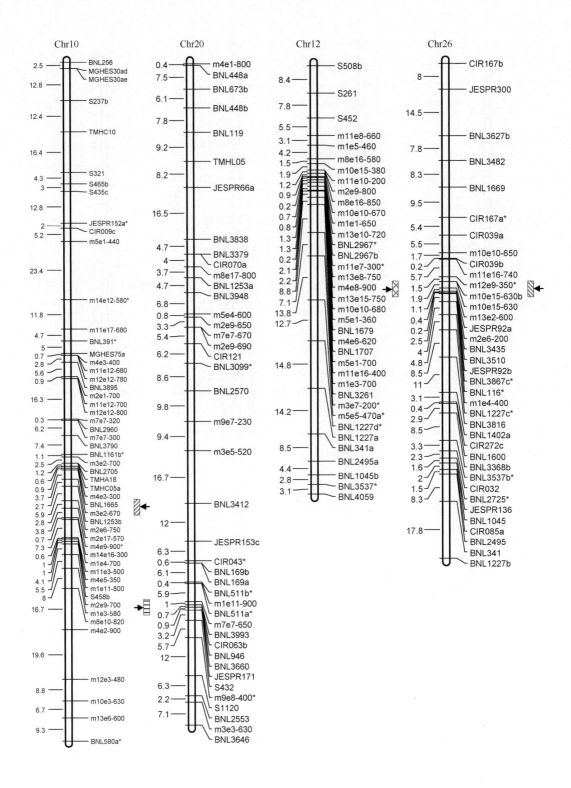

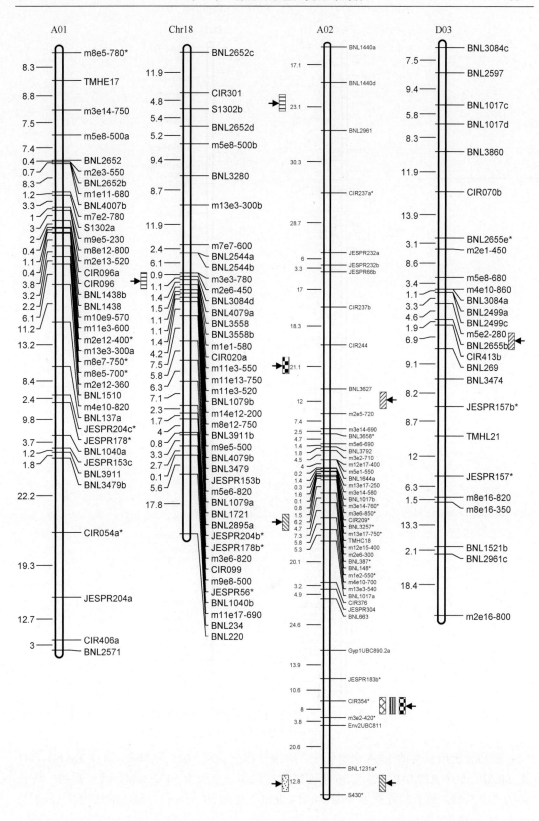

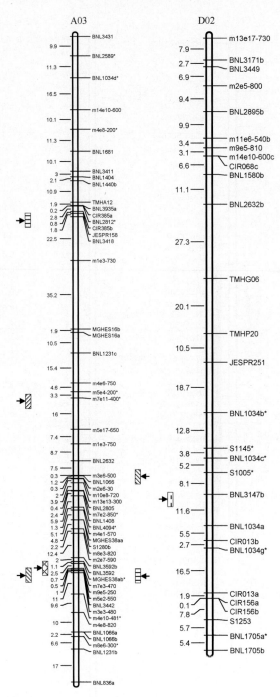

图 1-25　海陆种间 F_2 图谱及纤维品质性状 QTL 的分布
*表现为偏分离的位点

　　群体分析所获得的 1394 个标记中，1029 个标记位点（625 个 SSR、58 个 RAPD、341 个 SRAP、5 个 REMAP）进入 26 个连锁群。此图谱全长为 5472.3cM，连锁群的平均长度为 210.5cM。最长的连锁群 D08 为 414.7cM，含有 59 个标记，最小的连锁群 Chr2 长度为 16.3cM，含有 6 个标记。连锁分析显示，365 个标记不连锁没有进入这 26 个连锁群。

　　整体上来说，标记间的平均距离为 5.32cM，每个连锁群上的标记密度各不相同，为 2.72(Chr2)～8.45cM（Chr22）。有 78 个标记间距大于 15cM，其中 34 个在 Dt 基因组上、44 个在 At 基因组上，其中最大的标记间距为 37.6cM（在 Chr25 上）。相反，有 380 个标记区间长度小于 2cM，其中一些标记紧密连锁（标记间没观察到重组交换）。总的来说，4 种类型的分子标记在各连锁群上相间分布。此遗传连锁图谱的主要标记是 SSR 标记（SSR 占 60.7%、SRAP 占 33.1%、RAPD 占 5.6%、REMAP 占 0.5%），由于在不同的实验室 SSR 标记广泛地应用于图谱构建，因此，此图谱将能很好地与其他研究者的图谱进行比较。

（二）海陆棉种间 BC_1 群体的高密度遗传连锁图谱构建

1. 第一代图谱

　　华中农业大学用 6310 对 SSR 引物对陆地棉鄂棉 22 和海岛棉 3-79 两个亲本进行多态性检测（张艳欣，2008）。引物包括 13 个系列：BNL（694 对）、CIR（392 对）、CM（53 对）、DPL（200 对）、JESPR（309 对）、MUSB（1316 对）、TMB（750 对）、HAU（119 对）、MGHES（84 对）、MUCS（615 对）、MUSS（554 对）、NAU（1032 对）、STV（192 对）。其中，前 7 个系列的引物为基因组 SSR，后 6 个系列的引物为 EST-SSR。共筛选出在双亲间表现多态性的 SSR 引物 1026 对（占 16.3%），各系列引物的多态性率如表 1-27 所示，基因组 SSR 引物的多态性率（22.9%）远远高于 EST-SSR 引物的多态性率（6.7%）；基因组 SSR 引物中，DPL 系列引物的多态性率最高（69.0%），MUSB 系列引物的多态性率最低（2.5%）；EST-SSR 引物中，MGHES 系列引物的多态性率最高（22.6%），其次是 HAU 系列的引物（20.2%），MUCS 系列引物的多态性率最低（2.6%），其次是 NAU 系列的引物（5.1%）。

表 1-27　本研究所用 13 个系列 SSR 引物的多态性率

来源	引物名称	引物数量	多态性引物数量	多态性率/%
基因组 SSR	BNL	694	351	50.6
	CIR	392	79	20.2
	CM	53	20	37.7
	DPL	200	138	69.0
	JESPR	309	84	27.2
	MUSB	1316	33	2.5
	TMB	750	147	19.6
小计		3714	852	22.9
EST-SSR	HAU	119	24	20.2
	MGHES	84	19	22.6
	MUCS	615	16	2.6
	MUSS	554	44	7.9
	NAU	1032	53	5.1
	STV	192	18	9.4
小计		2596	174	6.7
总计		6310	1026	16.3

将亲本间有多态性的 1026 对引物用于 BC$_1$ 群体 141 单株的 DNA 分析，共产生了 1040 个多态性 SSR 位点。对 BC$_1$ 群体扩增所获得的 1040 个多态性 SSR 位点进行偏分离检测。结果显示，只有 121 个 SSR 位点（11.7%）的分离比（A∶H）不符合 1∶1（当 $P<0.05$ 时），其中 33 个（27.1%）标记偏向于母本鄂棉 22，88 个（72.9%）标记偏向于杂合子，其他 919 个 SSR 位点的分离情况符合孟德尔分离比例。总之，此群体的基因频率略偏向于杂合子。偏分离检测的结果说明此群体适合于遗传连锁图谱的构建。

用 MapMaker/EXP.3.0（Lander et al.，1987）作图软件，以 LOD 值≥8.0、标记间最大间距≤40cM 为阈值构建了棉花海陆种间 BC$_1$ 遗传连锁图谱，连锁群的排列按 Chr01 到 Chr26 的顺序进行。经 BC$_1$ 群体分析所获得的 1040 个多态性标记中，123 个标记不连锁没有进入任何连锁群，其余 917 个标记位点进入 44 个连锁群（26 条染色体），图谱全长为 5452.2cM，连锁群的平均长度为 123.9cM，最长的连锁群 LG34（Chr19）为 345.7cM，含有 59 个标记，最小的连锁群 LG22（Chr14）为 5.1cM，含有 3 个标记。

整体上来说，标记间的平均距离为 5.9cM，At 基因组的标记间平均距离（2765.0cM/447=6.2cM）略大于 Dt 基因组的标记间平均距离（2687.2cM/470=5.7cM）。每个连锁群上的标记密度各不相同，为 1.5(LG26/Chr15)～16.2cM（LG33/Chr18）。整张连锁图共有 81 个标记间距大于 15cM 的间隙，其中 39 个在 At 基因组上、42 个在 Dt 基因组上，其中最大的标记间距为 30.9cM（在 LG35/Chr20 上）。相反，有个别标记紧密连锁（标记间没观察到重组交换）。增加分子标记的数目和扩大作图群体将会使此连锁图逐渐饱和并最终把图谱中的间隙连接起来。

位于本研究遗传连锁图上的偏分离标记共有 107 个，基因组 SSR 的偏分离标记比例（11.7%）与 EST-SSR 的偏分离标记比例（11.5%）基本相当，各个系列的 SSR 引物的偏分离标记比例为 6.7%(MUCS)～18.5%（MUSB）。偏分离热点区（SDR）共有 11 个，分布于 At 基因组上的偏分离标记数（35）和 SDR 数（2）明显少于 Dt 基因组上的偏分离标记数（72）和 SDR 数（9）。每条染色体上均有偏分离标记分布，约有 17% 的偏分离标记分布在其连锁群的末端，有 13 个偏分离标记分布在其连锁群的中心区域或接近中心的区域。此外，值得关注的是，染色体 Chr2、Chr16、Chr18 上分布的偏分离标记数量分别达到了 11 个、20 个、23 个，远远多于其他染色体上每条染色体 2 个偏分离标记的平均数。

从 CMD 数据库（http：//www.cottonmarker.org/Primer.shtml）下载本研究所用的全部 2596 对 EST-SSR 引物的重复基序（motif）信息，结合 EST-SSR 引物在本研究中的多态性表现，利用 Excel2003 统计分析重复基序长度（核苷酸数）、重复基序类型，以及各种长度的基序不同重复次数与其多态性率的关系，并作频率分布图。对于 EST-SSR 不同的重复基序长度（核苷酸数），多态性与单态性的四核苷酸基序数分别为 17 和 133，因此，四核苷酸基序的多态性率为 11.33%（17/150），这要明显高于二核苷酸基序的多态性率（7.90%）及三核苷酸基序的多态性率（6.72%），而五核苷酸与六核苷酸的多态性率则更低，都为 4.00%。对于 EST-SSR 不同类型的重复基序，ACAT、AC 和 ACT 的多态性率较高，分别达到了 17.24%、16.67% 和 12.99%，而基序 ACG 和 AGG 的多态性率是最低的，都只有 3.33%（图 1-26）。

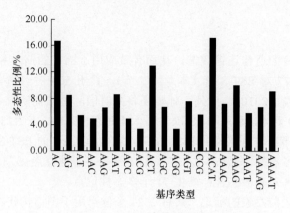

图 1-26　EST-SSR 的各种类型基序的多态性率

　　对偏分离标记的重复基序类型也进行了分析比较，发现 AG、AC、AAG、AT 和 ATT 类型的基序在偏分离标记中较普遍，其中，AG、AAG 和 AT 3 种基序同样以较高的频率出现在单态性和多态性的 EST-SSR 标记中，而 AC 基序却在偏分离标记中以更高频率出现，ATT 基序在 EST-SSR 标记中没有被发现，只出现在基因组 SSR 偏分离标记中。根据这一分析结果，或许也可以从 AC 基序和 ATT 基序的特性及功能出发，来更好地解释偏分离现象的原因。

　　对于 EST-SSR 位点的各种长度（各种长度的基序不同重复次数），多态性率排在最高的前 3 位的分别是三核苷酸×9 次重复、三核苷酸×11 次重复及三核苷酸×8 次重复，其多态性率分别为 20%、20% 及 19%，虽然三者都是三核苷酸基序重复不同的次数，但是这并不意味着三核苷酸基序的各次重复都有较高的多态性率。例如，三核苷酸×4 次重复就有着比较低的多态性率，只有 3.46%。在所有的类型中，四核苷酸×4 次重复及六核苷酸×3 次重复的多态性率基本上是最低的，分别只有 2.86% 和 2.17%。整体来看，SSR 位点长度为 27bp、33bp 和 24bp 的引物与其他引物相比，有着更大的产生多态性的潜力（图 1-27）。

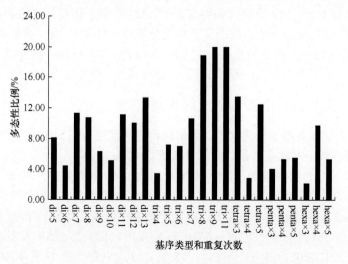

图 1-27　EST-SSR 的各种长度基序不同重复次数的多态性率

2. 第二代图谱

为了构建高密度的遗传连锁图谱，从而有效应用于棉花的遗传和育种研究，华中农业大学新开发了 3177 对 EST-SSR（本章第二节），其中 504 对引物有多态性，产生 547 个多态性位点（余渝，2010）。此外，他们还将此时国际上其他研究者公布的 SSR 标记用于图谱构建。700 对 Gh 系列的 gSSR 中，134 对有多态性，产生 172 个多态性位点；分别来自雷蒙德式棉和陆地棉的 1554 对和 754 对 NAU 系列的 EST-SSR 中，分别有 439 对和 109 对引物有多态性，分别产生 537 个和 131 个多态性位点；578 对来自陆地棉 BAC 序列的 gSSR 中，68 对有多态性，产生 71 个多态性位点。

加上本实验室之前发表的标记，共有 2521 个位点用于图谱构建。连锁分析之后，共有 2316 个位点定位到 26 个棉花染色体上，图谱总长为 4418.9cM，标记间平均间距为 1.91cM。标记数最多的 Chr19 为 134 个标记，标记数最少的 Chr2、Chr4 为 53 个，平均每个连锁群 89 个标记，其中定位于棉花 At 亚基因组的标记 1043 个，定位于棉花 Dt 亚基因组的标记 1273 个；定位于 At 亚基因组的标记少于 Dt 亚基因组的标记，其原因可能是 NAU 系列 EST-SSR 标记开发时的 EST 序列来源于 D 基因组雷蒙德氏棉（D_5）（Guo et al.，2007）。26 条染色体中最长的 Chr21 长度为 265.9cM，最短的 Chr14 为 102.2cM，26 条染色体平均长度为 169.96cM；At 亚基因组的总长度为 2250.1cM，Dt 亚基因组的总长度为 2168.8cM，At 亚基因组的总长度比 Dt 亚基因组的总长度长 81.3cM，这可能与用于分析的 Dt 亚基因组的标记数较多而 At 亚基因组的标记数少有关，从而使 At 亚基因组与 Dt 亚基因组的长度基本接近。标记间平均距离最大的 Chr2 为 2.78cM，标记间平均距离最小的 Chr14 为 1.12cM。At 亚基因组与 Dt 亚基因组标记间平均距离为 2.16cM 和 1.70cM，Dt 亚基因组标记间的平均距离明显短于 At 亚基因组。最大标记间距离出现在 Chr3 中，最长为 23.2cM，Chr26 中最短，为 6.06cM；染色体 Chr4、Chr7、Chr8、Chr11、Chr14、Chr15、Chr18、Chr19、Chr26 出现的标记间最大距离都小于 10cM。标记间距离大于 10cM 的共 35 个，其中 At 亚基因组为 15 个、Dt 亚基因组为 20 个。

2521 个多态性位点中，423 个位点（16.8%）表现偏分离（$P<0.05$），其中 139 个位点偏向鄂棉 22 纯合子，284 个位点偏向杂合子。323 个偏分离位点定位到棉花染色体上，其中 74.9% 的位点偏向杂合子，每个染色体上分布 3～51 个位点。偏分离分布最多的是 Chr2、Chr16 和 Chr18，最少的是 Chr5、Chr8、Chr20 和 Chr25。26 条染色体上共有 21 个偏分离区域，其中 8 个在 At 亚基因组上、13 个在 Dt 亚基因组上。

（三）陆地棉种内分子标记连锁图的构建

华中农业大学以冀棉 5 号为父本、瑟伯氏棉的高代导入系 DH962 为母本，构建陆地棉种内 F_2 分离群体，对棉花产量、纤维性状进行 QTL 定位。

用 4096 个 SRAP 引物组合、6310 对 SSR 引物、600 条 RAPD 引物及 10 对 RGAP 引物进行双亲间多态性引物的筛选。4096 个 SRAP 引物组合中，238 个产生单个多态性位点、36 个产生 2 个多态性位点、8 个产生 3 个多态性位点、3814 个没有多态性；282 个引物组合共产生 331 个多态性位点。6310 个 SSR 中，123 个 gSSR 有多态性，产生 123 个位点；32 个 EST-SSR 产生 33 个位点。15 条 RAPD 引物产生 17 个 RAPD 位点，10 个 RGAP 产生 2 个多态性位点。

对 506 个位点（331 个 SRAP、156 个 SSR、17 个 RAPD 和 2 个 RGAP）进行连锁分析，471 个位点包括 309 个 SRAP 位点、144 个 SSR 位点、16 个 RAPD 位点及 2 个 RGAP位点进入 51 个连锁群（LOD≥3.0），每个连锁群包含 2～77 个标记。每个连锁群长度为1.1～286.0cM，平均长度为 60.2cM，总长度为 3070.2cM，大约覆盖棉花基因组的 65.88%，标记间平均间距为 6.5cM（Lin et al.，2009）。

参 考 文 献

艾先涛, 李雪源, 莫明, 等. 2008. 新疆棉花纤维品质性状的 QTL 分析. 棉花学报, 20(6): 473-476.

陈学梅. 2013. miRNA 及其靶标和转录因子的染色体定位及表达分析. 武汉: 华中农业大学硕士学位论文.

杜雄明, 贾银华, 周忠丽, 等. 2009. 棉花优异种质主要特性介绍和发放利用. 中国棉花, 36(10): 8-21.

鄂方敏. 2000. 中国棉花育种 50 年. 中国棉花, 27(9): 7-9.

顾本康, 马存. 1996. 中国棉花抗病育种. 南京: 江苏科学技术出版社.

贺道华. 2006. 四倍体棉花分子标记遗传连锁图谱的构建和重要经济性状的 QTL 定位. 武汉: 华中农业大学博士学位论文.

黄滋康. 1996. 中国棉花品种及其系谱. 北京: 中国农业出版社

姜茹琴, 梁正兰, 钟文南, 等. 1996. 陆地棉×索马里棉(G. somalense)杂种的研究和利用. 科学通报, 41(1): 60-64.

孔广超, 秦利, 徐海明, 等. 2010. 棉花 IF$_2$ 群体构建及其在纤维品质遗传和杂种优势研究中的应用. 作物学报, 36(6): 940-944.

聂以春, 左开井, 张献龙, 等. 2000. RAPD 标记分析棉花种间杂种后代的遗传相似性. 华中农业大学学报, 19(6): 523-527.

林忠旭. 2005. 棉花分子标记遗传连锁图构建和产量、纤维品质相关性状定位. 武汉: 华中农业大学博士学位论文.

凌键. 2008. 基于端粒-FISH 的棉花核型分析及高分辨率细胞学图的初步构建. 北京: 中国农业科学院博士学位论文.

刘根齐, 焦传珍, 姜茹琴, 等. 2000. 用同工酶和 RAPD 技术研究棉花三元杂种石远 321 新品种的遗传特性. 遗传学报, 27(11): 999-1005.

刘芦苇, 祝水金. 2007. 转基因抗虫棉产量性状的遗传效应及其杂种优势分析. 棉花学报, 19(1): 33-37.

聂汝芝, 李懋学. 1993. 棉属植物核型研究. 北京: 科学出版社.

潘家驹. 1998. 棉花育种学. 北京: 中国农业出版社

潘兆娥, 胡希远, 贾银华, 等. 2010. 棉花不同铃重类型种质主要纤维性状遗传及其变异. 棉花学报, 22(5): 422-429.

庞朝友, 杜雄明, 马峙英. 2005. 具有野生棉外源基因的陆地棉特异种质创造与利用进展. 棉花学报, 17(3): 171-177.

庞朝友, 杜雄明, 马峙英. 2006. 棉花种间杂交渐渗系创新效果评价及特异种质筛选. 科学通报, 51(1): 55-62.

宋国立. 2007. 16 个棉种的荧光原位杂交分析. 北京: 中国农业科学院博士学位论文.

宋晓轩, 王淑民. 2001. 近 20 年我国棉花生产主栽品种概况及其评价. 棉花学报, 13(5): 315-320.

王坤波, 张香娣, 王春英, 等. 1995. 棉属 A 染色体组的核型研究. 遗传, 17: 32-37.

王坤波. 2009. 棉属 21 个种基于原位杂交的核型分析. 北京: 中国农业科学院博士学位论文.

许萱. 1999. 棉花的起源进化与分类. 西安: 西北大学出版社.

余渝. 2010. 棉花种间群体配子重组率差异、偏分离研究与高密度分子标记遗传连锁图谱构建. 武汉: 华中农业大学博士学位论文.

张宝红, 丰嵘. 2000. 棉花的抗虫性与抗虫棉. 北京: 中国农业科技出版社.

张艳欣. 2008. 海岛棉 EST-SSR 引物的遗传评价及海陆棉种间高密度遗传连锁图谱构建与 QTL 定位. 武汉: 华中农业大学博士学位论文.

中国农学会遗传资源学会. 1994. 中国作物遗传资源. 北京: 中国农业出版社.

中国农业科学院棉花研究所, 江苏省农业科学院经济作物研究所. 1989. 中国的亚洲棉. 北京: 农业出版社.

中国农业科学院棉花研究所. 1981. 中国棉花品种志. 北京: 农业出版社.

中国农业科学院棉花研究所. 1983. 中国棉花栽培学. 上海: 上海科学技术出版社.

赵国忠, 冯恒文, 李爱国, 等. 1994. 棉属 8 个野生种 2 个二倍体栽培种对陆地棉的改良效应. 华北农学报, 9(4): 44-48.

周宝良, 钱思颖. 1994. 棉属野生种在棉花育种上的利用研究新进展. 江苏农业大学, 4.

周宝良, 陈松, 沈新莲, 等. 2003. 陆地棉高品质纤维种质基因库的拓建. 作物学报, 29(4): 514-519.

周盛汉. 2000. 中国棉花系谱图. 成都: 四川科技出版社.

Basra A S, Malik C P. 1984. Development of the cotton fibre. Int Rev Cytol, 89: 65-113.

Beasley J O. 1940. The origin of American tetraploid *Gossypium* species. Am Nat, 74: 285-286.

Beasley J O. 1941. Hybridization, cytology, and polyploidy of *Gossypium*. Chronica Botanica, 6: 394-395.

Bogunic F, Siljak-Yakovlev S, Muratovic E, et al. 2011. Different karyotype patterns among allopatric *Pinus nigra* (Pinaceae) populations revealed by molecular cytogenetics. Plant Biology, 13: 194-200.

Clegg M T, Gaut B S, Learn G H, et al. 1994. Rates and patterns of chloroplast DNA evolution. P Nat Acad Sci USA, 91(15): 6795-6801.

Cronn R C, Small R L, Haselkorn T, et al. 2003. Cryptic repeated genomic recombination during speciation in *Gossypium gossypioides*. Evolution, 89: 707-725.

Cronn R C, Zhao X P, Paterson A H, et al. 1996. Polymorphism and concerted evolution in a tandemly repeated gene family: 5S ribosomal DNA in diploid and allopolyploid cottons. Mol Evol, 42: 685-705.

Edwards G A, Endrizzi J E, Stein R. 1974. Genomic DNA content and chromosome organization in *Gossypium*. Chromosoma, 47: 309-326.

Endrizzi J E, Turcotte E L, Kohel R J. 1985. Genetics, cytogenetics, and evolution of Gossypium. Adv Genet, 23: 271-375.

Flagel L E, Wendel J F. 2010. Evolutionary rate variation, genomic dominance and duplicate gene expression evolution during allotetraploid cotton speciation. New Phytol, 186(1): 184-193.

Fryxell P A. 1992. A revised taxonomic interpretation of *Gossypium* L. (Malvaceae). Rheedea, 2: 108-165.

Guo W Z, Cai C P, Wang C B, et al. 2007. A microsatellite-based, gene-rich linkage mapreveals genome structure, function and evolution in *Gossypium*. Genetics, 176: 527-541.

Johnson B L, Thein M M. 1970. Assessment of evolutionary affinities in *Gossypium* by protein electrophoresis. Am J Bot, 57: 1081-1092.

Lander E S, Green P, Abrahamson J, et al. 1987. MAPMAKER: an interactive computerpackage for constructing primary genetic linkage maps of experimental and natural populations. Genomics, 1: 174-181.

Li G, Quiros C F. 2001. Sequence-related amplified polymorphism (SRAP), a new marker system based on a simple PCR reaction: its application to mapping and gene taggingin *Brassica*. Theor Appl Genet,

103: 455-461.

Li X, Yuan D, Zhang J, et al. 2013. Genetic mapping and characteristics of genes specifically or preferentially expressed during fiber development in cotton. PLoS ONE, 8(1): e54444.

Lin Z, Wang Y, Zhang X, et al. 2012. Functional markers for cellulose synthase and their comparison to SSRs in cotton. Plant Mol Biol Rep, 30: 1270-1275.

Lin Z, Zhang Y, Zhang X, et al. 2009. A high-density integrative linkage map for *Gossypium hirsutum*. Euphytica, 166: 35-45.

Liu C, Lin Z, Zhang X. 2012. Unbiased genomic distribution of genes related to cell morphogenesis in cotton by chromosome mapping. Plant Cell Tiss Org Culture (PCTOC), 108(3), 529-534.

Nikolajeva A. 1923. A hybrid between Asiatic and American cotton plant *Gossypium herbaceum* L. and *G. hirsutum* L. Bull. Appl Bet. Plant Breed, 13: 117-134.

Pang M X, Xing C Z, Adams N, et al. 2011. Comparative expression of miRNA genes and miRNA-based AFLP marker analysis in cultivated tetraploid cottons. J Plant Physiol, 168(8): 824–830.

Ruan Y L, Chourey P S. 1998. A fibreless seed mutation incotton is associated with lack of fibre cell initiation in ovuleepidermis and alterations in sucrose synthase expression andcarbon partitioning in developing seeds. Plant Physiol, 118: 399-406.

Seelanan T, Schnabel A, Wendel J F. 1997. Congruence and consensus in the cotton tribe. Syst Bot, 22: 259-290.

Stewart J McD. 1995. Potential for Crop Improvement with Exotic Germplasm and Genetic Engineering. *In*: Constable G A, Forrester N. W. Challenging the Future: Proceedings of the World Cotton Research. Melbourne: CSIRO. 313-327.

Wang K, Guan B, Guo W, et al. 2008. Completely distinguishing individual A-genome chromosomes and their karyotyping analysis by multiple bacterial artificial chromosome–fluorescence in situ hybridization. Genetics, 178: 1117-1122.

Wang K, Guo W Z, Zhang T Z. 2007. Development of one set of chromosome-specific microsatellite-containing BACs and their physical mapping in *Gossypium hirsutum* L. Theor Appl Genet, 122: 596-600.

Wang H, Li X, Gao W, et al. 2014. Comparison and development of EST-SSRs from two 454 sequencing libraries of *Gossypium barbadense*. Euphytica, 198: 277-288.

Wendel J F, Albert V A. 1992. Phylogenetics of the cotton genus (*Gossypium* L.): Character-state weighted parsimony analysis of chloroplast DNA restriction site data and its systematic and biogeographic implications. Syst Bot, 17: 115-143.

Wendel J F, Brubaker C L, Seelanan T. 2010. The Origin and Evolution of *Gossypium*. *In*: Stewart J McD, Oosterhuis D M, Heitholt J J, et al. Physiology of Cotton. USA: Springer Science, 5-10.

Wendel J F, Brubaker C, Alvarez I, et al. 2008. Evolution and Natural History of the Cotton Genus. *In*: Paterson A H. Cotton Genetics and Genomics. USA: Spring Science, 3-22.

Wendel J F, Cronn R C. 2003. Polyploidy and the evolutionary history of cotton. Adv Agron, 78: 139-186.

Yu Y, Yuan D J, Liang S G, et al. 2011. Genome structure of cotton revealed by a genome-wide SSR genetic map constructed from a BC_1 population between *Gossypium hirsutum* and *G. barbadense*. BMC Genomics, 12: 15.

Zhang Y, Lin Z, Xia Q, et al. 2008. Characteristics and analysis of SSRs in cotton genome based on a linkage map constructed by BC_1 population between *Gossypium hirsutum* and *G. barbadense*. Genome, 51(7): 534-546

第二章　棉花基因组学研究

基因组（genome）表示生物体内所有遗传信息的总和，是细胞内的所有 DNA 序列信息。真核细胞的线粒体和植物的叶绿体内也存在 DNA，分别称其全部的 DNA 为线粒体基因组和叶绿体基因组。基因组学（genomics）由 T. H. Roderick 在 1986 年提出，与此同时问世的是一个新的学术期刊——*Genomics*。基因组学涉及基因组作图、测序和整个基因组功能分析，着眼于研究生物体整个基因组的所有遗传信息，相比"零敲碎打"的经典遗传学，可以更加系统、全面地研究生命现象。

基因组学是在全基因组范围内研究基因的结构、组成、功能和进化，涉及大范围高通量收集和分析相关基因组 DNA 序列组成，染色体分子水平的结构特征，全基因组的基因数量、功能和分类，以及在基因组水平上的基因表达、调控与不同物种之间的进化关系。随着人类基因组计划的实施，以及分子生物学研究、计算机科学技术的蓬勃发展，基因组学成为一个全新的生命科学领域。不断改进的测序技术增加了单位时间的测序量，降低了测序成本，将基因组学的研究推进到前所未有的深度和高度。

随着测序技术的提高和序列分析流程的改进及优化，越来越多物种的全基因组序列得到解析；对不同时期和不同组织在健康或疾病状态下的全基因组、不同个体或物种间基因组序列和表达谱差异等方面的深入分析，阐述染色质的高级结构、表观遗传修饰和蛋白质-DNA 相互作用对基因组的转录调控的影响。此外，元基因组学（metagenomics）以取自环境的样本里所有的遗传物质或特定微生物为研究对象。这些都为解码生命、了解生命起源和生长发育规律、认识个体及种属之间存在差异的原因、认识疾病发生机制和治疗、长寿与衰老等生命现象，提高科学依据（朱玉贤等，2013）。

第一节　植物基因组学研究进展

一、高通量 DNA 测序技术

基因组学的核心技术是测序技术，其发展和突破可以对基因组学的研究产生深远影响，测序技术能够得到生物的遗传信息。人类基因组计划的成功离不开测序技术的发展，得益于早期在减少测序成本的方法上的投资。要进行全基因组测序，就必须先将基因组 DNA 断裂成不同大小的片段，然后分别克隆，再逐个测序，最后进行序列组装。测序技术已经经历了十几年的发展，第一次飞跃是在 Sanger 技术的自动化实现以后，第二代测序技术将生命科学研究带入基因组学的时代。此外，基于纳米孔测序技术的第三代测序研究也已处于探索和不断改善的阶段。

1. 第一代测序技术

以传统的链终止法和化学降解法为原理的 DNA 测序法均称为第一代 DNA 序列。以待测 DNA 为模板，根据碱基互补规则采用 DNA 聚合酶体外合成新链。由于合成的新链中渗入了带有标记的碱基类似物，可用于制备末端带有标记的 DNA 单链。这些末端带有标记的 DNA 单链在凝胶电泳时可以形成彼此仅差一个碱基的梯形条带，根据末端碱基的特有标记可以读取待测 DNA 的序列组成。人类基因组计划的测序主要是采用第一代 DNA 测序法中的链终止法完成的。

链终止法以单链 DNA 为模板，加入少量双脱氧核糖核苷酸（ddNTP），合成的互补 DNA 单链可以在任意一个碱基位置终止，产生所有仅差一个碱基的单链分子。每组合成的单链分子均携带可检测的信号，经聚丙烯酰胺凝胶电泳后，形成梯形排列的条带，一直延伸到约 1500 个核苷酸。经典的链终止反应分为 4 组，每组中分别加入 ddATP、ddCTP、ddGTP 和 ddTTP，4 个泳道显示了 4 种碱基的终止位置，彼此间隔为 1 个碱基。

人工测序无法满足大规模 DNA 测序的要求，最关键的技术突破是自动化机械测序。这项技术突破依赖于一系列技术创新和集成，包括核苷酸荧光染料标记物的发明代替了放射性标记、用毛细管电泳技术代替了普通的平板电泳、自动化碱基序列的记录、计算机 DNA 数据的采集与处理、建立新的配对末端测序方案、突破了实际测序读长的限制。

荧光染料标记物：标准的链终止法利用放射性同位素标记底物，经聚丙烯酰胺凝胶电泳分离的单链 DNA 所在的位置可经 X 射线胶片的曝光显示。随着自动化测序技术的发展，荧光染料标记物越来越多地代替了放射性同位素标记，成为测序的主流方法。将不同荧光色彩的标记化合物分别与指定的 ddNTP 结合，聚合链终止反应完成后，经聚丙烯酰胺凝胶电泳分离后形成的单链 DNA 条带通过检测仪时发出相应的颜色信号，由计算机读出测定的碱基。自动化荧光测序系统极大地提高了测序的效率，避免肉眼分辨减少人工差错，由计算机直接处理数据，加快了测序的进程。

毛细管电泳：1989 年美国 Backman 公司首先推出 P/ACE™2000 毛细管电泳装置，用毛细管电泳（capillary electrophoresis）取代聚丙烯酰胺凝胶平板电泳，可以提高大规模测序方法的速率。改进后的毛细管电泳装置有 96 个泳道，每次可同时进行 96 次测序，每轮实验不到 2h，一天可完成近千次反应。

2. 第二代测序技术

继基于合成的 Sanger 双脱氧链终止法广泛运用于核苷酸序列测定后，人们对测序流程中的样品准备、分子标记、化学反应试剂及测序的平行化等方面进行了改进，开发了一系列新的测序技术，包括已经商业化并被广泛运用的第二代测序技术：Roche 454 焦磷酸测序、Illumina Solexa 基于合成的循环阵列测序、ABI SOLiD 基于连接的测序等。

第一代的 Sanger 测序法存在以下缺点：其一，Sanger 测序法的技术关键是终止 DNA 单链的合成，不能做到连续测序。其二，Sanger 测序法依靠 DNA 单链最末端的双脱氧核苷酸的分辨与识别，因此首先必须将仅差一个核苷酸的 DNA 单链通过凝胶电泳彼此分开，然后根据末端双脱氧核苷酸的标记特征予以确认，但随着测序 DNA 单链长度的增加，凝胶的分辨力逐渐减弱，测序长度受到限制。第二代测序采取了有别于 Sanger 测序法中细菌克隆培养扩增待测样本的策略，在随机片段化基因组 DNA 后，在体外连接共同的接头序列，然后通过乳胶 PCR 扩增或桥连 PCR 扩增等不同方法产生一簇富集的扩增子，并最终被各自定位在固态反应基底的不同位置上。相对于 Sanger 测序法，第二代测序法采取的体外构建测序文库、体外扩增测序模板及更高密度的阵列化测序，更大地提高了测序的自动化和平行化，大大降低了测定单位碱基的测序成本。第二代 DNA 测序克服了 Sanger 测序法的不足，许多不依赖于链终止法的 DNA 测序方法问世，但读长较短，数据精确度不高，有待进一步改进。

Roche 454 焦磷酸测序：以 Roche 454 测序仪为代表的焦磷酸测序是一种全新的实时连续 DNA 测序技术，于 1986 年问世，454 系统是第一个商用第二代测序平台。在合成互补 DNA 链时，每延伸一个核苷酸，都会发出一次特定的荧光，由计算机直接判断记录。每次反应只添加一种核苷酸底物，当发生聚合反应时，特定核苷酸连接前一个核苷酸，释放一个焦磷酸（PPi），焦磷酸和反应池中 5′-磷酸化硫酸腺苷反应生成等摩尔量的 ATP，反应池中的荧光素酶催化 ATP 与荧光素反应发光，光电倍增管或电荷偶合装置可以监测荧光信号，传递给计算机，转换为碱基序列。产生的荧光信号强度与聚合反应的次数成正比，当发生连续相同的聚合反应时，信号强度会等比例增强。每次反应剩余的 dNTP 也可被酶及时清除。

焦磷酸测序技术结合 DNA 测序技术，可以实现高通量大规模自动化测序的技术飞跃。在面积极小的 DNA 芯片上，有成千上万个不同的 DNA 测序反应在不同的反应池中同时发生，每个池中有大量经 PCR 扩增并纯化的 DNA 模板固定在微小磁珠上，加入底物和反应液后即可同时进行平行测序反应。454 系统采取乳胶 PCR 进行扩增。如图 2-1 所示，首先将 DNA 变性形成单链，稀释到以每个磁珠至多一个 DNA 分子的水平被表面连有一端引物的磁珠捕获，随后每个磁珠在油包水的封闭乳胶小泡中经 PCR 扩增得到原

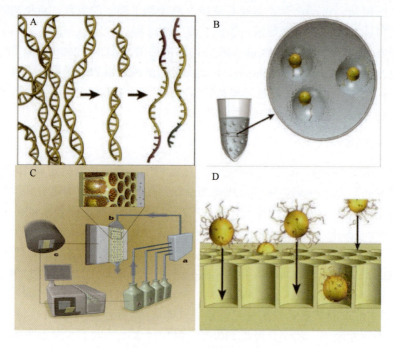

图 2-1　Roche 454 测序原理

A. 样本基因组 DNA 分离后经过片段化处理，接上接头序列，形成单链 DNA；B. 单链 DNA 被磁珠捕获，每个磁珠最多与一个 DNA 分子相连，磁珠在油包水的封闭乳胶小泡中特异扩增；C. 测序设备进行测序；D. 磁珠置于蚀刻在光纤载片上的小槽内

来模板的数千个拷贝，再次经过变性去除未固定的 DNA 链（Margulies et al.，2005）。带有大量扩增子的磁珠经富集，被置于刻蚀在光纤载片上、阵列容量在皮升级的小槽内。

454 焦磷酸测序由于没有对第五核苷酸进行任何末端终止的修饰，不能避免在一次循环周期中多个连续整合事件，因此对一连串同一核苷酸形成的同多聚串的长度的检测是根据荧光信号的强度来推断的，碱基插入和缺失是该合成平台的主要测序错误。

与其他第二代测序平台相比，454 平台最显著的优点是读长比较长，平均超过 330bp，测序时间短且数据量较大（每轮测序可以产生 0.45Gb 数据）。虽然每碱基的测序成本比 SOLiD 和 Solexa 平台要高很多，但适用于对读长要求更高的项目，如从头拼装测序、元基因组等。

Illumina 基因组分析仪：又称为 Solexa，采用与 454 平台相同的 DNA 片段化和接头序列连接方式，但采用桥连 PCR 方法进行模板的扩增。事先在固相基底上连接正、反向 PCR 引物，这样单一模板产生的扩增子会被固定和簇集在阵列的同一位置上。扩增过程的第一步为各个单链模板与基底上的引物随机杂交起始互补链合成，随后 DNA 变性及从邻近引物启始桥连扩增的周期循环，最终每个模板生成约 1000 个扩增子。测序中，测序引物与待测模板末端的共同接头序列杂交，以 4 种核苷酸为底物，开始合成待测序列的互补链。这 4 种核苷酸可以阻碍下一个核苷酸的连接，类似于一个可逆聚合反应终止子的作用，每轮链延伸过程中只有一个碱基整合。每个核苷酸带有一个可切除的荧光标记，在每轮链延伸和相应的荧光图像信号监测后，链终止修饰基团和荧光标记基团会被切除，为下一轮反应做准备（Tang et al.，2013）。

Illumina 平台的有效读长与 454 平台相比短很多，因为荧光标记和终止修饰基团的切除反应可能不完全，测序过程中会出现信号衰减和去同步化等现象，随着合成链的不断延伸，测序质量会大幅度降低。Illumina 平台最主要的测序错误是碱基替换，由于使用了可逆的链延伸终止核苷酸，其对同多聚串的检测精确度比 454 平台高很多。此外，Illumina 平台的测序通量也更大，分析仪由 8 个独立的反应通道组成，每个通道可以对一个独立文库进行测序，每个通道中又可以分布几百万个相互独立的扩增子集群，Illumina 平台的测序成本更低。

ABI SOLiD：SOLiD 系统在 DNA 片段化、接头序列的连接及模板扩增等步骤上与 454 平台相似。测序过程中链延伸的反应并非由 DNA 聚合酶催化，而由 DNA 连接酶催化完成。通用的测序引物与小磁珠上待测序列末端的接头序列杂交后，每轮测序过程都涉及 DNA 连接酶催化的被荧光标记的简并八核苷酸探针的连接反应。SOLiD 系统目前采用双碱基编码探针，由简并八核苷酸探针的第一位碱基和第二位碱基决定探针所带的荧光标记的颜色。一个测序引物与模板 DNA 杂交后，启动了 1，2-位编码的八核苷酸探针与模板的杂交，接着经过连接酶催化连接、采集荧光信号、切除探针后 3 位核苷酸及荧光标签的循环。10 次循环产生 10 个对应的荧光标记信号，每个标记对应所测 DNA 序列上每 5 个碱基中的前 2 个碱基序列。10 次循环结束后，经变性回复模板单链，然后选用一个 "$n-1$" 引物，开始新一轮的 10 次连接反应循环。"$n-1$" 引物得到的 10 个荧光标记对应的碱基均向左移动了一位。分别用 5 个依次位移的引物起始互补链的延伸，再将得到的不同颜色的荧光标记按照顺序线性列出，最终将其比对到参考基因组上，得到 DNA 序列。

两碱基编码的优点是提高了对不同颜色及单核苷酸差异（SNV）检测的精确性。SOLiD 系统最主要的测序错误也是碱基替换，其测序通量是当前平台中最大的，但读长较短，仅为 50～100bp。

第二代测序技术在文库及模板的准备阶段均在体外直接操作，省略了 Sanger 测序法中涉及的细菌克隆等步骤，保留了基于 PCR 的克隆扩增。该过程可能会引入突变，而且对不同模板序列的扩增效率也不相同，给需要测定丰度信息的检测，如 RNA-Seq 等带来影响。由于对荧光标记和终止修饰基团的切除反应可能不完全，链延伸反应可能不完全，每次加入的核苷酸或探针的数目可能不一致，去同步化现象较常见。由此可见，PCR 扩增这一步限制了第二代测序技术的测序质量，提高了测序成本。

3. 第三代测序技术

第三代测序技术的主要特征是单分子测序（single-molecule sequencing，SMS），如图 2-2 所示。其包括 3 种技术路线：基于单分子 DNA 合成的实时测序（single-molecule real-time sequencing）、纳米孔单分子 DNA 电流阻遏（current blockage）测序、纳米孔单分子 DNA 碱基序列的电子阅读。后两种测序的主要特点是在纳米空间进行单分子 DNA 序列的电子识别。目前第三代 DNA 测序研究还处在探索与不断改善的阶段，技术上还存在很多难题，但已取得了一些重要的进展。

纳米孔 DNA 测序平台：纳米孔 DNA 测序平台的建立主要依据纳米孔（nanopore）分析技术。当多聚有机分子通过纳米孔时，可以短暂占据纳米孔道，并对穿越纳米孔道的离子电流产生阻遏效应，干扰离子电流信号，可以根据信号的变化分析纳米孔内靶分子的特征、浓度、结构及其动态。最早在 1996 年有尝试将这项技术用于检测 DNA 和 RNA 分子组成的实验报道，将具有纳米孔结构的金黄色葡萄球菌（*Staphylococcus aureus*）毒素 α-溶血素（α-hemolysin，α-HL）嵌入双脂层膜，置于盛有盐溶液的小室中。将同聚链寡聚 DNA 或 RNA 分子放入膜一侧溶液。当在膜两侧施加 120mV 的电压时，寡聚 DNA 或 RNA 分子向正极移动。在离子电流作用下，寡聚核酸分子以单链伸展形式从负极泳向正极进入纳米孔道，并引起离子电流的阻遏；在分子穿越纳米孔道之后，膜两侧离子电流恢复正常。同聚核苷酸寡聚链分子，如多聚 poly（U）、poly（A）、poly（dC）和 poly（dT）占据纳米孔道时造成的离子电流阻遏程度不同，从其数值变化可获知纳米孔道内靶分子的信息。这一实验结果提出一种可能，根据核酸分子在通过纳米孔道时引起的微电流阻遏效应来检测与阅读单分子核酸分子及其碱基的组成，可以实现单分子 DNA 碱基的电子阅读。

纳米孔蛋白质：DNA 双螺旋直径约为 2nm，单链 DNA 的直径约为 1nm，为了使 DNA 单链在蛋白质纳米孔道中移动时获得足够的离子电流阻遏差异，对用于单分子测序的纳米孔蛋白的孔径有一定的要求。T. Z. Butler 等利用耻垢分枝杆菌孔蛋白 A（*Mycobacterium smegmatis* porein A，MspA）取代金黄色葡萄球菌毒素 α-HL 创建了一个纳米孔 DNA 电子阅读器。MspA 与 α-HL 的纳米孔结构相比具有更宽的孔径和体积，使离子电流在 DNA 分子占据孔道并向前移动时产生更大的阻遏电流差，从而提高了碱基分辨力（Song et al.，1996）。

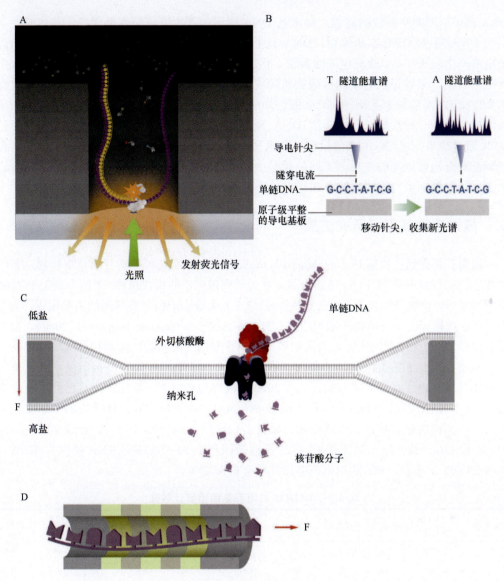

图 2-2 单分子测序技术

第三代 DNA 测序技术。A. 美国太平洋生物技术公司（Pacific Biosciences）的技术可以直接实时观察 DNA 合成时的单个 DNA 分子，DNA 聚合酶被锚定在零级波导（zero-mode waveguide）小孔底部，当核苷酸加入 DNA 链后，标记在核苷酸末端的磷酸盐会被切除，检测荧光信号；B. 有人试图通过使用电子显微镜直接检测进行 DNA 测序，并用扫描隧道显微镜检测单链 DNA 分子；C. 纳米孔技术，膜两侧的离子浓度不同，驱使 DNA 分子穿过孔道，检测切割下的核苷酸信号；D. 当单链 DNA 分子穿过一个狭窄的孔径时，按照 DNA 晶体管技术，每种核苷酸都释放独特的特征性电信号，依次可读取单链 DNA 分子的碱基信息

固相纳米孔硅片：除了采用纳米孔蛋白建立 DNA 单分子测序平台外，研究人员还尝试利用硅片和碳薄膜组合构建固相纳米孔装置用于 DNA 单分子测序。固相纳米孔装置的优点是，孔径大小可以人工设计，此外可在纳米孔两侧安装电极探头，用于横向监测移动中单个碱基的导电参数，直接进行碱基阅读。

碱基电子阅读：识别 DNA 分子的碱基组成是 DNA 测序的核心内容，也是第三代

DNA 测序所要集中解决的问题。纳米孔 DNA 测序的基本方法是直接读序，与传统及第二代 DNA 测序原理有本质区别。DNA 分子在进入纳米孔道后，会对通过纳米孔道的离子电流产生阻遏作用，改变电流的数值。根据已知序列的 DNA 分子在通过纳米孔时产生的阻遏效应，可以记录并绘制对应的曲线或参数，并将其转换为电子阅读密码。在进行未知序列 DNA 的纳米孔测序时，参照已知的电子密码即可获知待测 DNA 分子的碱基序列组成。另外一种在纳米孔中阅读 DNA 碱基序列的方法是在垂直电场作用下，单分子 DNA 通过纳米孔道时，由碳薄膜建立的水平电极可以发出脉冲电流。由于停留在纳米孔的碱基具有阻碍电流的作用，不同的碱基产生不同的电阻，电子探头可将其信号传给记录仪，计算机则可将不同的信号翻译成碱基序列。

二、模式植物基因组研究进展

拟南芥基因组：拟南芥（*Arabidopsis thaliana*）属十字花科拟南芥属草本植物，其因植株小、每代时间短、结子多、生活力强而成为研究最广泛的模式植物。拟南芥最先于 2000 年测序完成，绘制出包含约 1.3 亿个碱基对、2.5 万个基因的拟南芥基因的完整图谱，是人类首次全部破译出一种植物的基因序列（The *Arabidopsis* Genome Initiative，2000）。拟南芥基因组 DNA 全序列的测定，为人们研究其他重要的经济作物，如水稻等提供了模板。

拟南芥共有 5 条染色体，其基因组总大小约为 125Mb。拟南芥基因组是所有已测序的植物基因组中注释最为完整的，自从 2000 年测序完成以来，其注释信息已经更新到第 10 个版本（TAIR10，http：//www.Arabidopsis.org）。由于数据和注释手段的不断变化，基因组中预测的基因数目也不断变化。如表 2-1 所示，在目前最新的第 10 版基因组注释中，有 27 416 个编码蛋白质的基因、4827 个假基因和 1359 个非编码 RNA 基因（ncRNA），共有 33 602 个基因。18%的拟南芥基因注释有剪接变体。

表 2-1　TAIR10 拟南芥基因组统计数据

染色体	蛋白质编码基因	pre-tRNA	rRNA	snRNA	snoRNA	miRNA	其他 RNA	假基因	转座基因	总数
1	7 078	240	0	2	18	53	118	241	683	8 433
2	4 245	96	2	0	15	29	83	217	826	5 513
3	5 437	97	2	7	15	30	66	202	878	6 730
4	4 124	79	0	0	11	28	62	121	711	5 410
5	6 318	123	0	4	12	37	65	143	805	7 507
总数	27 206	631	4	13	71	177	394	924	3 903	33 323
叶绿体	88	37	8	0	0	0	0	0	0	133
线粒体	122	21	3	0	0	0	0	0	0	146
总数	27 416	689	15	13	71	177	394	924	3 903	33 602

三、重要农作物基因组学研究进展

植物全基因组测序是一项非常强大的工程，它利用基因组学的方法来揭示许多重要植物物种的遗传蓝图，以及在群体水平上个体之间基因的差异变化，这些数据成为了植物基因水平深入研究的基础，并为传统研究方式提供指导和帮助。

动物和植物的全基因组测序在过去的 20 年中获得了飞速的发展，1990 年人类基因组计划（HGP）仅仅是开启了基因组 DNA 序列测序的大门，2000 年人类基因组草图绘制的基本完成标志着大规模 DNA 测序成为一种常规的研究手段。但是植物基因组的研究却比动物困难得多，植物基因组通常是多倍体，基因组较大，杂合度也很高，具有高度重复序列和全部或部分的基因组重复片段，因此，一些复杂的植物基因组测序在传统的 Sanger 测序法和第二代测序的初期几乎是不可能完成的。

随着测序技术的发展和测序成本的降低，越来越多的植物基因组测序逐渐启动并获得了许多成果。第一个模式高等植物拟南芥的全基因组序列在 2000 年发表，揭开了植物全基因组研究的序幕。随后在 2002 年，谷物类的第一个植物基因组——水稻基因组全测序完成，这对其他植物注释基因的探究和直系同源基因的研究提供了一定的基础，并从基因组水平上对物种的生长、发育、进化、起源等重大问题进行分析，这不仅加深了对物种的认识，还加快了新基因的发现和物种改良的速率，同样也为其他类型植物的基因组测序铺平了道路。在此后的十几年间，包括杨树、葡萄、高粱、玉米、黄瓜、大豆、蓖麻、苹果、草莓、可可树、白菜、马铃薯、白菜、西瓜、大麻、梅花、谷子、小麦、大麦、印度大麻、番木瓜、木薯等在内的 70 余种植物基因组相关的文章被陆续发表（数据更新到 2013 年 12 月）。各种测序技术的发展和应用，不仅缩短了全基因组测序所需的时间、节约了成本、明确了研究的方向并加快了实验设计的进程，而且对植物生长发育过程的研究从各种生理生化机制水平上升到基因分子水平，为我们从分子水平理解基因的结构、组成、功能、基因调控和物种进化提供了一个全新的视野。

（一）粮食作物

1. 水稻基因组

水稻（rice，*Oryza sativa* L.）是世界上重要的粮食作物之一，全世界半数以上的人口以其为主食，同时水稻也是单子叶植物代表性模式生物之一。我国对水稻的研究起步较早，已建立起高密度遗传图谱和物理图谱。水稻作为研究谷类作物发育、遗传和细胞生物学的重要模式生物，对其基因组特征的深入研究，对了解其他经济作物，如玉米、小麦、高粱、谷子等有着极其重要的作用。水稻基因组序列与另外一种双子叶模式植物——拟南芥的基因组比较也会为了解植物基因组的演化提供信息。

水稻基因组的大小约为人类基因组的 1/7（IHGSC，2004），是拟南芥基因组的 3 倍（图 2-3）。与其他禾本科植物的基因组相比，水稻基因组是最小的，据估计包含有 4 万～6 万个基因。1997 年，国际水稻基因组测序项目（IRGSP）正式启动，参与此项水稻基因组测序计划的有日本、美国、中国和法国等 10 个国家，并于 2004 年 12 月宣布完成了水稻基因组的精细图。2005 年 8 月 *Nature* 杂志发表了题为 *The Map-based Sequence of Rice Genome* 的文章，报道了水稻基因组的分析和注释结果（International Rice Genome Sequencing Project，2005）。与其他模式生物的基因组相比，水稻基因组具有以下几个特点。

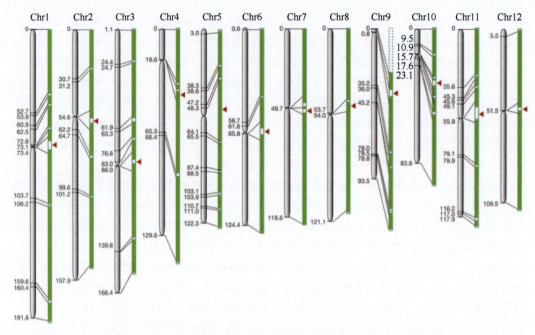

图 2-3　水稻的 12 条染色体

左侧是遗传图谱，右侧表示 PAC/BAC Contig。PAC/BAC Contig 两侧的遗传标记的位置标在遗传图上。白色表示物理间隙，9 号染色体的核仁形成区由绿色虚线表示。遗传图上收缩部位和物理图上的箭头表示着丝粒的位置

（1）水稻基因组大小为 389Mb，是拟南芥基因组（129Mb）的 3 倍。

（2）水稻基因组中共预测出 37 544 个编码蛋白质的功能基因，约为拟南芥基因组基因数目的 1.3 倍，平均每 9.9kb 的区域包含 1 个基因。其中仅 3000 个基因为水稻基因组特有的基因。

（3）水稻的核基因组中存在 0.38%～0.43% 的叶绿体和线粒体插入基因组。

（4）水稻基因组中存在近 2 万个转座子元件及其与转座子相关的基因。

（5）水稻基因组中存在 11 487 个 Tos-17 逆转座子的插入位点，其中 3243 个位点发生在基因的内部。

我国也于 2000 年 5 月独立启动了"中国超级杂交水稻基因组计划"。与国际水稻基因组测序项目不同的是，我国选取的水稻研究材料是籼稻（indica）而非 IRGSP 所用的粳稻（japonica）。籼稻是我国南方和亚洲一些地区广为种植的品种，同时也是我国超级杂交水稻的主要遗传背景之一。这一课题不仅为我国早日解决粮食紧缺的问题做出巨大贡献，同时也为研究生物的杂交优势现象奠定了基础。此外，两个水稻测序项目的另外一个区别是：我国采取的测序技术是"全基因组乌枪法"，而 IRGSP 采用的是基于 BAC 克隆的测序技术。

籼稻基因组的完成图于 2005 年 2 月发表于 *PLoS Biology* 杂志，题目为 *The Indica Rice Genome：A History of Duplications*（Yu et al.，2005）。根据我国对籼稻基因组的注释，其基因组中估计包含 38 000～40 000 个基因。对籼稻基因组的研究发现，该基因组存在 18 个明显的复制片段，约占整个基因组的 65%，其中 17 个基因组复制事件可以追溯到禾本科植物分化的时代，距现在 1.70 亿～2.35 亿年前。另外一个复制事件发生在 11 号和 12

号染色体上，相对是最近的一次复制，发生在 5300 万年前。

除此之外，籼稻与粳稻基因组的比较也为我们研究水稻的育种和分化提供了帮助。但核苷酸多态性（SNP）在基因的编码区约为 3.0SNP/kb，而在转座子区域的发生频率为27.6SNP/kb。IRGSP 的报道表明，籼稻和粳稻共存在 80 127 个多态性位点，其发生频率是拟南芥多态性的 20 倍。

水稻基因组测序项目在国际上和我国的成功完成，为水稻的研究提供了重要的基本遗传信息，也为后续的水稻比较基因组学、功能基因组学，以及水稻育种、改良、抗病、抗逆、抗害等应用研究奠定了基础。综合国内外水稻功能基因组研究的发展态势，中国科学家提出了水稻功能基因组 2020 年研究计划。其目标是，到 2020 年基本明确水稻基因组全部基因的功能，对农业上有重要应用前景的基因鉴定其功能多样性，将功能基因组研究成果应用到水稻育种实践，实现分子设计育种。将功能基因组研究成果运用于水稻育种改良，培育抗病虫、抗旱、营养高效利用、高产、优质的"绿色超级稻"，可以缓解或解决我国水肥资源短缺、生态环境恶化、粮食安全威胁等问题，保障我国农业持续高效发展。同时，作为禾本科的模式植物，水稻功能基因组研究过程中产生的新理论、新技术和新方法将直接促进我国的植物功能基因组学研究，带动中国农业科学和农业生物技术的快速发展。

2. 高粱基因组

高粱（*Sorghum bicolor*，$2n=2\times=20$）是全球农业生态系统中重要的粮食和饲料作物。按每年的产量计算，高粱是世界上第五大重要的谷类作物，仅次于玉米、小麦、水稻和大麦。高粱抗旱、耐盐碱和瘠薄土壤，具有在恶劣的环境下生长的能力。例如，几乎没有降水的非洲东北部和美国的南部平原，盐碱地总面积超过 $1.7\times10^7 hm^2$ 的中国东北地区和黄淮海地区均有生长。高粱被视为干旱和盐碱土壤农业区可持续农业发展的一种主要作物。随着对淡水资源需求的增加、边际农田利用的增多和全球气候变暖，耐干旱作物，如高粱将在供给全世界不断增加的粮食需求上越来越重要。

高粱具有较小的基因组，约为 730Mb，是进一步研究谷类作物基因组结构、功能和进化的模型。高粱是热带禾本科植物的代表，具有 C_4 光合系统，能在极高的温度下利用复杂的生物化学和形态上的特殊性来增加碳的吸收。而水稻更能代表具有 C_3 光合系统的温带禾本科植物。与其他热带谷类作物相比，高粱具有较低的基因复制，因此，像水稻一样成为功能基因组学研究引人注意的模型。然而，与水稻相比，高粱和很多重要的谷类作物（如玉米）具有更近的亲缘关系，这些谷类作物具有非常复杂的基因组和较高的基因复制。最近的高粱全基因组复制大约发生在 7000 万年以前，在主要的谷类植物从共同的祖先分离之前就已经复制了。高粱和玉米在 1200 万年前从一个共同的祖先分离，在约 4200 万年前水稻就从高粱和玉米的世系中分离。甘蔗是世界上最重要的生物燃料作物之一，在 500 万年前同高粱具有相同的祖先，保留着与高粱相同的基因顺序，一些高粱和甘蔗的属内杂交甚至能够产生可生育的后代。玉米自从与高粱分离，已经进行了一次全基因组复制，甘蔗至少进行了两次全基因组复制（Paterson et al.，2009）。

高粱大规模的鸟枪测序开始于 2005 年年底，2007 年 1 月 25 日完成了对美国主导高粱自交系 BT×623 的全基因组测序。高粱基因组由 697 578 683 对碱基对组成，包含 34 496

个编码蛋白质的转录位点和 36 338 个编码蛋白质的转录。早期的分析证实高粱基因组序列非常适合进行高质量注释，在一个初步的组装中，在约 250 个最长的支架上捕获到超过 97%的高粱编码蛋白质的基因（EST）。大多数基因都可以用遗传和物理图谱进行连锁、排序及定向来重新构建完整的染色体。通过对最初的组装序列和高粱甲基过滤序列，高粱、玉米和甘蔗转录组装，以及拟南芥和水稻蛋白质组学的比对，证实了组装序列碱基水平上的准确性和蛋白质位点的正确结构。

来源于约化代表测序的资源将有助于对基因组表达蛋白质的鉴定。高粱基因空间可以用约 204 000 个表达序列标签代表，这些序列大多数已经被分类成约 22 000 个唯一基因，代表来自不同基因型的 20 多个不同的文库。约 5 000 000 个甲基过滤读出序列，提供 MF 估计的基因空间 1 倍的覆盖面，已经被组装成重叠群。

3. 玉米基因组

玉米不仅是重要的粮食作物，有超过 10 000 年的栽培历史，而且是植物遗传学，特别是细胞遗传学、数量遗传学、转座子与突变和染色体重组等重要学科与学术研究的模式生物体。在过去的一个世纪中，种植者通过应用杂种优势等方式，使其产量提高了 8 倍。

玉米基因组经历了几次基因组复制，包括约 1.3 亿年前的一个古多倍化祖先的基因组复制，以及在 500 万～1200 万年前发生的一次全基因组复制事件（使其与高粱分开）（Schnable et al., 2009）。玉米的 10 条染色体在染色质成分上经历了大量变化。玉米在过去的约 300 万年中由于 LTR（long terminal repeat retrotransposon）逆转座子的增加，基因组大量扩增至 2.3Gb（表 2-2）。

表 2-2　玉米染色体外显子和 LTR 逆转座子碱基覆盖所占比例

染色体	外显子			LTR 逆转座子			LTR（gypsy 型）			LTR（copia 型）		
	最小值	最大值	平均值	最小值	最大值	平均值	最小值	最大值	平均值	最小值	最大值	平均值
1	0	8.2	2.7	51.9	92.75	73.2	15.5	74.9	38.5	5.1	43.6	27.2
2	0	9.2	2.7	46.5	90.1	73.2	14	76	40.5	5.9	45.6	24.8
3	0	7.6	2.4	54.8	90.4	74.4	19.1	76.2	41.4	6.3	48.1	25.2
4	0	9.6	2.2	42.5	91.7	75.3	14.9	79.7	42.5	6.3	41.7	23.9
5	0	12.5	2.7	41	89.5	73.8	11.9	70.4	39.7	4.6	44.1	26.5
6	0	9	2.6	47.5	92.7	74.1	12.5	67	39.5	3.8	40.3	25.3
7	0	9.8	2.4	49.1	90.3	74.4	121.6	78.6	41.8	6.5	42.4	24.7
8	0.1	9.8	2.5	42.1	90.1	73.8	13.2	70.7	39.8	6.8	41.5	26.1
9	0.1	9.4	2.6	47.1	89.6	73.5	18.1	76.2	40.6	2.7	44.1	25
10	0.1	9	2.4	50.8	92.8	74.5	11.6	69.1	41.5	8.2	38.2	25

美国 Missouri 大学在 NSF 的资助下，对玉米结构基因组学的研究起步较早。他们以 B73×Mo17 的永久作图群体为基础，构建了一个含有 80 多个核心标记的玉米 IBM 图谱（intermated B73×Mo17map），该图全长 5289.2cM，包含 190 个 RFLP 位点和 1051 个 SSR

位点。还利用富含 SSR 的基因文库和 Stanford 大学开发的 EST，开发出大量定位的 SSR 标记。MaizeGDB 数据库（http: //www.maizegdb.org）中存储了大量的分子标记，包括 2000 个 RFLP、1855 个 SSR，其中 1797 个被定位在染色体特定位置。目前许多实验室构建了 BAC 文库和 YAC 文库。例如，用 B73 构建的双酶切 BAC 库，包含 221 184 个克隆，覆盖 10 倍基因组。并尝试组装重叠克隆群（Contig）。有人发展了高密度的遗传图谱，用作锚定物理图谱，利用 SNP 标记特异基因和 BAC 聚集（BAC pooling）策略锚定 BAC Contig，检测没有定位的 Contig 以促进遗传图谱和物理图的整合。

　　玉米很可能是一种异源四倍体起源的生物。禾谷类作物中，80% 以上的单拷贝 RFLP 标记在玉米基因组中是重复的，甚至某些染色体区段也存在这种现象。在 2 号染色体和 7 号染色体、3 号染色体和 8 号染色体、6 号染色体和 8 号染色体、1 号染色体和 9 号染色体、2 号染色体和 10 号染色体、4 号染色体和 5 号染色体之间存在大量重复序列，表明它们有共同的起源。此外，玉米基因组中还有大量的转座子，大部分序列由为数不多的几种反转录转座子构成，在基因组内形成高度重复，占基因组的 80%。比较作图也发现，玉米基因组的大小是高粱的 35 倍，但主要是重复 DNA 含量所致，而与基因总量或基因顺序无关。研究人员也发现，在玉米与甘蔗之间、玉米与高粱之间普遍存在染色体重排现象。对于基因在基因组内的排列与组织方式，一般认为不是随意排列的，而是相似功能的基因形成大致的基因簇，如抗病基因簇和与发育功能相关的基因簇。除 7 号染色体和 9 号染色体以外，在玉米的每条染色体上都发现这样的基因簇。总体来说，玉米的基因组较复杂，但同时也为玉米功能基因组研究提供了便利。转座子的转座可以产生插入突变。一方面，大量重复序列限制玉米基因组学的发展；另一方面，转座子又使它成为禾本科作物基因组功能研究的有效工具。

4. 大豆基因组

　　大豆起源于我国，其栽培历史已有 5000 多年之久，18 世纪后期陆续传入欧洲和美洲。大豆是世界上最重要的油料作物和高蛋白作物，具有重要经济价值。大豆蛋白质的氨基酸成分与人类的必需氨基酸模式类似，尤其是含有丰富的不饱和脂肪酸、维生素和微量元素，是人类理想的食品营养来源。大豆还有很高的药用价值，其含有的两种有效成分——大豆异黄酮和大豆皂苷，具有广泛的药理作用和重要的药用价值。此外，大豆对新的生物能源的开发和利用也具有重要作用。因此，大豆的遗传研究一直受到广泛的重视。

　　大豆为古四倍体，且其基因组十分庞大和复杂，据预测其大小为 1.1～1.15Gb，约为水稻和杨树的 2.5 倍。大豆基因组的祖先是二倍体（$n=11$），在进化的过程中经历了非整倍体的丢失，多倍化和二倍化逐步演化形成。其基因组中 75% 的基因都是多拷贝的，约 25% 的大豆基因经历了两次多倍体化，且其结构和功能高度保守。目前，大豆是豆科植物中首个被全基因组测序的植物，因而是拥有 20 000 多物种的豆科植物的一个重要参考，同时也为共生固氮进化创新提供了理论基础。大豆在 2 亿年前分化出来，与其他多种豆科作物有着共同祖先，大豆基因组使其他豆类植物及亲缘种中观测到的性状及定位的知识紧密结合起来变为可能，其序列也是大量新实验信息的必要参考标准，如组织特异表达和全基因组关联数据等。这些研究打开了通向作物改良的大门，并将满足人类和动物食物生产、能量生产和全球农业环境平衡可持续发展的需求。

大豆全基因组测序已经由美国能源部联合基因组研究所完成并发表。大豆基因组是迄今为止最大的应用全基因组鸟枪法测序的植物基因组。栽培大豆（Williams82）全基因组鸟枪法测序序列图，由约 10 亿个核苷酸组成，包含了 950Mb 组装和锚定的序列，占预测基因组（1 115Mb）的 85%（Schmutz et al.，2010）。已公布的大豆遗传图谱中共包含了 4991 个 SNP 和 874 个 SSR 标记，以此为依据，绝大部分基因组测序序列被组装成的 Scaffold 序列已被定位到大豆 20 条染色体上，分布在大豆 20 个连锁群上的 397 条 Scaffold 序列的位置和顺序也已初步确定。未组装的 17.7Mb 的序列大多数为重复序列，因此其组成的 1148 条 Scaffold 序列未被锚定到大豆基因组染色体上，研究者预测其中包含了不到 450 个基因。397 条已锚定的 Scaffold 序列中的 377 条 Scaffold 在染色体上的方向已确定，其余未确定方向的 20 条 Scaffold 序列均位于具有少数重组和遗传标记的重复序列中。大豆的 20 条染色体中，有 8 条染色体在染色体两端均有端粒重复序列（TTTAGGG 或 CCCTAAA），有 11 条染色体仅在一端有端粒重复序列，有 19 条染色体包含一个 91bp 或 92bp 的大片段着丝粒重复区段。基于大豆基因组序列共预测出 69 145 个大豆基因，其中 46 430 个基因具有高置信的蛋白质编码区。预测的基因中有 78%位于染色体的末端，尽管末端序列仅包含了不到一半的基因组序列，但却囊括了几乎所有的遗传重组位点。

大豆基因组的一个显著特点是 57%的基因组序列是高度重复的，而低重组的异染色质区域通常位于着丝粒附近。常染色质区域平均 1cM 遗传距离对应 197kb 的物理距离，异染色质区域平均 1cM 遗传距离对应 3.5Mb 的物理距离。相比之下，其比例与 62%为异染色质的高粱相似，而与 15%为异染色质的水稻相差较多。通常情况下，这些比例与抑制因子和转座子的密度有关。93%的重组事件发生在低重复区，即占基因组 43%的常染色质基因区内。然而，21.6%的高置信预测基因位于染色体中心部位的重复和富转座子区域。

5. 谷子基因组

2012 年 5 月由中国科学家为主完成的谷子基因组研究成果在线发表于 *Nature Biotechnology* 杂志（表 2-3）。科研人员成功构建了谷子全基因组序列图谱，为揭示谷子抗旱节水、丰产、耐瘠和高光合作用效率等生理机制的研究提供了新的途径，并为高产优质、抗逆谷子新品种的培育奠定了坚实的基础。

谷子是世界上最古老的粮食作物之一，至今已有 8000 多年的栽培史；是重要的禾本科作物，具有生育期短、单株籽粒多、适应性广、抗旱、耐瘠、采用 C_4 光合途径等特点，是很好的抗旱机制及 C_4 光合系统发育与调控研究的作物。谷子是二倍体自花授粉作物，基因组较小，约为 470Mb，与水稻基因组结构存在明显的共线性，是进行基因组研究的理想作物。利用两个不同品系亲本的 F_2 群体，绘制了高密度的遗传图谱。

谷子和水稻大约在 5000 万年前开始分化，分化之后的基因组结构仍存在明显的共线性（图 2-4）。研究人员发现谷子的 2 号染色体和 9 号染色体分别由水稻的 7 号染色体和 9 号染色体、3 号染色体和 10 号染色体融合而成。同时发现这两次融合事件也发生在高粱的染色体中，由此，推测这两次染色体融合事件应该发生在谷子和高粱分化之前（Zhang et al.，2012）。此外，还发现了谷子独立分化出来之后的一次特异性染色体融合事件。这些染色体重组事件是物种遗传变异及物种分化的重要基础。

表 2-3　谷子基因组组装和注释

基因组组装	组装	N50（大小/数量）	N90（大小/数量）	总长度/Mb
	Contig	25.4kb/4 667	5.3kb/16 903	394
	Scaffold	1.0Mb/136	258kb/439	423
	染色体	9 条		400
转座元件	注释		总长度	
	总量		196.6Mb（46.3%）	
	逆转座子		133.6Mb（31.6%）	
	DNA 转座子		39.7Mb（9.4%）	
	拷贝数		总长度	
	rRNA	99	18.7kb	
	tRNA	704	52.8kb	
	miRNA	159	19.3kb	
	snRNA	382	43.6kb	
编码蛋白质基因	总量	转录组数据支持	高粱同源基因	功能注释
	3 8801	31 709	32 701	30 579

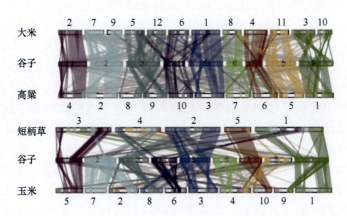

图 2-4　谷子和其他已测序的草本植物之间的共线性区块
包括水稻（rice）、高粱（sorghum）、短柄草（*Brachypodium*）、玉米（maize）

谷子属于 C_4 植物，与 C_3 植物（如水稻和小麦）相比具有较高的水分利用效率和光合效率。对谷子中与光合作用有关的重要基因进行了分析，发现 C_4 植物和 C_3 植物均有与碳固定途径有关的基因，且相关基因在拷贝数目上的变化差异不大。由此，推测 C_4 植物中的 C_4 途径可能是由于调控表达差异所引起功能上的改变导致的。

谷子全基因组序列图谱的完成是进行禾本科比较基因组学研究和功能基因挖掘的重要进展。谷子基因组数据为谷子的生物学研究和新品种选育提供了一个全新的支撑平台。

6. 小麦基因组

小麦是我国第二大粮食作物，同时也是世界上种植面积最大、分布最广的粮食作物之一。小麦的持续增产稳产对保障我国乃至全世界的粮食安全都具有重要意义。

小麦是由 3 个二倍体供体经过两次天然杂交形成的异源六倍体，具有 A、B 和 D 三个染色体组，基因组大小为 17Gb，约为人类基因组的 5 倍、水稻基因组的 40 倍。由于小麦基因组的庞大性和复杂性，其基因组测序具有巨大难度，进展缓慢。但鉴于小麦在农业生产上的重要性及其在进化和多倍体的代表性，全世界大量科研工作者对小麦基因组测序进行了坚持不懈的努力，先后组织了欧洲小麦基因组启动计划（ETGI）和国际小麦基因组测序联盟（IWGSC）等世界性组织，集中全世界的力量进行小麦基因组测序。目前，IEGSC 将主要工作集中在物理图构建上，还没有完整染色体的序列被解析出来。高通量测序技术的迅猛发展，为小麦的基因组测序带来新的研究手段和发展机遇。2012年 11 月在 *Nature* 杂志上发表了小麦的基因组测序的文章，作者采用 454 测序平台，对小麦品种 CS42 的基因组进行了 5 倍覆盖度的探查（survey）测序，同时对小麦的 3A、3B 和 3D 3 个染色体，以及 CS42 的 cDNA 进行 454 深度测序。为了进一步了解小麦基因组与染色体组供体祖先的关系，他们又借助 Illumina 测序平台对小麦 A 基因组的供体祖先一粒小麦（*Triticum monococcum*）的基因组、B 基因组可能供体祖先拟斯卑耳脱草（*Ae. speltoides*）进行探查测序。除此之外，还利用 SOLiD 测序技术对 CS42 及其他 3 个小麦品种进行重测序以开发验证 SNP。最终获得的测序数据达 210Gb，成功鉴定了 94 000～96 000 个基因，并将大概 2/3 的基因定位到 A、B、D 3 个染色体组上；开发了超过 132 000个 SNP 位点（Brenchley et al.，2012）。利用这些数据，研究了小麦在多倍化与进化过程中基因数量与功能的变化，以及小麦与水稻、玉米、高粱、二穗短柄草等已经测序物种的共线性分析。这是首次报道的小麦的基因组，虽然与真正意义上的基因组草图还有一定差距，但这些数据对促进小麦基因组的深入研究具有重要意义。

同时，小麦二倍体供体的基因组研究也取得了重大进展。日前，我国科学家利用高通量测序技术结合其他方法，主导完成了小麦 A 基因组供体乌拉尔图小麦和 D 基因组供体粗山羊草的全基因组测序。乌拉尔图小麦测序，共鉴定出 34 879 个蛋白质编码基因，发现了 3425 个小麦 A 基因组特异基因和 24 个新的小 RNA，并鉴定出一批控制重要农艺性状的基因（Ling et al.，2013）。而粗山羊草测序共鉴定出 43 150 个蛋白质编码基因，其抗病相关基因、抗非生物应激反应的基因数量都发生了显著扩张，因而其抗病性、抗逆性与适应性很强，同时在 D 基因组中还发现了小麦特有的品质相关基因，从而使小麦的品质性状得到很大改良。小麦 A、D 基因组供体基因组草图的完成，对小麦基因组学研究具有重要意义，标志着小麦基因组学研究进行到新的发展阶段，将对小麦育种、小麦种质资源、小麦功能基因组、小麦进化及比较基因组等研究产生巨大的推动作用。

除了在全基因组水平上进行研究外，在染色体水平上也开展了大量的高通量测序工作。Lucas 等利用 Roche 454 测序平台对小麦 1AL 进行了测序，总测序长度约为整个 1AL的 1.43%、A 染色体组的 0.14%。测序结果揭示 90% 1AL 为重复序列；研究人员借助 Roche 454 测序平台对小麦的整个 4A 染色体进行了测序，其中 4AL 的覆盖度为 2.2 倍，4AS 的

覆盖度为 1.7 倍。根据结果预测整个 4A 染色体的重复序列在 85% 以上，整条染色体基因
总量为 9500 个左右，并发现整个 4A 染色体在进化上经历了多次重组事件，有一个臂间
倒位；借助 Roche 454 测序平台对 5A 的 BAC 进行了覆盖度为 2.3 倍的测序并拼接了
173.2Mb 的重叠群，占到整条染色体的 21%。根据测序结果，预测整条 5A 染色体上超过
75% 是重复序列，在 5AS 上约 1.08% 是编码序列，约有 1593 个基因，而在 5AL 上则有
1.3% 是编码序列，编码 3495 个基因，整条染色体基因数量为 5088 个左右；利用 Hiseq2000
测序平台分别对小麦 7BS 和 7DS 进行了高通量测序，分别拼接了 176Mb 的 7BS 序列和
153Mb 的 7DS 序列，分别鉴定了 1632 个和 1753 个功能基因，并与二穗短柄草进行共线
性分析，为 7 号染色体组的序列结构和进化研究提供了重要的信息。

（二）经济作物

1. 杨树基因组

杨树为杨柳科（Salicaceae）杨属（*Populus*）植物，染色体数为 2*n*=38。最古老的杨
树发现于距今约 6000 万年前的化石标本中，目前主要分布于北半球。已经测序的毛果杨
（*Populus trichocarpa*）的基因组大小为 480Mb，是中等大小基因组物种（Tuskan et al.，
2006）。杨树生长迅速，易于进行常规育种和遗传转化等研究的实验操作，表型遗传多样
性丰富，遗传转化体系稳定。已通过种间杂交建立了遗传作图群体，构建了标记有与生
长速率、树高生长和木材材性等重要性状相关的遗传图谱。因此，杨树被称为木本植物
基因组研究的模式物种。遗传图谱和物理图谱的比较研究，更利于阐明基因组信息，两
种图谱的遗传标记相结合有助于测序结果的拼接和分析。所以，在进行杨树全基因组测
序研究之前，美国能源部橡树岭国家实验室联合田纳西州大学等组成的杨树全基因组课
题组开展了大量的遗传图谱和物理图谱构建等前期基础性工作。

美国杨树课题组先后构建了一批遗传图谱，第一个为覆盖了 410cM 基因的遗传连锁
图谱，总计有 356 个 SSR 标记，被标注于 155 个 Scaffold 中。该图谱的标记有 91% 为共
显性的 SSR 标记。有人利用 54 个标记（439 个 AFLP 标记和 105 个 SSR 标记）构建了
高密度遗传图谱，覆盖了杨树基因组的 2300～2500cM。该图谱为综合分析杨树基因组数
据，以及对将来开展其他重要树种的基因组结构、功能、进化和遗传改良研究等提供了
研究基础。杨树基因组课题组采用大范围指纹图谱 BAC 文库法构建了包括 2802 个 Contig
的杨树物理图谱，估计覆盖了全基因组的 9.5 倍。Tuskan 等（2006）结合遗传图谱和物
理图谱信息，将 410cM 的拼接序列中接近 385cM 的序列锚定于杨树不同的连锁群。

杨树全基因组课题组结合杨树遗传图谱信息，选择毛果杨雌株（Nisqually 1）为材
料，采用全基因组鸟枪测序法绘制出毛果杨基因组草图，共获得 $4.2×10^9$ 个高质量的核
酸序列（Phred>20），基因组全长约为 480Mb，约覆盖杨树基因组的 8.5 倍。该研究共
鉴定出 45 555 个蛋白质编码基因，基因均长约为 2300bp（http://genome.jgi-psf.org/
Poptr1_1/ Poptr1_1.info.html）。其中，包括来自于全长 cDNA 文库的 4664 条基因全长
序列。

在获得了杨树全基因组数据后，杨树全基因组课题组以基因的不同结构为研究单元，
进行 SNP 密度研究和进化分析；以拟南芥中基因组信息为参考，鉴定出杨树的纤维素合

成相关基因和木质素合成酶基因。杨树纤维素合成相关基因家族中 93 个成员，34 个杨树木质素合成酶基因。通过进化分析研究发现，代表性的肉桂醇脱氢酶（cinnamyl alcohol dehydrogenase，CAD）基因在毛果杨中是由单基因编码的，而在以往拟南芥的研究中发现其是由 2 个基因编码的，这一发现对开展杨树木质素的遗传操作带来了极大的方便；他们还对黄酮类生物合成和类苯基丙烷类等次生代谢物合成酶基因、植物抗病基因（R 基因）、生长素应答因子（auxin response factor，ARF）、赤霉素（gibberellin，GA）和细胞分裂素（cytokinin，CK）等植物激素相关基因进行了研究。Woolbright 等参考杨树全基因组信息。在 AFLP 标记图谱和 4000 个 SSR 标记基础上，利用 541 个 AFLP 标记和 111 个 SSR 标记加密了杂交杨的连锁遗传图谱。

2. 葡萄基因组

葡萄（Vitis vinifera）属于葡萄科葡萄属植物，染色体数为 $2n=38$，是重要的酿酒原料和水果。葡萄具有悠久的栽培历史，早在新石器时代便有记载。在葡萄全基因组测序之前，遗传图谱和物理图谱构建已完成。Troggio 等以 94 个 Syrah 和 Pinot Noir 杂交 F_1 代群体为材料，综合 SNP、SSR 和 AFLP 分子标记，构建了葡萄遗传图谱。所有标记共覆盖了基因组的 1245cM 的基因组大小，两个标记间的平均距离为 1.3cM。该遗传图谱被锚定在了含有 994 个位点的 BAC 物理图谱上。

2007 年 9 月，Nature 杂志报道了第 4 种显花植物（继拟南芥、水稻和杨树之后），也是第二种木本植物和第一种果树——葡萄的全基因组测序结果（Jaillon et al.，2007）。研究表明，葡萄的基因组具有高度杂合的特点，有 13%的等位基因序列之间存在明显的差异，高度杂合的特点严重阻碍了其测序后序列的拼接。Jaillon 等（2007）以通过连续自交方式获得的接近纯系（93%）的葡萄品系（PN 40024）（源于 Pinot Noir）作为材料，采用全基因组鸟枪测序法进行测序，获得的基因组全长约为 487Mb，约覆盖葡萄基因组的 8.4 倍。该研究共鉴定出 30 434 个蛋白质编码基因，基因均长约 3399bp，比杨树（45 555 条）和水稻的蛋白质编码基因（37 544 条——籼稻 9311）都要少。

葡萄也是进行开花植物基因结构和起源进化研究较为理想的材料。Jaillon 等（2007）根据葡萄全基因组测序结果，进行了系统进化分析。按照蛋白质序列相似性原理分析了全基因组复制事件。结果表明，现有的单倍体葡萄基因组在近代未发生全基因组复制事件，而是经历了全基因组 3 倍化复制。这一事件也被视为古六倍体化进化机制的实例。比较葡萄与杨树、拟南芥古六倍体化发生时间发现，葡萄的古六倍体化发生在杨树和拟南芥之后（图 2-5）。这一结果说明，蔷薇类植物（rosids）都起源于一个共同的古六倍体化祖先；葡萄与拟南芥、杨树的比较显示，拟南芥经历了两次全基因组复制事件后，从真蔷薇Ⅰ（eurosid I clade）进化支中分离出来，演化为真蔷薇Ⅱ（eurosid II clade）进化支，而葡萄和杨树仍属于真蔷薇Ⅰ（eurosid I clade）进化支。葡萄基因组序列与拟南芥、杨树和水稻基因组进行比对后发现，葡萄与杨树的亲缘关系最近。本项目组还利用蛋白质组学方法分析了葡萄的重要功能基因。他们发现，葡萄基因组中存在两类与葡萄酒风味和保健作用直接相关的高拷贝数的基因，这是在先前已经分析的植株中尚未发现的。葡萄酒的保健作用是由于天然植保素白藜芦醇的存在，它直接与促进红酒消费市场的葡萄发育有关。在葡萄中已确认，编码驱动白藜芦醇合成的对苯乙烯苷合酶（stilbene synthase，STS）基因家族中的基因已扩展到了 43 个，而先前报道的仅有 20 个；葡萄酒的香气直接与驱动萜烯类（树脂、芳香精油类次生代谢物）合成的萜类合酶（terpene synthase，TPS）基因有关。在葡萄的基因组中，发现有 89 个与萜烯类合成相关的功能基因和 27 个拟功能基因；与拟南芥、水稻和杨树相比，葡萄基因组中 TPS 基因家族的成员扩展了 2 倍。葡萄基因组中这些重要功能基因的发现，不仅对酿酒葡萄品质改良起着重要作用，而且对其他经济植物的品质改良也将起着重要借鉴作用。

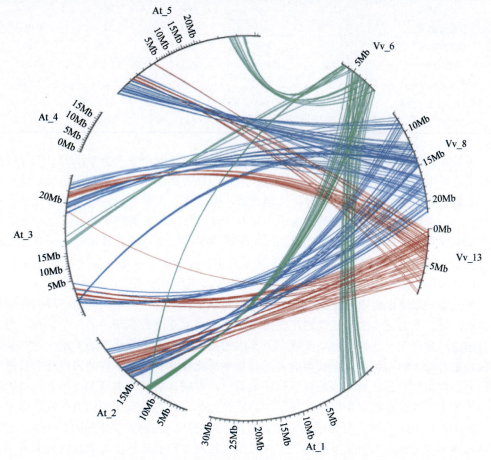

图 2-5　葡萄基因组 3 个旁系同源区域和其在拟南芥中同源区域的比较

葡萄 6 号染色体、8 号染色体、13 号染色体上的区域分别用绿色、蓝色和红色表示，每个区域与拟南芥中的同源区域不同，表示拟南芥和葡萄的祖先有相同的古六倍体成分。葡萄中每个区域相对于拟南芥中的 4 个区域，表示在与葡萄物种分开后，拟南芥有两次全基因组复制事件

3. 番木瓜基因组

2008 年 4 月，*Nature* 杂志报道了美国夏威夷农业研究中心等组织完成的第一个用转基因（转抗环斑病毒基因）木本植物番木瓜（*Carica papay*）的一个名为'旭日'（SunUp，雌株）的品种为材料，进行的全基因组测序。番木瓜基因组测序全长为 372Mb，覆盖番木瓜基因组的 3 倍，约为拟南芥基因组大小的 3 倍，与其他已完成测序的被子植物（拟南芥、水稻、杨树、葡萄）基因组相比（表 2-4），番木瓜含有的基因数量最少，仅含有

13 311 个基因，基因均长约为 2373bp，具有的功能基因数量也最少，仅含有少量与抗病相关的基因（Ming et al.，2008）。研究人员推测，在长期的人工栽培过程中，番木瓜的防御机制可能发生了特殊的进化。全基因组测序结果为在形态学、生理学、药学和营养学层面上开展番木瓜遗传育种研究提供了重要基础。

表 2-4　部分已测序植物基因组数据比较

项目	番木瓜	拟南芥	杨树	水稻	葡萄
大小/Mb	372	125	485	389	487
染色体数量	9	5	19	12	19
GC 含量/%	35.3	35.0	33.3	43.0	36.2
基因数量	24 746	31 114	45 555	37 544	30 434
平均基因长度/bp	2 373	2 232	2 300	2 821	3 399
平均内含子长度/bp	479	165	379	412	213
转座子/%	51.9	14	42	34.8	41.4

系统发育研究表明，番木瓜在近代也未发生基因组复制事件。番木瓜的一些片段分别与拟南芥中的 2～4 个片段呈共线性关系，表明拟南芥的 1 次或 2 次基因组复制使得它与番木瓜之间的线性关系产生了分化。据推测，拟南芥近代发生的 α 基因组复制事件可能仅影响到十字花科的一个成员，而早先在双子叶植物出现早期发生的 β 基因组复制事件是拟南芥和番木瓜分化的真正原因。基因组和亚基因组比对揭示番木瓜的 γ 基因组复制与拟南芥和杨树的 γ 基因组复制一致，都是发生在靠近被子植物最初发生分化的阶段。番木瓜全基因组测序结果，提供了一些具有重要科学价值的结果。

虽然番木瓜基因组中既没有近代的基因组复制事件发生，也不如其他已经测序的被子植物典型，又是迄今为止已经测序的木本植物中功能基因数量最少的一个物种。但一个有趣的现象是在一些特定的功能群中，基因的数量产生了十分明显的扩增。这些扩增基因是否有助于阐明番木瓜在长期的人工栽培中进化成具有树木那样的习性还有待进一步研究，但可以明显看到测序品种基因扩增后抗环纹病毒病能力的增强。另外，基因扩增对于番木瓜的淀粉积累和运输，种子传播媒介的吸引，热带长日照的适应性，抗病基因（R 基因）、转录因子、纤维素和木质素合成相关基因、生物钟调控基因、性别决定基因等功能研究方面，均有重要作用。本项目组在测序材料的选择上与其他物种有特别之处，选择转基因材料进行测序研究，还可以对植物转基因后的目的基因的插入位置、插入拷贝数、目的基因的表达等重要科学问题进行研究。研究发现，转番木瓜基因植株在核基因组中有 3 个位置与叶绿体的插入紧密关联，同时具有拓扑异构酶 I 的识别位置，这对了解目的基因在转基因植株中的插入、表达和功能也具有十分重要的作用。

4. 苹果基因组

苹果属于蔷薇科（Rosaceae）梨亚科（Pomoideae）苹果属（*Malus* Mill）植物，染色体数为 $2n=34$，是大家所熟知的重要的水果之一。在苹果全基因组测序之前，也开展了遗传图谱和物理图谱的构建等研究工作。研究人员通过构建苹果基因组物理图谱来研究复杂性状的遗传基础。该图谱最初约覆盖了单倍体基因组的 10.5 倍，BAC 文库中有 74 281 个克隆，包括 2702 个 Contig，物理长度约为 927Mb。苹果基因组范围内的物理图谱为染色体区域标记基因开发、基因分离、QTL 定位、比较基因组学分析植物染色体及全基因组测序等研究提供了基础。Han 等进一步分析了苹果基因组物理图谱，选择 3744 个高质量的 BAC 末端序列（BAC end sequence，BES）进行标记开发。在大约 8.5% 的 BES 序列中发现有 SSR 标记。将苹果 BES 数据与拟南芥蛋白质组数据，拟南芥、杨树和水稻基因组数据进行比较分析后，发现苹果与杨树的亲缘关系较其与拟南芥的关系更近。

　　由意大利、美国和新西兰等国组成的项目组，以苹果（*Malus domestica*）栽培品种金冠（Golden Delicious）为材料，采用 Sanger 测序法和 Roche 454 测序法绘制了苹果基因组草图，同时讨论了苹果的起源及进化事件。全基因组测序结果表明，苹果的基因组大小约为 742.3Mb，覆盖苹果基因组的 16.9 倍，约含有 57 386 个蛋白质编码基因（Velaso et al.，2010）。

　　多数蔷薇科植物单倍体的染色体数为 $n=7\sim9$，而苹果属单倍体染色体数为 17。早先有报道认为苹果是由于发生了异源多倍体化（allopolyploid）造成苹果染色体数目的非整倍性增多。新的研究发现，全基因组复制造成苹果染色体间存在大量的相似片段，树木个体内染色体间共线性分析表明，至少存在 4 对共线性长片段和 7 对共线性短片段。通过系统发育学分析发现，苹果（$n=17$）与美吐根（*Gillenia*）（$n-9$）的淀粉粒结合型淀粉合成酶 *Wx* 基因在两个种之间存在显著的线性关系。这很可能说明苹果属 $n=17$ 的单倍体的染色体数源于同源多倍体化（autopolyploidisation）。全基因组复制存在古老的全基因组复制（old genome-wide duplication，old GWD）和近代的全基因组复制（recent genome-wide duplications，recent GWD）两种方式。苹果染色体间重组的研究发现，其全基因组复制主要以近代的全基因组复制方式为主（图 2-6）。同时，部分证据支持真双子叶植物祖先的古代六倍体是单一起源的假说。对代表蔷薇科分类群中占大多数

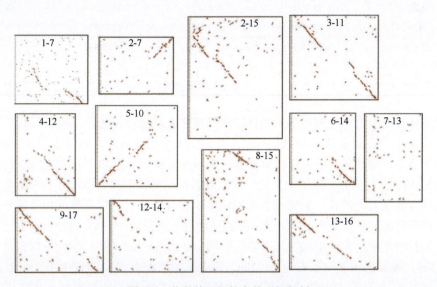

图 2-6　苹果基因组的全基因组复制

同源基因的点图表示苹果染色体的比对，染色体或其一个大片段的成员具有较强的共线性，表示最近发生一次全基因组复制事件。无关的 7 号染色体和 13 号染色体的比较作为负对照

的梨亚科和苹果属的系统发生进化树的重构还表明，现代栽培苹果与新疆野苹果（*Malus sieveesii*）的亲缘关系比其与欧洲苹果（*Malus sylvestris*）、山荆子（*M. baccata*）、西府海棠（*M. micromalus*）、楸子（*M. prunifolia*）更近。Velasco 等认为，现代栽培苹果是由新疆野苹果进化而来，而不是早先认为的现代栽培苹果起源于欧洲苹果的观点。分子证据还支持这样的看法，现代栽培苹果（*M. domestica*）和新疆野苹果（*M. sieversii*）是同一个种，用 *M. pumila* Mill.作为苹果的拉丁名可能更恰当。目前苹果基因组公布的仅仅是草图，但对揭示苹果的起源和进化、寻找与许多重要性状相关的基因、开展分子植物育种等领域研究提供了重要突破口。由于苹果自交不育、二倍体高度杂合、含有大量重复基因，使苹果基因组测序和后续的序列拼接、基因组精细图的绘制等均面临着巨大的挑战。

5. 白菜基因组

2011 年 8 月，在 *Nature Genetics* 杂志上发表了白菜全基因组研究论文，此项成果由以中国科学家为主，多个国家组成的"白菜基因组测序国际协作组"共同完成，标志着我国以白菜类作物为代表的芸薹属作物基因组学研究取得了国际领先地位。测序完成的是一种中国白菜 Chiifu-401-42，注释了 41 174 个编码蛋白质的基因。由 Illumina GA II 测序得到的成对短序列覆盖度有 72×，组装了 283.8Mb 的序列（表 2-5），覆盖了超过 98%的基因组。根据白菜中 1427 个遗传标记，90%定位到 10 条染色体上（Wang et al.，2011）。

表 2-5　白菜测序组装数据总结

	Contig 大小	Contig 数量	Scaffold 大小	Scaffold 数量
N90	5 593	10 564	357 979	159
N80	10 984	7 292	773 703	104
N70	15 947	5 308	1 257 653	77
N60	21 229	3 874	1 452 355	56
N50	27 294	2 778	1 971 137	39
总大小	264 110 991		283 823 632	
总数量（＞100bp）		60 521		40 549
总数量（＞2kb）		14 207		794

白菜是迄今为止测定的与模式物种拟南芥亲缘关系最近的物种。拟南芥发生过 3 次古多倍化事件（paleo-polyploidy event），1 次双子叶植物共有的六倍化事件 γ 复制，2 次和其他十字花目物种共有的四倍化事件 β 复制和 α 复制。除了这些共有的复制事件以外，白菜还在 1300 万～1700 万年发生过一次全基因组三倍化事件。拟南芥和白菜基因组的差别主要由转座元件产生。虽然在整个基因组中都分散存在，但和转座相关的序列主要在着丝粒附近的区域比较多。转座子相关的序列占基因组的 39.5%，其中反转座子、DNA 转座子和长散在重复元件分别占基因组的比例为 27.1%、3.2%和 2.8%。平均转录子长度为 2015bp，编码区域平均长度为 1172bp，每个基因平均有 5.03 个外显子，和在拟南芥中的情况相近。在总的 16 917 个白菜基因家族中，有 93.0%的家族和拟南芥共有，有 58.6%的家族与番木瓜及葡萄共有。

拟南芥基因组与白菜基因组比较相似，存在着高度的共线性关系。拟南芥基因组的 90.01%（108.6Mb）和白菜基因组的 91.13%（259.6Mb）包含在共线性区块中。白菜基因组存在 3 个类似但基因密度明显不同的亚基因组，其中一个亚基因组密度显著高于另外两个亚基因组，推测白菜基因组在进化过程中经历了两次全基因组加倍事件与两次基因丢失的过程。研究发现，白菜在基因组发生加倍之后，与器官形态变异有关的生长素相关基因发生了显著的扩增，白菜基因组复制导致了许多与形态变异有关的基因存在更多拷贝，这可能是白菜类蔬菜具有丰富的根、茎、叶形态变异的根本原因，这一成果对研究不同产品器官的形成与发育具有重要价值。

6. 西瓜基因组

西瓜（*Citrullus lanatus*）是一种重要的世界范围内种植的葫芦科作物。在 2012 年的 *Nature Genetics* 杂志上报道了东亚西瓜栽培种 97103（$2n= 2× =22$）的高质量基因组草图，预测有 23 440 个编码蛋白质的基因（Guo et al.，2013）。比较基因组学分析表示，西瓜的 11 条染色体可能起源于一个含有 7 条染色体的古六倍体双子叶植物祖先。在人工栽培驯化中特异选择出的遗传片段被识别出来。在栽培驯化的过程中，许多抗病基因丢失了。除此之外，综合基因组学和转录组学分析发现了一些对水果特性（包括糖积累和瓜氨酸代谢）重要的基因。

全世界有 7%的面积用于西瓜种植，年产量约有 90 000 000t，是世界上消费最多的 5 种新鲜水果之一。西瓜包括 3 个亚种：*C. lanatus* subsp. *Lanatus*、*C. lanatus* subsp. *mucosospermus* 和 *C. lanatus* subsp. *vulgaris*，其中最后一种是现代种植的甜味西瓜。虽然组成有超过 90%都是水，但西瓜也含有重要的营养成分，包括糖分、番茄红素和促进心血管健康的氨基酸（如瓜氨酸、精氨酸和谷胱甘肽）。西瓜和其他葫芦科物种一样，都有独特的促进快速生长和大浆果形成的发育机制。现代西瓜的变种在形状、大小、颜色、质地、风味和其他营养成分上都很不相近。然而，人工栽培和选择的结果缩小了西瓜遗传基础的差异，这是提高西瓜种植的一个主要瓶颈。

选择中国西瓜 97103 号作为全基因组测序的对象，使用 Illumina 测序技术共产生了 46.18Gb 的高质量基因组序列，相当于对整个西瓜基因组有 108.6×的覆盖度，估计基因组大小约为 425Mb（Guo et al.，2013）。对 Illumina 读长的从头组装产生了 353.5Mb 的数据，代表西瓜基因组的 83.2%，包括 1793 个 Scaffold（≥500bp），Scaffold 的 N50 长度为 2.38Mb、Contig 的 N50 长度为 26.38kb（表 2-6）。覆盖了大约 330Mb（组装基因组的 93.5%）的 234 个 Scaffold 定位到西瓜的 11 条染色体上。未组装区域的序列和已组装区域的序列相似，且未组装区域序列的读长在西瓜染色体上的分布与转座元件的分布相似。

组装的西瓜基因组中有 159.8Mb（45.2%）是转座元件重复。在这些重复中，68.3%可以被已知家族注释，其中最主要的是 Gypsy 和 Copia 类型的 LTR 反转座子。进一步分析发现 920 个（7.8Mb）全长 LTR 反转座子。在过去的 450 万年中，LTR 反转座子在西瓜中积累的速率要比在黄瓜中积累的速率快很多，其基因组大小的差异主要是不同的 LTR 反转座子的积累。与以前报道的植物基因组一样，西瓜的编码蛋白质基因在亚端粒（subtelomeric）区域处富集，而转座元件相关的区域主要在近着丝粒区（pericentromeric）

和着丝粒（centromeric）区域。4 号、8 号和 11 号染色体的断臂存在很多重复序列。

表 2-6 西瓜和其他植物基因组组装的比较

物种	基因组组装大小/Mb	估计基因组大小/Mb	组装覆盖度/%	Scaffold 的 N50/kb	Contig 的 N50/kb	测序技术
西瓜	353.3	425	83.2	2378.2	26.4	Illumina
枣树	381	658	57.9	30.5	6.4	Illumina
木豆	605.8	833.1	72.7	516.1	22	Illumina
黄瓜	243.5	367	66.3	226.5	19.8	Sanger+Illumina
苹果	603.9	742.3	81.3	NA	16.2	Sanger+454
草莓	201.9	240	84.1	1360	NA	454+Illumina+SOLiD
可可	326.9	430	76	473.8	19.8	Sanger+Illumina+454
大白菜	283.8	529	53.6	1971.1	27.3	Sanger+Illumina
盐芥	137.1	160	85.7	5290	NA	Illumina+454

注：NA 表示数据未知

在西瓜基因组中，预测有 23 440 个编码蛋白质的基因，这与黄瓜基因组中预测的基因数量很接近。大约 85%的预测基因有已知的同源基因或可以按照功能分类。除此之外鉴定了 123 个 rRNA、789 个转录 RNA、335 个核小 RNA 和 141 个 miRNA 基因。

在经历一系列的全基因组测序和生物信息学分析后，将所获得大量的全基因组测序序列进行基因注释，并开展对物种重要性状相关基因的发现、功能验证和进化分析。例如，对控制开花、物种生长习性、休眠、耐寒力、抗病害虫、果实发育、营养成分、性状和品质等相关基因进行研究，并对植物相关的次级代谢产物关键基因进行分析。另外，还可以进行比较基因组学研究，深入比较分析两种植物基因组序列的同线性关系，分析研究植物的起源和进化关系，同时探索一些重要基因家族对植物生长的影响。

植物全基因组测序结果的应用除了以上的一些分析外，后续的工作还要以植物基因组数据为基础，对它们的生物学特性进行进一步地研究，本研究主要从以下几个方面展开。一是进行功能基因组的研究，进一步对植物中的新基因进行挖掘、克隆、功能验证和进化分析，揭示植物生长发育与环境的相互作用关系，从而阐释植物的生物学基础。二是以植物全基因组为基础，通过应用基因表达系统分析（SAGE）、cDNA 微阵列和 DNA芯片等技术，设计基因芯片，进行基因的表达分析研究。此外，还可以进行有参考基因组的转录组测序，利用转录组测序结果检测不同组织或不同时期的基因表达水平，为基因表达差异提供信息。三是大规模开展植物基因组的重测序，对不同个体或群体的基因差异进行分析，找到它们的遗传变异信息，如 SNP 位点、插入缺失位点（InDel）、结构变异位点（SV）等。四是基因组序列提供了大量的 SSR 和 SNP 等分子标记，有利于高密度遗传图谱和物理图谱的构建，对 QTL 的定位提供了方便。五是探索全基因组关联分析（genome-wideassociationstudy，GWAS），它以不同群体的连锁不平衡（LD）和基因组中数以百万计的 SNP 为基础，进行表型与基因型关联分析并定位于目标性状相关基因组区域，鉴定遗传变异相关性基因（陈勇等，2014）。

虽然植物基因组的结构复杂，具有高重复序列和高杂合度等特点，但是随着测序技术，尤其是以第二代、第三代测序技术为代表的高通量测序技术的发展和应用，植物基因组测序开始获得了越来越多的成功，每年都有相当数量的植物基因组测序的文章发表，其中一些数据也不断更新到植物基因组数据库中去，为我们从分子水平研究植物提供了依据，也为我们探索未知物种提供了一些思路，并加快了生物学研究的进度。另外，通过基因组序列的比对鉴定出大量的基因，也为相应的蛋白质序列及功能研究提供了一定的支持，相信随着测序技术的不断发展，一些植物生物学相关的悬而未决的问题也会得到解决。

第二节　棉花 D 基因组（雷蒙德氏棉）研究

棉花是全世界最重要的经济作物之一，棉花纤维是受精胚珠的表皮细胞经伸长、加厚而成的种子纤维，又称为棉绒，是纺织业主要的天然源料。全球常年棉花种植面积约为 3300 万公顷，占耕地面积的 5%，2011 年，纺织厂的全球市场价值约为 6300 亿美元。除了其经济价值外，棉花也是研究多倍体化、细胞伸长和细胞壁生物合成的极好模型系统（Shi et al.，2006；Qin and Zhu，2011）。

根据其植株形态、细胞遗传及地理分布等的差异，棉属植物可分为 5 个四倍体（AD_1～AD_5，$2n=4\times$），以及至少 45 个二倍体（$2n=2\times$）棉种，研究发现它们起源于 500 万～1000 万年前的同一个祖先（Wendel and Albert，1992）。二倍体棉花主要分布在北美洲、非洲、亚洲和澳大利亚等地区，根据其地理分布并结合细胞学研究，将二倍体棉花分为 A、B、C、D、E、F、G 和 K 8 个亚家族。二倍体棉花（$2n=2\times=26$）的配子基因组大小差异显著，从 D 基因组的 880Mb（雷蒙德氏棉，*Gossypium raimondii*）到 K 基因组的 2500Mb（Hendrix and Stewart，2005；Hawkins et al.，2006）。二倍体棉种配子不但具有相同的染色体数目（$n=13$），并且发现其基因组具有高度的同线性（Rong et al.，2004；Desai et al.，2006）。四倍体棉（$2n=4\times=52$）包括栽培棉中的陆地棉（*G. hirsutum* L.）和海岛棉（*G. barbadense* L.），被认为是由起源于 100 或 200 万年前的异源多倍体化事件，其中，以 D 基因组棉种作为父本、A 基因组棉种作为母本（Sunilkumar et al.，2006；Chen et al.，2007）。为了深入了解栽培棉种多倍体基因组的进化，以及亚基因组之间的互相作用，必须对棉花基因组进行研究。因此，本研究利用棉花微卫星数据库（CMD）10 的 DNA 样本（雷蒙德氏棉遗传标准系，从 2004 年经过连续 6 代自交得到的纯系，登记号为 D5-3）（Yu，2004），绘制了推测四倍体棉花 D 基因组父本供体种的雷蒙德氏棉基因组草图。

雷蒙德氏棉基因组图谱的完成，不仅对研究其基因组的进化机制具有重要意义，同时，为棉花品种产量、品质和抗性等重要性状的遗传改良提供了基因资源。作为陆地棉祖先的两个供体种之一，雷蒙德氏棉基因组草图的完成，也为进一步对陆地棉全基因组的解析奠定了坚实的基础。

一、测序、组装与注释

利用全基因组鸟枪法，对雷蒙德氏棉基因组进行测序和组装。我们构建了插入长度分别为 170bp、500bp、800bp、2000bp、5000bp、10 000bp、20 000bp 和 40 000bp 的 8

个基因组测序文库，利用 Illumina HiSeq 2000 对其进行了双末端测序。共得到了 78.7Gb 的次代 Illumina 双末端片段数据，覆盖了 103.6 倍的雷蒙德氏棉基因组（775.2Mb）（表 2-7）。基因组组装数据覆盖了雷蒙德氏棉基因组染色体的大部分常染色质区域。未组装的基因组区域可能包含异染色质、随体、高度重复序列及 rRNA 基因等含有高度重复序列的区域。结合美国佐治亚大学植物基因组图谱实验室（plant genome mapping laboratory）2010 年发表的雷蒙德氏棉（D 染色体组棉种）含有 1369 个标记的物理图谱，利用其中 43.8%特异性标记（共 599 个）（Lin et al.，2010），将 567.2Mb 雷蒙德氏棉基因组组装数据定位到了染色体上，占基因组组装数据的 73.2%，其中，406.3Mb 的数据可以确定位置和方向，占基因组组装数据的 52.4%。

表 2-7　雷蒙德氏棉基因测序、组装

双端测序文库		测序数据统计			
	插入片段大小	数据总量/Gb	测序读长	覆盖度（X）	
	170（bp）	14.98	92_92	19.70	
	250	28.80	140_140	37.90	
	500	11.71	91_91	15.41	
	800	11.90	91_91	15.66	
Solexa reads	2（kb）	6.84	49_49	9.00	
	5	1.89	49_49	2.48	
	10	1.26	49_49	1.66	
	20	0.73	49_49	0.96	
	40	0.60	90_90	0.78	
合计	—	78.70	—	103.56	
组装数据		组装数据统计			
		数量	N50/kb	最长/Mb	长度/Mb	组装数据所占比例/%
Contig	全部	41 307	44.85	0.33	744.38	–
	全部	4715	2284	12.77	775.22	100
Scaffold	锚定到染色体	281		12.77	567.23	73.18
	锚定到染色体并确定方向	228		12.77	406.28	71.63

利用 SOAPdenovo 基因组组装软件包，按照第一步构建 Contig、第二步构建 Scaffold、第三步补洞的策略，我们组装了基因组序列，包括 41 307 个 Contig 和 4715 个 Scaffold，大约占推测雷蒙德氏棉基因组的 88.1%，281 个锚定在染色体的 Scaffold 超过整个组装数据的 73%，其中有 228 个 Scaffold 既锚定在染色体上又可以确定方向。Contig 和 Scaffold 的 N50（将所有的 Contig 按照从长到短进行排序，将 Contig 按照这个顺序依次相加，当相加的长度达到 Contig 总长度的一半时，最后一个加上的 Contig 长度即为 Contig N50；Scaffold 按从小到大排列，当相加的长度达到 Scaffold 总长度的一半时，最后一个加上的 Scaffold 长度即为 N50）长度分别为 44.85kb 和 2284kb，其中，最大 Contig 长度为 44.85kb，Scaffold 最大长度为 12.77Mb（表 2-7）。

利用不同的测序深度、EST 数据和 BAC 数据对组装数据进行评估可以发现，雷蒙德氏棉基因组组装质量较高，具体如下：将 Hiseq 2000 测序的双端测序数据比对到组装数据可以发现，98.8%的组装数据可以达到以 10×覆盖率；同时，利用公共数据库（http://www.ncbi.nlm.nih.gov）中雷蒙德氏棉的 58 061 个 EST 序列（大于 500bp 的长度），发现93.4%可以比对到组装序列中；利用 GeneBank 中的 25 个完全测序人工染色体（bacterial artificial chromosome，BAC）克隆序列中随机选择的 24 个（AC243106～ AC243130）对组装数据进行验证发现，可以完全比对到组装数据上。按照所占比例计算，编码区（外显子）、内含子、DNA 转座子、长终端重复（long terminal repeat，LTR）和其他重复序列分别占总基因组含量的 6.4%、6.9%、4.4%、42.6%和 13.0%。从图 2-7 可以发现，雷蒙德氏棉染色体亚着丝粒区域的基因更丰富，而转座子等重复序列主要分布在基因贫穷区，这一点与可可和玉蜀黍等基因组类似（Schnable et al.，2009；Argout et al.，2011）。

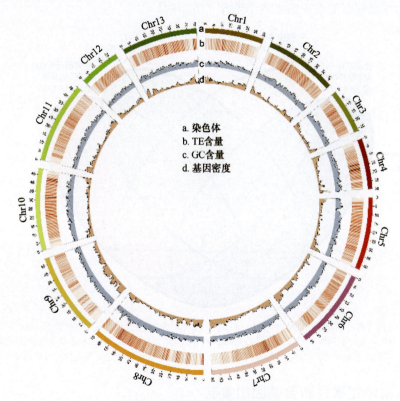

图 2-7　雷蒙德氏棉基因组特点
a. 雷蒙德氏棉的 13 条染色体（单位 Mb）；b. TE 含量分析，TE 按照比例统计的 0%～100%；c. GC 含量分析（GC含量为 29%～35%）；d. 基因密度，统计步长为 500kb

　　结合 *ab initio* 预测结果、同源性搜索和 EST 比对等不同方法，我们在雷蒙德氏棉基因组中鉴定出蛋白质编码基因 40 976 个、miRNA 基因 348 个、rRNA 基因 565 个、tRNA基因 1041 个和小核 RNA（snRNA）基因 1082 个。其中，蛋白质编码基因的转录本平均长度为 2485bp，平均每个基因具有 4.5 个外显子，编码区平均长度为 1104bp，外显子平均长度为 244bp，内含子平均长度为 339bp。在注释到的蛋白质编码基因中，84.21%的蛋白质编码基因与 TrEMBL、SwissProt 等数据库的蛋白质表现出同源性，其中 83.69%可以被 TrEMBL 注释，69.98%可以被 InterProscan 注释。而 71.68%的预测基因至少由两个方法支持。总体而言，92.2%（37 780/40 976）的蛋白质编码基因可以得到转录组数据的支持，上述结果支持了雷蒙德氏棉基因预测的高度准确性。与较小的拟南芥的基因组相比，雷蒙德氏棉基因组基因数目较大、每 100kb 基因组中的基因密度较低，但是缺少具有类似的外显子数数目。

利用 Orthomcl 软件包我们比较分析了雷蒙德氏棉与可可（*T. cacao*）（Argout et al.，2011）、拟南芥和水稻（Yu et al.，2002；International Rice Sequencing Project，2005）的保守基因家族（基因），表明这 4 种不同的植物拥有相似的基因家族，共有的基因家族为9525 个。其中，16 113 个雷蒙德氏棉基因家族中，约有 1267 个在至少 1 个其他植物的基因组中是保守的。通过分析物种特定和谱系特定家族鉴别出注释项目之间的潜在矛盾，但也反映出基因库存的真正的生物学差异（图 2-8）。

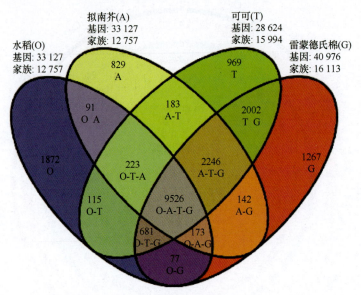

图 2-8　雷蒙德氏棉、可可、拟南芥和水稻中特异及保守基因家族的分析
全基因组蛋白质聚类分析和同源基因查找采用 Orthomcl 软件包进行（Li et al.，2003）。数字代表共同或特异的基因家族。基因的相似性低于 30%，序列间覆盖度低于 80%的蛋白质序列定义为物种特异基因（家族）

二、古六倍体化事件和全基因组复制

全基因组复制（whole-genome duplication，WGD）伴随着基因的丢失和二倍化，长期以来被认为是动物、真菌和其他生物，尤其是植物一个重要的进化动力（Jiao et al.，2011）。全基因组复制事件、基因组倍增事件已经在多个物种中被确定，包括酵母、脊椎动物及拟南芥等，这些基因组倍增对研究基因组的进化具有重要影响，在多倍体化及随后的基因丢失、染色体重排等的物种分化中扮演了重要角色（Jiao et al.，2011）。虽然有相关研究报道预测在棉属进化中发生过大规模的基因复制事件，但基因组加倍的数量和时间仍在争论中（Senchina et al.，2003；Blanc and Wolfe，2004；Fawcett et al.，2009）。通过研究利用雷蒙德氏棉和葡萄（French-Italian Public Consortium for Grapevine Genome Characterization，2007）、大豆（Schmutz et al.，2010）、可可（Argout et al.，2011）、拟

南芥（The *Arabidopsis* Genome Initiative，2000）、番木瓜（Ming et al.，2008）、蓖麻（*R. communis*）（Chan et al.，2010）、毛果杨（*P. trichocarpa*）（Tuskan et al.，2006）等全基因组测序植物基因组中的 745 个单拷贝基因家族，发现雷蒙德氏棉和可可属于同一个亚演化支，可能在大约 3370 万年前由一个共同的祖先分离来。番木瓜和拟南芥属于另一个亚演化支，在大约 8230 万年前与雷蒙德氏棉–可可亚演化支分开（图 2-9）。

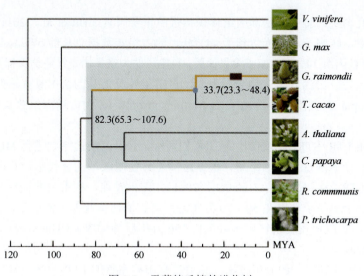

图 2-9　雷蒙德氏棉的进化树

从雷蒙德氏棉、葡萄、大豆、可可、拟南芥、番木瓜、蓖麻、毛果杨等已测序物种基因家族聚类的结果中提取单拷贝基因家族，对每一个单拷贝基因家族用 MUSCLE 软件进行蛋白质序列的多序列比对，提取比对结果中的四重简并位点，将每个物种对应的四重简并位点连成一条序列（supergene），使用 PhyML 软件构建系统发育树。数字代表分化时间，"▬▬"代表棉花发生在 1660（1330～2000）万年前的一次全基因组复制事件

　　使用来自雷蒙德氏棉和可可基因组的 3195 个旁系同源基因对的同义位点（Ks）替换值，我们注意到有两个 Ks 值峰值：0.40～0.60 和 1.5～1.90。其中，第一个峰值出现在大约 1660（1330～2000）万年前，与前人研究提到的棉属的全基因组复制事件相一致（Blanc and Wolfe，2004；Fawcett et al.，2009）。第二个峰值出现在大约 13080（11540～14610）万年，对应于双子叶植物古六倍体化事件（Tang et al.，2008；Van de Peer et al.，2009）。在可可中已经报道的一个位于 1.7～1.9 的峰（Argout et al.，2011），则对应于雷蒙德氏棉相关研究中的第二峰，暗示两个物种共同祖先在分化成现代物种之前（3370 万年）经历了双子叶植物祖先经历的一次古六倍体化事件（paleohexaploidization event）（11540 万～14610 万年）（Tang et al.，2008；Van de Peer et al.，2009）。

　　利用比较基因组学的分析策略，首先利用全局比对（Blastp 方法），在全基因组水平上整体比对雷蒙德氏棉和可可基因组的基因，在此基础上根据 Blastp 的结果，使用 MCscan 检测棉花与可可两个物种基因组的共线性区域（Tang et al.，2008）。结果表明，这两个基因组保持了良好的同线性关系，在两个基因组中共发现了 463 个共线性区域（≥5 基因/个），分别覆盖了 64.8% 和 74.41% 的雷蒙德氏棉和可可基因组组装数据。交互最佳 Blast 匹配分析结果还显示，在雷蒙德氏棉与可可同线性区域中还存在 133 个重复和 43 个三联的同线性区域。利用相同的策略，我们还比较分析了雷蒙德氏棉自身的同线性，结果发现雷蒙德氏棉基因组的 13 条染色体中有 2355 个自身同线性区域。在这些区域中，有 21.2%的同线性区域涉及两个染色体区域、33.7%跨越三染色体区域、16.2%遍及 4 个染色体区域，同时，在雷蒙德氏棉基因组中还发现了 39 个三联染色体区。

三、转座子扩增与简单序列重复

已有研究表明，转座子是基因组体积扩张的重要因素（Hu et al.，2011），在雷蒙德氏棉基因组中，转座子总长度达到了 441Mb，约占组装数据总长的 57%。与可可基因组 24%和拟南芥基因组 14%的转座子含量比较，转座子的大量扩增是雷蒙德氏棉基因组体积增大的重要原因之一。深入地序列分析表明，在雷蒙德氏棉基因组中最普遍的重复序列是 Gypsy 和 Copia 两类反转录转座子（retrotransposon），分别占基因组总长的 33.83%和 11.10%。

我们利用 LTR_STRUC 软件检测 LTR 的两端，并对两端的序列进行 MUSCLE 比对，使用 distmat 计算两端序列的距离，根据距离差异使用碱基的替代率计算两端的分化时间，得到了 LTR 的插入时间（Hu et al.，2011）。结果发现，在雷蒙德氏棉和可可基因组中，LTR 反转录转座子分别在 50～70 万年之后其扩增速率倾向于慢下来。相比之下，拟南芥基因组中的 LTR 反转录转座子数量自 150 万年后持续增加（The *Arabidopsis* Genome Initiative，2000）。

参考 Hu 等（2011）的分析方法，利用具有结构完整的 LTR 反转录转座子中提取的 RT 结构域进行系统发育分析发现，雷蒙德氏棉基因组中特定家族的 LTR 反转录转座子比可可和拟南芥进化支数量扩增更大。同时，通过分析重复扩张度（与重复构建库相一致的在相应区域的替换百分比）的分布，独立证实了雷蒙德氏棉基因组的 LTR 反转录转座子的扩张模式。因为雷蒙德氏棉基因组转座子含量更高，所以其转座子附近（1kb 之内）基因的数量比可可和拟南芥更多。与雷蒙德氏棉相比，可可基因组中基因和转座子之间的距离维持到最大。

SSR 是一类由几个核苷酸（一般为 1～6 个）为重复单位组成的长达几十个核苷酸的串联重复序列，其广泛分布于的基因组中，SSR 多态位点可以为棉花育种和遗传研究提供丰富的标记。利用 SciRoKo 软件（参数：长度≥20bp，重复数量≥3）（Kofler et al.，2007），我们发现雷蒙德氏棉基因组中共有 15 503 个 SSR 被鉴定和注释，包括二核苷酸 SSR、三核苷酸 SSR 和四核苷酸 SSR 等不同类型。这些 SSR 序列可以分为 34 个不同的家族，我们随机挑选 500 个 SSR 序列通过设计引物，并利用海陆种间群体中棉所 36 和海 1，比较了亲本和 F$_1$ 代的多态性，发现 500 对引物中共有 70 引物具有多态性，其所占比例达到了 14%。

四、纤维发育、棉酚生物合成相关基因分析

利用转录组测序（RNA sequencing，RNA-Seq）的方法，我们对比分析了雷蒙德氏棉（种子无长纤维）和陆地棉（种子有纤维）在开花（DPA）3 天纤维发育关键基因的表达差异（Shi et al.，2006；Qin et al.，2007）。已有研究证明蔗糖合酶（sucrose synthase，

Sus）基因是棉花纤维发育的重要基因，沉默其表达，可以抑制棉花纤维的发育（Ruan et al.，2003）。在雷蒙德氏棉基因组发现的 4 个蔗糖合酶（Sus）基因中，3 个（SusB、Sus1 和 SusD）基因的表达量（read per kilobase of exon model per million mapped read，RPKM），在陆地棉中比相应成员的表达量更高。3-酮脂酰-辅酶 A 合成酶基因（KCS）是乙烯合成的关键基因，研究发现其在纤维发育中发挥重要作用（Shi et al.，2006；Qin et al.，2007），在雷蒙德氏棉基因组中，数个 KCS 基因（KCS2、KCS13 和 KCS6）只在陆地棉中表达，而 KCS7 转录的雷蒙德氏棉和陆地棉中都观察得到适中的表达。这些结果暗示，在纤维细胞起始和伸长阶段可能的确需要 Susy 和 KCS 基因家族的高水平表达。相比之下，在雷蒙德氏棉开花后 3 天，编码 1-氨基环丙烷-1-羧酸氧化酶的基因大量转录，暗示植物激素乙烯在纤维细胞发育早期扮演着重要角色。

棉花纤维是在开花当天前后从胚珠外珠被表皮细胞突起后伸长而成的具有特殊结构的单细胞，以前研究推测棉花纤维与其他植物叶片和茎的表皮毛在来源上是相似的并推测在拟南芥表皮毛发育中发挥有重要作用的转录因子也可能参与了棉花纤维的形成（Walford et al.，2011）。在拟南芥中，MYB 转录因子和 bHLH 类转录因子通过 TTG1 作用形成一个复合体，决定特定表皮细胞命运（Larkin et al.，1994；Walford et al.，2011）。在雷蒙德氏棉基因组中共鉴定出 2706 转录因子，其中包括 208 个 bHLH 和 219 个 MYB 类基因。转录组分析发现，大量的 MYB 和 bHLH 类基因在陆地棉胚珠中表达，在雷蒙德氏棉的胚珠中表达量则相对较低，暗示这些基因可能是早期纤维发育所需要的。

棉酚作为一种倍半萜烯类化合物，包括脱氧半棉酚、半棉酚、棉酚，半棉酚等。棉酚主要积累在棉花的根、茎、叶和种子等组织的色素腺体中，具有植物抗生素的功能，可以帮助棉花抵御外界昆虫和微生物的侵害。棉酚主要通过倍半萜合成途径进行合成。FPP 在杜松烯合成酶（delta-cadinene synthase，CDN）催化下环化得到杜松烯［（+）-delta-cadinene］，随后被杜松烯-8-羟基羧化酶（delta-cadinene-8- hydroxylase）在 8 号位上进行羟化修饰，其产物经过羟化、氧化等反应，最终转化成棉酚。其中，由（+）-δ-杜松烯合酶（CDN）是棉子酚生物合成的第一个关键酶。利用雷蒙德氏棉与葡萄、大豆、可可、拟南芥、番木瓜、蓖麻、毛果杨、水稻 8 个已测序植物基因组的 CDN 进行进化分析可以发现，除了水稻之外，萜环化酶基因家族在各种植物中均常见。然而，仅在雷蒙德氏棉和可可基因组中拥有具生化功能的 CDN1 基因家族。能否合成棉子酚似乎与古六倍体化事件和全基因组复制事件有关。在与棉属植物亲缘关系最近的亚进化分支——毛果杨和木瓜基因组中没有发现 CDN1 直系同源基因，这表明棉子酚合成途径的进化是在这些物种分离后发生的。2009 年，棉花 CDN 蛋白的晶体结构被解析，研究发现了两个重要的富含天冬氨酸的 Mg^{2+} 结合基序（Motif）DDtYD 和 DDVAE，这两个结构域在对棉子酚生物合成中发挥着至关重要的作用（Gennadios et al.，2009），因此，所有不含"DDVAE"萜环化酶基因的其他植物均不是 CDN 的直系同源基因，上述结果也支持了棉酚合成进化分析的结论（图 2-10）。

已有研究发现，乙烯在棉花纤维伸长过程中的发挥着重要的调控作用，发现饱和超长链脂肪酸作用于乙烯信号的上游，而果胶多糖生物合成则位于乙烯信号的下游，为全面阐明纤维伸长机制提供了重要线索（Qin and Zhu，2011）。基于从棉花 cDNA 文库

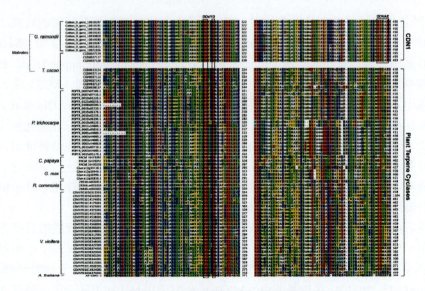

图 2-10　植物萜烯合成酶基因家族的多序列比对分析

对序列比对的分析结果发现，CDN1 基因家族只在棉花和可可的基因家族中发现。多序列比对利用 MEGA 4 进行（比对方法选用 Muscle）。CND1 家族的代表性蛋白质序列来自雷蒙德氏棉、葡萄、大豆、可可、拟南芥、番木瓜、蓖麻、毛果杨、水稻等全基因组已经测序的物种

102 000 个表达序列标签（EST）获得的 12 233 个 Uni-EST 序列芯片杂交，科学家们发现乙烯生物合成在快速纤维伸长时期是最重要的控制生化途径（Shi et al.，2006）。在开花后 3 天雷蒙德氏棉的胚珠与陆地棉相比，*ACO*1 转录上调了 3000 倍、*ACO*2 转录上调了 30 倍、*ACO*3 转录上调了 10 倍。这些转录被选为比较对象是因为它们在纤维发育早期占所有 *ACO* 基因的 95%以上。发现在陆地棉的纤维发育过程中，需要纤维特异性上调 *ACO* 表达使纤维正常生长，而雷蒙德氏棉生产过剩 ACO 可导致纤维细胞发生凋亡（Zhu and Li，2013）。

以最近发表的雷蒙德氏棉（Gr，二倍体的棉花，DD）基因组为参考，利用 NCBI 数据库中下载的 297 239 条陆地棉基因组序列（Gh，四倍体的棉花，AADD），共组装得到了 49 125 条非重复序列（Unigene）。这些 Unigene 的平均长度将两次 EST 组装的 804bp 和 791bp 增加到当前的 1019bp。结果显示，大量陆地棉 EST 可以组装产生很大的 Contig，表明雷蒙德氏棉基因组序列在四倍体棉花转录组组装中具有较大的优势。转录分析表明，29 547 个非重复序列可能来源于 D 基因组，而另外 19 578 个非重复序列可能来自 A 基因组。上述工作可以为棉花功能和进化基因组学研究提供一个有用平台（Jin et al.，2013）。

利用现有雷蒙德氏棉基因组序列，结合系统发育、染色体定位、基因结构和保守的结构域分析，共鉴定出了 145 个 NAC 转录因子，结合雷蒙德氏棉自身同线性分析可以发现，全基因组复制可能是雷蒙德氏棉 NAC 转录因子家族数量增加的重要原因（Shang et al.，2013）。

蔗糖合酶是植物糖代谢过程的关键酶。研究表明，亚洲棉（*G. arboreum*）、雷蒙德氏棉、陆地棉分别包括 8 个、8 个和 15 个蔗糖合酶基因。其基因结构、系统发育关系和表达谱已被研究。通过比较基因组序列和编码区可以发现，蔗糖合酶基因结构具有高度保守性，其外显子数量、位置在二倍体和四倍体棉种保持了高度的保守性。进化分析发现，蔗糖合酶基因

家族可以分为 3 个亚家族，由于每个进化分支均都包含全部 3 个物种序列，说明四倍体陆地棉蔗糖合酶基因是由其二倍体祖先进化而来的。棉花进化过程中蔗糖合酶组经历了一次数量扩增。表达分析显示，蔗糖合酶基因家族不同成员的组织表达模式是不同的。3 个棉种的直系同源基因保持了类似的表达模式。这些结果对深入研究棉花蔗糖合酶基因家族进化，以及其在纤维生长和发育过程中的生理功能具有重要意义（Zou et al.，2013）。

核苷酸结合位点（nucleotide binding site，NBS）类基因是植物抗病基因家族中分布比较广泛的家族之一。利用 HMMER3.0 软件包，我们在雷蒙德氏棉基因组中共鉴定出了 392 个含有 NBS 结构域的抗病蛋白质基因。通过分析 NBS 基因的分布情况可以发现，雷蒙德氏棉染色体上出现了 NBS-编码基因成簇分布的现象（Li et al.，2014），这一点与十字花科作物 NBS 基因在染色体上的分布情况类似（Wang et al.，2011）。初步分析这些现象与雷蒙德氏棉经历的两次全基因组复制有关，雷蒙德氏棉的 NBS 基因主要分布在 7 号和 9 号染色体。另外，NBS 编码基因染色体上还存在基因串联重复分布情况。

第三节　棉花 A 基因组（亚洲棉）研究

棉花的栽培种和野生种在植物分类学上，均属于被子植物门，双子叶植物纲，锦葵目，锦葵科，棉族，棉属。棉属植物为一年生或多年生的灌木、亚灌木或小到中等大的乔木，直立，也有多茎多年生的草本或灌木，茎匍匐或直立。棉属包括 46 个二倍体棉种和 5 个四倍体棉种。二倍体棉种可分为 8 亚种，即 A、B、C、D、E、F、G 和 K，染色体数为 $2n=2×=26$，来自于 A 组的亚洲棉和草棉是其中的两个栽培种。四倍体棉种（$2n=4×=52$）分布在中南美洲和其邻近岛屿，均是由二倍体棉种的 A 染色体组和 D 染色体组融合形成的异源四倍体，即双二倍体 AADD，陆地棉和海岛棉是其中的两个栽培种（中国农业科学院棉花研究所，2003）。目前，世界上种植的棉花 95% 以上是四倍体的陆地棉（AADD），海岛棉（AADD）和亚洲棉（AA）仅占 5%。由于四倍体基因组同时拥有两套亚基因组，使得对其进行遗传及功能分析等工作非常困难，限制了棉花品种改良的进展。鉴于四倍体棉种是由两个二倍体（A 亚组和 D 亚组）通过杂交后再加倍融合形成的，继 2012 年 D 亚组的雷蒙德氏棉基因组完成测序后（Wang et al.，2012），A 亚组的亚洲棉也于 2014 年完成了基因组测序（Li et al.，2014）。两个供体种测序的完成为四倍体棉花基因组的测序组装及进化功能分析奠定了重要基础。

一、测序、组装与注释

（一）亚洲棉基因组测序材料及群体构建

亚洲棉基因组测序所采用的材料是石系亚 1 号，二倍体基因组 A_2。经过多年自交保存，遗传性状稳定，是公认的亚洲棉遗传标准系。石系亚 1 号除具备一般亚洲棉拥有的特性外，还具有抗枯萎病、耐旱抗寒、不易脱铃烂铃等优点，这为其功能基因组学研究奠定了基础。

亚洲棉测序项目组在开展此基因组测序之前，已连续 18 代对石系亚 1 号进行自交保存，保证了该遗传材料基因组的纯合性。项目组首先对石系亚 1 号高纯系进行了整株黄化，取发育良好的黄化叶片以在保证 DNA 提取的情况下充分去除叶绿体 DNA，再利用 CTAB 法提取 DNA，用于亚洲棉基因组测序。

高密度、高质量的遗传连锁图谱是将基因组测序得到的序列组装成染色体所必须具备的条件之一。它通过结合分子标记在遗传图谱中的排列顺序及其对应的测序片段，将测序得到的大片段排列到其对应的染色体上，从而达到组装完整基因组序列的目的。在亚洲棉基因组测序中，利用石系亚 1 号和安徽阜阳紫色大花作为亲本构建了含有 154 个单株的 F₂ 代遗传分离群体用于连锁图谱的构建。

（二）全基因组鸟枪法测序与组装

全基因组鸟枪法测序（whole genome shotgun sequencing）是目前基因组测序的主要方法，它具有多种优点：无需构建各类复杂的物理图谱和遗传图谱，采用最经济有效的实验设计方案，直接将整个基因组打成不同大小的 DNA 片段构建 Shotgun 文库，对文库进行随机测序，最后运用生物信息学方法将测序片段拼接成全基因组序列。全基因组鸟枪法测序的主要步骤是：第一，建立高度随机、插入片段大小为 180bp～40kb 的基因组文库，克隆数目要达到一定数量，即经过两端测序的克隆片段的碱基总数应达到基因组大小的 10 倍；第二，高效、大规模的克隆双向测序；第三，序列组装，借助 Phred、Phrap、Consed 软件进行序列组装，产生一定数量的 Contig。

亚洲棉也是采用全基因组鸟枪法进行测序的，首先构建了 180bp～40kb 的基因组文库，然后利用高通量测序平台 HiSeq2000 对其进行测序，获得了 371.5Gb 的双末端序列原始序列，过滤后获得了 193.6Gb 的高质量数据并用于亚洲棉基因组的从头组装（Li et al.，2014）。另外，还对 16 727 个 BAC 进行了双末端测序（90%的 BAC 克隆长度都大于50kb），它们也被用于辅助组装以提高组装质量，发现所有的 Scaffold 都能获得双末端数据的支持。在 17 碱基的 K-mer 分析中，亚洲棉基因组的预测大小为 1724Mb，与流式细胞仪所测到的结果相似（Hendrix and Stewart，2005）。基因组的组装大小为 1694Mb，其中 90%的序列都包含在 2724 个 Scaffold 里（最小 148kb、最大 5.9Mb）。组装结果中，Contig 的 N50 为 72kb，Scaffold 的 N50 为 666kb（表 2-8）。

表 2-8　亚洲棉基因组的组装

研究名称	Contig		Scaffold	
	大小/bp	数目	大小/bp	数目
N90	16 462	22 731	148 103	2 724
N80	31 563	16 078	273 645	1 891
N70	44 355	11 935	389 133	1 373
N60	57 513	8 847	516 381	997
N50	71 999	6 417	665 787	708
最长片段	790 155		5 948 726	
全长	1 561 222 151		1 694 263 539	
总数目（≥100bp）		1 623 643	—	1 581 666
总数目（≥2kb）		40 381	—	7 914

为了检测亚洲棉基因组的组装质量，从 NCBI 下载了 20 个通过一代测序 Sanger 方法获得的亚洲棉 BAC 序列，其中 19 个能在亚洲棉的基因组组装序列中找到，相似性高达 98%。另外，55 894 个从 NCBI 下载的亚洲棉 EST 也被用于组装质量的评价，96.37%的 EST 能在亚洲棉的基因组组装序列中找到。因此，亚洲棉基因组的组装质量是相对较高的。

（三）亚洲棉遗传连锁图谱及染色体的构建

遗传连锁图谱的构建采用 RAD（restriction-site associated DNA）技术进行简化基因组测序。与其他技术相比，它可以大幅度降低基因组的复杂度，操作简便，且不受参考基因组限制。RAD 测序可以在较短时间内利用较低的费用获得贯穿整个基因组的高密度分子标记。RAD 测序首先利用内切核酸酶进行酶切反应，然后对获得的 Tag 序列进行高通量测序。通过筛查两侧带有特定内切核酸酶识别位点的 DNA 短片段（RAD 标签）进行遗传变异分析，从而降低基因组测序的复杂度，快速鉴定出成千上万的 SNP 标记。在提取亚洲棉遗传群体的亲本和 154 个单株的 DNA 后，对其用 EcoRI 限制性内切核酸酶（识别位点为 5′-G^AATTC-3′）酶切，然后构建 RAD 文库。20 个单株混成一个文库混合测序，每个单株加上特定的标签以用于识别各个单株。用二代基因组测序平台 HiSeq2000对文库的测序获得了 1600Mb 的 50bp 序列，平均每个单株达到 10Mb，用 SOAP2+SOAPsnp流程鉴定群体的 SNP。获得高质量的 SNP 分子标记后，用 JoinMap4.0 分析 SNP 标记间的连锁关系，首先使用高信息量的共显性 ABH 类型分子标记构建亚洲棉的 13 个连锁群的框架（LOD>7），再将显性的 AC 类型分子标记用于扩展连锁群的长度及连接关系（LOD>3），最终获得了 24 569 个高质量的 SNP 分子标记，它们均匀分布在 13 个高密度连锁群。

根据 SNP 分子标记在遗传图谱的位置及其所在的 Scaffold，把 Scaffold 按顺序排列到染色体上。同时，根据 Scaffold 内部的 SNP 分子标记排列顺序及其相互位置，将 Scaffold 的位置和方向定位下来。在亚洲棉的基因组测序中，1523Mb（90.4%）的组装序列被定位到 13 条染色体上，它包含了 97.1%的预测基因。遗传图谱的 SNP 分子标记顺序与 13 条亚洲棉基因组装序列保持了高度的一致性，不仅如此，亚洲棉的基因组装序列与已发表的四倍体遗传连锁图谱（Rong et al.，2004）也保持了一定的同线性，这些结果都说明亚洲棉的基因组组装是高质量的。

二、A 基因组与 D 基因组比较分析

（一）亚洲棉基因组重复序列与基因的注释

生物的基因组主要是由重复序列和基因构成的。随着生物基因组测序的快速发展，研究发现，重复序列在病毒和原核生物中很少出现，但在真核生物中重复序列则广泛分布。重复序列能够促使核酸形成高级结构，同时基因间的间隔序列决定了编码序列的表达，并控制着染色体的空间构象。

通过结合从头预测、同源预测和转录组比对等方法，对亚洲棉的基因组序列进行

了注释。亚洲棉基因组的重复序列比例高达 68.5%，在已发表的植物中仅次于玉米，而在双子叶植物中，亚洲棉的重复比例是到目前为止最高的。长末端重复序列在亚洲棉的重复序列中占据了极高的比例，达 95.12%。与棉花 D 组的雷蒙德氏棉相比，Gorge 重复序列在亚洲棉中发生了更显著的扩增，而 Copia 重复序列则在雷蒙德氏棉中具有更多的积累，这也与之前的研究吻合（Hawkins et al.，2006）。不过，长末端重复序列在亚洲棉基因组上呈均匀分布，而在大豆和马铃薯的基因组上，长末端重复序列主要聚集在着丝粒附近（Schmutz et al.，2010；Potato Genome Sequencing Consortium，2011）。

亚洲棉基因组的基因注释获得了 41 330 个基因，平均长度为 2533bp，每个基因平均含有 4.6 个外显子（表 2-9）。另外，还注释到 431 个 miRNA、10 464 个 rRNA、2289 个 tRNA 及 7619 个 snRNA（Li et al.，2014）。为了检测基因注释结果的准确性，所有预测基因都与现有数据库进行了比对，85.64%的基因能在 TrEMBL 中找到同源基因，68.71%的基因能在 InterPro 中鉴别，96%的预测基因为转录组数据所支持，这些都说明亚洲棉基因组注释结果是准确可靠的。基因家族分析显示，与雷蒙德氏棉、可可和拟南芥相比，亚洲棉与其有 11 699 个基因家族是共同的，另外 739 个基因家族是亚洲棉所特有的。

表 2-9　棉花及一些已测序物种的基因组信息

研究名称	拟南芥	水稻	杨树	番木瓜	高粱	玉米	可可	雷蒙德氏棉	亚洲棉
基因数目	25 498	39 045	45 555	28 629	27 458	32 540	28 798	40 976	41 330
平均基因长度/bp	2 287	2 853	2 300	2 312	2 873	3 757	3 346	2 485	2 533
平均外显子数目	5.4	4.9	4.3	4.0	4.7	5.3	5.0	4.5	4.6
平均外显子长度/bp	276	318	254	220	268	304	231	244	236
平均内含子长度/bp	164	418	379	479	436	516	326	339	368

（二）亚洲棉与雷蒙德氏棉的全基因组复制

尽管亚洲棉和雷蒙德氏棉都是四倍体棉种的供体种，但二者的基因组却差异极大。亚洲棉基因组大小约为 1.7Gb，而雷蒙德氏棉基因组大小仅为 0.88Gb，二者相差 1 倍。在一些植物中，基因组大小的差异主要是由全基因组复制导致的。在亚洲棉和雷蒙德氏棉的基因组都获得测序后，可以通过进化分析研究其全基因组复制事件及相互差异。首先利用基因的相似性确定基因组内的同线性区域，再分析同线性区域内的同源基因之间的四重简并位点碱基转换与颠换情况，进而分析其基因组复制事件。

利用同线性区域中找到的 1917 对同源基因，分别在同义替代率为 0.17 和 0.54 的位置发现 2 个峰值（图 2-11），这两个峰同时在亚洲棉和雷蒙德氏棉中存在，这说明棉花中发生了一次近期的全基因组复制和一次较远时期的全基因组复制。近期的全基因组复制事件的发生事件估计为 1300~2000 万年（Wang et al.，2012），而远期的估计为 1.15~1.46 亿年（Lynch and Conery，2000），这个远期的全基因组复制与双子叶植物共同发生的古六倍化事件相对应（Tang et al.，2008；Van de Peer et al.，2009）。

通过全基因组比对研究发现，雷蒙德氏棉、亚洲棉都与可可（Argout et al.，2011）保持了极高的共线性。雷蒙德氏棉中有 209 个共线性区块（占基因组的 82%）与可可存

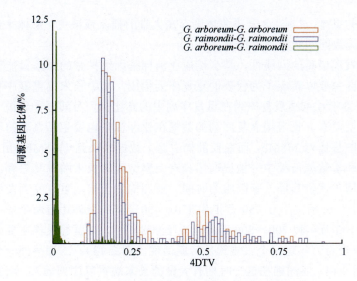

图 2-11　亚洲棉和雷蒙德氏棉的全基因组复制

在共线性,亚洲棉则有 295 个共线性区块(占基因组的 66%)与可可存在共线性(图 2-12)。可可中约 50%的序列可与任意一个棉花基因组的 2 个片段比对上，这进一步说明棉属近期的全基因组复制时间是棉属所特有的，它发生在棉属祖先与可可分化之后。分子进化分析也显示，亚洲棉与雷蒙德氏棉的分化时间在 200～1300 万年，二者的共同祖先与可可的分化时间在 1800～5800 万年。

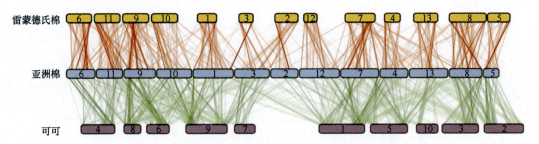

图 2-12　亚洲棉、雷蒙德氏棉和可可之间的共线性关系

（三）亚洲棉基因组扩张的原因

鉴于全基因组复制事件不是造成亚洲棉和雷蒙德氏棉基因组大小差异的原因，但亚洲棉的基因组大小又表现为雷蒙德氏棉基因组的 2 倍，因此，有必要研究亚洲棉基因组扩张的主要原因。根据前人利用分子标记构建遗传连锁图谱的研究，亚洲棉和雷蒙德氏棉之间存在较高的同线性。亚洲棉基因组序列获得后，与雷蒙德氏棉进行全基因组比对成为可能。全基因组分析显示，两个基因组之间存在 68 863 个 ortholog 基因，其中雷蒙德氏棉含有 34 204 个、亚洲棉含有 33 229 个，这些基因分别占亚洲棉基因组的 17.1%和雷蒙德氏棉基因组的 35.0%。利用这些 ortholog 基因研究两个基因组的同线性关系发现，二者间存在 780 个线性区域，占据了亚洲棉的 73%与雷蒙德氏棉的 88%。1 号、4～6 号和 9～13 号染色体在亚洲棉和雷蒙德氏棉间保持了高度的同线性，而 2 号、3 号染色体

中存在大范围的重排，7 号、8 号染色体则存在大量的插入或缺失。总体来说，亚洲棉和雷蒙德氏棉基因组间同线性程度很高。

既然二者表现极高的同线性，那么造成亚洲棉基因组扩张的原因只能存在于基因间区，而基因间区主要以转座子为代表的重复序列构成，其中长末端重复序列占了重复序列的 95.12%。鉴于长末端重复序列在重复序列中的高比例，对其进行了进一步的深入研究。从全基因层面看，长末端重复序列的数量在亚洲棉中也发生了显著的增长，在雷蒙德氏棉中它们的总长为 348Mb，而在亚洲棉中这个数据增长到 1145Mb。用 LTR_STRUC 软件在亚洲棉和雷蒙德氏棉中分别提取了具有完整结构的长末端重复序列，而它们的两个末端序列被用于评价其插入基因组的时间。亚洲棉的长末端重复序列发现了两次大规模的反转座活性，分别位于 0～50 万年和 350～450 万年，另外还有两个较小的反转座活性，分别位于 100 万年和 700～800 万年。与亚洲棉相比，雷蒙德氏棉主要缺乏 0～50 万年和 350～450 个百万年这两个大规模反转座活性（图 2-13）。二者另外一个主要差别表现在最近 50 万年内，亚洲棉在这一时期有大量的长末端重复序列插入，而雷蒙德氏棉则仅有少量插入。即便从局部的同线性区域来看，亚洲棉 7 号染色体上的一个同线性区段长 3.5Mb，而对应在雷蒙德氏棉的区段仅长 1.5Mb。这个同线性区段在亚洲棉中找到了 4098 个转座子，而在雷蒙德氏棉中仅找到 1542 个。这些转座子中，在亚洲棉中 58% 的为 Gorge 转座子，而雷蒙德氏棉中 Gorge 转座子的比例仅为 21%。因此，转座元件的插入是导致亚洲棉基因组扩张的主要原因，这与之前的研究结果也吻合（Swigoňová et al., 2004）。Gorge 转座子在其中发挥了较大的作用，转座元件的插入也极有可能导致了两个物种的分化。

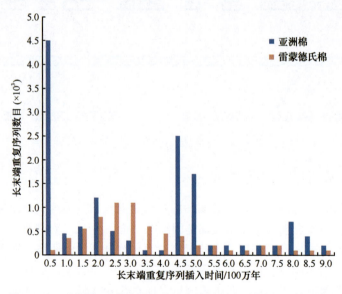

图 2-13　亚洲棉和雷蒙德氏棉中长末端重复序列的插入时间分析

三、重要农艺性状相关功能基因分析

抗性相关的 NBS 基因在雷蒙德氏棉中富集：棉花黄萎病是危害棉花生产的主要病害

之一，被称为"棉花癌症"，是棉花生长发育过程中发生最普遍、损失严重的重要病害，为害的病原为大丽轮枝菌。夏季多雨水，而温度略低时，有利于发病。棉田连作时间越长，发生越重。棉田积水、排水不良、地下水位高、田间湿度大，有利于发病。现有的棉种中，雷蒙德氏棉、海岛棉等抗黄萎病能力较强，陆地棉次之，亚洲棉则偏向感病。发掘黄萎病抗性相关基因对棉花抗病相关的功能基因组学及抗病育种具有重要意义。NBS 基因（disease resistance gene）是公认的植物抗病基因，它是植物在长期进化过程中所形成的抵御病原菌及外界不良环境条件的机制，主要依靠植物对病原菌产生的过敏性反应抵御病原菌的入侵。棉花基因组测序的完成为在全基因组水平上分析 NBS 抗病基因奠定了基础。

鉴于可可是目前为止所知道的与棉花进化距离最近的物种，且可可对黄萎病是感病的。因此，对亚洲棉、雷蒙德氏棉和可可进行 NBS 基因的鉴定，并比较三者的差异及 NBS 基因与其抗病性的相关性，这对于研究抗病机制具有重要意义。利用 HMMER 3.0 软件，从亚洲棉、雷蒙德氏棉和可可中分别鉴定到 280 个、391 个和 302 个 NBS 基因（图2-14）。

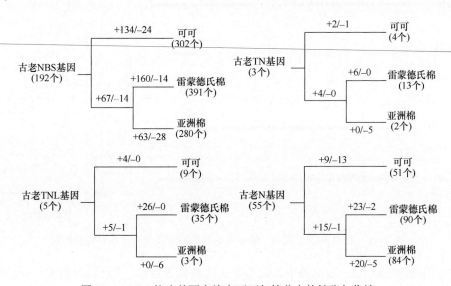

图 2-14　NBS 抗病基因家族在可可与棉花中的扩张与收缩

进化分析显示，可可和棉花之间存在 192 个古老的 NBS 基因，而从数量上看，可可含有的 NBS 基因数目远低于雷蒙德氏棉，这可能是其感病的原因之一。亚洲棉和雷蒙德氏棉之间 NBS 基因最大的差异在于 TN 亚家族和 TNL 亚家族，而 N 亚家族基本上没有发生变化。在雷蒙德氏棉中，串联重复在 NBS 基因家族的扩张中发挥了重要作用，而亚洲棉在它与雷蒙德氏棉分开约 500 万年中，一些基因组片段的丢失可能导致了 NBS 基因家族的收缩。NBS 基因的定量分析也显示 TNL 亚家族和 TN 亚家族在雷蒙德氏棉中存在显著的基因扩张。很多 NBS 基因在亚洲棉受侵染后未见表达，雷蒙德氏棉中却含有所有病菌早期响应基因，这也意味着 NBS 基因家族在亚洲棉和雷蒙德氏棉中的扩张及收缩可能与黄萎病的抗性有关。

乙烯在纤维细胞发育中的功能分析：介导乙烯合成的类甲硫胺酸氨基环丙烷羧酸氧

化酶基因（*ACO*）是乙烯生物合成的限速步骤基因。雷蒙德氏棉的花后 3 天胚珠中，*ACO1* 基因相对于亚洲棉的 3 天胚珠上调表达超过 1000 倍，*ACO3* 基因则上调表达 500 倍以上。这两个基因的编码区在亚洲棉和雷蒙德氏棉之间相似性高达 98% 和 99%，但在亚洲棉的 *ACO1* 基因启动子区缺失了一段 130bp 的片段，这导致其中的 MYB 转录因子结合位点丢失。多项研究表明，MYB 转录因子在棉花纤维发育和次生壁合成中具有极其重要的调节作用（Zhong et al.，2008；Machado et al.，2009）。尽管亚洲棉和雷蒙德氏棉的 *ACO3* 基因在 ATG 上游 150bp 左右的 MYB 转录因子结合位点保持一致，但雷蒙德氏棉在 ATG 上游 750bp 处却多了 2 个另外的 MYB 转录因子结合位点。这导致了 *ACO* 基因在雷蒙德氏棉中大量表达，从而产生巨量的乙烯（图 2-15）。异源四倍体陆地棉中乙烯合成关键基因表达最高峰值虽然也达到亚洲棉中的近百倍，但峰值出现时间显著晚于雷蒙德氏棉。这一发现表明，乙烯在棉花纤维发育过程中可能扮演着"双刃剑"的角色，雷蒙德氏棉可能由于乙烯基因表达过早、过强而导致发育早期纤维细胞迅速衰老死亡。

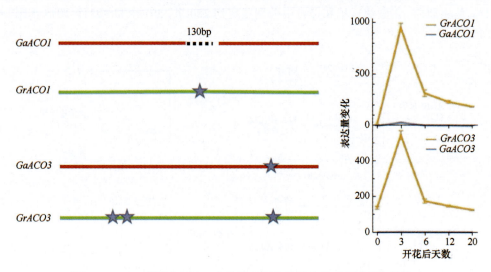

图 2-15　*ACO* 基因在两个二倍体棉花间的差异及其对纤维发育的影响

与雷蒙德氏棉相比，陆地棉中乙烯基因表达被显著延迟，表达高峰值被下调 10 倍左右，显然有利于纤维细胞发育并充分伸长。亚洲棉基因组中乙烯合成基因启动子区缺失 MYB 结合位点，在整个纤维发育时期乙烯合成基因表达强度小，没有出现显著的高峰期，有可能导致纤维细胞不能充分伸长。尽管如此，*ACO* 基因及其表达在纤维细胞生长中的作用仍需进一步的功能基因组学研究。

四、A 基因组资源应用前景

为了充分发掘控制石系亚 1 号优良性状的基因，并对石系亚 1 号进行功能基因组学研究，建立了石系亚 1 号全生育期的均一化全长 cDNA 文库（王玉荣等，2009）。为尽量包含石系亚 1 号不同时空表达的基因，根据形态及发育状况对石系亚 1 号不同发育时期的各种组织器官进行了多次取样，确保了样品的完整性（子叶期整株取样两次，1～7 片真叶的整株各一株，苗期、蕾期、花铃期的叶片和花，现蕾 5 天、10 天、15 天、20 天、25 天的蕾，现花 3 天、5 天、10 天、15 天、20 天的铃，共 6 部分材料）。采用改良的 CTAB 法成功地提取了上述材料的总 RNA，通过 SMART 法反转录获得全长双链 cDNA，保证了 cDNA 的完整性。为了尽可能多的得到石系亚 1 号全生育期表达的各种基因，把石系亚 1 号不同时空表达的所有基因尽可能的包含在文库中，同时能够把高表达的持家基因的丰度降低，将来自 6 部分材料的 cDNA 混合到一起，利用 DSN 法对其进行了均一化。均一化之后，将双链 cDNA 末端削平，加上含有 EcoRI 酶切位点的衔接子，使用 EcoRI 酶切之后，回收大小在 500～4000bp 的 cDNA 片段。将回收的片段连接到 λZAP II 载体，用 Gigapack III XL 包装蛋白对连接产物进行包装，即构建了石系亚 1 号全生育期的均一化全长 cDNA 文库。经过检测，初级文库的滴度达到 2×10^6 pfu/ml，重组率为 90%，插入片段平均长度大于 1kb，初级文库的质量符合要求。对初级文库进行了扩增，扩增文库的滴度达到了 5×10^9 pfu/ml。均一化全长 cDNA 文库为石系亚 1 号的功能基因组研究提供了一个良好的工作平台，为研究石系亚 1 号发育相关的基因提供了基础，增加了发掘各种稀有基因的可能性，同时可以用于 EST 计划，为进一步测序以建立棉花的 EST 数据库奠定了基础。

对石系亚 1 号全生育期均一化全长 cDNA 文库进行了 5'端大规模 EST 测序。获得 21 594 条 EST 序列，经编辑后，共获得高质量序列 17 545 条（包括 8596 条非重复序列），非重复序列由 3042 条重叠群和 5554 条独立的 EST 组成。含有 2 个 EST 的重叠群数量占非重复序列的 50.62%，表明通过均一化处理所构建的 cDNA 文库效果较好，筛选出低丰度表达基因的机会大。

干旱是影响植物优良遗传特性充分表达的主要逆境因子之一，大部分中国棉花种植区域水资源紧缺，建立稳定有效的耐旱评价及鉴定标准，开展棉花耐旱性研究，选育和培育耐旱品种对棉花生产具有重要意义。亚洲棉石系亚 1 号在耐旱试验中被鉴定为达到抗旱水平。生物信息学分析结果表明，石系亚 1 号全生育期均一化全长 cDNA 文库含有大量棉花耐旱相关基因，找到 10 条与 WRKY 特异表达有关的 EST，得到 4 条 WRKY 片段。对其中编号为 Ga73993050 的 WRKY 片段进行分子功能预测及分析：共编码 250 个氨基酸，与 WRKY 超家族有很高的同源性，编码的蛋白质具有疏水性，亚细胞定位在叶绿体上。

除全生育期均一化全长 cDNA 文库外，还通过抑制消减杂交技术构建了高质量的石系亚 1 号耐旱相关 cDNA 文库（张玲等，2010）。通过对随机挑选的、经过菌落 PCR 初步验证的 960 个有效克隆做反向 Northern 印迹，最终筛选出阳性克隆 392 个。通过 EST 测序得到 265 个单一序列（Unigene），其中 41 个为重叠群（Contig）、224 个为单拷贝（singlet）。生物信息学分析结果表明，该抑制差减 cDNA 文库中含有大量与耐旱相关的基因，且获得的耐旱相关基因可以分为两大类：一类是功能蛋白质类，如光合作用相关酶类、热激蛋白、铁蛋白、糖代谢相关蛋白质、蛋白酶类等，它们在细胞内可直接发挥保护功能；另一类是调控蛋白质类，如转录因子、蛋白激酶等，在各种胁迫反应信号转导或基因表达中起调节作用，并间接起保护作用。这些棉花耐旱相关基因的发现，为研究棉花耐旱机制及抗逆分子育种奠定了工作基础。

另外，对单条染色体的分离建库也取得了一定的进展。棉花细胞不仅染色体较小、相互之间的差异小，而且棉花细胞含有多糖、酚、丹宁等物质，所以棉花染色体制片相比较是困难的，直接导致了棉花的分子细胞遗传学研究相对滞后。彭仁海等（2012）采用酶解前的前低渗、酶解、酶解后的后低渗和盖片轻压相结合的方法获得适于激光切割仪切割的高质量亚洲棉石系亚 1 号中期染色体的膜制片，并分离单条染色体，完善了棉花单染色体分离技术体系。构建了亚洲棉石系亚 1 号的 7 号染色体文库，文库包含 38 000 个克隆重组子，插入片段总长度为 1 501 000bp，平均长度为 550bp。该文库的基因组覆盖度为 1.9 倍，空载率为 1%，滴度为 1.3×10^6pfu/ml，单一和低拷贝达到 59% 以上。该文库的建立为亚洲棉 7 号染色体重要基因克隆和定位、分子标记的筛选、遗传图谱的饱和奠定了坚实的基础。同时，根据棉种间的单染色体涂色的研究，发现亚洲棉和草棉之间的同源程度高，两者几乎完全相似；在与 5 个四倍体棉种进行单染色体涂色的研究表明，亚洲棉与毛棉的同源性最差，与黄褐棉、达尔文氏棉的同源性较低，而与陆地棉、海岛棉的同源性较高，说明棉花四倍体之间进化程度或速率可能也存在着差异。

亚洲棉与雷蒙德氏棉基因组测序的完成对于提升我国棉花科研水平，促进棉花功能基因组学方面的研究及高产优质高抗棉花新品种的分子育种具有重要意义，也为阐明棉花的起源、进化，揭示四倍体棉种及其他多倍体物种形成过程奠定了坚实的基础。

（1）核心种质库基因组学研究。对亚洲棉核心种质材料进行重测序，构建高密度、高精度的多态性图谱，为开展功能基因研究奠定基础。

（2）重要农艺性状功能基因研究。在核心种质库重测序的基础上，根据各材料的重要农艺性状差异，通过关联分析等手段鉴定功能基因。鉴于亚洲棉是纤维伸长的棉花材料，而雷蒙德氏棉则几乎不产生纤维，二者的转录组学研究也能提供纤维发育相关的重要候选基因。

（3）分子改良研究。在核心种质及功能基因研究的基础上，设计高效芯片，对育种群体进行筛选，再结合田间性状进行综合选择，缩短育种时间，提高棉花优良品种培育的速率。

参 考 文 献

陈勇，柳亦松，曾建国. 2014. 植物基因组测序的研究进展. 生命科学研究, 18: 66-74.

王玉荣，张雪妍，刘传亮，等. 2009. 亚洲棉(*Gossypium arboreum* L.)全生育期均一化全长 cDNA 文库的构建和鉴定. 中国农业科学, 42: 1158-1164.

张玲，李付广，刘传亮，等. 2010. 亚洲棉石系亚 1 号耐旱相关基因 SSH 文库的构建及其分析. 棉花学报, 22: 110-114.

朱玉贤，李毅，郑晓峰，等. 2013. 现代分子生物学. 第 4 版. 北京: 高等教育出版社.

Argout X, Salse J, Aury J M, et al. 2011. The genome of *Theobroma cacao*. Nat Genet, 43: 101-108.

Beasley J O. 1940. The origin of American tetraploid *Gossypium* species. Am Nat, 74: 285-286.

Beasley J O. 1941. Hybridization, cytology, and polyploidy of Gossypium. Chronica Botanica, 6: 394-395.

Blanc G, Wolfe K H. 2004. Widespread paleopolyploidy in model plant species inferred from age distributions of duplicate genes. Plant Cell, 16: 1667-1678.

Blattner F R, Plunkett G III, Bloch C A, et al. 1997. The complete genome sequence of Escherichia coli K-12. Science, 277: 1453-1462.

Brenchley R, Spannagl M, Pfeifer M, et al. 2012. Analysis of the bread wheat genome using whole-genome shotgun sequencing. Nature, 491: 705-710.

Chan A P, Crabtree J, Zhao Q, et al. 2010. Draft genome sequence of the oilseed species *Ricinus communis*. Nat Biotechnol, 28: 951-956.

Chen Z J, Scheffler B E, Dennis E, et al. 2007. Toward sequencing cotton(*Gossypium*)genomes. Plant Physiol, 145: 1303-1310.

Desai A, Chee P W, Rong J, et al. 2006. Chromosome structural changes in diploid and tetraploid A genomes of *Gossypium*. Genome, 49: 336-345.

Fawcett J A, Maere S, Van de Peer Y. 2009. Plants with double genomes might have had a better chance to survive the Cretaceous-Tertiary extinction event. P Natl Acad Sci USA, 106: 5737-5742.

French-Italian Public Consortium for Grapevine Genome Characterization. 2007. The grapevine genome sequence suggests ancestral hexaploidization in major angiosperm phyla. Nature, 449: 463-467.

Gennadios H A, Gonzalez V, Di Costanzo L, et al. 2009. Crystal structure of(+)-δ-cadinene synthase from *Gossypium arboreum* and evolutionary divergence of metal binding motifs for catalysis. Biochemistry, 48: 6175-6183.

Goffeau A, Barrell B G, Bussey H, et al. 1996. Life with 6000 genes. Science, 274: 563-567.

Guo S, Zhang J, Sun H, et al. 2013. The draft genome of watermelon(*Citrullus lanatus*)and resequencing of 20 diverse accessions. Nat Genet, 45: 51-58.

Hawkins J S, Kim H, Nason J D, et al. 2006. Differential lineage-specific amplification of transposable elements is responsible for genome size variation in *Gossypium*. Genome Res, 16: 1252-1261.

Hendrix B, Stewart J M. 2005. Estimation of the nuclear DNA content of *Gossypium* species. Ann Bot-London, 95: 789-797.

Hu T T, Pattyn P, Bakker E G, et al. 2011. The *Arabidopsis lyrata* genome sequence and the basis of rapid genome size change. Syst Bot, 43: 476-481.

International Chicken Genome Sequencing Consortium. 2004. Sequence and comparative analysis of the chicken genome provide unique perspectives on vertebrate evolution. Nature, 432: 695-716.

International Rice Genome Sequencing Project. 2005. The map-based sequence of the rice genome. Nature, 436: 793-800.

Jaillon O, Aury J M, Noel B, et al. 2007. The grapevine genome sequence suggests ancestral hexaploidization in major angiosperm phyla. Nature, 449: 463-467.

Jiao Y, Wickett N J, Ayyampalayam S, et al. 2011. Ancestral polyploidy in seed plants and angiosperms. Nature, 473: 97-100.

Jin X, Li Q, Xiao G H, et al. 2013. Using genome-referenced expressed sequence tag assembly to analyze the origin and expression patterns of *Gossypium hirsutum* transcripts. J Integr Plant Biol, 55: 576-585.

Kofler R, Schlotterer C, Lelley T. 2007. SciRoKo: a new tool for whole genome microsatellite search and investigation. Bioinformatics, 23: 1683-1685.

Larkin J C, Oppenheimer D G, Lloyd A M, et al. 1994. Roles of the GLABROUS1 and TRANSPARENT TESTA GLABRA genes in *Arabidopsis trichome* development. Plant Cell, 6: 1065-1076.

Li F G, Fang G Y, Wang K B, et al. 2014. Genome sequence of the cultivated cotton *Gossypium arboreum*. Nat Genet, 46: 567-572

Li L, Stoeckert C J, Roos D S. 2003. OrthoMCL: identification of ortholog groups for eukaryotic genomes. Genome Res, 13: 2178-2189.

Lin L, Pierce GJ, Bowers J E, et al. 2010. A draft physical map of a D-genome cotton species(*Gossypium raimondii*). BMC Genomics, 11: 395.

Ling H Q, Zhao S, Liu D, et al. 2013. Draft genome of the wheat A-genome progenitor *Triticum urartu*. Nature, 496: 87-90.

Lynch M, Conery J S. 2000. The evolutionary fate and consequences of duplicate genes. Science, 290: 1151-1155.

Machado A, Wu Y, Yang Y, et al. 2009. The MYB transcription factor GhMYB25 regulates early fibre and trichome development. Plant J, 59: 52-62.

Margulies M, Egholm M, Altman W E, et al. 2005. Genome sequencing in microfabricated high-density picolitre reactors. Nature, 437: 376-380.

Ming R, Hou S, Feng Y, et al. 2008. The draft genome of the transgenic tropical fruit tree papaya(*Carica papaya* Linnaeus). Nature, 452: 991-996.

Paterson A H, Bowers J E, Bruggmann R, et al. 2009. The *Sorghum bicolor* genome and the diversification of grasses. Nature, 457: 551-556.

Potato Genome Sequencing Consortium. 2011. Genome sequence and analysis of the tuber crop potato. Nature, 475: 189-195.

Qin Y M, Hu C Y, Pang Y, et al. 2007. Saturated very-long-chain fatty acids promote cotton fiber and *Arabidopsis* cell elongation by activating ethylene biosynthesis. Plant Cell, 19: 3692-3704.

Qin Y M, Zhu Y X. 2011. How cotton fibers elongate: a tale of linear cell-growth mode. Curr Opin Plant Biol, 14: 106-111.

Rong J, Abbey C, Bowers J E, et al. 2004. A 3347-locus genetic recombination map of sequence-tagged sites reveals features of genome organization, transmission and evolution of cotton(*Gossypium*). Genetics, 166: 389-417.

Ruan Y L, Llewellyn D J, Furbank R T. 2003. Suppression of sucrose synthase gene expression represses cotton fiber cell initiation, elongation, and seed development. Plant Cell, 15: 952-964.

Schmutz J, Cannon S B, Schlueter J, et al. 2010. Genome sequence of the palaeopolyploid soybean. Nature, 463: 178-183.

Schnable P S, Ware D, Fulton R S, et al. 2009. The B73 maize genome: complexity, diversity, and dynamics. Science, 326: 1112-1115.

Seelanan T, Schnabel A, Wendel J F. 1997. Congruence and consensus in the cotton tribe. Syst Bot, 22: 259-290.

Senchina D S, Alvarez I, Cronn R C, et al. 2003. Rate variation among nuclear genes and the age of polyploidy in *Gossypium*. Mol Biol Evol, 20: 633-643.

Shang H H, Li W, Zou C S, et al. 2013. Analyses of the NAC transcription factor gene family in *Gossypium raimondii* Ulbr. : chromosomal location, structure, phylogeny, and expression patterns. J Integr Plant Biol, 55: 663-676.

Shi Y H, Zhu S W, Mao X Z, et al. 2006. Transcriptome profi Lynch, molecular biological, and physiological studies reveal a major role for ethylene in cotton fiber cell elongation. Plant Cell, 18: 651-664.

Song L, Hobaugh M R, Shustak C, et al. 1996. Structure of staphylococcal alpha-hemolysin, a heptameric transmembrane pore. Science, 274: 1859-1866.

Sunilkumar G, Campbell L A M, Puckhaber L, et al. 2006. Engineering cottonseed for use in human nutrition by tissue-specific reduction of toxic gossypol. P Natl Acad Sci USA, 103: 18054-18059.

Swigoňová Z, Lai J, Ma J, et al. 2004. Close split of sorghum and maize genome progenitors. Genome Res, 14: 1916-1923.

Tang H, Wang X, Bowers J E, et al. 2008. Unraveling ancient hexaploidy through multiple-aligned angiosperm gene maps. Genome Res, 18: 1944-1954.

Tang S, Wang J, Zhang V W, et al. 2013. Transition to next generation analysis of the whole mitochondrial genome: a summary of molecular defects. Hum Mutat, 34: 882-893.

The *Arabidopsis* Genome Initiative. 2000. Analysis of the genome sequence of the flowering plant *Arabidopsis thaliana*. Nature, 408: 796-815.

Tuskan G A, Difazio S, Jansson S, et al. 2006. The genome of black cottonwood, *Populus trichocarpa*(Torr. & Gray). Science, 313: 1596-1604.

Van de Peer Y, Fawcett J A, Proost S, et al. 2009. The flowering world: a tale of duplications. Trends Plant Sci, 14: 680-688.

Velaso R, Zharkikh A, Affourtit J, et al. 2010. The genome of the domesticated apple(Malus × domestica

Borkh). Nat Genet, 42: 833-839.

Walford S A, Wu Y, Llewellyn D J, et al. 2011. GhMYB25-like: a key factor in early cotton fibre development. Plant J, 65: 785-797.

Wang X, Tang H, Paterson A H. 2011. Seventy million years of concerted evolution of a homoeologous chromosome pair, in parallel in major Poaceae lineages. Plant Cell, 23: 27-37.

Wang K B, Wang Z W, Li F G, et al. 2012. The draft genome of a diploid cotton *Gossypium raimondii*. Nat Genet, 44: 1098-1103.

Wang K, Guan B, Guo W, et al. 2008. Completely distinguishing individual A-genome chromosomes and their karyotyping analysis by multiple bacterial artificial chromosome–fluorescence *in situ* hybridization. Genetics, 178: 1117-1122.

Wang K, Yang Z, Shu C, et al. 2009. Higher axial-resolution and sensitivity pachytene fluorescence *in situ* hybridization protocol in tetraploid cotton, Chromosome Res, 17: 1041-1050.

Wang X, Wang H, Wang J, et al. 2011. The genome of the mesopolyploid crop species *Brassica rapa*. Nat Genet, 43: 1035-1039.

Wendel J F, Albert V A. 1992. Phylogenetics of the cotton genus(*Gossypium* L.): Character-state weighted parsimony analysis of chloroplast DNA restriction site data and its systematic and biogeographic implications. Syst Bot, 17: 115-143.

Xia Q, Zhou Z, Lu C, et al. 2004. A draft sequence for the genome of the domesticated silkworm(Bombyx mori). Science, 306: 1937-1940.

Yu J Z. 2004. A standard panel of *Gossypium* genotypes established for systematic characterization of cotton microsatellite markers. Plant Breeding, 148: 1. 07.

Yu J, Hu S, Wang J, et al. 2002. A draft sequence of the rice genome(*Oryza sativa* L. ssp. indica). Science, 296: 79-92.

Yu J, Wang J, Lin W, et al. 2005. The genomes of *Oryza sativa*: a history of duplications. PLoS Biol, 3: e38.

Zhang G, Liu X, Quan Z, et al. 2012. Genome sequence of foxtail millet(*Setaria italica*)provides insights into grass evolution and biofuel potential. Nat Biotechnol, 30: 549-554.

Zhong R, Lee C, Zhou J, et al. 2008. A battery of transcription factors involved in the regulation of secondary cell wall biosynthesis in *Arabidopsis*. Plant Cell, 20: 2763-2782.

Zhu Y X, Li F G. 2013. The *Gossypium raimondii* genome, a huge leap forward in cotton genomics. J Integr Plant Biol, 55: 570-571.

Zou C S, Lu C R, Shang H H, et al. 2013. Genome-wide analysis of the Sus gene family in cotton. J Integr Plant Biol, 55: 643-653.

第三章　棉花纤维转录组学研究

21世纪被誉为生命科学的世纪，作为生命科学研究热点，基因组学是一门系统的研究某物种全部基因及其产物所构成的生理结构和生命活动的学科。1986年美国著名人类遗传学家和内科教授Thomas Roderick创立了基因组学（genomics）的概念并被广泛接受，其是指对所有基因进行基因组作图、核苷酸序列分析、基因定位和基因功能分析的一门学科。如今，基因组学已成为生命科学领域最活跃、最有影响的重大的前沿学科之一。自2000年6月人类基因组框架草图绘制完成，2001年2月人类基因组精细图谱完成，标志着基因组学研究已经由狭义的基因组（结构基因组）时代跨入到后基因组（功能基因组）时代。

后基因组时代基因组学的成果渗透入医学、农业、环境、能源等各生物学相关的科学领域，因科学研究聚焦点不同，产生了各种"组学"（omics），并成为发现和解释具有普遍意义的新兴基础学科，基因组学因其高信息含量、复杂性和规模化，导致多学科和技术的引进及介入，除包括生命科学直接相关的学科之外，还融入了数学、物理学、化学、电子工程学、天文学、计算机科学，将不断造就新技术和新领域，不断促进新的科学和技术革命。

基因组学研究包括两个方面的内容：以全基因组测序为最终目的结构基因组学（structural genomics）和以基因功能鉴定为目标的功能基因组学（functional genomics）。狭义上的功能基因组学是指利用DNA微阵列，在转录水平上研究基因组在不同生理条件或环境因素下的变化，即转录组学。广义的功能基因组学则包括一切以基因转录水平为基础的，对基因组进行的深入生物学研究，包括转录组研究、表达谱比较和数据分析、功能基因的鉴定等一系列完整的研究过程。

棉花纤维实质上是种子毛（seed hair，seed trichome），是指由位于子房内的胚珠外被上的表皮细胞发育分化而成的一种单细胞结构。从形态上讲，棉花纤维细胞的发育过程是细胞超常伸长和细胞壁超常加厚的过程。陆地棉典型长度为2.2～3.3cm，而海岛棉可以达6cm；陆地棉细胞壁直径为11～22μm，长宽比为1000～3000。棉花纤维细胞的形成一般可以分为4个相互有重叠的时期：纤维起始，细胞伸长、次生壁沉积和成熟期，其确切的发育转化和持续时间因基因型和环境不同而略有差异（Zhu，2014）。

棉花纤维包括长绒（lint）和短绒（fuzz），长绒是有经济价值的部分，短绒很难从种子上剥下。棉花纤维突变体是相对于野生型在纤维（包括短绒）形状上发生变异的个体，棉花中存在着为数不多的纤维发育突变体。尽管与正常棉花品种相比，纤维发育突变体通常表现出铃重偏轻，以及衣分、最终皮棉低产的特性，但它们是研究纤维分化和发育的理想材料；有些突变体具有潜在的育种应用价值，如无短绒光子；突变体在种子加工和杂种优势利用方面也具有重要的应用价值。因此对纤维突变体进行胚珠的形态及农艺性状的观察，了解纤维突变体纤维分化和发育的特点，将有助于探讨纤维早期分化和发育的形态特点，为进而从事遗传改良和育种应用提供依据。

棉花纤维的主要突变体都不是诱变产生的，而是在多年的棉花育种过程中自然生成的。最早发现的突变体是无短绒和相当少的长绒的光子（*Naked seeds N1*），其中 *T-586* 是一个光子、多性状突变体，它有纤维，无短绒。Ligon-lintless（*Li1*、*Li2*）突变体的纤维细胞长度缩短为 4mm。稀绒 H_{10} 纤维稀少且无短绒。还有既无长绒也无短绒的突变体，包括 *L40*、*Mcu5*、*fl* 及 *fls*。Pilose 突变体（*H2*）产生短的粗纤维，叶子上密布表皮毛，而且叶子表皮毛的密度与影响纤维细度的 QTL 存在遗传连锁。不成熟纤维突变体（*im*）不能产生成熟的次生壁。这些天然突变体为研究纤维发育提供了有用的资源。

纤维起始期（表皮细胞的突起）：纤维发育的起始期较短，发生在花药开裂的前 1 天或后 2 天（−1～1～2DPA，day post anthesis），然后迅速进入伸长期。该时期的特征是胚珠表皮细胞的增大和突起。尽管所有的表皮细胞都具有成纤维能力，实际上最终只有大约 30% 的细胞分化成为成熟纤维（长绒）。同一子房内纤维的起始和细胞的伸长是相当同步的，纤维的发育不依赖于胚珠在子房的位置，即每个子房中 25～30 个胚珠上的所有纤维细胞同步发育。短绒起始发育稍晚，且很少伸长超过 15mm。每个胚珠上有 13 000～21 000 个纤维细胞，因此每个子房中有大约 50 万个同类型细胞在同步伸长。

纤维细胞伸长期（初生细胞壁合成期）：纤维细胞从花药开裂开始进行快速的伸长，一直持续到 25 天左右（0～25DPA），其间最快伸长速率可达每天 2mm。主要进行初生细胞壁的合成，初生细胞壁是典型的双子叶薄壁，厚 0.1～0.2μm，由纤维素（30%）、半纤维素、中性酸、多糖、蜡质、果胶和蛋白质组成。伸长的纤维细胞中有中心液泡生成并占据了细胞的大部分体积。细胞壁合成是纤维细胞的主要功能。细胞壁成分通过功能相关的内质网、高尔基体和质膜等膜系统进行合成与转运。新合成的细胞壁多肽先释放到内质网腔中，结构蛋白的糖基化、半纤维素和果胶的聚合发生在高尔基体中，再通过运输小泡释放到质膜外。

次生细胞壁合成期（细胞壁增厚期）：在伸长期结束之前（20DPA），纤维细胞开始次生细胞壁的合成，直到花药开裂后的 45 天左右（20～45DPA），最后形成几乎由纯纤维素组成的细胞壁，厚度可达 8～10μm，产生完整的棉花纤维。成熟的棉花纤维含近 90% 的纤维素，纤维素微纤丝沿纤维的生长方向螺旋排列，伴随着沉积角度的周期性变化。纤维素微纤丝方向变化之处，引起成熟纤维的扭曲。

纤维成熟期：该时期（45～50DPA）主要进行矿质营养的积累，细胞中水分迅速丢失。成熟期纤维细胞包被于厚的次生细胞壁中，使蛋白质和核酸回收率低，所以研究较少。研究者推测纤维的分化类似于木质部导管分子分化，以程序性细胞死亡完成成熟。但目前并没有文献报道发现核崩解、液泡破裂或其他任何程序性细胞死亡的分子和生化标记。成熟的纤维含纤维素，水，少量的蛋白质、胶质、半纤维素、矿物质和蜡质，以及更小量的有机酸、糖和色素。

第一节　转录组学研究技术

一、功能基因组学核心技术

功能基因组学的核心技术在于 DNA 微阵列的构建、表达谱实验的设计和执行，以及表达谱数据的生物信息学分析。

　　表达基因组微阵列又称为"微阵列表达分析"（microarray expression analysis）。在此类微阵列上固定的 DNA 探针是来自已知的 mRNA 反转录的 cDNA，而与之杂交的是来自正常和变异组织的 cDNA。如果一个基因在某种疾病状态下过量表达，那么该基因就会显示在疾病组织中表达过高而呈红色（通常正常组织用绿色荧光标记）。如果鉴定了某类疾病中的许多标记基因，那么就可以根据微阵列的表达谱来确定某个样品是否来自发生了病变的组织，进而开展治疗。研究人员还利用表达基因组微阵列来研究与细胞周期或生长发育有关的转录组变化。通常情况下可以设置一个"零时间点"作为对照，设计一系列时间点，将样品与之杂交，从而获得与生物发育相关的完整的基因表达谱（图 3-1）。

图 3-1　12 000 个陆地棉 cDNA 微阵列的杂交单通道图片

A. 开花后 3 天的纤维细胞基因表达谱，此时表达上调基因数量较少；B. 开花后 10 天的纤维细胞基因表达谱，此时表达上调基因数量显著增加

　　比较基因组杂交微阵列基于芯片的比较基因组杂交（microarray-based comparative genomic hybridization，CGH）阵列-比较基因组杂交技术，能在全基因组水平或高分辨率基础上检测染色体拷贝数的变化。CGH 是在荧光原位杂交基础上加以改进而形成的一项分析细胞遗传学技术，它不需要对待测细胞进行培养，也不必制备特异区域探针，一次实验即可检测全部待测基因组 DNA 拷贝数改变。该技术有机结合了芯片技术和 CGH 技

术优势，保留了 CGH 技术样本要求低、全基因组快速扫描等优点的同时，解决了敏感性差、操作复杂等技术问题。CGH 技术通常被用于检测与癌症有关的体细胞基因片段重组、确定癌症患者的拷贝数，研究遗传疾病和进化比较。

二、基因芯片数据分析技术及相关资源

基因芯片数据分析包括两部分：数据可靠性分析和生物学重要性分析。用基因芯片进行杂交分析，每次实验结果都会有些变化，因为包括靶 DNA 浓度、探针浓度、杂交双方的序列组成、盐浓度及温度等许多因素影响了杂合双链的形成和稳定性。因此，需要进行重复实验以确保数据的准确。传统条件下，为了保证基因芯片数据的可靠性，芯片中还需要加上多个看家基因（house-keeping gene）作为内对照。看家基因，如呼吸作用的酶类和细胞骨架蛋白等基因，是维持细胞正常生长发育的必需基因，其表达水平在细胞内基本不变。数据处理时，认为看家基因的反应信号在两种组织中不变，依此确定其他基因表达信号的相对值。主要的方法是通过两次平行杂交反应，将每个基因在两个反应中的表达水平做成对应散点图，只要绝大多数基因的杂交结果都在 45°斜线附近，就说明实验结果是可靠的（图 3-2）。统计学家们开发了多种分析工具用于数据可靠性分析，目前应用最广泛的是 MAANOVA。该方法考虑了微阵列实验中的多种误差因素，对微阵列整体数据和单个基因的表达数据都可以进行分析。

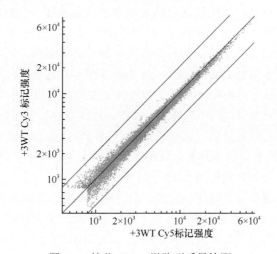

图 3-2　棉花 cDNA 微阵列质量检测

开花后 3 天的棉花 cDNA 样品分别用 Cy5 和 Cy3 标记后进行自我杂交，比较所检测到的两套杂交数据发现，绝大部分都集中在斜率 1 附近，表明芯片上基因表达变化的数据可能是可靠的生物学变化

生物学重要性分析是指在获得的差异表达基因中，再进一步获取具有生物学重要意义的基因。例如，通过芯片杂交数据分析植物根部特异表达的基因，可能涉及 400 个基因，如果要将这些基因的来龙去脉都搞清楚，可能要追溯超过 4000 篇以上的文献（假设 1 个基因需要查阅 10 篇文献）。这种不找重点的方法耗时耗力，显然不能适应生物学发展的速度。因此，生物学家和信息学家开始合作，创立了生化途径分析法（pathway identification），其原理在于将差异表达基因定位于不同的生化代谢途径。根据每条生化

代谢途径中原本存在的基因数量，以及被定位的差异表达的基因数量，经统计分析，计算出在表达有差异的代谢途径。由于代谢途径通常负责执行生物体的重要功能，并且相对于原始数据，代谢途径的数量相对较少，可操作性高，因此成为目前学术界用于基因芯片分析的一个热门方向。国际知名生物公司和研究院所已经开发出一些相关软件。例如，genevestigator 和 KOBAS（KEGG orthology based annotation system），都可以将大量的基因组序列定位到特定的生化代谢途径中，并且给出每个代谢途径在特定条件下高水平表达的概率。

三、基因表达系列分析技术

基因表达系列（serial analysis of expression，SAGE）分析技术是一项以 DNA 序列测定为基础定量分析全基因组表达模式的技术，能够直接读出任何一种细胞类型或组织的基因表达信息。在转录组水平上，任何长度超过 9 个或 10 个碱基的核苷酸片段都可能代表一种特异性的转录产物，因此，用特定限制性内切核酸酶分离转录产物中具有基因特异性的 9 个或 10 个碱基的核苷酸序列并制成标签，将这些序列标签连接、克隆、测序后，根据其占总标签数的比例即可分析其对应编码基因的表达频率。

SAGE 的操作过程主要包括，分离提取 mRNA，反转录反应合成 cDNA 双链，用特定限制性内切核酸酶——锚定酶（anchoring enzyme，AE）（如 NlaIII）进行消化。锚定酶识别位点多为 4 个碱基，以保证各个转录产物中至少含有一个酶切位点。分离 3' 端酶解片段并将其分为两份，分别与连接子 1 和连接子 2 [均含有 IIS 类标签酶（tagging enzyme，TE）的识别位点] 结合，用标签酶（一种 II 类限制酶，它能在距离识别位点数个或十数个碱基的位置切割 DNA 双链），如 BsmF1 酶切，将含有连接子 1 和连接子 2 的样品混合，形成双标签。再根据连接子 1 和连接子 2 的序列设计引物，进行 PCR 扩增，经 PAGE 电泳回收目的条带，用 AE 酶切、回收、连接双标签并进行克隆、筛选和测序，进行基因的鉴定和表达频率分析。选择不同的 TE 可以改变标签的长度。设计连接子时要使 3' 端与 AE 酶切的末端能够互补，以保证连接子 1 和连接子 2 以首尾相接进行克隆。一般情况下，每个克隆含有的标签为 10～50 个。

随着越来越多生物基因组测序的完成，人们发现传统的 SAGE 技术用 14 个碱基（10 个基因特异碱基序列+4 个碱基的酶切位点）的标签代表一个基因并不能覆盖像人类这样的大基因组内所有的基因序列，因而又发展了 LongSAGE 技术，将相对应的传统 SAGE 方法称为 ShortSAGE。LongSAGE 标签来自转录物 3' 端一段 21bp 的序列，可以进行快速分析并与基因组序列数据相匹配。LongSAGE 方法与 ShortSAGE 方法类似，只是用了不同的 IIS 类标签酶（MmeI），并将程序做了相应修改。

四、转录组分析和 RNA-Seq

转录组（transcriptome），广义上指在某一特定生理条件或环境下，一个细胞、组织或生物体中所有 RNA 的总和，包括信使 RNA（mRNA）、核糖体 RNA（rRNA）、转运 RNA（tRNA）及非编码 RNA（non-coding RNA 或 sRNA）；狭义上特指细胞中转录出来

的所有 mRNA 的总和。基因组－转录组－蛋白质组（genome－transcriptome－proteome）
是中心法则在组学框架下的主要表现形式。通过特定生理条件下细胞内的 mRNA 丰度来
描述基因表达水平并外推到最终蛋白质产物的丰度是目前基因表达研究的基本思路。

　　基于传统的 Sanger 测序法对转录组进行研究的方法主要包括：表达序列标签
（expressed sequence tag，EST）测序技术、SAGE 测序技术。EST 测序数据是目前数量最
多、涉及物种最广的转录组数据，但测序读长较短（每个转录本测定 400～500bp）、测
序通量小、测序成本较高，而且无法通过测序同时得到基因表达丰度的信息。有人使用
SAGE 测序技术，将不同转录本 3'端第一个 CATG 位点下游 14bp 长的短标签序列来标识
相应的转录本。由于标签序列较短，可以将多个标签串联测序，使 SAGE 法相对于 EST
测序技术在通量上大大提高。但过短的序列标签使得序列唯一性降低，即使改进过的
LongSAGE 用 21bp 标签测序，仍然有约一半的标签无法被准确注释到基因组上。

　　高通量测序（high-throughput sequencing）技术又称为二代测序（second-generation
sequencing）或深度测序（deep sequencing），可以一次性测序几十万条甚至几百万条序
列，是传统测序技术的一次革命，主要有 Roche 公司研发的 454 测序平台和 Illumina 公
司的 Solexa 测序平台。虽然都是基于"边合成边测序"（sequencing by synthesis，SBS），
但是 454 和 Solexa 的实现方法有很大的不同。454 系统采用焦磷酸测序（pyrosequencing）
原理，在 DNA 聚合酶的作用下，按照 T、A、C、G 顺序加入的单个 dNTP 与模板的下
一个碱基配对，同时释放一个分子的焦磷酸，在 ATP 硫酸化酶的作用下，焦磷酸和腺苷
酰硫酸（adenosine-5'-phosphosulfate，APS）结合形成 ATP，在荧光素酶的催化下，ATP
和荧光素结合形成氧化荧光素，产生可见光，被 CCD 捕捉。而 Solexa 系统采用带有荧
光标记的 dNTP，其 3'端带有可被化学切割的部分，每个循环反应只允许掺入一个碱基，
由激光扫描反应板表面，读出这一轮反应新加的荧光信号，从而判定碱基种类。之后，
经过化学切割恢复 3'端黏性，进行下一轮聚合反应。从上述描述中不难看出，随着反应
的进行，已有荧光信号会使新的荧光难以准确分辨，因此该方法的测序读长较短，测序
错误主要是碱基替换。而 454 测序平台则由于缺少终止反应的元件，相同碱基的连续掺
入常会带来"插入－缺失"类型的测序错误。

　　利用高通量测序技术对转录组进行测序分析，对测序得到的大量原始读长（read）
进行过滤、组装及生物信息学分析的过程称为 RNA-Seq。对于有参考基因组序列的物种，
需要根据参考序列进行组装（reference assembly）；对于没有参考基因组序列的物种，需
要进行从头组装（*de novo* assembly），利用大量读长之间重叠覆盖和成对读长（pair-end
read）的相对位置关系，组装得到尽可能完整的转录本，并以单位长度转录本上覆盖的
读长数目（read per kilo-base gene per million base，RPKM）作为衡量基因表达水平的标
准。以棉花转录组学数据为例，分析不同组织或纤维不同发育时期基因表达情况（表 3-1）。
Solexa 测序平台得到 26.86Gb 数据，经过从头组装共获得了 42 773 条非重复序列，平均
长度为 1054 个碱基。每个不同组织中分别有 23 265～26 427 个独立转录本。转录组数据
不但能用来分析不同组织中独立转录本数量，还被用于分析特定转录本在某个组织中的
表达强度、转录本结构、转录本 SNP 检测、非编码区功能鉴定及挖掘低丰度转录本等研
究（Jin et al.，2013）。

表 3-1　陆地棉 6 个组织的 RNA-Seq 数据分析

组织样品	读长数	碱基数	Q20 /%	N50	基因总数	长度/nt
0DPA 胚珠	47 907 298	3 593 047 350	98.22	827	26 427	778
5DPA 胚珠	53 022 210	3 976 665 750	97.86	842	23 520	786
花	48 049 786	3 603 733 950	97.99	823	23 265	775
叶	54 191 238	4 064 342 850	97.51	820	25 280	776
根	79 438 254	7 149 442 860	91.68	786	23 905	753
茎	49 713 024	4 474 172 160	91.46	782	24 088	746
总计	332 321 810	26 861 404 920		1 306	42 773	1 054

注：Q20. 测序准确率达到 99%；DPA. 开花后天数

五、棉花 cDNA 减法技术

差异表达基因的分离一直是分子生物学研究的热门话题。通过比较不同基因型、不同发育阶段或不同生长条件下的样品中某种 mRNA 的浓度，差异表达的，因而有特定代谢或形态建成功能的基因就能够被分离。最早进行基因表达谱体外研究的是 Liang 和 Pardee，他们发明了差异显示反转录 PCR（differential display reverse transcription PCR，DDRT-PCR）法（Liang and Pardee，1992）。Hubank 和 Schatz（1994）将 PCR 与减法杂交相结合，建立了代表群差式分析法（representational difference analysis，RDA）（Hubank and Schatz，1994）。有人又将 DDRT-PCR 与基因组 DNA AFLP 结合起来，发展成限制性片段长度多态性耦联的结构域介导的差异显示法（restriction fragment length polymorphism-coupled domain directed differential display，RC4D），为分离特定基因家族中差异表达的成员提供了有力工具。有科学家在抑制性 PCR 的基础上发明了抑制性减法杂交（suppression subtractive hybridization，SSH），它克服了传统方法需几轮减法杂交和不适合分离稀有转录子的局限，只需两轮杂交，不用分离单链和双链分子，并采用抑制性 PCR 以避免富集目标分子过程中的非特异性扩增，使得效率和重复性又得到提高。本实验室选用 10DPA 陆地棉纤维与它的 *fl* 突变体胚珠互减，因为突变体除了种子不长纤维，在表型上与野生型无其他明显的差异（图 3-3）（Ji et al.，2003）。开花后 10 天是纤维伸长速率最快的时期，选取该时期的材料可能富集到伸长相关基因。

图 3-3　陆地棉野生型（A）和天生没有纤维的 fuzzless-lintless（*fl*）突变体（B）种子

　　用纤维 cDNA 和突变体 cDNA 分别作为 tester 和 driver，经过两轮减法杂交后，得到一组预期的纤维特异的 cDNA 片段，平均为 300bp～1kb，大部分片段分布在 400～600bp。这些减法产物被克隆进 T/A 载体，铺板后构建成减法库。从上述减法库平板上随机挑取克隆进行 14 组测序，每组测 50 个克隆（Ji et al.，2003）。将插入片段的序列与 NCBI 的 GenBank 数据库进行序列比较，确定它们编码的基因。分析发现有一部分片段与已报道的棉花序列一致或同源，更多的是与拟南芥等其他植物基因同源，还有的未发现与已有的任何序列同源。大部分片段能在核苷酸序列水平上找到同源基因，有些需要进行编码氨基酸的序列比较来确定同源性。最终从这 14 组测序数据中共获得 615 个序列，进一步鉴定出 280 个独立基因，可能占减法库所有基因的 80%～90%，认为这个减法库已接近被完全测序。分析每个基因在野生型和突变体中的表达水平发现，在 280 个基因中，有 172 个基因或只在纤维中表达，或在纤维中的表达量显著高于突变体中的（比值大于 2）。

　　根据这些基因所编码的蛋白质或酶的作用将其分成 12 个功能组。最大的是蛋白质代谢，占所有基因的 26%强。它还可以进一步分成 4 个小组：氨基酸代谢、转录和转录后调控、蛋白质合成及蛋白质命运和储存。其次是细胞骨架、糖代谢和能量代谢，它们分别占 11%。其中细胞骨架蛋白主要包括微管蛋白、肌动蛋白及其他一些骨架辅助成分；而糖代谢组中发现了糖酵解中的几种重要酶。再次是细胞壁发育相关蛋白质和脂代谢，分别占 10%。前者包括细胞壁结构蛋白和细胞壁疏松相关蛋白，其中细胞壁结构蛋白有富脯氨酸蛋白（PRP）、阿拉伯半乳聚糖蛋白（arabinogalactan protein，AGP）和伸展素（extensin）等，而细胞壁疏松相关蛋白包括扩展素（expansin）、木葡聚糖内转糖基酶（xyloglucan endotransglycosylase，XET）和β-木聚糖内水解酶（β-xylan endohydrolase）。参与转运和信号转导的基因分别占 7%、5%，而参与转座、防御、二次代谢和细胞分裂分化的基因均分别占 2%。另外还有 12%的基因，其中有的无法归入以上 11 个组，有的与现在已知的基因没有明显的同源性。

　　再分别用 0DPA、5DPA、10DPA、20DPA 野生型棉花纤维 RNA 制备的、^{33}P 标记的 cDNA 探针杂交，发现在 172 个纤维特异或优势表达基因中，有 121 个在 10DPA 时表达量达到最高，随后大部分显著降低。例如，编码拟南芥表皮毛 FIDDLEHEAD 类似物基因（P2F02）的 cDNA 在 10DPA 纤维中的表达量分别是它在同时期突变体胚珠、0DPA 纤维中表达量的 57 倍、74 倍。其余的 51 个 EST 可以分成 3 类。类型 I 基因的表达量在 5DPA 即达到最高，在 10DPA 时开始降低。类型 III 基因通常在 10DPA 时达到表达量的最高值，并在 10～20DPA 保持该水平。类型 IV 基因，如 profilin 基因（P1E05）的表达量在 0～20DPA 一直上升，因此推测类型 II 基因主要参与纤维伸长，而 I 类基因可能在早期发育（如纤维起始过程）中起重要作用，III 和 IV 两类基因可能参与细胞壁合成和沉积（Ji et al.，2003）。

第二节　乙烯与纤维发育

一、棉花中参与乙烯合成基因的研究

　　乙烯是一种在植物果实成熟、休眠解除、花器官衰老和脱落过程中已被广泛研究的激素（Bleecker and Kende，2000；Alba et al.，2005；Cao et al.，2007）。传统上乙烯在植物中的作用主要限于果实催熟、组织衰老和伤害反应等（Grbic and Bleecker，1995）。但乙烯在某些情况下也会促进植物组织的生长（Smalle et al.，1997）。有文献报道表明，乙烯也有可能是植物根毛和下胚轴发育的正调节因子（Raz and Ecker，1999；Cho and Cosgrove，2002；Achard et al.，2003；Seifert et al.，2004；Grauwe et al.，2005）。乙烯反应缺失的植物突变体具有很明显的较短的根毛，而外源施加的乙烯的前体物质甲硫胺酸氨基环丙烷羧酸（ACC），能导致根毛伸长并在其他位置产生新的根毛（Tanimoto et al.，1995；Pitts et al.，1998）。而本实验室研究发现，乙烯合成途径在纤维伸长过程中高水平表达，统计分析排在所有生化代谢途径的第一位。

　　ACO 基因是乙烯合成中的关键酶，为证实 *ACO* 基因的表达具有纤维特异性，我们从胚珠上小心分离了纤维细胞，提取 RNA 并进行实时 RT-PCR 定量分析。结果显示，*ACO1*、*ACO2* 和 *ACO3* 基因在纤维细胞中的表达比去除纤维细胞的胚珠组织中的表达水平分别高出 48.2 倍、357.1 倍和 33.1 倍（图 3-4A）。令人感兴趣的是，除去纤维细胞的胚珠组织中 *ACO1*~*ACO3* 基因的表达水平与无纤维突变体胚珠组织中 *ACO1*~*ACO3* 基因的表达水平非常接近（图 3-4A）。*ACO1* 和 *ACO3* 基因在伸长期的纤维细胞中表达量最高，在根、茎、叶组织中也有少量表达；而 *ACO2* 只在纤维细胞中检测到有表达（图 3-4A）。

　　为证实 *ACO1*~*ACO3* 基因是否编码具有真正功能的乙烯合成酶，我们将其全长读码框克隆进入带有可诱导启动子的载体，并转入酵母细胞（Hamilton et al.，1991）。加入底物 ACC 和各种辅助因子，并有半乳糖诱导 *ACO* 基因的表达，我们发现带有 *ACO* 基因的酵母细胞能够产生大量乙烯气体（图 3-4B），而没有导入 *ACO* 基因的酵母细胞则检测不到乙烯的存在，含有 *ACO* 基因但没有用半乳糖诱导的酵母细胞也不能产生乙烯（图 3-4B）。*ACO2* 在酵母细胞中表现出较强的酶活性，而 *ACO1* 和 *ACO3* 的酶活性相对低一些（图 3-4B）。随后的 Western 杂交显示，*ACO* 基因蛋白酶活性的不同可能因为各基因被诱导表达的水平之间存在差异（数据未显示）。

二、乙烯在棉花纤维伸长过程中起重要作用

　　我们随后测定了不同组织中释放的乙烯含量，以确认 *ACO* 基因的表达是否能促进乙烯气体的合成。我们在野生型陆地棉胚珠体外培养 12 天的密闭瓶中检测到了（4.11±0.36）nl/（h·g FW）的乙烯含量。在无纤维突变体棉花胚珠的培养瓶中仅仅能检测到（0.19±0.02）nl/（h·g FW）的乙烯含量，在用乙烯合成的抑制剂氨基乙氧基乙烯基甘氨酸（AVG）处理的野生型胚珠的培养瓶中也仅能检测到（0.67±0.06）nl/（h·g FW）的乙烯（图 3-4C）。无论是野生型还是无纤维突变体棉花的幼苗，在培养相同时间内都不能产生足以被检测到的乙烯气体（图 3-4C）。这些结果清楚地表明，伸长期的纤维细胞能够合成相当多量的乙烯气体。

　　在棉花纤维伸长期 *ACO* 基因的大量表达，以及产生的大量乙烯气体，都表明乙烯可能参与调控了纤维细胞的伸长。我们采用乙烯气体处理体外培养的野生型陆地棉胚珠，共处理 6 天时间，结果发现，纤维细胞的长度与施加的乙烯气体的含量有关（图 3-5A、B）。用 0.1μmol/L 乙烯气体处理，纤维细胞长度是不加乙烯的对照组的 3 倍 [（3.6±0.4）mm VS(1.2±0.1)mm]。与之对应的是，用乙烯合成抑制剂 AVG 处理胚珠则会显著抑制

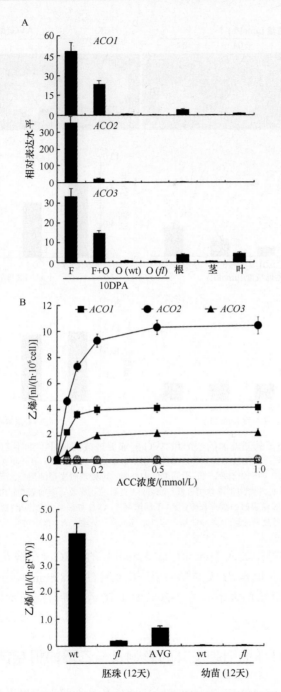

图 3-4　*ACO1*～*ACO 3* 基因组织特异性表达谱、酶活性分析及各棉花组织产生乙烯含量的分析
A. 实时定量 RT-PCR 结果显示，*ACO1*～*ACO3* 基因在伸长期的棉花纤维中特异表达。F 代表纯纤维组织；F+O 代表含有纤维的棉花胚珠组织；O 代表除去纤维的棉花胚珠组织；wt 和 *fl* 分别代表野生型陆地棉和无纤维突变体陆地棉。B. *ACO1*～*ACO3* 的酶活性鉴定结果。实心的标志为经 Glactose 诱导 *ACO1*～*ACO3* 基因表达后产生的乙烯含量，空心标志为未经诱导时产生的乙烯含量。C. 野生型陆地棉胚珠比其他各组样品都能产生更多的乙烯。所有的样品都培养了 12 天。wt 代表野生陆地棉胚珠；*fl* 代表无纤维突变体胚珠；AVG 表示在野生陆地棉胚珠的培养液中加入最终浓度为 1.0μmol/L 的 AVG。野生型和无纤维突变体陆地棉的营养组织（seedling）只能产生痕量的乙烯气体

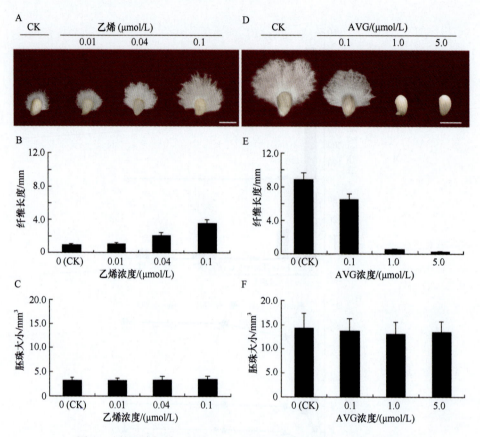

图 3-5　外源施加的乙烯和 AVG 能够促进或抑制纤维细胞的伸长

A. 不同浓度的外源乙烯处理野生型陆地棉胚珠，培养 7 天后胚珠及纤维的表型；B.不同浓度的外源乙烯处理野生型陆地棉胚珠，培养 6 天结束时的纤维长度；C. 不同浓度的外源乙烯处理野生型陆地棉胚珠，培养 6 天结束时的胚珠体积；D. 不同浓度的 AVG 处理野生型陆地棉胚珠，培养 13 天后的胚珠及纤维的表型；E. 不同浓度的 AVG 处理野生型陆地棉胚珠，培养 12 天结束时的纤维长度；F. 不同浓度的 AVG 处理野生型陆地棉胚珠，培养 12 天结束时的胚珠表型。CK 代表不加任何处理的野生型陆地棉，体外培养同样的天数。A、D 中的标尺分别代表 2.5mm 和 5.0mm

纤维的伸长。当培养基中加入 1μmol/L 或 5μmol/L 的 AVG，在培养 12 天之后几乎观察不到纤维细胞的存在（培养 12 天的野生型纤维长度约为 8.5mm）（图 3-5D、E）。加入乙烯或 AVG 并不影响胚珠的大小（图 3-5C、F），暗示乙烯可能是特异促进纤维细胞伸长的重要因子。

三、油菜素内酯对纤维细胞发育的影响及与乙烯的相互作用

油菜素内酯（brassinosteroid，BR）对植株生长具有明显的促进作用，在拟南芥为对象的研究中，关于 BR 如何被植物细胞识别并将信号传入胞内，已经有深入的研究（Wang and He，2004；Li and Jin，2007）。BR 信号途径中重要基因的研究也已经非常深入（Belkhadir and Chory，2006）。近年来，植物体内 BR 的生成（Ohnishi et al.，2006；Jager，et al.，2007），以及 BR 信号转导相关基因的研究获得了多项重要进展（Wang and Chory，2006；Mouchel et al.，2006；Nemhauser et al.，2006）。

美国得克萨斯理工大学的 Randy Allen 实验室首先发现了 BR 对棉花纤维细胞发育的促进作用。他们在陆地棉纤维细胞中克隆了 *GhBRI1*（*Brassinosteroid insensitive 1*）基因，该基因能够互补拟南芥 *AtBRI1* 突变体的功能（Sun et al.，2004）。进一步，他们发现外源添加的 BR 可以促进纤维细胞的生长，并且油菜素唑（BRZ）可以抑制纤维细胞的分化（Sun et al.，2005）。前期的研究中，BR 合成途径被发现在纤维发育时期高水平表达，且得到了定量实时 PCR 结果的支持。因此，我们以体外培养棉花胚珠为研究系统，对 BR 在纤维发育中的作用进行了验证。

BR 合成基因（如 *DET2* 和 *SMT1* 基因）在纤维伸长期的高水平表达，暗示 BR 可能参与了纤维伸长的过程。BR 处理会诱导纤维细胞少量的伸长（图 3-6A、B），而 BRZ 处理则会减少纤维细胞的长度（图 3-6D、E）。BR 和 BRZ 处理分别能使棉花胚珠显著地变大或减小（图 3-6C、F），这与 BR 作为一个重要的促进生长的植物激素的角色相一致。这表明 BR 对纤维细胞伸长具有促进作用。在植物中，研究者已经发现不同激素之间存在复杂的相互作用（Stepanova et al.，2005）。在本研究之前，已经有一些报道发现乙烯和 BR 彼此之间有相互作用（Yi et al.，1999；Grauwe et al.，2005）。在前面的实验中，

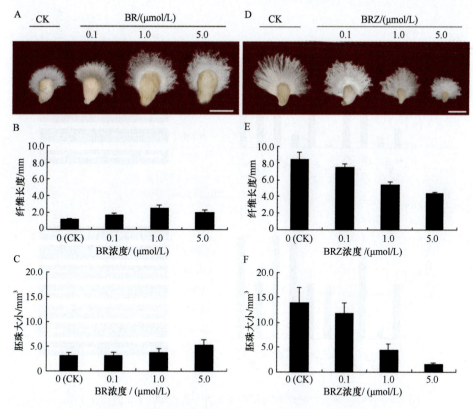

图 3-6 外源施加的 BR 和 BRZ 对纤维细胞伸长的影响

A. 不同浓度的 BR 处理野生型陆地棉胚珠，培养 7 天后胚珠及纤维的表型；B. 不同浓度的 BR 处理野生型陆地棉胚珠，培养 6 天结束时的纤维长度；C. 不同浓度的 BR 处理野生型陆地棉胚珠，培养 6 天结束时的胚珠体积；D. 不同浓度的 BRZ 处理野生型陆地棉胚珠，培养 13 天后的胚珠及纤维的表型；E. 不同浓度的 BRZ 处理野生型陆地棉胚珠，培养 12 天结束时的纤维长度；F. 不同浓度的 BRZ 处理野生型陆地棉胚珠，培养 12 天结束时的胚珠表型。CK 代表不加任何处理的野生型陆地棉，体外培养同样的天数；A、D 的标尺分别代表 2.5mm 和 5.0mm

我们检测到了 BR 合成有关的基因，如 *SMT1* 和 *DET2*，在棉花纤维快速伸长的时期被诱导表达。但接下来的实验中 BR 并不能如乙烯那样明显地促进纤维细胞的生长，相反，BR 和抑制剂 BRZ 能明显促进和抑制胚珠细胞的增大。同时，乙烯和 AVG 都只是特异地促进和抑制纤维细胞的伸长。

接下来，对乙烯和 BR 在纤维细胞发育中的相互作用进行了初步研究。

BR 处理会诱导纤维细胞少量的伸长（图 3-6A、B），而 BRZ 处理则会减少纤维细胞的长度（图 3-6D、E）。AVG 或 BRZ 对纤维细胞伸长的抑制作用，可以分别通过在相同的培养瓶中添加乙烯和 BR 而消除（图 3-7A），证实 AVG 或 BRZ 对纤维细胞伸长的抑制，只是通过对激素合成的抑制而导致的。

当乙烯和 BR 都被加到组织培养液中时，并不能使纤维细胞比单纯只添加乙烯的处理组变得更长（图 3-7A）。这两种激素对于纤维细胞伸长的促进作用，并不能被各自的抑制剂所消除（图 3-7A）。乙烯比 BR 具有更强的促进作用，0.1μmol/L 乙烯的促进效果已经超过了 1.0μmol/L BR 的促进效果。同样的，BRZ 对纤维细胞伸长的抑制作用，可以通过加入乙烯气体而大为减弱，而 BR 则不能恢复 AVG 对纤维细胞伸长的抑制作用（图 3-7A）。

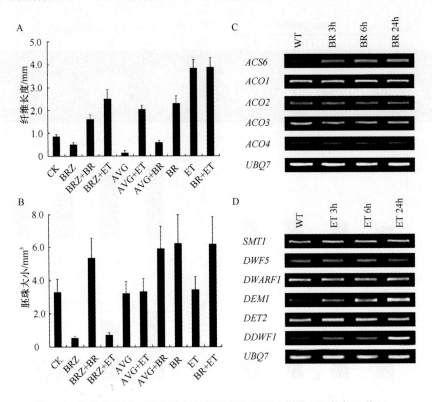

图 3-7　在纤维伸长、胚珠增大和基因表达方面乙烯和 BR 的相互作用。
A. 乙烯、BR 及其各自抑制剂分别处理或组合处理野生型陆地棉胚珠，体外培养 6 天结束时纤维的长度。CK 表示不加任何处理的对照样品；乙烯处理浓度为 0.1μmol/L；AVG、BR、BRZ 处理浓度都为 1.0μmol/L。B. 乙烯、BR 及其各自抑制剂分别处理或组合处理野生型陆地棉胚珠，体外培养 6 天结束时胚珠的体积。CK 表示不加任何处理的对照样品；乙烯处理浓度为 0.1μmol/L；AVG、BR、BRZ 处理浓度都为 1.0μmol/L。C. 乙烯对 BR 合成基因表达水平的影响。D. BR 对乙烯合成基因表达水平的影响。C、D 中的 RNA 都采用 5μmol/L 乙烯或 BR 处理的胚珠样品。*UBQ7* 基因作为内标

我们还通过 RT-PCR 分析研究了 BR 对乙烯合成酶基因表达的影响，以及乙烯对 BR 合成酶基因的影响。BR 处理野生型陆地棉胚珠 24h 后，能诱导 *ACS6* 基因的表达，这与以前在豌豆中报道的结果一致（Yi et al.，1999），但是并不能明显影响 3 个 *ACO* 基因的表达（图 3-7C）。用乙烯处理则能诱导 *DEM1* 和 *DDWF1* 基因的表达，但对于 BR 途径中更为重要的 *SMT1* 和 *DET2* 基因则没有太大影响。这些结果表明，乙烯和 BR 能够相互促进各自与合成有关的基因的表达。

第三节　超长链脂肪酸与纤维发育

一、超长链脂肪酸的合成途径及其调控机制研究

脂肪酸作为细胞结构的重要组成成分，同时也参与了细胞生长发育过程中一些重要信号转导过程，所以细胞中脂肪酸的组成、含量及存在形式对细胞的生存和正常生长至关重要。超长链脂肪酸（very long chain fatty acid，VLCFA）是指碳链长度大于 18 个碳原子的脂肪酸，包括饱和脂肪酸和不饱和脂肪酸。超长链脂肪酸是由来源于质体的长链脂肪酸延伸得到的，合成的超长链脂肪酸可以作为底物，生成神经酰胺、鞘脂、磷脂、蜡质酯类等。超长链脂肪酸是生物体重要的组成成分，同时也可以作为信号分子在细胞的生长发育中发挥着重要的作用。超长链脂肪酸是通过将在质体内由 *de novo* 脂肪酸合成途径合成的 16 碳和 18 碳脂肪酸（long chain fatty acid，LCFA）延伸得到的。质体中的 *de novo* 脂肪酸合成途径是将连接于酰基载体蛋白上的酰基链加上两个碳原子。最终质体中生成的 C18：0-ACP、C18：1-ACP、C16：0-ACP 在 FATB（acyl-ACP thioesterase）催化下，酯解为游离脂肪酸，被运输到质体外。在 acyl-CoA 合成酶作用下，生成 acyl-CoA，成为脂肪酸延伸酶复合体合成超长链脂肪酸的底物。

碳链的延长依赖于位于内质网膜上的脂肪酸延伸酶（fatty acid elongase，FAE）复合体，该复合体由催化 4 步连续反应的酶组成：3-ketoacyl-CoA synthase（KCS）、3-ketoacyl-CoA reductase（KCR）、3-hydroxyacyl-CoA dehydratase（HCD）和 *trans*-2，3-enoyl-CoA reductase（ECR），其中 KCS 为限速酶，决定了反应底物的链长特异性。通过识别不同链长的脂酰辅酶 A（fatty acyl-CoA），并将最终催化生成增加了两个碳原子的脂酰辅酶 A，脂肪酸延伸酶复合体最终可以将 16 碳和 18 碳 fatty acyl-CoA 延伸成为含有 20～34 个碳原子的 fatty acyl-CoA，其流程如图 3-8 所示。

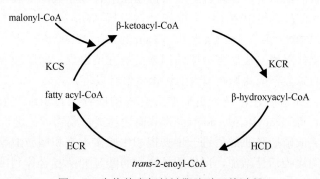

图 3-8　生物体内超长链脂肪酸延伸过程

对于生物体内超长链脂肪酸合成途径的研究最早是从酵母细胞开始的。目前酵母细胞中催化脂肪酸延伸反应的 4 步酶均已被鉴定：两个 ELO 蛋白（Elo2p 和 Elo3p）为 KCS，Ybr159w 在酵母细胞中行使 KCR 的功能，Tsc13p 为酵母细胞中的 ECR，该复合体中的第 3 步酶 HCD 直到 2007 年才被鉴定，命名为 Phs1p（Denic and Weissman，2007）。

随着酵母细胞中对 FAE 复合体中各步酶研究的不断深入，研究者开始对动物及植物细胞中内质网膜上的脂肪酸延伸酶复合体进行研究。哺乳动物中与超长链脂肪酸合成有关的为 *ELOVL* 基因家族，在人类细胞中，*ELOVL2* 和 *ELOVL4* 负责超长链脂肪酸的延伸，其中，*ELOVL2* 能够有效延伸 C20 和 C22 多不饱和脂肪酸，*ELOVL4* 与酵母 ELO 基因家族有 35% 的相似性，其在超长链脂肪酸含量丰富的组织，如感光细胞、脑中高表达，负责超长链脂肪酸的延伸。

与动物细胞中高含量的多不饱和脂肪酸不同，在植物细胞中，超长链脂肪酸主要以饱和及单不饱和的形式存在。超长链脂肪酸在植物细胞中的延伸过程与在酵母细胞中类似，也同样需要位于内质网膜上的脂肪酸延伸酶复合体。*FAE1* 基因作为特异性延伸饱和脂肪酸及单不饱和脂肪酸的植物 *KCS* 基因，最先在拟南芥中被鉴定，参与表皮蜡质合成的 *CER6* 基因也随后被鉴定。之后，又有 21 个植物特异的 FAE1-like 基因及 4 个 ELO-like 缩合酶基因被鉴定。通过对植物特异的 FAE-like 基因，如 *KCS1*，*FDH*，*HIC* 等的遗传学研究，研究者发现这些基因对拟南芥细胞和组织的形态发生，以及其对环境的适应等方面发挥着重要的作用。

除了对 *KCS* 基因的研究外，植物细胞脂肪酸延伸酶复合体另外三步酶也被鉴定了出来，2002 年 Han 等将拟南芥 *At1g67730* 基因在酵母 KCR 突变体 *ybr159w* 中进行异源表达，发现其可以互补酵母突变体，随后对拟南芥该基因突变体的研究表明，将该基因敲除是致死的，该基因表达量下降的突变体表现出严重的发育缺陷表型，而且表型的缺陷严重程度依赖于超长链脂肪酸合成受影响的程度。拟南芥中与 HCD 同源的基因为 *PAS2* 基因，该基因能够互补酵母 *phs1* 突变体，拟南芥 *pas2* 突变体在细胞分化和繁殖方面存在缺陷。拟南芥 *At3g55360* 基因编码蛋白为第四步酶 ECR（Zheng et al.，2005），表层蜡质、种子储存脂及鞘脂中的超长链脂肪酸的合成都与该基因有关。拟南芥 *ECR* 基因突变体 *cer10* 在茎秆伸长和形态发生方面存在缺陷。

随着对拟南芥超长链脂肪酸合成相关基因研究的不断深入，近年来在其他植物中超长链脂肪酸合成相关基因的研究也逐渐开展起来。棉花作为一种重要的经济作物，在对其棉花纤维发育机制的研究中发现，与超长链脂肪酸合成相关的基因在棉花纤维快速伸长期被显著上调，目前已经报道了 1 个棉花 *KCS* 基因（Qin et al.，2007）、2 个棉花 *KCR* 基因（Qin et al.，2005）及 2 个 *ECR* 基因（Song et al.，2009）。

但是目前为止，对影响脂肪酸合成的因素的研究还很少，脂肪酸合成的调控机制还不清楚。目前对脂肪酸合成的影响因素的认识主要有以下几点。

底物的影响：如前所述，超长链脂肪酸合成的底物来自于细胞质的 acyl-CoA 池（acyl-CoA pool），而该 acyl-CoA pool 也为其他途径提供底物，如进入真核细胞甘油-3-磷酸合成通路或生成磷脂酰肌醇后进一步去饱和生成多不饱和脂肪酸等。所以如果细胞内其他消耗底物的途径活性增加，可供超长链脂肪酸延伸酶复合体利用的底物减少，生成的超长链脂肪酸的量或组成就会受到影响。此外，由于 FATB 决定了细胞质 acyl-CoA pool 的容量和组成，影响 FATB 表达或蛋白质活性的因素都会影响超长链脂肪酸的合成。Bonaventure 等发现拟南芥 FATB 基因敲除突变体中，叶片、种子和根等组织中长链、超长链脂肪酸及其衍生产物的含量显著下降，表明超长链脂肪酸的合成可能由于底物的改变受到影响。在叶片叶绿体中，用于脂肪酸合成的碳源主要来源于 CO_2 固定过程：将 3-磷酸甘油酸转化为乙酰辅酶 A。乙酰辅酶 A 羧化酶（ACCase）催化乙酰辅酶 A 与 CO_2 反应生成 malonyl-CoA，malonyl-CoA 是 de novo 途径和超长链脂肪酸延伸途径共同的底物，所以 ACCase 在脂肪酸合成调节中发挥重要作用。ACCase 可以在光照条件下被激活，同时脂肪酸的合成也受光照刺激。研究人员还发现，外加 DTT 或蔗糖，在黑暗条件下，拟南芥叶片叶绿体中的 ACCase 也可以被激活，并伴随着底物乙酰辅酶 A 的减少及脂类合成的增加。

脂肪酸延伸酶基因的转录调控：脂肪酸延伸酶复合体的第一步酶是超长链脂肪酸合成的限速酶，是目前研究最多的一个酶，对其转录水平的调节的研究在哺乳动物和植物中近年来都有报道。在哺乳动物中，对 ELOVL 家族调控机制的研究还很少。在蛋白质水平上，虽然已经在几个 ELOVL 家族蛋白中发现了糖基化修饰位点，但是到目前还没有证据表明转录后修饰调控的存在。不过，ELOVL 家族基因转录水平的调控已被证实。在脂肪组织和肝中，ELOVL 家族基因表达调控存在不同的形式。ELOVL1 和 ELOVL6 是促进脂肪合成的，其调控机制与 FAS 类似，受到肝 X 受体（LXR）和类固醇调节元件结合蛋白-1（SREBP-1）的调节。ELOVL5 和 ELOVL2 负责多不饱和脂肪酸（PUFA）的合成，PUFA 能调节过氧化物酶体增生物激活受体 α（PPARα）。在某些条件下，如饥饿等，某些 PUFA 可以通过 PPARα 启动脂肪酸氧化程序，同时又通过核内存在的、活性状态的 nSREBP-1 抑制脂类合成。长时间的 PPARα 刺激可以启动 ELOVL1、ELOVL3、ELOVL5 和 ELOVL6 的表达。糖皮质激素（GC）可以调控 ELOVL3 的表达。

MYB 蛋白是真核细胞所共有的，在高等植物中是一个很大的蛋白质家族。大多数植物 MYB 蛋白是 R2R3 型转录因子，参与多种植物重要生理过程的调控。拟南芥苯基丙酸类合成途径、形态发生及生物/非生物压力应答均需要 MYB 家族转录因子的参与。其中 MYB30 与超敏反应有关，超敏反应是植物受到局部感染后发生的一种程序性细胞死亡。Raffaele 等通过 Affymetrix ATH1 芯片分析，发现 MYB30 可能参与调控超长链脂肪酸合成途径基因的表达，进一步激活活性实验表明，MYB30 可以直接激活拟南芥延伸酶复合体中缩合酶基因的启动子。此外一些激素也能影响脂肪酸延伸酶的表达。BR 是植物生长发育必需的激素，Goda 等应用 Affymetrix Arabidopsis Genome Array 和 Taq-Man RT-PCR 分析发现，BL 处理拟南芥 BR 合成缺陷突变体后 1h，拟南芥 KCS1 基因的表达就开始上调，表明 BR 信号通路转录因子可能直接与 KCS1 基因的启动子结合调控其转录。

限速酶活性的变化：KCS 蛋白是一种膜蛋白，是催化超长链脂肪酸合成的限速酶，其决定了整个反应的底物特异性和反应速率，目前已经发现在 FAE 型缩合酶家族成员蛋白质序列上 6 个半胱氨酸残基和 4 个组氨酸残基是非常保守的，决定了酶活性。能够破坏蛋白质结构或蛋白质活性位点的因素都可以导致蛋白质活性丧失，从而影响超长链脂肪酸的合成。

研究者很早就发现氯乙酰胺类除草剂发挥作用是通过抑制超长链脂肪酸延伸酶的活性。2003 年，Eckermann 等通过研究 Metazachlor、Metolachlor、Cafenstrole、Ethofumesate

和 EPTC 的作用机制，发现该类除草剂是通过共价结合在延伸酶第一步酶的半胱氨酸活性位点来抑制酶活性的。2004 年，Trenkamp 等将 6 个拟南芥 FAE 型 *KCS* 基因在酵母细胞中成功表达，通过分析带有拟南芥基因的酵母菌株在含有 K3 和 N 型除草剂的培养基中培养后的产物，发现 K3 和 N 型除草剂对不同拟南芥 *KCS* 基因的抑制效果不同。

二、植物体内超长链脂肪酸功能研究

碳链长度大于 18 个碳原子的超长链脂肪酸在生物体内是广泛存在的，直链脂肪酸在酵母细胞中碳链长度最长为 26 个碳原子，在植物细胞中碳链长度可以达到 34 个。植物体内的超长链脂肪酸对植物的生长发育及其与环境的相互作用起着重要作用，在植物体内脂肪酸的作用主要有以下几个方面。

形成植物表面蜡质的重要原料：植物蜡质是对覆盖于植物地上部分外表面的表皮层脂类物质的总称。此外，蜡质也包括与植物地下部分木栓质及愈伤组织相关的脂类、花粉和种皮表面脂类。植物表皮从外向内包括外层蜡质、表皮层、内表皮层蜡质。表皮层是由角质素组成的覆盖于表层细胞的电子密集层，内表皮层蜡质连接角质素和细胞壁，外层蜡质在植物表面形成结晶层。植物蜡质主要由来源于 20～34 个碳链长度的超长链脂肪酸的醛类、一级/二级醇、烷、酮类和酯类。

蜡质的物理化学性质对植物的正常生长非常重要。蜡质可以抑制气孔水分流失、保护植物免受紫外线伤害、降低表面水分滞留，以及减少灰尘、花粉及其他环境污染物的表面沉积。此外，表层蜡质在植物抵御细菌、真菌侵害时也发挥着重要作用。

最早发现的拟南芥表层蜡质缺陷突变体是 1989 年 Koornneef 等通过化学诱变产生的突变体，被命名为 *cer* 突变体，后来 Eigenbrode 等又通过 T-DNA 插入法得到了与化学诱变的 *cer* 突变体突变基因相同的突变体。这些突变体都有明显的叶片表层蜡质缺失表型，叶片呈亮绿色。1999 年，Millar 等发现拟南芥 *CUT1* 基因突变影响茎秆及叶片表面的蜡质合成，同时也影响花粉表面蜡质，能够引起条件性不育。该基因可能参与链长为 24 个碳原子的超长链脂肪酸的合成，后来的研究发现，该基因与 *CER6* 基因是同一个基因。*KCS1* 基因也是拟南芥超长链脂肪酸延伸酶基因，其 T-DNA 插入突变体蜡质合成缺陷，茎秆变细，对低湿环境的抵抗能力下降。玉米 *GL8* 基因可能编码脂肪酸延伸酶复合体中的酮酰基还原酶，该基因的 T-DNA 插入突变体表现为蜡质合成缺陷。

细胞膜的主要组成成分：细胞膜主要由甘油脂、磷脂、鞘脂及固醇类物质组成的，其中超长链脂肪酸是甘油脂、磷脂、鞘脂的重要组成成分。细胞膜各种脂类物质组成的稳定性对细胞膜结构的维持、膜蛋白正常功能及稳定性的维持都是至关重要的。特别是细胞膜鞘脂除了作为重要的结构分子外，鞘脂及其代谢产物还作为动态调控因子调节多种细胞活动。在哺乳动物中发现，鞘脂影响细胞发育、分化和凋亡，对组织正常发育和细胞命运决定起着重要作用。目前，鞘脂在植物中的功能研究相对较少，但是研究表明其在植物中也发挥着重要的信号作用。例如，sphingosine-1-phosphate 在钙离子介导的保卫细胞闭合中发挥着重要作用，一个鞘氨醇转移蛋白参与程序性细胞死亡，一个植物中与酵母神经酰胺合成相关基因同源的基因调节植物对真菌毒素的抵御作用，等等。

鞘脂占植物总脂的大约 10%，各种鞘脂就是将不同的糖基或含磷酸的头部基团加到由长链碱基（LCB）和脂肪酸以胺键连接而成的神经酰胺（Cers）骨架上，然后 LCB 是被乙酰化，再经过一系列的修饰而形成的。鞘脂的多样性由其极性头部基团的多样性，LCB 及脂肪酸的不同链长、饱和度和羟基化状态决定。植物中含量最高的鞘脂是葡萄糖苷酰基鞘氨醇类（glucosylceramide，GlcCers），同时糖基磷酸化鞘脂类（glycophospho-sphingolipid）（如 IPC）也在植物中存在。链长在 16～26 的饱和和单不饱和 α-羟基脂肪酸占 Cers、GlcCers 和 IPC 中脂肪酸的 90%以上，其中 24 碳饱和及单不饱和羟基脂肪酸的含量大于 50%。

鞘脂中高度羟基化的 GlcCers 对维持细胞膜和液泡膜的功能有重要作用，其对植物的耐寒、抗冻性也有重要影响。细胞表面的 GPI-anchor 蛋白也是铆定在 IPC 上的，所以鞘脂对膜蛋白的正确分布及功能都有影响。鞘氨醇-1-磷酸（S-1-P）可以通过 G 蛋白相关通路参与钙离子的移动。一些抑制鞘脂代谢的化学物质能够在番茄中引起凋亡及 LCB 的堆积，自由的 LCB 能够启动凋亡。此外，植物细胞膜也存在着鞘脂及固醇类富集的能够抵抗去污剂处理的膜区域，可能是植物细胞中的脂筏（lipid raft），这些鞘脂富集区可能参与蛋白质的分选及膜泡运输。

三、棉花纤维中超长链脂肪酸功能研究

我们通过对棉花伸长期芯片数据的分析，鉴定了 778 个纤维快速伸长期特异性表达的 cDNA 序列（Shi et al.，2006），其中的 162 个纤维特异基因通过 KOBAS 分析，定位在 106 个代谢通路中，发现乙烯合成通路是纤维快速伸长期最显著高调的通路，脂肪酸合成及延伸通路是第二大高调的代谢通路。表明乙烯和超长链脂肪酸可能在棉花纤维伸长过程中起着重要作用。

棉花纤维快速伸长期超长链脂肪酸合成酶基因的表达谱分析：通过对棉花纤维 cDNA 芯片数据的分析，本实验室鉴定了 778 个棉花纤维特异表达的基因，其中 4 个 KCS 基因与超长链脂肪酸合成通路相关，分别被命名为 KCS2、KCS6、KCS12、KCS13，为了得到这 4 个基因的全长序列，我们用 RACE 方法，从 10 天棉花纤维 cDNA 模板中成功得到了这 4 个基因的全长序列，通过 ClustalX 软件序列比对，以及 MEGA3 软件进行进化分析，我们发现这 4 个 KCS 基因分别属于两个超长链脂肪酸延伸酶亚家族：植物特异的 FAE 型延伸酶家族和酵母 ELO 型延伸酶家族。其中，GhKCS13 与拟南芥 CUT1 基因在蛋白质水平上的形似性达到 70%，为棉花中的 CER6 基因。

我们提取了开花前 3 天、开花当天，以及开花后 3 天、5 天、10 天、15 天、20 天的野生型棉花材料的 RNA，同时提取了无毛突变体 10 天胚珠和幼嫩棉花叶片 RNA，将这些 RNA 反转录得到不同发育时期及组织的 cDNA 模板后，应用 QRT-PCR 技术，对这 4 个基因的转录水平进行分析。发现这 4 个基因从开花前 3 天开始，表达水平不断升高，其中 KCS12、KCS6、KCS13 的表达量在开花后 10 天达到最高，之后逐渐下降；KCS2 在开花后 15 天达到最高，其后逐渐下降；KCS12 和 KCS13 转录水平在开花后 10 天达到棉花 UBQ7 基因的 6～7 倍。进一步分析 4 个 KCS 基因在长绒、中绒、短绒 3 种不同棉花品种中的表达谱，发现开花后 10 天，4 个棉花 KCS 基因在长绒棉中的表达丰度接近短绒棉中的 2 倍。我们对棉花 KCS 基因转录谱的研究提示，快速伸长的纤维细胞需要 KCS

基因的大量表达，*KCS* 基因产物可能是棉花纤维伸长所必需的。

超长链脂肪酸对纤维伸长促进作用的研究： 为了找到体外处理胚珠材料所需加入的最适剂量，我们分别用 0.01μmol/L、0.1μmol/L、1.0μmol/L、5.0μmol/L、10.0μmol/L、20.0μmol/L 的 C24：0 脂肪酸处理体外培养的胚珠材料，发现 5.0μmol/L 的效果最好（图 3-9E），所以在以后的培养实验中所用脂肪酸的浓度均为 5.0μmol/L。ACE 是 Alachlor 的结构类似物，是一种超长链脂肪酸合成的抑制剂，用 20.0μmol/L、2.0μmol/L 、0.2μmol/L 的 ACE 处理胚珠材料后，发现 0.2μmol/L 的 ACE 不能完全抑制纤维生长，2.0μmol/L 的 ACE 能完全抑制纤维生长，而胚珠的发育基本不受影响，当浓度为 20.0μmol/L 时，胚珠发育受到明显抑制（图 3-9C），所以以后的培养实验中加入的 ACE 浓度均为 2.0μmol/L。

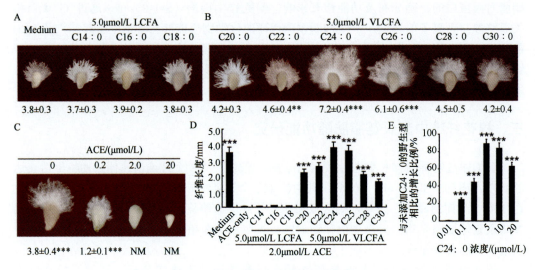

图 3-9　超长链脂肪酸调控纤维伸长。
A. 外加长链脂肪酸（LCFA）不能促进纤维细胞伸长。B. 外加超长链脂肪酸（VLCFA）显著促进纤维伸长。C. ACE（2μmol/L）完全抑制纤维生长而不影响胚珠发育；NM. 未测量。D. 纤维长度。E. 与未添加 C24 的野生型相比的增长比例

在体外培养体系中加入 5.0μmol/L 的长链脂肪酸（LCFA）（C14：0、C16：0、C18：0），培养 6 天后没有观察到明显的生长促进作用（图 3-9A），但是用饱和超长链脂肪酸（VLCFA）（C20：0、C22：0、C24：0、C26：0、C28：0、C30：0）处理 6 天后，能够观察到显著的促进纤维伸长作用，特别是 C24：0 的促进作用最明显，纤维长度较未处理的对照组增加了近 1 倍（图 3-9B）。2.0μmol/L ACE 对纤维生长的抑制作用可以被 C24：0 和 C26：0 脂肪酸完全回复，而其他链长的超长链脂肪酸只能部分回复 ACE 的抑制作用，长链脂肪酸不能回复 ACE 的抑制作用（图 3-9D）。

所有体外培养实验中的胚珠均采自开花后 1 天的野生型植株，用不同的化学物质处理 6 天后，每组实验均重复 3 次，每次取 30 根纤维测量长度求得平均值，A、B、C、E 组均与未处理组进行比较，D 组与只加入 ACE 处理组比较。ACE-only，培养基中加入 2μmol/L ACE 处理的体外培养野生型胚珠；培养基，含有与处理组等量的溶剂（甲基叔丁基醚）的培养液中培养的野生型胚珠。统计差异显著性用 one-way ANOVA，**$P<0.01$，***$P<0.001$。

从不同棉花材料中提取的脂肪酸应用气相色谱-质谱连用技术分析后，我们发现开花后 7 天的野生型棉花纤维材料中的超长链脂肪酸显著高于开花后 1 天野生型及无毛突变体胚珠、开花后 7 天剥除纤维的胚珠及无毛突变体开花后 7 天采集的胚珠，进一步的统计表明，开花后 7 天纤维材料中的总超长链脂肪酸量大约是其他材料中的 3～5 倍，而长链脂肪酸含量与其他材料基本相同。将 ACE 加入体外培养胚珠的培养基中，胚珠生长 6 天后收集材料提取脂肪酸进行分析，发现 ACE 抑制了超长链脂肪酸的合成而对长链脂肪酸的影响不大。

棉花纤维超长链脂肪酸合成限速酶在酵母中的功能研究：4 个棉花 *KCS* 基因均能互补酵母单倍体致死突变体 W1536 *elo2/Δelo3Δ*，使双突变酵母细胞存活。进一步的 spotting assay 实验发现，不同的棉花 *KCS* 基因对酵母细胞的互补效果是不同的，其中 *KCS2* 最差，*KCS12*、*KCS6* 效果最好，几乎与野生型酵母生长状态类似（图 3-10A）。

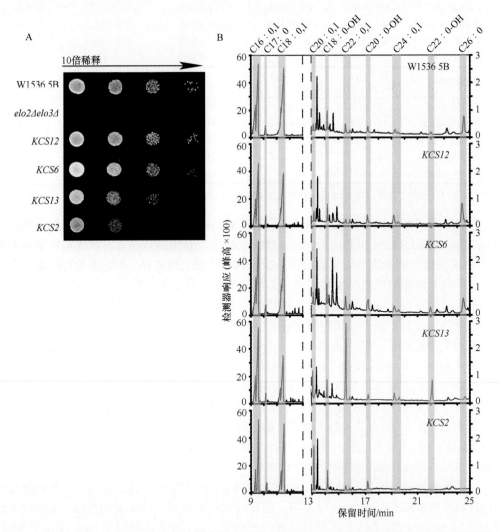

图 3-10　4 个棉花 *KCS* 基因在酵母细胞中的互补实验和互补后细胞中脂肪酸组成的气相色谱分析
A. 不同棉花 *KCS* 基因互补酵母 *elo2Δelo3Δ* 双突变体细胞；B. 野生型及不同棉花 *KCS* 基因互补后的双突变体酵母细胞脂肪酸组成的 GC 分析。C17 : 0 脂肪酸作为内标计算提取的效率

为了进一步分析 4 个棉花纤维伸长特异的 *KCS* 基因的功能,我们提取了互补酵母细胞中的总脂肪酸,经过一系列衍生反应后得到脂肪酸的甲基酯,对甲基酯的组成用气相色谱-质谱联用系统分析后,发现 *KCS12* 和 *KCS6* 的脂肪酸组成与野生型单倍体酵母细胞几乎相同,这两个 *KCS* 基因均能在酵母细胞中产生大量的 C26:0 脂肪酸,C26:0 脂肪酸是酵母鞘脂的主要组成成分,是酵母细胞正常生长必不可少的(图 3-10B,表 3-2)。棉花 *KCS13* 互补的酵母细胞中有高水平 C22:0 及羟化的 C22:0 脂肪酸。在 *KCS2* 互补酵母细胞中有大量 C20:0 脂肪酸堆积,而不能检测到 C26:0,而且 C22:0 的量也很少。

表 3-2　野生型及不同棉花 KCS 基因互补的双突变体酵母细胞中脂肪酸组成的定量分析

酵母菌株	长链脂肪酸/(μg/g FW)				
	C16:0	C16:1	C18:0	C18:1	C18:0-OH
W1536 5B	360.0±31.2	855.3±75.3	227.2±20.0	824.9±70.8	8.4±0.7
elo2Δelo3Δ+KCS12	305.8±26.0	444.3±40.3	234.1±20.0	632.0±57.1	8.1±0.7
elo2Δelo3Δ+KCS6	483.2±41.0	770.9±71.0	268.7±20.9	693.7±60.9	8.7±0.7
elo2Δelo3Δ+KCS13	340.6±30.0	972.2±90.9	221.6±18.9	528.5±49.0	7.2±0.6
elo2Δelo3Δ+KCS2	250.9±20.0	681.4±61.2	248.3±20.9	787.8±75.2	7.7±0.6

酵母菌株	C20:0 & C20:1	C22:0 & C22:1	C24:0 & C24:1	C26:0	C20:0-OH	C22:0-OH
W1536 5B	8.9±0.9	8.1±0.6	5.7±0.5	33.1±2.9	3.2±0.3	1.4±0.1
elo2Δelo3Δ+KCS12	11.7±0.9*	6.6±0.5	15.3±1.3**	43.1±3.6**	3.9±0.3	1.2±0.1
elo2Δelo3Δ+KCS6	10.9±0.8*	11.9±1.1*	11.7±0.9*	23.3±2.0	7.1±0.6**	3.3±0.2*
elo2Δelo3Δ+KCS13	18.1±1.5**	125.5±10.0***	10.4±0.9*	2.7±0.2	3.2±0.3	12.7±1.0***
elo2Δelo3Δ+KCS13	23.6±1.8***	5.8±0.5	1.7±0.5	0	3.9±0.3	0

*、**、***. 与野生型 W1536 5B 酵母细胞中的量比较 $P = 0.05$、0.01 或 0.001

超长链脂肪酸对拟南芥细胞伸长影响的研究:我们将野生型 col-0 拟南芥种子播种于含有 5.0μmol/L C24:0 和 C16:0 的 1/2MS 平板上,春化后,在人工气候箱中垂直培养 14 天,发现超长链脂肪酸处理的幼苗主根、侧根及根毛较 C16:0 处理及对照组均有显著增长,超长链脂肪酸组的长度大概是其他两组长度的 2 倍左右。

本实验中发现,除了原来鉴定的蜡质缺陷表型外,*cut1* 突变体较野生型植株的植株高度及叶片大小明显减小。我们将棉花 *GhKCS13/CER6* 基因构建到植物表达载体中,并使其在野生型拟南芥 *CUT1* 基因启动子的调控下,以保证其表达的特异性,将其转化到 *cut1* 突变体中,得到 T₂ 代种子。我们将野生型、*cut1* 突变体及 *GhKCS13* 转基因植株播种于土壤中,从抽薹开始用 5.0μmol/L C24:0 和 C16:0 处理 *cut1* 突变体,野生型和转基因植株用含有等量溶剂的水处理。生长 40 天后测量茎秆高度,取材作茎秆切片。实验数据显示,C24:0 处理及 *GhKCS13* 转基因植株均能将突变体的茎秆高度回复到野生型的水平,而 C16:0 不能(图 3-11A),茎秆半薄切片也显示超长链脂肪酸处理及 *GhKCS13* 转基因植株的皮层细胞也较突变体明显伸长(图 3-11B)。

将处理 3 天后的拟南芥根、茎、叶分别提总 RNA 对拟南芥 *ACO* 基因的表达谱进行分析。目前报道拟南芥有 6 个 *ACO* 基因,但是只有两个基因,即 At*ACO2*(At1g63280)和 At*ACO4*(At1g05010)在本实验材料中被扩增出来。QRT-PCR 结果显示 C24:0 处理使根、茎、叶中的 *AtACO4* 基因表达量明显升高,使茎中的 *AtACO2* 基因表达量显著升高。

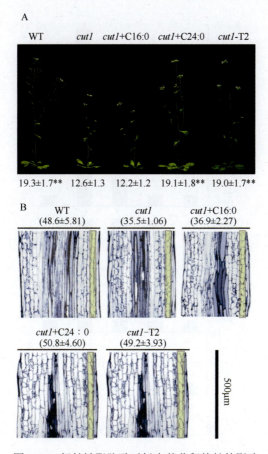

图 3-11　超长链脂肪酸对拟南芥茎秆伸长的影响

A. 外源施加 C24：0、C16：0 及 *GhKCS13/CER6* 转基因植株与野生型植株及未处理 *cut1* 突变体茎秆伸长情况。WT. 野生型 Landsberg 植株；*cut1*+C16：0、*cut1* 突变体从抽薹开始每天用 5μmol/L C16：0 处理；*cut1*+C24：0、*cut1* 突变体从抽薹开始每天用 5μmol/L C24：0 处理；*cut1*-T2、*GhKCS13/GhCER6* 转基因的 *cut1* 突变体。拍照时植株在土壤中生长 40 天，图片底部数字为茎秆高度。B. A 中各种处理植株茎秆的半薄切片图（纵切）。括号中数字代表细胞长度

超长链脂肪酸促进棉花纤维细胞伸长机制的研究：我们用 0.1μmol/L 乙烯与 2.0μmol/L ACE 共同处理胚珠，培养 6 天后测量纤维长度，发现乙烯能够有效回复 ACE 对纤维生长的抑制作用，而乙烯合成抑制剂 AVG 对纤维生长的抑制作用只能被外加乙烯处理回复而不能被外加 C24：0 回复。乙烯处理 72h 后，超长链脂肪酸合成相关基因和 C_{18} 多不饱和脂肪酸合成相关基因的表达均未受到显著影响。此外，用气相色谱-质谱联用技术分析 ACE 处理和乙烯、ACE 共同处理 6 天的棉花材料的脂肪酸组成，发现除了 C20：0-OH 和 C22：0-OH 外两种处理的脂肪酸组成相似。

QRT-PCR 分析显示，外加 5.0μmol/L C24：0 处理很短时间后，4 个棉花 *ACO* 基因的表达水平就被明显上调（图 3-12A），其中 *ACO1* 和 *ACO4* 的转录水平在处理后 0.5h 就被显著上调，*ACO2* 处理后 1h 被上调，*ACO3* 处理后 6h 被上调，当处理时间到 24h 时，*ACO1* 和 *ACO2* 的表达丰度分别是未处理的 2000 倍和 170 倍。棉花 *ACS* 基因的转录水平没有受到 C24：0 处理的影响，长链脂肪酸 C16：0 也不能影响 *ACO* 和 *ACS* 基因的表达（图 3-12B）。

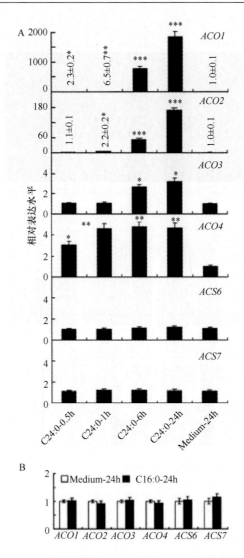

图 3-12　C24：0、C16：0 处理后棉花 *ACO* 基因和 *ACS* 基因表达谱的 QRT-PCR 分析
A. C24：0 处理不同时间 *ACO* 和 *ACS* 基因转录水平的变化；B. C16：0 处理 24h 对
ACO 和 *ACS* 基因转录水平的影响

　　研究 C24：0 和 ACE 处理不同时间纤维长度的变化和乙烯释放量的变化（图 3-13），发现 C24：0 处理 3h 即有高水平的乙烯释放，之后不断升高，到 10 天之后趋于平台期。而 C16：0 处理和未处理的对照组，乙烯释放的模式相似，在 6～12 天显著增加，之后趋于平台期。ACE 能完全抑制胚珠乙烯的释放。在纤维长度方面，培养 2 周后，野生型未处理的胚珠上纤维长度为(7.4±0.48)mm，而 C24：0 处理的胚珠上纤维的长度为(18.7±1.1)mm，是未处理对照组的 2 倍多，C16：0 处理在 8 天或 10 天之前对纤维伸长没有显著促进作用，但是处理时间继续增长后纤维伸长速率较未处理野生型有所加快，外加 ACE 能完全抑制纤维生长。

　　进一步克隆得到的 4 个纤维伸长期表达特异上调的 *KCS* 基因通过序列比对发现涵盖了目前已知的两个 *KCS* 基因亚家族：FAE 型植物特异 *KCS* 亚家族和 *ELO* 型 *KCS* 基因亚家族，而且这些基因与已知拟南芥和酵母基因在蛋白质水平上的相似性很高，也具有 *KCS*

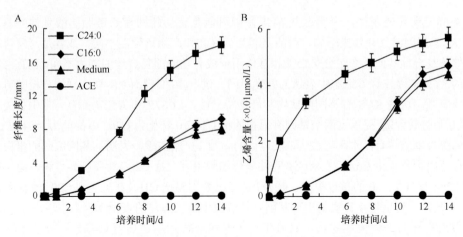

图 3-13　不同处理条件下体外培养胚珠的乙烯生产和纤维伸长速率
A. 不同处理条件下纤维伸长曲线；B. 不同处理条件下乙烯产生曲线

家族基因可能的保守活性位点，提示这些基因可能是棉花中有功能的 *KCS* 基因，参与棉花超长链脂肪酸的合成。本实验室成功克隆了 4 个棉花纤维发育早期表达特异上调的基因，即 *GhKCS2*、*GhKCS6*、*GhKCS12*、*GhKCS13*，通过序列分析，GhKCS6 和 GhKCS12 是酵母 ELO 型脂肪酸延伸酶，而 GhKCS2 和 GhKCS13 是植物特异的 FAE 型脂肪酸延伸酶。酵母互补实验及应用气相色谱-质谱联用对互补酵母脂肪酸组成分析显示这些基因可能是有功能的棉花 *KCS* 基因。QRT-PCR 分析纤维发育不同时期及不同纤维长度品种中 4 个 *KCS* 基因转录水平，显示其表达与纤维伸长过程是密切相关的。

应用体外培养技术，发现外加饱和超长链脂肪酸对纤维伸长有显著的促进作用，从而发现了一种新的促进纤维伸长的物质。ACE 是超长链脂肪酸合成的抑制剂，我们通过实验表明其对超长链脂肪酸的合成是特异的、有效的，表明 ACE 对纤维生长的抑制作用可能是由于使纤维细胞中超长链脂肪酸合成减少造成的。我们外加超长链脂肪酸后确实回复了 ACE 对纤维生长的抑制作用，这进一步说明超长链脂肪酸对纤维发育的必要性。通过外加饱和长链、超长链脂肪酸及超长链脂肪酸合成抑制剂 ACE 处理体外培养的胚珠及拟南芥野生型、*cut1* 突变体，发现超长链脂肪酸能显著促进纤维伸长，拟南芥主根、侧根、根毛和茎秆的伸长，特别是 C24：0 作用最明显，而 ACE 能完全抑制纤维生长，其抑制作用可被 C24：0 抵消。气相色谱-质谱联用分析表明纤维材料中的超长链脂肪酸含量也显著高于胚珠中的。

胚珠体外培养实验表明，乙烯可以回复 ACE 对纤维伸长的抑制作用，而 C24：0 不能抵消 AVG 的抑制作用，提示超长链脂肪酸可能在乙烯上游发挥作用。QRT-PCR 实验也表明 C24：0 能迅速诱导 *ACO* 基因的表达，而乙烯处理不能诱导超长链脂肪酸合成相关基因的表达。这些数据表明超长链脂肪酸可能直接调控乙烯合成，促进纤维伸长。伴随 *ACO* 基因表达的上调，乙烯产量迅速增加，而 *ACS* 基因的表达水平在这个过程中没有显著变化，表明 ACO 可能是乙烯合成限速酶。此外，LC/MS、QRT-PCR 分析也显示超长链脂肪酸可以促进鞘脂合成，但是促进作用发生在促进乙烯合成之后，提示超长链脂肪酸对纤维伸长的促进作用可能不是通过直接促进鞘脂合成。

酵母互补实验是验证基因功能的一个有效手段，我们克隆到的 4 个棉花 *KCS* 基因能够互补酵母致死突变体，表明这些 *KCS* 基因可能是有功能的超长链脂肪酸延伸酶基因，每个 *KCS* 基因的互补效果不同，可能是因为其底物和产物特异性不同，或者是与酵母脂肪酸延伸酶复合体其他 3 个组分蛋白质相互作用形成有功能的复合体的能力不同，也有可能是不同的 *KCS* 基因在酵母细胞中表达的强度不同。进一步的气相色谱-质谱联用分析酵母脂肪酸组成表明，这些 KCS 有不同的底物和产物特异性。*KCS12* 和 *KCS6* 都有与野生型类似的 C26∶0 脂肪酸含量，提示这两个基因有很强的将 C24∶0 转化为 C26∶0 的能力。棉花 *KCS13* 互补的酵母细胞中有高水平 C22∶0 及羟化的 C22∶0 脂肪酸，表明该基因编码的蛋白质可能的最适底物是 C20-CoA。在 *KCS2* 互补酵母细胞中有大量 C20∶0 脂肪酸堆积，而不能检测到 C26∶0，C22∶0 的量也很少，提示 *KCS2* 可能主要把 C18∶0 延伸到 C20∶0 而不能将 C22∶0 延伸，这也与互补实验中该基因互补酵母生长状态差的表型吻合。

拟南芥作为一种模式生物，具有生长周期相对较短、遗传背景清楚、分子生物学操作技术比较成熟等优点，我们的实验研究了超长链脂肪酸对棉花纤维细胞伸长的作用，超长链脂肪酸促进细胞伸长的作用是纤维细胞特异的，还是对其他类型细胞也存在呢？为了解答这个问题，我们研究了超长链脂肪酸对野生型拟南芥根的影响，发现超长链脂肪酸处理能显著促进主根、侧根和根毛的伸长。进一步实验发现，超长链脂肪酸处理使根中的 *ACO* 基因表达水平高调，已有报道指出乙烯是促进细胞伸长的激素，从而提示超长链脂肪酸对根系伸长的促进作用可能是通过乙烯实现的。

拟南芥 *cut1* 突变体较野生型植株有明显的表层蜡质缺陷，并有条件性不育现象，对低湿环境的耐受力差，同时，我们发现 *cut1* 突变体较野生型植株矮小，提示茎秆细胞伸长可能受到影响。土壤中施加超长链脂肪酸和将棉花 *GhKCS13* 在 *cut1* 突变体中表达，均导致茎秆伸长到野生型水平，表明超长链脂肪酸对细胞伸长的影响并不局限于施加部位，能有效促进茎秆的伸长。茎秆中 *ACO* 基因表达水平也升高，表明超长链脂肪酸可能影响了茎秆中的乙烯合成，证实饱和超长链脂肪酸特别是 C24∶0 对棉花纤维及拟南芥多种细胞类型具有显著促进伸长的作用，超长链脂肪酸促进伸长的机制可能是通过刺激乙烯合成实现的（Qin et al., 2007）。

第四节　初生壁合成与纤维发育

一、植物细胞壁的结构与核苷糖代谢

植物的生长和形态构成取决于细胞的伸长和膨大。植物细胞与动物细胞的不同在于植物细胞有一层细胞壁包围。它是主要由多糖和其他多聚分泌物组成的有序网络结构，另外还含有少量蛋白质和酚类等对其理化特性有修饰作用的物质。细胞壁不仅能控制细胞的体积和形状，而且在结构和组成上是复杂多变的，这就使得它对植物的生长、发育和对环境的响应有着重要作用。除了上述的生理功能，植物细胞壁在人类经济发展中也有重要作用。它作为一种天然产物，主要用于工业造纸、纺织、木材等的生产，此外提取的多糖还可以用于制造合成纤维、胶黏剂及增稠剂等。作为参与生态系统的有机碳库和膳食中的粗粮来源，植物细胞壁对环境和人类健康也很重要。综上，研究植物细胞壁的结构、合成具有重要的理论意义和实用价值。

　　植物细胞壁的结构和组成：细胞壁一般具有两种主要结构，即初生壁（primary wall）和次生壁（secondary wall）。初生壁由生长细胞形成，可扩展，无特异性，分子构造接近相同。而次生壁则是在细胞壁停止生长后形成的，在不同分化阶段其结构和成分高度特化。胞间层（middle lamella）很薄，存在于相邻细胞壁连接处，是在细胞分裂过程中出现细胞板时形成的。

　　细胞壁多糖由各种单糖在多个位置成键相连而成。有 11 种常见的单糖，其中 D-甘露糖（mannose, Man）和 D-半乳糖（galactose, Gal）是 D-葡萄糖（glucose, Glc）的差向异构体，D-甘露糖醛酸（mannuronic acid, ManA）、D-半乳糖醛酸（galacturonic acid, GalA）和 D-葡萄糖醛酸（glucuronic acid, GlcA）是上述 3 种糖经 C-6 羟基氧化成羧基得到的，D-木糖（xylose, Xyl）和 D-芹菜糖（apiose, Api）是 D-葡萄糖醛酸脱羧形成的五碳糖，L-阿拉伯糖（arabinose, Ara）是 D-木糖的差向异构体。此外还有两种 C-6 脱氧糖，即 L-鼠李糖（Rha, rhamnose）和 L-岩藻糖（Fuc, fucose）。多糖由组成它们的单糖来命名。葡聚糖（glucan）由葡萄糖聚合而成，半乳聚糖（galactan）由半乳糖构成，木聚糖（xylan）由木糖聚合。对于分支的多糖，主链以最后部分命名，如木葡聚糖（xyloglucan）是以葡萄糖残基构成的主链加侧链木糖构成的多糖。初生壁由埋在多糖基质（matrix）中的纤维素微纤丝组成，具有一定的强度和弹性。细胞壁基质主要由半纤维素和果胶两类多糖加少量蛋白质组成。

　　纤维素（cellulose）：纤维素是植物细胞壁的主要骨架成分，由紧密叠加的微纤丝（microfibril）组成，微纤丝则是由（1→4）-β-D-葡萄糖组成的直链结构。纤维素微纤丝由多条葡聚糖链组成，比较坚韧，不易降解。单个葡聚糖链是由 2000 个甚至更多的葡萄糖残基组成的。

　　半纤维素（hemicellulose）：半纤维素是一种紧密结合在细胞壁上的非均质多糖，能用强碱将它们从除去果胶的细胞壁上洗脱下来。半纤维素结合在纤维素表面，富有弹性，将不同的纤维素微纤丝交联在一起，形成网状结构，或在其表面形成外壳阻止微纤丝之间的接触。不同组织和不同物种的半纤维素组成有所不同，双子叶植物的初生壁中，主要是木葡聚糖（xyloglucan），与纤维素一样，木葡聚糖有一个由（1→4）-β-D-葡萄糖残基连接的主链。另外还可能含有其他重要的生理多糖，如葡聚糖醛酸阿拉伯木聚糖（glucuronoarabinoxylan）和葡甘露聚糖（glucomannan）。禾本科植物细胞壁还含有(1→3, 1→4)-β-D-葡萄糖，也称为混接葡萄糖。

　　果胶（pectin）：果胶是非均一多糖，填充于纤维素和半纤维素之间的网状结构中，可以防止网络结构的凝集和解体，同时也决定了细胞壁对大分子的通透性。果胶含有酸性糖（如半乳糖醛酸）和中性糖（如鼠李糖、半乳糖和阿拉伯糖），是最易溶解的细胞壁多糖，可用钙离子螯合剂提取。果胶多糖结构域有一个相对简单的初级结构——同聚半乳糖醛酸（homogalacturonan, HG），又称为多聚半乳糖醛酸（polygalacturonic acid），是通过（1→4）糖苷键连接的 α-D-半乳糖醛酸残基的多聚物。另外一种果胶多糖是聚鼠李糖半乳糖醛酸 I（rhamnogalacturonan I, RG-I），主链由鼠李糖和半乳糖醛酸残基交替形成。分子结构更复杂的是具很多分支侧链的聚鼠李半乳糖醛酸 II（rhamnogalacturonan II, RG-II），它含有一个多聚半乳糖醛酸主链，主链上覆盖多种不同的侧链，而这些侧链至少有 10 种不同的单糖通过不同方式连接。含量最多的是 HG，约占果胶的 70% 左右；RG-I 次之，占 35%左右；RG-Ⅱ仅占约 10%（Bacic，2006）。图 3-14 展示了 3 种果胶多糖的基本结构（Bacic，2006）。RG-Ⅱ单元之间通过硼酸二酯相互交联，增加了细胞壁的孔隙，使机械强度下降（O'Neillet al.，2004）。RG-Ⅰ和 RG-Ⅱ被认为通过共价键与 HG 相连，但是关于 RG-Ⅰ和 RG-Ⅱ之间的连接还没有证据。RG-Ⅰ侧链为中性糖，糖链分支、侧链长度及侧链与主链的连接也很多变。HG 中有时也会出现木糖（Xyl）或芹菜糖（Api）。主链半乳糖醛酸残基上还常有甲基化或乙酰化修饰。

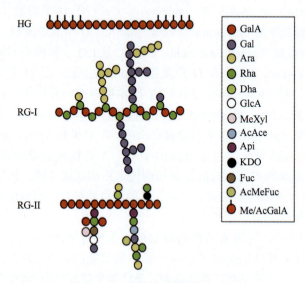

图 3-14　3 种果胶多糖结构示意图

细胞壁含有一些结构蛋白，根据它们富含的优势氨基酸分类，如富羟脯氨酸糖蛋白（hydroxyproline-rich glycoprotein，HRGP）、富甘氨酸蛋白（glycine-rich protein，GRP）等。除此以外，细胞壁还含有阿拉伯半乳聚糖蛋白（arabinogalactan protein，AGP），这些水溶性蛋白质几乎全被糖基化，主要是半乳糖和阿拉伯糖。

植物核苷糖的生物合成：核苷糖是多糖合成的活化底物，其合成由一整套酶来完成。核苷糖有两条不同的合成途径。从头合成途径：先产生一整套核苷糖，作为合成多糖的底物。另一些单糖通过"救援"途径形成，即通过 C-1 激酶和二磷酸核苷糖焦磷酸化酶合成核苷糖。对于重新利用从细胞壁多聚糖上水解下来的单糖，"救援"途径必不可少。

植物中的大多数单糖都是从 UDP-D-Glc 一步步转换而来的，而 L-果糖（fructose，Fru）、L-Gal 则是从 GDP-D-Man 衍生而来的。GDP-L-Fru 的合成需要 GDP-D-甘露糖-4,6-脱水酶（GDP-D-mannose-4,6-dehydratase，GMD）和双功能的 GDP-4-酮-6-脱氧-D-甘露糖-3,5-异构-4-还原酶（GDP-4-keto-6-deoxy-D-mannose-3,5-epimerase-4-reductase，GER）的先后参与。而 GDP-L-Gal 需要 GDP-D-甘露糖-3,5-异构酶（GDP-D-mannose 3,5-epimerase，GME）来合成，这个酶同时也可合成 GDP-L-古洛糖（GDP-L-gulose）。

UDP-D-Glc 可以直接转换到 UDP-D-Gal、UDP-D-GlcA 或 UDP-L-Rha。在细菌中，TDP-L-Rha 是由 TDP-D-Glc 被 3 个基因编码的 3 个酶催化反应得来的。而在植物中，是通过一个称为 RHM 的酶催化 3 个反应使 UDP-D-Glc 转变成 UDP-L-Rha。UDP-D-GlcA 是由 UDP-D-葡萄糖脱氢酶（UDP-D-glucose dehydrogenase，UGD）从 UDP-D-Glc 不可逆转化而

来的。另一种 40kDa 的植物 UGD（Robertson et al.，1996）经鉴定催化其逆反应，原因是它对 UDP-D-Glc 的亲和力较低和它的乙醇脱氢酶（alcohol dehydrogenase，ADH）活性。但是，克隆和表达这个双功能 UGD/ADH 说明植物在遗传上存在另一种不同的 UGD。

UDP-D-Xyl 生物合成的分子基础在病原霉菌 *Cryptococcus neoformans* 中可以通过对细菌 UDP-D-葡萄糖醛酸脱羧酶（UDP-D-glucuronic acid decarboxylase）的检测和对豌豆 UDP-D-木糖合酶（UDP-D-xylose synthase，UXS）的蛋白质测序来阐明。此两项研究都显示了重组蛋白质的酶活性。纯化和重组的豌豆蛋白质在分子质量、最适 pH 及 NAD$^+$ 需求上的差异，可能归因于植物中的翻译后修饰。另外，并系同源的基因可能编码两种在动力学上不同的 UDP-D-木糖-4-异构酶（UDP-D-xylose-4-epimerase，UXE）的同工酶。与同时存在多种不同的 *UXS* 基因的认识相符，拟南芥基因组中有 6 个 *UXS*，它们与豌豆和真菌的 *UXS* 很相近。这些 UXS 根据它们是有末端氨基信号肽还是有疏水锚定肽段，被分别称为膜锚定 UDP-D-葡萄糖醛酸脱羧酶（membrane-anchored UDP-D-glucuronic acid decarboxylase，AUD）或可溶性葡萄糖醛酸脱羧酶（soluble UDP-D-glucuronic acid decarboxylase，SUD）。表达的拟南芥重组蛋白 AtUXS1/AUD3 和 AtUXS3/SUD2 可以在体外将 UDP-D-GlcA 转变为 UDP-D-Xyl。植物、真菌和哺乳动物中编码的 39kDa 或 48kDa UXS 蛋白具高度相似性，而一个 87kDa UDP-D-葡萄糖醛酸脱羧酶的发现表明了另一种不同类型植物 UXS 的存在。另外两种与植物 *UXS* 基因家族关系稍远的拟南芥基因编码的是 UDP-D-芹菜糖/UDP-D-木糖合酶（UDP-D-apiose/UDP-D-xylose synthase，AXS）。纯化的重组 AXS1 能够将专一性底物 UDP-D-GlcA 转变为 UDP-D-Xyl 和 UDP-D-Api（Seifert et al.，2002）。

UDP-D-Glc、UDP-D-GlcA 和 UDP-D-Xyl 都能被 UDP-糖-4-差向异构酶（UDP-sugar 4-epimerase）可逆地转变成 UDP-D-Gal、UDP-D-GalA 和 UDP-L-Ara。有 3 类预测的拟南芥蛋白质与各物种的 UDP-葡萄糖-4-差向异构酶（UDP-glucose-4-epimerase，UGE）具有很高的序列相似性（Seifert et al.，2002）。第一类有 4 个拟南芥蛋白质，与之前已经克隆鉴定的拟南芥 UGE1 及其他物种的 UGE 蛋白具有相同的簇（cluster）（Seifert，2004）。拟南芥所有的 5 个 UGE 蛋白都能够实现体外 UDP-D-Glc 和 UDP-D-Gal 之间的转换。*UGE4* 与根毛缺陷（root hair defective1，RHD1）位点相同，对于含有半乳糖的细胞壁多糖合成具有重要作用。UDP-D-GalA 是由 UDP-D-葡萄糖醛酸-4-差向异构酶（UDP-D-glucuronic acid 4-epimerase，GAE）催化合成的。第三类 *UGE* 类似基因在拟南芥中有 4 个，其中包括 *UXE1*，此基因的突变导致细胞壁中 50% 的阿拉伯糖丧失。重组表达的 UXE1 能够特异地实现 UDP-D-Xyl 和 UDP-L-Ara 之间的转换。

尿苷二磷酸鼠李糖的合成：鼠李糖（Rha）即 6-脱氧-L-甘露糖，是果胶多糖的重要糖组分之一。在细菌中，dTDP-Glc 转化为 dTDP-Rha 需要 3 个基因——*RmlB*、*RmlC* 和 *RmlD*，分别编码可依次反应的 3 个酶：脱水酶、异构酶和还原酶；而在植物中 UDP-Glc 到 UDP-Rha 的转化可由一个单独的酶——鼠李糖合酶（rhamnose synthase，RHM）来完成，因为其同时拥有 3 个酶活结构域。拟南芥 *RHM* 基因家族有 3 个成员。拟南芥 RHM2 的 T-DNA 插入突变体的叶和根，其细胞壁成分无显著变化，但种子胶质糖组成中 Rha 和 GalA 减少了 50%。这说明 RHM2 参与了细胞壁 RG-Ⅰ 的生物合成，间接的暗示 3 个 *RHM* 基因在 L-Rha 生物合成中的作用。

在拟南芥各组织中 *RHM1* 表达丰度都较高，*RHM1* 突变体细胞壁糖组成虽无显著变化，但类黄酮物质发生了变化，可能与该类物质的鼠李糖基化有关。而过表达 *RHM1* 能使拟南芥细胞壁鼠李糖成分增加。此外，*RHM1* 的突变使拟南芥根毛发育突变体 *lrx1* 的表型恢复，而 *RHM1* 突变体之一 *roll-2* 的根毛变短。综上表明，UDP-Rha 的合成在植物发育过程中非常重要。

在拟南芥基因组中还有另外一个与 UDP-Rha 合成有关的基因——UDP-4-酮-6-脱氧-葡萄糖异构还原酶（UDP-4-keto-6-deoxy-D-glucose 3，5-epimerase 4-reductase，UER1）基因，UER1 的 C 端与 RHM 的相似，有异构酶和还原酶两个结构域，在拟南芥的很多组织大量表达。但在拟南芥中没有同 RHM 的 N 端功能一样的基因，这样 UER1 就缺少了反应所需的生理底物。所以，UER1 的具体功能有待于进一步研究。

尿苷二磷酸葡萄糖醛酸和尿苷二磷酸半乳糖醛酸的合成：UDP-Glc 经 UGD 脱去 C-6 位上的氢而生成 UDP-GlcA。Klinghammer 和 Tenhaken 研究了拟南芥基因组中 4 个 UGD 不同的酶动力学性能和组织表达特异性。UDP-GlcA 在异构酶 GAE 的作用下产生 UDP-GalA。有 3 个课题组几乎同时鉴定了拟南芥 *GAE*，并分析了表达水平，GAE 是高尔基体定位的蛋白质，在拟南芥基因组中有 6 个成员（Gu and Bar-Peled，2004）。

植物细胞壁各组分的生物合成：新的初生壁是在细胞质移动过程中组装起来的，细胞壁扩张停止后，次生壁形成。高尔基体是合成非纤维素多糖的场所，合成后由高尔基体衍生出的小泡胞吐作用分泌并运输到细胞壁。纤维素则在原生质膜外表面合成的。

纤维素的合成：电子显微证据表明，微纤丝由一些大而有序的蛋白质复合体合成，这些复合物镶嵌在质膜中，由 6 个亚基组成，每个亚基又包括 6 个纤维素合酶（cellulose synthase）。纤维素合酶能合成形成微纤丝的单个（1→4）-β-D-Glc。高等植物纤维素合酶由被称为纤维素合酶 A（cellulose synthase A，CesA）的基因家族编码（Arioli et al.，1998）。在拟南芥基因组中有 10 个 *CesA* 基因。*CesA* 家族属于纤维素合酶类似物（cellulose synthase-like，Csl）超家族，这些超家族编码的酶是糖-核苷酸多糖糖基转移酶（sugar nucleotide polysaccharide glycosyltransferase），它们把单糖从核苷糖转移到正在伸长的多糖链末端。有证据表明，用于合成纤维素的 UDP-Glc 来自蔗糖。研究认为，蔗糖合酶（sucrose synthase，Sus）通过 UDP-Glc 从蔗糖转运 Glc 到正在伸长的纤维素链上，此过程中蔗糖合酶起了代谢通道的作用。

半纤维素的合成：与纤维素类似的 β 连接的半纤维素多糖可能是由纤维素合酶类似蛋白（Csl）合成的。有人鉴定了几个合成甘露聚糖的基因（Liepman et al.，2005）。此外，还报道过一些与半纤维素合成相关的糖基转移酶（Lerouxel et al.，2006）。

果胶的合成：可能与果胶合成有关的糖基转移酶、甲基转移酶和乙酰基转移酶大约有 67 个（Mohnen，2008），但其中只有 4 个基因做了遗传和酶活验证。首先被鉴定的是合成拟南芥果胶 HG 的半乳糖醛酸糖基转移酶（galacturonosyl transferase，GAUT）基因。两个合成 RG-II 的拟南芥基因 *RGXT1*（xylosyltransferase）和 *RGXT2* 也被鉴定出来，它们可以将 Xyl 加到 Fuc 上，生成 α-1，3 糖苷键。此外有一个木糖基转移酶（xylogalacturonan deficient 1，XGD1），它可以生成 Xyl 修饰的 HG。

二、棉花纤维中初生壁合成的研究

棉花纤维伸长期蛋白质组学分析：以徐州 142（wild type，WT）及其无绒无絮突变体（fuzzless-lintless，fl）为研究材料，突变体最初在徐州 142 号棉田中发现。制备了 WT 材料 10DPA 纤维（带胚珠）和 fl 10DPA 胚珠（图 3-15A）的总蛋白样品，简称为

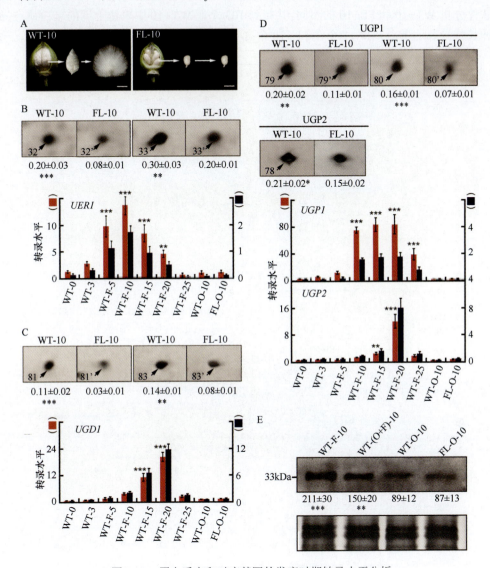

图 3-15　蛋白质点和对应基因的发育时期转录水平分析

A. +10DPA 野生型（WT-10，左）棉花纤维梳开以利于与+10DPA fl 突变体（FL-10，右）进行对比。右下角标尺为 1cm。B. GhUER1 蛋白（32 号和 33 号蛋白质点）在 10DPA 野生型（WT-10）和突变体（FL-10）材料中的表达量，相对表达丰度在蛋白质点对应下方，由 3 次结果统计得到，以总蛋白为 100 进行计算。GhUER1 各发育时期的 QRT-PCR 转录水平分析。红色色柱（左侧柱）代表相对 0DPA 野生型材料（WT-0）的转录水平，即以 WT-0 的转录水平为 1 进行计算。蓝色柱（右侧柱）代表相对 GhUBQ7（看家基因）的转录水平。WT-0 和 WT-3 代表野生型未去纤维的胚珠，WT-F-5、WT-F-10、WT-F-15、WT-F-20、WT-F-25 分别代表野生型 5~25DPA 的纤维。WT-O-10 和 FL-O-10 代表 10DPA 野生型胚珠（去除纤维）和突变体胚珠。结果均来自 3 次独立的重复。*、**和***分别代表统计学上 0.05、0.01 和 0.001 水平上的显著差异。误差线表示标准差。下同。C. GhUGD1 蛋白（81 号和 83 号蛋白质点）在 10DPA 野生型（WT-10）和突变体（FL-10）材料中的表达量。图下方数字代表相对表达丰度。GhUGD1 各发育时期的 QRT-PCR 转录水平分析。D. GhUGP1 蛋白（79 号和 80 号蛋白质点）和 GhUGP2（78 号蛋白质点）在 10DPA 野生型（WT-10）及突变体（FL-10）材料中的表达量。图下方数字代表相对表达丰度。GhUGP1 和 GhUGP2 各发育时期的 QRT-PCR 转录水平分析。E. UER 蛋白在 10DPA 各组织中的含量比较

WT+10 和 FL+10（Li et al.，2007）。用 pH 4～7 和 pH 3～10 的 24cm 胶条进行了双向电泳银染图谱的构建（3 次独立的重复）。如图 3-16 所示，共分离到 1570±25 个蛋白质点。经软件分析 WT+10 和 FL+10 的不同，共得到 103 个在 WT+10 中表达上调的蛋白质点（纤维伸长特异表达蛋白）和 11 个在 FL+10 中含量高的蛋白质点。

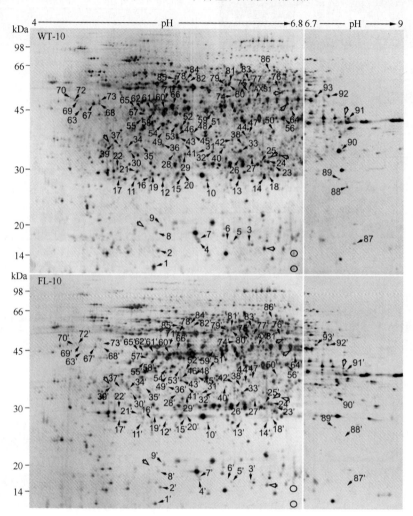

图 3-16　野生型胚珠与突变体胚珠的银染蛋白质胶对比

对差异点进行编号，并在 CBB R350 染色的胶上切点，胰酶消化，用 MALDI-TOF MS 得到 PMF 图谱。检索 NCBInr 蛋白质数据库，只有 33 个蛋白质点匹配到棉花蛋白质，这些蛋白质由 22 个基因编码而成。未检索到陆地棉蛋白质的 PMF，继续用于检索棉花 EST 数据库（下载于 NCBI）。利用匹配 EST，通过 EST 拼接、对应 cDNA 文库中克隆的测序和 RACE（rapid amplification of cDNA end）技术，得到基因的全长。最后，再次检索确认 PMF 与全长蛋白质的匹配。利用这种鉴定方法，又鉴定了 60 个差异蛋白质点，由 44 个棉花基因编码而成。11 个 *fl* 中高表达的蛋白质也用相同方法鉴定。因此，共得到 WT+10 中上调表达的蛋白质点 93 个，由 66 个棉花基因编码而成，FL+10 中高丰度蛋白质 11 个。用 KOBAS（KEGG orthology based annotation system）软件（Mao et al.，2005）对代谢途径分析发现，93 个 WT+10 上调表达蛋白质点和 11 个 FL+10 上调表达蛋白质点被归入到不同代谢途径中，9 条代谢途径在纤维伸长期显著高调（$P<0.001$）。其中核苷糖转换代谢途径列第一位。核苷糖转换代谢途径中得到的各种核苷糖产物是合成细胞壁多糖的活化底物，说明细胞壁多糖的合成对细胞伸长有重要作用。核苷糖转换代谢途径中共有 3 类酶，即 UDP-4-酮-6-脱氧-D-葡萄糖异构还原酶（UER）、UDP-D-葡萄糖焦磷酸化酶（UGP）和 UDP-D-葡萄糖脱氢酶（UGD），包括 7 个蛋白质点（蛋白质点编号分别为 32、33、78、79、80、81、83）。3 类蛋白质分别是合成 UDP-Rha、UDP-Glc、UDP-GlcA 的关键酶，其可能通过改变细胞壁的结构而影响棉花纤维细胞的伸长。为进一步确认核苷糖转换代谢途径相关蛋白质点所对应的基因，又进行了二级质谱鉴定。经二级质谱（Nano-LC-FTICR MS 或 MALDI-TOF/TOF MS）鉴定发现，32 号蛋白质点和 33 号蛋白质点是由同一个基因 UER1 编码而成的。78 号蛋白质点是由 UGP2 编码的，79 号蛋白质点和 80 号蛋白质点是由 UGP1 编码的，81 号蛋白质点和 83 号蛋白质点是由 UGD1 编码的。

棉花纤维蛋白质组学研究发现，UER1、UGD1、UGP1 和 UGP2 对应的 7 个蛋白质在纤维快速伸长时期显著高调（图 3-15B、C、D），它们属于核苷糖转换代谢途径，KOBAS 分析认为该途径是纤维伸长过程中最显著上调的代谢途径之一。为了更加深入地了解这些蛋白质在纤维发育过程中的作用，又进行了这些蛋白质对应基因转录水平的研究。

分别提取了野生型徐州 142 的 5DPA、10DPA、15DPA、20DPA、25DPA 的纤维（WT-F-5、WT-F-10、WT-F-15、WT-F-20、WT-F-25），0DPA、3DPA 的胚珠（带纤维，WT-0、WT-3），还有突变体胚珠（FL-O-10）和去纤维野生型胚珠（WT-O-10）的 RNA，进行了 QRT-PCR 分析。相对于 0DPA 胚珠材料，UER1（图 3-15B）在快速伸长期（5DPA、10DPA、15DPA）极显著上调，其在 10DPA 纤维中的转录水平是 0DPA 胚珠的 10 倍左右。UGD1（图 3-15C）在纤维伸长期也显著上调（15DPA），但最高峰在 20DPA，说明它对纤维细胞次生壁的起始和合成也有一定作用；UGP1（图 3-15D）在纤维伸长期显著上调（10DPA、15DPA），其峰值在 20DPA，高表达一直持续到 25DPA；UGP2（图 3-15D）在纤维伸长期显著上调（10DPA、15DPA）。UGP 表达高峰都在 20DPA，说明它们还为纤维细胞次生壁纤维素的合成提供原材料。从实验结果也可看出，这些基因在 10DPA 纤维和胚珠中的转录水平与蛋白质表达水平一致，基因在转录水平受调控（图 3-15E）。

提取了 WT 和 fl 材料 10DPA 的可溶性蛋白质，其中包括单独的 10DPA 纤维（WT-F-10）和 10DPA 胚珠（WT-O-10）分离的材料。实验表明，UER 蛋白含量最高的是 WT-F-10 材料，其次是整个 WT 10DPA 材料［WT-（O+F）-10］，而两种胚珠材料的 UER 蛋白含量相似。进一步说明了 UER 蛋白在纤维发育过程中的特异性。

将棉花 UER1 蛋白在大肠杆菌中表达，并进行纯化，得到 37.2kDa 蛋白质。通过 RHM 基因编码的 N369 蛋白将 UDP-Glc 转化为 UER1 的底物 UDP-4 酮-6 脱氧-葡萄糖（UDP-4K6DG），来检测 UER 的活性。UER 借助辅酶 NADPH，将底物完全转化为产物 UDP-Rha，并产生 $NADP^+$。

为了对核苷糖代谢相关蛋白质有一个总体的认识，了解基因家族的组成。从本实验室 cDNA 文库中又克隆了 UER2、UGD2~5，QRT-PCR 分析表明，UER1、UGD1、UGP1 和 UGP2 是棉花各同源基因中的主要基因。棉花 UGD1 在体外表达纯化后，得到 55.5kDa

蛋白质。借助辅酶 NAD$^+$，UGD1 可将底物 UDP-Glc 转化为产物 UDP-GlcA，同时还生成 NADH。同样，我们也做了棉花 UGP1（56.3kDa）和 UGP2（55.9kDa）的体外表达纯化。酶活反应显示 UGP1 和 UGP2 均能使反应底物 Glc-1-磷酸（无紫外吸收）和 UTP 转化为活化的 UDP-Glc。植物中存在一种称为 RHM 的酶，可以把 UDP-Glc 转换成 UDP-Rha，而 UER 则不能单独完成这一过程，它的第一步反应依赖于 RHM 的 N 端结构域。可见 UER 在植物体，尤其是棉花纤维中的作用具有特殊意义，很有可能是起调控作用的关键因子。

乙烯和超长链脂肪酸对棉花核苷糖转换基因的调控：棉花纤维的快速极性生长与植物激素的合成、细胞膜和细胞壁的合成密切相关（梅文倩等，2010）。为了研究乙烯和超长链脂肪酸对细胞壁合成的调控，对离体培养的胚珠进行了乙烯或超长链脂肪酸（C24：0）处理（Shi et al.，2006；Qin et al.，2007），并提取对照和处理的总蛋白跑双向蛋白电泳（2-DE）。结果表明，乙烯和 C24：0 都可以诱导 UER1（图 3-17A）、UGD1（图 3-17B）、UGP1（图 3-17C）相关蛋白质点的上调，而 UGP2 则不受乙烯和 C24：0 的诱导（图 3-17C）。0.1μmol/L 的乙烯或 5μmol/L C24：0 处理组织培养材料 3h、6h 和 12h，提取对照和处理材料的 RNA。实时定量 PCR 分析发现，乙烯和 C24：0 均可以显著促进 *UER1*（图 3-17D）、*UGD1*（图 3-17E）和 *UGP1*（图 3-17F）基因的转录。相反乙烯和 C24：0 处理的突变体（*fl*）胚珠，蛋白质表达和转录水平分析均未发现 *UER1*、*UGD1*、*UGP1* 和 *UGP2* 的变化。

综上所述，核苷糖相关基因 *UER1*、*UGD1*、*UGP1* 在转录水平与蛋白质表达水平相一致，都能被乙烯和超长链脂肪酸（C24：0）诱导，并且是在转录水平调控的。而 *UGP2*、*RHM* 不受乙烯调控。乙烯和超长链脂肪酸能够促进棉花纤维伸长，这种表型可以在处理后 72h 就能观察到。根据前面的结果，乙烯可能通过调节某些核苷糖合成来发挥作用。已知乙烯抑制剂氨基乙氧基乙烯甘氨酸（aminoethoxyvinylglycine，AVG）能有效抑制组织培养过程中棉花纤维的伸长（Shi et al.，2006），再添加 UDP-Rha 和 UDP-GalA 两种果胶前体核苷糖后，对棉花纤维伸长的抑制得到了恢复，从而进一步证明了核苷糖在乙烯下游发挥作用。

棉花纤维细胞单糖成分分析：利用糖醇乙酯衍生法结合气相色谱-质谱联用技术测定了 WT 棉花纤维与 WT 棉花胚珠、*fl* 突变体胚珠的细胞壁非纤维素中性糖的组成。各组织细胞壁经 TFA 裂解，NaBH$_4$ 还原和乙酸酐（C$_4$H$_6$O$_3$）乙酯化生成各中性单糖的糖醇乙酯衍生物，然后进行气相色谱分析。样品中各糖成分与标准品保留时间和质谱图一致，并且与 NIST 谱库中的鉴定结果也相符。从图 3-18A、B 中可以看出，10DPA 的 WT 纤维细胞（WT-F-10）和 WT 胚珠（WT-O-10）或 *fl* 突变体胚珠（FL-O-10）的细胞壁中性单糖组成有很大不同，在纤维细胞壁中 Rha 和 Ara 的含量显著高于胚珠，而在胚珠中 Xyl 和 Glc 含量较高，Gal 含量没有显著差异。10DPA 的 *fl* 胚珠（FL-O-10）和 WT 胚珠（WT-O-10）的细胞壁中性糖成分无显著差异。

植物细胞壁单糖组分中的总醛酸糖（GalA 和 GlcA）利用间羟基联苯比色法测定，各醛酸糖含量可通过三甲基硅烷（TMS）衍生后用气相色谱-质谱联用仪测定。WT 纤维细胞（WT-F-10）、WT 胚珠（WT-O-10）和 *fl* 胚珠（FL-O-10）细胞壁中醛酸糖的定量结果显示，在 10DPA 纤维细胞中醛酸糖的含量明显高于胚珠。而 10DPA 两种胚珠细胞壁中醛酸糖含量无明显差异。

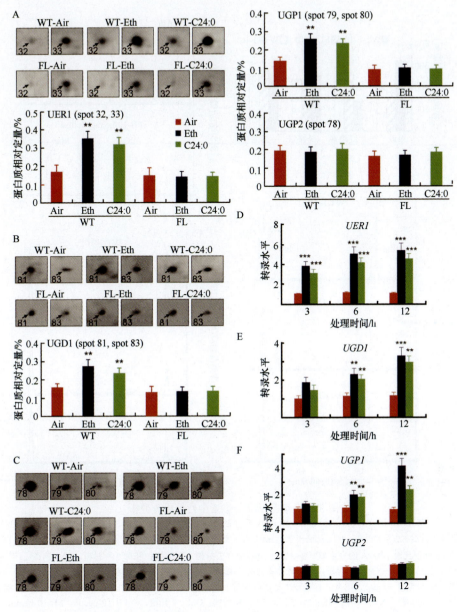

图 3-17　乙烯和超长链脂肪酸（C24：0）对 GhUER1、GhUGD1 和 GhUGP1 的诱导。

A. UER1 在乙烯（Eth）和超长链脂肪酸木蜡酸（C24：0）处理后的蛋白质表达水平分析。开花后 1 天野生型（WT）和突变体（FL）胚珠经过离体培养 24h 后，提取蛋白质跑 2-DE。图中显示为 32 号和 33 号蛋白质点。柱状图为蛋白质的相对定量。红色柱为对照，蓝色柱为 0.1μmol/L 乙烯（Eth）处理，绿色柱为 5μmol/L 超长链脂肪酸木蜡酸（C24：0）处理。定量结果为两个蛋白质点信号数据的加和，数据统计来自 3 次独立的重复。**代表统计学上 0.01 水平上的显著差异。误差线表示标准差。下同。B. UGD1 在乙烯（Eth）和超长链脂肪酸木蜡酸（C24：0）处理后的蛋白质表达水平分析。开花后 1 天野生型（WT）和突变体（FL）胚珠经过离体培养 24h 后，提取蛋白质跑 2-DE。图中显示为 81 号和 83 号蛋白质点。柱状图为蛋白质的相对定量。C. UGP1 和 UGP2 在乙烯（Eth）和超长链脂肪酸木蜡酸（C24：0）处理后的蛋白质表达水平分析。开花后 1 天野生型（WT）和突变体（FL）胚珠经过离体培养 24h 后，提取蛋白质跑 2-DE。图中显示为 78 号、79 号和 80 号蛋白质点。柱状图为蛋白质的相对定量。D. UER1 在野生型胚珠经过乙烯（Eth）和超长链脂肪酸木蜡酸（C24：0）处理 3h、6h 和 12h 后转录水平的变化。E. UGD1 在野生型胚珠经过乙烯（Eth）和超长链脂肪酸木蜡酸（C24：0）处理 3h、6h 和 12h 后转录水平的变化。F. UGP1 在野生型胚珠经过乙烯（Eth）和超长链脂肪酸木蜡酸（C24：0）处理 3h、6h 和 12h 后转录水平的变化。处理对 UGP2 无影响。以未处理的野生型胚珠作为对照（红色），转录水平定为 1

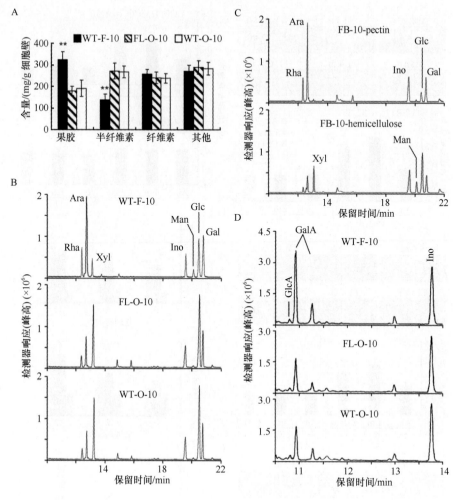

图 3-18　细胞壁非纤维素中性糖成分分析

A. WT-F-10、FL-O-10 和 WT-O-10 分别代表 10 DPA 的野生型纤维（黑色柱）、野生型胚珠（去纤维，白色柱）和突变体胚珠（斜线柱）3 种材料。**代表统计学上 0.01 水平上的显著差异。误差线表示标准差。B. WT-F-10、FL-O-10 和 WT-O-10 分别代表 10DPA 的野生型纤维、野生型胚珠（去纤维）和突变体胚珠 3 种材料。气相色谱-质谱联用分离并鉴定了不同材料中中性糖的含量，非纤维素细胞壁多糖经过完全的水解变成单糖后衍生成糖醇乙酸酯。各峰对应的中性单糖和含量（mg/g 细胞壁）已在图中标注，肌醇（Ino）作为定量的内标在提取细胞壁时就加入。Rha. 鼠李糖；Ara. 阿拉伯糖；Xyl. 木糖；Man. 甘露糖；Glc. 葡萄糖；Gal. 半乳糖。C. FB-10-pectin、FB-10-hemicellulose 分别代表从 10DPA 的野生型纤维中分离的果胶和半纤维素。气相色谱-质谱联用分离并鉴定了不同材料中中性糖的含量，多糖经过完全水解变成单糖后衍生成糖醇乙酸酯。各峰对应的中性糖和含量（mg/g 细胞壁）已在图中标注，肌醇（Ino）作为定量的内标。Rha. 鼠李糖；Ara. 阿拉伯糖；Xyl. 木糖；Man. 甘露糖；Glc. 葡萄糖；Gal. 半乳糖。D. WT-F-10、FL-O-10 和 WT-O-10 分别代表 10DPA 的野生型纤维、野生型胚珠（去纤维）和突变体胚珠 3 种材料。气相色谱-质谱联用分离并鉴定了不同材料中醛酸糖的含量，非纤维素细胞壁多糖经过完全的水解变成单糖后经 TMS 衍生成硅烷化产物。各峰对应的醛酸糖和含量（mg/g 细胞壁）已在图中标注，肌醇（Ino）作为定量的内标在提取细胞壁时就加入。GalA. 半乳糖醛酸；GlcA. 葡萄糖醛酸

　　从 10DPA 纤维细胞细胞壁中分离了果胶和半纤维素，经过水解衍生后进行了气相色谱-质谱联用分析。如图 3-19C 所示，比较 10DPA 的纤维细胞壁果胶（FB-10-pectin）和半纤维素（FB-10-hemicellulose）组成发现，果胶中含有相对较多的 Rha 和 Ara，而半纤

维素中主要是 Xyl 和 Glc。非纤维素多糖绝大部分由果胶和半纤维素组成，由上面的结果得知，快速伸长的纤维细胞壁的非纤维素中性糖中含有显著多的 Ara 和 Rha，这些糖主要来自于果胶。

Rha 和 Ara 主要存在于果胶当中，而 Xyl 和 Glc 主要存在于半纤维素中，GalA 也是果胶的主要成分。快速伸长的纤维细胞细胞壁的非纤维素多糖中含有较多的 Rha、Ara 和 GalA，Xyl 和 Glc 含量相对较少，这说明快速伸长期纤维细胞壁含有较多的果胶成分，半纤维素则较少。将果胶、半纤维素各单糖成分加和得到总的含量。各材料细胞壁中纤维素的含量利用蒽酮比色法测定。10DPA 的纤维细胞中含有较多的果胶，而半纤维素则在胚珠中含量较高。各组分在 WT 胚珠和 fl 胚珠中没有显著差异。结果暗示果胶在纤维的快速伸长中可能有重要作用。

结合前面蛋白质组研究及核苷糖代谢通路中相关基因转录水平分析的结果，合成Rha 的相关蛋白质 UER 在纤维伸长期高表达可能为纤维细胞壁中 Rha 的增多作了贡献。Ara 和 GalA 的增多可能是 UGD 等的高调引起的。

果胶前体核苷糖对棉花纤维伸长的影响：向组织培养液中加入 5μmol/L 的果胶前体核苷糖，如中性核苷糖 UGP-Rha 或醛酸糖 UDP-GlcA、UGP-GalA，能显著促进纤维的伸长。加入所有核苷糖的前体 UDP-Glc 也有　定的促进作用。而加入 5μmol/L 木葡聚糖（主要存在与半纤维中）的前体核苷糖 UGP-Xyl 对纤维伸长没有影响。加入游离的单糖 Rha、GlcA、GalA 也对促进离体纤维的伸长无影响。从以上结果中可以进一步看出核苷糖代谢在纤维发育过程中的重要性，尤其是合成果胶的那些前体核苷糖，也暗示了果胶合成在纤维伸长，即初生壁形成过程中具有的重要作用。而作为所有糖活化形式的底物 UDP-Glc 既可能参与到果胶的合成中，也可能参与到半纤维素、纤维素的合成中，因此推测这是导致它作用不如果胶前体效果明显的原因。

用市售同位素 ^{14}C 标记的核苷糖 UDP-Xyl、UDP-GlcA，以及从 UDP-Glc 通过酶活反应转化得到的 UDP-Rha 进行胚珠离体培养实验 6 天后测得：1.66nmol 的 UDP-Rha 和UDP-GlcA 最终 30%～43%可被野生型胚珠吸收利用，而只有约 20%的 UDP-Xyl 被吸收。突变体对这些核苷糖的吸收都明显少于野生型，说明快速伸长的纤维对核苷糖的需求量更大。分别提取野生型和突变体材料的细胞壁，发现 ^{14}C 标记的核苷糖进入了植物的细胞壁组分。再进一步分离细胞壁的非纤维素成分，即果胶和半纤维素，便发现 UDP-Rha 和 UDP-GlcA 大多在果胶中，UDP-Xyl 主要在半纤维素中，与之前的研究结果相一致。

GAE 是合成果胶前体核苷糖 UDP-GalA 的酶，把 UDP-GlcA 转化为产物。但是由于GAE蛋白定位在高尔基体上，因此在棉材料细胞质蛋白质组学分析中未能找到该蛋白质。基于棉花伸长期芯片数据和 cDNA 文库，利用同源克隆的方法得到了在棉花纤维中高表达的 GAE 家族成员。转录水平分析显示 GAE3 是该家族中表达量最高的基因，发育时期表达谱分析表明 GAE3 在纤维快速伸长期显著高表达。对乙烯处理的棉花胚珠体外培养材料进行转录水平分析，发现乙烯能够在 6h 显著促进 GAE3 基因的转录。说明 GAE3 和其他 3 种（UER1、UGD1、UGP1）在果胶合成途径中发挥作用的基因一样，也受到乙烯的调控。

为了进一步鉴定棉花 GAE 基因的功能，对表达丰度最高的 GAE3 蛋白进行了体外表达和酶活鉴定。在大肠杆菌中重组表达的棉花 GAE3 蛋白经镍柱纯化后，电泳得到一条清晰的蛋白质条带，位置显示也与理论分子质量 53.9kDa 相符。在反应体系中加入底物 UDP-GlcA，重组 GAE3 蛋白可将其转化为产物 UDP-GalA，在 HPLC-UV 检测中可清楚地观察到底物的减少和产物的增加。将产物经过衍生反应后用气相色谱-质谱联用进行鉴定，保留时间和质谱图均与标准品一致。

　　果胶前体核苷糖对拟南芥根毛生长的影响：拟南芥 UER1 基因的突变体 uer1-1，用 PCR 的方法鉴定出纯合体，并利用 Southern 印迹技术鉴定 T-DNA 插入为单拷贝，T-DNA 插入位置为拟南芥 UER1 的外显子 2，在该突变体中 UER1 完全不表达。对拟南芥 GAE6 基因的突变体 gae6-1 也做了上述突变体鉴定。uer1-1、gae6-1 突变体整株与 Columbia 型没有明显差异（图 3-19A），但是 uer1-1、gae6-1 的根毛明显短于野生型（图 3-19B）。uer1-1 突变体短根毛的表型，可以通过 1824bp AtUER1 上游启动子区连接棉花 cDNA（GhUER1c）或拟南芥本身基因组序列（AtUER1g）转入该突变体得到回复。同样，gae6-1 突变体短根毛的表型，可以通过 2002bp At GAE6 上游启动子区连接棉花 cDNA（GhGAE3c）或拟南芥本身基因组序列（AtGAE6g）转入该突变体得到回复。向 1/2MS 培养基中添加 5μmol/L UDP-Rha 或 UDP-GalA 也可以回复对应基因突变体的表型，但是添加 Rha 或 GalA 则不能回复（图 3-19 C～F）。

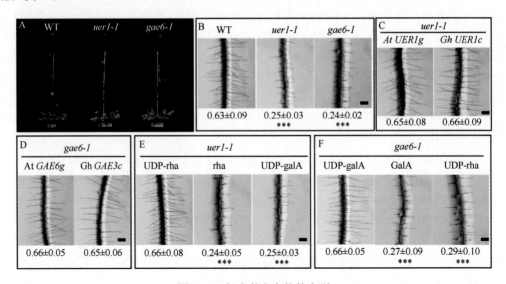

图 3-19　拟南芥突变体的表型

A. 拟南芥野生型 Col 和突变体 uer1-1、gae6-1 开花时的植株表型。B. 10 天拟南芥成熟根毛区的近距离观察。数字表示根毛长度（单位：mm）。***代表统计学上 0.001 水平上的显著差异。标尺长度为 200μmol/L。C. 拟南芥突变体 uer1-1 T₂ 代转拟南芥 UER1 基因片段或棉花 UER1 cDNA 的植株回复到野生型根毛的长度。D. 拟南芥突变体 gae6-1 T₂ 代转拟南芥 GAE6 基因组片段或棉花 GAE3 cDNA 的植株回复到野生型根毛的长度。标尺长度为 200μmol/L。E. 5μmol/L 外源 UDP-鼠李糖（UDP-Rha，左）的加入能够回复突变体 uer1-1 根毛到野生型长度，而游离的鼠李糖（Rha，中）或 UDP-半乳糖醛酸（UDP-GalA，右）不行。F. 5μmol/L 外源 UDP-半乳糖醛酸（UDP-GalA，左）的加入能够回复突变体 gae6-1 根毛到野生型长度，而游离的半乳糖醛酸（GalA，中）或 UDP-鼠李糖（UDP-Rha，右）不行。标尺长度为 200μm

　　在拟南芥乙烯信号突变体 ein2-5（Guzman and Ecker，1990）和超长链脂肪酸合成突变体 cut1 中，UER1 和 GAE6 基因表达量显著减少，根毛与对应野生型相比显著变短（图 3-20A、B）。向 1/2 MS 培养基中加入 5μmol/L UDP-Rha 或 UDP-GalA，则使突变体根毛长度增加，但与野生型根毛相比还有一定差异，UDP-Xyl 对根毛伸长无明显作用。但是

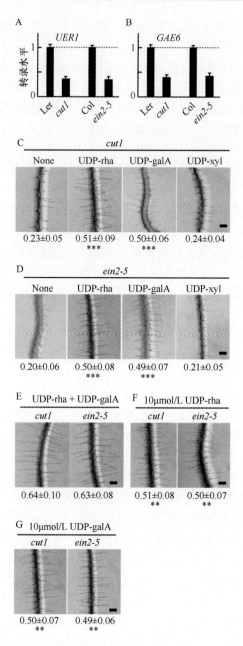

图 3-20　拟南芥上游信号突变体中基因转录水平分析及果胶前体核苷糖对这些突变体表型的回复

A. *UER1* 在拟南芥突变体 *cut1* 和 *ein2-5* 及对应野生型中的转录水平分析。B. *GAE6* 在拟南芥突变体 *cut1* 和 *ein2-5* 及对应野生型中的转录水平分析。参比基因为 At*UBQ5*（tair 登录号 At3g62250）。C. 5μmol/L 外源 UDP-鼠李糖（UDP-Rha）或 UDP-半乳糖醛酸（UDP-GalA）能显著促进突变体 *cut1* 根毛的伸长，而等量的 UDP-木糖（UDP-Xyl）则无效。D. 5μmol/L 外源 UDP-鼠李糖（UDP-Rha）或 UDP-半乳糖醛酸（UDP-GalA）能显著促进突变体 *ein2-5* 根毛的伸长，而等量的 UDP-木糖（UDP-Xyl）则无效。数字为根毛长度统计值（单位：mm）。标尺长度为 200μmol/L。E. 5μmol/L 外源 UDP-鼠李糖（UDP-Rha）和 UDP-半乳糖醛酸（UDP-GalA）同时加入（UDP-Rha+UDP-GalA）能将拟南芥突变体 *cut1* 和 *ein2-5* 的根毛回复到野生型长度。F. 10μmol/L 外源 UDP-鼠李糖（UDP-Rha）的加入并不能使突变体的根毛长得更长。G. 10μmol/L 外源 UDP-半乳糖醛酸（UDP-GalA）的加入并不能使突变体的根毛长得更长。标尺长度为 200μm

同时加入 5μmol/L 的 UDP-Rha 和 UDP-GalA，根毛长度可回复到野生型的水平，这是单独加入任一种核苷糖无法达到的，这就进一步说明果胶合成的两个前体核苷糖在拟南芥根毛伸长过程中都是不可或缺的（图 3-20C～G）（Pang et al.，2010）。尽管成熟棉花纤维中 90%都是纤维素，果胶含量极低，但本研究结果表明，果胶在纤维快速伸长过程中发挥着重要的作用。就像建筑工地的脚手架，起到构建框架的作用，以支持次生细胞壁的合成和棉花纤维细胞的伸长（Qin and Zhu，2011）。

第五节　次生壁加厚期转录组研究

棉花四倍体栽培种基因组结构复杂（Guo et al.，2008），目前四倍体棉花的基因组测序已经完成，功能基因组分析任务庞大，要明确多数基因功能尚需时日。转录组学（Wilkins and Arpat，2005）、蛋白质组学（Yang et al.，2008）、代谢组学（周青等，2009）和激素调控机制（Shi et al.，2006）在发掘重要经济性状的候选基因方面均有应用。转录组分析在遗传学中仍是分离棉花纤维发育相关基因的重要方法。

棉花纤维作为一种高度特化的细胞，其发育必然需要大量特异基因的表达，如果转录组中的相关基因能够被识别，并分析其在纤维发育中的作用，对于了解纤维发育的机制及对纤维品质的影响，甚至分子育种等均具有重要作用。有研究表明，无论是纤维伸长期还是次生壁加厚期，均有大量基因表达。例如，在纤维伸长期大约有 14 000 个基因活跃表达（Arpat et al.，2004），显示该时期纤维细胞活跃的代谢过程。为了确定具有重要功能的候选基因和从伸长期到次生壁加厚期转换开关的关键基因，基因芯片（Arpat et al.，2004）和 cDNA-AFLP（肖月华等，2003）等多种高通量转录组研究方法得到了有效利用。Arpat 等（2004）利用基因芯片对 10DPA 和 24DPA 的纤维细胞进行转录组研究，结果显示超过 2553 个与纤维细胞扩张有关的特异基因伴随着伸长期的结束而下调表达，而大约有 81 个以上的新基因在次生壁加厚期特异表达。

与水稻、玉米和拟南芥等重要的模式生物一样，棉花纤维作为细胞壁发育的模式细胞，目前已经获得了大量棉花纤维特异表达的 EST，为基因克隆和表达分析奠定了重要基础。截止 2009 年 5 月 1 日，在 GeneBank 数据库（http：//www.ncbi.nlm.nih.gov/dbEST）中被注册的棉属植物 EST 中，有 269 802 条来自异源四倍体栽培种，其中 268 779 条来自陆地棉（G. hirsutum），占 71.6 %；1023 条来自海岛棉（G. barbadense），不足 0.3 %。另外有 63 577 条来自雷蒙德氏棉（G. raimondii，D_5）占 16.9 %；41 768 条来自亚洲棉（G. arboreum，A_2），占 1.1 %；247 条来自草棉（G. herbaceum，A_1）。以上合计有 375 394 条 EST。与水稻（1 248 955 条）、玉米（2 018 530 条）、拟南芥（1 527 298 条）等重要的模式生物相比，棉属植物的 EST 数量仍显较少，其转录组仍需要加强研究。

另据 Zhang 等（2008）对来自 3 个棉属植物（G. hirsutum、G. arboreum 和 G. raimondii）18 种基因型的 32 个 cDNA 文库（Shi et al.，2006；Arpat et al.，2004；Udall et al.，2006）的统计结果，来自胚珠和纤维发育前 3 个阶段的 187 080 条 EST 中，有 43.6 % 来自纤维起始期，46.5 %来自伸长期，5.7 %来自次生壁加厚期。很明显此前多数研究获得的 EST 主要来自纤维细胞的发端和伸长，而次生壁加厚期 EST 较少。但如前所述，次生壁加厚期的基因与纤维品质高度相关，特别是与纤维强度相关，因此研究次生壁加厚期的转录组更为重要。

转录组研究可以明确基因序列及其表达谱，根据功能注释可以了解其可能的功能，关键的候选基因经过功能分析与验证，可以开发功能标记用于 MAS（marker-assisted selection）及分子设计育种应用。鉴于海岛棉比陆地棉具有更好的纤维品质（长度、强度和细度等），研究海岛棉和陆地棉纤维细胞次生壁加厚期发育的转录组差别可有助于纤维品质候选基因的发掘。

虽然通过转录产物的序列结合生物信息学分析很容易获得多数基因的功能信息，并可能建立有效的基因互作网络。但是转录组研究在发掘功能基因中的难题是，转录组分析（如 cDNA-AFLP、SSH、基因芯片等）往往获得多个基因，甚至是大量的基因，在确定关键候选基因及候选基因的功能验证方面需要结合其他研究结果，否则难以做到有的放矢。

由此可见，转录组分析和传统 QTL 定位在发掘控制重要性状的候选基因中均存在本身难以克服的技术缺陷，在发掘控制棉花纤维品质候选基因的研究中，有必要开发新型的分子标记技术，以结合转录组分析和传统 QTL 定位的优势，有可能提高目标基因的命中率和研究效率。

利用转录组图谱进行重要基因分离是近年发展的一种新方法。Brugmans 等（2002）直接使用分离群体 cDNA-AFLP 所获得的转录片段（transcript-derived fragment，TDF）作为分子标记构建了转录组图谱，该方法能直接获得转录标记所对应的基因信息。与基因组标记技术不同，转录组图谱使用源于 mRNA 的双链 cDNA 作为模板，直接检测不同基因型材料特定表达谱的目标基因多态性而构建。其研究认为，cDNA-AFLP 的转录标记在全部染色体上均匀分布，多态性主要源于基因组 DNA 相对应转录区的多态性，而且转录组图谱的标记位置与该基因的位置相一致，与基因组标记相比，转录组标记多态性同样丰富。直接对基因的转录组作图在少数几个植物上有所尝试。例如，使用 cDNA-SRAP 在甘蓝（*Brassica oleracea*）中构建的转录组图谱（Li and Quiros，2001；Li et al.，2003），通过转录标记的直接比对发现，甘蓝和拟南芥基因组在染色体区段内存在广泛的共线性（Li et al.，2003）。

遗传连锁图的一个基本目的是为质量或数量性状位点的定位提供参考，而转录组标记来自基因的编码序列，因此转录组标记所代表的就是潜在的功能基因。最近 Ritter 等（2008）以 cDNA-AFLP 技术获得了一个整合的马铃薯转录组图谱，包含近 700 个 TDF，覆盖 800cM，以此转录组图谱为基础，通过对已知 QTL 共定位的 TDF 分析，鉴别出 2 个抗病相关基因。

转录组图谱不仅可以将代表基因的 TDF 准确地置于遗传图谱上，而且可以依据与其共分离的性状判断基因的功能。例如，通过分析与 4-C 硫代葡萄糖苷含量完全连锁的转录组 cDNA 标记，获得一个与芸薹植物 4-C 侧链硫代葡萄糖苷含量有关的重要候选基因（Li et al.，2002）。与基因组不同，转录组的基因表达具有具体的时空特异性。从这点来说，转录组图谱可以用于分析特异组织、特定处理和特定发育阶段所关联的特殊性状 QTL，通过基因的差异表达和 QTL 的共分离，发掘控制特定性状的候选基因（Brugmans et al.，2002；Ritter et al.，2008）。例如，Fernández-Del-Carmen 等（2007）结合 BSA 分析和基于 cDNA-AFLP 的转录组作图，进行分离群体的 QTL 分析，获得了一系列与块茎发育早晚有关的候选基因。

以上分析可见，转录组图谱分析可以弥补经典的 QTL 定位的不足，基于转录组图谱的 QTL 分析是一个发掘特定时空条件所决定性状的候选基因的可靠方法。目前，在棉属植物中尚无利用转录组图谱的 QTL 定位的报道。

为此，本研究以陆地棉中棉所 8 号和海岛棉 Pima 90-53 次生壁加厚期（20～25DPA）的棉花纤维为材料，进行 cDNA-AFLP 分析，对获得的差异表达片段 TDF 进行功能注释，并进行转录组分析；以差异表达 TDF 为转录组标记，以 F_2（中棉所 8 号×Pima 90-53）和 BC_1[（中棉所 8 号×Pima 90-53）×中棉所 8 号]为分离群体，构建棉花纤维次生壁加厚期转录组图谱，并基于 BC_1 群体通过复合区间作图法（CIM）分析上半部平均长度、整齐度指数、马克隆值、伸长率和断裂比强度 5 个纤维品质性状的 QTL。与纤维品质 QTL 共分离的 TDF 所代表的基因是控制纤维品质的候选基因；以差异表达的 TDF 为基础，克隆棉花纤维品质相关基因、分析基因的时空表达特性和功能。该研究将为棉花纤维品质育种提供有价值的基因资源，研究结果对棉花纤维发育过程调节、植物细胞壁发育控制及棉花纤维品质形成机制具有重要的理论意义。

一、海陆 F_2 群体次生壁加厚期转录组研究

（一）cDNA-AFLP 转录产物的遗传多样性

提取两亲本及分离群体各单株的棉花纤维总 RNA，反转录获得双链 cDNA。参照 Bachem 等（1996）的研究方法进行 cDNA-AFLP 分析。以 *Mse*I 和 *Eco*RI 两种限制性内切核酸酶同时消化双链 cDNA，然后与两种接头 *Mse*I adapter 和 *Eco*RI adapter 连接。以不带有选择性碱基的 M00 和 E00 为引物进行预扩增，最后以含有两个选择性碱基的引物进行选择性扩增。选择性扩增产物变性后进行 6.0%变性 PAGE 使用硝酸银法染色（银染）。

256 对引物组合在亲本间共筛选出 37 对具有多态性的引物。用这 37 对不同的引物组合进行 cDNA-AFLP 选择性扩增及表达谱剖析。结果表明，每对引物组合扩增总条带数为 35～74 条，平均为 44.9 条。37 对引物组合共扩增出 138 条多态性片段，片段大小分布在 100～722bp，68.11%的片段集中分布在 150～300bp。每对引物扩增 1～7 条多态性片段，平均扩增 3.79 条。

亲本及后代共有 6 种类型 cDNA-AFLP 带型。大多数条带在作图群体中表达一致，为单态性带，即 C 类型。B 类型表现为条带颜色深浅的差异，其他类型则是有/无的多态性差异带。在 138 条多态性片段中，75 条在亲本之间具有多态性，占总条带数的 54.35%。其中父本具有表达条带的（A 类型）为 27 条，母本为（D 类型）48 条，其余 63 条片段在后代中表现为多态性而在亲本间表现一致，对应于 E、F 两种类型。E 类型是在亲本中均表达，F 类型是在亲本中均不表达，但二者在后代中均呈现多态性（表 3-3）。

（二）多态性 cDNA-AFLP 表达转录片段测序分析

对 75 条多态性表达转录片段进行克隆测序，用 GenBank 的公共数据库进行同源性分析。通过和 EST 数据库比较分析，结果表明 44 条序列与已知的棉花 EST 同源性较高，

表 3-3　多态性 cDNA-AFLP 片段的分布

多态性（父本：母本）	片段大小/bp					总数
	≤150	151~200	201~300	301~400	401~722	
0：0	5	11	21	7	2	46
1：1	5	3	7	0	2	17
1：0	3	4	19	1	0	27
0：1	9	13	16	4	6	48
总数	22	31	63	12	10	138
所占比例/%	15.94	22.46	45.65	8.70	7.25	100

注：第一列中的 0 代表条带缺失，1 代表条带存在

其中有 37 条来自棉花纤维或胚珠。在来自棉花纤维或胚珠的 37 条中，有 26 条与陆地棉同源、7 条与亚洲棉同源、4 条与雷蒙德氏棉同源（表 3-4）。

表 3-4　测序的 75 个 TDF

序列名称	与 75 个 TDF 同源的基因产物			与 44 个 TDF 同源的已报道的棉花 EST		
	E 值	基因产物	数据库序列号	E 值	EST 来源	数据库序列号
M23/E19-191	8E-22	GIA/RGA-like gibberellin response modulator [Gossypium hirsutum]	AAO62757	2E-84	immature ovules [Gossypium hirsutum]	DT561998
M11/E13-167	8E-19	vacuolar H⁺-ATPase catalytic subunit [Gossypium hirsutum]	AAC17840			
M25/E18-123*	6E-12	cysteine proteinase [Gossypium hirsutum]	CAE54307	1E-42	meristematic region, very young fiber. roots. Stem [Gossypium hirsutum]	DT564784
M11/E12-188*	5E-18	arabinogalactan protein [Gossypium hirsutum]	AAO92753	9E-90	fiber 10 and 20 days post anthesis [Gossypium hirsutum]	DR176755
M15/E15-217*	1E-16	cellulose synthase 2 [Gossypium barbadense]	AAN28293			
M19/E25-108*	0.004	vacuolar H⁺-pyrophosphatase [Prunus persica] （had cloned in fiber）	AAL11507	9E-33	immature ovules [Gossypium hirsutum]	DT568769
M23/E15-358	2E-41	putative receptor protein kinase [Glycine max] （had cloned in fiber）	BAE46451	9E-88	fibers isolated from bolls 7-10DPA fiber library [Gossypium arbortum]	BQ410602
M23/E15-355	2E-41	putative receptor protein kinase [Glycine max] （had cloned in fiber）	BAE46451	9E-88	fibers isolated from bolls 7-10DPA fiber library [Gossypium arbortum]	BQ410602
M23/E15-287*	2E-41	putative receptor protein kinase [Glycine max] （had cloned in fiber）	BAE46451	9E-88	fibers isolated from bolls 7-10DPA fiber library [Gossypium arbortum]	BQ410602
M16/E18-217	3E-38	putative senescence-associated protein [Pisum sativum]	BAB33421	403	ovule first day the flower opens [Gossypium hirsutum]	AJ513915
M11/E15-201*	5E-16	putative senescence-associated protein [Pyrus communis]	AAR25995			
M13/E13-292*	2E-47	putative senescence-associated protein [Pyrus communis]	AAR25995			

序列名称	与 75 个 TDF 同源的基因产物			与 44 个 TDF 同源的已报道的棉花 EST		
	E 值	基因产物	数据库序列号	E 值	EST 来源	数据库序列号
M19/E25-279*	1E-41	putative senescence-associated protein [Pyrus communis]	AAR25995	1E-135	leaves [Gossypium hirsutum]	DV850388
M11/E12-276*	1E-22	putative senescence-associated protein [Pisum sativum]	BAB33421	1E-86	meristematic region, very young fiber. roots. stem [Gossypium hirsutum]	DW480660
M11/E12-204*	7E-37	putative senescence-associated protein [Pisum sativum]	BAB33421	7E-132	immature ovules -3 to +3 [Gossypium raimondii]	DV850405
M13/E23-296*	3E-41	putative senescence-associated protein [Pyrus communis]	AAR25995	1E-139	meristematic region, very young fiber. roots.stem [Gossypium hirsutum]	DW493754
M20/E12-390*	3E-38	putative senescence-associated protein [Pisum sativum]	BAB33421	0.0	−3 to 0DPA cotton ovules stage [Gossypium hirsutum]	DT467130
M19/E25-141*	5E-13	putative senescence-associated protein [Pisum sativum]	BAB33421			
M20/E21-198	3E-38	putative senescence-associated protein [Pisum sativum]	BAB33421	0.0	−3 to 0DPA cotton ovules stage [Gossypium hirsutum]	DT467130
M13/E17-296*	2E-47	putative senescence-associated protein [Pyrus communis]	AAR25995	2E-150	meristematic region, very young fiber. roots.stem [Gossypium hirsutum]	DV850399
M20/E12-455*	5E-37	putative senescence-associated protein [Pisum sativum]	BAB33421	0	root 7-10 weeks after planting [Gossypium hirsutum]	DT466194
M20/E12-206	2E-10	putative senescence-associated protein [Pisum sativum]	BAB33421	9E-47	root 7-10 weeks after planting [Gossypium hirsutum]	DW493754
M22/E17-185*	3E-12	putative phosphatidylinositol kinase [Chenopodium rubrum]	CAK22275	2E-75	−3 to +3 DPA floral [Gossypium raimondii]	CO111296
M22/E17-175*	3E-12	putative phosphatidylinositol kinase [Chenopodium rubrum]	CAK22275	8E-78	−3 to +3 DPA floral [Gossypium raimondii]	CO111296
M11/E15-275*	1E-33	clathrin binding protein-like [Arabidopsis thaliana]	CAB87689	2E-128	7-10DPA fiber [Gossypium raimondii]	CO115866
M20/E18-227	0.61	ARF1-binding protein [Arabidopsis thaliana]	BAD93968	1E-41	meristematic region, very young fiber. roots.stem [Gossypium hirsutum]	DW501701
M23/E19-186*	3E-14	heat shock protein 70 [Nicotiana benthamiana]	BAD02273			
M20/E22-309	1E-22	Oxidoreductase [Arabidopsis thaliana]	NP563866	325	meristematic region, very young fiber. roots.stem [Gossypium hirsutum]	DW478999
M20/E15-169	5E-7	endo-polygalacturonase-like protein [Arabidopsis thaliana]	CAB62015	2E-29	stem 3 weeks after planting [Gossypium hirsutum]	DW227451
M19/E12-287*	5E-32	dTDP-glucose 4-6-dehydratase homolog D18 [Arabidopsis thaliana]	CAB83133	1E-49	fiber of secondary wall stage [Gossypium hirsutum]	CO493310
M20/E12-265*	6E-34	putative UDP-glucuronate decarboxylase 4[Nicotiana tabacum]	AAT40110	2E-119	meristematic region, very young fiber. roots.stem [Gossypium hirsutum]	DW515371

续表

序列名称	与 75 个 TDF 同源的基因产物			与 44 个 TDF 同源的已报道的棉花 EST		
	E 值	基因产物	数据库序列号	E 值	EST 来源	数据库序列号
M25/E22-180*	3E-6	glyceraldehyde-3-phosphate dehydrogenase [Musa acuminata]	AAV70659	6E-29	stem 3 weeks after planting [Gossypium hirsutum]	DW227875
M14/E14-240*	7E-27	hydroxymethyltransferase [Arabidopsis thaliana]	CAB10172	5E-98	fibers isolated from bolls 7-10DPA fiber library [Gossypium arboreum]	BQ406565
M15/E15-123	2E-3	isopentenyl/dimethylallyl diphosphate synthase [Nicotiana benthamiana]	AAS75818	5E-49	meristematic region, very young fiber. roots.stem [Gossypium hirsuum]	DW493581
M16/E15-126*	0.033	isopentenyl/dimethylallyl diphosphate synthase [Nicotiana benthamiana]	AAS75818	3E-42	meristematic region, very young fiber. roots.stem [Gossypium hirsuum]	DW517853
M19/E12-160*	2E-3	putative zinc finger protein [Pisum sativum]	CAA60828	2E-66	fiber of secondary wall stage [Gossypium hirsuum]	CO495522
M13/E13-240*	4E-26	ribosomal protein S15 [Arabidopsis thaliana]	CAA80681	3E-102	fibers isolated from bolls 7-10 DPA fiber library [Gossypium arboreum]	DW505721
M20/E12-276*	3E-41	translation initiation factor eIF-4A1 [Arabidopsis thaliana]	CAC43286	4E-135	fibers isolated from bolls 7-10DPA fiber library [Gossypium arboreum]	CO119423
M11/E13-207	2E-27	putative translation factor [Pinus pinaster]	CAC84489	5E-58	six days post anthesis cotton fiber [Gossypium hirsuum]	AI725827
M11/E15-273*	0.056	ribosomal protein S29 [Hyacinthus orientalis]	AAT08693	1E-61	fibers isolated from bolls 7-10DPA fiber library [Gossypium arboreum]	BG441126
M12/E21-496	8E-4	hypothetical protein [Arabidopsis thaliana]	BAD95338	2E-20	meristematic region, very young fiber. roots.stem [Gossypium hirsutum]	DW504139
M13/E16-123*	5E-8	hypothetical protein [Arabidopsis thaliana]	CAB46038	9E-46	whole seedlings [Gossypium raimondii]	CO102637
M13/E16-261	2E-13	conserved hypothetical protein [Medicago truncatula]	ABE83063			
M13/E16-264*	6.8E	unknown protein [Arabidopsis thaliana]	NP973923	8E-94	meristematic region, very young fiber. roots.stem [Gossypium hirsutum]	DW500236
M16/E15-106*	0.002	r40g3 protein [Oryza sativa (japonica cultivar-group)]	XP479573	2E-34	fiber - 1 day after anthesis [Gossypium hirsutum]	DW228148
M15/E15-174	3E-7	P0425G02.19 [Oryza sativa (japonica cultivar-group)]	NP915943	1E-61	stem -3-5 weeks after planting [Gossypium raimondii]	CO120566
M26/E17-242	3E-17	NADH dehydrogenase I chain M [Salmonella typhimurium]	AAL21218			

序列名称	与 75 个 TDF 同源的基因产物			与 44 个 TDF 同源的已报道的棉花 EST		
	E 值	基因产物	数据库序列号	E 值	EST 来源	数据库序列号
M13/E17-622*	5E-102	paraquat-inducible protein B [Escherichia coli]	NP415471			
M20/E22-355	2E-8	predicted gluconate transport associated protein [Escherichia coli]	EB390295			
M25/E22-233	2E-24	predicted 2Fe-2S cluster-containing protein [Escherichia coli]	CJ732155			
M12/E14-209*	2E-106	predicted protein [Escherichia coli]	NP310804			
M20/E26-235	5E-11	fused conserved protein [Escherichia coli]	NP414998			
M20/E21-625*	5E-25	hypothetical protein b1088 [Escherichia coli]	NP415606			
M13/E17-100*	5E-14	glutamate-1-semialdehyde 2, 1-aminomutase [Escherichia coli]	AAR25995			
M15/E15-242*	5E-13	hypothetical zinc-type alcohol dehydrogenase [Escherichia coli]	YP672526			
M13/E16-241*	4E-15	50S ribosomal subunit protein L3 [Shigella flexneri]	AAN44815			
M13/E17-722*	1E-16	peptidyl-prolyl cis-trans isomerase C [Shigella flexneri]	AAN45287			
M22/E17-242	1E-17	peptidyl-prolyl cis-trans isomerase [Shigella flexneri]	AAN45287			
M13/E21-402*	2E-28	hypothetical protein [Aquifex aeolicus]	NP214229			
M20/E21-133*	3E-16	NADH dehydrogenase subunit M [Salmonella typhimurium]	NP461259			
M12/E21-285*	3.9	hypothetical protein [Coccidioides immitis]	EAS36730			
M16/E18-219	3E-24	putative ADP-ribose pyrophosphatase [Burkholderia]	ABE30469			
M20/E21-186*	8.9E	autotransporter [Bordetella parapertussis]	CAE40144	7E-14	six-day fiber [Gossypium hirsutum]	AI725848
M23/E14-213*	8E-14	putative transcriptional regulator, Fis family [Pelobacter carbinolicus]	YP357371			
M24/E20-185*	8E-22	hypothetical chloroplast RF1 [Vitis vinifera]	DQ424856	1E-26	meristematic region, very young fiber. roots.stem [Gossypium hirsutum]	DW517681

续表

序列名称	与 75 个 TDF 同源的基因产物			与 44 个 TDF 同源的已报道的棉花 EST		
	E 值	基因产物	数据库序列号	E 值	EST 来源	数据库序列号
M17/E12-217[*]	5.2E	PepSY-associated TM helix [*Psychrobacter*]	ZP01272456			
M26/E19-135[*]	2E-8	phosphoribosy laminoimidazole-succinocarboxamide synthase [*Escherichia coli*]	AAN81454			
M26/E19-132[*]	2E-8	phosphoribosy laminoimidazole-succinocarboxamide synthase [*Escherichia coli*]	AAN81454			
M20/E22-179[*]	6.7	polyketide synthase [*Gibberella moniliformis*]	AAR92219			
M20/E24-269		no significant similarity found				
M20/E24-260[*]		no significant similarity found		5E-117	meristematic region, very young fiber. roots.stem [*Gossypium hirsutum*]	DW477343
M15/E15-155		no significant similarity found		1E-136	fiber - 1 day after anthesis [*Gossypium hirsutum*]	CO494731
M16/E18-186[*]		no significant similarity found				
M26/E19-140[*]		no significant similarity found		1E-29	meristematic region, very young fiber. roots.stem [*Gossypium hirsutum*]	DW504731

*代表定位在连锁群上的序列

通过基因同源性比较发现，75 条多态性片段中有 9 条与已报道的 7 个棉花纤维基因同源，包括半胱氨酸蛋白激酶（http：//www.ncbi.nlm.nih.gov/）、液泡 H^+-焦磷酸激酶、液泡 H^+-ATP 催化亚基（Smart et al.，1998）、半乳糖蛋白（Ji et al.，2003）、受体蛋白激酶（Li et al.，2005）、GIA/RGA-赤霉素应答元件（Gokani and Thaker，2002）和纤维素合成酶（Kurek et al.，2002）。其余 66 个转录产物为新的基因片段，这些基因在棉花中还未克隆，其中有 37 个与已报道的其他植物上的基因同源性较高，24 个与菌类基因具有较高同源性，5 个未有同源性基因。序列分析表明，不同引物组合有的可以扩增得到同一个基因片段，本研究中有 9 对不同引物扩增得到与衰老基因同源性较高的 13 个标记（表 3-4）。

根据 GO（gene ontology）分析结果，同时依据 Bevan 等（1998）的分类方法，46 个植物基因代表的蛋白质主要分为 10 类（图 3-21）。其中参与信号转导较多，占 41.3%。代谢途径蛋白质相关基因 7 个，占 15.22%；蛋白质合成降解有关的相关基因共 5 个，约占 11%；转录调控相关基因和转座子相关基因均为 2 个，各占到 4.35%；与细胞生长分裂、细胞防卫有关的 2 个，也各占 4.35%；未知蛋白质编码基因 11 个，约 10.87%。可见，亲本在纤维品质上的差异涉及广泛的代谢途径和生理过程。推测在纤维发育过程中可能有多种基因共同作用影响纤维发育，最终导致纤维品质的差异。

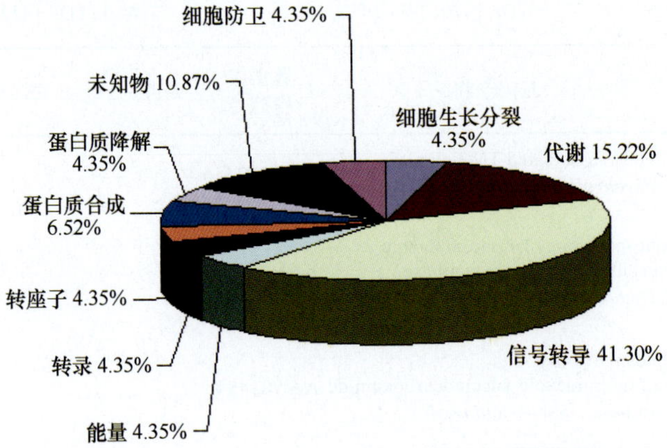

图 3-21　46 个 TDF 代表的植物基因的功能分类

（三）转录组连锁群构建

利用在亲本间表现多态性的 75 个标记，分析 F$_2$ 群体单株的表达情况，构建转录组连锁群。在 LOD 值为 3.0 的条件下，得到全长为 149.28cM 的 2 个连锁群，共包括 51 个标记，标记间平均距离为 2.93cM，标记大小主要集中在 201~300bp（表 3-5）。其中，34 个标记来自母本，17 个来自父本。在 1 号连锁群上包含 46 个标记，包括父本的 17 个标记、母本的 29 标记。2 号连锁群有 5 个标记。在与棉花纤维基因同源的序列中，对应的 4 个标记（M25/E18-123、M15/E15-217、M11/E12-188 和 M19/E25-108）集中于 1 号连锁群（图 3-22）。

表 3-5　连锁群上标记对应条带大小分布

多态性（父本：母本）	片段大小/bp					总数
	≤150	151~200	201~300	301~400	401~722	
1：0	2	2	13	0	0	17
0：1	9	8	11	1	5	34
总数	11	10	24	1	5	51
所占比例/%	21.57	19.61	47.06	1.96	9.80	100

注：第一列中的 0 代表缺失条带，1 代表存在条带

二、海陆 BC$_1$ 群体次生壁加厚期转录组研究

（一）cDNA-AFLP 分析中的限制性内切核酸酶组合的选择

1. 棉花纤维蛋白质的编码序列公共数据收集

在 NCBI 的 GenBank 数据库（http：//www.ncbi.nlm.nih.gov/）中分别检索陆地棉和海岛棉 Protein 数据，获取相对应的 CDS 序列（coding sequence）。收集到的 CDS 数目如表 3-6 所示。78 条序列中包含 57 条源自棉花纤维的 CDS 序列（其中 21 条来自海岛棉、

36 条来自陆地棉），以及随机挑选的来自海岛棉非纤维来源的 21 条 CDS。

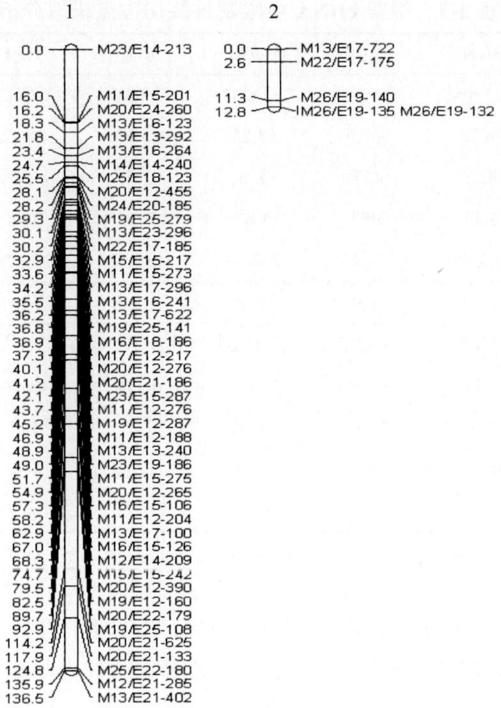

图 3-22　棉花纤维发育次生壁加厚期的 2 个转录组连锁群

表 3-6　限制酶组合筛选所使用的 CDS 序列统计

来源种	CDS 数目	CDS 序列总长度/bp
海岛棉	42	42 839
陆地棉	36	45 307
合计	78	88 146

注：海岛棉的 21 条 CDS 和陆地棉的全部 CDS 来自于纤维

　　针对棉花纤维 cDNA-AFLP 分析，选择多数来自纤维蛋白体的 CDS，用于纤维 cDNA-AFLP *in silico* 分析，将具有较好的代表性。CDS 序列不包含任何冗余序列，如重复序列和非编码区等，能较好地反映 cDNA-AFLP 分析对象的序列特征。理论上完全随机序列中每隔 4096 个碱基（4^6）将出现一个 6 碱基限制性酶的切点，而所分析的 CDS 总长达 88 146bp，因此该分析结果具有代表性，可以用于限制性酶切位点的分析。

2. 棉花纤维 cDNA-AFLP 分析限制性酶组合的选择

　　用于 AFLP *in silico* 分析的限制性酶包括 *Mse*I、*Nla*III、*Cvi*AI、*Hin*fI、*Apo*I、*Dde*I、*Bfa*I、*Taq*I、*Csp*6I、*Bst*YI、*Ava*II、*Mae*II、*Nsp*I、*Eco*RI、*Hin*dIII、*Ase*I、*Sac*I、*Bgl*II、*Pst*I、*Bam*HI、*Kpn*I、*Xho*I 和 *Apa*I。根据具有上述内切酶切点的 CDS 在本研究所分析的 CDS 中所占比例计算棉花 cDNA 被切概率，有 14 种内切酶酶切比率超过 50%（表 3-7）。*Eco*RI 的酶切比率较低，但考虑到该酶是 AFLP 分析中最常用的限制性酶之一，因此一

并对其进行分析。

表 3-7 棉花 cDNA 中限制性酶切位点模拟分析

研究内容	*Mse*I	*Nla*III	*Cvi*AI	*Bfa*I	*Taq*I	*Csp*6I	*Mae*II
切点序列	T/TAA	CATG/	/GATC	C/TAG	T/CGA	G/TAC	A/CGT
CDS 被切比例/%	98.72	96.15	94.87	85.90	84.62	80.77	60.26
78 条 CDS 的切点总数	456	454	376	203	285	207	117
平均每条 CDS 切点数	5.85	5.82	4.82	2.60	3.65	2.65	1.50
酶切片段平均长度/bp	193.30	194.15	234.43	434.22	309.28	425.83	753.38
研究内容	*Hin*fI	*Apo*I	*Dde*I	*Bst*YI	*Ava*II	*Nsp*I	*Eco*RI
切点序列	G/ANTC	R/AATTY	C/TNAG	R/GATCY	G/GWCC	RCATG/Y	G/AATTC
CDS 被切比例/%	92.31	89.74	87.18	65.38	61.54	56.41	29.49
78 条 CDS 的切点总数	353	221	313	123	114	93	32
平均每条 CDS 切点数	4.53	2.83	4.01	1.58	1.46	1.19	0.41
酶切片段平均长度/bp	249.71	398.85	281.62	716.63	773.21	947.81	2754.56

注：使用了来自棉花的 78 个独立蛋白质 CDS 序列（coding sequence），总长 88 146bp

分析多种限制性酶切点出现的频率及产生的酶切片段平均长度发现，在表 3-7 所示的 14 种限制性内切核酸酶中，酶切概率大于 80% 的限制性内切核酸酶包括 *Mse*I、*Nla*III、*Cvi*AI、*Hin*fI、*Apo*I、*Dde*I、*Bfa*I、*Taq*I 和 *Csp*6I，而产生的酶切片段长度平均为 300～400bp 的限制性内切核酸酶仅包括 *Apo*I、*Bfa*I、*Taq*I 和 *Csp*6I，可见酶切概率较高而酶切平均片段长度适当的限制性内切核酸酶可从 *Apo*I、*Bfa*I、*Taq*I 和 *Csp*6I 中选择。*Apo*I 和 *Taq*I 产生的片段均较长而且酶切概率均较高，二者也属于常见酶类，使用较为方便，在 AFLP 分析中也有应用（Dong et al.，2004）。综合以上考虑，本研究选用 *Apo*I 和 *Taq*I 作为 cDNA-AFLP 分析的酶切组合。*Apo*I 所产生片段的平均长度为 398.85bp，*Taq*I 所产生片段的平均长度为 309.28bp。预计 *Apo*I 和 *Taq*I 组合使用时，大多数转录组片段集中在 400bp 以下，经 PAGE 分析能获得较多的转录组片段长度多态性。

根据以上分析，在棉花 cDNA-AFLP 分析中使用 *Apo*I 和 *Taq*I 比 AFLP 分析中最常用的 *Eco*RI 与 *Mse*I 组合具有酶切概率较高的优点，说明有更多的转录产物可被 cDNA-AFLP 分析探测。

（二）棉花纤维次生壁加厚期转录组分析

1. 棉花纤维 cDNA-AFLP 引物筛选与转录组多态性分析

参照 Vuylsteke 等（2007）的方法进行 cDNA-AFLP 分析并适当修改。以 *Apo*I 和 *Taq*I 两种限制性内切核酸酶同时消化双链 cDNA，然后与两种接头 *Apo*I adapter 和 *Taq*I adapter 连接。以不带有选择性碱基的 A00 和 T00 为引物进行预扩增，再以含有 3 个选择性碱基的引物进行选择性扩增。使用 156 对 *Apo*I/*Taq*I 引物组合对亲本 'Pima 90-53' 和 '中棉所 8 号' 及其 F_1 代植株 24～25DPA 的棉花纤维进行 cDNA-AFLP 多态性分析。结果表明，每对引物组合产生 46～116 条清晰的转录片段，这些片段多数分布于 50～700bp。

筛选的引物组合中有 110 对引物组合能够在亲本'Pima 90-53'和'中棉所 8 号'之间产生清晰明确的多态性片段，5 次重复之间条带颜色深浅也基本一致。每对引物组合产生 1～6 条多态性条带，平均为 2.42 条。

分析来自亲本'Pima 90-53'的 181 条在两个亲本之间表现"有/无"差异的多态性标记（TDF）的长度分布（图 3-23）。结果表明，大约 89.5%的转录组多态性片段集中在 100～400bp，68.5%的转录组多态性片段集中在 150～400bp。其结果与限制酶组合筛选所预计的结果相一致。

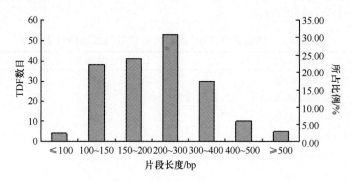

图 3-23　TDF 长度分布

2. 基于 cDNA-AFLP 的棉花纤维次生壁加厚期转录组分析

对 cDNA-AFLP 分析后回收的目标条带 DNA 进行二次 PCR 扩增、克隆和测序。在 GeneBank 公共数据库中对 181 条在两亲本之间表现"有/无"差异，且来自亲本'Pima 90-53'的多态性标记进行同源性比对分析。结果表明，有 67 条 TDF 不能获得同源的 EST 序列，114 条 TDF 可以获得同源的 EST 序列；114 条 TDF 中的 92 条 TDF 在棉花（*Gossypium spp.*）中曾被其他研究者探测到，其中 83 条来自棉花纤维或未成熟胚；有 141 条 TDF 可以通过获得同源蛋白质而了解对应的蛋白质信息（包括功能未知的蛋白质）；24 条 TDF 可以通过同源 EST 拼接后再比对获得蛋白质信息；16 条 TDF 不能获得蛋白质信息；少数 TDF 与菌类基因同源，在植物基因中暂未发现高度同源的基因；有 14 条 TDF 既不能获得同源蛋白质，也不能获得同源 EST。

如前所述，本课题组在由相同亲本构建的 F_2 群体转录组分析中也探测到大量差异表达基因，其中有 45 个被探测到差异表达的基因或其基因家族在本研究中也探测到差异表达。这些 TDF 同源的基因产物包括 putative phosphatidylinositol kinase（*Chenopodium rubrum*）、zinc finger（C3HC4-type Ring finger）family protein（*Arabidopsis thaliana*）、ferulate 5-hydroxylase（*Populus trichocarpa*）、MADS-box protein MADS4（*Gossypium hirsutum*）、AtPLC2（phospholipase C2）、phospholipase C（*Arabidopsis thaliana*）、cytochrome c oxidase subunit（*Arabidopsis thaliana*）、cytochrome b（*Abatia parviflora*）、cellulose synthase（*Populus tremuloides*）、arabinogalactan protein（*Gossypium hirsutum*）、glyceraldehyde-3-phosphate dehydrogenase（*Arabidopsis thaliana*）、UDP-glucose 6-dehydrogenase（*Parabacteroides distasonis* ATCC 8503）和 putative senescence-associated protein（*Arabidopsis thaliana*）等 45 个基因或其基因家族。

181 条 TDF 中，165 条 TDF 具有对应的蛋白质信息（141 条 TDF 直接比对，24 条通过同源 EST 拼接后比对获得），采用 GO 对其进行功能分类。依据 Bevan 等（1998）的分类方法，165 个植物基因代表的蛋白质主要分为 15 类（表 3-8）。考虑到糖和多糖类物质的代谢对细胞壁发育的重要性，将其单独列出一个类别。其中参与信号转导的基因较多，有 22 个（13.3%）。其次分别为细胞结构有关 15 个（9.1%）、转录因子 14 个（8.5%）、蛋白质合成有关基因 14 个（8.5%）、细胞生长与分裂基因 13 个（7.9%）、能量代谢有关基因 12 个（7.3%）、糖和多糖代谢有关基因 8 个（4.8%）。其他基因 36 个（21.8%），未知功能蛋白质 31 个（18.8%）。

表 3-8 棉花纤维 TDF 代表的植物基因的功能分类

功能分类	TDF 数目	所占比例/%
Signalling	22	13.3
Cellular structure	15	9.1
Transcription	14	8.5
Protein synthesis	14	8.5
Cell growth and division	13	7.9
Energy	12	7.3
Sugar and polysaccharides metablism	8	4.8
Other cellular metabolism	8	4.8
Transporters	7	4.2
Disease/ defence	7	4.2
Protein destination and storage	6	3.6
Secondary metabolism	5	3.0
Intracellular traffic	2	1.2
Transposons	1	0.6
Unclassified	31	18.8
合计	165	100

由此可见，次生壁加厚期的纤维细胞仍然处于代谢旺盛的阶段，而且可以看出海岛棉和陆地棉纤维品质的差异来自两个栽培种纤维发育从信号转导、转录因子、糖类代谢和细胞结构等多个类别大量基因的差异。从这一点来说，纤维品质分子改良是一项非常复杂的工程，找出关键的控制纤维品质的候选基因则极其重要。

同时经过 KEGG（Ogata et al.，1998）数据库 Starch and sucrose metabolism - Reference pathway［PATH：ko00500］（http：//www.genome.jp/kegg/pathway/map/map00500.html）分析表明，多个 TDF 所代表的基因直接参与了糖类物质（包括植物纤维素）的代谢过程，或与糖类物质代谢明显相关（表 3-9）。其中本课题组利用由相同亲本构建的 F_2 群体也探测到该代谢过程的基因有 3 个。

以上分析表明，本研究探测到的基因与纤维发育明确相关，这些 TDF 来自海岛棉和陆地棉次生壁加厚期纤维中的基因差异表达，这说明海岛棉与陆地棉纤维发育的次生壁加厚期糖类和碳水化合物（包括纤维素）的代谢途径上的差异可能是纤维品质差别的原因之一。

表 3-9　参与植物糖类和碳水化合物代谢的基因（TDF）

来源	KEGG	基因产物
BC₁	K00697	AtTPS1 （trehalose-6-phosphate synthase）（*Arabidopsis thaliana*）
BC₁	K00695	Glucosyltransferase G （*Streptococcus gordonii* str. substr. CH1）
BC₁	K00700	Glycogen branching enzyme （*Propionibacterium acnes*）
BC₁	K00705	Glycosyl transferase-related （*Arabidopsis thaliana*）
BC₁	K00705	Glycosyl transferase，group 1 family protein （*Staphylococcus aureus* subsp.）
BC₁/ F₂	K00012	UDP-glucose 6-dehydrogenase （*Parabacteroides distasonis* ）
F₂	K08678	Putative UDP-glucuronate decarboxylase 4 （*Nicotiana tabacum*）
BC₁	K00694/ K10999	Cellulose synthase-like protein CslG （*Nicotiana tabacum*）
BC₁	K00694/ K10999	Cellulose synthase （*Gossypium arboreum*）
F₂	K00694/ K10999	Cellulose synthase 2 （*Gossypium barbadense*）

注：KEGG Orthology 来自 KEGG 数据库 Starch and sucrose metabolism-Reference pathway［PATH：ko00500］（http：// www.genome.jp/kegg/pathway/map/map00500.html）

（三）棉花纤维次生壁加厚期转录组图谱的构建

1. 棉花纤维次生壁加厚期转录组多态性标记在 BC₁ 群体中的分离

　　由于所用分离群体为 BC₁ 回交群体［（中棉所 8 号×Pima 90-53）×中棉所 8 号］，只有来自亲本 'Pima 90-53' 的标记在 BC₁ 分离群体才有分离，可以用于转录组图谱构建（图 3-24），因此用于转录组序列分析的 181 条 TDF 中只有由 60 对引物组合产生的 132 条在两亲本之间表现"有/无"差异的多态性标记被用于转录组图谱构建和 QTL 扫描。另外 49 条 TDF 的多态性条带颜色较浅，不便用于转录组图谱构建。

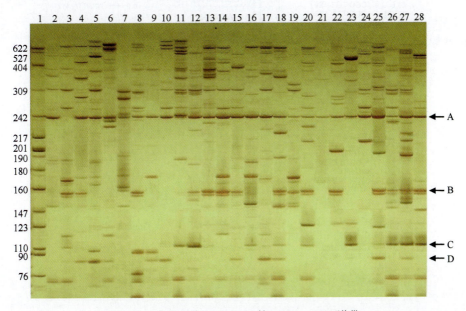

图 3-24　引物组合 CCG/TAT 的 cDNA-AFLP 谱带

1. M（pBP322/*Msp* I markers）；2. 中棉所 8 号；3. Pima 90-53；4. F₁ 代；5～28. BC₁ 单株。A. 来自中棉所 8 号的TDF；B. 来自 Pima 90-53 的 TDF "CCG/TAT-156"；C、D. 分离不清晰的条带

利用 132 条来自亲本'Pima 90-53'的转录组多态性标记分析 BC_1 分离群体各单株的基因型，经卡方检验（χ^2），在 P=0.05 显著性水平上有 20 条多态性标记偏离 BC_1 分离标准（1：1），剩下的 102 条多态性转录组标记（77.27%）符合该分离比例而被用于转录组图谱的构建和纤维品质候选基因的筛选。发生偏分离的转录组标记的比例与基因组标记分析时的偏分离比例（Zhang et al.，2009）相似。

2. 棉花纤维次生壁加厚期转录组图谱的构建

利用 Mapmaker 软件分析 102 条多态性转录组标记，当似然比阈值（LOD）为 3.0 时，获得了一个新的转录组图谱（图 3-25）。标记的分布与顺序、转录群覆盖的遗传距离等信息如表 3-10 所示。

102 条多态性转录组标记中，24 个转录组标记未能表现出共分离关系，78 个标记分布在 8 个转录群中，共覆盖 462.63cM，标记平均距离为 5.93cM。最大的转录群包括 38 个转录标记，覆盖 178.89cM，平均距离为 4.71cM。第 2 转录群包括 26 个转录组标记，

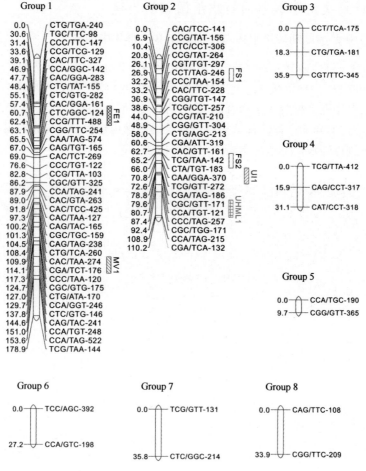

图 3-25　棉花纤维发育次生壁加厚期的转录群及定位的纤维品质 QTL（引自 Liu et al.，2009）
转录组图谱以 LOD>3.0 构建；QTL 以 1000 次排序检验（P<0.05）获得 LOD 阈值标准。UHML. 上半部平均长度（mm）；UI. 整齐度指数（%）；MV. 马克隆值；FE. 纤维伸长率（%）；FS. 纤维断裂比强度（cN/ tex）

表 3-10　以 BC_1 [（中棉所 8 号 × Pima 90-53）×中棉所 8 号] 构建的转录群

转录群名称	标记数	距离/cM	平均距离/cM
Group 1	38	178.89	4.71
Group 2	26	110.16	4.24
Group 3	3	35.92	11.97
Group 4	3	31.13	10.38
Group 5	2	9.69	4.84
Group 6	2	27.16	13.58
Group 7	2	35.77	17.88
Group 8	2	33.92	16.96
合计	78	462.63	5.93

资料来源：Liu et al.，2009

覆盖 110.16cM。第 3 和第 4 转录群均包括 3 个转录组标记，分别覆盖 35.92cM 和 31.13cM。最小的转录群是第 5、6、7 和 8 群，均只包括 2 个转录组标记，覆盖范围为 9.69～35.77cM。虽然共建立了 8 转录群，但主要信息集中在第 1 和第 2 转录群上，其他群的转录组标记太少。

（四）棉花纤维次生壁加厚期纤维品质候选基因挖掘

1. BC_1 单株纤维品质性状分析

海岛棉'Pima 90-53'和陆地棉'中棉所 8 号'以及分离群体（BC_1）的纤维品质性状表现列于表 3-11。由表 3-11 可以看出，'Pima 90-53'的纤维上半部平均长度（UHML）、整齐度指数（UI）、伸长率（FE）和纤维断裂比强度（FS）与'中棉所 8 号'的差异达到极显著水平，马克隆值（MV）达到显著水平。在纤维品质性状上，'Pima 90-53'表现出典型的海岛棉的特征。

表 3-11　亲本及其 115 个 BC_1 单株的纤维品质指标分析

纤维品质指标	亲本		F_1代	BC_1 群体指标					
	中棉所8号	Pima 90-53		均值	最大值	最小值	标准差	偏度	峰度
UHML	30.16	34.17**	34.93	31.55	35.00	27.04	1.496	−0.140	0.323
UI	83.68	86.98**	87.25	85.78	88.25	82.45	1.379	−0.434	−0.490
MV	4.568	4.373*	4.177	4.285	5.600	2.930	0.581	−0.005	−0.213
FE	6.400	7.025**	6.910	6.676	7.050	6.400	0.136	0.346	−0.343
FS	30.94	42.71**	43.52	35.48	42.75	30.15	2.761	0.223	−0.371

注：UHML. 上半部平均长度（mm）；UI. 整齐度指数（%）；MV. 马克隆值；FE. 纤维伸长率（%）；FS. 纤维断裂比强度（cN/ tex）。

*、**. 分别表示 0.05 和 0.01 水平差异显著性（2-tailed）

在 115 个单株构成的 BC_1 分离群体中，能够检测到 5 个性状的丰富变异，亲本间的差异较大，为品质性状 QTL 筛选提供了较好的遗传基础。BC₁ 分离群体中纤维品质呈连续变异，从偏度值（skewness）和峰度值（kurtosis）判断，纤维品质性状值表现正态分布（图 3-26），适合进行 QTL 分析。

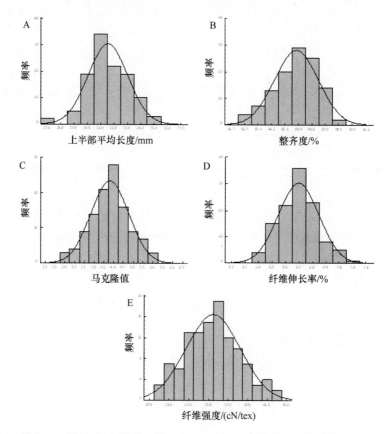

图 3-26　棉花 BC₁ 群体 ［（中棉所 8 号×Pima 90-53）×中棉所 8 号］纤维品质性状值分布
A. 上半部平均长度（mm）；B. 整齐度指数（%）；C. 马克隆值；D. 纤维伸长率（%）；E. 纤维强度（cN/ tex）

2. BC₁ 群体纤维品质性状相关性分析

用 SPSS11.0 统计软件获得了 5 个纤维品质性状间 Pearson 相关系数。在 BC₁ 分离群体中，纤维上半部平均长度与纤维断裂比强度的正相关和与纤维马克隆值的负相关都达到了极显著水平。纤维断裂比强度表现出与纤维整齐度指数和伸长率极显著正相关，与纤维马克隆值极显著负相关。此外，纤维马克隆值和伸长率也表现出极显著正相关；纤维整齐度指数和伸长率之间显著正相关。未能检测到纤维上半部平均长度和伸长率之间，以及纤维整齐度指数和马克隆值之间显著相关。

性状间显著相关说明决定相应性状的 QTL 或基因之间存在连锁或一因多效（Wang et al.，2006）。

3. 纤维品质 QTL 分析

使用 Windows QTL Cartographer 2.5 对 BC₁ 分离群体分析，经 1000 次排序检验（$P < 0.05$）

获得纤维品质 QTL 存在的显著性阈值标准（LR 和 LOD），如表 3-12 所示。

表 3-12　纤维品质 QTL 存在的显著性阈值标准（LR 值和 LOD 值）

纤维品质指标	显著性阈值标准	
	LR	LOD
上半部平均长度（UHML）	12.78	2.77
整齐度指数（UI）	12.53	2.72
马克隆值（MV）	12.52	2.72
伸长率（FE）	12.62	2.74
断裂比强度（FS）	12.17	2.64

注：LR 值或 LOD 值由 1000 次排序检验获得（$P<0.05$）

借助于转录组图谱、转录标记的基因型数据和纤维品质测定结果，通过使用 Windows QTL Cartographer 2.5 对 BC$_1$ 分离群体进行复合区间作图（Zeng，1994）分析，共探测到控制 5 个纤维品质性状的 6 个 QTL，如表 3-13 和图 3-25 所示。其中上半部平均长度、整齐度指数、马克隆值和伸长率的 QTL 各 1 个，断裂比强度 QTL 为 2 个。马克隆值和伸长率的 QTL 存在于第 1 转录群上，其他 QTL 存在于第 2 转录群上。

表 3-13　BC$_1$［（CRI 8× Pima 90-53）×CRI 8］棉花纤维品质 QTL 分析结果

QTL	转录群	标记区间	位置/cM	LOD	加性效应	贡献率/%
UHML1	Group 2	CGC/TGG-171－CCA/TAG-215	108.91	2.89	−0.97	7.75
UI1	Group 2	TCG/GTT-272－CCA/TGT-121	80.09	2.73	1.22	14.72
MV1	Group 1	CTC/GTG-146－CAG/TAC-241	143.79	2.86	−0.40	9.54
FE1	Group 1	CCC/TTC-147－CAC/TTC-327	43.07	3.02	0.12	16.17
FS1	Group 2	CCG/TAT-156－CTC/CCT-306	9.38	2.69	−2.68	16.08
FS2	Group 2	TCG/TAA-142－TCG/GTT-272	68.50	2.76	2.93	15.87

注：位置（cM）是指 QTL 在转录群上的定位；UHML. 上半部平均长度；UI. 整齐度指数；MV. 马克隆值；FE. 伸长率；FS. 断裂比强度

纤维上半部平均长度的 QTL，即 UHML1 位于转录标记 CGC/TGG-171 与 CCA/TAG-215 之间，最大 LOD 值为 2.89，增效作用来自低值陆地棉亲本'中棉所 8 号'，能够解释海岛棉和陆地棉之间纤维上半部平均长度差异的 7.75 %。

纤维整齐度指数的 QTL，即 UI1 的转录标记区间是 TCG/GTT-272 至 CCA/TGT-121，最大 LOD 值为 2.73，增效作用来自高值海岛棉亲本'Pima 90-53'，能够解释海岛棉和陆地棉之间纤维整齐度差异的 14.72 %。

控制马克隆值的 QTL 是 MV1，转录标记区间是 CTC/GTG-146 至 CAG/TAC-241，最大 LOD 值为 2.86，增效作用来自低值陆地棉亲本'中棉所 8 号'，能够解释海岛棉和陆地棉之间马克隆值差异的 9.54 %。

控制纤维伸长率的 QTL，即 FE1，位于转录标记 CCC/TTC-147 与 CAC/TTC-327 之

间，最大 LOD 值为 3.02，增效作用来自高值海岛棉亲本'Pima 90- 53'，能够解释海岛棉和陆地棉之间纤维伸长率 16.17 % 的表型变异。

在第 2 转录群上检测到两个纤维强度相关的 QTL。FS1 定位于标记区间 CCG/TAT-156 和 CTC/CCT-306 之间，最大 LOD 值为 2.69，能够解释 16.08%纤维强度变异。第 2 个 QTL 是 FS2，存在于转录标记区间 TCG/TAA-142 至 TCG/GTT-272，解释海岛棉和陆地棉之间纤维强度 15.87%的变异。来自海岛棉'Pima 90-53'的两个 QTL 位点的遗传效应的方向相反，FS2 对纤维强度有增效作用，而前者具有减效作用。

4. 棉花纤维品质 QTL 聚集现象

转录组标记 TCG/GTT-272 位于纤维强度 QTL 的 FS2 和整齐度 QTL 的 UI1 的区间内，显示两个纤维品质 QTL 表现出"聚集"现象。此外，部分转录组标记的 LOD 值较高但未达到 QTL 阈值标准，而成为"潜在的 QTL"，而多个潜在的 QTL 具有相同的共分离转录组标记。例如，转录组标记群 Group 1 的 TGC/TTC-98 至 CCA/GGC-142 区间存在整齐指数、马克隆值、伸长率和断裂比强度等多个潜在的 QTL，说明这些转录组标记代表的基因在纤维品质形成中的重要作用。第 1 和第 2 转录组标记群上 QTL 聚集现象如图 3-27 和图 3-28 所示。

5. 棉花次生壁加厚期纤维品质候选基因分析

与棉花纤维品质性状 QTL 表现共分离的转录组标记（TDF）所代表的基因被认为是次生壁加厚期控制纤维品质性状的的候选基因。由此可知 CGC/TGG-171 和 CCA/TAG-215 与 UHML1 共分离，控制了次生壁加厚期对棉花纤维上半部平均长度产生影响。TCG/GTT-272、CGA/TAG-186、CGC/GTT-171 和 CCA/TGT-121 与 UI1 共分离，决定次生壁加厚期对棉花纤维整齐度指数的影响。CTC/GTG-146 和 CAG/TAC-241 与 MV1 共分离，影响了马克隆值。CCC/TTC-147、CCG/TCG-129 和 CAC/TTC-327 与 FE1 共分离，影响了纤维伸长率的变异。FS1 与 CCG/TAT-156 和 CTC/CCT-306 共分离，FS2 与转录组标记 TCG/TAA-142、CTA/TGT-183、CAA/GGA-370 和 TCG/GTT-272 表现共分离，这两个 QTL（FS1 和 FS2）区间内的 6 个 TDF 所代表的基因决定了次生壁加厚期基因表达对纤维强力的影响。以上控制棉花纤维品质的 6 个 QTL 由 16 个转录组标记 TDF 所决定。

经过 BLASTx 分析，CTC/GTG-146、CCC/TTC-147、CCG/TCG-129、TCG/TAA-142 和 TCG/GTT-272 不能获得同源蛋白质，对这些 TDF 高度同源的来自棉花纤维的 EST 再次进行新的 BLASTx 分析，获得其同源蛋白质，以此进行了新的功能分析。

根据对 16 个 TDF 所代表的基因的功能分析（表 3-14）表明，除了 CCA/TGT-121、CAG/TAC-241、CCC/TTC-147 和 CTA/TGT-183 功能未知外，其他 12 个基因参与了一些重要的生物功能。例如，CCG/TAT-156 与信号转导有关，TCG/TAA-142 和 CCG/TCG-129 与转录调控有关，CCA/TAG-215 和 CAC/TTC-327 与蛋白质合成及活性调节相关，CGC/GTT-171、CAA/GGA-370 和 CGA/TAG-186 与糖类代谢、碳水化合物合成有关，而 TCG/GTT-272 和 CTC/GTG-146 直接参与细胞壁的发育及细胞分裂，CTC/CCT-306 涉及细胞次生代谢过程。

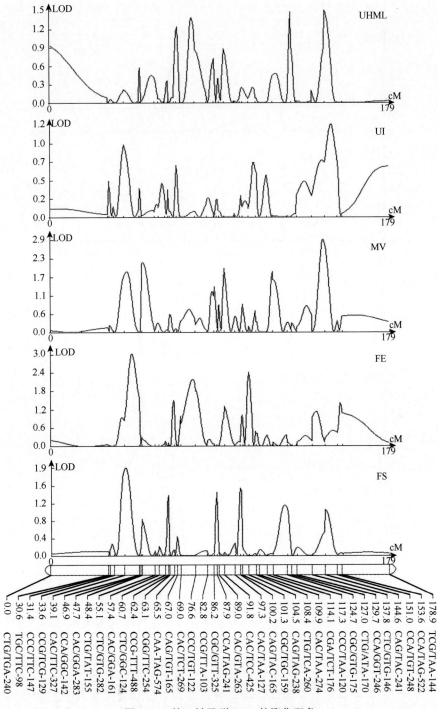

图 3-27　第 1 转录群 QTL 的聚集现象

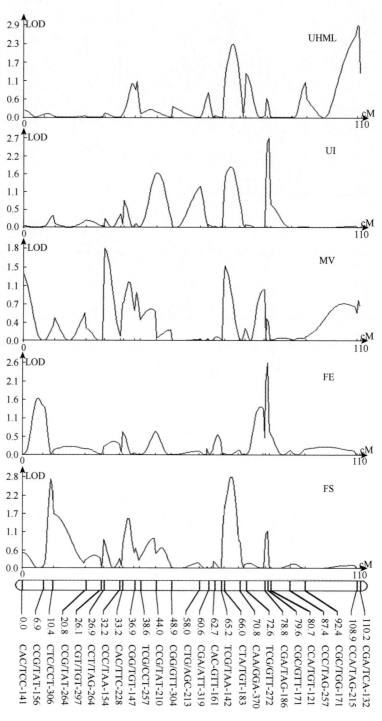

图 3-28　第 2 转录群 QTL 的聚集现象

表 3-14　纤维品质 QTL 区间的 TDF 所代表的基因及其功能分析

QTL	TDF	基因产物	E 值	接受号	功能分类
UHML1	CGC/TGG-171	Glycogen branching enzyme（*Propionibacterium acnes*）	3.E-18	ref|YP_055817.1|	Sugar and polysaccharides metablism
	CCA/TAG-215	Phe-tRNA synthetase beta chain（*Staphylococcus haemolyticus*）	4.E-21	ref|YP_253737.1|	Protein synthesis
UI1	TCG/GTT-272	AtTPS1（trehalose-6-phosphate synthase）；transferase，transferring glycosyl groups（*Arabidopsis thaliana*）	3.E-18	ref|NP_177979.1|	Cell wall developing and cell dividing
	CGA/TAG-186	Cellulose synthase（*Gossypium arboreum*）	1.E-15	gb|ACD56660.1|	Cell wall developing and cell dividing
	CGC/GTT-171	UDP-glucose 6-dehydrogenase（*Parabacteroides distasonis*）	1.E-14	ref|YP_001304565.1|	Sugar and polysaccharides metablism
	CCA/TGT-121	No significant similarity found			
MV1	CTC/GTG-146	GUT2；catalytic（*Arabidopsis thaliana*）*	6.E-98	ref|NP_174064.1|	Cell wall developing and cell dividing
	CAG/TAC-241	No significant similarity found			
FE1	CCC/TTC-147	Unnamed protein product（*Vitis vintfera*）*	4.E-22	emb|CAO44584.1|	
	CCG/TCG-129	F-box family protein（*Arabidopsis thaliana*）*	9.E-63	ref|NP_199429.1|	Regulation of transcription
	CAC/TTC-327	UCH2；ubiquitin thiolesterase（*Arabidopsis thaliana*）	5.E-41	ref|NP_564858.1|	Protein activity regulation
FS1	CCG/TAT-156	Putative phosphatidylinositol kinase（*Chenopodium rubrum*）	2.E-12	CAK22275	Signalling
	CTC/CCT-306	Phenylalanine ammonia lyase	6.E-41	CAH17686	Derivative metabolic process
FS2	TCG/TAA-142	MADS-box protein MADS4（*Gossypium hirsutum*）*	4.E-94	ABM69042	Regulation of transcription
	CTA/TGT-183	Unknown（*Populus trichocarpa*）	2.E-16	ABK96051	
	CAA/GGA-370	Cellulose synthase-like protein CslG（*Nicotiana tabacum*）	3.E-40	AAZ79231	Cell wall developing and cell dividing
	TCG/GTT-272	AtTPS1（trehalose-6-phosphate synthase）；transferase，transferring glycosyl groups（*Arabidopsis thaliana*）*	3.E-18	NP_177979	Cell wall developing and cell dividing

注：CTC/GTG-146、CCC/TTC-147、CCG/TCG-129、TCG/TAA-142 和 TCG/GTT-272 由同源 EST 进行 BLASTx

三、次生壁加厚期转录组基因挖掘与分析

（一）棉花 UDP-葡糖醛酸脱羧酶基因 *UXS* 的克隆及表达分析

1. 3 个棉花 UDP-葡糖醛酸脱羧酶基因 *GhUXS* 的克隆

通过 cDNA-AFLP 技术，在亲本'中棉所 8 号'和'Pima90-53'筛选得到多态性片段 74，其测序结果和杨树等植物的 UDP-葡糖醛酸脱羧酶同源性较高，通过电子延伸得到棉花中的 *GhUXS1* 完整开放阅读框（ORF）。利用杨树 UDP-葡糖醛酸脱羧酶基因家族

的其他 2 个基因 cDNA 序列，通过电子拼接得到该基因家族在棉花中的其他基因序列，命名为 *GhUXS2* 和 *GhUXS3*。

根据拼接得到的 ORF 序列，设计特异引物，以两亲本 cDNA 为模板，分别扩增得到一条与目标大小一致的条带。经回收、克隆及测序，同源性比较发现 3 个基因在 '中棉所 8 号' 和 'Pima90-53' 的序列一致，与杨树等其他生物的 UDP-葡糖醛酸脱羧酶基因有较高同源性。通过 DNAMAN 分析目的序列，3 个基因均包含完整的 ORF，*GhUXS1* ORF 为 1311bp，编码 436 个氨基酸；*GhUXS2* ORF 为 1329bp，编码 442 个氨基酸；*GhUXS3* ORF 长 1038bp，编码 345 个氨基酸。3 个基因的 GenBank 登录号为 EU817581、EU791897 和 EU791898。Blast 分析显示来自棉花和拟南芥的 UXS 同工酶的氨基酸序列具有 66%～91% 的一致性（表 3-15）。

表 3-15   来自棉花和拟南芥核苷糖转换酶 UXS 氨基酸序列一致性比较   （单位：%）

一致性	AtUXS1	AtUXS2	AtUXS3	AtUXS4	AtUXS5	GhUXS1	GhUXS2	GhUXS3
AtUXS1	100							
AtUXS2	68.5	100						
AtUXS3	65.4	65.7	100					
AtUXS4	68.6	89.3	65.7	100				
AtUXS5	66.8	66.8	95.3	66.8	100			
GhUXS1	84.6	68.1	66.9	68.5	66.8	100		
GhUXS2	71.0	81.8	66.3	80.8	67.1	69.5	100	
GhUXS3	66.3	67.2	89.8	67.4	90.9	68.0	67.7	100

资料来源：引自 Pan et al.，2010

2. GhUXS 和拟南芥 AtUXS 同源性分析

将拟南芥的 5 个 AtUXS 序列和 3 个棉花 GhUXS 序列，利用 ClustalW 进行多重序列比较。序列比对结果表明，棉花 UDP-葡糖醛酸脱羧酶属于依赖 NAD 的异构酶/脱氢酶/脱水酶超家族，与已克隆的 UDP-葡糖醛酸脱羧酶蛋白属于同一基因家族，存在保守的 GxxGxxG、YxxxK 和 Ser（图 3-29）。GxxGxxG 与 NAD（P）binding 蛋白相关，YxxxK 和 Ser 完成从糖 C_4 位置转移氢到 NAD^+（Baker and Blasco，1992；Liu et al.，1997）。

在 3 个 GhUXS 蛋白中，GhUXS1 和 GhUXS2 在氨基酸组成和二级结构上类似，都有跨膜区存在，N 端疏水性较大，亚细胞定位预测结果二者都可能存在于高尔基体上，而 GhUXS3 差别较大。在 GhUXS1、GhUXS2、GhUXS3 中，GxxGxxG 分别位于第 127～133 位、第 124～130 位、第 39～45 位，Ser 残基分别位于第 232 位、第 230 位和第 146 位，YxxxK 位于第 263～267 位、第 260～264 位和第 176～180 位。GhUXS1 和 GhUXS2 都含有一个 N 端跨膜结构域（分别位于第 1～48 位和第 1～42 位），而 GhUXS3 则缺少 N 端跨膜区，属于细胞溶质蛋白。这些结构特点与 *AtUXS* 基因家族中的相应成员一致。

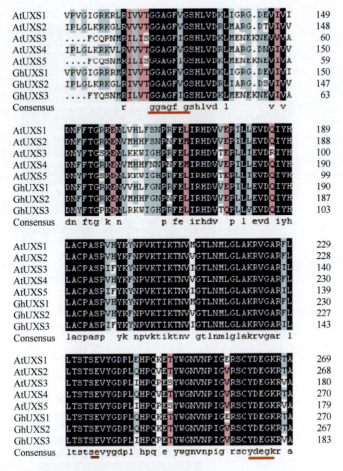

图 3-29 来自棉花和拟南芥的 UXS 氨基酸序列的同源性比较（引自 Pan et al.，2010）

下划线为保守的 GxxGxxG（NAD$^+$-binding）、Ser 和 YxxxK

3. GhUXS 的半定量 RT-PCR 分析

利用内参将 0DPA 胚珠及 3～35DPA 纤维各 cDNA 浓度调整一致，分别扩增 3 个 GhUXS 基因。总体上 3 个基因表达呈现先增后减的趋势。GhUXS1 在 3 个基因中表达量最高，在两亲本中 5～35DPA 都有表达，'中棉所 8 号' 在 10～25DPA 时表达量较高，'Pima90-53' 在 5～35DPA 表达量几乎相当。而 GhUXS2 在 '中棉所 8 号' 0DPA 及 3～35DPA 中均表达，除 25DPA 外，其余时间表达量均相对较低；在 'Pima90-53' 中，0～35DPA 时检测到痕量表达。GhUXS3 在 '中棉所 8 号' 10～25DPA 均表达，而 'Pima90-53' 在 15～20DPA 表达。整体上 3 个基因在 '中棉所 8 号' 中的表达量均高于 'Pima90-53'，'中棉所 8 号' 表达量变化趋势幅度较大，而 'Pima90-53' 整个阶段表达量较为一致，变化趋势较为平缓（图 3-30）。

基于基因在纤维发育不同时期的表达分析，可以发现 UXS 在初生壁和次生壁均有表达，在次生壁开始加厚时表达量最高，尤其是在陆地棉中表现尤为明显，而在海岛棉初生壁和次生壁合成期表达量相差不大。

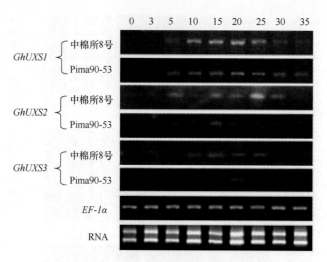

图 3-30　*GhUXS1*、*GhUXS2* 和 *GhUXS3* 的半定量 RT-PCR 分析（引自 Pan et al.，2010）

0、3、5、10、15、20、25、30、35 代表开花后天数（DPA）

　　组织特异性表达分析结果表明，*GhUXS1* 无论在‘中棉所 8 号’中还是在‘Pima90-53’中，在棉苗的茎、叶中均大量表达，且茎中表达量高于叶中，且在‘Pima90-53’中的表达量高于‘中棉所 8 号’。而 *GhUXS2* 和 *GhUXS3* 在两个品种的根、茎、叶中均未检测到表达（图 3-31）。

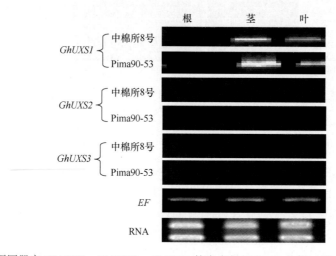

图 3-31　不同器官 *GhUXS1*、*GhUXS2*、*GhUXS3* 的半定量 RT-PCR 分析（引自 Pan et al.，2010）

4. 棉花 UDP-葡糖醛酸脱羧酶基因 *GhUXS1* 的原核表达

　　基于 pET-32a（＋），构建了去掉跨膜区序列和原始 ORF 的原核表达载体 GhUXS1K-pET-32a 及 GhUXS1-pET-32a，在大肠杆菌 BL21（DE3）pLysS 中进行诱导表达，以 BL21（DE3）pLysS 空菌株和含空载质粒的 pET-32a（＋）菌株为对照。结果表明，经过终浓度为 1μmol/L 的 IPTG 诱导，GhUXS1K-pET-32a（＋）重组质粒在大约 66.0kDa 的位置上出现了特异条带，与预期的表达目标蛋白质大小一致。pET-32a（＋）载体的 N

端有 His-Tag 序列，表达的目的基因为 1098bp，编码 336 个氨基酸，二者共为 66.0kDa，说明目标蛋白质在原核系统中成功表达。而包含完整 ORF 的重组质粒 GhUXS1-pET-32a（+）在 3~6h 未能得到诱导蛋白（图 3-32）。

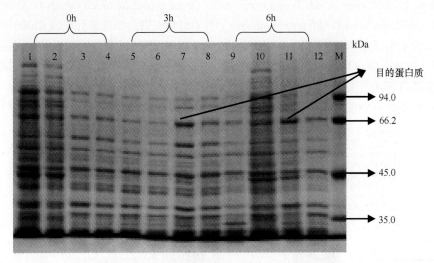

图 3-32　GhUXS1 蛋白原核表达的 SDS-PAGE

M. 蛋白质标准分子质量；1. BL21（DE3）pLysS 空菌株 0h；2. pET-32a（+）空载体 0h；3. GhUXS1-pET-32a（+）0h；4. GhUXS1K-pET-32a（+）0h；5. BL21（DE3）pLysS 空菌株 3h；6. pET-32a（+）空载体 3h；7. GhUXS1-pET-32a（+）3h；8. GhUXS1K-pET-32a（+）3h；9. BL21（DE3）pLysS 空菌株 6h；10. pET-32a（+）空载体 6h；11. GhUXS1-pET-32a（+）6h；12. GhUXS1K-pET-32a（+）6h

（二）棉花磷脂酰肌醇 4-激酶基因 *GbPI4K* 的克隆与表达分析

1. 棉花 *GbPI4K* 基因的克隆

利用前期转录组分析获得的海岛棉的 TDF 序列"CCG/TAT-156"，以海岛棉'Pima90-53'纤维为材料，电子克隆和 RACE 技术相结合，获得了全长 2817bp 的 *GbPI4K* 基因 cDNA 序列，包括 546bp 的 5'-UTR 和 345bp 的 3'-UTR 区段。ORF 长 1926bp，编码 641 个氨基酸，推测分子质量为 72.36kDa，理论等电点为 5.72。GbPI4K 蛋白存在较大范围的亲水区，为可溶性蛋白质；不存在明显的跨膜区，不具有信号肽结构，属于非分泌蛋白。

Blast 分析发现，该基因与 *Theobroma cacao*（EOY01569）、*Citrus clementina*（XP_006437843）、*Citrus sinensis*（XP_006484264）、*Ricinus communis*（XP_002514582）、*Populus trichocarpa*（XP_002316001）、*Prunus persica*（EMJ28153）、*Solanum lycopersicum*（XP_004239016）、*Vitis vinifera*（XP_002267025）、*Solanum tuberosum*（XP_006348640）、*Phaseolus vulgaris*（ESW25456）和 *Vitis vinifera*（XP_002267822）等植物的 *PI4K* 高度同源，同源性均在 80% 以上。*GbPI4K* GenBank 登录号为 HM008674。

通过对 NCBI 的 CDD 数据库进行在线保守域 Blast 分析，结果显示棉花 *GbPI4K* 编码的磷脂酰肌醇-4-激酶的 170～427 位氨基酸具有基因家族 phosphoinositide 3-kinase（PI3K）-like family 的保守域 PI3_PI4_kinase。

2. GbPI4K 的多重比对与 Neighbor-Joining 进化树分析

将同源比对获得的 7 个不同植物来源的 PI4K 序列（按物种名编号分别为 *Populus trichocarpa* 1、*Zea mays* 1、*Medicago truncatula*、*Oryza sativa Japonica* Group 1、*Vitis vinifera* 1、*Arabidopsis thaliana* 1、*Ricinus communis*）及 GbPI4K 蛋白序列进行在线 ClustalW 分析。棉花 *GbPI4K* 编码的磷脂酰肌醇-4-激酶的 170～427 位氨基酸具有基因家族 phosphoinositide 3-kinase（PI3K）-like family 的保守域 PI3_PI4_kinase，多重序列比较表明，8 种不同来源的磷脂酰肌醇-4-激酶蛋白在该区域同源性最高，表现较强的保守性（图略）。与拟南芥 8 个 PI4K 的蛋白质序列进行同源分析，发现 GbPI4K 与拟南芥的 PI4K 序列高度相似（图 3-33）。

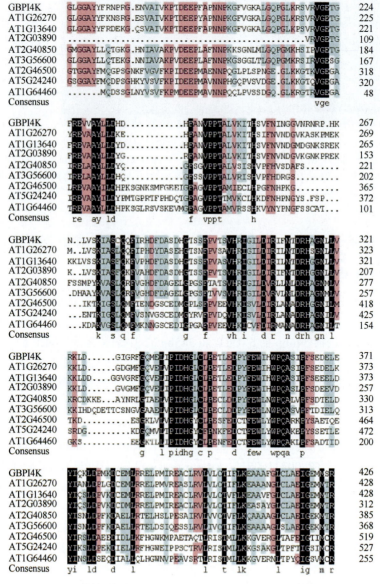

图 3-33　GbPI4K（170～427 位氨基酸）与拟南芥 II 型 AtPI4K 的氨基酸序列同源性比对分析（引自 Liu et al.，2012）

根据 Galvão 等（2008）对 PI3/4K domain-containing 蛋白的进化分析结果，将 Pfam database（PF004540）中源于 Humans（*Homo sapiens*）、Yeast（*Saccharomyces cerevisiae*）和 *Arabidopsis thaliana* 的 PI3/4K domain-containing 基因产物归为 PIKK、Type II PI4K、PI3K、VPS-like PI3K 和 Type III PI4K 等几类。将其中使用的 33 种蛋白质与 GbPI4K 构建进化树（图 3-34），结果表明 GbPI4K 与来自拟南芥 *Arabidopsis thaliana* 的 AT2G03890、AT1G13640 和 AT1G26270 更近，同属于 Type II PI4K 型。根据现有报道，该型 PI3/4K domain-containing protein（PI4K）被认为在植物细胞的极性伸长与细胞壁发育中具有重要的调节作用。

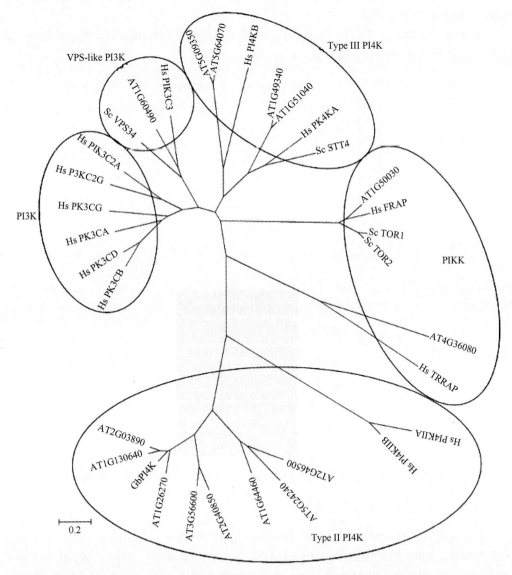

图 3-34　棉花及其他植物中磷脂酰肌醇-4-激酶 Neighbor-Joining 进化树分析（引自 Liu et al.，2012）

3. 棉花 *GbPI4K* 基因表达特异性分析

　　Real-time PCR 结果表明，*PI4K* 在陆地棉 '中棉所 8 号' 和海岛棉 'Pima 90-53' 中均表现 "由高到低" 的变化。'Pima 90-53' 在 5DPA 略有降低，从 25DPA 开始下降，30DPA 能看到明显降低，到 35DPA 以后几乎检测不到表达；而 '中棉所 8 号' 则是在 5DPA 微弱降低，从 20DPA 开始下降，到 25DPA 几乎检测不到表达（图 3-35），也就是说，*GbPI4K* 在陆地棉 '中棉所 8 号' 中的变化比在海岛棉 'Pima90-53' 中的变化要提早 5～10 天，这导致在 25DPA 的纤维中，两亲本之间表达量差异很大，且 '中棉所 8 号' 中的表达量太微弱而不能被 cDNA-AFLP 探测到，从而表现出 *GbPI4K* 转录 cDNA-AFLP 片段的多态性。

　　PI4K 在 '中棉所 8 号' 和 'Pima90-53' 的幼苗根、茎和叶组织中的表达量相似（图 3-36），在根中的表达量略低于在茎、叶中的。

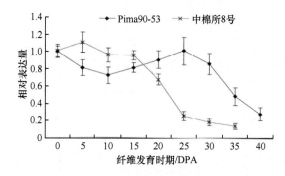

图 3-35　棉花纤维细胞不同发育时期 *PI4K* 表达特异性分析（引自 Liu et al.，2012）

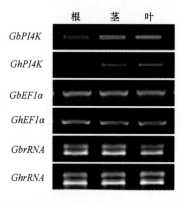

图 3-36　棉苗不同器官 *PI4K* 的表达特异性分析（引自 Liu et al.，2012）

4. 棉花 *GbPI4K* 基因的原核表达分析

　　生物信息学预测 GbPI4K 的 ORF 不存在信号肽和跨膜区，因此以 pET-32a（+）为骨干载体构建了 ORF 的表达载体 pET-GbPI4K，在大肠杆菌 BL21（DE3）pLysS 中进行了诱导表达。结果表明，28℃诱导 4.5h 后，经过终浓度为 1.0mmol/L 的 IPTG 诱导，pET-GbPI4K 重组质粒在大约 90.6kDa 的位置（连同载体标签）出现了明显的特异条带，与预期目标蛋白质大小一致，未经诱导的对照不能得到诱导蛋白质（图 3-37）。

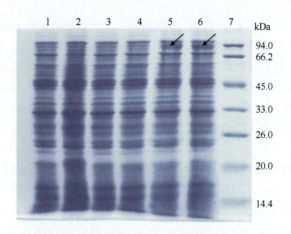

图 3-37　GbPI4K 蛋白原核表达的 SDS-PAGE（引自 Liu et al.，2012）
1. 诱导后 BL21（DE3）pLysS 空菌株；2. 诱导后 pET-32a（＋）空载体；3、4. 诱导前 pET-GbPI4K-BL21（DE3）pLysS 菌株；5、6. 诱导后 pET-GbPI4K-BL21（DE3）pLysS 菌株

5. GbPI4K 的亚细胞定位

以 pCamE 为基本载体，构建了融合表达载体 pCamE-GbPI4K∷GFP。利用基因枪将表达质粒 pCamE-GbPI4K∷GFP 和对照空载体质粒 pCamE-GFP 转入洋葱表皮细胞。结果显示，空质粒转化后的洋葱表皮细胞内的绿色荧光呈现组成型表达，并在细胞膜和细胞核位置表现明显加强，与预期结果一致；转有 GbPI4K∷GFP 融合基因的洋葱表皮细胞同样在细胞膜、核膜和细胞质中出现绿色荧光，说明 GbPI4K 编码蛋白质同时在细胞膜、核膜及细胞质表达，此结果与预期结果一致（图 3-38）。

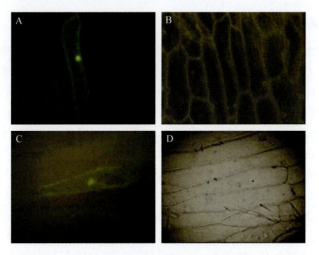

图 3-38　GbPI4K 编码蛋白质的亚细胞定位
A. pCamE-GFP；C. pCamGbPI4K∷GFP 融合蛋白；B、D. 分别为 A 和 C 的对照

（三）棉花类成束–阿拉伯糖蛋白基因 GbFLA5 的克隆与表达分析

1. 海岛棉 GbFLA5 的 ORF 克隆和序列分析

前期转录组分析获得的海岛棉的 TDF 序列"CTA/TGT-183"对应一个未知蛋白质，

以海岛棉'Pima90-53'纤维为材料，克隆获得了全长 1154bp 的 *GbFLA5* 基因 cDNA 序列，包括 54bp 的 5'-UTR 和 380bp 的 3'-UTR 区段。ORF 长 720bp，编码 239 个氨基酸，推测分子质量为 25.41kDa，理论等电点为 8.63。Blast 分析发现该基因编码产物是一个类成束-阿拉伯糖蛋白（fasciclin-like arabinogalactan protein，FLA 蛋白），其序列与 GenBank 中已注册的陆地棉（*G. hirsutum*）的 *GhFLA5*（EF672631）和 *GhAGP4*（EF470295）高度同源，但在基因的 5'-UTR 和 3'-UTR 区段存在序列差异，GenBank 登录号为 KC412182。

通过对 NCBI 的 CDD 数据库进行在线保守域 Blast 分析，GbFLA5 蛋白包含一个典型的 Fasciclin-like domain（52～187 位氨基酸）。生物信息学分析发现，GbFLA5 蛋白的肽链存在较大范围的亲水区，为可溶性蛋白质；在 1～24 区段存在明显的疏水区域，跨膜结构预测发现不具有典型的跨膜结构，但其 N 端和 C 端检测到两个疏水跨膜区域，暗示可能存在信号肽；通过信号肽预测分析确认其肽链在 1～24 区段是一个信号肽结构。GbFLA5 作为 FLA 蛋白，是一种细胞壁糖蛋白，在细胞质合成以后通过核糖体加工和内质网运输，最终在细胞壁起作用。

2. *GbFLA5* 在海岛棉与陆地棉中的基因组序列分析

分别以海岛棉'Pima 90-53'和陆地棉'中棉所 8 号'的基因组 DNA 为模板扩增该基因的 ORF，结果发现，二者均获得约 720bp 的条带。扩增产物经回收、T/A 克隆和测序，对两种来源的序列比对分析后发现，*GbFLA5* 没有内含子，且在海岛棉和陆地棉之间其序列没有差异。在拟南芥中也发现很多典型 *AGP* 基因也没有内含子（Schultz et al.，2002）。

3. GbFLA5 的系统进化分析和同源比对

Huang 等（2008）曾对其他已报道的多种植物 FLA 蛋白进行了系统进化树分析，并将其分为 A、B、C 和 D 4 个亚类。为弄清 GbFLA5 与其他已报道的植物 FLA 蛋白的联系，构建了包括 41 个植物 FLA 蛋白的进化树（图 3-39）。结果表明，GbFLA5 与其他 18 种植物已知的木质部特异表达的 FLA 蛋白同属于 A 亚类，这些蛋白质包括 GhFLA2、GhFLA5、GhFLA6、AtFLA11 和 AtFLA12。该类 FLA 蛋白具有的共同特征是都包括一个 putative fasciclin-like domain。

通过多重比对发现（图 3-40），在 A 亚类已报道的植物 FLA 蛋白中，多数已明确在植物木质部特异表达或与细胞壁发育相关。海岛棉 GbFLA5 与 7 个陆地棉 GhFLA、6 个拟南芥 AtFLA，以及其他 5 种植物 FLA 蛋白具有高度的同源性。这些 FLA 蛋白在结构上的高度保守性是都具有 smart00554 motif，包括 H1 和 H2 序列区段。其中 H1 区段的 Thr/T 结构、H1 区段富含 Val/V 或 Leu/L 的特征，以及[AY]H 区段的 Tyr/Y 或 Phe/F-His/H 结构，这些特征与拟南芥中已明确的影响细胞延伸与细胞壁厚度的基因 *AtFLA4/SOS5*（Shi et al.，2003）表现出高度一致性（图 3-40）。

研究表明，植物 A 亚类 FLA 蛋白与细胞次生壁（secondary cell wall，SCW）加厚期纤维素的合成高度相关。例如，*AtFLA11* 和 *AtFLA12* 在拟南芥厚壁组织中高强度表达（Ito et al.，2005），并且与 SCW 加厚特异的纤维素合成酶 *CesA* 基因协同一致表达（Persson et

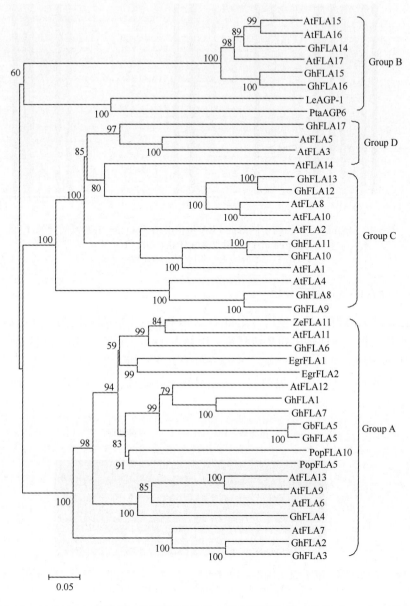

图 3-39 GbFLA5 与陆地棉、拟南芥同源 FLA 的系统进化树（引自 Liu et al.，2013）
A～D 亚群的划分参照 Huang 等（2008）

al.，2005）。有 200 多种植物的 A 亚类 FLA 相关 EST 的表达谱具有类似的特征。例如，在拟南芥突变体 sos5 中，AtFLA4 基因 H2 区域编码一个氨基酸的密码子变异导致细胞壁明显变薄（Shi et al.，2003）。通过 FLA3 基因的 RNAi 干扰影响了纤维素的合成和花粉内壁的发育（Li et al.，2010）。拟南芥双突变体 fla11/fla12 导致茎秆强度和弹性变弱（MacMillan et al.，2010）。以上证据说明 A 亚类 FLA 蛋白与纤维素合成和细胞次生壁（SCW）发育的密切关系，以及对细胞壁强度形成具有的重要作用。

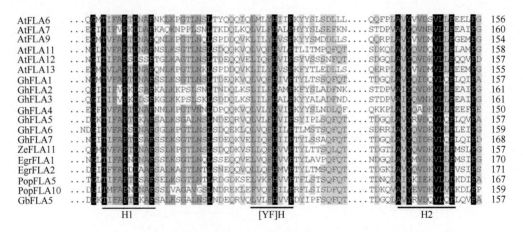

图 3-40　GbFLA5 和植物中同源的 FLA 蛋白的类 fasciclin 结构域的同源序列
多重比较（引自 Liu et al.，2013）
下划线标出了 H1、H2 和 [YF] H 3 个保守区域

4. 海岛棉 *GbFLA5* 表达特征分析

　　以 *EF1α* 基因为内参照，使用半定量 PCR 分析了 *FLA5* 在不同棉种（海岛棉和陆地棉）不同组织（根、下胚轴、幼叶和纤维）中的表达差异（图 3-41）。可以看出根、下胚轴和幼叶中两个棉种之间差异不大，在根和幼叶几乎检测不到表达，而在下胚轴则有较低的表达。但在纤维中，海岛棉的表达量明显高于陆地棉。说明 *FLA5* 是棉花纤维组织特异表达基因。

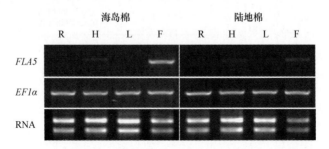

图 3-41　*FLA5* 在海岛棉和陆地棉不同器官的半定量 RT-PCR 分析（引自 Liu et al.，2013）
R. 根；H. 下胚轴；L. 叶；F. 25DPA 的纤维

　　半定量 RFPCR 分析棉花纤维发育过程中 *FLA5* 基因的表达动态，结果如图 3-42 所示。在海岛棉和陆地棉中，*FLA5* 的表达量从 10DPA 开始逐渐升高，海岛棉中 *FLA5* 一直升高至 29DPA，而后开始下降直至 45DPA；而陆地棉 *FLA5* 则温和升高至 23DPA，然后保持相对较低的表达水平（25～35DPA）。在两个棉种中，*FLA5* 的表达量与 SCW 发育相一致，而且 *FLA5* 的表达量在两个棉种中的差异与两个棉种的纤维品质差异相一致。上述说明 *FLA5* 是一个 SCW 发育时期特异表达的基因，且可能与海岛棉和陆地棉的品质差异有关。

　　前人在陆地棉中也发现 *GhFLA2* 和 *GhFLA6* 在 SCW 时期的特异表达（Huang et al.，2008）。本研究中海岛棉 *GbFLA5* 的表达特性与纤维强度相关联是 A 亚类 FLA 蛋白在 SCW 时期特异表达的又一证据。结合 A 亚类 FLA 对纤维素合成酶的调节，以及纤维素合成对细胞壁发育的根本性作用，综合以上分析结果认为，*FLA5* 在棉花纤维发育中起着重要的作用，可能是通过影响微纤丝的沉积角度来影响纤维素的合成，并最终影响了纤维强度的形成。

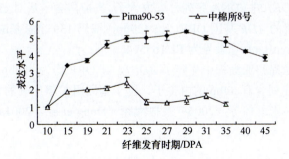

图 3-42　*FLA5* 在海岛棉和陆地棉纤维发育中的半定量 RT-PCR 分析（引自 Liu et al.，2013）

5. 海岛棉 *GbFLA5* 原核表达分析

生物信息学分析 GbFLA5 含有 N 端信号肽，所以分别构建了不去信号肽和去掉信号肽 ORF 的原核表达载体 GbFLA5-pET-32a（+）和 GbFLA5-p-pET-32a（+）。

在诱导表达试验中，以 BL21（DE3）pLysS 空菌株和含空载质粒 pET-32a（+）的 BL21（DE3）pLysS 菌株作为对照。重组蛋白质诱导结果表明，经过终浓度为 1.0mmol/L 的异丙基-β-D-硫代吡喃半乳糖苷（IPTG）诱导，包含完整 ORF 的重组质粒 GbFLA5-pET-32a（+）未能得到诱导蛋白质。去掉编码信号肽的重组质粒 GbFLA5-p-pET-32a（+）在大约 43.4kDa 的位置上出现了特异条带，与预期的表达目标蛋白大小一致。其中 pET-32a（+）载体的 N 端有 Trx、His 和 S 标签，产生 20.4kDa 的蛋白质；表达的目的基因为 647bp，编码 215 个氨基酸，二者大约为 43.4kDa，说明目标蛋白质在原核系统中成功表达（图 3-43）。

图 3-43　GbFLA5-pET-32a（+）和 GbFLA5-p-pET-32a（+）蛋白的 SDS-PAGE 分析
M. 蛋白质标准分子质量；1、2. pET-32a（+）空载体 0h、11h；3、4. BL21（DE3）pLysS 空菌株 0h、11h；5~7. GbFLA5-pET-32a（+）0h、6h、11h；8~10. GbFLA5-p-pET-32a（+）0h、6h、11h

（四）棉花肌动蛋白解聚因子 *GbADF1* 的克隆与功能分析

1. 肌动蛋白解聚因子 *GbADF1* 的克隆

以海岛棉 gDNA 为模板、用 GT47-3 引物进行 PCR 扩增，得到片段大小在 800bp 左右的条带。利用北京天根的琼脂糖凝胶回收试剂盒，对扩增得到的片段进行回收纯化。

经连接、转化、质粒酶切鉴定、测序，得到了 881bp *GbADF1* 的片段，BlastX 分析其与陆地棉 *ADF1* 基因的同源性达到 99%（126/127）。

分析发现，*GbADF1* 的 gDNA 序列含有内含子。去掉内含子后对 cDNA 片段进行 ORF 分析，发现包含完整的 *ADF* 基因 ORF，长 420bp，编码 139 个氨基酸，蛋白质等电点为 5.04。此基因序列 GenBank 登录号为 EU165514。

本研究也从陆地棉和亚洲棉中克隆了 *ADF1*，其 ORF 均为 420bp，但不包含内含子。*GbADF1* 的 gDNA 序列含有 84bp 的内含子，位于基因组扩增序列的 287～371bp 处。与已经发表的陆地棉（张承伟等，2006）及拟南芥（Dong et al.，2001a）*ADF* 序列有所不同（图 3-44）。

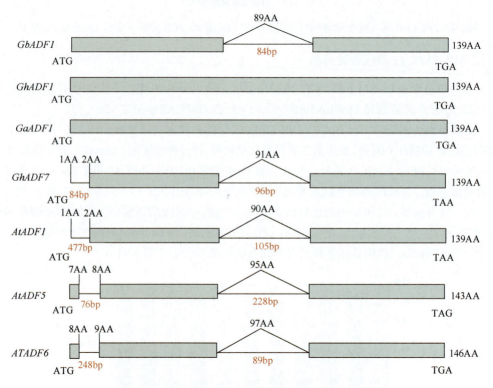

图 3-44　*ADF1* 中内含子的位置（引自 Chi et al.，2008）
GbADF1、*GhADF1*、*GaADF1* 为本研究获得的基因，*GhADF7* 见 Zhang 等（2006）的文献；*AtADF1*、*AtADF5* 和 *AtADF6* 为 Dong 等（2001a）报道的拟南芥 *ADF* 基因

2. GbADF1 蛋白同源性和系统进化分析

利用在线的 ClustalW 对 GbADF1 与其他植物 ADF 蛋白序列同源性比较分析，结果发现在，N 端存在一个很保守的 Ser（A）磷酸化位点，C 端存在一个保守的 4，5-二磷酸磷脂酰肌醇（phosphatidylinosito-4，5-bisphosphate，PIP2）/actin 结合位点，还有两个核定位信号和 4 个 F-actin 结合位点（图 3-45）。将 *GbADF1* 基因和其他物种的同源基因的蛋白质序列在网上和 DNAMAN 中进行聚类分析（图 3-46），结果表明其与拟南芥 AtADF1 同源性为 87.8%，与棉花中已经克隆的 GhADF1 在聚类中关系较近，同源性高达 99%，只有 Ile50/Phe.不同。

```
GbADF1    .......MANAASGMAVHDDCKLKFLELKAKRTYRFIVFK    33
GhADF8    .......MANAASGMAVHDDCKLKFLELKAKRTYRF IVFK   33
GhADF1    .......MANAASGMAVHDDCKLKFLELKAKRTYRF IVFK   33
GhADF2    .......MANAASGMAVHDDCKLKFLELKAKRThRF IVFK   33
GhADF3    .......MANAASGMAVHDDCKLKFLELKtKRThRF IVFK   33
GhADF4    ...msfrggNAsSGMgVaehsKstyLELqrKkvfRyviFK    37
GhADF5    .....mafkmAttGMwVaDeCKnsFmEmKwKkvhRyIVFK    35
GhADF6    .......MANAASGMAVHDDCKLKFqELKAKRThRF IVFK   33
GhADF7    .......MANsASGMAVnDeCKtKFLELKAKRnYRF IVFK   33
LiADF     .......MANssSGMAVdDeCKLKFmELKAKRnfRF IVFK   33
AtADF2    .......MANAASGMAVHDDCKLKFmELKAKRTfRtIVyK    33
ZmADF1    .......MANssSG1AVnDeCKvKFrELKsrRTfRF IVFr   33
PeADF1    .......MANAASGMAVHDDCKLrFLELKAKRThRF IVyK    33
NtADF1    .......MANAvSGMAVqDeCKLKFLELKtKRnYRF IiFK   33
NtADF2    .......MANAASGMAV1DeCKLKFLELKAKRnYRF IVFK   33
AtADF6    msfrg1srpNAiSGMgVaDesKttFLELqrKkThRyvVFK    40
Consensus          g    v    k    e    r
```

```
GbADF1    IEE..KQKQVVVEKVGEPIDSYEAFTASLPADECRYAVYD    71
GhADF8    IEE..KQKQVVVEKVGEPtDSYEAFTASLPADECRYAVYD    71
GhADF1    IEE..KQKQVVVEKVGEPtDSYEAFTASLPADECRYAVYD    71
GhADF2    IEE..KQKQViVEK1GEPteSYEdFTkcLPADECRYAVYD    71
GhADF3    IEE..KQKQViVEK1GEPteSYEdFTkcLPADECRYAVYD    71
GhADF4    IdEkkKeviVekiggptesyddfAaslpesdcryavydfD    77
GhADF5    IdEksK1vtVdkvggagesyddftaslptddcryavfdfD    75
GhADF6    IEE..KQKQViVEK1GEPteSYEdFTkcLPADECRYAVYD    71
GhADF7    IEE..n1qQiVVEKVGaPkDSYEk1csSLPsDECRYAVYD    71
LiADF     IEEkvqQv..tVEr1GqPneSYddFTecLPpnECRYAVfD    71
AtADF2    IEd....KQViVEK1GEPeqqSYddFaASLPADdCRYciYD    69
ZmADF1    Idd..tdmeikVdr1GEPnqgYgdFTdSLPAnECRYAiYD    71
PeADF1    IEE..KQKQVVVEKiGEPteSYEdFaASLPenECRYAVYD    71
NtADF1    Idg..qev..VVEK1GsPeeSYEdFanSLPADECRYAVfD    69
NtADF2    IEg..qQv..VVEK1GnPeenYddFTnSLPADECRYAVfD    69
AtADF6    IdEskKevvVektgnptesyddflas1pdndcryavydfD    80
Consensus    1              .    .                d
```

```
GbADF1    FDFVTDENCQKSRIFFIAWSPDTSKVRSKMIYASSKDRFK    111
GhADF8    FDFVTDENCQKSRIFFIAWSPDTSKVRSKMIYASSKDRFK    111
GhADF1    FDFVTDENCQKSRIFFIAWSPDTSKVRSKMIYASSKDRFK    111
GhADF2    FDF1TaENvpKSRIFFIAWSPDTSriRSKMIYASSKDRFK    111
GhADF3    FDF1TaENvpKSRIFFIAWSPDTSriRSKMIYASSKDRFK    111
GhADF4    FvtsencqksKiffiawspSvsrirskm1yatskdrfRre    117
GhADF5    FvtVdncrksKiffiawsptasrirakm1yatskdg1Rrv    115
GhADF6    FDF1TaENvpKSRIFFIAWSPDTSriRSKMIYASSKDRFK    111
GhADF7    FDFtTDENCQKSkIFFIAWSPDTSrVRSKML YASSKDRFr   111
LiADF     FDFVTDENCQKSkIFFIsWSPDTSrVRSKMLYAStKDRFK    111
AtADF2    FDFVTaENCQKSkIFFIAWSPDTaKVRdKMIYASSKDRFK    109
ZmADF1    1DFtTiENCQKSkIFFfsWSPDTartRSKMlYASSKDRFr    111
PeADF1    FDFVTaENCQKSkIFFIAWcPDTarVRSKMIYASSKDRFK    111
NtADF1    1DFiTnENCQKSkIFFIAWSPeTSrVRmKMvYASSKDRFK    109
NtADF2    FDFiTtENCQKSkIFFIAWSPDTSKVRmKMYASSKDRFK    109
AtADF6    FvtsencqksKiffFswspStspvraky1ystskdq1ske   120
Consensus           k
```

```
GbADF1    RELDGIQVELQATDPSEMDLDVIRSRAN    139
GhADF8    RELDGIQVELQATDPSEMDLDVIRSRAN    139
GhADF1    RELDGIQVELQATDPSEMDLDVIRSRAN    139
GhADF2    RELDGIQVELQATDPtEMgLDVfkSRAN    139
GhADF3    RELDGIQVELQATDPtEMgLDVfkSRAN    139
GhADF4    1Egihyeiqatdptemd1evireRah    143
GhADF5    1dgihyeVqatdptemgMDvikhkay    141
GhADF6    RELDGIQVELQATDPtEMgLDVfkSRAN    139
GhADF7    RELDGvQVELQATDPSEMsfDivkeRAf    139
LiADF     RELDGIQVELQATDPSEMsmDiIkaRAf    139
AtADF2    RELDGIQVELQATDPtEMgLDVfkSRtN    137
ZmADF1    RELDGIQcEiQATDPSEMsLDivRSRtN    139
PeADF1    RELDGIQVELQAcDPtEMgLDVIqSRAN    139
NtADF1    RELDGIQVELQATDPSEMsfDivkaRAy    137
NtADF2    RELDGIQVELQATDPSEMsfDiIkSRA1    137
AtADF6    1qgihyeiqatdptevd1ev1reRan    146
Consensus
```

图 3-45　推测的 GbADF1 氨基酸序列与已知功能的 ADF 蛋白序列的同源性比对（引自 Chi et al.，2008）

*. 磷酸化位点；＃. 核定位位点；·. F-actin 结合位点；□. PIP2 / actin 结合位点；蓝色线. CAM 可能结合区

基因登录号 *GhADF1*（AAY88048）、*GhADF2*（ABD63906）、*GhADF3*（ABD66505）、*GhADF4*（ABD66506）、*GhADF5*（ABD66507）、*GhADF6*（ABD66508）、*GhADF7*（ABD66503）、*GhADF8*（ABD66504）、*AtADF1*（NP_190187）、*AtADF2*（NP_566882）、*AtADF3*（NP_851227）、*AtADF4*（NP_851228）、*AtADF5*（NP_565390）、*AtADF6*（AAM63510）、*PeADF1*（AAK72617）、*PeADF2*（AAK72616）、*NtADF1*（AAL91666）、*NtADF2*（AAL91667）、*ZmADF1*（P46251）

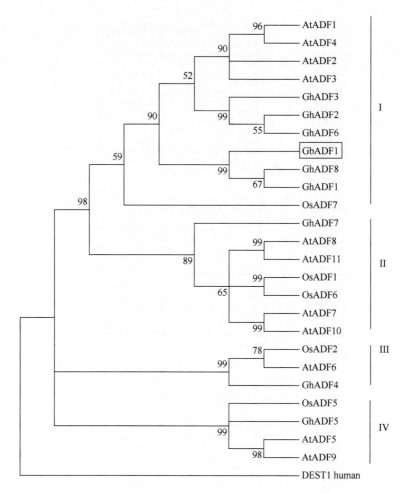

图 3-46　植物中部分 ADF 进化树（引自 Chi et al.，2008）
一些基因的登录号见图 3-45，其他基因登录号为 AtADF7（AAQ65136）、AtADF8（NP_567182）、AtADF9（NP_195223）、AtADF10（NP_568769）、AtADF11（NP_171680）、OsADF1（Q6EUH7）、OsADF2（Q9AY76）、OsADF5（Q10P87）、OsADF6（Q7SXN9）、OsADF7（Q0DLA3）、DEST1_human（P60982）；阿拉伯数字代表 bootstrap 值；Ⅰ～Ⅳ 代表亚类

3. GbADF1 基因表达特异性分析

取'Pima90-53'开花后 10DPA、15DPA、20DPA 和两片真叶期棉苗的根、下胚轴、子叶，提取组织总 RNA，进行基因表达分析。结果表明，在纤维、根、下胚轴和子叶中该基因均表达，在纤维中表达量略多于营养器官，而在纤维发育不同时期表达量差异不大（图 3-47）。

4. GbADF1 的原核表达分析

以 pET-41a-c（+）为基本载体，构建了原核表达载体 pET-GbADF1。以不含质粒的空菌株和含有空载体质粒的菌株为对照，在大肠杆菌菌株 BL21（DE3）中进行蛋白质的诱导表达。结果显示，经过终浓度为 1mmol/L 的 IPTG 诱导后，重组质粒在大约 50.0kDa 出现了特异条带，与预期结果一致。目的片段表达大约 19.0kDa 的蛋白质，加上表达系统 N 端有 GST·Tag 序列表达约产生 31.0kDa 大小的蛋白质，所以二者的融合蛋白预期表达 50.0kDa 左右，说明目的基因在原核生物中成功表达（图 3-48）。

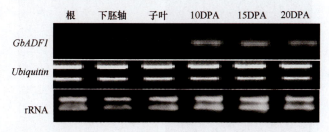

图 3-47　不同器官和不同纤维发育时期 *GbADF1* 基因的表达分析（引自 Chi et al.，2008）

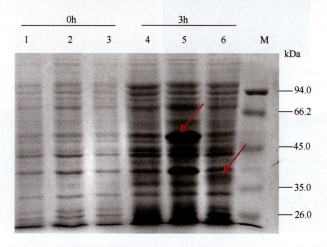

图 3-48　*GbADF1* 原核表达蛋白质的 PAGE 图谱（引自 Chi et al.，2008）

M. 标准分子质量；1、4. 不含质粒的菌株；2、5. 含有 pET-GbADF1 的菌株，红色箭头为 GbADF1 重组蛋白的位置；3、6. 含有 pET-41a（+）的菌株，红色箭头为 pET-41 标签蛋白质的位置

5. *GbADF1* 的亚细胞定位

构建了 pCamGbADF1∷GFP 融合表达载体，基因枪轰击洋葱表皮细胞后，发现不含外源基因的载体 pCamE-GFP 定位在细胞核和细胞膜上，与前人定位结果一致（图 3-49A）。pCamGbADF1∷GFP 绿色荧光出现在细胞骨架上，说明 GbADF1 定位在细胞骨架上（图 3-49C）。

6. *GbADF1* 的烟草遗传转化和基因功能分析

构建了 *GbADF1* 的植物超表达载体 pGN-GbADF1 并转化烟草，研究基因的功能。pGN 载体带有双 35S 启动子。采用叶盘法转化烟草，经抗生素抗性筛选，获得了一些卡那霉素抗性植株。提取转基因烟草叶片总 DNA，对转 *GbADF1* 基因和空载体的 T_0 代植株进行 PCR 检测。结果显示，转化的植株中有 7 株呈现与阳性对照相同的特异条带，初步表明 *GbADF1* 基因已经转入烟草中（图 3-50A）。转 pGN 空载体的植株中，有 2 株检测到载体的 500bp 特异条带（图 3-50B），证明空载体已转入烟草基因组。

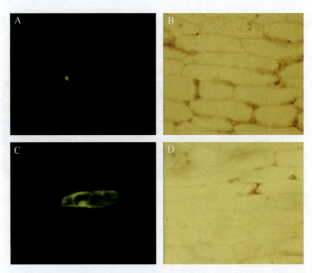

图 3-49　pCamGbADF1∷GFP 的亚细胞定位（引自 Chi et al.，2013）

A. pCamE-GFP 蓝光激发；B. 为 A 的可见光；C. pCamGbADF1∷GFP 蓝光激发；D. 为 C 的可见光

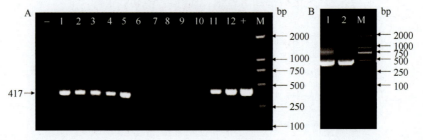

图 3-50　转 pGN-GbADF1（A）和 pGN（B）T₀ 代植株的 PCR 检测（引自 Chi et al.，2013）

A. M：DL2000 DNA marker；+：阳性质粒对照；−：转 pGN 阴性对照；1～12：转基因植株。B. M：DL2000；1、2：
单株样品

对 T₁ 代转 pGN-GbADF1 的 3 个株系样品进行 Southern blot 检测，每个株系样品包含 3 株 PCR 检测为阳性的单株。结果表明，*GbADF1* 基因已经整合到转基因株系烟草基因组中（图 3-51），选取的 3 个株系插入位点有所不同，但 T₁ 代转化子中均为单拷贝插入。Northern blot 检测结果显示，3 个株系均在基因组高效表达（图 3-52）。

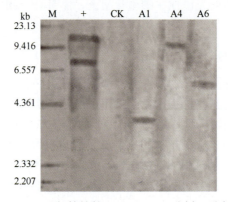

图 3-51　T₁ 代转 pGN-GbADF1 植株的 Southern blot 分析（引自 Chi et al.，2013）

M. Marker（λDNA/*Hind*III）；+. pGN-GbADF1 质粒对照；CK. 转 pGN 植株对照；1～3. 转 pGN-GbADF1 植株

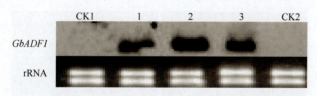

图 3-52　T₁代转 pGN-GbADF1 植株的 Northern blot 检测（引自 Chi et al.，2013）
CK1. 转 pGN 植株对照；1～3. 转 pGN-GbADF1 植株；CK2. 野生型对照

　　观察暗培养 10 天的转基因烟草的下胚轴，转 *GbADF1* 烟草下胚轴的长度比转 pGN 空载体对照的要短（图 3-53A）。对 3 个转基因株系和空载体对照的 40 个单株下胚轴长度进行统计，结果表明，与转空载体相比，3 个转 *GbADF1* 株系的下胚轴长度平均值均极显著降低（$P<0.01$）。对照的下胚轴长度分布在 2.9257～2.9493cm，而转 *GbADF1* 的下胚轴长度为 2.4052～2.4765cm。对显性（下胚轴变短的单株）、隐性（下胚轴正常的单株）个体进行统计，经 χ^2_c 检验结果表明，显隐性符合孟德尔 3∶1 的分离比例。

　　4×显微镜下观察光培养 15 天的转基因烟草的根毛，与空载体对照相比，转 *GbADF1* 烟草的根毛表现粗、短、稀少（图 3-53B），说明过量表达 *GbADF1* 会加速肌动蛋白解聚，打破了肌动蛋白的动态平衡从而影响了植物组织的形态。

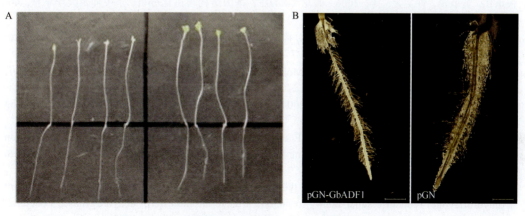

图 3-53　转基因烟草的生长发育（引自 Chi et al.，2013）
A. 下胚轴，Bar=0.5cm；B. 根毛，Bar=2000μm

　　对 PCR 检测为阳性的 T₁代转基因植株及对照的倒 2 叶下表皮保卫细胞进行了观察，发现转基因植株的保卫细胞气孔开度变小（图 3-54）。早期研究表明，肌动蛋白纤丝呈辐射状排列的保卫细胞的瓦解与气孔关闭相关（Eun and Lee，1997）。在过表达 AtADF1 的植物中，表皮层的大多数保卫细胞肌动蛋白细胞骨架完全被破坏（Dong et al.，2001a；2001b；彭世清和黄冬芬，2006），这些细胞一般呈不规则弯曲，受其影响的气孔则表现为不完全或完全关闭。本研究在烟草中过表达棉花 *GbADF1* 基因也得到了相似的结果。

　　以上结果表明，棉花 *GbADF1* 在植物细胞形态建成中具有重要作用。

　　综上所述，本研究克隆的棉花纤维发育相关基因及对候选基因功能的分析对了解棉花纤维发育过程中的基因表达与调控机制、解析棉花纤维品质机制提供了重要的基因资源。

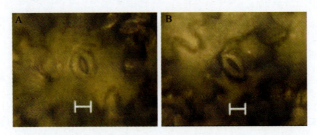

图 3-54　保卫细胞气孔的观察（引自 Chi et al.，2013）
A. 转空载体阴性对照；B. 转 pGN-GbADF1 载体；Bar=10μm

参 考 文 献

梅文倩, 秦咏梅, 朱玉贤. 2010. 乙烯、油菜素内酯、赤霉素、活性氧和超长链脂肪酸相互作用调控棉纤维伸长发育的分子机制研究. 生命科学, 22: 1-14.

彭世清, 黄冬芬. 2006. 拟南芥肌动蛋白解聚因子 4 基因(*AtADF4*)在烟草中表达引起植株形态变化. 植物生理与分子生物学学报, 32: 52-56.

肖月华, 罗明, 韦宇拓, 等. 2003. 棉花纤维起始期基因表达的 cDNA-AFLP 分析. 农业生物技术学报, 11, 20-24.

张承伟, 黄耿清, 许文亮, 等. 2006. 棉花 *GhADF7* 基因结构与进化分析. 华中师范大学学报, 40: 575-579.

周青, 王友华, 许乃银, 等. 2009. 温度对棉纤维糖代谢相关酶活性的影响. 应用生态学报, 20: 149-156.

Arioli T, Peng L, Betzner A S, et al. 1998. Molecular analysis of cellulose biosynthesis in *Arabidopsis*. Science, 279: 717-720.

Arpat A B, Waugh M, Sullivan J P, et al. 2004. Functional genomics of cell elongation in developing cotton fibers. Plant Mol Biol, 54: 911-929.

Bachem C W B, Brugmans B, Visser R G F, et al. 1996. Visualization of differential gene expression using a novel method of RNA fingerprinting based on AFLP analysis of gene expression during potato tuber development. Plant J, 9: 745-753.

Baker M E, Blasco R. 1992. Expansion of the mammalian 3 betahydroxysteroid dehydrogenase/plant dihydroflavonol reductase super-family to include a bacterial cholesterol dehydrogenase, a bacterial UDP-galactose-4-epimerase, and open reading frames in vaccinia virus and fish lymphocystis disease virus. FEBS Lett, 301: 89-93.

Bevan M, Bancroft I, Bent E, et al. 1998. Analysis of 1. 9 Mb of contiguous sequence from chromosome 4 of *Arabidopsis thaliana*. Nature, 391: 485-488.

Brugmans B, Fernandez del Carmen A, Bachem C W B, et al. 2002. A novel method for the construction of genome wide transcriptome maps. Plant J, 31: 211-222

Chi J N, Han Y C, Wang X F, et al. 2013. Overexpression of the *Gossypium barbadense* actin-depolymerizing factor 1 gene mediates biological changes in transgenic tobacco. Plant Mol Biol Rep, 31: 833-839.

Chi J N, Wang X F, Zhou H M, et al. 2008. Molecular cloning and characterization of the actin-depolymerizing factor gene in *Gossypium barbadense*. Genes Genet Sys, 83: 383-391.

Denic V, Weissman J S. 2007. A molecular caliper mechanism for determining very long-chain fatty acid length. Cell, 130: 663–677.

Dong C H, Xia G X, Hong Y, et al. 2001b. ADF proteins are involved in the control of flowering and regulate F-actin organization, cell expansion, and organ growth in *Arabidopsis*. Plant Cell, 13: 1333-1346.

Dong C H, Kost B, Xia G X, et al. 2001a. Molecular identification and characterization of the *Arabidopsis AtADF1*, *AtADF5* and *AtADF6* genes. Plant Mol Biol, 45: 517-527.

Dong W, Latijnhouwers M, Jiang R H Y, et al. 2004. Downstream targets of the Phytophthora infestans Gα subunit PiGPA1 revealed by cDNA-AFLP. Mol Plant Pathol, 5: 483-494.

Eun S O, Lee Y. 1997. Actin filaments of guard cells are reorganized in response to light and abscisic acid. Plant Physiol, 115: 1491-1498.

Fernández-Del-Carmen A, Celis-Gamboa C, Visser R G, et al. 2007. Targeted transcript mapping for agronomic traits in potato. J Exp Bot, 58: 2761-2774.

Galvão R M, Kota U, Soderblom E J, et al. 2008. Characterization of a new family of protein kinases from *Arabidopsis* containing phosphoinositide 3/4-kinase and ubiquitin-like domains. Biochem J, 409: 117-127.

Gokani S J, Thaker V S. 2002. Role of gibberellic acid in cotton fibre development. J Agric Sci, 138: 255-260.

Gu X, Bar-Peled M. 2004. The biosynthesis of UDP-galacturonic acid in plants. Functional cloning and characterization of *Arabidopsis* UDP-D-glucuronic acid 4-epimerase. Plant Physiol, 136: 4256-4264.

Guo W, Cai C, Wang C, et al. 2008. A preliminary analysis of genome structure and composition in *Gossypium hirsutum*. BMC Genomics, 9: 314.

Guzman P, Ecker J R. 1990. Exploiting the triple response of Arabidopsis to identify ethylene-related mutants. Plant Cell, 2: 513-523.

Huang G Q, Xu W L, Gong S Y, et al. 2008. Characterization of 19 novel cotton FLA genes and their expression profiling in fiber development and in response to phytohormones and salt stress. Plant Physiol, 134: 348-359.

Hubank M, Schatz D G. 1994. Identifying differences in mRNA expression by representational difference analysis of cDNA. Nucleic Acids Res, 22: 5640-5648.

Ito S, Suzuki Y, Miyamoto K, et al. 2005. AtFLA11, a fasciclin-like arabinogalactan-protein, specifically localized in sclerenchyma cells. Biosci Biotech Bioch, 69: 1963-1969.

Ji S J, Lu Y C, Feng J X, et al. 2003. Isolation and analyses of genes preferentially expressed during early cotton fiber development by subtractive PCR and cDNA array. Nucleic Acids Res, 31: 2534-2543.

Jin X, Li Q, Xiao G H, et al. 2013. Using genome-referenced expressed sequence tag assembly to analyze the origin and expression patterns of *Gossypium hirsutum* transcripts. J Integr Plant Biol, 55: 576-585.

Kurek I, Kawagoe Y, Doblin M, et al. 2002. Dimerization of cotton fiber cellulose synthase catalytic subunits occurs via oxidation of the zinc-binding domains. P Natl Acad Sci USA, 99: 11109-11114.

Lerouxel O, Cavalier D M, Liepman A H, et al. 2006. Biosynthesis of plant cell wall polysaccharides–a complex process. Curr Opin Plant Biol, 9: 621-630.

Li G, Gao M, Yang B, et al. 2003. Gene for gene alignment between the *Brassica* and *Arabidopsis* genomes by direct transcriptome mapping. Theor Appl Genet, 107: 168-180.

Li G, Quiros C F. 2001. Sequence-related amplified polymorphism(SRAP), a new marker system based on a simple PCR reaction: its application to mapping and gene tagging in Brassica. Theor Appl Genet, 103: 455-461.

Li G, Quiros C F. 2002. Genetic analysis, expression and molecular characterization of BoGSL-ELONG, a major gene involved in the aliphatic glucosinolate pathway of *Brassica* species. Genetics, 162: 1937-1943.

Li H B, Qin Y M, Pang Y, et al. 2007. A cotton ascorbate peroxidase is involved in hydrogen peroxide homeostasis during fibre cell development. New Phytol, 175: 462-471.

Li J, Yu M, Geng L L, et al. 2010. The fasciclin-like arabinogalactan protein gene, FLA3, is involved in microspore development of *Arabidopsis*. Plant J, 64: 482-497.

Li X B, Fan X P, Wang X L, et al. 2005. The cotton ACTIN1 gene is functionally expressed in fibers and participates in fiber elongation. Plant Cell, 17, 859-875.

Li Y L, Sun J, Xia G X. 2005. Cloning and characterization of a gene for an LRR receptor-like protein kinase associated with cotton fiber development. Mol Genet Genomics, 273: 217-224.

Liang P, Pardee A B. 1992. Differential display of eukaryotic messenger RNA by means of the polymerase chain reaction. Science, 257, 967-971.

Liu H W, Shi R F, Wang X F, et al. 2012. Cloning of a phosphatidylinositol 4-kinase gene based on fiber strength transcriptome QTL mapping in the cotton species *Gossypium barbadense*. Genet Mol Res, 11: 3367-3378.

Liu H W, Shi R F, Wang X F, et al. 2013. Characterization and expression analysis of a fiber differentially expressed fasciclin-like arabinogalactan protein gene in sea island cotton fibers. PLoS ONE, 8: e70185.

Liu H W, Wang X F, Pan Y X, et al. 2009. Mining cotton fiber strength candidate genes based on transcriptome mapping. Chinese Sci Bull, 54: 4651-4657.

Liu Y, Thoden J B, Kim J, et al. 1997. Mechanistic roles of tyrosine 149 and serine 124 in UDP-galactose 4-epimerase from *Escherichia coli*. Biochemistry, 36: 10675-10684.

MacMillan C P, Mansfield S D, Stachurski Z H, et al. 2010. Fasciclin-like arabinogalactan proteins: specialization for stem biomechanics and cell wall architecture in *Arabidopsis* and *Eucalyptus*. Plant J, 62: 689-703.

Mao X Z, Cai T, Olyarchuk J G, et al. 2005. Automated genome annotation and pathway identification using the KEGG orthology(KO)as a controlled vocabulary. Bioinformatics, 21: 3787-3793.

Mohnen D. 2008. Pectin structure and biosynthesis. Curr Opin Plant Biol, 11: 266-277.

Ogata H, Goto S, Fujibuchi W, et al. 1998. Computation with the KEGG pathway database. Biosystems, 47: 119-128.

Pan Y X, Ma J, Zhang G Y, et al. 2007. cDNA-AFLP profiling for fiber development stage of secondary cell wall synthesis and transcriptome mapping in cotton. Chinese Sci Bull, 52: 2358-2364.

Pan Y X, Wang X F, Liu H W, et al. 2010. Molecular cloning of three UDP-glucuronate decarboxylase genes that are preferentially expressed in gossypium fibers from elongation to secondary cell wall synthesis. J Plant Biol, 53: 367-373.

Pang C Y, Wang H, Pang Y, et al. 2010. Comparative proteomics indicates that biosynthesis of pectic precursors is important for cotton fiber and Arabidopsis root hair elongation. Mol Cell Proteomics, 9: 2019-2033.

Pang Y, Wang H, Song W Q, et al. 2010. The cotton ATP synthase δ1 subunit is required to maintain a higher ATP/ADP ratio that facilitates rapid fibre cell elongation. Plant Biology, 12, 903-909.

Persson S, Wei H, Milne J, et al. 2005. Identification of genes required for cellulose synthesis by regression analysis of public microarray data sets. P Natl Acad Sci, 102: 8633-8638.

Qin Y M, Hu C Y, Pang Y, et al. 2007. Saturated very-long-chain fatty acids promote cotton fiber and *Arabidopsis* cell elongation by activating ethylene biosynthesis. Plant Cell, 19: 3692–3704.

Qin Y M, Ma P F, Shi Y H, et al. 2005. Cloning and functional characterization of two cDNAs encoding NADPH-dependent 3-ketoacyl-CoA reductases from developing cotton fibers. Cell Res, 15: 465-473.

Qin Y M, Pujol F M, Hu C Y, et al. 2007. Genetic and biochemical studies in yeast reveal that the cotton fibre-specific GhCER6 gene functions in fatty acid elongation. J Exp Bot, 58: 473-481.

Qin Y M, Zhu Y X. 2011. How cotton fibers elongate: a tale of linear cell-growth mode. Curr Opin Plant Biol, 14: 106-111.

Ritter E, Ruiz de Galarreta J I, et al. 2008. Construction of a potato transcriptome map based on the cDNA-AFLP technique. Theor Appl Genet, 116: 1003-1013.

Schultz C J, Rumsewicz M P, Johnson K L, et al. 2002. Using genomic resources to guide research directions. The arabinogalactan protein gene family as a test case. Plant Physiol, 129: 1448-1463.

Seifert G J, Barber C, Wells B, et al. 2002. Galactose biosynthesis in *Arabidopsis*: genetic evidence for substrate channeling from UDP-D-galactose into cell wall polymers. Curr Biol, 12: 1840-1845.

Seifert G J. 2004. Nucleotide sugar interconversions and cell wall biosynthesis: how to bring the inside to the outside. Curr Opin Plant Biol, 7: 277-284.

Shi H, Kim Y, Guo Y, et al. 2003. The *Arabidopsis* SOS5 locus encodes a putative cell surface adhesion protein and is required for normal cell expansion. Plant Cell, 15: 19-32.

Shi Y H, Zhu S W, Mao X Z, et al. 2006. Transcriptome profiling, molecular biological, and physiological studies reveal a major role for ethylene in cotton fiber cell elongation. Plant Cell, 18: 651-664.

Smart L B, Maneshima M, Wilkins T A. 1998. Genes involved in osmoregulation during turgor-driven cell expansion of developing cotton fibers are differentially regulated. Plant Physiol, 116: 1539-1549.

Song W Q, Qin Y M, Saito M, et al. 2009. Characterization of two cotton cDNAs encoding trans-2-enoyl-CoA reductase reveals a putative novel NADPH-binding motif. J Exp Bot, 60: 1839-1848.

Udall J A, Swanson J M, Haller K, et al. 2006. A global assembly of cotton ESTs. Genome Res, 16: 441-450.

Vuylsteke M, Peleman J D, van Eijk M J. 2007. AFLP-based transcript profiling cDNA-AFLP. for genome-wide expression analysis. Nat Protoc, 2: 1399-1413.

Wang B H, Wu Y T, Huang N T, et al. 2006. QTL mapping for plant architecture traits in upland cotton using RILs and SSR markers. Acta Genetica Sinica, 33: 161-170.

Wilkins T A, Arpat A B. 2005. The cotton fiber transcriptome. Physiol Plantarum, 124: 295-300.

Yang Y W, Bian S M, Yao Y, et al. 2008. Comparative proteomic analysis provides new insights into the fiber elongating process in cotton. J Proteome Res, 7: 4623-4637.

Zeng Z B. 1994. Precision mapping of quantitative trait loci. Genetics, 136, 1457-1468.

Zhang H B, Li Y, Wang B, et al. 2008. Recent advances in cotton genomics. Int J Plant Genomics, 742304.

Zhang Z S, Hu M C, Zhang J, et al. 2009. Construction of a comprehensive PCR-based marker linkage map and QTL mapping for fiber quality traits in upland cotton(*Gossypium hirsutum* L.). Mol Breed, 24: 49-61.

Zheng H, Rowland O, Kunst L. 2005. Disruptions of the *Arabidopsis* enoyl-coA reductase gene reveal an essential role for very-long-chain fatty acid synthesis in cell expansion during plant morphogenesis. Plant Cell, 17, 1467-1481.

Zhu Y X. 2014. Regulation of Cotton Lint Growth. *In*: McGraw-Hill Yearbook of Science & Technology. 319-322.

第四章　棉花纤维蛋白质组学研究

　　与基因组（genome）相对应，蛋白质组（proteome）定义为一个特定基因组所编码产生的全部蛋白质（Phizicky et al.，2003）。由于蛋白质是生命过程的执行者，为了理解高度复杂且动态变化的生物体系，精确定量与生长、发育及应答外界刺激直接相关的蛋白质势在必行，基因组层面的蛋白质组学分析成为一种必不可少的研究手段（Chen and Harmon，2006）。近 10 年来，大规模研究蛋白质的表达水平、翻译后修饰、蛋白质与蛋白质相互作用的蛋白质组学也因此得到飞速发展（Jensen，2006）。

　　目前，植物蛋白质组学研究的主要技术路线有两种：一种是基于二维电泳（2-DE）分离和质谱鉴定来直接获得单个蛋白质信息的二维电泳加质谱技术（2-DE/MS）；另一种则是基于多维液相色谱分离耦联质谱鉴定来获得肽段的信息，并以此为基础鉴定出蛋白质的多维液相色谱加质谱的技术（MDLC/MS）（Rampitsch and Srinivasan，2006）。尽管二维电泳加质谱技术存在许多弊端，如分子质量过大、过小，或等电点（pI）过酸、过碱，以及丰度特别低的蛋白质均很难通过二维电泳分离获得，但随着固相 pH 梯度（immobilized pH gradient，IPG）胶条的商品化、双向电泳本身所具备的直观及与质谱兼容等许多优点，在比较植物蛋白质组学研究中，二维电泳加质谱鉴定仍然处于最核心的地位（Rampitsch and Srinivasan，2006）。基于二维电泳的比较蛋白质组学可以直观地比较不同样品之间蛋白质组分的变化，通过质谱鉴定即可进一步分析出发生了表达量变化的蛋白质的信息。同样，基于比较蛋白质组学的蛋白质磷酸化修饰分析，则可以探寻不同样品中磷酸化蛋白质的种类及其磷酸化程度的变化，从而获得较蛋白质表达水平更深一层次的翻译后修饰的信息。通过分析这些差异表达蛋白质和磷酸化蛋白质的生物学功能与所研究的生理过程之间的内在联系，可以在蛋白质组水平回答一系列传统研究手段无法回答的生物学问题。

　　棉花是最重要的经济作物之一，棉花纤维作为纺织工业的原材料具有重要的经济价值，提高棉花纤维的产量和质量对国民经济发展具有重要意义（Mansoor and Paterson，2012）。单细胞的棉花纤维细胞是植物界长度最长且伸长速率最快的细胞之一。成熟的棉花纤维细胞约 95% 的干重均为纤维素，因此棉花纤维细胞也是研究细胞伸长及次生壁合成的重要模式细胞（Qin and Zhu，2011）。在棉花纤维细胞的生长发育过程中，总的能量和物质原料需要精细地分配在不同的代谢途径、不同的组织和不同的细胞器中，这需要有一种类似网络一样的开关机制来对其进行严密调控。包括蛋白质组学在内的高通量研究手段，可以揭示传统单一研究方法不能发现的不同蛋白质之间的内在联系，从而在系统水平上来解析复杂的棉花纤维发育的生物学过程。而磷酸化蛋白质组学则可进一步研究蛋白质的翻译后修饰，将蛋白质组学研究从表达丰度推向翻译后修饰的更高层次。本章分别介绍棉花纤维蛋白质组学研究的方法建立、棉花纤维发育起始和伸长过程的比较蛋白质组学分析，以及差异表达磷酸化蛋白质的鉴定等研究进展，最后详细论述基于蛋白质组学的棉花纤维发育分子机制解析。

第一节　棉花纤维蛋白质组学研究新方法

总蛋白样品制备是蛋白质组学分析中的最关键步骤（Gorg et al., 2004）。与其他生物体相比，植物组织由于具有细胞壁并富含多糖、酚及次生代谢产物等各种各样的干扰物质，其蛋白质的提取相对较为困难（Carpentier et al., 2005）。棉花纤维及胚珠样品更是众所周知的高难度材料，其组织内部含有高水平的多糖、多酚及脂类等组分（Wan and Wilkins, 1994），因而在蛋白质样品提取过程中，必须将这些物质尽可能地除去，否则这些物质会以各自不同的形式与蛋白质结合，阻碍等电聚焦时蛋白质的有效分离，从而影响二维电泳的分离效果。

在 2005 年之前，国际上关于棉花二维电泳和蛋白质组学的相关报道非常少，其二维电泳的图谱质量均不高，说明总蛋白样品制备时仍有一些干扰蛋白质电泳分离的物质未能去除干净。结果是能获得成功鉴定的蛋白质也非常之少，能够从中获得的信息非常有限（Turley and Ferguson 1996；Graves and Stewart, 1998）。因此，当时急需建立一个行之有效地进行棉花纤维蛋白质组学研究的方法与技术路线。在 973 项目的资助下，本研究建立了基于二维电泳的棉花纤维细胞的蛋白质组学分析方法，为棉花纤维细胞的蛋白质组学研究奠定了技术基础（Yao et al., 2006）。

一、棉花纤维总蛋白的酚提取法

在已有的针对植物样品提取蛋白质的方法中，酚提取法已经被证明对富含多酚多糖的植物材料具有较好的提取效果（Wang et al., 2003；Saravanan and Rose, 2004）。因此，我们采用基于苯酚提取和乙酸铵/甲醇沉淀相结合的技术，以 15DPA 带种子的纤维为实验材料，开发出了一种从棉花纤维中提取蛋白质的新方法（图 4-1）（Yao et al., 2006）。考虑到棉花纤维的自身特点和操作的便利性，我们首先对上述技术进行了 3 步改进，①研磨时分别加入10%的石英砂和交联聚乙烯吡咯烷酮（PVPP）来充分破坏纤维细胞的细胞壁；②在提取缓冲液中加入 30%的蔗糖，从而使酚相转到水相上方便于操作；③采用冻干法除去残留的液体。

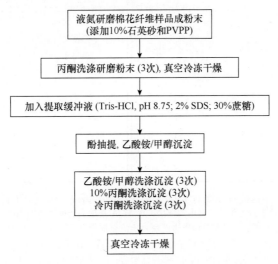

图 4-1　棉花纤维蛋白质提取方法流程示意图

　　尽管这些改进达到了破除细胞壁和方便操作的效果，但仍然未能得到满意的二维电泳图谱，说明提取的蛋白质中仍含有一些杂质（干扰物质）。正是这些杂质引起了电泳图谱中的水平条纹和不完全聚焦(图 4-2A)。在对棉花样品中可能含有的杂质和电泳图谱中显示的问题进行分析后，我们推测多酚和脂类的不完全去除可能是引起实验结果不尽如人意的原因。因为大多数水溶性杂质，如多糖和核酸，在苯酚提取时会保留在水相中，而多酚和脂类可与蛋白质一同被酚提取并一起沉淀下来。多酚能够通过氢键与蛋白质结合，使蛋白质携带的电荷发生改变，从而在双向电泳图谱上呈现水平条纹（Gorg et al.，2004）。另外，种子中的大量脂类，以及在沉淀蛋白质时引入的少量盐类也会干扰等电聚焦，使其聚焦不完全（Gorg et al.，2004）。

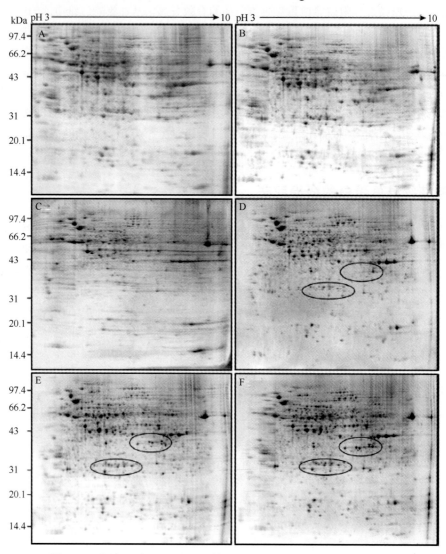

图 4-2　不同提取步骤对 15DPA 棉花纤维总蛋白二维电泳图谱的影响

A. 传统酚法提取纤维样品总蛋白得到的二维电泳图谱；B. 在 A 基础上研磨时添加 10% PVPP 提取纤维样品总蛋白得到的二维电泳图谱；C. 在 A 基础上用 80%丙酮清洗蛋白质沉淀提取样品总蛋白得到的二维电泳图谱；D. PVPP 和 80%丙酮清洗联合应用（PheA）提取纤维样品总蛋白得到的二维电泳图谱；E. 丙酮预处理，提取缓冲液仍使用 KCl/ EDTA（PheB）提取纤维样品总蛋白得到的二维电泳图谱；F. 丙酮预处理，同时用 2%SDS 代替提取缓冲液中的 KCl/ EDTA（PheC）提取纤维样品总蛋白得到的二维电泳图谱

为了尽可能完全地除去这些杂质，我们在上述 3 个改进的基础上，进一步引入以下两个步骤（图 4-1）：①在研磨样品时加入 PVPP，PVPP 是一种氢离子受体，它能和多酚结合，并在后续步骤中容易被除去（Pierpoint，1996）；②在冻干之前，用 80%的丙酮清洗蛋白质样品以除去脂类和盐类。虽然这两个步骤分别进行时，能给二维电泳图谱带来了较为明显影响（图 4-2B、C），但当同时采用这两个步骤（PheA）时，电泳图谱发生了质的改变（图 4-2D），说明两步改进对于获得高质量的结果都是必不可少的。此外，凝胶上的水平条纹在加入 PVPP 研磨后消失，暗示样品中确实存在较多的酚类物质；而不采用丙酮清洗蛋白质样品，就会出现不完全聚焦，显示脂类和盐类的影响是存在的。由此可见，正是由于有效去除了这些杂质，我们才得到了高质量的总蛋白及其电泳结果。

尽管上述步骤显著改进了电泳的图谱质量，但是为了得到更多的蛋白质点和更高的蛋白质产率，还需要进一步优化。因此在 PheA 步骤的基础上又引进了两个改进步骤：①样品粉末先用冰冷的丙酮清洗两次，再悬浮于提取缓冲液中（PheB）；②将提取缓冲液中 100mmol/L KCl 和 50mmol/L EDTA 用 2% SDS 代替（PheC）。与预想结果一致，这两步改进确实提高了蛋白质产率和点数。与对照相比，改进后得到的蛋白质点分别为（1748±96）个和（1784±63）个（图 4-2E、F），都比对照所得到的（1256±132）个多（图 4-2D）。特别是在有些区域，使用丙酮清洗以后蛋白质点的数量和丰度明显提高。用本研究开发的技术，在用 24cm 长的 IPG 胶条所形成的凝胶上能展现约 1800 个蛋白质点，是比较理想的（Yao et al.，2006）。

二、棉花纤维总蛋白提取方法评价

如上所述，通过一系列的改进我们建立了适合棉花纤维蛋白质的酚抽提方法。结合考马斯亮蓝 G250 染色（Candiano et al.，2004），能在二维电泳凝胶（使用 24cm 长的 IPG 胶条）上平均得到约 1800 个蛋白质点，这个数量远远超过了先前方法得到的棉花纤维蛋白质点数（Turley and Ferguson，1996）。蛋白质点数的增加意味着我们可以更好地利用蛋白质组学的优势来获取更多信息。接着，我们采用茚三酮法，对不同提取方法的蛋白质产率进行了测定，结果显示 PheC 提取蛋白质产率最高，产率为（5.37±0.16）mg；PheB 次之，产率为（4.69±0.33）mg；PheAα 和 PheA 的产率分别为（4.22±0.45）mg 和（4.17±0.27）mg。PheB 和 PheC 的蛋白质产率都比 PheA 有明显的增加；尽管 PheB 和 PheC 得到的蛋白质点数量差别不大，但后者的蛋白质产率要高于前者，这对于某些较难获取或蛋白质含量较低的植物样品，如棉花纤维来说是非常重要的。这一结果充分表明我们所建立的优化的酚提取法可以高效地提取棉花纤维细胞的总蛋白，而且在二维电泳上可以得到很好地分离。

三、棉花纤维蛋白质组分析技术路线

应用上述蛋白质提取方法，我们对棉花纤维发育中两个重要时期（5DPA 和 15DPA）纤维样品（带种子）分别提取总蛋白并采用二维电泳方法进行分离，采用的 IPG 胶条长度为 24cm，pH 3~10。5DPA 和 15DPA 是棉花纤维伸长期中的两个时间点，针对这两个时间点的蛋白质组学分析可以获得纤维细胞伸长过程中整体蛋白质水平的变化情况（图 4-3A、B）。通过考马斯亮蓝 G250 染色、蛋白质点间的比较和统计学分析，发现 15DPA

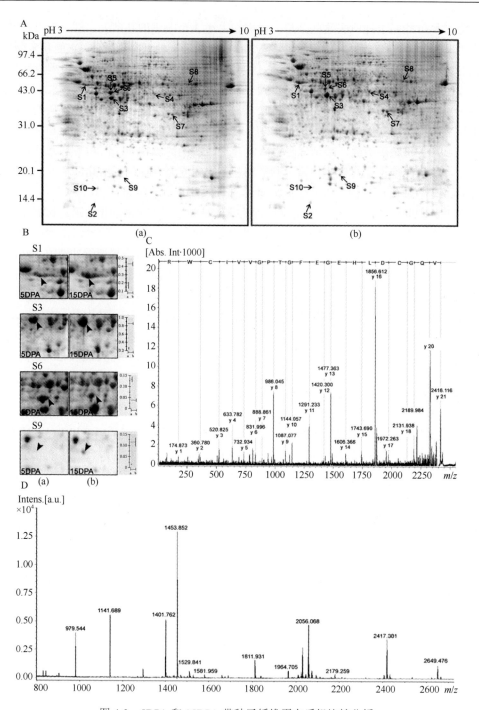

图4-3 5DPA 和 15DPA 带种子纤维蛋白质组比较分析

A. 5DPA（a）和 15DPA（b）带种子棉花纤维的二维电泳图谱。箭头指示已经鉴定出的蛋白质点。B. 同一蛋白质在 5DPA（a）和 15DPA（b）样品中的表达量差异。以 Vol%为评估标准，结果来自于 3 次独立的实验。S1. 肌动蛋白 4 （actin4）；S3. 花青素还原酶（ANR）；S6. S-腺苷甲硫氨酸合成酶（S-adenosylmethionine synthase）；S9. 乳胶类蛋白 （putative major latex-like protein）。C. 通过 MALDI-TOF/TOF 对乳胶类蛋白质进行鉴定。D. 通过 MALDI-TOF 对 S- 腺苷甲硫氨酸合成酶进行的鉴定

的纤维相比 5DPA 的纤维有 43 个蛋白质点的表达水平发生了显著变化，其中 26 个上调、17 个下调。所有这些蛋白质点的丰度变化均超过了 1.5 倍，其中 34 个蛋白质点的变化超过了 2 倍。我们选取其中 15 个蛋白质点进行质谱鉴定。其中，8 个蛋白质点通过肽谱图分析（MALDI-TOF）得到鉴定（图 4-3C），2 个蛋白质点通过二次质谱（TOF-TOF）得到了鉴定（图 4-3D）。

鉴定出的 10 个差异表达蛋白质点中包括 2 个细胞骨架相关蛋白、2 个类黄酮合成通路上的酶、2 个腺苷甲硫氨酸合成酶、2 个过敏原类似蛋白、1 个磷脂结合蛋白和 1 个未知蛋白质。其中，3 个蛋白质如α-tubulin 4、profilin 和 annexinGh1 已经被证明与棉花纤维的发育相关（Dixon et al.，2000；Hofmann et al.，2003；Wang et al.，2005），而其余 7 个蛋白质则是首次报道与纤维发育有联系。例如，一个含有过氧化氢酶保守结构域的未知蛋白质被发现在纤维发育过程中表达量上调，两个腺苷甲硫氨酸合成酶同源蛋白在该过程中表达量显著下调，而两个类黄酮合成途径上的酶表达量则上调。上述结果表明，这些蛋白质的丰度在棉花纤维伸长过程中发生动态变化，因此很可能与棉花纤维细胞伸长密切相关。

总之，在酚提取法的基础上通过步骤优化，我们建立了改良的酚提取法（图 4-1）。新的提取方法可使蛋白质产率显著提高，凝胶上的蛋白质斑点数明显增加。应用此方法，我们对棉花胚珠、纤维和带种子的纤维分别进行了蛋白质提取和二维电泳，都能得到较好的分离及电泳凝胶图，说明此方法普遍适用于棉花纤维发育相关材料的总蛋白提取。在此基础上，通过对 5DPA 和 15DPA 的蛋白质样品的二维电泳、比对分析和质谱鉴定，我们建立了切实可行的整套基于双向电泳的棉花纤维样品蛋白质组学分析技术路线（Yao et al.，2006）。

第二节　长纤维伸长期差异显示蛋白的鉴定与图谱构建

棉花纤维发育过程通常被分为 4 个时期：纤维细胞的起始期、细胞伸长期（初生细胞壁的合成）、次生壁合成增厚期和纤维脱水成熟期。棉花纤维细胞的起始从开花当天（0DPA）或稍早于开花当天（−3DPA）开始，大约 25% 的胚珠表皮细胞会分化成有重要经济价值的长绒纤维。纤维的起始与细胞伸长在每个胚珠及同一棉铃中的不同胚珠之间保持很高的同步性。开花几天后，另一类棉花纤维细胞短绒纤维开始起始，但由于未知因素，此类纤维细胞最终长度一般小于 5mm。起始后的长纤维细胞将经历快速的细胞伸长期。对陆地棉来说，这个过程一直持续到 20DPA，在 12DPA 左右纤维的伸长速率达到顶峰，此时的伸长速率大约为每天 2mm。次生壁的合成期开始于纤维细胞的伸长终止时，为 15～20DPA，此过程一直持续至 40～50DPA。伸长和次生壁增厚两个发育时期的重叠暗示着可能存在一个协同的调控机制来同时调节伸长的终止和次生壁合成的起始。次生壁合成结束后就进入了成熟期，最后成熟的棉桃开裂，棉花纤维则完全脱水裸露出来（Mansoor et al.，2012）。各个时期对棉花纤维品质的形成都有独特的影响，如伸长期的伸长率和时间决定最终棉花纤维细胞的长度，而次生壁合成增厚期则决定纤维的细度和强度。

对棉花纤维伸长机制的研究在过去的几十年取得了重要进展，早在 1975 年，Dhindsa 等（1975）即提出了纤维伸长的膨压驱动模型，其实验结果表明，棉花纤维和其他植物细胞一样以苹果酸和钾离子为主要渗透溶质，通过溶质积累所产生的膨压驱动纤维细胞不断伸长。Meinert 和 Delmer（1977）通过研究棉花纤维细胞壁中生化组分的变化，发现在纤维伸长期向次生壁增厚期转换的过程中，非纤维素糖类和蛋白质含量都急剧下降，暗示整个纤维细胞的代谢都发生了转变。通过在转录和蛋白质水平上分析棉花纤维不同发育阶段参与渗透调控和细胞骨架相关基因的表达及酶活性的变化，Smart 等（1998）发现不同的基因有着不同的调控模式，并暗示蛋白质翻译后修饰在其中发挥着重要作用。Ruan 等（2001）发现，在纤维快速伸长期通过转运蛋白的高表达，蔗糖和钾离子从邻近的表皮细胞不断进入纤维细胞，与此同时胞间连丝关闭阻止了溶质回流，从而维持纤维细胞内高的膨压。这一研究说明胞间连丝的关合在棉花纤维伸长过程中发挥着重要作用，发展了膨压驱动纤维伸长的经典模型。除此以外，一系列研究发现一些蛋白质和信号分子在纤维伸长过程中也起着重要作用，包括蔗糖合酶（sucrose synthase）、肌动蛋白（actin）、肌球蛋白（tubulin）、膜联蛋白（annexin）、饱和长链脂肪酸（saturated very long chain fatty acid）等（Andrawis et al.，1993；Ruan et al.，2001；Li et al.，2002；Ruan et al.，2003；Li et al.，2005；Qin et al.，2007）。这些研究极大地丰富了对棉花纤维伸长过程的了解，然而许多与纤维伸长机制相关的基本问题，如纤维细胞伸长过程是否为顶端生长（Qin and Zhu，2011）、纤维伸长过程中细胞代谢如何进行调控等至今仍未能获得确切的解答。在棉花纤维总蛋白提取方法和蛋白质组学研究分析技术路线成功建立的基础上，我们尝试采用比较蛋白质组学的方法，大规模高通量系统地深入探索棉花纤维伸长的蛋白质组水平的动态变化，进而进一步解析纤维细胞伸长的分子机制。

一、长纤维伸长期蛋白质总量的动态变化

蛋白质是生命现象的执行者，蛋白质的含量对细胞的各种生理活性至关重要。基于此，我们首先对棉花纤维伸长过程中的细胞内总蛋白量的变化进行了分析。运用茚三酮法，对开花后 5～40DPA 的陆地棉栽培种'中棉所 35 号'的棉花纤维蛋白质含量进行了测定。结果显示，在 5DPA 时纤维细胞蛋白质含量最高，达到 10.79%，随后细胞内蛋白质的含量逐渐下降，在 15～30DPA 蛋白质含量一直维持在 3.6%左右。在此之后蛋白质含量再次显著下降，在 35DPA 和 40DPA 时期蛋白质含量分别为 2.05%和 2.01%（图 4-4）。

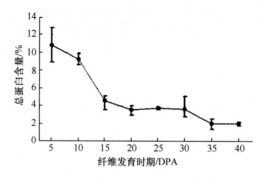

图 4-4　长纤维细胞伸长过程 8 个时间点总蛋白含量分析

这一结果与纤维发育过程细胞的生理学变化是一致的：纤维细胞在 5～15DPA 的快速伸长期细胞总的生物量（biomass）快速增加，而在 30DPA 后纤维逐渐发育成熟，大部分的基因表达均逐渐停止。因此，5～15DPA 纤维蛋白质含量的急剧下降可能是由于

纤维等其他物质生物量的增多所导致的蛋白质相对含量的下降，而 30DPA 后纤维蛋白质含量的下降则可能是由于蛋白质本身的合成停止及蛋白质降解加剧所导致的绝对含量下降。用本章第一节所阐述的改良的酚抽提法提取棉花纤维伸长 5 个时期（5DPA、10DPA、15DPA、20DPA、25DPA）的蛋白质，浓度测定结果与此结果完全吻合，在 5DPA 时蛋白质浓度为（6.05±1.17）mg 蛋白质/g 纤维，在 10DPA 时蛋白质浓度则降为（3.90±0.40）mg 蛋白质/g 纤维，随后在 15DPA、20DPA、25DPA 3 个时期提取的蛋白质浓度则分别为（2.52±0.59）mg 蛋白质/g 纤维、（2.68±0.91）mg 蛋白质/g 纤维及（2.57±0.55）mg 蛋白质/g 纤维，基本维持在 2.5mg 蛋白质/g 纤维的水平（Yang et al.，2008）。

二、长纤维伸长期蛋白质组的动态变化

我们将提取的棉花纤维 5 个伸长期（5DPA、10DPA、15DPA、20DPA、25DPA）的总蛋白等量（1.2mg）进行二维电泳，采用的 IPG 胶条长度为 24cm，pH 3～10。电泳结束后，将二维电泳凝胶进行考马斯亮蓝 G250 染色，用 UMAX PowerLook 2100XL 扫描仪对凝胶进行图像扫描，并用 ImageMaster Platinum（V5.0，GE Healthcare）图像分析软件对蛋白质点进行比较与统计分析。为了确保数据的准确，我们对每个时期纤维的 3 份样品分别进行蛋白质提取，进行 3 次二维电泳，实现了 3 次生物学重复和 3 次技术性重复。同时，为了分析的便利，我们将 5 个时期的总蛋白等量混合同样进行了二维电泳，将获得的凝胶图像作为参考胶，5 个时期的凝胶图均与之进行比较，以寻找差异表达蛋白。

图像分析显示 5 个时期的长纤维细胞总蛋白在双向电泳凝胶上分别能检测到 1624 个、1673 个、1701 个、1633 个和 1671 个蛋白质点，5 个时期混合的参考胶则能检测到 1793 个蛋白质点。用每个蛋白质点占总蛋白点图像面积的比例（Vol%）作为检验参数，将每个时期的凝胶图像和参考凝胶图像进行点与点的比较，结果总共发现了 235 个蛋白质点的 Vol%发生显著变化（$P < 0.05$），说明这 235 个蛋白质在长纤维伸长过程中的表达量发生了显著变化（图 4-5）。在 235 个差异表达蛋白中，有 226 个蛋白质至少在一个时期有着 1.5 倍的表达量改变，120 个蛋白质甚至有高达 2 倍的表达量改变。

应用聚类分析的方法，根据其在伸长过程 5 个时期的表达量变化，235 个蛋白质可以分为四大类（图 4-6）。其中 A 和 B 类蛋白质的蛋白质丰度变化趋势分别为逐渐上升和逐渐下降，分别包括 39 个和 72 个蛋白质；C 类蛋白质丰度变化趋势为先下降再上升，而 D 类蛋白质丰度变化趋势则为先上升再下降，分别包括 44 个和 80 个蛋白质。这一结果表明不同蛋白质在纤维伸长的不同时期有着不同的丰度变化，暗示其在纤维伸长不同时期具有不同的功能，同时也提示蛋白质合成和降解系统在纤维伸长过程中扮演着重要的角色（Yang et al.，2008）。

三、长纤维伸长期差异表达蛋白的质谱鉴定

235 个差异表达蛋白在凝胶图上的位置确定后，通过挖点和胰酶酶解，利用最新的 4800 Plus MALDI TOF/TOF™ Analyzer 质谱仪和棉花 EST 数据库，我们对 235 个差异

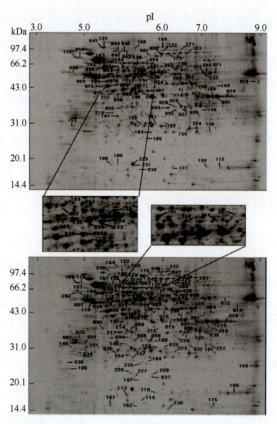

图 4-5　长纤维细胞伸长期 235 个差异表达蛋白斑点的二维电泳凝胶图

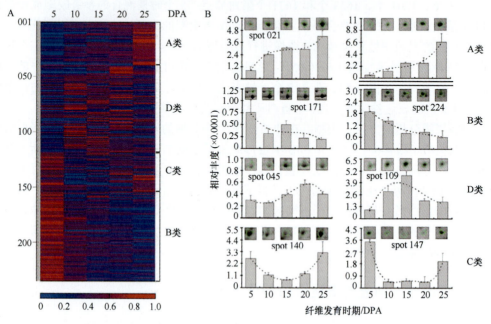

图 4-6　长纤维细胞 5 个伸长期中 235 个差异表达蛋白的聚类分析

A. 归一化处理后差异表达蛋白根据其表达量的变化可以分为四大类；B. 具有代表性的 8 个蛋白质点的丰度变化和电泳图像

表达蛋白全部进行了质谱鉴定（图 4-7），成功获得了全部蛋白质的蛋白质名称，以及其等电点、分子质量等各种信息。根据其生物学功能，235 个差异表达蛋白可以分为十五大类（图 4-8）。其中，能量代谢、蛋白质折叠装配及细胞内运输相关的蛋白质数量最多，分别有 31 个、29 个和 26 个。与细胞壁多糖合成相关的非能量碳水化合物代谢及氧化还原平衡调控也各有 20 个蛋白质存在差异表达。除此之外，次生代谢、蛋白质合成、蛋白质降解、氨基酸合成、核苷酸合、一碳代谢及信号转导等多种分类单元中均含有多于 10个差异表达蛋白质。需要指出的是，仍有 5 个蛋白质没有功能注释，因此我们将之归类为未知功能蛋白质类型（Zhang et al.，2013）。

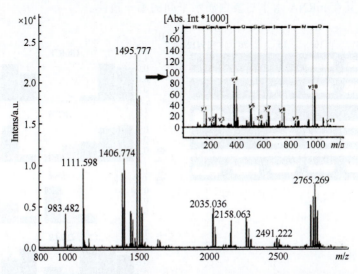

图 4-7　第 112 号蛋白质点 Peptidyl-prolyl *cis-trans* isomerase 的 MS 和 MS/MS 质谱图

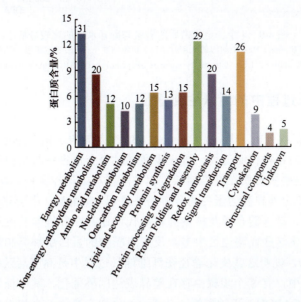

图 4-8　长纤维细胞 5 个伸长期中 235 个差异表达蛋白的功能分类

尽管由于 mRNA 和蛋白质具有不同的半衰期导致基因的转录和翻译水平并不完全一致，但依然可以通过 RT-PCR 对蛋白质组分析结果进行初步的验证。我们选取了 235 个差异表达蛋白中的 4 个蛋白质（acyltransferase-like protein、actin、LEA protein 和 dehydroascorbate reductase）对其进行了 mRNA 表达量的分析。RT-PCR 结果显示，acyltransferase-like protein 和 actin 均在 5～10DPA 时期有高的表达，随后表达量逐渐下降，这与其蛋白质丰度的变化趋势是一致的。LEA protein 和 dehydroascorbate reductase 同样具有相似的 mRNA 和蛋白质丰度变化趋势。此外，在 5～10DPA 和 20～25DPA 时间点上没有检测到 LEA protein 和 acyltransferase-like protein 的 mRNA 表达，而能检测到这些蛋白质表达（图 4-9），显示了其在 mRNA 水平与蛋白质水平间的不一致性。

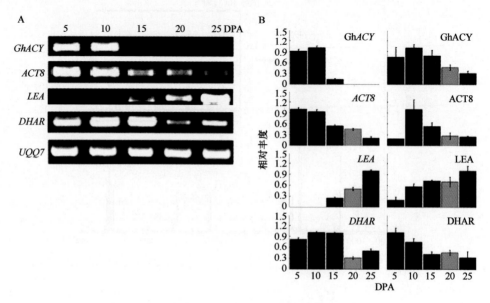

图 4-9　4 个选定蛋白质的转录与翻译水平的比较分析

A. 4 个选定基因的 RT-PCR 结果；B. 4 个基因的 mRNA（左）和蛋白质（右）的表达丰度。GhACY. acyltransferase-like protein；ACT8. actin 8；LEA. late embryogenesis likeprotein；DHAR. dehydroascorbate reductase

四、长纤维伸长过程中的活跃生化途径

运用 KOBAS 在线分析工具，我们可以对 235 个差异表达蛋白进行 KEGG 分类标注，来预测它们所参与的各种代谢途径。进一步通过对每个途径中的蛋白质总数进行统计分析比较，即可揭示这些蛋白质在纤维伸长过程中所参与或调控各种代谢途径的显著程度。KOBAS 工具对 235 个差异表达蛋白的分析结果显示，糖酵解、甲硫氨酸循环、细胞壁多糖合成、次生代谢、氨基酸合成及核糖降解等代谢途径在纤维伸长过程中受到非常显著的调控，体现在催化这些代谢途径中多个反应步骤酶的蛋白质种类和蛋白质丰度是高度变化的（图 4-10A），说明这些生化途径在纤维伸长过程中是高度活跃的。例如，在糖酵解途径的 9 个步骤中，有 8 个步骤由存在差异表达的酶催化，其中催化关键步骤的甘油醛-3-磷酸脱氢酶（GAPDH）和烯醇酶（enolase）分别有高达 6 个和 5 个差异蛋白得到鉴定（图 4-10B）。与糖酵解途径的高显著度（P 值达到 10^{-13}）相比，同属于能量代谢的三

羧酸（TCA）循环的显著程度并不高（P 值仅有 10^{-2}，低于设定为显著的阈值 $P<0.001$），暗示纤维伸长过程中糖酵解途径相比 TCA 循环受到更高程度的调控（Zhang et al., 2013）。

　　总之，通过二维电泳分析，我们发现在长纤维伸长过程的 5 个时期共有 235 个蛋白质差异表达，利用最新的棉花 EST 数据库信息，我们成功对 235 个蛋白质实现了质谱鉴定。235 个蛋白质根据其表达模式可以分为 4 类，而按照其生物学功能则可分为 15 类。应用 KOBAS 软件，我们分析了 235 个差异表达蛋白所参与的代谢途径，结果表明，糖酵解途径在纤维伸长过程中受到最显著的调控，甲硫氨酸循环、细胞壁多糖合成、次生代谢、氨基酸合成及核糖降解等代谢途径也受到较显著的调控。这些发现在蛋白质水平上加深了我们对棉花纤维细胞伸长过程的理解。

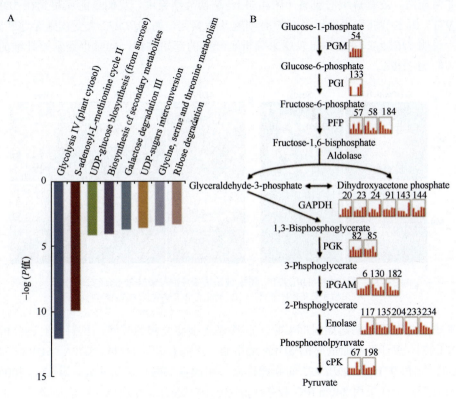

图 4-10　棉花纤维伸长过程中被显著调控的代谢途径

A. KOBAS 分析结果，显示 8 个受到显著调控代谢途径及其 -log（P）值；B. 糖酵解途径，显示相应酶的表达存在差异的 8 个步骤

第三节　短纤维起始期差异显示蛋白的鉴定与图谱构建

　　在应用比较蛋白质学方法对长纤维伸长过程进行解析的同时，我们还对另一类棉花纤维短绒纤维的起始进行了比较蛋白质组学的分析。如前所述，短纤维的起始滞后于长纤维，大约在开花后的第 4～10 天才开始起始。起始后短纤维也不会像长纤维那样进入快速伸长期，而是伸长缓慢，其最终长度通常不足 5mm（图 4-11）（WT）。虽然短纤维对纺织工业的价值不大，但是在同一个胚珠上短纤维的起始数量要比长纤维高 1 倍，其

独特的发育过程可为研究纤维的起始提供良好的模型。与长纤维细胞相比，利用短纤维来研究棉花纤维的起始机制，可以消除由于起始期和极性伸长期的叠加而造成的复杂性，即可以用短纤维为材料针对性地研究棉花纤维的起始机制。

一、短纤维起始期蛋白质组的动态变化

在本研究中我们采用了二倍体亚洲棉野生型'DPL971'和短绒缺失突变体 *DPL972* 作为研究材料。短绒缺失突变体 *DPL972* 相比野生型'DPL971'的差别在于其短纤维完全不能起始，而长纤维的发育则不受影响，体现为去除长纤维后突变体相比野生型种皮表面非常光滑，没有短绒的包裹（图 4-11）。从切片结果中，我们还能观察到在 5DPA 时'DPL971'野生型胚珠表面已经开始有细胞开始突起，而 *DPL972* 突变体则无这些突起，进一步说明 *DPL972* 突变体可以用来分析短纤维的起始过程，同时也提示短纤维的起始时期大约为 5DPA。

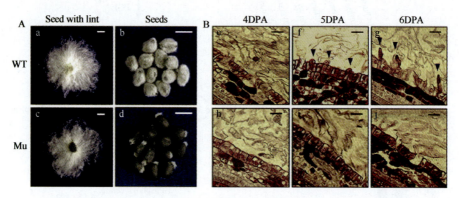

图 4-11　野生型'DPL971'和短绒缺失突变体 *DPL972* 的形态学分析
A. 野生型和突变体种子照片；B. 野生型和突变体胚珠的显微切片

考虑到棉花纤维的起始时间要早于胚珠表皮细胞突起的时间，我们以上述分析确定的'DPL971'短纤维起始的时间 5DPA 为中心，分别采集了 1DPA、3DPA、5DPA、7DPA、9DPA 的'DPL971'和 *DPL972* 的胚珠样品。用改良的酚抽提法（Yao et al.，2006）提取蛋白质后，同样采用 24cm IPG 胶条（pH 3～10）进行二维电泳。电泳结束后，将双向电泳凝胶进行考马斯亮蓝 G250 染色，用 UMAX PowerLook 2100XL 扫描仪对凝胶进行图像扫描，并用 ImageMaster Platinum（V5.0，GE Healthcare）图像分析软件对蛋白质点进行统计分析。为了确保结果的准确，我们采用 3 个生物学样品及 3 次技术性重复来进行短纤维起始的比较蛋白质组学分析（Du et al.，2013）。在基于电泳凝胶图比对的差异表达蛋白点分析过程中，考虑到'DPL971'和 *DPL972* 在长纤维发育方面没有明显差异，我们将相同时期的配对样品（DPL971/*DPL972*）进行比较分析以消除长纤维发育及胚珠本身发育带来的蛋白质水平的变化，这样所获得的差异表达蛋白将仅与棉花短纤维的发育过程相关。图像分析显示 71 个蛋白质在 5 个时期的野生型和突变体胚珠中呈现高于1.5 倍表达量的差异（$P < 0.05$），其中 45 个蛋白质在野生型中的表达量较高，26 个蛋白质在突变体中的表达量较高（图 4-12）（Du et al.，2013）。

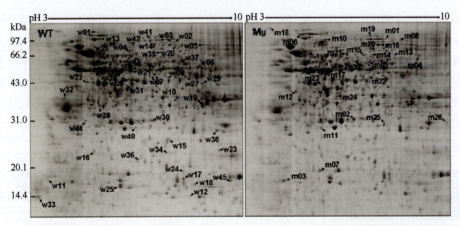

图 4-12　野生型'DPL971'和短绒缺失突变体 *DPL972* 的 5DPA 胚珠总蛋白的二维电泳图谱
w1~w45 为在野生型胚珠中高表达的差异显示蛋白，而 m1~m26 为在突变体中高表达的差异显示蛋白

　　为了展示差异表达蛋白在凝胶电泳图上的斑点，我们从 71 个差异表达蛋白中选取了 3 个蛋白质，检测这 3 个斑点在所分析的 5 个时期的二维电泳凝胶图谱上的丰度变化，进而制作了柱状图来直观展示其蛋白质的丰度变化。w04 号蛋白质点在野生型胚珠中高表达，其在 5 个时间点的蛋白质丰度均高于突变体胚珠中相应的蛋白质丰度。m19 号蛋白质点则相反，其在突变体胚珠中高表达，因此在每个时间点的表达均较野生型高。m25 号蛋白质点仅在突变体胚珠中特异性表达，在同时期的野生型胚珠中不表达，表现为二维电泳凝胶上检测不到其对应的蛋白质胶点（图 4-13）。这一结果表明，m25 号蛋白质是一个突变体胚珠中特异表达的蛋白质，很有可能与短纤维的形成相关。

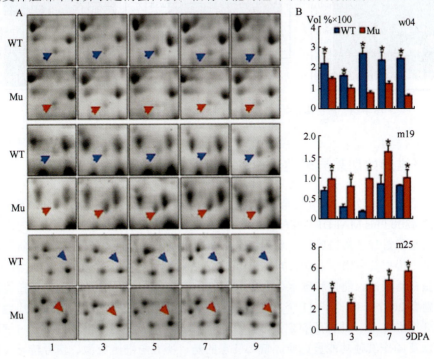

图 4-13　3 个选定蛋白质的差异表达分析
A. 选定蛋白质在二维电泳图上的位置及丰度变化；B. 不同时间点选定蛋白质的丰度

应用聚类分析的方法，根据其在起始过程中 5 个时期的表达量变化，71 个差异表达蛋白可以分为 7 个表达模式。其中有 22 个蛋白质在 5 个时期都表达，54 个蛋白质在 5DPA 前（短纤维起始前期）就有表达，而 39 个蛋白质则在 5DPA 后（短纤维起始后期）表达。除此之外，分别有 6 个、14 个和 7 个蛋白质只在 5DPA、5DPA 前的起始前期或 5DPA 后的起始后期特异性表达。不同蛋白质在短纤维起始不同时期有着不同表达和不同的丰度变化，暗示其可能在纤维起始过程中发挥不同的作用（图 4-14）。

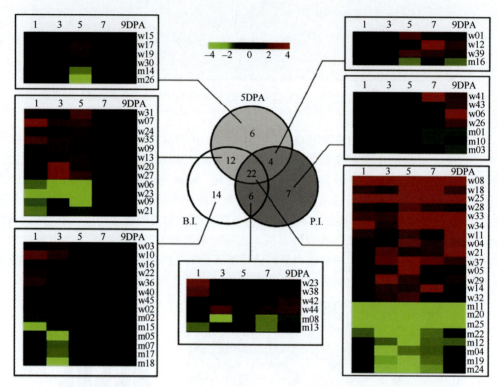

图 4-14　短纤维起始过程 5 个时期 71 个差异表达蛋白的聚类分析
B.I. 起始前；P.I. 起始后

二、短纤维起始期差异表达蛋白的质谱鉴定

在二维电泳凝胶上 71 个差异表达蛋白的位置得以确定后，通过挖点和胰酶酶解，利用最新的 4800 Plus MALDI TOF/TOF™ Analyzer 质谱仪和棉花 EST 数据库，对这些差异表达蛋白全部进行了质谱鉴定，获得了全部蛋白质的身份认证，以及其分子质量、等电点等信息。根据其生物学功能，71 个差异表达蛋白可以分为 8 个功能类群（图 4-15）。其中，蛋白质代谢、能量和碳水化合物代谢、细胞应激与信号转导相关的蛋白质数量最多，分别有 20 个、17 个和 11 个。与氨基酸代谢及氧化还原平衡相关的蛋白质也较多，分别为 8 个和 6 个。此外还鉴定到 3 个蛋白质参与脂质代谢，2 个蛋白质参与细胞骨架调控，以及 4 个其他功能蛋白质。值得注意的是，所有与细胞应激、信号转导及氧化还原平衡相关的蛋白质均在野生型 'DPL971' 胚珠中高表达，而所有与脂质代谢相关的蛋

白质则均在突变体 *DPL972* 胚珠中高表达，这一结果暗示短纤维的起始需要高表达这些与细胞应激、信号转导及氧化还原平衡相关的蛋白质，同时需要抑制脂质代谢相关蛋白质的表达（Du et al., 2013）。

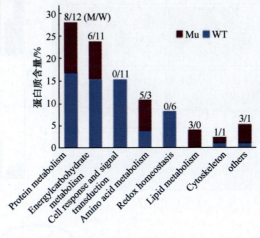

图 4-15 短纤维起始过程中差异表达蛋白的功能分析

三、短纤维起始期重要蛋白质的动态变化

（一）赤霉素合成相关蛋白质的动态变化

赤霉素（GA）是一类非常重要的植物激素，在种子的萌发、茎的伸长等多个生理过程中发挥重要的作用（Davière and Achard, 2013）。通过比较蛋白质组学分析，我们发现在棉花短纤维起始过程中，与活性形式 GA_1 和 GA_4 的生物合成相关的 3 个 GA20ox（w29、w30、w31）和一个 GA3ox（w28）均在野生型中高表达（图 4-16），这一结果暗示野生型胚珠中活性 GA 的生物合成相比突变体中更活跃。为了验证这一结果，我们对伸长期 5 个时间点的胚珠中的 GA 含量进行了液相质谱（LC-MS）测定。GA 含量测定结果显示，野生型胚珠中活性形式的 GA（GA_1、GA_4）含量在所测的时间点上大部分时间点显著高于突变体，最高达 6 倍左右。在短纤维起始前期，GA_4 在野生型胚珠中的含量相比突变体的差异在不断增加，于 5DPA 时差异达到最高水平，7DPA 时有所回落，在 9DPA 时又有所上升，这一动态变化的过程与 GA3ox 蛋白质的丰度变化基本吻合，提示 GA_4 含量的变化受到 GA3ox 蛋白的调控。在 1～7DPA 时，野生型胚珠中另一种活性形式 GA_1 的含量也高于突变体，在 9DPA 时则与突变体持平（图 4-16）。野生型和突变体胚珠中非活性形式的 GA_9 和 GA_{20} 的含量没有显著的差异（<1.5 倍），其含量变化曲线基本吻合。有意思的是，GA_4 与 GA_9 及 GA_1 与 GA_{20} 的变化趋势几乎相反，野生型胚珠 GA_4 的含量在 1～5DPA 逐渐上升的同时，GA_9 相对于突变体的含量却是逐渐下降的；而当野生型胚珠 GA_1 的相对含量在 9DPA 降低时，GA_{20} 的相对含量则有所升高（图 4-16）。考虑到这两对赤霉素都是产物与底物的关系，因此，这种此消彼长的变化模式是符合正常的生理状况的。总之，活性形式的 GA（GA_1、GA_4）在野生型胚珠中的含量显著高于在突变体胚珠中的事实，充分说明了 GA 与棉花短纤维起始这一生理现象之间可能呈正相关（Du et al., 2013）。

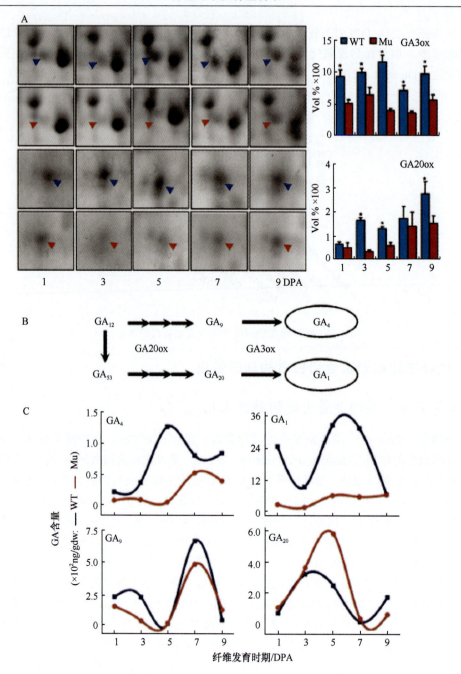

图 4-16　短纤维起始过程 5 个时期 GA 和 GA 合成相关蛋白质的丰度分析

A. GA3ox 和 GA20ox 的蛋白质丰度变化；B. GA3ox 和 GA20ox 参与合成 GA$_1$ 和 GA$_4$ 的示意图；C. GA$_1$、GA$_4$、GA$_9$ 和 GA$_{20}$ 在短纤维起始过程中的丰度变化

（二）氧化还原平衡相关蛋白质的动态变化

　　活性氧的稳定形式 H$_2$O$_2$ 是细胞内氧化代谢的副产物，同时也是一种重要的信号分子，在植物发育和胁迫应答过程中均扮演着重要的角色（Gapper and Dolan，2006）。通过上述比较蛋白质组学分析，我们发现在棉花短纤维起始过程中，5 个与氧化还原平衡

相关的蛋白质脱氢抗坏血酸还原酶（DHAR）（w23）、苯醌还原酶（BR）（w24）、铜/锌超氧化物歧化酶（Cu/Zn SOD）（w25）、甜菜碱醛脱氢酶（w26）、谷胱甘肽脱氢酶（w41）等均在野生型胚珠中高表达（图 4-17），其中 Cu/Zn SOD 仅在野生型胚珠中特异性表达，这一结果提示在短纤维起始过程中细胞氧化还原平衡可能发生着改变。我们检测了野生型和突变体胚珠短纤维发育 5 个时期 H_2O_2 的浓度，结果表明，在 1DPA 时野生型和突变体胚珠中 H_2O_2 浓度基本一致，随后野生型胚珠中 H_2O_2 浓度迅速增加，在短纤维开始起始的 5DPA 时 H_2O_2 浓度达到最高，约为 1DPA 时的 4 倍，随后一直维持在较高的水平；

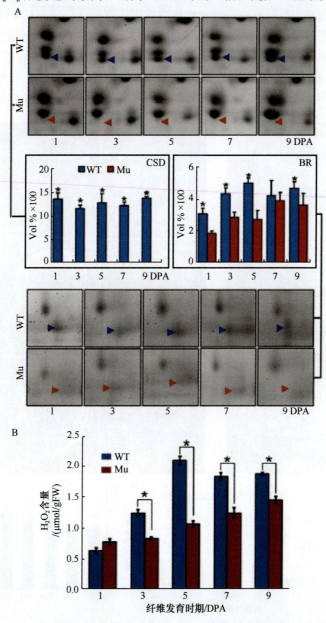

图 4-17　短纤维起始过程 5 个时期 H_2O_2 和氧化还原平衡相关蛋白质的丰度分析
A. Cu/Zn SOD（CSD）和苯醌还原酶（BR）的蛋白质丰度变化；B. 野生型和突变体胚珠中 H_2O_2 的浓度测定

而突变体中 H_2O_2 浓度则没有这么明显的改变，在其浓度最高的 9DPA 时也只有 1DPA 浓度的不到 2 倍，短纤维应该起始的 5DPA 的 H_2O_2 浓度相比 1DPA 没有显著增加（图 4-17）。结合上述蛋白质组学分析所发现的氧化还原平衡相关的蛋白质均在野生型胚珠中优势表达，H_2O_2 浓度测定结果充分说明活性氧，尤其是 H_2O_2 可能在短纤维的起始过程中扮演着重要作用。

（三）GA 和 H_2O_2 对棉花纤维起始的影响

上述 GA 和 H_2O_2 测定结果表明，在短纤维起始 5DPA 时的野生型胚珠中，GA 和 H_2O_2 的浓度均达到最高值，而同时期的突变体胚珠中则浓度较低，暗示 GA 和 H_2O_2 可能在纤维起始过程中起着重要作用。为了证实这种可能性，我们用微量注射器在 *DPL972* 短纤维突变体的 4DPA 棉桃中以注射方式施加一定量的 GA 和 H_2O_2，随后在 5DPA 时对其胚珠进行切片观察。突变体胚珠单独施加 GA 和 H_2O_2 后胚珠表面均能产生类似纤维的突起，同时施加 GA 和 H_2O_2（GH）处理后，胚珠表面突起显著增多（图 4-18A）。这一结果表

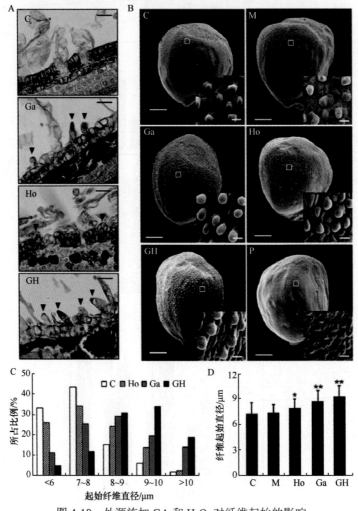

图 4-18　外源施加 GA 和 H_2O_2 对纤维起始的影响
A. 施加 GA 和 H_2O_2 的 5DPA 突变体胚珠切片；B. 施加 GA 和 H_2O_2 的-1DPA 野生型胚珠扫描电子显微镜图片；C. 起始纤维直径分布；D. 不同处理下起始纤维直径比较

明，GA 和 H_2O_2 确实能够促进短纤维的起始。如果 GA 和 H_2O_2 能促进短纤维起始的机制是保守的，其应该同样能够促进长纤维的起始。为了验证这一推测，我们进一步用微量注射器在 *DPL972* 短纤维突变体的-1DPA 棉桃中以注射方式施加 GA 和 H_2O_2，30h 后取其胚珠进行扫描电子显微镜观察（图 4-18B）。突变体胚珠单独施加 GA 和 H_2O_2 后胚珠表面突起相比对照显著增多，同时这些起始的纤维细胞直径相比对照组也显著增大。同时施加 GA 和 H_2O_2（GH）处理后，胚珠表面突起数量及细胞直径增加更为明显。与此同时，在施加了赤霉素合成的抑制剂 paclobutrazol（P）后，胚珠表面则没有突起产生，说明纤维的起始完全受到抑制。这一结果充分说明 GA 和 H_2O_2 对长纤维的起始也是必需的。

四、短纤维起始期的差异表达蛋白调控网络

从上述结果可以勾画出一个调控短纤维起始的蛋白质网络（图 4-19）。在野生型 'DPL971' 棉花胚珠中，能量代谢相关差异表达蛋白的优势表达为胚珠细胞提供了起始所需要的能量，各种蛋白质合成代谢相关的差异表达蛋白则为起始过程的各种催化反应提供了催化酶。赤霉素和氧化平衡相关蛋白质的表达则保证了起始时间点 5DPA 时的较

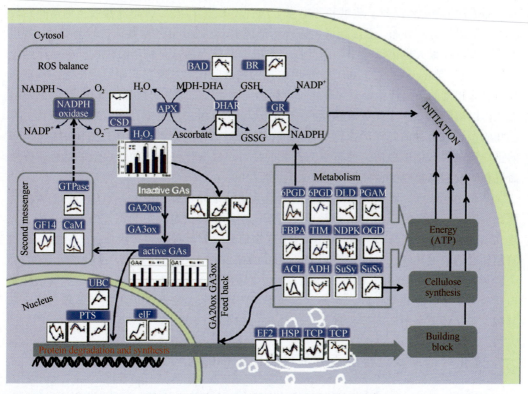

图 4-19　调控短纤维起始的差异表达蛋白网络

野生型的差异表达蛋白丰度变化为蓝色折线，突变体的差异表达蛋白丰度变化为红色折线。6PGD. 6-phosphogluconate dehydrogenase；ACL. ATP-citrate lyase；FBPA. fructose-bisphosphate aldolase；DLD. dihydrolipoamide dehydrogenase；SuSy. sucrose synthase；OGD. 2-oxoglutarate dehydrogenase；TIM. triose-phosphateisomerase；PGAM. phosphoglyceromutase；ADH. alcohol dehydrogenase；NDPK. nucleoside diphosphate kinase；UBC. ubiquitin conjugating enzyme；PTS. proteasome；CaM. calmodulin；CSD. Cu/ZnSOD；DHAR. dehydroascorbate reductase；GR. glutathione reductase；BAD. betaine- aldehyde dehydrogenase；BR. benzoquinone reductase；EF2. elongation factor 2；eIF. eukaryotic translation initiationfactor；HSP. heat shock protein；TCP. T-complex protein

高浓度 GA 和 H_2O_2，两者的协同作用保证了短纤维的正常起始。在突变体 *DPL972* 胚珠中，这些纤维起始相关的重要蛋白质表达均呈现低水平，致使 GA 和 H_2O_2 不足以维持高的浓度，纤维起始因此不能正常进行（Du et al.，2013）。

第四节 棉花纤维细胞差异显示磷酸化蛋白质的质谱鉴定

在本章第二节中，我们将长纤维伸长过程中 5 个时间点所找出的差异表达蛋白全部进行了质谱鉴定。从所鉴定的蛋白质中，我们发现许多蛋白质在凝胶电泳图上的位置不同，但却拥有相同的蛋白质编号。一种可能的解释是这些在二维电泳凝胶上分子质量和等电点不同的蛋白质其实是同一个蛋白质的不同 isoform，因此最终质谱鉴定的结果归于同一个蛋白质。另一种可能的解释是因为鉴定所用的数据库还不够完整，在蛋白质序列差异很小的情况下，两个蛋白质可能会被鉴定为同一个蛋白质。针对第二种可能，若采用现有的较为完整的棉花编码蛋白质数据库进行检库搜索，则发生误判的可能性很小。蛋白质组学能够检测到的蛋白质 isoform 有 3 种可能的形成方式：mRNA 的可变剪接、蛋白质的降解和蛋白质的翻译后修饰（Rogowska-Wrzesinska et al.，2013）。通过前两种方式形成的 isoform 在分子质量和等电点上均有较大差异，在二维电泳凝胶上通常相距较远并且呈斜线方式分布。通过翻译后修饰所形成的 isoform 分子质量通常较为相似，等电点的差异可以很大也可以很小，因此在二维电泳凝胶上通常是位于近似同一条水平线上的左右位置（Larsen et al.，2001）。按照这样的原理，我们发现在前期鉴定出来的那些蛋白质编号相同的蛋白质中，大部分均符合后面一种情况，即分子质量和等电点差异较小，因此可以推测在 235 个差异表达蛋白中，相当一部分蛋白质可能存在着翻译后修饰。在已知的多达上百种的翻译后修饰中，磷酸化修饰最为常见，据估计真核细胞中超过 1/3 的蛋白质是磷酸化蛋白质。而且更为重要的是可逆磷酸化修饰调控蛋白质的活性，在生命过程中发挥着重要的调控作用（Rossignol，2006）。

基于上述原因，我们试图进一步用质谱鉴定纤维伸长过程中差异表达蛋白的磷酸化修饰程度，从而更好地理解这些差异表达蛋白在纤维伸长过程中的调控作用。我们首先建立了一种基于一级质谱数据（PMF）的生物信息学分析预测和二级质谱（MS/MS）检测相结合的磷酸化肽段鉴定方法（Zhang and Liu，2013）。应用此方法，我们成功的在 235 个差异表达蛋白中鉴定出 48 个磷酸化肽段，对应于 40 个磷酸化蛋白质。这些磷酸化蛋白质参与了多种生物学过程，尤其是参与了与纤维伸长紧密相关的细胞壁多糖合成、糖酵解、氧化还原平衡调控等代谢过程（Zhang and Liu，2013）。

一、棉花纤维伸长过程中差异显示蛋白的磷酸化修饰程度

利用 Western blot 的方法对长纤维伸长过程中 5 个时间点的蛋白质磷酸化程度进行了分析，结果显示，5 个时间点蛋白质磷酸化修饰的程度存在较大的差异：5DPA 时多个蛋白质（分子质量分别约为 30kDa、45kDa 和 60kDa）的磷酸化程度均较其他 4 个时间点高，而 50kDa 左右的蛋白质则在 15～25DPA 时期呈现较高程度的磷酸化（图 4-20）。这一结果暗示了磷酸化修饰在长纤维伸长过程中存在随时间的动态变化，并可能发挥着重要的调控作用。

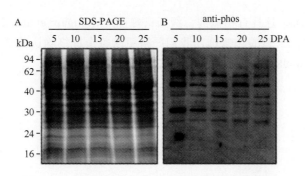

图 4-20　纤维伸长过程中存在的蛋白质磷酸化修饰

A. 棉花纤维伸长过程中 5 个时间点的纤维总蛋白 SDS-PAGE 结果；B. 对应时期的纤维总蛋白被磷酸化抗体识别的
情况，反映了磷酸化蛋白质的种类和磷酸化程度的动态变化

二、二维电泳凝胶中单个磷酸化蛋白质的质谱鉴定方法

怎样来鉴定这些从二维电泳凝胶上检测到的差异表达蛋白所含有的发生磷酸化修饰的氨基酸位点呢？理论上来说，采用二维电泳对总蛋白进行分离后再分别针对单个蛋白质采用质谱分析来鉴定磷酸化肽段是可能的。但是还没有对二维电泳凝胶上所检测到的差异表达蛋白的磷酸化位点进行大规模质谱鉴定的报道。通常进行磷酸化蛋白质组学研究的最佳选择是采用亲和富集与液相串联质谱分析的方法鉴定磷酸化肽段。鉴定出的磷酸化肽段是否与纤维伸长过程相关还需要做进一步分析。在不重新洗牌的情况下，对已确定参与纤维伸长的蛋白质进行磷酸化肽段的鉴定则可省去相关性分析这一繁琐的步骤。因此，我们尝试开发出一项技术，对已经确认的棉花纤维伸长过程中差异表达的 235个蛋白质逐一进行磷酸化肽段的质谱鉴定。

由于蛋白质的磷酸化修饰是在特定氨基酸，如丝氨酸上加上一个磷酸基团，因此带有一个磷酸化修饰的肽段的分子质量相比对应的非磷酸肽分子质量会增大 80Da，带有两个磷酸化修饰的肽段的分子质量相比对应的非磷酸肽分子质量会增大 160Da，依次类推，这暗示了我们可以从蛋白质酶解产生的肽质指纹图谱（PMF）中搜寻可能的磷酸化肽段。然而实现这一设想需要解决两个问题，即如何在 PMF 图谱中寻找磷酸化肽段，找到可能的磷酸化肽段后如何判断其是否为真正的磷酸化修饰。有一些软件可以对 PMF 进行分析，来找寻可能的翻译后修饰肽段。这些软件包括 MOWSE、FindPept 及 FindMod 等（Pappin et al.，1993；Wilkins et al.，1999；Gattiker et al.，2002）。有报道认为 FindMod可成功用于从蛋白质的 PMF 中寻找可能的磷酸化肽段（Sundstrom et al.，2009）。而磷酸化肽段的鉴定可以通过多种具备 MS/MS 功能的质谱仪来实现，利用磷酸肽特异的中性丢失峰，可以手动进行确认。基于上述原理，我们提出了直接从二维电泳凝胶上来鉴定差异表达蛋白点中磷酸化修饰位点的技术方案（图 4-21）。首先利用 FindMod 软件，将每个差异表达蛋白在一级质谱鉴定过程中所获得的实际 PMF 数据和利用其氨基酸序列进行虚拟酶解产生的理论 PMF 进行对比，找出每个蛋白质的 PMF 中可能的磷酸化肽段的峰，然后采用 4800 Plus MALDI TOF/TOF™ Analyzer（Applied Biosystems/MDS SCIEX）质谱仪，进行手动的 MS/MS 二级质谱分析，并利用 MASCOT 软件分析出真实的磷酸化肽段（图 4-21）。值得一提的是，蛋白质的磺基化（SO_3）修饰和磷酸化（PO_3）修饰分子质量相差仅为 1Da，且具有相似的二级质谱峰图（Monigatti et al.，2006），为了避免将磺基化修饰错误鉴定为磷酸化修饰，我们严格要求每个最终确认的磷酸肽一定含有特异的中性丢失峰（Mw-98）（Zhang and Liu，2013）。

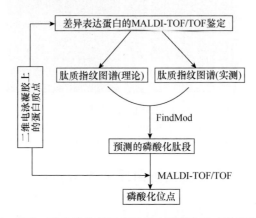

图 4-21 基于二维电泳的差异表达蛋白磷酸化位点的鉴定流程图

质谱鉴定能够提供蛋白质的序列信息和原始 PMF 数据，利用 FindMod 工具可以分析出可能的磷酸肽，利用二级质谱对这些肽段进行进一步的鉴定即可判断其中有哪些为真正的磷酸化肽段，进而分析出蛋白质的磷酸化位点

这一技术路线的可行性如何？在鉴定到的 235 个差异表达蛋白中共有 4 个蛋白质点对应于同一个 enolase 蛋白，分别为 135 号、204 号、233 号和 234 号蛋白质点。按照上述的技术路线，我们首先用 FindMod 预测了 4 个蛋白质可能的磷酸化肽段，然后对其逐一进行了 MS/MS 鉴定，结果在 135 号蛋白质点中预测和鉴定到了磷酸化肽段 Y^{P}NQLLR，这与用磷酸化抗体进行 Western blot 分析发现 135 号蛋白质点能够被抗体识别的结果是一致的（图 4-22）。结果显示上述差异表达蛋白中磷酸化位点的鉴定技术方案是可行的。

三、磷酸化肽段的预测及其磷酸化位点的质谱鉴定

在确认了其可行性后，我们应用这一技术方案对先前已经确认的 235 个差异表达蛋白的磷酸化位点进行鉴定。235 个差异表达蛋白的原始 PMF 数据中共有 90 962 个质谱峰，用 Peakeraser 软件去除胰酶自切峰和角蛋白等杂峰后，余下 86 276 个质谱峰。用 FindMod 软件进行磷酸肽预测后，86 276 个质谱峰中共 1543 肽段被认定为可能的磷酸化肽段。考虑到二维电泳分离得到的蛋白质点有可能为多个分子质量和等电点相似的蛋白质的混合物，因此我们怀疑预测到的 1543 个磷酸化肽段中可能会有一些其他低丰度蛋白质肽段的污染。为了尽可能地去除这些污染，我们对 FindMod 预测的 1543 个磷酸化肽段进行了进一步的手动过滤。过滤的原则是磷酸化肽段的峰强，必须低于其对应的非磷酸肽峰强。通过手动过滤，可能的磷酸肽数量减少到 467 个，大大缩减了下一步二级质谱鉴定的工作量（图 4-23）。

在成功对 235 个差异表达蛋白的磷酸化肽段进行预测后，我们重新进行了二维电泳，经过染色、脱色后挖取了 235 个差异表达蛋白，胰酶酶解点样后利用 4800 PlusMALDI TOF/TOF™ Analyzer（Applied Biosystems/MDS SCIEX）质谱仪的手动模式，对每个预测

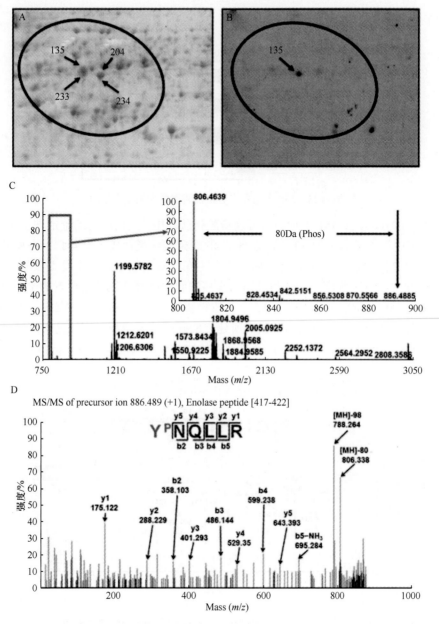

图 4-22　棉花纤维 enolase 蛋白不同 isoform 的磷酸化位点解析

A. 二维电泳凝胶图，显示 enolase 蛋白的 4 个不同 isoform；B. 二维电泳磷酸化 Western blot 结果，显示 enolase 蛋白仅一个 isoform 能够被磷酸化抗体识别；C. 蛋白质点 135 的 PMF 图谱，显示 FindMod 预测的磷酸肽和对应的非磷酸肽；D. 磷酸肽 Y^PNQLLR 的二级质谱图谱

的磷酸化肽段进行二级质谱鉴定。在获得这些肽段的二级质谱信息后，我们利用 MASCOT 软件对每个肽段进行检库搜索，从而准确判断其是否为磷酸化肽段。图 4-24A 显示了所鉴定到的 MASCOT 分值最高的、具有代表性的磷酸化肽段 SIGIS^PNYDIFLTR （NADPH-dependent mannose-6-phosphate reductase）的二级质谱结果，在质谱图上我们可以看到作为磷酸化肽段指征的中性丢失峰 Mw-98 和 Mw-80 均非常显著，且二级质谱产

生的 b/y 离子也较好的与序列相吻合。

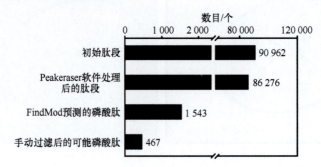

图 4-23　235 个差异表达蛋白磷酸肽预测信息汇总

　　利用上述方法，在 467 个预测的可能磷酸化肽段中，我们成功的鉴定到了 48 个磷酸化肽段，其中非重复肽段为 40 个，分布于 40 个磷酸化蛋白质（表 4-1）。在所鉴定到的 40 个非重复磷酸化位点中，有 22 个磷酸化发生在丝氨酸位点，14 个发生在苏氨酸位点，只有 4 个发生在酪氨酸位点，这和已知的真核细胞中磷酸化氨基酸位点的比例是相当的（图 4-24B）。40 个磷酸化位点中有 15 个在植物磷酸化蛋白质数据库 P^{3}DB（Yao et al.，2012）中能够找到，进一步说明了我们所建立的磷酸化鉴定技术路线是可靠的，这一结果同时表明剩余的 25 个磷酸化位点为首次在植物细胞中发现（Zhang and Liu，2013）。

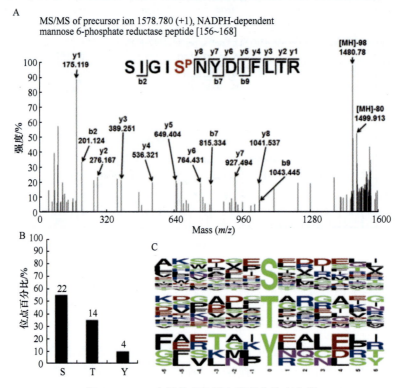

图 4-24　235 个差异表达蛋白磷酸化位点分析

A. 磷酸化肽段 SIGIS^{P}NYDIFLTR 的二级质谱图；B. 40 个磷酸化肽段中丝氨酸、苏氨酸、酪氨酸 3 种修饰位点数量分析；C. 3 种磷酸化氨基酸位点旁侧序列保守性分析。

　　蛋白质的可逆磷酸化修饰受到激酶和磷酸酶的调控，特定的激酶、磷酸酶只能识别并磷酸化、去磷酸化底物蛋白质的特定序列（Olsen et al.，2006），这正是细胞信号转导途径具有特异性的原因所在。运用 Weblogo 软件我们对所鉴定到的磷酸化肽段磷酸化特异结构域进行了分析（图 4-24C）。由于所分析的样本数量较少，并未发现非常显著的特异结构域，较为突出的是丝氨酸磷酸化位点-1 位置出现较多的谷氨酸（E），苏氨酸磷酸化位点+2 位置出现较多的精氨酸。要想发现非常显著的特异结构域，还需要鉴定更多的差异表达蛋白的磷酸化位点（Zhang and Liu，2013）。

表 4-1　差异表达蛋白磷酸化肽段鉴定信息表

蛋白质编号	NCBI检索号	蛋白质名称	磷酸肽序列	质谱得分	在蛋白质中的位置
		细胞骨架			
8	AF484959	Beta-tubulin 19	FPGQLNS^{P}DLRK*	19.32	242～252
9	AF484959	Beta-tubulin 1	FPGQLNS^{P}DLRK*	30.87	242～252
69	AF484959	Beta-tubulin 19	FPGQLNS^{P}DLRK*	23.61	242～252
93	ES808831	Annexin 1	VPAHVPAPS^{P}EDAEQLR	38.7	6～21
110	DW517437	Actin-depolymerizing factor	LGEPSQS^{P}YDDFTASLPADEC^{Cam}R	31.79	46～66
			IFFIAWSPDTS^{P}R	70.66	85～96
		氧化还原平衡			
19	ES825728	NADP-dependent oxidoreductase P2	NLY^{P}LSC^{Cam}DPYMR	21.29	48～58
13	X52135	Catalase isozyme 1	HAEMFPIPPAVC^{Cam}T^{P}GR*	41.03	402～416
154	ES825910	Glutathione S-transferase	KHVSAWWDDIS^{P}SRPSWQK*	27.79	189～206
156	ES798668	GSH-dependent dehydroascorbate reductase1	KWTVPESLT^{P}NVR	27.68	169～180
		结构和细胞组分			
162	CD485625	MLP-like protein 31	EVVEAVDPDKNLVT^{P}FR*	52.95	74～89
		一碳代谢			
48	ES832618	Methionine synthetase	WAVHS^{P}FR	15.9	616～622
49	ES832618	Methionine synthetase	WAVHS^{P}FR	17.18	616～622
			YGAGIGPGVYDIHS^{P}PR*	91.31	679～694
77	EF643509	S-adenosylmethionine synthetase 1	FVIGGPHGDAGLT^{P}GR	78.06	238～252
		能量代谢			
66	ES815537	Dihydrolipoyl dehydrogenase	LGSEVTVVEFAPDIVPS^{P}MDAEIR	116.46	238～260
117	AY297757	Enolase	AAVPSGASTGIY^{P}EALELR*	38.48	36～53
135	AY297757	Enolase	AAVPSGASTGIY^{P}EALELR*	32.47	36～53
			Y^{P}NQLLR	21.29	417～422
204	AY297757	Enolase	AAVPSGASTGIY^{P}EALELR*	67.95	36～53
233	AY297757	Enolase	AAVPSGASTGIY^{P}EALELR*	27.03	36～53
		信号转导			
97	CO123672	14-3-3 like protein	DS^{P}TLIMQLLR	36.9	222～231
		运输			
60	ES809347	Putative importin alpha protein	GKPPT^{P}PFEQVKPALPVLR*	112.55	235～252
194	ES809347	Putative importin alpha protein	GKPPT^{P}PFEQVKPALPVLR*	71.48	235～252
65	ES810918	Plasma ATP synthase subunit beta	T^{P}DHFLPIHR	20.58	186～194
201	ES810918	Plasma ATP synthase subunit beta	NLQDIIAILGMDELS^{P}EDDKLTVAR*	29.74	461～484

续表

蛋白质编号	NCBI检索号	蛋白质名称	磷酸肽序列	质谱得分	在蛋白质中的位置
			运输		
200	ES843277	Rab GDP dissociation inhibitor	LYAES^{P}LAR	27.2	210~217
			YLDEPALDT^{P}VKR *	28.21	196~207
			蛋白质折叠与装配		
112	ES800916	Peptidyl-prolyl cis-trans isomerase	VFFDMT^{P}IGGQPAGR	57.64	7~20
			IVMELFADC^{Ca}mT^{P}PR	24.34	21~32
			VIPNFMC^{Cam}QGGDFT^{P}AGNGTGGESIYGSK *	44.69	64~90
160	ES800916	Peptidyl-prolylcis-trans isomerase	VFFDMT^{P}IGGQPAGR	57.52	7~20
118	CO081538	26S proteasome ATPase subunit RPT5a	T^{P}MLELLNQLDGFSSDER	30.55	293~309
180	ES808708	Heat shock protein 70	SKFES^{P}LVNHLIER	39.77	347~359
187	ES797476	T-complex protein 1，theta subunit	LSQPKPDDLGFVDS^{P}ISVEEIGGSR	31.02	337~360
189	ES827612	Chaperonin CPN60, mitochondrial	MISTSEEIAQVGTIS^{P}ANGER	69.24	168~187
			非能量碳水化合物代谢		
125	ES817011	Putative transketolase	ALPTYTPES^{P}PADATR *	26.23	424~438
98	EE592948	UDP-L-rhamnose synthase	LC^{Cam}ES^{P}QGIDYEYGSGR *	29.65	31~45
			TNVVGT^{P}LTLADVC^{Cam}R	34.36	89~102
			脂质和次生代谢		
30	ES808353	NADPH-dependent mannose 6-phosphate reductase	SIGIS^{P}NYDIFLTR	122.49	156~168
55	AY461804	Betaine-aldehyde dehydrogenase	GKDWAT^{P}APGAVR	47.36	63~74
89	ABN12322	Phenylcoumaran benzylic ether reductase-like protein	FFPS^{P}EFGMDVDKNNAVEPAK *	89.16	108~127
			氨基酸代谢		
84	ES820382	Phosphoserine aminotransferase	NVGPS^{P}GVC^{Cam}IVIVR	20.44	256~268
134	DW226411	Ketol-acid reductoisomerase	GVSFMVDNC^{Cam}STT^{P}AR	20.46	500~513
212	EU223825	Glutamine synthetase	IIAEYIWIGGS^{P}GMDLR	51.58	19~34
137	ACJ11726	Serine hydroxymethyltransferase	ISAVSIFFETMPY^{P}R	28.57	186~199
			未知功能		
1	CO129426	TIM-barrel enzyme family protein	IHIHNAQVS^{P}LMR	51.68	24~·35
			QLES^{P}IGFSGVQNFPTVGLFDGNFR	35.94	285~308

*磷酸化位点在 P3DB 数据库中有记录

四、伸长期差异表达磷酸化蛋白质的功能分析

在纤维伸长过程差异表达的 235 个蛋白质中，只有 137 个蛋白质具有单一的蛋白质检索号，是非重复蛋白质，而其余 98 个蛋白质则是由 40 种蛋白质的不同 isoform 所形成，同一蛋白质的不同 isoform 均具有相同的蛋白质检索号。第一种情况，在鉴定出的磷酸化

蛋白质中，有 15 个具有 isoform。如图 4-25A、B 所示，将这些磷酸化 isoform 标注成红色后，可以很直观地展示出磷酸化修饰可能就是许多蛋白质形成不同 isoform 的原因（Zhang and Liu, 2013）。例如，98 号蛋白质点和 99 号蛋白质点都鉴定为催化果胶合成的关键酶 UDP-L-rhamnose synthase（UER），但只有 98 号蛋白质点被鉴定到磷酸化修饰，这与其在二维电泳凝胶上的电泳行为是完全一致的，即 98 号蛋白质点位于 99 号蛋白质点的左上方，即分子质量偏大且等电点偏酸性（图 4-25A）。同样符合这种情况的还有 125 号蛋白质点（transketolase, TK）、180 号蛋白质点（HSP70）、200 号蛋白质点（Rab GDP dissociation inhibitor，RabGDI）和 211 号蛋白质点（adenosine kinase 2），即表现为一个蛋白质点含磷酸化修饰，另一个蛋白质点则无修饰磷酸化。第二种情况是同一蛋白质的不同 isoform 具有不同程度的磷酸化修饰，如 Peptidyl-prolyl *cis-trans* isomerase（PPlase）

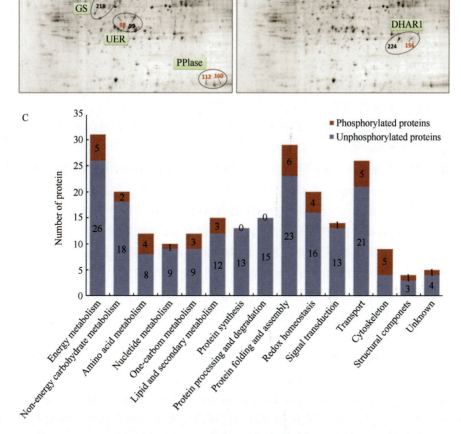

图 4-25　同一蛋白质形成 isoform 的原因分析与磷酸化蛋白质的 GO 功能分类

A、B. 磷酸化修饰成为 isoform 形成原因的分析；C. 40 个磷酸化蛋白质的功能分类，显示每一类别中磷酸化蛋白质与对应的非磷酸化蛋白质的数量

所对应的 112 号和 160 号蛋白质点即是这种情况，112 号蛋白质点有 3 个磷酸化修饰，而 160 号蛋白质点只有一个磷酸化修饰，这也与其在二维电泳凝胶上的分布情况是吻合的。符合这种情况的还有 48 号和 49 号蛋白质点（MetE）、201 号和 65 号蛋白质点（plasma ATP synthase subunit beta，F-ATPase-β）、60 号和 194 号蛋白质点（importin proteinalpha，IMP-α）。当然，有一些蛋白质的 isoform 除了磷酸化修饰外，还可能有其他形式的修饰，因此尽管在凝胶图上的位置不同，但磷酸化修饰是一样的，这种情况包括 69 号和 8 号蛋白质点（tubulin beta-19，Tubβ-19），以及 135 号、234 号和 204 号蛋白质点（enolase，ENO）（图 4-25B）。上述结果可以很好地解释在二维电泳凝胶上表现为同一蛋白质 isoform 的可能（部分）原因。

如上所述，235 个差异表达蛋白中共鉴定出 40 个磷酸化蛋白质，进而利用 Blast2GO 软件对这些磷酸化蛋白质进行 GO 功能分类，可以将之分为 12 类（图 4-25C）。与图 4-8 进行比较可以发现，与蛋白质合成、加工和降解相关的差异表达蛋白质中没有鉴定出磷酸化修饰；而能量代谢、蛋白质折叠装配、细胞运输及细胞骨架的相关差异表达蛋白类群中，均鉴定出 5 个以上的磷酸化修饰，说明这几类蛋白质在纤维伸长过程中受到高度的磷酸化调控。在本章第二节中，通过 KOBAS 分析我们发现了在纤维伸长过程中高度调控的 8 条代谢途径，其中最为显著的是为纤维伸长提供能量和生物合成前体的糖酵解途径。催化这些途径中许多关键步骤的酶在纤维伸长 5 个时期的蛋白质丰度均有显著差异，充分表明这些代谢途径的调控对于纤维伸长至关重要。在成功获得 40 个磷酸化蛋白质的信息后，进一步分析了这些代谢途径受到磷酸化调控的程度，成功将我们对纤维伸长过程的理解往前推进到翻译后修饰调控的水平。

催化糖酵解途径关键步骤的调控酶 Enolase 蛋白存在不同程度的磷酸化修饰。在 5 个差异表达的 Enolase 蛋白中，有 4 个均检测到酪氨酸 47 位点的磷酸化，135 号蛋白质点还检测到酪氨酸 417 位点的磷酸化。在动物细胞中，Enolase N 端酪氨酸的磷酸化被证实能够抑制其酶活（Cooper et al.，1984），有意思的是其所鉴定的磷酸化肽段和我们在纤维细胞中所发现的肽段 AAVPSGASTGIY^{P}EALELR 氨基酸序列完全一样，这说明 Enolase 蛋白酪氨酸 47 位点的磷酸化修饰是高度保守的，我们所观察到的 Enolase 酶活性的变化同样可能是受到磷酸化调控的。丙酮酸脱氢酶复合体（pyruvate dehydrogenase complex，PDC）催化丙酮酸生成乙酰辅酶 A，是调控丙酮酸进入 TCA 循环的关键限速酶，目前已经发现磷酸化可以调控 PDC 中的 pyruvate dehydrogenase 亚基（Tovar-Méndez et al.，2003），通过磷酸化鉴定我们首次发现 PDC 的 dihydrolipoyl dehydrogenase 亚基也受到磷酸化的修饰。

纤维伸长过程中，对果胶和半纤维素合成的调控至关重要（Tokumoto et al.，2002）。催化果胶合成的关键酶 UDP-L-rhamnosesynthase（UER）（Pang et al.，2010）及催化半纤维素合成的关键酶 cinnamyl alcohol dehydrogenase（ADH）（Sibout et al.，2005）均检测到磷酸化修饰，这无疑说明纤维细胞可以通过磷酸化来调控细胞壁多糖的动态平衡从而精细调控伸长。快速生长增殖的细胞需要通过磷酸戊糖途径合成大量的核苷酸和还原性辅酶，因此联系糖酵解和磷酸戊糖途径的 Transketolase 的活性调控对于细胞维持快速增殖至关重要（Xu et al.，2009）。Reiland 等（2009）通过高通量的磷酸化蛋白质组学的方法发现拟南芥中质体定位的 Transketolase 是一个磷酸化蛋白质，其所鉴定到的磷酸化肽段为 ALPTYT^{P}PESPADATR，这和我们所鉴定到的纤维 Transketolase 的磷酸化肽段是完全一致的。

氨基酸合成调控对于快速增殖的细胞而言至关重要，多种与氨基酸合成相关的酶在动物癌症细胞中被发现表达异常，如丝氨酸合成途径的关键酶磷酸丝氨酸氨基转移酶（PSAT）（Possemato et al.，2011）。我们发现纤维伸长过程中磷酸丝氨酸氨基转移酶（PSAT）、谷氨酰胺合酶（GS）、丝氨酸羟甲基转移酶（SHMT）等与氨基酸合成相关的酶，均检测到磷酸化修饰。这说明氨基酸合成代谢在纤维伸长过程中是受到高度调控的，至少在多个步骤可以通过可逆磷酸化来实现。除此之外，我们还检测到与细胞内一碳代谢相关的两个酶甲硫氨酸合酶（MS）和 S-腺苷甲硫氨酸合成酶（SAM）也存在磷酸化修饰。

高浓度的活性氧分子能够对细胞大分子造成不可逆的损伤，而快速生长增殖的细胞在合成代谢过程中又会不可避免的生成大量氧自由基等活性氧分子，因此维持细胞内的氧化还原平衡对于棉花纤维细胞等快速生长增殖的细胞至关重要（Cairns et al.，2011）。我们鉴定到 Catalase 和 GSH-dependent dehydroascorbate reductase（DHAR）苏氨酸位点的磷酸化，这一结果表明纤维细胞对氧化还原平衡的调控可以通过多个步骤的可逆磷酸化来进行精细的调控。

总之，通过基于 PMF 数据的 FindMod 软件预测结合 MS/MS 二级质谱分析，我们从纤维细胞伸长过程差异表达的 235 个蛋白质中鉴定出 48 个（40 个非重复）磷酸化肽段，分属于 40 个磷酸化蛋白质。Blast 分析发现 40 个磷酸化位点中有 25 个为植物细胞中的首次报道。这一研究不仅填补了棉花纤维磷酸化蛋白质组学的空白，也进一步将我们对棉花纤维伸长过程的理解从蛋白质水平的变化进一步拓展到蛋白质翻译后修饰水平（Zhang and Liu，2013）。

第五节　蛋白质组学分析所揭示的棉花纤维伸长过程中活跃的蛋白质网络

蛋白质是生命过程的直接执行者，而每个蛋白质又拥有各自独特的生物学功能。其中相当多的蛋白质通过生化反应中代谢底物与产物的偶联或细胞信号转导途径的上下游调控相联系，而不同蛋白质之间又可以形成各种类似模块组合的蛋白质网络（Hartwell et al.，1999）。生命系统中不同的动态蛋白质网络间，可以通过进一步的相互组合和交叉形成覆盖整个细胞的蛋白质网络，最终实现生命体所特有的各种特征和运动（Barabási and Ltvai，2004）。如本章第二节所述，对棉花纤维伸长过程的差异表达蛋白斑点进行 KOBAS 分析发现，糖酵解、一碳代谢、细胞壁多糖合成、次生代谢、氨基酸合成及核糖降解等代谢途径在纤维伸长过程中受到非常显著的调控（Zhang et al.，2013），说明这些代谢途径相关的蛋白质网络在棉花纤维伸长过程中高度活跃，并发挥着极为重要的作用。采用蛋白质组学研究来揭示与这些高度活跃的代谢途径相关的蛋白质网络可以帮助我们更好的理解棉花纤维伸长这一动态变化的生理过程。

一、碳水化合物代谢相关的蛋白质网络

棉花纤维伸长过程是高度耗能的。例如，溶质向液泡积累的主动运输、新生细胞壁的生物合成、囊泡运输及细胞维持内稳态所需的还原力都需要碳水化合物的代谢来提供能量。利用所鉴定的棉花纤维伸长过程的差异表达蛋白质中参与各种碳水化合物代谢反应酶的功能信息，我们可以绘制出一个复杂但紧密联系的纤维伸长过程碳水化合物代谢相关的蛋白质网络（图 4-26）。纤维细胞生命活动所需的主要碳源，是通过胞间连丝从相邻基底细胞进入的蔗糖（sucrose），通过蔗糖合酶（sucrose synthase，SuS）的分解可以产生 UDP-glucose 和 fructose-6-phosphate（Ruan et al.，2003）。UDP-glucose 可以直接被与蔗糖合酶偶联的镶嵌于细胞膜上的纤维素合酶利用合成纤维素，也可以分别在乙醇脱氢酶（alcohol dehydrogenase）和鼠李糖合成酶（UDP-L-rhamnose synthase）催化下用来合成半纤维素和果胶。fructose-6-phosphate 则转变成甘露糖，甘露糖一方面可以用来合成半纤维素，另一方面可以被 mannose-6-phosphate reductase（M6PR）催化合成渗透调节物质甘露醇（mannitol）。UDP-glucose 在 UDP-glucose pyrophosphorylase（UGP）作用下可以转变为 glucose-6-phosphate，glucose-6-phosphate 和 fructose-6-phosphate 均可以进入糖酵解途径最终生成磷酸烯醇式丙酮酸（PEP），磷酸烯醇式丙酮酸进而在磷酸烯醇式丙酮酸羧化酶（PEPC）和苹果酸脱氢酶（MDH）作用下产生苹果酸。糖酵解途径的许多中间产物还可以被细胞用来合成各种氨基酸、核苷酸及类黄酮等次生代谢产物。

控制代谢网络的几个关键节点，包括催化蔗糖分解的蔗糖合酶（sucrose synthase）、催化糖酵解途径关键步骤甘油醛-3-磷酸转变为 1,3-二磷酸甘油醛的甘油醛-3-磷酸脱氢酶（G3PDH）、2-磷酸甘油醛转变为磷酸烯醇式丙酮酸的烯醇酶（enolase），以及与次生代谢前体合成关联的磷酸戊糖途径关键酶酮糖移转酶（transketolase）等均存在多种 isoform，且其中有些 isoform 发生着不同的丰度变化（图 4-26），这充分反映了纤维细胞对上述关键代谢步骤调控方式的灵活性。能量代谢需要这些酶发挥催化作用来提供能量，同时合成代谢需要这些酶停止消耗底物来提供合成所需的原材料，并且这两个需求是同时的，由此产生了一个复杂的调控问题。在体内，两个代谢过程是在一起进行的，其实现的关键即在于处于代谢分支节点关键步骤的酶具有不同的活性和调控模式。在细胞需要更多能量时，反馈调节将使这些酶活性增加转向能量代谢，当细胞需要更多合成代谢原料时，对应的反馈调节又使这些酶活性降低停止消耗底物。为了满足精密调控的需求，细胞可能编码多个具有不同底物选择性和反馈调节选择性的酶，每个酶响应不同的反馈信号满足不同酶活性的需求（Plaxton，1996）。另一种调控模式就是翻译后修饰，多种 isoform 分别对应于不同的修饰方式和修饰程度，因此同样具有不同的活性，这一调控模式已经被证明在纤维细胞中确实存在（Zhang and Liu，2013）。

细胞内甲基化反应提供一碳基团的一碳代谢过程也是高度活跃的。在纤维伸长过程中，细胞壁的组成成分木质素、半纤维素及许多次生代谢产物（包括生物碱、多酚、类黄酮、固醇等）等都需要大量的合成，这些过程都需要一碳代谢的参与（Hanson et al.，2000），在所鉴定的差异表达蛋白中，合成固醇等生物酯关键酶之一的 24-sterol C-methyltransferase（SMT）发挥作用即需要偶联 *S*-adenosylmethionine synthetase（SAM）催化的 adenosylhomocysteinase 向 *S*-adenosylmethionine 的转甲基反应（Schaeffer et al.，2001）。 在所鉴定的蛋白质点中（Zhang et al.，2013），有 3 个蛋白质点分别对应两种属于 BAHD 家族的酰基转移酶 acyltransferase-like protein，推测其功能可能为参与催化花青素等类黄酮的酰基化（D'Auria，2006），这 3 个蛋白质点的表达量均在纤维快速伸长期维持高水平，因此可以推断类黄酮的酰基化可能是纤维伸长所必需的（BAHD 家族的命名是由其家族中具有代表性的 4 种酶的英文首字母组成的，即苯甲醇乙基转移酶 BEAT、花青素羟化肉桂醯基转移酶 AHCT、邻氨基苯甲酸盐 *N*-羟化桂皮酰基/苯甲酰转移酶 HCBT 及去乙酰化文多灵酰基转移酶 DAT）。

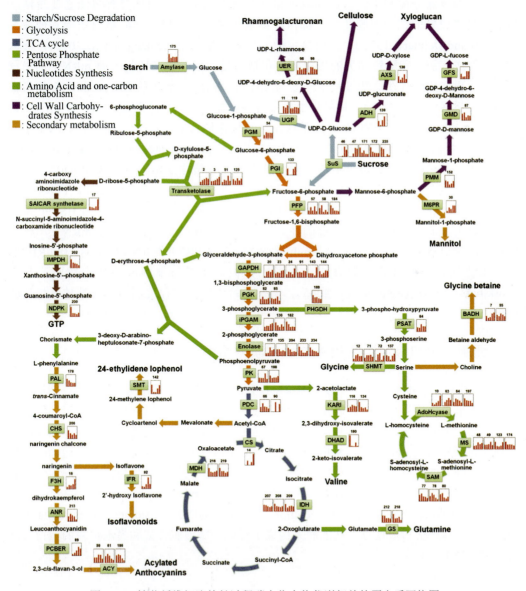

图 4-26　棉花纤维细胞伸长过程碳水化合物代谢相关的蛋白质网络图

不同颜色分别代表不同代谢途径，蛋白质丰度为归一化的 Vol%值

二、蛋白质代谢相关的蛋白质网络

在纤维快速伸长期，包括糖酵解、多糖合成等在内的各种代谢反应是高度活跃的，催化相应代谢反应的酶同样需要维持在高水平，因此相应蛋白质的合成在纤维伸长期，特别是快速伸长的初期（约为 5DPA）是高度活跃的。随着伸长期的终结（约为 20DPA），纤维细胞开始进入次生壁增厚阶段，代谢将集中转向进行纤维素合成，细胞对其他功能蛋白质的需求将不断降低，因此这些蛋白质的合成也随之减少。反之，对这些蛋白质的降解一方面可以加速从纤维伸长向次生壁增厚的不可逆转变，另一方面还可以将有限的资源重新分配利用。因此随着纤维伸长逐渐结束，蛋白质降解将随之变得活跃起来，最终成熟的纤维细胞几乎全部由纤维素组成而只含极微量的蛋白质等其他成分（Meinert and Delmer，1977）。在所鉴定的差异表达蛋白中（Zhang et al.，2013），参与蛋白质合成、加工和降解相关的蛋白质（包括与蛋白质合成密切相关的 mRNA 的出核运输蛋白质）按照其在这些过程中的参与顺序可以构成一个联系 DNA、mRNA 和蛋白质的蛋白质网络（图 4-27）。其中与蛋白质合成、加工、折叠相关蛋白质，如 eIF4A-2、eIF5A-1、AP、HSP90、HSP70 等几乎都在纤维快速伸长期（5～15DPA）表达水平达到峰值；而与蛋白质降解相关的蛋白酶体组成蛋白，如 proteasome subunit 5-A、proteasome subunit 6-A、proteasome subunit 6-B 等则都在次生壁增厚开始阶段（20~25DPA）到达最高表达丰度。值得一提的是，作为 HSP90 的非竞争性抑制辅分子伴侣 TPR-repeat stress-induced protein（STI1）（Richter et al.，2003）的蛋白质丰度变化与 HSP90 是相反的，这更加证实了我们结果的准确性。除此以外，我们还发现两个与 mRNA 出核调控有关的蛋白质 glycine-rich RNA-binding protein 7（GPR7）和 RNA helicase 38（RH38）在纤维快速伸长期有着高的表达，两者也都被证实参与细胞应答非生物胁迫反应（Lorković，2009；Gong et al.，2005），暗示了纤维伸长过程可能与应答某种非生物胁迫相关。

三、细胞骨架和囊泡运输相关的蛋白质网络图

棉花纤维细胞的伸长是一个涉及细胞壁松弛、液泡膨压的反作用力，膜脂、细胞壁成分和相关蛋白质的生物合成，以及这些新合成的物质由合成部位向作用部位运输的复杂生理过程。细胞壁合成所需的多糖组分等是通过与细胞骨架相连的马达蛋白驱动囊泡运输到细胞膜外的（Petrásek and Schwarzerová，2009）。因此对细胞骨架和囊泡运输的调控决定着纤维的伸长速率。在棉花纤维伸长过程所鉴定的差异表达蛋白点中，细胞骨架和囊泡运输相关蛋白质数量大约为 10%，其中包括 actin、tubulin、actin-depolymering factor（ADF）、annexin、Rab GTPase dissociation inhibitor（GDI）、coatomer subunit delta 等多种蛋白质，这些蛋白质通过其功能联系构成了纤维细胞细胞骨架和囊泡运输的蛋白质网络（图 4-28）。

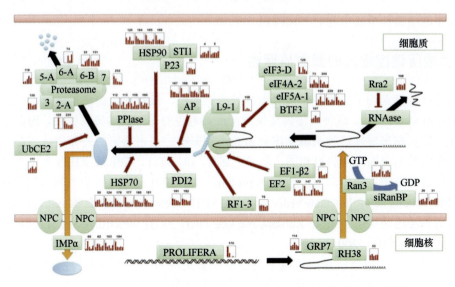

图 4-27　棉花纤维细胞伸长过程蛋白质代谢相关的蛋白质网络图

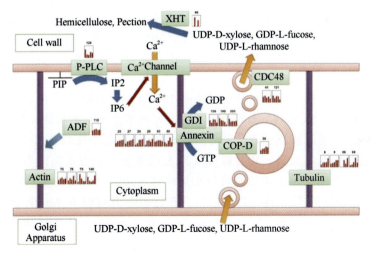

图 4-28　棉花纤维细胞伸长过程细胞骨架和囊泡运输相关的蛋白质网络图

　　Annexin 蛋白是真核细胞内普遍存在的一种多功能蛋白质,棉花纤维 Annexin 蛋白已被证实具有 GTPase 的活性并被推测可能参与囊泡运输,其活性受到钙离子调控(Shin and Brown,1999)。因此,磷脂酶 C 调控细胞质的钙离子浓度,不仅可以激活膨压产生,还可以通过调控 annexin 的 GTPase 活性直接调控纤维伸长过程中的另一重要活动囊泡运输。GDI 作为调控 GTPase 活性的重要蛋白质,也在这个过程中起着重要作用 (Steele-Mortimer et al.,1993)。CDC48 是真核生物中普遍存在的一个重要的细胞周期调节蛋白质,在囊泡与细胞膜融合的过程中起着重要作用 (Feiler et al.,1995)。我们发现在纤维快速伸长期两个 CDC48 蛋白的表达量均达到最高,这与其功能是一致的。不同 actin 和 tubulin 蛋白之间,以及同一蛋白质不同 isoform 之间表达丰度存在很多差异,说明纤维伸长过程细胞骨架的调控是高度复杂的,这些不同的 actin 和 tubulin 蛋白可能分别在囊泡运输和细胞极性生长中起着不同作用。

四、渗透压调控相关的蛋白质网络

　　棉花纤维细胞为了快速伸长需要维持较高的膨压，液泡内因而积累大量的高渗溶质（Dhindsa et al.，1975），这种高渗内环境对纤维细胞也有着一定的毒害作用，因此细胞会形成相应的机制来解除这种类似高渗胁迫的不利影响。在所鉴定的差异表达蛋白点中，有许多蛋白质与应答高渗胁迫相关，除了上述提到的 STI1、GPR7、RH38 外，许多直接与应答渗透胁迫相关的蛋白质，如 LEA protein，以及催化产生渗透调节物质的关键酶，如 M6PR（mannose 6-phosphate reductase）、BADH（betaine-aldehyde dehydrogenase）等均被报道与渗透胁迫应答相关（Zhifang and Loescher，2003；Weretilnyk and Hanson，1990；Wise and Tunnacliffe，2004）。

　　酵母感受应答渗透压是由两组分调控系统来完成的，位于膜上的蛋白质组氨酸激酶渗透感受器感受渗透压的变化，并将其磷酸基团转移到细胞内部效应蛋白的天冬氨酸位点，激活效应蛋白从而完成响应应答，而 MAPK 激酶被证实是许多潜在的效应蛋白中的一种。纤维细胞可能具有类似的渗透调控响应机制（图 4-29），M6PR、BADH 等均可能是 MAPK 的下游靶标蛋白，通过激活这些蛋白质催化产生渗透调节物质甜菜碱（glycine betaine）和甘露醇（mannitol），以及由谷氨酸转变成的脯氨酸（Ashraf and Foolad，2007），可以很大程度上缓解高渗透压对细胞的毒害。这些蛋白质的丰度变化与其功能是一致的，在纤维伸长最快的 15DPA 时，BADH 表达量达到最高水平（两个 isoform 中斑点 55 号为主要形式，斑点 7 号可能是另一种修饰，所占比例较低），而这个时期纤维细胞的膨压应该是最高的。M6PR 的表达丰度与之稍有不同，伸长阶段的低表达可能是因为其反应底物甘露糖-6-磷酸需要参与合成细胞壁多糖，但是在次生壁开始增厚后，其高水平的表达则可以加速细胞脱水，促进纤维的成熟。有意思的是通过质谱鉴定，我们发现了棉花纤维细胞伸长过程中 BADH 和 M6PR 蛋白均能够发生磷酸化修饰（Zhang and Liu，2013），这一结果更进一步暗示了上述调控模式可能在棉花纤维细胞中存在。

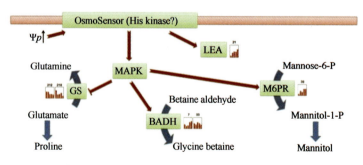

图 4-29　棉花纤维细胞伸长过程与渗透压调控相关的蛋白质网络图

　　总之，通过比较蛋白质组学分析，我们成功地勾画出了棉花纤维细胞伸长过程中活跃的生化途径相关的蛋白质网络图，包括碳水化合物代谢、蛋白质代谢、细胞骨架、囊泡运输及渗透调控相关的蛋白质调控网络。这些研究为进一步研究棉花纤维伸长过程相关蛋白质的功能奠定了很好的基础。

参 考 文 献

Andrawis A, Solomon M, Delmer D P. 1993. Cotton fiber annexins: a potential role in the regulation of callose synthase. Plant J, 3(6): 763-772.

Ashraf M, Foolad M R. 2007. Roles of glycine betaine and proline in improving plant abiotic stress resistance. Environ Exp Bot, 59(2): 206-216.

Barabási A L, Oltvai Z N. 2004. Network biology: understanding the cell's functional organization. Nat Rev Genet, 5(2): 101-113.

Cairns R A, Harris I S, Mak T W. 2011. Regulation of cancer cell metabolism. Nat Rev Cancer, 11(2): 85-95.

Candiano G, Bruschi M, Musante L, et al. 2004. Blue silver: a very sensitive colloidal Coomassie G-250 staining for proteome analysis. Electrophoresis, 25(9): 1327-1333.

Carpentier S C, Witters E, Laukens K, et al. 2005. Preparation of protein extracts from recalcitrant plant tissues: an evaluation of different methods for two-dimensional gel electrophoresis analysis. Proteomics, 5(10): 2497-2507.

Chen S, Harmon A C. 2006. Advances in plant proteomics. Proteomics, 6(20): 5504-5516.

Cooper J A, Esch F S, Taylor S S, et al. 1984. Phosphorylation sites in enolase and lactate dehydrogenase utilized by tyrosine protein kinases *in vivo* and *in vitro*. J Biol Chem, 259(12): 7835-7841.

D'Auria J C. 2006. Acyltransferases in plants: a good time to be BAHD. Curr Opin Plant Biol, 9(3): 331-340.

Davière J M, Achard P. 2013. Gibberellin signaling in plants. Development, 140(6): 1147-1151.

Dhindsa RS, Beasley C A, Ting I P. 1975. Osmoregulation in cotton fiber: accumulation of potassium and malate during growth. Plant Physiol, 56(3): 394-398.

Dixon D C, Meredith Jr W R, Triplett B A. 2000. An assessment of alpha-tubulin isotype modification in developing cotton fiber. Int J Plant Sci, 161(1): 63-67.

Du S J, Dong C J, Zhang B, et al. 2013. Comparative proteomic analysis reveals differentially expressed proteins correlated with fuzz fiber initiation in diploid cotton(*Gossypium arboreum* L.). J Proteomics, 82: 113-129.

Feiler H S, Desprez T, Santoni V, et al. 1995. The higher plant *Arabidopsis thaliana* encodes a functional CDC48 homologue which is highly expressed in dividing and expanding cells. Embo J, 14(22): 5626-5637.

Gapper C, Dolan L. 2006. Control of plant development by reactive oxygen species. Plant Physiol, 141(2): 341-345.

Gattiker A, Bienvenut W V, Bairoch A, et al. 2002. FindPept, a tool to identify unmatched masses in peptide mass fingerprinting protein identification. Proteomics, 2(10): 1435-1444.

Gong Z, Dong C H, Lee H, et al. 2005. A DEAD box RNA helicase is essential for mRNA export and important for development and stress responses in *Arabidopsis*. Plant Cell, 17(1): 256-267.

Gorg A, Weiss W, Dunn M J. 2004. Current two-dimensional electrophoresis technology for proteomics. Proteomics, 4(12): 3665-3685.

Graves D A, Stewart J M. 1998. Analysis of the protein constituency of developing cotton fibers. J Exp Bot, 39(1): 59-69.

Hanson A D, Gage D A, Shachar-Hill Y. 2000. Plant one-carbon metabolism and its engineering. Trends Plant Sci, 5(5): 206-213.

Hartwell L H, Hopfield J J, Leibler S, et al. 1999. From molecular to modular cell biology. Nature,

402(6761Suppl): C47-C52.

Hofmann A, Delmer D P, Wlodawer A. 2003. The crystal structure of annexin Gh1 from Gossypium hirsutum reveals an unusual S3 cluster. Eur J Biochem, 270(12): 2557-2564.

Jensen O N. 2006. Interpreting the protein language using proteomics. Nat Rev Mol Cell Biol, 7(6): 391-403.

Larsen M R, Larsen P M, Fey S J, et al. 2001. Characterization of differently processed forms of enolase 2 from *Saccharomyces cerevisiae* by two-dimensional gel electrophoresis and mass spectrometry. Electrophoresis, 22(3): 566-575.

Li X B, Cai L, Cheng N H, et al. 2002. Molecular characterization of the cotton GhTUB1 gene that is preferentially expressed in fiber. Plant Physiol, 130(2): 666-674.

Li X B, Fan X P, Wang X L, et al. 2005. The cotton ACTIN1 gene is functionally expressed in fibers and participates in fiber elongation. Plant Cell, 17(3): 859-875.

Lorković Z J. 2009. Role of plant RNA-binding proteins in development, stress response and genome organization. Trends Plant Sci, 14(4): 229-236.

Mansoor S, Paterson A H. 2012. Genomes for jeans: cotton genomics for engineering superior fiber. Trends Biotechnol, 30(10): 521-527.

Meinert M C, Delmer D P. 1977. Changes in biochemical composition of the cell wall of the cotton fiber during development. Plant Physiol, 59(6): 1088-1097.

Monigatti F, Hekking B, Steen H. 2006. Protein sulfation analysis–a primer. Biochim Biophys Acta, 1764(12): 1904-1913.

Olsen J V, Blagoev B, Gnad F, et al. 2006. Global, *in vivo*, and site-specific phosphorylation dynamics in signaling networks. Cell, 127(3): 635-648.

Pang C Y, Wang H, Pang Y, et al. 2010. Comparative proteomics indicates that biosynthesis of pectic precursors is important for cotton fiber and Arabidopsis root hair elongation. Mol Cell Proteomics, 9(9): 2019-2033.

Pappin D J C, Hojrup P, Bleasby A J. 1993. Rapid identification of proteins by peptide-mass fingerprinting. Curr Biol, 3(6): 327-332.

Petrásek J, Schwarzerová K. 2009. Actin and microtubule cytoskeleton interactions. Curr Opin Plant Biol, 12(6): 728-734.

Phizicky E, Bastiaens P I, Zhu H, et al. 2003. Protein analysis on a proteomic scale. Nature, 422(6928): 208-215.

Pierpoint W S. 1996. The extraction of enzymes from plant tissues rich in phenolic compounds. Methods Mol Biol, 59: 69-80.

Plaxton W C. 1996. The organization and regulation of plant glycolysis. Annu Rev Plant Physiol Plant Mol Biol, 47: 185-214.

Possemato R, Marks K M, Shaul Y D, et al. 2011. Functional genomics reveal that the serine synthesis pathway is essential in breast cancer. Nature, 476(7360): 346-350.

Qin Y M, Hu C Y, Pang Y, et al. 2007. Saturated very-long-chain fatty acids promote cotton fiber and *Arabidopsis* cell elongation by activating ethylene biosynthesis. Plant Cell, 19(11): 3692-3704.

Qin Y M, Zhu Y X. 2011. How cotton fibers elongate: a tale of linear cell-growth mode. Curr Opin Plant Biol, 14(1): 106-111.

Rampitsch C, Srinivasan M. 2006. The application of proteomics to plant biology: a review. Can J Bot, 84(6): 883-892.

Reiland S, Messerli G, Baerenfaller K, et al. 2009. Large-scale *Arabidopsis* phosphoproteome profiling reveals novel chloroplast kinase substrates and phosphorylation networks. Plant Physiol, 150(2): 889-903.

Richter K, et al. 2003. Sti1 Is a Non-competitive Inhibitor of the Hsp90 ATPase. J Biol Chem, 278(12): 10328-10333.

Rogowska-Wrzesinska A, Le Bihan M C, Thaysen-Andersen M, et al. 2013. 2D gels still have a niche in proteomics. J Proteomics, 88: 4-13.

Rossignol M. 2006. Proteomic analysis of phosphorylated proteins. Curr Opin Plant Biol, 9(5): 538-543.

Ruan Y L, Llewellyn D J, Furbank R T. 2001. The control of single-celled cotton fiber elongation by developmentally reversible gating of plasmodesmata and coordinated expression of sucrose and K^+ transporters and expansin. Plant Cell, 13(1): 47-60.

Ruan Y L, Llewellyn D J, Furbank R T. 2003. Suppression of sucrose synthase gene expression represses cotton fiber cell initiation, elongation, and seed development. Plant Cell, 15(4): 952-964.

Saravanan R S, Rose J K. 2004. A critical evaluation of sample extraction techniques for enhanced proteomic analysis of recalcitrant plant tissues. Proteomics, 4(9): 2522-2532.

Schaeffer A, et al. 2001. The ratio of campesterol to sitosterol that modulates growth in *Arabidopsis* is controlled by STEROL METHYLTRANSFERASE 2；1. Plant J, 25(6): 605-615.

Shin H, Brown R M Jr. 1999. GTPase activity and biochemical characterization of a recombinant cotton fiber annexin. Plant Physiol, 119(3): 925-934.

Sibout R, Eudes A, Mouille G, et al. 2005. Cinnamyl alcohol dehydrogenase-C and -D are the primary genes involved in lignin biosynthesis in the floral stem of arabidopsis. Plant Cell, 17(7): 2059-2076.

Smart L B, Vojdani F, Maeshima M, et al. 1998. Genes involved in osmoregulation during turgor-driven cell expansion of developing cotton fibers are differentially regulated. Plant Physiol, 116(4): 1539-1549.

Steele-Mortimer O, Gruenberg J, Clague M J. 1993. Phosphorylation of GDI and membrane cycling of rab proteins. Febs Lett, 329(3). 313-318.

Sundstrom J M, Sundstrom C J, Sundstrom S A, et al. 2009. Phosphorylation site mapping of endogenous proteins: a combined MS and bioinformatics approach. J Proteome Res, 8(2): 798-807.

Tokumoto H, Wakabayashi K, Kamisaka S, et al. 2002. Changes in the sugar composition and molecular mass distribution of matrix polysaccharides during cotton fiber development. Plant Cell Physiol, 43(4): 411-418.

Tovar-Méndez A, Miernyk J A, Randall D D. 2003. Regulation of pyruvate dehydrogenase complex activity in plant cells. Eur J Biochem, 270(6): 1043-1049.

Turley R B, Ferguson D L. 1996. Changes of ovule proteins during early fiber development in a normal and a fiberless line of cotton(*Gossypium hirsutum* L.). J Plant Physiol, 149(6): 695-702.

Van Bentem S D, Hirt H. 2007. Using phosphoproteomics to reveal signalling dynamics in plants. Trends Plant Sci, 12(9): 404-411.

Wan C Y, Wilkins T A. 1994. A modified hot borate method significantly enhances the yield of high-quality RNA from cotton(*Gossypium hirsutum* L.). Anal Biochem, 223(1): 7-12.

Wang H Y, Yu Y, Chen Z L, et al. 2005. Functional characterization of *Gossypium hirsutum* profilin 1 gene(GhPFN1)in tobacco suspension cells. Characterization of *in vivo* functions of a cotton profilin gene. Planta, 222(4): 594-603.

Wang W, Scali M, Vignani R, et al. 2003. Protein extraction for two-dimensional electrophoresis from olive leaf, a plant tissue containing high levels of interfering compounds. Electrophoresis, 24(14): 2369-2375.

Weretilnyk E A, Hanson A D. 1990. Molecular cloning of a plant betaine-aldehyde dehydrogenase, an enzyme implicated in adaptation to salinity and drought. Proc Natl Acad Sci USA, 87(7): 2745-2749.

Wilkins M R, Gasteiger E, Gooley A A, et al. 1999. High-throughput mass spectrometric discovery of protein post-translational modifications. J Mol Biol, 289(3): 645-657.

Wise M J, Tunnacliffe A. 2004. POPP the question: what do LEA proteins do? Trends Plant Sci, 9(1): 13-17.

Xu X, Zur Hausen A, Coy J F, et al. 2009. Transketolase-like protein 1(TKTL1)is required for rapid cell growth and full viability of human tumor cells. Int J Cancer, 124(6): 1330-1337.

Yang Y W, Bian S M, Yao Y, et al. 2008. Comparative proteomic analysis provides new insights into the fiber elongating process in cotton. J Proteome Res, 7(11): 4623-4637.

Yao Q, Bollinger C, Gao J, et al. 2012. P3DB: an integrated database for plant protein phosphorylation. Front Plant Sci, 3: 206.

Yao Y, Yang Y W, Liu J Y. 2006. An efficient protein preparation for proteomic analysis of developing cotton fibers by 2-DE. Electrophoresis, 27(22): 4559-4569.

Zhang B, Liu J Y. 2013. Mass spectrometric identification of *in vivo* phosphorylation sites of differentially expressed proteins in elongating cotton fiber cells. PLoS ONE, 8(3): e58758.

Zhang B, Yang Y W, Zhang Y, et al. 2013. A high-confidence reference dataset of differentially expressed proteins in elongating cotton fiber cells. Proteomics, 13(7): 1159-1163.

Zhifang G, Loescher W H. 2003. Expression of a celery mannose 6-phosphate reductase in *Arabidopsis thaliana* enhances salt tolerance and induces biosynthesis of both mannitol and a glucosyl-mannitol dimer. Plant Cell Environ, 26(2): 275-283.

第五章　棉花纤维基因克隆与功能验证

棉花纤维由棉花胚珠外珠被单个细胞分化而来，是高等植物中伸长最快、合成纤维素最多的单细胞。棉花纤维发育过程可分为分化与突起、迅速伸长、次生壁合成及脱水成熟 4 个部分重叠的时期，其中纤维伸长和次生壁合成两个时期与纤维的发育与品质形成关系最为密切。纤维的起始与伸长直接影响纤维的数量与长度，而纤维素合成与次生壁加厚则影响纤维的强度与细度（马克隆值）。

棉花纤维细胞的分化和发育受到高度程序化基因网络的调控。随着生物信息学的高速发展，大规模测序技术及基因分析技术的不断完善，为人们进行细致全貌的分析一个物种的转录组和基因组提供了方便与可能。迄今已经报道了许多关于棉花纤维发育不同时期或不同条件（干旱、低温）下的 EST 大规模测序结果，为利用 EST 信息挖掘棉花纤维发育功能基因和进行分子标记育种提供了重要的参考依据，一大批棉花纤维差异表达基因得到了分离。但是由于棉花基因转化周期长、费工费时、转化率低、受体品种受限制等因素，早期对棉花纤维发育相关基因功能的研究仅仅停留在分离鉴定阶段，或者是在模式植物拟南芥或烟草中进行功能分析，对它们在棉花纤维细胞分化发育过程中的生物学功能研究较少。近年来，在 973 项目对棉花纤维发育相关基础研究的大力支持下，棉花转基因技术不断发展与完善，周期缩短，多个棉花品种或品系的组织培养再生体系得到了很好的优化和完善，利用农杆菌介导法进行棉花转化来研究棉花纤维发育相关基因功能，以及分离鉴定棉花纤维优势表达启动子的研究取得了十分显著的进展，多个棉花纤维优势表达基因的生物学功能在棉花体内得到了验证。相信随着研究的不断深入，越来越多的与纤维发育密切相关的功能基因会被分离鉴定，关于棉花纤维发育调控的分子机制的研究也会越来越充实，同时可为利用基因工程技术改良棉花纤维品质提供有用的候选基因。另外，由于棉花纤维细胞的分化发育具有高度同步，细胞没有分叉，以及快速、高度伸长，富含纤维素等特点，为研究植物细胞伸长和纤维素合成提供了良好的研究材料。因此，棉花纤维发育的研究成果具有更普遍的意义，可为了解植物细胞的分化、生长与伸长，以及细胞壁合成提供有价值的数据。

第一节　棉花纤维发育重要基因的克隆与功能验证

一、转录因子对棉花纤维发育的调控

转录因子在高等植物的生长发育、形态建成、次生代谢和抗逆反应等方面起重要的调节作用。转录因子数目的多样性与功能的复杂性，适应了植物发育和代谢的复杂性。棉花纤维细胞的分化发育是一个复杂的动态过程，在不同的发育时期均有大量的基因参与调控，其中最重要的一类是转录因子。

（一）MYB 类转录因子

MYB 类转录因子以含有保守的 MYB 结构域为共同特征。MYB 结构域均含有 51～52 个保守的氨基酸残基。植物中的 MYB 类转录因子大都含有 2 个不完全重复区域（R2R3 MYB），少部分 MYB 类转录因子包含 1 个不完全重复区域（R3 MYB）或与动物类似的 3 个不完全重复区域（R1R2R3 MYB）。MYB 类转录因子数目和种类的多样性，决定了其功能的多样性。在棉花纤维细胞分化发育过程及其调控的研究中，对 MYB 类转录因子的研究最为广泛和深入。

1. 已经报道的与棉花纤维发育相关的 MYB 类转录因子

Loguerico 等于 1999 年最早从陆地棉胚珠 cDNA 文库中分离出 6 个棉花 R2R3 MYB 转录因子（GhMYB1～GhMYB6）。依据表达特征的不同把这 6 个 *GhMYB* 基因分为两大类：*GhMYB1*、*GhMYB2*、*GhMYB3* 为第一类，在所检测的棉花不同组织皆可表达，且在纤维细胞快速伸长过程中的表达逐步增强，至开花后 15DPA 出现较明显的下降，表明该类 MYB 因子在纤维细胞分化及伸长期可能发挥了调控作用；*GhMYB4*、*GhMYB5* 和 *GhMYB6* 为第二类，属于组织特异性表达。其中 *GhMYB4* 和 *GhMYB5* 基因的表达水平虽然较低，但在纤维分化期的胚珠中特异表达（Loguerico et al.，1999）。这两类 MYB 因子的表达特征不同，暗示它们在纤维发育的不同时期可能单独或协作调控纤维细胞的发育。

Suo 等（2003）从棉花纤维起始早期胚珠（–3DPA、0DPA、3DPA）分离到了 55 个包含不同 MYB 保守域的 DNA 序列，预示在纤维细胞的分化起始期有大量的 MYB 类转录因子参与了对纤维细胞分化起始的调节。Wang 等（2004）从二倍体亚洲棉中分离到 *GaMYB2* 基因，与 Loguerico 报道的 *GhMYB2* 的 cDNA 序列具有 99.8%的相似度。GaMYB2 与拟南芥 R2R3 MYB 转录因子 GL1 高度相似，在拟南芥中表达棉花的 *GaMYB2* 可回复 *gl1* 突变体无毛的表型，并且可以诱导种子产生异位的表皮毛，表明 GaMYB2 具有与 GL1 相似的控制表皮毛发育的功能，因而可能在棉花纤维细胞分化与起始过程中发挥重要作用。进一步分析表明，*GaMYB2* 基因的启动子在棉花纤维及营养器官的表皮毛特异表达；在拟南芥中该启动子也是表皮毛特异的；在烟草中该启动子则在腺毛特异表达（Shangguan et al.，2008）。在具有较长纤维的海岛棉（*G. barbadense*）中，原位杂交结果显示 GbMYB2 在-3DPA 胚珠表皮细胞和 3DPA、5DPA 纤维细胞特异表达，同样说明该基因与纤维细胞的分化及发育密切相关。野生型拟南芥中以 35S 启动子驱动过量表达 *GbMYB2* 基因，转基因植株叶片表皮毛数量显著增加，开花提前，果荚长度及根长与对照相比有明显的增加（Huang et al.，2013）。在四倍体陆地棉中，来自 A 亚基因组的 *GhMYB2A* 基因可以互补拟南芥 *gl1* 突变体的表型，而来自 D 亚基因组的 *GhMYB2D* 则不能。进一步分析表明，*GhMYB2D* 可以受到 miR828 及 miR858 两个小 RNA 靶向剪切。这些结果提示，棉花纤维和拟南芥的表皮毛发育可能受到相似小 RNA 信号途径的调控（Guan et al.，2014）。

GhMYB109 也编码 1 个 R2R3 MYB 转录因子，与 GL1 蛋白有 51.2%的同源。表达特征分析表明，*GhMYB109* 基因在纤维快速伸长期高表达，在纤维分化起始的 0DPA 和 1DPA 胚珠中也可以检测到 *GhMYB109* 的转录本（Suo et al.，2003）。通过 RNAi 的方法降低棉花纤维发育时期 *GhMYB109* 的表达，则会使纤维细胞分化延迟，起始数量减少，证明

GhMYB109 基因也参与棉花纤维细胞起始与发育的调节（Pu et al.，2008）。

　　GhMYB7 和 *GhMYB9* 基因在棉花纤维发育不同阶段的表达量不同，在纤维快速伸长期优势表达（Hsu et al.，2005）。*LTP3* 基因编码脂转移蛋白，脂类运输蛋白具有疏松细胞壁的功能。体外试验表明，GhMYB7 可以结合棉花纤维特异表达基因 *LTP3* 的启动子，调控该基因的表达，提示在棉花体内，GhMYB7 可以通过调控 LTP3 等编码脂转移蛋白的基因来调控纤维细胞的快速伸长（Hsu et al.，2005）。

　　Hsu 等（2005）从棉花纤维胚珠细胞分离鉴定了 *GhMYB8* 和 *GhMYB10* 基因，这 2 个基因在棉花叶片、花、根及不同发育阶段（5DPA、10DPA、15DPA、20DPA）的纤维中均表达，且在花和根中大量表达。在转基因烟草中异位表达 *GhMYB10* 基因，烟草叶片腺毛形态发生异常。

　　GhTF1 也是 1 个编码 R2R3 MYB 转录因子的基因，在陆地棉基因组中有 2 个拷贝，推测 A、D 亚基因组中各有 1 个拷贝。表达特征分析表明，该基因在陆地棉不同组织中均表达，特别在开花前 1 天的胚珠，以及 8DPA、11DPA 的纤维细胞中优势表达，因此其也能在棉花纤维细胞分化起始及伸长过程中发挥功能（房栋等，2008）。

　　拟南芥中的 CPC、TRY、ETC1/2/3、TCL1、TCL2 等为一类仅含 1 个 R3 MYB 域的 MYB 蛋白，对表皮毛分化发育起负调控作用。棉花中分离到了 2 个与 AtCPC 同源的 R3 类 MYB 蛋白，其中 *GhCPC1* 基因在早期（1DPA）的纤维中表达水平明显低于同期的胚珠（Taliercio and Boykin，2007）。*GbRL2* 基因在叶片及根中有较强的表达，在发育早期的含纤维的胚珠中表达很低，但随后表达量逐渐增加。在 *XU142* 无绒无絮突变体中，*GhRL2* 在-3DPA 的胚珠中明显表达，而在正常胚珠中无表达（Zhang et al.，2011a），表明其表达水平的高低与棉花纤维发育具有负相关性。通常 R3 MYB 类转录因子在植物的生长发育过程中起负调控作用，然而目前尚不清楚棉花中这类因子是否是影响纤维细胞发育的负调控因子。

　　GhMYB25 和 *GhMYB25-like*（*GhMYB25-l*）基因编码 MIXTA 类 R2R3 MYB 转录因子。金鱼草中的 *MIXTA* 基因和矮牵牛中的 *PhMYB1* 基因的主要功能是调节花瓣乳突细胞的形成，在金鱼草中过量表达 *MIXTA* 基因可导致叶片产生异位的多细胞表皮毛（锥形突起），说明 MIXTA 具有控制植物表皮细胞分化的功能（Serna and Martin，2006）。*GhMYB25* 基因在开花后 0～2DPA 的胚珠中高表达，此后表达量下降，在无纤维突变体的 0DPA 胚珠中表达量较低，表达位置和时间与纤维细胞起始的位置和时间一致（Machado et al.，2009）。在烟草中过量表达 *GhMYB25* 基因，可导致叶片长柄腺毛分叉数量增加，而对叶片短柄腺毛及其他类型的表皮细胞无明显影响，表明 GhMYB25 具有使烟草叶片长柄腺毛干细胞二次分化形成表皮毛的功能（Wu et al.，2006）。通过 RNAi 抑制 *GhMYB25* 基因的表达，可使棉花纤维分化起始延迟、纤维细胞数量减少、长度变短、成熟种子数量明显减少，并且棉株叶片表皮毛数量也明显变少。反之，过量表达 *GhMYB25* 基因则叶柄表皮毛数量明显增加，纤维起始数量也明显增加（Machado et al.，2009）。GhMYB25-like 与 GhMYB25 在蛋白质水平上具有 69%的相似性，与 *GhMYB25* 基因的表达特征相似，*GhMYB25-like* 基因也在纤维细胞分化起始期（-3～3DPA）高表达。棉花转基因结果表明，*GhMYB25-like* 基因对棉花纤维发育具有更重要的调节功能，通过抑制 *GhMYB25-like* 基因的表达，棉花纤维发育被完全抑制，种子呈现无纤维表型，然而植株其他部位的表皮

毛发育未受到影响（Walford et al.，2011）。上述结果表明，GhMYB25-like 是棉花纤维细胞发育的一个关键调控因子。

2.MYB 类转录因子对纤维细胞发育可能的调控模式

在调节植物体的生长发育过程中，MYB 类转录因子多与其他类型的转录因子组成蛋白质复合体来发挥功能。其中最经典的调控模式是 MYB 类转录因子与 bHLH 类转录因子和 WD40 类转录因子形成 1 个 MYB-bHLH-WD40 蛋白复合体行使功能。该类蛋白质复合体已经被证明参与调控植物生长发育的多个方面，除了调控拟南芥表皮毛和根毛发育外，还参与调控植物中花青素合成，以及拟南芥种皮颜色、种皮黏液分泌、气孔发育等过程（Serna and Martin，2006）。通过对参与这些发育及代谢过程中 MYB 蛋白的结构分析，发现这些 MYB 类蛋白有一个共同的特征，在 R3 区域第 1 个碱性螺旋中存在 1 个由 6 个较为保守的氨基酸残基组成的相对保守的结构域[D/E]LX$_2$[R/K]X$_3$LX$_6$LX$_3$R，推测这几个保守的氨基酸残基在 MYB 类蛋白与 bHLH 类蛋白结合过程中起重要作用（Serna and Martin，2006）。拟南芥表皮毛发育的关键正调控因子 GL1、AtMYB23，以及负调控因子 AtCPC1、AtETC1、AtTRY 等 MYB 类转录因子皆含有与 bHLH 转录因子结合的保守氨基酸信号，且这些转录因子已经被报道在酵母中可以与拟南芥中的 bHLH 类转录因子 GL3 或 EGL3 蛋白结合。分析棉花中已经报道的 MYB 类转录因子发现，多数的 MYB 类因子同样含有与 bHLH 类蛋白结合的氨基酸信号，如 GhMYB2、GhMYB109、GhMYB3 等。GhMYB25、GhMYB25-like 与 AmMIXTA、PhMYB1 蛋白结构类似，在 R3 区域不含与 bHLH 类蛋白相互作用的信号区域，表明这类蛋白质可能不是通过与 bHLH 类蛋白相互作用行使其功能的。

（二）HD-ZIP 类转录因子

拟南芥表皮毛发育过程中，GL1-GL3-TTG1 组成 1 个 MYB-bHLH-WD40 蛋白复合体通过激活下游 *GL2* 基因的表达来调控表皮毛的生长发育。*GL2* 基因编码 1 个 HD-ZIP 类转录因子，在整个表皮毛发育过程中皆表达，*GL2* 基因功能缺失突变体因表皮毛伸长受阻而呈现为无毛表型。棉花中与 GL2 同源的蛋白质已有报道，*GaHOX1* 编码 1 个含 Homeodomain 的亮氨酸拉链蛋白，与拟南芥中的 GL2 蛋白同属于 HD-ZIP IV 亚家族，在棉花纤维分化起始期高表达。在拟南芥 *gl2* 突变体中，用 *GL2* 启动子驱动 *GaHOX1* 表达，可以回复其表皮毛发育。而在野生型背景下表达 *35S∷GaHOX1*，则可以抑制表皮毛的发育，这一表型与野生型背景下过量表达 GL2 蛋白类似，说明在拟南芥中，GaHOX1 与拟南芥 GL2 可能具有相似的功能（Guan et al.，2008）。

GhHD-1 基因也编码一个 HD-ZIP 类转录因子，与拟南芥中的 ATML1、PDF2 和 HDG2 亲缘关系较近，而与 GL2 关系较远（Walford et al.，2012）。*GhHD-1* 基因在棉花胚珠表皮细胞及其他组织的表皮毛表达。在棉花中降低 *GhHD-1* 基因的表达，纤维细胞数量减少，起始延迟；反之，过量表达该基因则纤维数量增加。在 *GhMYB25-like* 表达量降低的转基因株系中，*GhHD-1* 基因的表达明显下降，表明该基因位于 *GhMYB25-like* 的下游。而在 *GhMYB25* 和 *GhMYB109* 表达量降低的转基因棉花中，*GhHD-1* 基因的表达未受明显影响（Walford et al.，2012）。

海岛棉中 GhHD1 的同源蛋白 GbML1 在棉花纤维起始和伸长期高表达。拟南芥中过量表达 *GbML1* 基因，叶片、茎秆可产生过量的表皮毛。有报道表明，GbML1 可能通过结合 *GaRDL1* 基因的 L1-box 元件，调节自身的表达（Zhang et al.，2010）。陆地棉中编码一个细胞壁蛋白的基因 *GhRDL1* 在棉花纤维伸长期的表达明显升高，过量表达 *GhRDL1* 基因可促进棉花纤维伸长（Xu et al.，2013）。GbML1 蛋白可以通过与 *GaRDL1* 启动子的 L1-box 元件结合来调控该基因的表达，暗示其可能在棉花纤维发育过程中发挥了一定作用。酵母双杂交结果显示，GbML1 蛋白可以与 GbMYB25 蛋白（与 GhMYB25 同源）结合，而不能与 GbMYB2 蛋白结合，表明 GbMYB25 或可通过与 GbML1 结合来调控棉花纤维发育相关基因的表达（Zhang et al.，2010）；而 GaMYB2 可以与 *GaRDL1* 启动子直接结合（Wang et al.，2004）。*GhHOX3* 基因编码一个 HD-ZIP 类转录因子，在棉纤维伸长的过程中发挥了决定性的调控作用。用 RNAi 的方法降低该基因的表达，则棉花纤维明显变短，而在棉花体内过量表达该基因，则成熟纤维明显变长。这一结果表明，该基因在棉花纤维伸长的过程中发挥了决定性的调控作用（Shan et al.，2014）。

GhKNL1 基因编码一个典型的 KNOX II 类 homeobox 蛋白，在棉花纤维次生壁增厚期显著高表达，该蛋白质定位于细胞核中。酵母双杂交分析结果表明，GhKNL1 蛋白可以与 GhOFP4 相互作用，并且自身也可以形成同源二聚体，表明 GhKNL1 可能通过形成复合体的形式参与棉花纤维发育过程。过量表达和显著抑制 *GhKNL1* 可以导致拟南芥茎中维管束间纤维细胞壁变薄，同时 *GhKNL1* 过量表达能在一定程度上回复拟南芥 *knat7* 突变体茎中导管细胞形态异常及种子表面黏液形成缺陷的表型。转基因棉花中，抑制 *GhKNL1* 基因的表达可以导致转基因棉花纤维发育异常，棉桃变小、纤维变短、纤维产量下降。纤维半薄切片分析结果显示，转基因棉花胚珠表面纤维细胞的起始滞后，5～20DPA 纤维细胞排列松散、形态不规则。与切片结果相一致，转基因棉花 20DPA 纤维中一些与细胞伸长和次生壁合成相关基因的表达量明显降低。以上结果说明，*GhKNL1* 基因可能在棉花纤维伸长和次生壁形成过程中具有重要的调控作用（Gong et al.，2014）。

（三）其他类型的转录因子

bHLH 转录因子家族是植物转录因子中最大的家族之一，参与调控植物生长发育的多个方面。*GhbHLH1* 编码一个与拟南芥 AtMYC2 同源的 bHLH 类转录因子，在棉花纤维快速伸长期表达水平较高（Meng et al.，2009）。*GhDEL65* 基因也编码 1 个 bHLH 类转录因子，与调控拟南芥表皮毛发育的关键转录因子 GL3 在蛋白质水平上具有 50%的同源性。GhDEL65 可以结合 *GhMYB2* 基因启动子上 T/G-Box 元件，正向调控该基因的表达（Shangguan et al.，2008）。这些已经分离鉴定的 bHLH 转录因子是否对棉花纤维生长发育具有调控作用还有待更深入的研究。

拟南芥中的 WD40 蛋白 TTG1 作为 MYB-bHLH-WD40 蛋白复合体的重要成员，在拟南芥表皮细胞分化发育过程中起重要的调节作用。另外，该基因还参与了种皮黏液和花色素的合成。*ttg1* 突变体的叶片和茎几乎没有表皮毛，种皮缺乏黏液和花色素。在棉花中分离到了 4 个与拟南芥 TTG1 同源的 WD40 蛋白，其中 GhTTG1、GhTTG3 可以互补拟南芥 *ttg1* 突变体的无毛表型，暗示这 2 个棉花 TTG 蛋白在调控表皮毛及棉花纤维发育方面具有相同或相似的功能（Humphries et al.，2005）。

　　MADS-box 家族的蛋白质主要由 MADS 盒、K 盒、I 区、C 端、N 端 5 个部分组成，其中 MADS 盒高度保守。植物中 MADS-box 家族基因主要参与花器官的发育、开花时间的调节。也有研究表明，MADS-box 蛋白在植物表皮毛发育过程中起调节作用。棉花中分离到多个 MADS 蛋白，但大多数与花发育相关。*GhMADS4*、*GhMADS5*、*GhMADS6*、*GhMADS7* 基因不仅在花中表达量较高，而且在棉花纤维发育过程中（0～24DPA）也有较高水平的表达，表明这些 MADS 类转录因子也可能参与对纤维细胞发育的调控（Lightfoot et al.，2008）。GhMADS9 是典型的 MIKC 类 MADS 转录因子，与在拟南芥胚中高表达的转录因子 AGL15 亲缘关系最近。RT-PCR 和原位杂交分析表明 *GhMADS9* 在纤维细胞中特异表达，暗示其与纤维细胞的发育有密切关系（Meng et al.，2009）。GhMADS11 蛋白与拟南芥的 AP1 和 AGL18 分别有 56% 和 55% 的序列相似性，属于 MADS 家族中的 AP 亚家族成员。该基因在棉花纤维伸长期特异性高表达，在 15DPA 表达量最高，之后急剧下降。在裂殖酵母中表达 *GhMADS11* 基因，酵母细胞可伸长 1.4～2.0 倍，推测该基因同样参与了对纤维细胞快速伸长的调节（Li et al.，2011）。

　　TCP 家族是植物特有的一类转录因子，主要在分生组织中发挥作用，与细胞分化和生长有关。海岛棉 TCP 家族成员 *GbTCP* 在棉花纤维快速伸长期（5～15DPA）高表达。*GbTCP* 基因启动子驱动 *GUS* 报告基因可以在不同发育时期的纤维细胞明显表达。通过 RNA 干扰降低棉花中 *GbTCP* 基因的表达，纤维长度变短，纤维品质变差，主要体现在马克隆值增加。在拟南芥中过量表达 *GbTCP* 可以促进根毛的起始和伸长。根据这些结果，可认为 GbTCP 可能与棉花纤维细胞快速伸长相关（Li et al.，2011；Hao et al.，2012）。

　　GhTCP14 基因主要在棉花纤维起始和伸长期表达，其表达水平可受外源生长素（IAA）的诱导。拟南芥中表达 *GhTCP14* 基因，转基因拟南芥叶片、茎秆、萼片的表皮毛数量及根毛数量显著增加。GhTCP14 可以结合在 *PIN2*、*IAA3* 和 *AUX1* 基因启动子上调节这些基因的表达，暗示 GhTCP14 在生长素介导的棉花纤维细胞分化发育中起重要的调节作用（Wang et al.，2013）。

　　AP2/EREBP 转录因子在植物中广泛存在。对棉花中 3 个 *AP2/EREBP* 基因的分析发现，*GhAP2/EREBPAP1* 和 *GhAP2/EREBPAP2* 主要在棉花纤维中优势表达，*GhAP2/EREBP3* 在花药中优势表达，在纤维中的表达量也相对较高（杜曼丽等，2007），暗示这类转录因子在棉花纤维发育过程中起重要的调节作用。

（四）小结

　　迄今为止，对棉花纤维发育相关转录因子的研究主要是分离和鉴定了多个与表皮毛或棉花纤维发育相关的转录因子（表 5-1），但是这些因子在棉花纤维发育过程中的调控作用及在棉花纤维品质改良中的利用价值还有待深入研究。

　　模式植物拟南芥表皮毛和棉花纤维细胞都属于非腺体单细胞。在拟南芥中，表皮毛发育的侧向抑制模型已被广泛接受。棉花纤维细胞同拟南芥表皮毛的发育机制是否相同一直是研究人员争论的焦点。在拟南芥中，GL1-GL3-TTG1 三元复合体驱动下游基因 *GLABRA2*（*GL2*），正调控表皮毛发育（Payne et al.，2000；Bernhardt et al.，2003；Hülskamp，2004）。如前文所述，先前的很多工作均表明，一些棉花纤维特异的基因在拟南芥中具有影响其表皮毛发育的功能。然而 *GhMYB2* 和 *GhMYB109* 等与拟南芥 *GL1* 同源程度较高的基因，通过转基因棉花进行功能验证后，却并未发挥预期的作用（Suo et al.，2003；Pu et al.，2008）。最近的报道表明，转录因子 GhMYB25-like 在控制纤维起始的过程中发挥了关键作用，抑制其表达会导致棉花产生类似 *fl* 突变体的无纤维表型（Walford et al.，2011）。GhMYB25 和 GhMYB25-like 虽同样属于 MYB 转录因子家族，但却均与金鱼草中的乳突发育控制因子 MIXTA、矮牵牛中的 PhMYB1 及拟南芥中的 AtMYB106 更为接近，而与GaMYB2、GhMYB109 和 GL1 亲缘关系较远（Serna and Martin，2006）。最近发表的雷蒙德氏棉基因组和转录组测序数据也支持这一观点，认为 clade 9 类（MIXTA 类）MYB蛋白在纤维发育过程中可能发挥了更为关键的作用（Paterson et al.，2012）。

表 5-1　棉花纤维发育相关转录因子一览表

名称	基因编号	生物学功能	参考文献
MYB 类转录因子			
GaMYB2	AY626160	互补拟南芥 *gl1* 突变体	Wang et al.，2004
GhMYB25	AF336283	参与调控纤维起始	Wu et al.，2006；Machado et al.，2009
GhMYB25-like	EU826465	调控纤维起始的关键因子	Walford et al.，2011
GhMYB1	L04497	尚不明确	Loguercio et al.，1999
GhMYB2-6	AF034130	尚不明确	Loguercio et al.，1999；
	AF034131		Taliercio and Boykin，2007
	AF034132		
	AF034133		
	AF034134		
GhMYB109	AJ549758	参与调控纤维起始和伸长	Suo et al.，2003；Pu et al.，2008
GhCPC1		尚不明确，可能为负调控因子	Taliercio and Boykin，2007
WD40 类转录因子			
GhTTG1	AF336281	互补拟南芥 *ttg1* 突变体	Humphries et al.，2005
GhTTG3	AF530911	互补拟南芥 *ttg1* 突变体	Humphries et al.，2005
bHLH 类转录因子			
GhbHLH1	FJ358540	尚不明确	Meng et al.，2009
GhDEL65	AF336280	可能参与调控纤维起始分化	Shangguan et al.，2008
HD 类转录因子			
GhHOX1	AAM97321	互补拟南芥 *gl2* 突变体	Guan et al.，2008
GhHD1	AY464063	参与调控纤维起始分化	Wu et al.，2006；Walford et al.，2012
GbML1		参与调控纤维起始分化	Zhang et al.，2010
GhHOX3	KJ595847	控制纤维伸长的关键因子，是赤霉素途径的下游	Shan et al.，2014
GhKNL1	KC200250	在纤维伸长和次生壁形成过程中发挥作用	Gong et al.，2014
TCP 类转录因子			
GhTCP	DQ912941	参与调控纤维伸长，拟南芥根毛发育	Hao et al.，2012
GhTCP14	AF165924	参与调控纤维分化与伸长	Wang et al.，2013
其他			
GhMADS9	HM187578	尚不明确	Meng et al.，2009
GhMADS11	HM989877	参与生长素途径调控的纤维分化	Li et al.，2011
GhAP2/EREBPAP1～3		尚不明确	杜曼丽等，2007

　　无独有偶,拟南芥中另一个关键调控因子 GL2 所属的 HD-ZIP IV 类蛋白的情况也大致相似:在 *GL2* 启动子的驱动下,一个与 GL2 蛋白亲缘关系更近的蛋白质 GhHOX1 可以互补拟南芥 *gl2* 突变体表皮毛缺失的表型(Guan et al.,2008);然而,*GL2∷GhHOX3* 并不能直接互补拟南芥 *gl2* 突变体表型。在棉花中提高或抑制 *GhHOX1* 的表达并不能对棉花纤维的发育产生显著影响,然而,棉花中降低 *GhHOX3* 基因的表达,却可以明显抑制纤维细胞的生长发育。另外,GhHOX3 在控制纤维伸长的同时,也调控茎秆和叶上的表皮毛发育。这些看似矛盾的结果提示,棉花纤维与棉花表皮毛(茎秆及叶脉)的发育机制具有很强的相关性,可能共享某套机制或相应调控因子;但与拟南芥表皮毛发育相比,其调控机制可能类似,但相应关键调控因子的结构和序列可能已发生了较大改变。相信通过科研人员的不断努力和相互之间的通力协作,一张棉花纤维分化发育的调控网络终将浮出水面。

二、植物激素对棉花纤维发育的调控

　　有多种激素已经被证实与植物的生长、植株的延伸和细胞的扩展有直接关系。通常来讲,赤霉素(gibbrellin,GA)和油菜素内酯(brassinosteroid,BR)能促进整体植株的生长,特别是茎秆等地上枝干组织的生长;生长素(auxin)则能促进侧根的发育和伸长,而乙烯(ethylene)除了具有传统的催熟作用,还发现与植物的根毛伸长有关。在模式植物拟南芥中,这些激素的受体和信号通路已经基本鉴定(Zhu,2010)。这对于在棉花中研究纤维细胞的伸长发育具有重要的借鉴作用。

　　已有大量研究证明植物激素在纤维发育过程中发挥了重要的作用。棉花胚珠体外培养体系的建立为研究单种或多种外源激素对纤维发育的影响提供了重要的体系和平台(Beasley and Ting,1973;1974)。随着对棉花纤维发育的形态、生理生化及细胞学等方面的研究,尤其是随着各种高通量表达谱测定技术应用于棉花纤维发育调控机制的研究,不同种类植物激素,如生长素、赤霉素、乙烯、油菜素内酯及脱落酸(abscisic acid,ABA)等在棉花纤维发育过程中的调控作用逐渐被了解。棉花纤维起始早期 EST 数据库中包含了 230 个与生长素、油菜素内酯、赤霉素、乙烯及脱落酸等信号相关的基因,暗示棉花纤维细胞的分化和发育受到多种激素的协同作用(Yang et al.,2006)。

(一) 生长素

　　生长素是植物体内起重要调节作用的激素,对棉花纤维的起始和发育均起促进作用。在体外培养胚珠体系中,同时添加外源生长素和赤霉素才可以令未受精的胚珠纤维正常发育,而用开花前采集的胚珠进行培养,仅添加外源生长素就可以令纤维正常生长(Beasley and Ting,1973;1974)。在棉花纤维发育早期(-3~3DPA)数据库中,一些与生长素信号相关的因子,如 ARF1(TC76794)、ARF8(DT565265)和 ARF12(TC64087)在棉花纤维起始期高表达(Yang et al.,2006),表明生长素信号参与了纤维细胞早期的分化调控。无长绒突变体 *Li1* 是一种显性突变体,其表型主要为棉花种子表面无长绒,茎秆扭曲,叶片卷曲,与拟南芥生长素极性运输突变体表型相似。生长素响应基因的表达在 *Li1* 突变体纤维中受到明显的影响,在开花后 12 天的突变体纤维中,4 个生长素响应基因的表达明显低于其在同时期的正常纤维的表达,2 个生长素抑制基因的表达则明显高于它们在正常纤维中的表达（Gou et al.，2007）。这些研究结果进一步证明了生长素信号因子在棉花纤维发育过程中的重要调控作用。

在棉花胚珠中内源生长素主要在开花前开始积累，大约在 2DPA 时达到峰值，此后逐渐下降，而 IAA 转运抑制剂处理的棉花胚珠及无纤维突变体的胚珠表皮细胞中检测不到这种高浓度的积累。西南大学裴炎研究组利用种皮特异启动子驱动生长素合成途径中的一个重要酶基因 iaaM 表达，在棉花纤维起始期定向且适度地提高胚珠表皮细胞中的生长素浓度，可以显著促进纤维细胞的分化起始，转基因棉花纤维衣分显著增高，同时纤维品质也得到了一定的改善（Zhang et al.，2011）。

（二）赤霉素

早在 1974 年，Beasle 和 Ting 通过体外培养胚珠的研究，就已经证明赤霉素是棉花纤维发育的重要正调控信号。一些赤霉素合成相关的基因，如 GA20ox、GA2ox、POTH1 等，以及赤霉素信号相关的基因，如 GAI、RGL2、RGL1、DDF1、PHOR1、RSG 等在棉花纤维发育早期（-3～3DPA）高表达（Yang et al.，2006）。在棉花中过量表达 GA20ox1 基因，棉花胚珠及纤维细胞中赤霉素的含量，特别是 GA$_4$ 的含量明显提高、转基因棉花胚珠表面纤维起始数量明显增多、成熟纤维的长度与对照相比也有显著的提高（Xiao et al.，2010）。这些研究表明，GA20ox1 调控纤维细胞的发育主要是通过调节细胞内赤霉素水平来进行的。在体外培养体系中，外源添加的赤霉素可以促进野生型胚珠表面纤维细胞伸长，诱导 GhHOX3 及其下游基因 GhRDL1 和 GhEXPA1 的表达。然而，在 GhHOX3 表达受到抑制的胚珠中，GhRDL1 和 GhEXPA1 的表达水平大大降低且不受赤霉素诱导，纤维也无法正常伸长（单淳敏，2014）。

DELLA 蛋白是植物赤霉素信号途径的的关键负调控因子。GA 与细胞核内受体 GID1 结合，同时结合 DELLA 蛋白形成复合体，随后招募一个 E3 泛素连接酶复合体，被泛素化并最终被 26S 蛋白酶体降解（Dill et al.，2001；Murase et al.，2008）。由于 DELLA 蛋白缺乏同 DNA 结合的结构域，通常需要与其他转录因子结合，当其被泛素化降解后，先前与之结合的转录因子随之释放激活下游基因的表达（de Lucas et al.，2008；Hou et al.，2010；Hong et al.，2012）。Aleman 等（2008）克隆了陆地棉中的 DELLA 蛋白，并证明这一机制在棉花中是保守的。

（三）乙烯

从传统上说，乙烯在植物中的功能主要与果实成熟、衰老和抵御外界伤害有关。乙烯通过一组跨膜的蛋白激酶将信号传递到细胞内，有关的重要基因都已经得到了详细的报道。Shi 等（2006）通过对基因微阵列芯片数据的分析，首次发现乙烯生物合成是纤维伸长过程中上调最为显著的途径之一。随后的分析表明乙烯合成途径中的重要限速酶——ACC 氧化酶基因 ACO1~ACO3 在纤维伸长期被诱导大量表达，开花后 10～15 天达到峰值，并在开花 20 天后的成熟期迅速下降。而在无纤维突变体 3DPA 或 10DPA 的胚珠中则检测不到这 3 个基因的表达。体外培养的野生型陆地棉胚珠，比无纤维突变体和用乙烯合成抑制剂 AVG 处理的野生型胚珠对照组释放出高出很多倍的乙烯气体，这与乙烯合成酶 ACO 基因表达谱的结果相一致。此外，用乙烯处理野生型棉花胚珠能显著促进纤维细胞的伸长，而用 AVG 处理则会特异地抑制纤维细胞生长，表明乙烯是促进棉花纤维伸长的正调控因子。研究还发现，乙烯能够诱导蔗糖合酶（SuSy）、微管蛋白（TUB1）和扩展素蛋白（EXP）基因的表达。这些基因都被发现是在纤维中特异表达的，因此乙烯可能通过增加细胞壁合成、细胞骨架合成和细胞壁松弛反应等途径来促进纤维细胞的伸长（Shi et al.，2006）。

（四）油菜素内酯

油菜素内酯同样能够正调控纤维细胞的发育。低浓度的油菜素内酯可以促进纤维细胞的伸长，而油菜素内酯的抑制剂 BRZ 则抑制纤维细胞的发育（Sun et al.，2005）。*BIN2* 基因在油菜素内酯信号途径中起负调控作用，拟南芥中过量表达 *GhBIN2* 基因，植株表现出生长缓慢的表型（Sun and Allen，2005）。BRI 为油菜素内酯信号转导的一个受体，*bri1* 基因突变体植株矮小，对油菜素内酯的敏感性降低。在拟南芥中表达棉花 *GhBRI1* 基因，可回复 *bri1* 基因突变体的表型。棉花中 *GhBRI1* 基因主要在下胚轴和纤维伸长期高表达，说明油菜素内酯在促进纤维细胞伸长过程中起作用（Sun et al.，2004）。另外，棉花中的 *GhDET2* 基因也已经被证明与棉花纤维细胞的数量和长度密切相关（Luo et al.，2007）。

Yang 等（2014）利用 T-DNA 激活标签技术创制了功能获得型棉花突变体，并克隆得到矮化基因 *PAG1*，该基因为油菜素内酯信号途径的一个重要的调节因子。其突变体棉花表现为典型的油菜素内酯缺失的表型：植株严重矮小，茎节间和叶柄较短，花型态变小，花粉育性较差，突变体成熟种子相对野生型较小，纤维较短。在暗培养条件下，突变体的下胚轴长势与野生型相比非常缓慢，外源施加油菜素内酯可以缓减突变体与野生型之间的差异。在 *PAG1* 基因缺失突变体中，一些与长链脂肪酸代谢相关基因、乙烯信号途径、细胞壁蛋白及细胞骨架相关基因的表达也明显下调，表明油菜素内酯信号途径在纤维细胞的发育过程中可能发挥了一定作用（Yang et al.，2014）。

（五）脱落酸和细胞分裂素

脱落酸是纤维伸长发育的抑制剂。在有外源脱落酸添加的情况下，体外培养的未受精胚珠纤维发育明显受到阻碍（Beasley and Ting，1974）。棉花纤维发育的一个重要特点是纤维伸长期与次生壁增厚期存在着相互重叠的区域（16～20DPA）。内源、外源激素的平衡关系决定着纤维细胞的伸长和次生壁增厚（Guinn and Brummett，1988）。纤维细胞内源 ABA 含量的第一次高峰出现于 16DPA，而 18DPA 纤维素含量开始直线增长。因此认为内源脱落酸含量的跃升是次生壁增厚的起始信号（Yang et al.，2001）。周桂生等（2005）对高品质陆地棉花纤维品质形成特点的研究同样表明，与对照相比，高品质的陆地棉 17DPA 时内源脱落酸含量较高，有利于实现以纤维伸长为主的生长向以次生壁加厚为主的生长转变，24DPA 时内源脱落酸／IAA 较高，利于次生壁的增厚。

通常认为细胞分裂素在细胞分化和维管组织的形成中发挥了重要作用。但在棉花胚珠和纤维细胞的发育过程中，细胞分裂素起相反的调节作用，添加细胞分裂素能促进体外培养的胚珠发育，但却阻碍纤维细胞的发育（Beasley and Ting，1974）。另有研究认为，细胞分裂素可能在开花前促进纤维细胞的分化起始，而在开花后则抑制纤维的发育（Shindy and Smith，1975）。

（六）植物多肽激素

多肽类激素是植物学研究中的一个新兴领域，它在植物体防御、受精、生长和发育方面都发挥重要作用。植物硫肽素（phytosulfokine）是多肽类激素的一种，以两种形式存在，即 PSK-α 和 PSK-β。PSK-β 较 PSK-α 在 C 端少了一个谷氨酰胺，目前研究主要集中在 PSK-α。PSK-α 为一个 5 个氨基酸的小肽，其氨基酸序列在不同物种间高度保守，能够促进植物根部、花芽和体细胞胚的器官发生。棉花纤维中分离到一个 PSK-α 基因，在纤维快速伸长期（5～20DPA）优势高表达。棉花中过量表达该基因，可增加内源的 PSK-α 水平，从而导致转基因棉花纤维长度比对照有明显的增长。进一步的生理实验表明，GhPSK 影响纤维细胞的发育主要是通过调节纤维细胞内 K^+ 的浓度。在胚珠体外培养试验中，培养基添加氯酸盐，可抑制纤维细胞的生长，添加 PSK-α 可部分修复该抑制效果（Han et al.，2014）。

（七）小结

总的来说，在棉花纤维生长过程中，生长素、赤霉素、乙烯和油菜素内酯可以促进棉花纤维的生长发育，脱落酸和细胞分裂素则抑制棉花纤维的生长发育，棉花纤维细胞分化发育的不同阶段皆受到多种激素的协调作用。北京大学朱玉贤课题组通过利用棉花胚珠体外培养体系，研究了不同植物激素、超长链脂肪酸及它们各自的抑制剂对纤维发育的影响。结果表明，外源施加赤霉素可以促进纤维细胞的伸长，而施加赤霉素合成抑制剂 PAC 能够抑制纤维伸长。赤霉素可以解除 BRZ（油菜素内酯抑制剂）、ACE（超长链脂肪酸抑制剂）和 AVG（乙烯抑制剂）对纤维细胞伸长的抑制作用，提示赤霉素信号通路可能位于乙烯信号的下游。乙烯能够解除 ACE 和 BRZ 对纤维细胞伸长的抑制作用，超长链脂肪酸能够解除 BRZ 的抑制作用，但 BRZ 不能逆转 ACE、AVG 和 PAC 对纤维细胞伸长的抑制。通过研究初步得出了不同激素信号从上游到下游作用棉花纤维伸长发育的顺序：油菜素内酯→超长链脂肪酸→乙烯→赤霉素介导的级联反应。相信随着研究的不断深入，棉花纤维发育受激素调控的机制会被逐步研究清楚，为棉花遗传育种改良提供新思路和更全面的信息。

三、功能基因对棉花纤维发育的调控

棉花纤维表皮细胞突起后，即进入快速伸长期，棉花纤维的伸长生长可持续到花后 20～25 天。棉花纤维细胞的伸长是一个复杂的生理过程，涉及细胞壁的松弛、液泡膨压、膜脂、细胞壁成分和相关蛋白质的生物合成及运输等，在这一过程中，参与细胞渗透压调节、细胞壁骨架组装、细胞壁松弛、糖代谢及脂肪酸代谢等过程的基因发挥了重要作用。棉花纤维细胞次生壁增厚期主要是纤维素的合成及沉积过程，成熟棉花纤维中纤维素含量占其干重的 90%～95%，因此，这一阶段细胞的主要活动是纤维素合成及沉积。纤维素的沉积量决定细胞壁的厚度，而原纤维的排列方式决定纤维素的结晶度，两者构成了纤维强度的结构基础。

（一）细胞骨架蛋白

细胞骨架是细胞的内部支撑，对细胞的形态建成有重要的影响。狭义的细胞骨架（cytoskeleton）是指细胞质内的微管（microtubule）、微丝（microfilament）和中间丝（intermediate filament）3 类蛋白质纤维（每一类纤维由不同的蛋白质亚基形成）组成的网状结构系统。细胞骨架体系是一种高度动态结构，可随着生理条件的改变不断进行组装和去组装，并受各种结合蛋白的调节及细胞内外各种因素的调控。细胞骨架及其动态变化在维持细胞形态、承受外力、保持细胞内部结构的有序性等方面起重要作用。纤维细胞发育过程中微管经历多次重新构建：在纤维细胞起始的早期呈现随机排布；在伸长期大致相互平行排列并与细胞伸长轴方向垂直；进入次生壁合成时期，周质微管逐步呈现与细胞伸长方向斜向排布或纵向排列，周质微管的密度会增加。这些变化都具有相应于所在时期的独特的功能，与纤维细胞的生长密切相关。周质微管列阵通过控制细胞壁微纤丝的沉积方向，从而进一步控制细胞的生长（Seagull，1990；1992）。

微管蛋白（tubulin）是细胞内微管的基本结构单元，是由结构相似的 α 型和 β 型两种微管蛋白分子聚合形成的异源二聚体。*GhTUB1* 编码一个 β 型的微管蛋白分子，其转录本主要在纤维细胞中积累，在发育早期的胚珠和其他组织中的含量较低。利用 GUS 染色分析启动子活性，进一步证实 GhTUB1 在纤维细胞中比较特异地高表达，推测 GhTUB1 可能在纤维细胞的微管组装过程中执行比较特殊的功能（Li et al.，2002）。

肌动蛋白（actin）是微丝的结构蛋白，以两种形式存在，即单体和多聚体。单体的肌动蛋白是由一条多肽链构成的球形分子，肌动蛋白的多聚体形成肌动蛋白丝，称为纤维状肌动蛋白（fibros actin，F-actin）。Li 等（2005）分析了陆地棉中多个肌动蛋白编码基因，其中 *GhACT1* 主要在纤维细胞的伸长期特异高表达。通过 RNA 干扰技术获得了在 mRNA 和蛋白质两个水平上都显著降低的转基因棉花，用鬼笔环肽（phalloidin）对纤维状肌动蛋白进行染色发现：正常的纤维细胞中，纤维状肌动蛋白呈现错综复杂的网状结构；在伸长期早期，肌动蛋白微丝与细胞生长的轴向并行排列并延伸至细胞的顶端；然而在 RNA 干扰的转基因棉花纤维细胞中肌动蛋白微丝的含量显著降低，其排列方式变得很不规则。这种微丝骨架系统结构上的紊乱最终导致纤维细胞的伸长生长受阻，表明 GhACT1 对纤维伸长生长十分重要（Li et al.，2005）。

肌动蛋白解聚因子（actin depolymerizing factor，ADF）家族是一类在真核生物中广泛存在的肌动蛋白结合蛋白，它在调控细胞内肌动蛋白纤丝的解聚和聚合中起着关键作用。目前棉花中已经分离到了多个 ADF 基因，同一组织中不同的 *GhADF* 基因表达量有较大的差异，表明它们可能涉及棉花不同组织生长发育过程的调节。而且在进化过程中，各 ADF 成员之间可能发展形成某种功能上的差异。抑制 *GhADF1* 表达的转基因棉花纤维长度和强度都有所增加，纤维细胞含有更多的 F 型肌动蛋白丝。此外，转基因棉花纤维的纤维素含量增加，次生壁也随之加厚。这些研究表明，ADF 等肌动蛋白结合因子调节肌动蛋白骨架系统的组装，对纤维细胞的伸长和次生壁的合成十分重要（Zhang et al.，2007；Wang et al.，2009；Li et al.，2010）。Chi 等（2013）克隆了海岛棉 *GbADF1* 基因，并在异源体系中进行了功能分析。绿色荧光蛋白标记的 GbADF1 定位于洋葱表皮细胞的细胞核和骨架系统。过量表达 *GbADF1* 的转基因烟草具有下胚轴变短的表型，说明

GbADF1 影响细胞形态（Chi et al.，2013）。

前纤维（profilin）蛋白作为一类肌动蛋白单体的结合蛋白，调节肌动蛋白微丝的动态组装，与棉花纤维伸长密切相关。棉花纤维发育早期的表达谱分析表明，profilin蛋白在纤维发育的早期开始表达并积累。PFN1 是最早克隆并进行功能验证的 profilin蛋白。悬浮细胞培养实验表明，高表达陆地棉 *PFN1* 的转基因烟草细胞形态发生明显的变化，具体表现为长度和宽度的增加。进一步的观察发现，微丝的聚合在转基因细胞中增强，提示微丝的组装和细胞伸长相关。用肌动蛋白聚合的抑制剂细胞松弛素 D 处理棉花纤维细胞，导致其伸长生长受到抑制。由于 *PFN1* 在纤维细胞伸长期特异高表达，说明微丝骨架的完整性与棉花纤维细胞的伸长密切相关，但具体的生物学机制还不清楚（Wang et al.，2005）。Bao 等（2011）发现二倍体棉花中含有 6 个编码 profilin 蛋白的基因（*GPRF1*～*GPRF6*），系统发育树分析表明，棉花的 6 个 profilin 归属于两个古老的分支，*GPRF2*～*GPRF5* 属于同一分支，它们的外显子 1 缺失两个氨基酸，但含有较长的内含子序列；另一支包含 *GPRF1* 和 *GPRF6*，它们的内含子长度要比另一支短。同其他植物 profilin 的比较分析可以推定这两个不同的分支应该源于一次发生在单、双子叶植物分化前的复制事件。染色体定位发现两个分支内部还发生过基因复制，从而形成串联重复。表达特征分析表明 *GPRF6* 在所有棉种的纤维细胞中都不表达，其他 5个基因在二倍体棉花的纤维细胞中都有表达，相应的同源基因在四倍体中也都表达。定量 PCR 显示，*GPRF1*～*GPRF5* 在 3 个独立驯化的栽培棉种（陆地棉、海岛棉、草棉）中的表达量都要高于对应的野生种，并且栽培种与野生种之间的增幅在四倍体棉花中要比二倍体棉花更加明显。上述结果得到了转录组测序数据和蛋白质质谱 iTRAQ 数据的支持。这种几乎整个家族基因并行上调的现象并不多见，表明 profilin 家族基因在棉花的驯化过程中受到人工选择，这种选择效应也有可能作用于一个或多个上游调控因子（Bao et al.，2011）。

GhPFN2 是一个在陆地棉开花后 6 天的纤维中优势表达的基因。利用 35S 启动子在棉花中过量表达 *GhPFN2*，对不同伸长发育时期的棉花纤维进行微丝荧光染色，结果表明，同一时期的转基因棉花纤维中的束状微丝比野生型明显要多且粗。对微管的免疫荧光染色结果还表明，转基因棉花纤维中微管由横向转到斜向的方向转变时期要比野生型棉花纤维提前 2～3 天。这些微丝和微管结构方向的变化抑制了棉花纤维的伸长，导致纤维伸长提前终止，成熟转基因棉花纤维长度比野生型明显缩短。另外，微管重排时间提前还表明转基因棉花纤维细胞的次生壁沉积起始时期比野生型要相应提前，这一点通过对棉花纤维细胞的纤维素微纤丝染色及细胞壁的偏振光显微镜观察结果得到了证实。体外生化分析表明，GhPFN2 并不能直接促进微丝（F-actin）的聚合，也不能抑制其解聚而稳定微丝，但是在有成束作用的微丝结合蛋白 fimbrin 的存在下，GhPFN2 可以有效地促进束状微丝的形成。综上所述，棉花纤维细胞优势表达的微丝结合蛋白 GhPFN2 能通过促进束状微丝的形成来影响微丝的结构，从而影响微管排布方向的转变，进而调控棉花纤维细胞从伸长到次生壁沉积的转换这一发育过程（Wang et al.，2010）。

拟南芥中的 Rac/Rop GTPase 通过细胞骨架的组装调控根毛和花粉管的生长，棉花中的 *GhRac1* 基因与拟南芥中的 *Rac/Rop* 基因的第 IV 亚家族有很高的同源性，在棉花纤维伸长期高表达，推断 *GhRac1* 基因同样参与纤维细胞伸长的调节（Kim and Triplett, 2004）。

有趣的是，棉花 WLIM1a 蛋白具有微丝成束和转录因子双重功能，在棉花纤维发育过程中，WLIM1a 能够感应活性氧含量的变化，从微丝骨架上转移到细胞核中发挥转录因子作用，促进木质素生物合成（Han et al., 2013）。

　　植物细胞的许多生命活动需要细胞骨架微管和微丝系统的共同参与。动蛋白（kinesin）是一类依赖于微管的马达蛋白，以多种异型体在细胞中执行各种生物学功能。其中第 14 家族中的含有 CH 结构域的动蛋白是植物细胞所特有的。GhKCH1 的 N 端具有一个钙调蛋白同源结构域（calponin homology domain），与其他含有钙调蛋白同源结构域的驱动蛋白同属于负端定向运动的驱动蛋白家族的一个特有分支。在棉花纤维中，GhKCH1 以点状方式装饰皮层的微管蛋白，与横向的微管蛋白结合，而不与轴向的肌动蛋白结合。GhKCH1 基因在棉花不同组织广泛表达，在伸长期和次生壁增厚初期的纤维细胞中表达量最高，其编码产物具有驱动蛋白的典型结构域，可能是一个微管结合蛋白。钙调蛋白同源结构域往往存在于肌动蛋白结合蛋白中，被认为是同肌动蛋白结合的位点，进而推测 GhKCH1 可能也同肌动蛋白结合，介导棉花纤维细胞中微管和肌动蛋白微丝间的动态相互作用。研究者发现，GhKCH1 在周质微管上的点状分布并不依赖于肌动蛋白微丝的完整性，说明与肌动蛋白的相互作用并不影响 GhKCH1 的亚细胞定位，因此 GhKCH1 的功能可能是协调肌动蛋白与周质微管的组装（Preuss et al., 2004）。对 GhKCH2 的氨基酸序列分析发现，该蛋白质的马达区域位于多肽链的中间，同 GhKCH1 一样属于动蛋白 14 家族。RT-PCR 分析表明，该基因与 GhKCH1 具有相似的表达特征。微管共沉淀实验及马达区的酶活测定分析表明，该蛋白质具有微管结合能力和微管激活的 ATP 酶活性。体外生化和细胞转基因分析表明，GhKCH2 的 N 端肽段在体外不仅可以结合微管，还可以结合微丝，并有将微管和微丝结合在一起的能力。在拟南芥原生质体中表达融合 GFP 的 GhKCH2，绿色荧光特异地分布于细胞核和细胞质骨架结构上。这些结果表明，GhKCH2 具有结合微管、微丝的双重作用，与成膜体和细胞板的形成有关，可能作为微管和微丝之间的动态桥梁而起作用（Xu et al., 2009）。

　　钙调素是一种高度保守的酸性蛋白质，普遍存在于真核生物细胞中，它可以感受 Ca^{2+}浓度变化，在信号转导通路中将 Ca^{2+}浓度的改变直接或间接地传递给效应蛋白，实现对基因表达、蛋白质合成、细胞凋亡、神经递质传递、肌肉收缩、激素合成等众多生理过程的调节。拟南芥中的遗传学研究表明，一类负端定向运动的驱动蛋白钙调素结合蛋白（KCBP）对维持表皮毛的形态十分重要，但不清楚这类马达蛋白是否与微管蛋白相互作用。Preuss 等（2003）通过同源比对，从纤维特异的 cDNA 文库中克隆了陆地棉基因 GhKCBP，其编码的蛋白质具有其他物种类似的保守结构域，序列高度相似。在 10～21DPA 的纤维细胞中该蛋白质的含量逐渐减少，暗示其在纤维发育的伸长期发挥功能。利用专一性抗体进行免疫荧光标记，发现 GhKCBP 在纤维不同发育时期沿微管呈点状分布，从而证实 GhKCBP 在细胞间期与微管相互作用发挥功能。与棉花纤维细胞有所不同，在可分裂的棉花细胞中 GhKCBP 定位于细胞核、早前期带、有丝分裂纺锤体及成膜体等，推测 GhKCBP 在细胞分裂和细胞生长过程中执行多种功能（Preuss et al., 2003）。

（二）细胞壁蛋白

　　在棉花纤维细胞快速伸长阶段，初生壁的合成是一个非常重要的过程。棉花纤维细胞的初生壁具有典型的双子叶植物细胞壁的组成成分，主要是由纤维素、半纤维素、果胶及少量的蛋白质组成。其中蛋白质占细胞壁干重的 10%左右。根据其蛋白质主链上富含的某种氨基酸，一般可以将结构蛋白分为 4 类：富含脯氨酸蛋白（proline-rich protein，PRP）、富含甘氨酸蛋白（glycine-rich protein，GRP）、伸展蛋白（extensin）和阿拉伯半乳聚糖蛋白（arabinogalactan protein，AGP）。除了 GRP 外，其他 3 种蛋白质都富含羟脯氨酸，这种羟基化的脯氨酸容易被糖基化，糖基化的结构蛋白被称为细胞壁糖蛋白。糖蛋白是亲水分子，它们通常能通过 H 键和盐键与细胞壁中的其他多糖或其他生物大分子相互作用，共同维护细胞壁的结构（Showalter，1993）。

PRP 被认为在建造特定细胞型的细胞外基质结构中起作用，它们在细胞外基质中形成一个决定细胞壁结构的网络，进而增加了细胞壁的机械强度和帮助适当的细胞壁装配。PRP 分泌到细胞壁中，最终变成不可溶的蛋白质，这些不可溶的 PRP 在细胞壁中可能形成蛋白质-蛋白质或蛋白质-糖类的交联体，从而有助于维持细胞外基质的稳定性。John和 Keller（1995）最早从棉花中分离鉴定了一个在棉花纤维中特异表达的 PRP 基因，命名为 H6。该蛋白质含有 17 个 alanine（serine）- threonine（serine）- proline- proline- proline重复序列，在纤维细胞发育的次生壁形成时期优势表达，可能参与棉花纤维细胞次生细胞壁的建成发育。Tan 等（2001）从棉花中克隆了 2 个编码 PRP 的基因，命名为 GhPRP1和 GhPRP2，这两个蛋白质的氨基酸序列同源性达到 80%，GhPRP1 主要在棉花纤维和根中表达，而 GhPRP2 只在根中表达。

伸展蛋白（extensin）是另一种细胞壁糖蛋白，推测在细胞停止生长时，伸展蛋白在细胞壁中的含量增加，将组成细胞壁的多糖交联固定。棉花纤维伸长期 EST 数据库分析结果显示，差异表达的伸展蛋白基因可以分为两组：第一组的 4 个成员在快速伸长的棉花纤维细胞中高表达，在进入次生壁合成期后表达量下降；第二组也有 4 个成员，其表达在次生壁合成阶段不仅没有减弱，反而有所上升。这一结果提示第一组伸展蛋白主要参与了纤维细胞的伸长或在纤维细胞非伸长部分维持细胞壁的强度，第二组伸展蛋白可能与细胞壁加厚有关（Gou et al.，2007）。

类成束素阿拉伯半乳聚糖蛋白（fasciclin-like arabinogalactan protein，FLA）是阿拉伯半乳聚糖蛋白中的一类，不仅包含有类 AGP 的糖基化区域，而且还存在 1 个或 2 个fasciclin-like 结构域，该结构域长为 120～150 个氨基酸，每个结构域中包含两个高度保守的区域 Hl 和 HZ，包含有此结构域的蛋白质被许多实验证明行使分子粘连的功能。已有的证据表明，FLA 蛋白可能在细胞伸长、细胞粘连和次生壁成熟的过程中起作用。棉花中分离到 19 个 GhFLA 基因，分为 4 类。其中，GhFLA1/2/4 在 10DPA 纤维细胞特异表达，GhFLA6/14/15/18 在纤维中也有相对较高的表达。不同的 FLA 基因对不同激素处理的响应有明显的差异，用 GA$_3$、脱落酸、KT、IAA 处理 10DPA 棉花纤维，发现 GhFLA1、GhFLA4 和 GhFLA15 的表达受 GA$_3$ 显著诱导，而 GhFLA11/14 的表达则受到脱落酸的诱导（Huang et al.，2008）。在棉花中过量表达 GhFLA1 基因可促进纤维细胞的伸长，抑制该基因表达则导致转基因棉花纤维发育迟缓、长度变短。此外，转基因棉花纤维细胞壁组分和单糖含量，如葡萄糖、阿拉伯糖、半乳糖含量与对照相比发生改变。这些结果说明 GhFLA1 通过影响细胞壁组分及代谢过程来参与棉花纤维细胞发育（Huang et al.，2013a）。海岛棉 GbFLA5 在纤维发育的次生壁增厚期（15～45DPA）维持较高的表达水平，其表达量相比同一时期陆地棉中 *GhFLA5* 的表达量高。这个时期处于纤维细胞次生壁增厚期，暗示其为细胞壁增厚期的一个重要功能基因，通过影响纤维素的合成及微丝的沉积进而影响纤维的强度（Liu et al.，2013）。

陆地棉 *GhRGP1* 是一个编码可逆性糖基化多肽的基因，在棉花纤维中优势表达，推测该基因可能参与细胞壁非纤维素类的多糖合成（Zhao and Liu，2002）。将该基因的启动子驱动 *GUS* 报告基因转化烟草，发现其在烟草表皮毛细胞有较强的表达，并且其表达水平受机械损伤和干旱诱导（Wu et al.，2006）。

纤维发育过程中细胞壁的松弛与纤维细胞的伸长密切相关，与细胞壁松弛相关的延伸蛋白（expansin）家族成员在棉花纤维细胞迅速伸长期高表达，其转录水平随着纤维细胞的伸长速率减慢而降低。expansin 蛋白能够打断纤维素微丝间的氢键，从而使细胞壁疏松延展。陆地棉 *GhEXP1* 和 *GhEXP2* 在棉花纤维发育时期特异表达，推测其对棉花纤维发育具有重要作用（Harmer et al.，2002）。

果胶（pectin）是一类多糖物质，一般由高尔基体合成，进一步去酯化后，沉积于初生细胞壁和细胞间层（次生壁中的含量很少或不含有），在细胞生长过程中发挥特定的生物学功能。果胶酶本质上是聚半乳糖醛酸水解酶，水解果胶主要生成 β-半乳糖醛酸。陆地棉果胶酶 GhPEL 具有解聚去酯化果胶的活力，该基因主要在纤维发育的伸长期高表达。通过转基因技术抑制 *GhPEL* 的表达，纤维中 GhPEL 的酶活降低、纤维初生细胞壁中去酯化果胶的含量积累、纤维发育早期细胞壁的疏松受到抑制，从而影响了棉花纤维伸长（Wang et al.，2010）。

（三）渗透压调节蛋白

"渗透压调节学说"是关于棉花纤维细胞的伸长机制中研究相对较早和研究证据较多的一种学说。该学说认为，通过渗透压活性物质的积累产生的膨压推动纤维细胞的伸长。在伸长纤维中，可能是纤维细胞液泡内的大量可溶性糖，也可能是 K^+ 和苹果酸通过主动运输进入纤维细胞的液泡中。在纤维细胞迅速伸长期，很多与渗透压调节有关的基因已被报道，如编码质膜质子腺苷三磷酸酶（plasma memberane proton- translocating ATP）、液泡腺苷三磷酸酶（vaculoe-ATP）、磷酸烯醇式丙酮酸羧酶（phosphoenolpyruvate carboxylase）和水孔蛋白（major intrinsic protein）等的基因，这些基因在棉花纤维 5～15DPA 表达量较高，随着棉花纤维细胞进入次生壁合成阶段而降低。蛋白质活性检测显示，2个质膜质子转运腺苷三磷酸酶在 15DPA 时活性达到最大值，磷酸烯醇式丙酮酸羧酶活性在 20DPA 时达到最大值（Smart et al.，1998）。

以不同发育阶段的棉花纤维为材料，对纤维胞间连丝的疏通、跨膜蔗糖、K^+ 载体的表达、纤维的膨胀进行研究，发现在 6DPA 时质膜蔗糖载体蛋白基因的转录水平非常低，在 10DPA 时达到最高水平，其表达水平相对地保持到 16DPA。K^+ 载体蛋白基因的转录表达与质膜蔗糖载体蛋白基因相似，在 10DPA 达到最高水平，渗透压也达到了最大值，这与纤维的快速伸长相关。通过共聚焦显微镜观察可穿透细胞膜的荧光分子羧基荧光素显示胞间连丝的通透性，结果显示 0～9 DPA 时是可渗透的，在 10DPA 时关闭，在 16DPA 时重新开启（Ruan et al.，2001）。这一系统性研究结果补充和完善了传统的"渗透压调节学说"，认为在不同发育阶段控制纤维伸长的因素是不同的，在开花后

0～9DPA 纤维细胞的伸长主要靠细胞壁的松弛性，在此期间，与细胞壁松弛相关的基因（如伸展蛋白等）表达量增加、胞间连丝开放、蔗糖和 K⁺被大量运输到细胞内。10DPA 后胞间连丝关闭，渗透压和膨压升高，成为驱动纤维快速伸长的动力。16DPA 后胞间连丝再开放，膨压丧失，同时由于纤维素开始大量合成并积累，细胞壁失去了弹性，最终结束纤维的伸长。

陆地棉两个磷酸烯醇式丙酮酸羧化酶基因 *GhPEPC1* 和 *GhPEPC2* 在棉花纤维快速伸长期（5～15DPA）高表达，之后表达量明显降低，在棉花其他组织，如根、下胚轴、茎和叶片等组织，这两个基因也有表达，但相对于在快速伸长期的纤维其表达量较低。不同棉花材料棉花纤维品质有很大的差异，就纤维长度来说，四倍体海岛棉纤维较长，四倍体陆地棉次之，二倍体亚洲棉相对较短。对不同材料纤维快速伸长期 GhPEPC 活性的检测表明，每种材料的 GhPEPC2 活性在纤维快速伸长期都维持在较高的水平，在纤维伸长后期（15DPA 以后）酶活逐渐降低。在纤维发育的同一时期，GhPEPC 的活性表现与纤维长度一致，即在海岛棉种最高，陆地棉次之，亚洲棉最低。这一结果表明，GhPEPC 活性与纤维的伸长密切相关（Li et al.，2010b），它们主要是通过调节纤维细胞内渗透压的平衡来促进纤维细胞的伸长。

蔗糖合酶（SuSy）在维持纤维细胞渗透压方面也起着重要作用，比较短纤维突变体与正常纤维材料，突变体中蔗糖合酶在纤维起始伸长后表达延迟，发育过程中胞间连丝开关的时间调控受到了影响，不能正常关闭胞间连丝，造成突变体纤维伸长缓慢（Ruan et al.，2005）。通过转基因反义抑制蔗糖合酶基因表达，可以彻底破坏纤维细胞的伸长（Ruan et al.，2003）。

Ruan 等（2004）通过研究 3 个四倍体基因型品种和 2 个二倍体基因型品种发现，胞间连丝关闭的持续时间与纤维长度存在着直接关系。苯胺蓝染色和免疫定位实验显示，胼胝质在纤维基部的沉积和降解与胞间连丝的关闭和重新开启相一致。胞间连丝关闭时，β-1,3-葡聚糖基因（*GhGluc1*）的表达并不被察觉，只有当胞间连丝重新开启时其表达才能被检测到。另外，*GhGluc1* 在短纤维品种中的表达量很高，而在中长纤维品种中的表达量却很少，这些资料表明，胼胝质在纤维基部沉积和降解可能分别与胞间连丝的关闭和重新开启有关，而胞间连丝的关闭对棉花纤维的伸长有重要作用。另外，*GhGluc1* 的表达促进胼胝质的降解，从而打开胞间连丝（Ruan et al.，2004）。

棉花中的液泡转化酶（acuolar invertase，VIN）与纤维细胞的伸长相关。在伸长期的纤维细胞中，VIN 的活性是叶片中的 4～6 倍，在纤维细胞分化起始阶段，VIN 表现出较高的活性，在纤维快速伸长期，该酶的活性维持在较高的水平，纤维快速伸长后期（15～20DPA）其活性明显降低，表明该酶主要参与了纤维细胞的起始与快速伸长。不同基因型棉花种中 VIN 的活性与其纤维伸长的速率呈正相关。棉花中克隆得到的 GhVIN1，定位于液泡。GhVIN1 能够互补拟南芥 VIN 的 T-DNA 突变体的表型，并且能够促进转基因拟南芥的根伸长（Wang et al.，2010）。利用 RNAi 技术抑制 GhVIN1 的表达时，VIN 活性下降，棉花纤维的起始与发育受到明显的抑制，表型受影响严重的转基因棉花后代种子呈现无纤维的表型，但种子的生长并未受到抑制，所以认为纤维长度变短或不发育并不是由于碳源缺乏造成的。体外胚珠培养的实验显示，GhVIN1 介导的己糖信号在纤维发育起始阶段起关键的作用，可能通过调控 MYB 类转录因子和生长素信号等而发挥关键作用（Wang et al.，2014）。

水孔蛋白是由多基因编码的介导水分快速跨膜转运的膜内在蛋白，植物水孔蛋白具有 MIP 家族典型的结构特征。在高等植物中，水孔蛋白有 5 个亚家族，质膜内在蛋白（plasma membrane intrinsic protein，PIP）、液泡膜内在蛋白（tonoplast intrinsic protein，TIP）、NLM 蛋白（Nodulin 26 like MIP，NLM）、基础内在蛋白（small basic intrinsic protein，SIP）和近期发现的 X 内在蛋白（X intrinsic protein，XIP）。水孔蛋白可以组成跨膜复合体，形成跨细胞的水通道，加速水的运输，这是一种比自由扩散更加节省能量的运输方式（Connolly et al.，1998）。转录组分析结果发现了 8 个差异表达的水孔蛋白基因在开花后 3 天表达量均很低，到纤维快速生长期迅速上升。发育早期（如 3DPA）纤维细胞积累了大量的代谢物，积聚高渗透势，在 6DPA，随着水孔蛋白的迅速增加，水分可以从纤维细胞胞外向细胞内运输，形成高膨胀压，从而形成驱使棉花纤维细胞伸长的动力（Gou et al.，2007）。Park 等（2010）克隆得到了 71 个陆地棉水孔蛋白基因，包括高度同源的 28 个 PIP 蛋白、23 个 TIP 蛋白、12 个 NIP 蛋白、7 个 SIP 蛋白，以及 1 个 XIP 类蛋白的基因。表达谱分析显示，同一亚家族中的基因尽管序列相似性很高，但是它们的表达特征差异较大，可能存在功能分化。Li 等（2013）鉴定了 4 个纤维特异的 PIP2 蛋白，并且研究了它们之间，以及它们与其他蛋白质之间的相互作用。其中 GhPIP2.3 能与 GhPIP2.4 和 GhPIP2.6 分别相互作用，但是 GhPIP2.4 和 GhPIP2.6 之间则不能相互作用。GhPIP2.3 和 GhPIP2.4 或 GhPIP2.6 共表达于卵母细胞时能提高卵母细胞的渗透系数，然而共表达 GhPIP2.4 和 GhPIP2.6 则不能提高。GhPIP2.6 能与 GhBCP2（铜离子结合蛋白）相互作用，GhBCP2 通过与 GhPIP2.6 相互作用影响了 GhPIP2.6 的水通道活性。在酵母中过表达 *GhPIP2* 基因可以促进酵母细胞的纵向伸长。通过 RNA 干扰，降低棉花纤维中 *GhPIP2* 基因的表达，转基因棉花纤维伸长受到抑制。推测在纤维细胞伸长过程中，GhPIP 蛋白能够形成同源或异源二聚体来发挥功能，使纤维迅速伸长（Li et al.，2013）。

（四）脂类代谢相关蛋白

脂类代谢基因在棉花纤维迅速伸长过程中也发挥着重要的作用。两个编码脂转移蛋白的基因 *LTP3* 和 *LTP6* 均在纤维快速伸长期优势表达，其中 *LTP6* 为棉花纤维特异表达基因，但在纤维中 *LTP3* 的转录本丰度更高。据推测，LTP 蛋白转运单体穿过细胞膜到达初生壁外侧，在断裂信号肽序列后沉积在初生壁（Ma et al.，1997）。对烟草中脂类运输蛋白基因的研究表明，脂类运输蛋白具有疏松细胞壁的功能（Nieuwland et al.，2005）。抑制拟南芥烯酰基辅酶 A 还原酶基因的表达可以影响细胞的生长，表明长链脂肪酸合成代谢途径是细胞伸长必需的（Zheng et al.，2005）。参与脂类代谢的基因 GhCER6 在棉花纤维细胞伸长期表达量较高，酵母菌株（*Saccharomyces cerevisiae elo3*）不能合成 26 个碳原子的脂肪酸，生长缓慢，该菌株中表达棉花 *GhCER6* 基因，可以弥补这一缺陷。*GhKCR1* 和 *GhKCR2* 编码脂肪酸延伸所需要的 3-ketoacyl-CoA 还原酶，在棉花纤维细胞伸长期高表达。酵母单倍体 *ybrl59w* 突变体中 3-ketoacyl-CoA 还原酶活性较低，生长缓慢，该突变体中表达任意一个 *GhKCR* 基因，皆可使该突变体细胞生长速率回复正常（Qin et al.，2005）。Gou 等（2007）的研究结果也表明，一些与脂肪酸合成及还原相关的基因在棉花纤维细胞伸长期表达量较高，到次生壁合成期开始表达量逐渐降低，代谢谱动态趋势与基因表达一致,纤维伸长期细胞中的脂肪酸含量明显高于次生壁合成时期的含量。

超长链脂肪酸是指链长大于 18 个碳原子的脂肪酸,包括饱和脂肪酸和不饱和脂肪酸。超长链脂肪酸是生物体重要的组成成分,同时也可以作为信号分子在细胞的生长发育中发挥着重要的作用。用外加饱和长链、超长链脂肪酸及超长链脂肪酸合成抑制剂乙草胺(ACE)处理体外培养的胚珠,发现超长链脂肪酸能显著促进纤维伸长,特别是 24 碳饱和脂肪酸(C24:0)作用最明显,而 ACE 则完全抑制纤维生长,其抑制作用可被 C24:0 抵消。气相色谱-质谱联用技术分析表明,纤维材料中的超长链脂肪酸也显著高于胚珠中的(Qin et al.,2007)。

(五)半纤维素和纤维素合成相关蛋白

半纤维素是棉花纤维细胞初生壁的主要成分,是指纤维素小纤维间的间质凝胶的多糖群中除去果胶质以外的物质,由葡萄糖、木糖、甘露糖、阿拉伯糖和半乳糖等单糖聚合体分别以共价键、氢键、醚键和酯键连接形成,它们结合到纤维素上,与伸展蛋白、其他结构蛋白、壁酶、纤维素和果胶等构成具有一定硬度和弹性的细胞壁,因而呈现稳定的化学结构。半纤维素分子大多具有支链和其他的修饰,因而自身不能形成微纤丝,但其主链多糖分子的组装方式类似于纤维素。在棉花纤维细胞初生壁中,木聚糖(xylogluean,XG)是含量最为丰富的半纤维素多糖,一般可以占其初生壁干重的20%左右。木葡聚糖内转糖苷酶/水解酶(xyloglucan endo-transglucosylase / hydrolase,XTH)是植物细胞壁重构过程中的关键酶,是一种细胞壁松弛酶(Michailidis et al.,2009)。植物生长过程中,细胞体积的增大伴随着细胞壁木葡聚糖的改变。已有研究显示,木葡聚糖与纤维素微纤丝之间通过氢键连接,支持木葡聚糖/纤维素微纤丝复合结构的非共价相互作用为细胞壁提供支撑力,同时维持细胞的形状。木葡聚糖 / 纤维素复合结构较单独的纤维素结构更具弹性,说明木葡聚糖分子的修饰对控制细胞壁机械强度,尤其是细胞壁的弹性与刚性十分重要。Shao 等(2011)分析了突变体棉花(ligon lintless,$li1li1$)(纤维长度为 5~8mm)与野生型棉花($Li1Li1$)(纤维长度为 30mm)在纤维快速伸长时期纤维细胞中木葡聚糖的含量及 XTH 的活性。结果表明,在纤维快速伸长阶段,突变体棉纤维中的木葡聚糖的含量显著高于野生型纤维中木葡聚糖的含量,而在野生型棉花纤维细胞快速伸长阶段,XTH 的活性维持在较高水平,在纤维细胞结束快速伸长进入次生壁合成阶段其活性显著降低。这些结果表明 XTH 是影响纤维细胞快速伸长的一个关键因子,低水平的 XTH 活性及高含量的木葡聚糖是限制突变体纤维快速伸长的一个重要原因。

Michailidis 等(2009)分离了不同棉花品种中编码 XTH 的基因 $GhXTH-1$、$GhXTH-2$、$GaXTH1$、$GrXTH$。Southern 杂交表明,在四倍体陆地棉中存在至少 2 个以上的拷贝,而在二倍体的亚洲棉和雷蒙德氏棉中各有 1 个拷贝。$GhXTH1$ 在棉花纤维中优势高表达,且在 10DPA 海岛棉纤维中的表达量显著高于在 10DPA 陆地棉纤维中的表达量,为进一步分析解释海岛棉纤维的优良品质提供了一个重要的分子依据(Michailidis et al.,2009)。在棉花中过量表达 $XTH1$ 基因,可以提高快速伸长时期纤维细胞中 XTH 酶的活性,转基因棉花纤维细胞比对照可伸长 15%~20%(Lee et al.,2010)。

在次生壁加厚期,棉花纤维细胞中纤维素合成速率急剧加快,其他非纤维素多糖的合成急剧下降。纤维素生物合成的调控不仅发生在基因的转录水平上,还发生在酶蛋白水平上。纤维素合酶的主要功能是产生纤维素多聚体 β-1,4-葡萄糖链，大小为 2000～25 000 葡萄糖残基。纤维素合酶是一个复合酶体系，其催化的反应是一个生物化学与物理过程，其中既有酶学反应也有构象变化和晶体化。迄今尚不完全清楚纤维素合酶的构成，广泛接受的模型是一个莲状复合体模型，即假设的纤维素合酶复合体，六聚体中的每个莲座合成 6 条葡萄糖链，形成 36 条链的微纤丝。莲座复合体不仅具有合成酶的功能，而且也可能具有将葡萄糖链运输到细胞质表面的功能，完整的莲座复合体是合成晶体化纤维素所必需的。据此模型，负责纤维素合成的是莲状复合体，其移动所需的能量来源于合成反应过程中从底物 UDPG 上释放出来的化学能（Brown and Saxena，2000；Delmer and Haigler，2002）。

棉花中的纤维素合酶 GhCesA-1 和 GhCesA-2 与细菌纤维素合酶催化亚基氨基酸序列相似性达 50%～60%。*GhCesA-1* 和 *GhCesA-2* 在次生壁增厚时期高表达，其功能可能是编码纤维素合酶的催化亚基。纤维素酶通过 N 端的锌结合结构域相互作用形成莲状六聚复合体行使催化功能，GhCesA-1 和 GhCesA-2 的 N 端存在 Zn 结合蛋白的两个基序（domain），它们在氧化条件下通过分子间的二硫键使纤维素酶分子之间发生聚集，而在还原状态下纤维素酶分子之间发生分离，在纤维素合成莲状六聚复合体的组装中具有重要作用（Pear et al.，1996）。

早在 1974 年，Rolit 等利用豌豆根系提取物的研究就已经发现蔗糖合酶与 β-1,4-葡聚糖的合成有密切的关系。尽管与棉花纤维细胞次生壁加厚发育有关的酶系很复杂，目前研究表明，控制纤维素生物合成的关键酶是蔗糖合酶和 β-1,3-葡聚糖酶。纤维素合成底物 UDPG 可由 UDPG 焦磷酸化酶和蔗糖合酶催化产生，在棉花纤维发育过程中这两种酶具有很高的活性，且其活性高低与纤维素积累速率的变化相一致。利用免疫化学法对棉花纤维细胞表面的 SuSy 进行定位，以及对微纤丝中 SuSy 分布模型的研究均证明了 SuSy 在纤维素合成中起重要作用。在棉花纤维中，至少 50% 以上的蔗糖合酶被紧密地结合在细胞膜上。在棉花纤维细胞次生壁合成期，蔗糖合酶与纤维素沉积的螺旋方向平行，与纤维素合酶复合体关系密切，纤维素合酶仅能利用从蔗糖合酶直接转移来的 UDPG，而胼胝质酶则更能直接利用自由态的 UDPG 合成胼胝质（Ruan and Chourey，1998）。Delmer（2002）建立的棉花纤维细胞次生壁生物合成模型简要概括了从蔗糖到纤维素的生物合成过程：膜上的 SuSy（M-SuSy）分解蔗糖产生 UDP-Glc 和果糖，UDP-Glc 直接进入纤维素合酶的催化亚基，将葡萄糖转移到生长的葡聚糖链上，形成葡聚糖多链，即微纤丝，UDP 又被 M-SuSy 循环利用，果糖则通过一系列的酶促反应最终再形成蔗糖进入循环反应。另外，蔗糖合酶在为纤维素合成提供底物 UDPG 的同时还可以提高并维持棉花纤维细胞的渗透压，有利于棉花胚珠表皮细胞的快速突起和伸长。在无纤维的棉花突变体中，胚珠表皮细胞中无蔗糖合酶基因表达，而野生型的纤维细胞中蔗糖合酶基因大量表达。

蔗糖合酶在纤维素合成过中具有重要作用，而且胞质型 SuSy 与质膜型 SuSy 联合实现其功能。免疫印迹显示蔗糖合酶在次生壁纤维素大量合成时（16DPA）达到最高峰，而在次生壁形成停止时检测不到其存在。蔗糖合酶的活性从初生壁合成到次生壁形成增加了 3 倍，并且一直持续到纤维成熟（Ruan and Chourey，1998）。

β-1,3-葡聚糖合酶又名胼胝质合成酶。纤维素合酶和 β-1,3-葡聚糖合酶的细胞功能定位均在质膜上，使用相同的底物 UDPG，纤维素合酶直接接受蔗糖合酶产生的 UDPG，

而 β-1,3-葡聚糖合酶更多地接受游离态的 UDPG,而且纤维素合酶的催化亚基与 UDPG 的结合依赖 Mg^{2+},β-1,3-葡聚糖酶与 UDPG 的结合依赖 Ga^{2+}。β-1,3 葡聚糖酶可内切细胞壁中的 β-1,3 葡聚糖糖苷键,产生还原末端。在植物染病或处于逆境时,诱导细胞大量合成β-1,3-葡聚糖酶。在棉花纤维细胞次生壁开始增厚时,β-1,3-葡聚糖酶基因的表达量迅速增加,说明棉花纤维细胞次生壁大量累积纤维素需要较高的 β-1,3-葡聚糖酶活性。在纤维长度不同的棉花品种中,β-1,3-葡聚糖酶 mRNA 表达量存在差异,短纤维品种表达量低,长纤维品种表达量高(Shimizu et al., 1997)。张文静等(2007)对 3 类棉花纤维强度差异的明显的品种在棉花纤维次生壁增厚期的生理特性及基因表达差异的分析表明,高纤维强度的品种棉花纤维中可溶性糖转化多,蔗糖合酶和 β-1,3-葡聚糖酶活性增强快,峰值高,纤维素累计速率平缓且快速累积期长。β-1,3-葡聚糖的含量剧增可作为棉花纤维进入次生壁加厚发育阶段的一个重要特征。

(六)膜联蛋白

植物膜联蛋白是由多基因家族编码的钙离子依赖型磷脂结合蛋白,几乎在植物生长发育的整个生活史,以及所有组织、器官都有表达,并受植物生长发育阶段、生物和非生物胁迫的调节,表明膜联蛋白涉及植物生长发育的一系列的生理代谢过程,在植物生长发育和抗逆性方面具有重要生理功能。植物膜联蛋白的生理学功能主要包括细胞分泌和胞吐作用、依赖和非依赖钙离子的膜结合活性、F-actin 结合活性、ATPase/GTPase 活性、过氧化物酶活性、阳离子感受器和阳离子通道活性,以及参与生物和非生物胁迫应答等。所有的膜联蛋白都具有一个高度保守的中心结构域,可以通过钙离子介导的方式与细胞磷脂可逆结合。

Delmer 实验室最早对棉花细胞中的膜联蛋白进行了研究,从棉花纤维中分离和纯化了膜联蛋白 P34,该蛋白质能与 1,3-β-D-glucan 结合并抑制其活性(Andrawis et al., 1993)。之后,他们分离克隆了两个棉花纤维膜联蛋白基因 AnnGh1 和 AnnGh2,在氨基酸水平的相似度为 67%,在棉花的多数组织中都表达,在棉花纤维中随着纤维的伸长表达水平增高,进入次生壁形成阶段后其表达量逐渐降低(Delmer and Potikha, 1997)。P35.5 是另一个棉花膜联蛋白,该蛋白质不能抑制胼胝质合成酶活性,但具有 ATP 酶和 GTP 酶活性,且 GTP 酶活性比 ATP 酶活性要高,Mg^{2+} 存在是该蛋白质具有上述酶活性所必需的,高浓度的 Ca^{2+} 对其酶活性具有抑制作用。Northern blot 分析表明,P35.5 基因在棉花纤维伸长期高效表达(Shin and Brown, 1999)。GhFAnnx 和 GhAnx1 是两个较新分离的棉花纤维膜联蛋白基因,可能在棉花纤维伸长期对棉花纤维的生长发育起着重要作用(Wang et al., 2010;Zhou et al., 2011)。

AnnGh3 和 AnnGh5 在棉花纤维快速伸长期高表达,在快速伸长后期表达量急剧下降,暗示它们主要在纤维快速伸长期发挥作用,原位杂交显示这两个膜联蛋白基因在纤维发育的起始期(0~2DPA)也有表达。拟南芥中过量表达 AnnGh3,叶片表皮毛数量较野生型相比密度变大、体积变大,暗示其与表皮细胞的分化及发育有密切的联系(Li et al., 2013)。

Tang 等(2014)从已经公布的棉花 D 基因组中分离到 14 个膜联蛋白基因,其中一半的基因在棉花纤维快速伸长期高表达,暗示它们在棉花纤维快速伸长期发挥调节作用。

GhAnn2 的 RNAi 转基因棉花在纤维快速伸长期该基因表达被显著抑制，纤维细胞的发育受到明显影响，棉花纤维变短、变细。

海岛棉 *AnxGb6* 基因在纤维细胞特异表达。酵母双杂交和 BiFC 实验表明，该蛋白质可以与棉花 ACTIN 蛋白 GbACT1 相互作用。在拟南芥中过量表达 *AnxGb6* 基因促进了根毛细胞的生长发育及根毛细胞中 F-actin 的积累（Huang et al.，2013）。由于棉花纤维的成分主要是纤维素，其生物合成是在细胞膜的微纤丝末端复合体上，膜联蛋白是否能够利用与细胞骨架相结合继而调节纤维发育，尚无证据。

（七）小结

为了克隆控制棉花纤维发育及纤维品质的关键基因，多年来棉花科研工作者一度热衷于棉花纤维特异表达基因的分离鉴定，除了本节中概述的几个方面参与棉花纤维调控的基因外，还有多个已经被分离鉴定的在棉花纤维发育过程中高表达的基因，如 *GhGS*（He et al.，2008）、*GhWBC1*（Zhu et al.，2003）、*FbL2A*（Rihehart et al.，1996；韩志国等，2006）、*GhCHS*（宁华等，2011）等，但其中有翔实功能报道的基因还相对较少。近几年来飞速发展的高通量测序技术为筛选纤维发育过程中的关键功能基因提供了更为有效的手段和平台。随着二倍体 D 基因组雷蒙德氏棉（*Gossypium raimondii*）的测序完成（Paterson et al.，2012；Wang et al.，2012），以及在不久的将来四倍体陆地棉和海岛棉基因组序列的公布，棉花纤维发育的研究也正式迈入了后基因组时代，相信随着科研人员的不断努力，不断的抽丝剥茧，棉花纤维细胞分化发育的分子机制会越来越清晰。

四、相关基因的克隆与功能鉴定

在 973 项目的资助下，科研人员在棉花纤维发育重要调控基因，以及功能基因的分离鉴定与功能验证方面取得了十分显著的成就，分离鉴定了一批在棉花纤维细胞分化和发育方面起重要作用的基因，如 *GhHOX3*、*GhRDL1*、*GhPDF1*、*GhDET2* 等，并运用反向遗传学的手段，在棉花体内过量表达或反向抑制这些基因，通过提高或降低基因的表达水平来分析其在棉花纤维发育过程中的作用，相关的研究结果已经发表在国内外有影响力的杂志上，为进一步了解棉花纤维分化发育的分子机制提供了重要的理论参考依据，为通过基因工程手段来改良棉花纤维品质或提高棉花产量提供了有潜力的候选基因。

（一）*GhHOX3* 基因的克隆与功能鉴定

1. *GhHOX3* 基因的表达特征

中国科学院上海生命科学研究院陈晓亚课题组从陆地棉 EST 文库中克隆到一个与棉花纤维发育相关的基因 *GhHOX3*，该基因编码一个含有 713 个氨基酸的同源域蛋白（homeodomain protein），与该实验室先前报道过的 GhHOX1 和 GhHOX2 相似（Guan et al.，2008），它们与拟南芥中控制表皮毛发育的关键调控因子 GL2 蛋白同属于 HD-ZIP IV 亚家族。表达特征分析表明，*GhHOX3* 在棉花纤维快速伸长时期（6～12DPA）的纤维细胞中特异高表达。在二倍体亚洲棉（*G. arboreum*）中，该基因的同源基因 *GaHOX3* 也具有类似的表达特征，暗示该基因可能在棉花纤维伸长过程中发挥功能（单淳敏，

2014）。

2. 降低 *GhHOX3* 基因的表达可以抑制纤维细胞及棉花植株表皮毛的伸长

为了详细阐明 *GhHOX3* 在棉花纤维发育过程中的功能，在陆地棉'R15'栽培种中过量表达了 *GhHOX3* 基因的 cDNA 序列，期望通过在纤维细胞中提高该基因的表达量来观测其对纤维发育的影响。但有趣的是，对转基因棉花后代的表型分析发现，多个转基因株系棉花纤维出现了均一而明显的纤维长度变短的表型（图 5-1A）。转基因棉花籽指相对于受体'R15'并无显著性的差异，但其纤维长度与对照组相比具有极显著差异。T_1 代和 T_2 代的转基因植株纤维变短的表型可以稳定遗传。使用扫描电子显微镜（SEM）对表型影响较为严重的株系（T_2 代植株 5-8）观察 0～3DPA（纤维起始和伸长早期）胚珠表面纤维发育状况，发现其表面纤维的发育状况相对迟滞，在任一观测时期其长度均明显短于野生型（图 5-1B）。但是其纤维能正常发生，并且除发育迟缓外，同野生型相比在密度和形态上并无显著异常（图 5-1B），说明该基因可能较为专一地调控纤维伸长过程。同时在光学显微镜下分别测量了野生型和开花后 0～4 天纤维的平均长度，结果同样表明，在纤维发育的早期阶段，野生型纤维的伸长速率大大高于转基因株系（图 5-1C）。同时还发现，原来在出现严重纤维变短表型的各代转基因植物各器官表面表皮毛的生长也受到影响，在野生型中密集着生于植物茎秆和叶脉上的表皮毛在转基因植物中均出现了严重的缺失（图 5-1D、E）。进一步的观察发现，转基因植株的茎秆、纤维都具有类似拟南芥 *gl2* 突变体的表型，表现为表皮毛起始正常，会在茎秆表面产生点状突起，而其进一步伸长发育受阻（单淳敏，2014）。

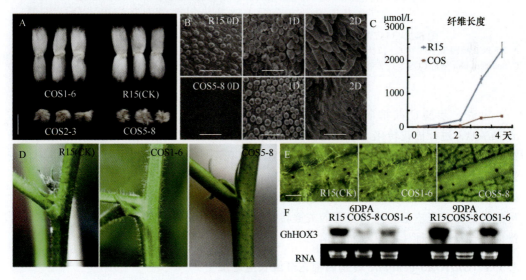

图 5-1　*GhHOX3* 共抑制转基因植物的表型及 *GhHOX3* 表达量测定（单淳敏，2014）
A. T_1 代不同株系转基因棉花纤维表型，'R15'为对照，COS 1-6、COS2-3、COS5-8 分别为不同株系的 *35S∷GhHOX3-A* 转基因材料；B. 扫描电子显微镜分别观察'R15'和'COS5-8'株系开花后 0 天、1 天、2 天胚珠表面；C. 分别测量'R15'和'COS5-8'株系开花后 0～4 天的纤维平均长度；D. 'COS5-8'植株主茎表面的表皮毛相对'R15'和'COS 1-6'株系明显缺失；E. 'COS5-8'植株叶脉表面的表皮毛相对'R15'和'COS 1-6'株系明显缺失；F. Northern blot 检测开花后 6 天和 9 天 *GhHOX3* 的表达水平

  RT-PCR 分析和 Northern blot 的结果均表明，在出现表型的 T_2 代转基因阳性植株中（转基因植物经 PCR 和 Southern blot 鉴定，图 5-2B、C），发现原先在纤维伸长期特异高表达的 *GhHOX3* 被明显抑制（图 5-1F、图 5-2A）；作为对照，与其同源的两个 HD-ZIP IV 类基因 *GhHOX1* 和 *GhHOX2* 表达水平并无显著变化（图 5-2A）。并且在一个未出现表型的 T_2 代转基因阳性株系 1-6 中（图 5-1A、D、E），*GhHOX3* 的表达并未发生显著的改变（图 5-1F）。因而猜测，在 35S 启动子的驱动下，该外源基因可能在体内受到转基因介导的共抑制（co-suppression），造成了基因沉默，导致 *GhHOX3* 的表达水平反而降低，从而影响纤维的发育过程（单淳敏，2014；Shan et al.，2014）。

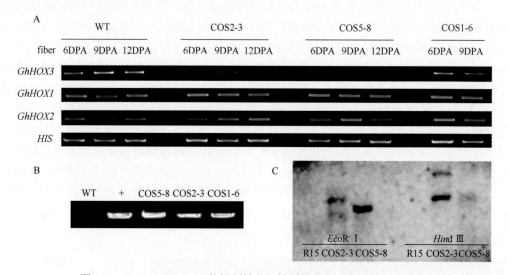

图 5-2 *35S∶∶GhHOX3-A* 共抑制转基因株系的鉴定（单淳敏，2014）

A. RT-PCR 检测 T_1 代植株 6～12 天纤维中 *GhHOX1*、*GhHOX2* 和 *GhHOX3* 表达水平；B. PCR 鉴定阳性转基因株系；C. Southern blot 分析 COS 2-3、COS 5-8 转基因株系的拷贝数，完全酶切所用酶分别为 *Eco*R I 和 *Hin*d III，以 *NPT II* 基因特异探针进行杂交

  为进一步验证共抑制株系表型的可靠性，同时构建了双链 RNAi 载体 *35S∶∶dsGhHOX3* 进行棉花转化，所获得的不同 T_0 代 *35S∶∶dsHOX3* 阳性转基因株系无论是纤维还是茎秆、叶表皮毛，均表现出同共抑制株系几乎完全一致的表型：成熟纤维明显变短，茎和叶脉表皮毛发育受到影响（图 5-3A～D），这些实验结果均进一步支持了如前所述过的表达共抑制的结果。至此得出结论：GhHOX3 是专一正调控陆地棉花纤维（同时可能包括体表表皮毛）伸长发育的关键转录因子，*GhHOX3* 的表达水平可以直接影响纤维的伸长发育过程（单淳敏，2014）。

3. *35S∶∶GhHOX3-genomic* 转基因棉花纤维长度增加

  由于在棉花中表达 *GhHOX3* 基因的 cDNA 序列未能提高转基因棉花中该基因的表达水平，甚至还出现了相反的表型。单淳敏（2014）随后克隆了 5386bp 的 *GhHOX3-A* 全长基因组序列，构建了 *35S∶∶HOX3-genomic-A* 过表达载体并进行棉花转化。定量 RT-PCR 结果表明，*GhHOX3* 在 T_2 代转基因棉花中的表达水平显著提高（图 5-4C），相应的转基因棉花纤维长度明显增加（图 5-4A、B）。

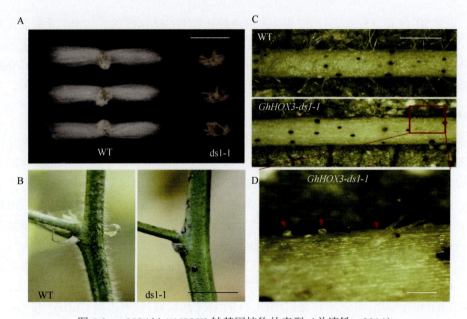

图 5-3 *p35S∷dsGhHOX3* 转基因植物的表型（单淳敏，2014）

A. T₁ 代 *35S∷dsGhHOX3* 转基因棉花纤维表型，'R15'为野生型对照；B. *35S∷dsGhHOX3 ds1-1* 株系主茎表面表皮毛相对'R15'明显缺失；C. *35S∷dsGhHOX3 ds1-1* 株系叶脉表面表皮毛相对'R15'明显缺失；D. *35S∷dsGhHOX3 ds1-1* 株系叶脉表面放大照片，可以观察到少量不完全发育的突起及表皮毛

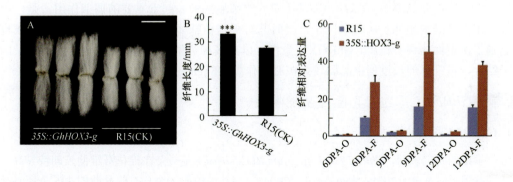

图 5-4 *35S∷GhHOX3-genomic* 转基因植物的表型及 *GhHOX3* 表达量测定（Shan et al.，2014）

A. T₂ 代转基因棉花纤维表型，'R15'为对照。B. 测量'R15'和 *35S∷GhHOX3-genomic* 株系成熟纤维的平均长度，误差线所示为标准偏差（STDEV）；***. 实验组与对照组进行双样本等方差假设 Student's *t* 检验分析，$P<0.001$。C. qRT-PCR 检测开花后 6～12 天纤维和胚珠中 *GhHOX3* 的表达水平

4. *GhHOX3* 在赤霉素促进纤维伸长的途径中发挥重要功能

早在 20 世纪 70 年代，就有报道指出在体外胚珠培养体系中施加外源赤霉素能够显著促进纤维伸长（Beasley and Ting，1973；1974）。在 *GhHOX3* 启动子上包含赤霉素诱导的典型顺式作用元件，那么，是否赤霉素信号途径通过对 *GhHOX3* 的调控发挥促进纤维伸长的作用。分别收取野生型和 *GhHOX3* 共抑制株系开花后 2 天的胚珠，在加入梯度浓度赤霉素的培养液中体外悬浮培养 6 天，观察其表面纤维细胞的生长状况。结果表明，野生型'R15'胚珠纤维伸长发育显著受到外源赤霉素的促进。随着赤霉素浓度梯度的提高，胚珠表面纤维长度明显增加；而 *GhHOX3* 共抑制株系胚珠纤维发育仍旧缓慢，并不受赤霉素浓度提高的

影响。定量 RT-PCR 分析结果表明,野生型纤维和胚珠中 *GhHOX3* 的表达水平受到赤霉素诱导显著上调,而在 *GhHOX3* 共抑制株系胚珠及纤维中均几乎检测不到 *GhHOX3* 的表达。同时,*GhHOX3* 下游基因 *GhRDL1* 和 *GhEXPA1* 的表达水平也显著提高。以上结果表明,*GhHOX3* 对纤维伸长调控作用可能位于赤霉素途径的下游(单淳敏,2014;Shan et al.,2014)。

5. GhHOX3 通过与其他转录因子相互作用发挥功能

通过酵母双杂交的实验,从 6DPA 纤维文库中筛到了多个具有与 GhHOX3 相互作用倾向的蛋白质,其中重复频率最高的是 TCP 家族、CCR4-NOT、WRKY61-like 等转录因子,以及生长素途径的重要调控因子 ARF 蛋白;甲基茉莉酸途径的重要调控因子 JAZ 蛋白、赤霉素途径的负调控因子 DELLA 蛋白、细胞分裂素途径的主要调控因子 ARR 蛋白等也有出现。该结果表明,GhHOX3 可能是各种激素途径交叉作用调控纤维细胞发育过程中的一个重要节点。进一步的研究表明,GhHOX3 可以与棉花中已经报道的与纤维发育相关的另一个 HD-ZIP IV 类转录因子 GhHD1 及 DELLA(赤霉素途径的重要负调控因子)GhSLR1 相互作用,GhHOX3 蛋白的 N 端(只含有 HD 结构域)不能同 GhHD1 和 GhSLR1 相互作用;而它的 C 端(含有 LZ+START 结构域)则可以同 GhHD1 和 GhSLR1 相互作用。GhHOX3 与 GhHD1 及 GhSLR1 发生结合的区域比较接近,从而进一步证明了 GhSLR1 与 GhHOX3 的结合很可能阻碍 GhHOX3 同 GhHD1 的功能性结合,从而影响它们对下游基因的激活(单淳敏,2014;Shan et al.,2014)。

综合以上分析表明,*GhHOX3* 基因对纤维细胞的伸长起着重要的调节作用,是一个专一调控纤维细胞伸长的转录因子,同时其对棉花植株体表的表皮毛发生及形态建成也起到了决定性的调节作用。GhHOX3 蛋白可以与多种类型、参与不同调控途径的转录因子结合,在纤维伸长过程中起到较为核心的作用(Shan et al.,2014)。

(二)*GhRDL1* 基因的克隆与功能鉴定

1. *GhRDL1* 基因的表达特征

早期的研究表明,*GhRDL1*(*G. hirsutum RD22-like1*)是一个在棉花纤维伸长期特异高表达的基因(Li et al.,2001;Wang et al.,2004),该基因编码一个含有信号肽的 335 个氨基酸残基的蛋白质。Xu 等(2013)对该基因在棉花纤维发育过程中的功能进行了详细的分析研究。*GhRDL1* 主要在发育的纤维细胞中表达,在棉花纤维发育过程中,*GhRDL1* 转录本在开花当天的胚珠中检测不到,而在快速伸长期的纤维细胞中(6~12DPA)大量积累,最后在15~18DPA 伴随着纤维伸长的减缓和结束而急剧下降。进一步的分析研究表明,该基因在四倍体海岛棉纤维中在 3~15DPA 的纤维细胞中高表达,并且表达转录水平在 9DPA 达到最大。与在陆地棉'R15'中的表达相比,表达量更强,持续时间更长,表明棉花 *RDL1* 在纤维细胞中的表达持续时间和表达强度与棉花纤维的伸长密切相关(Xu et al.,2013)。

2. 过量表达 *GhRDL1* 基因促进棉花纤维伸长和种子变大

在野生型'R15'中过量表达 *GhRDL1* 基因,转基因后代植株的营养生长表现正常,且相对于野生型'R15',大多数转基因株系呈现纤维变长和种子变大的表型(图 5-5A、B)。在所获得的 3 个 T_3 代纯合转基因株系(105、117 和 119)中,纤维长度比野生型增加了 7%~

15%，种子质量增加了13%～17%。定量PCR分析显示在这3个转基因株系中，*GhRDL1*转录本水平在6DPA增加了20％到1倍不等（图5-5C）；而在18DPA增加得更多，119株系比野生型增加了4倍多（图5-5D），尽管植物本身的*GhRDL1*转录本水平在这时已经下降了（Xu et al.，2013）。植物的种子表面常常包含多层具有保护功能的细胞层，这些细胞层可被分离。棉花种子外种皮的部分细胞特化成纤维（种子表皮毛）向外生长，而包裹整个胚的内种皮细胞为外种皮和纤维的生长提供营养。器官的大小由组成器官的细胞数量和大小同时决定。由于棉花外种皮细胞被纤维覆盖而不易观察，所以选择了转基因棉花内种皮细胞进行显微观察。与对照相比，3个转基因株系18DPA的内种皮细胞大小增加了15%～40%（图5-5E、F），在统计学上具有显著或极显著差异，而细胞数目则无明显变化。因此认为，内种皮细胞大小的增加与*GhRDL1*过量表达系的种子大小增加直接相关，结合转基因棉花纤维变长的表型，认为GhRDL1蛋白具有促进细胞伸展（生长）的作用。与转基因的表达水平一致的是，在119这个株系中，纤维长度和种子大小的增量比另外两个株系更加显著（表5-2）。不同株系 T_4 代转基因棉花纤维品质检测的结果表明，转基因棉花纤维在长度与强度方面比对照皆有明显的提高（表5-3）（Xu et al.，2013）。

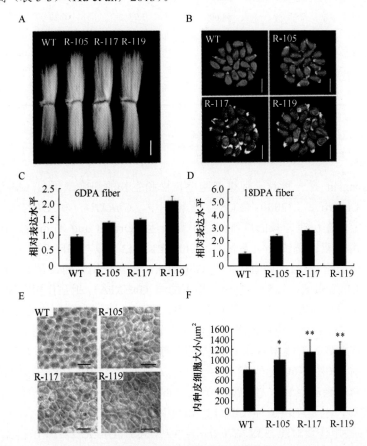

图5-5　*Pro35S∷GFP-GhRDL1* 转基因棉花的表型分析（Xu et al.，2013）

A. 转基因株系R-105、R-117和R-119的纤维表型；B. 转基因株系R-105、R-117和R-119的种子表型；C、D. QRT-PCR分析转基因株系6DPA和18DPA纤维中*GhRDL1*的表达水平，对照的表达水平计为1，分析的转基因植物为 T_3 代；E. 18DPA胚珠中部内种皮细胞的显微镜观察，Bar=50μm；F. 内种皮细胞大小（面积），每个株系随机取10个胚珠，并以野生型'R15'为参考进行 t 检验，*.$P<0.05$，**.$P<0.01$

表 5-2　*Pro35S∷GFP-GhRDL1*（R）转基因棉花的纤维长度和种子百粒重分析[①]（T[3]代）

棉花材料	纤维长度/mm	P[②]	百粒重/g	P[②]
WT	27.37±0.89	—	11.00±0.60	—
R-105	29.29±1.15	2.31E-03	12.44±0.44	1.42E-04
R-117	30.18±0.79	2.51E-03	12.85±0.84	5.41E-06
R-119	31.40±0.97	1.68E-03	12.68±0.15	3.74E-11

①数值以平均值±标准差方式给出（$n = 10$）。
②数值参照于野生型'R15'的 T 检验。
资料来源：徐冰，2011

表 5-3　*Pro35S∷GFP-GhRDL1*（R）转基因棉花（T[4]代）纤维品质检测结果

	样品	纤维长度/mm	纤维整齐度/%	马克隆值	纤维伸长度/%	纤维断裂比强度/（cN/tex）
220	R15	27.21	84.90	4.47	6.80	29.5
259	R15	27.39	82.50	3.60	6.70	28.4
245	R-105	27.86	86.50	4.27	6.50	33.7
246	R-105	28.71	84.60	3.97	6.20	31.6
242	R-117	30.00	87.70	5.05	6.20	31.8
241	R-119	30.25	86.40	4.75	6.50	29.1
243	R-119	31.02	85.50	4.29	6.30	30.5
247	R-119	31.97	86.70	4.48	6.10	31.1

注：中国棉花纤维品质检测中心检测
资料来源：徐冰，2011

3. GhRDL1 可以与 GhEXP1 蛋白相互作用

已知 α-expansin 是一种具有促进细胞壁疏松和生长的细胞壁蛋白（McQueen-Mason et al.，1992；Cosgrove，2000；2005）。在棉花中，*GhEXPA1* 和 *GhRDL1* 具有类似的表达模式，两者均在快速伸长的纤维细胞中高表达（Orford and Timmis，1998；Harmer et al.，2002）。酵母双杂交试验结果表明，GhEXP1 蛋白可以与 GhRDL1 相互作用。进一步实验显示，全长的 GhRDL1 蛋白能与 GhEXPA1 相互作用，而仅是 N 端（1～124aa）或 C 端（BURP 结构域，125～335aa）均不能与 GhEXPA1 相互作用（图 5-6A、B）。为了研究这两个蛋白质在植物体内的相互作用，在转基因拟南芥中进行了半分子荧光互补（BiFC）分析。超过 10 个单株的野生型和所有转基因拟南芥被用来进行显微荧光观察，观察的参数保持一致。野生型拟南芥无法观察到明显的荧光，而 *35S∷YFP* 植物显示较为明显的荧光信号（图 5-6C）；约有 1/3 的 *35S∷GhRDL1-YFPN 35S∷GhEXPA1-YFPC* 植物可在根细胞的边缘观察到一定强度的荧光；GhPRPL（棉花富含脯氨酸蛋白，EF095708）和 GhRDL1 类似，也是在快速伸长的纤维细胞中表达的细胞壁蛋白（Tan et al.，2001），在 BiFC 分析中被用作负对照。*35S∷GhRDL1-YFPN 35S∷GhPRPL-YFPC* 和 *35S∷GhPRPL-YFPN 35S∷GhEXPA1-YFPC* 植物均观察不到明显的荧光信号，与野生型植物类似（图 5-6 C）。BiFC 分析结果显示了 GhRDL1 蛋白和 GhEXPA1 蛋白分子之间直接的相互作用，而不仅仅是蛋白质定位的相同。

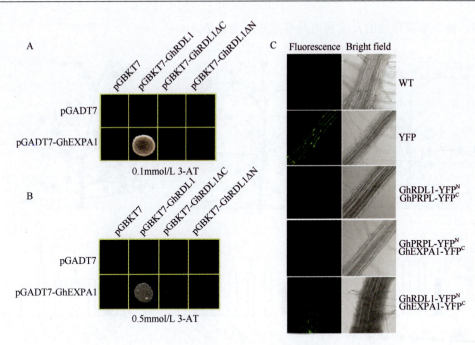

图 5-6　GhRDL1 和 GhEXPA1 蛋白相互作用分析（徐冰，2011）

A、B. 酵母双杂交检测 GhRDL1 蛋白全长（pGKT7-GhRDL1）、N 端（pGKT7-GhRDL1ΔC，1～124aa）及 C 端（pGKT7-GhRDL1ΔN，125～335aa）分别与 GhEXPA1 的相互作用；只有全长 GhRDL1 能与 GhEXPA1 相互作用。3-AT 浓度分别为 0.1mmol/L（A）和 0.5mmol/L（B）。C. GhRDL1 与 GhEXPA1 在转基因拟南芥中的半分子荧光互补分析。不同的共表达载体构建在图右边标识

4. 共表达 *GhRDL1* 和 *GhEXPA1* 促进棉花棉铃数增加

为了进一步探索 *GhRDL1* 和 *GhEXPA1* 在作物增产中的应用价值，同时将两个基因在棉花中过量表达，并得到共表达的 3 个棉花株系 RE-302、RE-303 和 RE-308。*RE* 转基因棉花单株棉铃数比非转基因对照和 *GhRDL1* 转基因棉花显著增多（图 5-7 A）。另外，相比对照，*RE* 转基因棉花的分枝数显著增加，与受体棉花'R15'的 12～14 个分枝相比，*RE* 转基因棉花的分枝数达 14～15，这在统计学上表现为显著差异。并且转基因棉花尽管拥有更多数目的分枝和棉铃数，却并未出现因营养供给的限制而使棉花纤维变短的现象，有个别株系反而表现出棉花纤维增长的表型。这些结果表明，*GhRDL1* 和 *GhEXPA1* 在棉花中的共表达促进了植物的分枝、同时也增加了花和棉铃的数目，从而进一步增加纤维产量。共表达 *GhRDL1* 和 *GhEXPA1* 基因所导致的棉花单株棉铃数显著增加的表型可以稳定的遗传给后代，对 T₂ 代 *RE* 转基因棉花的表型分析表明，在不同株系的转基因后代棉花中，单株棉花棉铃的数目与对照相比仍表现为显著增加，小区籽棉和皮面产量与对照相比有明显的提高，多数株系的差异达极显著或显著水平（图 5-7B～D、表 5-4）。从表 5-4 中所示不同株的百粒籽重（籽指）可以看出，*RE* 转基因棉花的籽指与对照相比明显降低，相应地，不同株系的棉花衣分与对照相比得到了明显的提高（表 5-4）（Xu et al.，2013）。

综合以上的研究结果，可以得出结论：过量表达 *GhRDL1* 能促进棉花纤维长度和种子大小的增加；同时过量表达棉花细胞壁蛋白 GhRDL1 和 GhEXPA1 能提高植物生长速率，增加植物果实数目，为棉花纤维产量和品质改良的遗传工程提供了良好的资源，也

对粮、油、果实作物的开发利用具有重要参考价值。

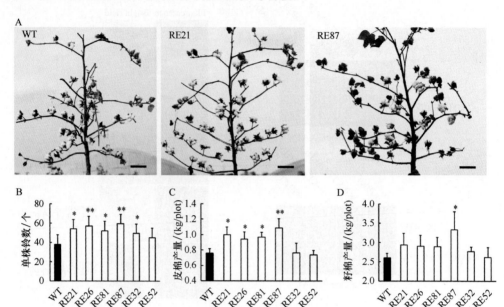

图 5-7　*RE* 转基因棉花 T$_2$ 代表型分析（Xu et al.，2013）

A. 受体'R15'与 *RE* 转基因棉花 T$_2$ 代单株表型，Bar=10cm；B. 不同株系单株成熟棉铃数；C、D. 每个种植小区皮棉（C）及籽棉（D）产量，小区面积为 10m^2，3 个重复。*. $P<0.05$；**. $P<0.01$

表 5-4　*RE* 转基因棉花 T$_2$ 代表型分析

株系	单株铃数	50 铃重/g	50 铃皮棉重/g	百粒重/g	衣分/%	单铃皮棉重	产量增加/%
WT	38.0±3.2	286.1±14.7	83.5±5.8	11.3±0.2	29.2±0.9	0.76±0.12	—
RE21	54.0±6.3*	226.7±2.9**	77.2±1.6	8.9±0.1**	34.0±0.3**	1.00±0.31*	31.8
RE26	57.2±6.4**	212.4±6.3**	68.9±2.0*	9.3±0.2**	32.5±0.1**	0.94±0.28*	24.6
RE81	52.2±5.8*	231.4±6.0**	77.6±3.9	9.7±0.2**	33.5±0.9**	0.97±0.25*	27.7
RE87	59.5±4.3**	234.0±0.6*	76.7±2.6	10.2±0.2**	32.7±1.0*	1.09±0.47**	43.9
RE32	48.8±4.4*	236.5±16.9*	65.3±12.6	10.5±0.2**	27.5±3.8	0.76±0.12	0.6
RE52	45.1±7.0	242.6±14.0*	69.0±5.8*	10.2±0.1**	28.4±0.7	0.74±0.26	−2.3

*. $P<0.05$；**. $P<0.01$，每个种植小区面积为 10m^2。

资料来源：Xu et al.，2013

（三）*GbPDF1* 基因的克隆与功能鉴定

1. *GbPDF1* 基因的表达与亚细胞定位

Tu 等（2007）通过微阵列点阵杂交的方法发现海岛棉 *PDF1* 基因的表达量在开花后 5 天达到最高，大约相当于开花当天胚珠中 *PDF1* 表达量的 1.7 倍，10DPA、15DPA、20DPA 纤维中 *PDF1* 转录本的含量分别相当于开花当天胚珠中 *PDF1* 表达量的 1.3 倍、0.3 倍和 0.1 倍，Northern blot 分析的结果与之一致（Tu et al., 2007）。此外，*PDF1* 在苗龄为 15 天的棉花根部、花蕾期叶片、花蕾、开花当天的花瓣、花药等组织中的表达量要远远低于在胚珠及纤维的表达水平。由此可见，该基因是一个纤维早期伸长阶段优势表达的基因。Deng 等（2012）对该基因的表达特征及在棉花纤维发育过程中的调节作用作了进一步的分析研究。从荧光定量 PCR 的检测结果发现，*PDF1* 基因的表达量也是在开花后 5 天的纤维中达到最高水平。在'徐州 142'（Xu142）及其光子突变体（Xu142 *fl*）开花前 3 天及开花当天的胚珠中没有检测到 *PDF1* 基因的表达差异，但是在开花后 5 天，有纤维着生的'Xu142'胚珠中 *PDF1* 的表达量要显著高于同一时期光子突变体胚珠中该基因的表达水平。在瞬时转化的烟草叶片中，有很强的绿色荧光信号分布在细胞外缘及胞质之中。为进一步分辨该蛋白质是位于细胞膜还是细胞壁上，将带有荧光信号的拟南芥转化子根系用 4%（*m/V*）NaCl 处理 10min 以使之发生原生质体分离，此时该组织细胞中的荧光大多数集中在原生质体中。这一现象与所预测的该序列含有两个跨膜结构域具有一致性，同时表明 GbPDF1 更可能是一个与质膜系统及胞质相关的蛋白质，而不会分泌到细胞核内及细胞壁上（Deng et al.，2007）。

2. 降低 *PDF1* 基因的表达可影响纤维细胞的起始及纤维长度

Deng 等（2012）根据 *PDF1* 基因 CDS 编码区和 3′-UTR 非编码区两个不同目的片段构建了该基因的 RNAi 表达载体，该区域经转录后可形成双链互补的茎环结构，从而介导转录水平上的目的基因的表达水平下降，达到抑制 *PDF1* 表达丰度的目的。将所筛选出来的低拷贝且表达量明显受到抑制的 *PDF1*-RNAi-C33、*PDF1*-RNAi-C35、*PDF1*-RNAi-U43 及 *PDF1*-RNAi-U44 4 个不同转化植株自交结实的后代通过营养钵移栽的方式种到试验田间，按一般材料要求进行管理。待实验材料开花期间，取不同时间点的胚珠及纤维样品进行再次 *PDF1* 基因表达水平的确定后（图 5-8A、B），分别选取了 *PDF1*-RNAi-C35 及 *PDF1*-RNAi-U44 两个株系的不同单株相同果枝果节位开花后 1 天的样品进行扫描电子显微镜观察。结果表明，开花后 1 天两个不同 RNAi 植株胚珠表皮纤维细胞才刚刚突起，而同一时间野生型及转基因阳性对照材料（携带有 *GbPDF1* 启动子驱动报告基因 *GFP* 表达载体的植株）胚珠表皮的纤维已经进入伸长状态且没有差异（图 5-8C）。该结果在所检测的两个不同单株间得到了很好的重复（Deng et al.，2012）。

对 *PDF1* RNAi 的 T$_2$ 代植株进行 Southern blot 及表达量分析，结果发现，这一世代的转基因植株还是正常携带相应的表达元件，目的基因表达丰度被抑制的现象也得到相应的遗传。目的基因所编码产物的丰度在转录及翻译产物上都比野生型对照有明显的下降。为进一步探明 *PDF1* 基因 RNAi 植株纤维发育延迟的具体时间点，在 T$_2$ 代对 *PDF1*-RNAi-U44 开花后 1 天胚珠表皮细胞纤维发育受到阻滞的性状得到确认以后，将扫描电子显微镜所分析样品的时间提前到了开花前 12h 左右。结果发现，在这一时间野生型植株胚珠表皮已开始有纤维细胞的突起，而相同放大倍数下 *PDF1*-RNAi-U44 后代胚珠表皮上没有观察到有突起的纤维细胞。在这些结果之上，可以认为干涉棉花中 *PDF1* 的表达可导致纤维的起始受到阻滞，具体表现为纤维细胞从胚珠表皮突起时间被延迟。在纤维成熟后，通过产量和品质的比较分析发现，*PDF1*-RNAi-U43 及 *PDF1*-RNAi-U44 两个株系的衣分均比对照有一定程度的下降，株系 *PDF1*-RNAi-U44 纤维长度[(27.03 ± 0.05)mm]显著低于对照[(28.86 ± 1.03)mm]（*t* 检验 *P*<0.05），但是 *PDF1*-RNAi-U43 的纤维长度[(28.34 ± 0.54)mm]只是略低于对照（图 5-8D～F）。其他如马克隆值等纤维相关性状则没有差异（Deng et al.，2012）。

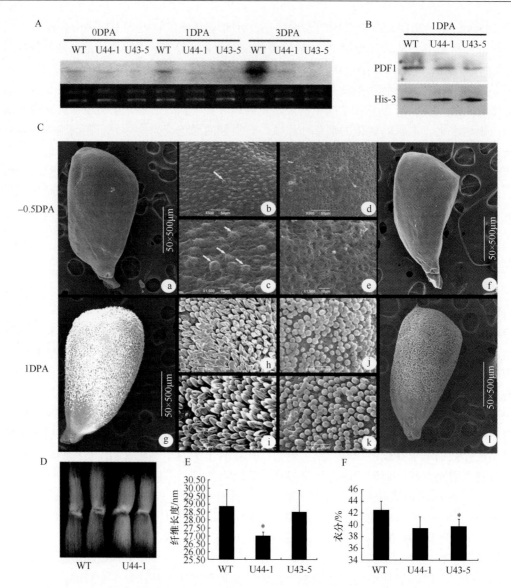

图5-8 抑制 *PDF1* 的表达抑制纤维的突起和早期伸长，进而使成熟纤维变短（Deng et al.，2012）

A. Northern blot 结果表明所检测的干涉植株 0DPA、1DPA 及 3DPA，胚珠（及纤维）中目的基因 *PDF1* 在转录水平上受到了严重的抑制。B. 以 PDF1 的特异抗体进行 Western blot 发现干涉后植株 1DPA 胚珠（及纤维）中目的基因所编码产物在蛋白质水平上也低于同一时期野生型（WT）。C. 在野生型棉花胚珠表皮开花前 12h 左右可见明显的纤维细胞突起（白色箭头所示，a、b、c），但是 PDF1 被抑制后的棉花胚珠表皮在此时还没有可见的纤维突起（d、e、f）；开花后 1 天干涉植株（j、k、l）的纤维发育要比野生型（g、h、i）明显滞后。图片放大倍数分别为 50×（a、f、g、l）、500×（b、d、h～k）、或者 1500×（c、e）。D. 手梳法比较发现 *PDF1* 基因表达被抑制后的株系 'U44-1' 成熟纤维与野生型相比变短。E. 纤维 5 项指标测定证实其长度显著低于对照。F. U43-5 衣分比野生型有显著降低；*其与野生型差异达到显著水平（*t* 检验，*P* < 0.05）

3. *PDF1* 基因可能参与了纤维发育过程中 H_2O_2 及乙烯等信号分子的生物合成或相互协调及反馈

在纤维离体培养体系中添加终浓度为 50μmol/L 的 H_2O_2 极显著地提高了 *PDF1* 基因

的表达水平，而有 DPI 存在的条件下则抑制了该基因的正常表达（Deng et al.，2012）。在 RNAi 两个不同的转基因株系，开花后 3 天胚珠中 H_2O_2 的含量要显著高于同一时期野生型胚珠中 H_2O_2 的含量。与此同时，还发现 *APX1* 基因的表达量在这两个株系的胚珠中也受到促进。由于 *APX1* 的表达水平是受 H_2O_2 诱导的，其表达丰度的上升从另一侧面表明了 RNAi 植株胚珠中 H_2O_2 含量的增加。由于有文献报道在离体条件下添加 H_2O_2 的可以促进乙烯的含量（Li et al.，2007；Qin et al.，2008），而乙烯可促进与果胶质合成的 3 个关键基因（*UER1*、*UGP1* 和 *UGD1*）的表达（Pang et al.，2010）。通过 qRT-PCR 的比较分析，发现在野生型对照与转基因干涉材料开花当天的胚珠中，*UER1*、*UGP1* 和 *UGD1* 3 个基因的表达丰度没有差异，同时检测结果还发现，与棉花胚珠及纤维中乙烯合成相关的 3 个 *ACO* 基因（*ACO1*、*ACO2* 和 *ACO3*）(Shi et al.，2006)的表达量在 *PDF1* 被干涉以后出现了显著下降，这一结果可能就解释了 RNAi 植株胚珠中 H_2O_2 含量上升而 *UER1*、*UGP1* 和 *UGD1* 表达丰度不变的原因。由此可以认为，*PDF1* 基因可能参与了纤维发育过程中 H_2O_2 及乙烯等信号分子的生物合成或相互协调及反馈（Deng et al.，2012）。

　　果胶质的合成对纤维发育来说也起着至关重要的作用，并且位于 H_2O_2 及乙烯等信号分子的下游（Pang et al.，2010），两个可能与果胶质合成相关的序列（*GT8*、*GT8-like*）在 *GhPDF1* 基因的 RNAi 植株胚珠中的转录产物也要低于野生型对照。*GT8* 编码一个糖基转移酶，由于其编码序列与 AtGATL1 在蛋白质水平上具有 78%的一致性，推测认为该基因与 *AtGATL1* 一样在果胶多糖的合成中起着一定的作用（Mohnen，2008；Kong et al.，2011）。该研究发现 *GT8* 的转录产物在开花当天的胚珠中高丰度积累，增加了其在纤维起始时期有重要功能的可能性，而与 *GT8* 同源的序列 *GT8-like* 没有表现有纤维发育的特异性。碳源供应对纤维发育过程中果胶质的合成也起着重要作用，基因差异表达分析表明可能与糖转运相关的几个基因（*SUT1*、*TC257931* 及 *TC259819*）的转录水平在干涉株系中有一定程度的下降有关（Deng et al.，2012）。

4. GbPDF1 可以与其他蛋白质相互作用

　　通过酵母双杂交来获取与 GbPDF1 相互作用的蛋白质可能会为深入研究 *PDF1* 基因在棉花纤维起始过程中的作用机制有一定的指导作用。按照酵母双杂交的详细操作流程，用所构建的融合载体 GAL4-DBD∷GbPDF1 为诱饵，以纤维发育不同时期（海岛棉 '3-79' 0DPA 胚珠，以及 5DPA、10DPA、15DPA 纤维）混合样品所构建的 GAL4-AD∷cDNA 为文库，从大概 1.18×10^5 个转化子中通过营养缺陷及 10mmol/L 的 3-AT 筛选到了 13 个不同的可能与之相互作用的靶标蛋白。

　　根据初筛得到序列的比对结果，将具有已知结构域的片段通过 PCR 扩增后再通过 BP 和 LR 反应连接到 pDEST22 载体上与 GAL4-AD 结构域融合形成新的靶标。将其分别与原始的 GAL4-DBD∷GbPDF1 诱饵载体共转到酵母细胞中，通过营养缺陷及报告基因的表达情况将与之相互作用的蛋白质靶标范围缩小到 3 个，分别为 PPIP1（putative GbPDF1 interaction protein 1）、PPIP2 及 PPIP3，它们分别具有 Ubiquitin-like（UBL）、Ankyrin repeat（AKR）及 GRAM（glucosyltransferases、Rab-like GTPase activator、myotubularin）的结构域。与此同时，根据 GbPDF1 蛋白二级结构及不同物种间的同源性比较分析，构建了几个新的不同截短的 GbPDF1 片段作为诱饵，以验证其不同结构域参与蛋白质互作的具体情况。从该结果可知，PDF1 的氨基端第 1～30 个氨基酸残基对其与

PPIP1 和 PPIP2 的相互作用具有重要作用，第 181～294 个氨基酸残基可能参与了与上述 3 个 PPIP 的互作。PPIP3 在 3-AT 浓度为 20mmol/L 的三缺 SC 培养基上未能表现出与全长 GbPDF1 的相互作用，反而与 N 端缺失的不完全片段能发生相互作用。β-galactosidase 分析结果也表明了它们之间的互作激活了该双杂交系统的又一个报告基因。同时以水稻原生质体为转化受体，利用瞬时表达的方法验证了上述相互作用在植物细胞内也是可以检测到的（Deng et al.，20132）。根据以上初步结果推测，PDF1 在纤维发育过程中可能通过 H_2O_2 含量的平衡化，乙烯及果胶质的稳定合成等途径来调控纤维细胞从胚珠表面突起的时间，从而影响纤维的长度及长纤维的含量。

（四）GhAGP 基因的克隆和功能验证

1. GhAGP4 的表达特征

Liu 等（2008）通过 SSH 抑制差减杂交，克隆了 4 个 AGP 蛋白，采用基因特异探针进行 Northern blot，结果显示 4 个 AGP 基因均属于纤维特异表达基因，只有 GhAGP4、GhFLA1 在下胚轴中检测到很少的 RNA 积累。GhAGP2 主要在陆地棉 5～20DPA 纤维中表达。在 5DPA 及 15DPA 纤维中表达很强，10DPA 左右表达水平明显降低，15DPA 之后表达逐渐减低。GhAGP3 特异性地在陆地棉 15DPA 以后的纤维细胞中表达，表达高峰出现在 20DPA 左右，之后表达急剧下降。GhAGP4 与 GhAGP3 的表达模式很相似，主要在 15～25DPA 表达，且均在 20DPA 表达最强，属于纤维发育中期特异表达基因。GhFLA1 主要在 5～20DPA 的纤维细胞表达，在 15DPA 左右转录水平达到最大，之后表达开始减弱。

2. GhAGP4 的转基因棉花分析

Li 等（2010）为了验证 GhAGP4 在纤维发育过程中的功能，对获得的抑制 GhAGP4 转基因再生植株进行拷贝数分析，选取了 6 个株系进行后续的深入研究。对 6 个株系 T_1 代、T_2 代 18DPA 的纤维样品进行实时定量 PCR 表达分析，结果显示，GhAGP4 表达在 6 个株系纤维中全部受到抑制，GhAGP2、GhAGP3、GhFLA1 3 个基因的表达量也都有不同程度的下调（图 5-9）；并以此分析了 expansin、GhCelA1、GhACT1、GhTUA9、GhTUA10 相关基因的表达情况，发现 expansin、GhCelA1、GhACT1 表达量有明显的降低，而 GhTUA9、GhTUA10 表达呈无规则趋势。对转基因阳性植株 0DPA、1DPA 和 3DPA 的胚珠扫描电子显微镜观察，发现转基因植株纤维的起始突起和纤维的伸长均受到严重的抑制，成熟纤维品质检测显示纤维长度明显变短，纤维的品质下降（图 5-10）。

3. GhAGP4 基因的表达受 GA_3 的诱导

取陆地棉标准系（TM-1）开花后 2 天的胚珠为材料进行胚珠培养，用 0.5μmol/L 的 GA_3 处理 1 周和 2 周后，发现 GA_3 促进纤维的伸长。实时定量 PCR 结果显示，GhAGP2、GhAGP3、GhAGP4、GhFLA1 表达量都有不同程度的上调，但是 GhAGP2 和 GhAGP4 几乎上调了上千倍，而 GhAGP3 和 GhFLA1 仅上调了几倍到几十倍，由此说明 GhAGP2 和 GhAGP4 这两个基因可能是 GA_3 下游的信号响应分子，同时伸展蛋白基因 expansin 的表达量也明显上升，高达 10 000～30 000 倍，这种细胞壁结构蛋白可能也受到赤霉素诱导，或 GhAGP 同伸展蛋白发生作用调节纤维的伸长（Li et al.，2010）。

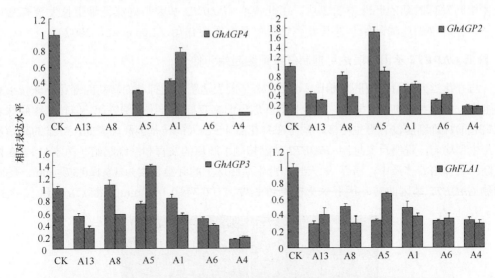

图 5-9　qRT-PCR 分析 GhAGP4 RNAi 转基因株系 18DPA 纤维中不同基因的表达（Li et al.，2010）

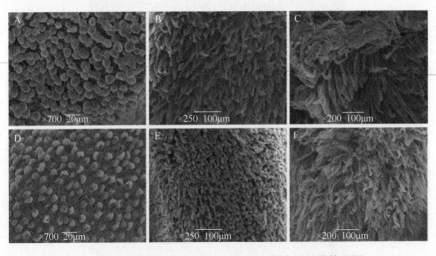

图 5-10　*GhAGP4* RNAi 转基因棉花纤维分化起始期的扫描电子显微镜观测（Li et al.，2010）
A～C. 分别为野生型棉花 0DPA、1DPA、3DPA 胚珠；D～F 分别为转基因株系 A5 的 0DPA、1DPA、3DPA 胚珠

（五）*GhDET2* 基因的克隆与功能鉴定

1. *GhDET2* 基因的表达特征

　　GhDET2 基因编码棉花类固醇 5α-还原酶，在油菜素类固醇（brassinosteroid，BR）生物合成途径中催化菜油甾醇（campesterol）转化为菜油烷酮（campestanol），是 BR 生物合成途径中重要的限速步骤。*GhDET2* 基因在根和胚珠纤维中优势表达，在其他部位表达较低。在胚珠和纤维的不同发育阶段，*GhDET2* 基因主要在开花当天至开花后 13 天左右达到表达高峰，在开花 15 天后表达量较低。在纤维细胞发育过程中，*GhDET2* 基因主要在纤维细胞伸长期高量表达，而在纤维次生壁合成期表达水平较低。同时，*GhDET2* 基因在'徐州 142'野生型胚珠和纤维中的表达水平始终高于在'徐州 142'无绒无絮突

变体相同发育时期的胚珠中的表达。由此说明 *GhDET2* 基因与棉花纤维生长发育有密切关系，在纤维细胞的起始和伸长发育过程中具有重要作用（Luo et al.，2007）。

2. 降低 *GhDET2* 基因的表达可抑制纤维细胞起始和伸长

与开花当天的野生型胚珠相比，*GhDET2* 基因表达明显受抑制的转基因棉花胚珠较小且不饱满。开花当天的野生型胚珠和转基因胚珠表面都有棉花纤维细胞突起，但转基因胚珠表面突起的纤维细胞没有野生型多，同时在开花后 1～2 天的转基因胚珠表面，纤维的起始没有野生型均匀。说明反义抑制 *GhDET2* 基因抑制了胚珠的发育和纤维起始（图 5-11）。在棉花胚珠离体培养体系中，培养 9 天时，野生型胚珠上的纤维长度为（5.1±0.37）mm，反向抑制 *GhDET2* 基因的转基因胚珠上的纤维长度为（0.34±0.16）mm。继续培养到 12 天，

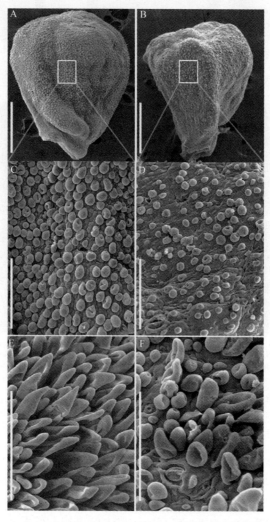

图 5-11　反向抑制 *GhDET2* 基因的转基因胚珠和纤维细胞的生长发育（Luo et al.，2007）

A. 开花当天野生型胚珠，Bar=500μm；B. 开花当天转基因胚珠，Bar=500μm；C. 开花当天野生型胚珠部分表面；Bar=100μm；D. 开花当天转基因胚珠，Bar=100μm；E. 开花后 1 天野生型纤维，Bar=100μm；F. 开花后 1 天转基因纤维，Bar=100μm

野生型胚珠上的纤维长至（9.87±1.4）mm，反向抑制 *GhDET2* 基因的转基因胚珠上的纤维长至（0.41±0.15）mm。可见反向抑制 *GhDET2* 转基因胚珠上的纤维生长受到严重抑制，说明抑制 *GhDET2* 基因的表达使纤维的伸长受阻（Luo et al.，2007）。

3. *PFBP7∷GhDET2* 转基因棉花纤维长度增加

利用种皮特异表达启动子 PFBP7 控制 *GhDET2* 基因的表达，进行棉花转化，所获得的 *PFBP7∷GhDET2* 转基因棉花的生长状况与冀棉野生型和空载的转基因棉花没有明显的差异。'冀棉 14'野生型的纤维平均长度为（29.78±1.10）mm，空载体的转基因纤维平均长度为（29.98±1.44）mm，*PFBP7∷GhDET2* 转基因株系'F2-7-10'的纤维平均长度为（32.98±0.85）mm，比野生型纤维长度增加了 10.75%。同样，*PFBP7∷GhDET2* 转基因株系'F2-9-6'的纤维平均长度为（30.93±0.90）mm，比野生型纤维长度增加了 3.90%。*PFBP7∷GhDET2* 转基因株系'F2-10-8'的纤维平均长度为（31.55±1.02）mm，比野生型纤维长度增加了 5.94%（图 5-12）。另外，转基因棉花种子比野生型棉花种子大，种子表明的短绒增多。结合表达分析可以看出，转基因纤维长度的增加与 *GhDET2* 基因的表达水平增加具有较好的一致性。说明转基因纤维长度的增加是因为在纤维快速伸长期 *GhDET2* 基因表达量增加引起的（Luo et al.，2007）。

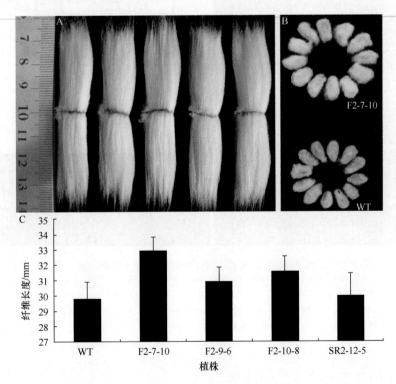

图 5-12　*PFBP7∷GhDET2* 转基因纤维和野生型纤维长度（Luo et al.，2007）
A. *PFBP7∷GhDET2* 转基因纤维长度。B. 种子大小比较。F2-7-10. *PFBP7∷GhDET2* 转基因种子；WT. 冀棉 14 野生型种子。C. 转基因纤维和野生型纤维长度。WT. 冀棉 14 野生型；F2-7-10、F2-9-6 和 F2-10-8. *PFBP7∷GhDET2* 转基因棉花的不同株系；SR2-12-5. 与 *PFBP7∷GhDET2* 转基因棉花平行生长的空载质粒的转基因棉花

（六）*GA20ox* 基因的克隆与功能鉴定

赤霉素是最重要的植物激素之一，在棉花纤维发育中具有重要的调控作用。GA$_{20}$氧化酶（GA20ox）是活性 GA 合成的关键调控步骤。Xiao 等（2010）从棉花克隆了 3 个 GA20ox 基因（*GhGA20ox1~3*）。RT-PCR 分析表明，*GhGA20ox1* 在纤维快速伸长期（6～10DPA）优势表达，而外源赤霉素抑制该基因在纤维中的表达。*GhGA20ox1* 超量表达棉花表现出赤霉素超量的表型（植株变高、叶色变淡等）（图 5-13），胚珠和纤维中的活性赤霉素含量都较对照升高，显示 *GhGA20ox1* 基因具有促进内源赤霉素合成的功能。超量表达棉花胚珠的纤维数目比对照明显增加，成熟和未成熟纤维均比对照长，纤维起始的速率较对照快（图 5-14），表明 *GhGA20ox1* 基因的上调能促进棉花纤维的起始和伸长。

图 5-13　*GhGA20ox1* 超量表达棉花的表型分析（Xiao et al.，2010）

A. 用于棉花和烟草遗传转化的表达载体。NosP 和 NosT. Nos 启动子和终止子；*NPTII*. Kan 抗性基因；*GUS*. GUS 基因；CaMV35S. 花椰菜叶病毒 35S 启动子。B、C. *GhGA20ox1* 超量表达棉花（G2）和阴性分离植株的叶片、植株的比较。D. 转基因棉花叶片中 *GhGA20ox1* 表达的 Northern blot 分析。E. *GhGA20ox1* 超量表达棉花（G2）和阴性分离植株（Null）节间伸长过程；*、**分别表示显著（$P<0.05$）和极显著（$P<0.01$）差异。F、G. *GhGA20ox1* 超量表达棉花（G2）和阴性分离植株的花和棉铃的比较

（七）*GhMBY0* 的克隆与功能分析

王诺菡等（2014）从'徐州 142'中克隆了陆地棉的 *GhMYB0*，其开放阅读框长度为 843bp，编码 280 个氨基酸。表达模式分析表明，*GhMYB0* 在'徐州 142'开花 0DPA 开始高表达，开花后 20DPA 达到最大，初步推测该基因可能在棉花纤维的起始和伸长阶段皆发挥一定的作用。

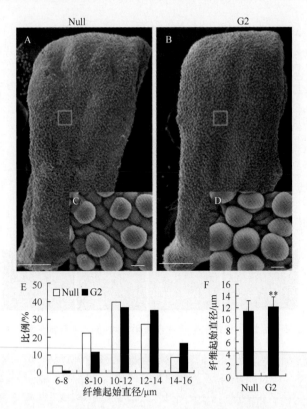

图 5-14　*GhGA20ox1* 超量表达棉花纤维起始的 SEM 分析（Xiao et al.，2010）

A、B. *GhGA20ox1* 超量表达棉花（G2）和阴性分离植株（Null）开花当天的胚珠，Bar=160μm。C、D. 分别为图 A 和图 B 的放大，Bar=5μm。E. 纤维细胞直径分布。F. *GhGA20ox1* 超量表达棉花（G2）和阴性分离植株（Null）开花当天纤维的平均直径。**. 极显著差异（*P*<0.01）

　　为了分析 *GhMYB0* 基因的功能，构建了 *35S∷GhMYB0* 表达载体转化拟南芥。利用体视显微镜分别观察 2 个转基因株系（L2 和 L5）第 3 片真叶表皮毛，发现超表达株系 L2 和 L5 皮毛密度分别比野生型低 51.24%和 10.19%，说明超表达株系中表皮毛密度减小（图 5-15）。另外，*GhMYB0* 能够回复拟南芥表皮毛缺失突变体 *gl-1* 的表型（图 5-15B）。综上所述，在促使表皮毛细胞分化机制中，*GhMYB0* 发挥着一种精细的调控作用，其表达量对于表皮毛细胞特化数量存在一定阈值，野生型中过表达会抑制表皮毛的形成，而在突变体内刚好可以互补 *GL1* 的作用。利用扫描电子显微镜观察野生型背景下 *35S∷GhMYB0* T₁ 代拟南芥种子发现有表皮毛产生（图 5-16），统计观察 2 个超表达株系（L1 和 L4）T₁ 代种子，发现转基因拟南芥种子表皮毛出现的概率为 20%（L1：14/76、L4：8/38），一粒种子上有 1～8 根表皮毛。对 *35S∷GhMYB0* 转基因 T₂ 代种子观察发现该表型可以遗传到 T₂ 代（王诺菡等，2014）。

（八）*GhCKX* 基因的克隆与功能鉴定

　　细胞分裂素氧化酶（cytokinin oxidase/dehydrogenase，CKX）是细胞分裂素代谢中的一个重要负调控因子，能催化细胞分裂素 N～6 上不饱和侧链发生裂解使之丧失活性，进而调节细胞分裂素的动态平衡。Zeng 等（2011）从棉花中克隆到了 *GhCKX* 基因。表

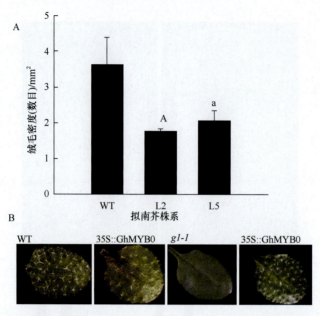

图 5-15 *GhMYB0* 转基因株系和野生型叶片表皮毛密度统计及表型观察（王诺菡等，2014）

图 5-16 转基因拟南芥种皮毛形态观察（王诺菡等，2014）

达特征分析表明，该基因在-1DPA 胚珠中极显著高表达，随后表达量急剧下降，在纤维细胞的伸长期维持在相对低的水平。在烟草中降低 *GhCKX* 同源基因的表达，转基因烟草表现出细胞分裂素过量的表型。利用种皮特异表达启动子 *PFBP7* 驱动 *GhCKX* 基因进行棉花转基因分析。结果表明，在棉花胚珠表面过量表达该基因，转基因棉花分化起始期胚珠中细胞分裂素的含量明显降低，从而导致胚珠表面纤维细胞数量与野生型相比明显下降（图 5-17）（Zeng et al.，2011），对该基因的功能，以及细胞分裂素信号途径在棉花纤维分化发育过程中的作用还需要更加深入细致的分析研究。

（九）*GhGAI1* 基因的克隆与功能鉴定

DELLA 蛋白是赤霉素信号途径中的一类对植物生长起抑制作用的重要蛋白质，西南大学裴炎课题组从棉花重分离到 4 个 DELLA 蛋白基因，命名为 *GhGAI1~GhGAI4*。表达特征分析表明，*GhGAI1* 相对于其他 3 个基因来说，在纤维发育的不同阶段表达量都维持在较高的水平。在 'Xu142' 突变体的-1~3DPA 胚珠中，*GhGAI1* 的表达明显高于其在野生型 'Xu142' 中的表达，暗示该基因在纤维起始过程中起负调控作用。外源添加生长素 IAA 和 pei-BL，0DPA 胚珠中的 *GhGAI* 的表达明显降低，同样在 7DPA 的纤维中添加 epi-BL，该基因的表达也受到明显影响（Hu et al.，2011）。关于该基因的功能，以及赤霉素信号途径在纤维细胞分化发育中的调控作用同样需要棉花科研工作者更深入细致的研究。

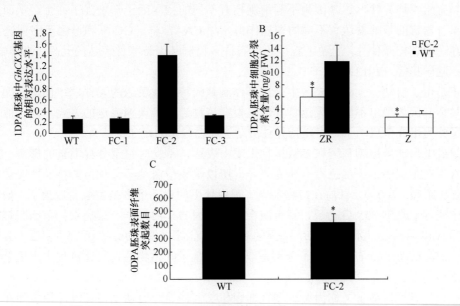

图 5-17　*PFBP7∷GhCKX* 转基因棉花表型（Zeng et al.，2011）

A. 不同转基因株系中 *GhCKX* 基因的表达分析；B. 转基因株系 FC-2 1DPA 胚珠中细胞分裂素含量检测（$P<0.05$）；
C. 0DPA 胚珠表面纤维细胞的 SEM 分析（$P<0.05$）

第二节　棉花纤维表达启动子的克隆和功能验证

一、纤维表达启动子的研究意义和进展

（一）高等植物启动子概述

启动子是一段能被 RNA 聚合酶识别并结合，位于结构基因 5'上游的 DNA 序列，能活化 RNA 聚合酶并指导相应类型的 RNA 聚合酶与模板的正确结合，决定转录的方向和效率，控制基因表达（转录）的起始时间、空间和表达的强度（朱玉贤和李毅，1997；Benjamin，2005；王曼莹，2006）。启动子通常包括核心启动子区（core promoter region）和上游调控区（upstream regulatory region）。核心启动子区包括 TATA 框和转录起始位点附近的起始因子。TATA 框位于转录起始位点上游-25～-30bp，其核心及周边保守序列为 TCACTATATATATAG，基本由 AT 碱基对组成，是决定基因转录起始的关键序列（Joshi，1987；李一醌和王金发，1998）。

上游调控区是指核心启动子区上游的 DNA 序列，通常由序列比较保守的上游调控元件构成。通常存在于上游调控区的元件有 CAAT 框、GC 框和增强子。CAAT 框是一段位于 TATA 框上游约-50bp 处的序列，与转录因子 CTF 结合并激活转录。CAAT 框对基因转录有较强的激活作用，控制着转录起始的频率。GC 框位于转录起始位点上游-80～-90bp 处，保守序列为 GCCACACCC 或 GGGCGGG，常有多个拷贝，并能以任何方向

存在而不影响其功能（王颖等，2003）。增强子是对转录活性具有增强作用的 DNA 序列，能使转录活性增强上百倍，通常位于 5′端转录起始点上游约 100bp 以外的位置。增强子通常具有组织特异性，这是因为不同细胞核有不同的特异因子与增强子结合，从而对不同组织、器官的基因表达有不同的调控作用。除 CAAT 框、GC 框和增强子序列这 3 种普遍存在的调控元件外，上游调控区还含有许多控制基因特异性表达的元件（张春晓等，2004；赵学彬等，2013）。

正是由于启动子上游调控区中有许多控制基因特异性表达的元件，才使得启动子控制的具体基因表现出不同的表达特异性。根据植物启动子调控表达的方式不同，通常将启动子分为组成型启动子、组织特异性启动子和诱导型启动子三大类。

组成型启动子控制基因在多数植物组织中表达，不受时空及外界因素的影响，而且表达水平在不同的组织部位没有明显差异，所以组成型启动子又称为非特异性表达启动子（夏江东等，2006）。目前在植物基因工程中使用的启动子多是组成型启动子，如花椰菜花叶病毒 *CaMV 35S* 启动子、章鱼碱合成酶基因 *Ocs* 启动子、根癌农杆菌胭脂碱合成酶基因 *Nos* 启动子、水稻 *Actin1* 基因的启动子和玉米 *Ubiquitin* 基因启动子等。其中，*CaMV 35S* 启动子和 *Ubi* 启动子分别是双子叶和单子叶植物遗传转化过程中应用最多的组成型启动子。

组织特异性启动子又称为组织器官细胞和发育特异性启动子，可以调控基因在某些特定的组织器官和细胞中表达，并常常表现出发育调节的特性。根据启动子调控的基因表达部位和发育时期的不同，可分为各种特异性启动子，如根特异性启动子、花粉特异性启动子、纤维细胞特异性启动子、胚特异性启动子和种子发育后期启动子等（胡廷章等，2007）。

诱导型启动子通常含有诱导特异性元件，在物理或化学信号的诱导下被激活，促进基因的表达（胡廷章等，2007）。这类启动子常以诱导信号命名，如光诱导型启动子、温度诱导型启动子、干旱诱导型启动子、激素诱导型启动子和病原诱导型启动子等。

（二）研究棉花纤维特异/优势表达启动子的意义

1. 分析纤维特异/优势表达基因功能的重要证据

启动子是基因 5′端上游调控序列，对基因表达具有主要的指导作用（部分基因的内含子序列和 3′-UTR 也具有一定的调控作用）。因此，就棉花来源的基因而言，研究目标基因启动子的表达特性，能够更加精确地了解目标基因表达的部位和时期，并能在一定程度上反映表达的强度。由于取材的限制，通过提取目标基因的 mRNA 进行 Northern blot、半定量 RT-PCR 和实时定量 RT-PCR 来检测基因表达很难精确到细胞个体，而利用启动子序列指导报告基因，如 *GUS* 或荧光蛋白基因的表达，能够使基因的表达检测精确到细胞个体。棉花纤维细胞是胚珠外珠被表皮部分细胞经突起和伸长而成，在纤维细胞中特异表达的基因通过启动子-报告基因体系能够很好地显示出开花当天目标基因表达的纤维细胞和周围不表达的非纤维细胞的差异。这些数据对分析目标基因在纤维细胞发育中的作用十分重要。例如，在 *GhSCFP* 启动子的研究中，利用启动子-*GUS* 基因体系很好地显示了 *GhSCFP* 基因在纤维细胞中特异表达，有力地证明了 *GhSCFP* 基因与纤维细胞发育有密切关系（侯磊等，2008）。

2. 分析基因调控网络和相关机制的重要成分

基因之间的调控网络是解析细胞内物质代谢调控和信号传递的基础数据，纤维细胞中特异或优势表达基因的调控网络还是解析纤维细胞生长发育调控的重要基础。获得目标基因的启动子序列，筛选与目标基因启动子序列结合的转录因子；或者利用已知的转录因子，寻找其调控的下游基因是研究基因调控网络、阐明调控机制的重要内容。因此，启动子是分析基因调控网络上下游成员的纽带，是分析调控机制的重要成分。

3. 研究纤维发育相关基因功能和利用基因工程改良纤维的重要元件

由于在模式植物中难以找到与棉花纤维细胞对等的细胞，因此常常通过棉花遗传转化才能明确目标基因在纤维发育中的功能。目前使用较多的是组成型强启动子 *CaMV 35S* 启动子，但其缺陷也十分明显。目标基因的组成型表达可能对转基因棉花的营养生长和生殖生长产生较大影响，进而不能开花结果或不能获得成熟的种子和纤维，不能分析目标基因在纤维发育中的功能。或者由于营养生长的强烈变化对纤维发育产生次级影响，从而误导目标基因在纤维发育中的功能分析。纤维特异/优势表达的启动子能够指导目标基因在纤维细胞中特异/优势表达，降低目标基因在营养生长和生殖生长方面的不利影响，使目标基因对纤维细胞发育的功能表现更加明确。

与研究纤维发育相关基因的功能相似，利用已知功能的基因改良纤维需要适宜强度和适宜表达时期的纤维特异或优势表达启动子，减少植株的代谢负担，以及物质和能量的浪费，以达到改良纤维的目的。

（三）棉花纤维特异/优势表达启动子研究进展

由于纤维表达启动子的研究对分析基因功能和解析纤维发育的调控机制具有重要的理论意义，对利用基因工程改良纤维产量和品质具有重要的实用价值。因此，多数研究者在获得纤维特异/优势表达基因后随即进行了启动子的克隆和功能分析。John 和 Crow 于 1992 年首次通过 cDNA 文库差异筛选，克隆了纤维发育早期特异表达的 *E6* 基因。随后分离了 *E6* 基因上游 2.5kb 的片段，将其与胡萝卜的伸展蛋白基因相连，构建表达载体并利用基因枪法转化棉花。Northern blot 检测结果表明，其表达模式与 *E6* 基因相似，在开花后 5～28 天的纤维中表达，在 15～22 天表达最高，而在其他组织中未检测到该基因的转录产物（John and Crow，1992；John，1996）。由此说明 *E6* 启动子是纤维发育早期特异表达的启动子。吴霭民和刘进元（2005）分离棉花 *E6* 基因上游 614bp 的片段，与 *GFP* 基因融合后转化烟草，分析发现只在烟草叶片的表皮毛中检测到绿色荧光，表明该 614bp 长的片段能指导基因在烟草表皮毛中特异表达，此片段已足够驱动基因在棉花纤维中特异表达。目前 *E6* 启动子在棉花基因工程中已有较多应用。用 *E6* 启动子驱动的 *phaB* 基因（乙酰 CoA 还原酶基因）和 *phaC* 基因（PHA 合成酶基因）构建表达载体导入陆地棉中，两个基因均在纤维中特异表达，使聚羟基丁酸在纤维中积累，增强了棉花纤维的保暖性能（John and Keller，1996）。张震林等（2004）将 *E6* 启动子控制蚕丝芯蛋白基因或兔角蛋白基因的表达单元导入陆地棉中，提高了纤维强度。

同样，通过 cDNA 文库差异筛选，Rinehart 等（1996）分离到了纤维发育中后期特异表达基因 *FbL2A*，并克隆了其 4.0kb 上游序列 。瞬时表达结果表明，*FbL2A* 基因 5'端 2.3kb 的片段已经包含了启动子的所有必需元件，该启动子的表达活性约为 35S 启动子的 1/3。同时还与早期特异表达的 *E6* 启动子的强度作了比较，*FbL2A* 启动子的表达强度是 *E6* 启动子的 3 倍。

3 个脂转移蛋白基因（*LTP3*、*LTP4* 和 *LTP6*）在纤维伸长期特异表达。通过克隆 *LTP3* 和 *LTP6* 的启动子序列（长度分别为 1548bp 和 450bp）并控制 *GUS* 报告基因进行烟草的遗传转化。结果显示仅在表皮毛中检测到 GUS 信号，*LTP6* 基因启动子的启动活性较弱，仅为 CaMV 35S 启动子的 1/1000 左右。Northern blot 分析表明 *LTP3* 启动子的活性强于 *LTP6* 启动子（Ma et al.，1995，1997；Hsu et al.，1999；Liu et al.，2000）。*LTP4* 启动子也在转基因烟草的表皮毛表达（Delaney et al.，2007）。

棉花纤维素合成酶 4 亚基基因（*GhCesA4*）在纤维次生壁沉积起始期和沉积期表达。将该基因 2.6kb 启动子序列与 *GUS* 报告基因融合并进行棉花遗传转化。结果表明在次生壁合成阶段，*GUS* 的表达显著增强（Wu et al.，2009；Kim et al.，2011）。

棉花肌动蛋白基因（*GhACT1*）在纤维中优势表达，该基因 0.8kb 启动子序列能够指导 *GUS* 报告基因在纤维中高量表达，在萌发的子叶中微量表达，表明该启动子为纤维细胞特异启动子（李学宝等，2000；Li et al.，2005）。

于晓红等（2000）从亚洲棉中分离得到棉花纤维特异表达的 *GAE6-3A* 基因 5'端上游约 1.5kb 的上游序列，通过与报告基因相连，转化烟草。结果表明在 *GAE6-3A* 基因启动子的驱动下，*GUS* 在烟草的根、茎、叶及维管组织中均有较强表达，在表皮毛中也有表达。

近年来，更多的纤维特异或优势表达基因被分离出来，相应的启动子也得到克隆和功能分析（表 5-5）。

表 5-5　纤维优势表达启动子

基因	基因功能和表达特征	启动子表达特征	参考文献
GhE6	功能未知，可能参与细胞壁构成，在 5~28DPA 表达	纤维发育早期优势表达	John and Crow，1992；John，1995；1996
FbL2A	功能未知，参与次生壁形成，在 15~35DPA 表达	纤维发育后期优势表达	Rinehart et al.，1996
GhLTP3	脂转移蛋白，5~20DPA 纤维中表达	烟草表皮毛中特异表达	Ma et al.，1995；1997；Liu et al.，2000
GhLTP6	脂转移蛋白基因，在 10~20DPA 纤维中优势表达	烟草表皮毛中特异表达	Ma et al.，1995；Hsu et al.，1999
FSltp4	脂转移蛋白基因，在纤维中优势表达	棉花纤维和烟草表皮毛中表达	Delaney et al.，2007
GhCesA4	纤维素合成酶，16~24DPA 表达	在次生壁合成起始期优势表达	Wu et al.，2009b；Kim et al.，2011
GhACT1	肌动蛋白基因，纤维特异表达	纤维发育早期优势表达	李学宝等，2000；Li et al.，2005
GaRDL1	RD22-like，在 3~12DPA 表达	纤维和拟南芥烟草表皮毛中优势表达	Wang et al.，2004；上官小霞等，2010
GAE6-3A	亚洲棉 E6 蛋白，纤维中特异表达	在检测的各个组织中均有表达	于晓红等，2000

续表

基因	基因功能和表达特征	启动子表达特征	参考文献
CFTUB2	微管蛋白基因，纤维发育早期表达	纤维发育早期特异表达	蔡林等，2000
GhFLA1	类成束蛋白阿拉伯半乳糖蛋白基因，在5~15DPA纤维中优势表达	在烟草叶柄和表皮毛中优势表达	李学宝等，2009a
GhPIP2	水孔蛋白基因，伸长期表达	在烟草表皮毛中优势表达	李学宝等，2009b
GhPRP5	水孔蛋白基因，伸长期表达	在烟草和拟南芥表皮毛中优势表达	李学宝等，2009c
PGPBEXA1	伸展蛋白基因，伸长期表达	纤维伸长期和拟南芥表皮毛中优势表达	涂礼莉等，2010
PGPBEXPATR	伸展蛋白基因，伸长期表达	纤维伸长期和拟南芥表皮毛中优势表达	涂礼莉等，2010
KCS12	超长链脂肪酸合成，在纤维中优势表达	在纤维中优势表达	朱玉贤等，2010b
FDH	甲酸脱氢酶基因	在纤维中优势表达	朱玉贤等，2010a
Nodulin-like	生殖器官中优势表达	生殖器官中优势表达	任茂智，2004
Arfl	生殖器官中优势表达	生殖器官中优势表达	任茂智，2004
GhManA2	5~25DPA纤维中表达	纤维优势表达	杜磊，2008
GhTUB1	β-微管蛋白基因，在0~14DPA纤维中表达	纤维优势表达，幼苗根尖表达	Li et al.，2002
GhTUA9	α-微管蛋白，在5~10DPA纤维中优势表达	纤维优势表达	Li et al.，2007
GaMYB2	转录因子，在0~9DPA纤维中优势表达	在纤维发育早期优势表达，在表皮毛中表达	Wang et al.，2004；Shangguan et al.，2008
GhMYB109	转录因子，在4~8DPA纤维中优势表达	在纤维发育早期优势表达	Sou et al.，2003；Pu et al.，2008
GhH6L	在纤维中优势表达，10DPA达到峰值	在转基因拟南芥叶柄和果柄中表达	Wu et al.，2009a
GhYB25	转录因子，0~5DPA纤维中表达	在胚珠表皮、根表皮、花粉、雌蕊、纤维细胞和表皮毛中表达	Machado et al.，2009
GhSUS3	蔗糖合成酶，在0~5DPA纤维中表示	在表皮毛和根毛中表达	Ruan et al.，2009
GhRING1	泛素蛋白连接酶，在0~20DPA纤维中表达	在托叶和花药中表达	Ho et al.，2010
GhCTL1-2	类几丁质酶，在8~31DPA纤维中表达	在木质部、花粉和有次生壁细胞中表达	Zhang et al.，2004

二、棉花源纤维优势表达启动子

（一）GhSCFP基因启动子的克隆和功能验证

1. GhSCFP基因及其表达特性

通过建立0~8DPA纤维细胞的混合cDNA文库、随机克隆测序和表达分析，筛选到一个与 subtilisin 同源的 *GhSCFP*（gossypium hirsutum seed coat and fiber protease）基因。Northern blot 结果显示，该基因在纤维细胞中特异表达（侯磊等，2008）。

2. *GhSCFP* 基因启动子（*pGhSCFP*）的克隆与序列分析

根据 *GhSCFP* 基因的 cDNA 序列设计特异引物，采用 YADE 方法（肖月华等，2002）在陆地棉'徐州142'基因组中，向该基因起始密码子5'端上游步移，获得了1006bp的DNA片段。利用植物启动子数据库 PlantCARE 对该序列进行启动子调控元件预测，从中发现大量的顺式调控元件及其与 TF II 结合的核心序列 TATAA。序列分析结果显示：*GhSCFP* 基因的启动子含有多种控制种子特异性的元件，如 RY-element（-110～-103）、L1-box like（-366～-359、-271～-264）、Skn-1-like motif（-215～-211）、Prolamin-Box（+55～+62）和 O_2-site（-386～-378、-104～-95）等（图 5-18）。

```
-640  tttattacaa ctttttctcta ccaatcaaat ttaaaaaata gaaaaatgaa aatcgatgaa
-580  ttggatcacc acaatttagc ccaaagaaaa acacagtcaa ccctctcac agggtaggaa
-520  tgatttcgag gtatagatag acatagtaac gggcaacttt aactattgct gcctcgattt
-460  gaggaaaata tcaaatcaaa gacaaaaatt tcaattatac actatgccat accattataa
-400  atatcccgt tcgccatatc atcaccatta tttgaatttg cattgcaaca ttcgtcaccg
-340  ttagttatac catcaccatc acttaattac taaaataatt attggtttct caatatgaaa
-280  aagctcgagt gcattttctt ttgaatatca accgaaaaga aagaaaaaac taaagatttt
-220  ggaagatgac ggggaaacca aaaaggaaat tttgggcatt tttaaaatga gaaagacgaa
-160  tgtaataacc cattttttctt tcttactctg acaacgccac agatgctta catgcatcat
-100  gtgatcgtgg gggaccccga aacttggcat acggaaagca ccaacggcac agcattaaaa
-40   gaaaattgtgt ataat gttaa aagaccatta attcagtctc atcaaccag gcttaaaagt
+21   cttcatgcct tttctcacct ctgatttcat ctaatgaaaa gcggacaagt tgaaggatca
+81   ctcgttgctt gtgtgagctt tcttcttta ttattatgtt ttaggtaacc ataggaagaa
+141  gccattaaca acagcatgaa aaacagctag tttctccgca aacaagataa acttttaaac
+201  tttttaccac tgcaccccc ccaaagacca gttttttaact ccacctacca agcattcaag
+261  aagcaccaac caacttaatt accagcttaa caagacgta caggtttctg ggatatttgt
+321  agtctctcaa ggacatcacc acctccactc accttccat ttttctctag caccccctaa
+381  aaagcttgtg cttggatATG
```

图 5-18　*GhSCFP* 基因启动子核苷酸序列结构（侯磊等，2008）
+1 为可能的转录起始点，粗体为 TATA 盒，大写为起始密码子。框中为推测的与种子表达特异性有关的顺式调控元件

3. *pGhSCFP* 指导 *GUS* 和 *GFP* 基因在转基因烟草中的表达分析

为分析 *pGhSCFP* 的表达特性，将该启动子与 *GUS* 基因融合构建植物表达载体，通过农杆菌介导法转化烟草并对转基因植株进行 GUS 活性检测。结果显示，在 T_0 代转基因烟草叶片、茎、花冠、雄蕊、柱头中均未检测到 GUS 信号，在幼嫩种子及部分胎座表面观察到蓝色（图 5-19D、E），特别是在种子表面有很深的蓝色出现。同时在开花当天及开花后 12 天种子表面观察到蓝色，12 天后着色消失。在 T_1 代种子萌发过程中，下胚轴、主根、侧根及根毛中均未见 GUS 着色。而且，转基因植株的真叶和茎等组织也未检测到 GUS 着色。为了了解该启动子在种子发育过程中的表达特性，定量检测了 T_0 代转

基因烟草种子不同发育阶段的 GUS 酶活。结果显示，开花当天到 7DPA，GUS 活性相对较高。7DPA 后，随着种子的发育 GUS 活性下降（图 5-20）。为进一步明确 *GUS* 基因在种子中的表达部位，对 GUS 着色的种子进行石蜡切片。显微观察发现，只有外种皮被染成蓝色，表明该启动子具有外种皮表达特异性（图 5-19F、G）。

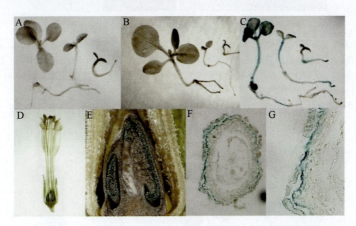

图 5-19　转 *pGhSCFP∷GUS* 基因烟草的 GUS 活性定位（侯磊等，2008）

A. 转 pGPTV 阴性对照的 T₁ 代烟草幼苗（4 天、8 天和 18 天）；B. 转 *pGhSCFP∷GUS* 的 T₁ 代烟草幼苗（4 天、8 天和 18 天）；C. 转 CaMV 35S∷*GUS* 阳性对照的 T₁ 代烟草幼苗（4 天、8 天和 18 天）；D. 转 *pGhSCFP∷GUS* 的 T₀ 代烟草的花（0DPA）；E. D 中子房的放大；F. 开花后 5 天的 GUS 着色种子的石蜡切片；G. F 中珠被部位的放大

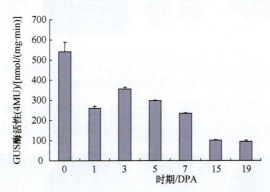

图 5-20　转基因烟草不同发育阶段种子中 GUS 活性（侯磊等，2008）

同样，将 *pGhSCFP∷GFP* 转入烟草中。由于该载体含 *CaMV 35S∷GUS*，转基因烟草 Kan 抗性苗通过 GUS 染色进一步筛选，然后对 GUS 阳性株进行 GFP 活性观察。在开花后 5 天幼嫩的种子上可以观察到较强的黄绿色荧光，非转基因的野生烟草种子只被激发出红色荧光（图 5-21A、B）。其他如叶片、茎、花冠、雄蕊、柱头等组织，未观察到 GFP 的绿色荧光。进一步对种子进行冰冻切片，在种皮部位观察到较强的绿色荧光。从而说明 *pGhSCFP* 可以指导 *GUS* 和 *GFP* 报告基因在烟草幼嫩的种皮中特异表达，该启动子具有种皮特异表达特性（侯磊等，2008）。

4. *pGhSCFP* 控制 *GUS* 基因在转基因棉花中的表达

为了明确 *pGhSCFP* 是否具有棉花纤维细胞特异性，采用农杆菌介导的遗传转化方法，将 *pGhSCFP∷GUS* 元件转入陆地棉'冀棉 14'中。GUS 组织化学染色结果表明，

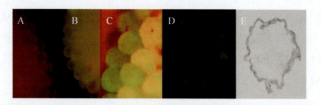

图 5-21 转基因烟草种子的荧光观察结果（侯磊等，2008）
A. 作为阴性对照的野生型烟草种子（5DPA）；B. 转 *pGhSCFP∷GFP* 基因烟草种子（5DPA），同时置于荧光显微
镜下的观察结果，野生型的种子被激发出红光而转 *GFP* 基因的绿色荧光与红色混合显示出黄色；C. B 中幼嫩种子的
放大观察；D. 单个种子切片的荧光观察；E. 同一个种子切片的明场观察结果

在转基因棉花中，除花丝有微弱的 GUS 信号外，T₀ 代的叶片、幼茎、花冠、花药和柱头，以及 T₁ 代的根、叶片和幼茎中均未观察到蓝色信号（图 5-22）。

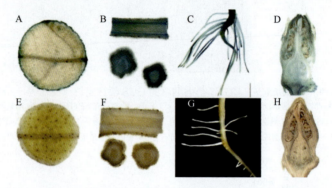

图 5-22 转 *pGhSCFP∷GUS* 棉花的 GUS 组织定位（侯磊等，2008）
A～D. 转 *CaMV35S∷GUS* 的陆地棉阳性对照；分别为叶、幼茎的纵切和横切面，根和花蕾的纵切面；E～H. 转
pGhSCFP∷GUS 的陆地棉组织；E. 叶；F. 幼茎的纵切和横切面；G. 根（T₁ 代）；H. 花蕾的纵切面

进一步检测开花当天的胚珠发现，在开花当天的胚珠表面观察到大量的蓝色点出现（图 5-23A、B），这些蓝色的点就是正在突起的纤维细胞。在快速伸长的纤维细胞中，GUS

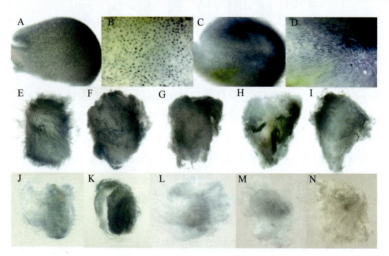

图 5-23 转 *pGhSCFP∷GUS* 棉花胚珠、纤维的 GUS 组织化学定位（侯磊等，2008）
A. 开花当天的胚珠；B. 开花当天胚珠表面的放大；C. 2DPA 的胚珠；D. 2DPA 胚珠表面的放大；E～N. 分别表示
开花后 3 天、5 天、7 天、9 天、11 天、15 天、20 天、25 天、36 天和 45 天的棉花胚珠及纤维

活性集中在纤维细胞的顶端（图 5-23）。直到开花后 36 天，纤维上仍可观察到蓝色（图 5-23E～M）。这些结果表明，*pGhSCFP* 具有棉花纤维表达特异性，特别在纤维的伸长期优势表达。

（二）*GbPDF1* 基因启动子功能鉴定

1. *GbPDF1* 基因及其表达特征

GbPDF1（PROTODERMAL FACTOR1）来源于海岛棉'3-79'，ORF 为 885bp，编码 294 个氨基酸残基。该基因在纤维起始和伸长早期优势表达，在开花后 5 天纤维中表达量最高。

2. *GbPDF1* 基因启动子的克隆和功能分析

通过基因组步移法，从海岛棉'3-79'中克隆了两个 *GbPDF1* 基因的启动子序列，分别为：*PGbPDF1-1*，长 1679bp；*PGbPDF1-2*，长 1285bp。两个启动子在翻译起始位点上游有 390bp 的相同序列。*PGbPDF1-1* 能够驱动 *GUS* 基因在开花当天到开花后 5 天的胚珠和纤维中表达，具体部位为突起的纤维细胞、内珠被和外珠被中一些邻近纤维细胞的细胞（图 5-24B）。在花药和花丝中也有表达，在营养器官中没有表达。通过删除实验，证明 *PGbPDF1-1* 的核心调控区域在翻译起始位点至上游 236bp 左右（Deng et al.，2012）。

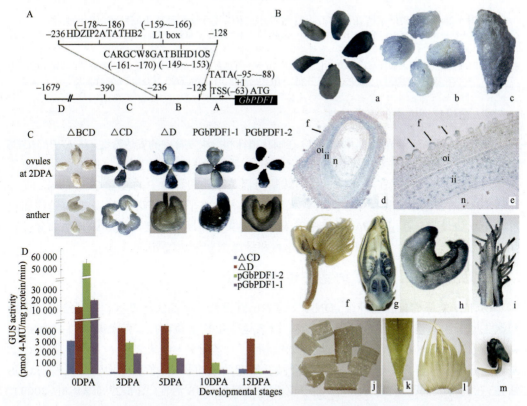

图 5-24　*GbPDF1* 启动子及其突变序列的 *GUS* 表达模式（Deng et al.，2012）
A. *GbPDF1* 启动子的结构。A、B、C 和 D 区段分别从 -1～-128bp、-129～-236bp、-237～-390bp 和 -391～-1679bp。B. *PGbPDF1* 驱动 *GUS* 的表达模式。a～c 分别为 -1DPA、2DPA、5DPA 胚珠；d. 胚珠切片；e. d 的局部放大图；f. 花蕾；g. 花；h. 花药；i. 花丝；j. 茎；k. 叶；l. 苞叶；m. 幼苗。C. 不同启动子的 GUS 活性。D. 不同启动子的 GUS 蛋白活性

（三）GhFBP7 基因启动子的克隆和功能验证

1. GhFBP7 基因及其表达特性

　　GhFBP7 基因是矮牵牛 FBP7 基因的同源基因。该基因在根、下胚轴、子叶、真叶、茎和雌蕊中皆无表达，只在雄蕊、纤维细胞和胚珠中表达（图 5-25）。这说明 GhFBP7 基因启动子具有雄蕊、纤维细胞和胚珠表达特异性。

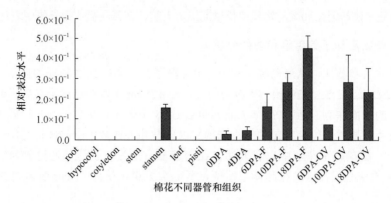

图 5-25　GhFBP7 基因在棉花不同器官和组织中以及纤维和胚珠不同发育时期的表达
误差线表示 3 次生物学重复的标准差。root. 根；hypocotyl. 下胚轴；cotyledon. 子叶；stem. 茎；stamen. 雄蕊；leaf. 叶；pistil. 雌蕊；0DPA. 开花当天的胚珠（包含突起的纤维细胞）；4DPA. 开花后 4 天的胚珠（包含突起的纤维细胞）；6DPA-F. 开花后 6 天的纤维；10DPA-F. 开花后 10 天的纤维；18DPA-F. 开花后 18 天的纤维；6DPA-OV. 开花后 6 天的胚珠；10DPA-OV. 开花后 10 天的胚珠；18DPA-OV. 开花后 18 天的胚珠

2. FPP1 在棉花纤维中的表达特性

　　为明确 GhFBP7 基因启动子（FPP1）在棉花植株和纤维发育中的表达特性，将 FPP1∷GUS 表达载体导入陆地棉并对转基因棉花进行 GUS 活性检测。结果表明，GUS 信号只出现在花粉和纤维细胞中，在开花后 2 天的转基因棉花胚珠和纤维中的没有 GUS 信号；在开花后 10 天的转基因棉花纤维中具有较强的 GUS 表达水平；在开花后 18 天的转基因棉花纤维中表达最强，在 18DPA 胚珠中的表达主要集中在胚珠表皮，在胚珠其他部分没有 GUS 信号（图 5-26）。说明 FPP1 具有花粉和纤维细胞表达特异性。

（四）GhASN 基因启动子的克隆和功能验证

　　GhASN 是从棉花胚珠纤维 cDNA 文库中筛选到的一个高表达基因，在纤维伸长后期和次生壁沉积初期的纤维和胚珠中表达，其表达受生长素负调控。克隆该基因 1028bp 启动子序列（PGhASN）并通过棉花遗传转化进行了功能分析。结果表明 PGhASN 驱动 GUS 基因在纤维发育中后期表达，而在茎、叶及纤维起始期的胚珠、子房中均没有检测到 GUS 活性。在转基因棉花幼苗的根和子叶中也没有检测到 GUS 活性（图 5-27）（李忠旺，2009）。

（五）GhHOX2 基因启动子的克隆与功能分析

　　GhHOX2 是从纤维细胞中克隆的一个 Homeobox（同源异型盒）基因，该基因在陆地棉的根、茎、真叶、子叶、花蕾、花冠、纤维和胚珠中均有表达，为组成型表达的转

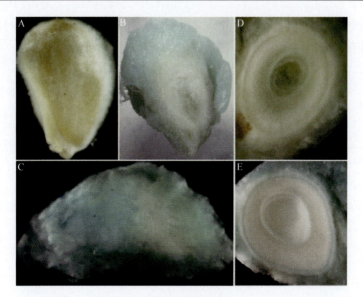

图 5-26　*GUS* 基因在转基因棉花胚珠和纤维中的表达特性

A. 开花后 2 天的转基因棉花胚珠和纤维；B. 开花后 10 天的转基因棉花胚珠和纤维；C. 开花后 18 天的转基因棉花胚珠和纤维；D. 开花后 10 天的转基因棉花胚珠（含纤维）横切；E. 开花后 18 天的转基因棉花胚珠（含纤维）横切

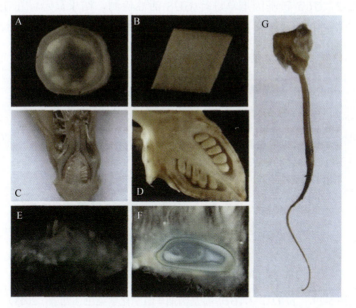

图 5-27　*pGhASN∷GUS* 转基因棉花的组织化学分析（李忠旺，2009）

A. 茎；B. 叶；C. 开花当天的子房；D. 开花后 3 天的子房；E. 开花后 25 天的纤维；F. 开花后 25 天的胚珠；G. 5 天龄幼苗

录因子基因。但其表达水平在各组织器官中有差异，在陆地棉子叶和花冠中的相对表达量最高，而在根、花蕾和纤维中的相对表达量较低。从基因组中克隆出两段启动子序列，命名为 *pHOX2-1* 和 *pHOX2-2*，长度分别为 1218bp 和 1195bp，两者有 85%的序列相同（刘灏，2008）。

对 *pHOX2-1∷GUS* 的转基因烟草进行 GUS 活性检测，结果显示，在花托和开花当天的子房中检测到 GUS 活性，而在其他部位未检测到 GUS 活性（图 5-28），说明该启动子在烟草中具有一定的组织特异性（刘灏，2008）。

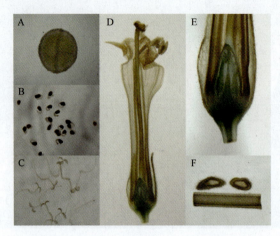

图 5-28　*pHOX2-1∷GUS* 转基因烟草组织化学染色（刘灏，2008）
A. 叶片；B. 胚根；C. 幼苗；D. 花；E. 子房；F. 茎

对 *pHOX2-2∷GUS* 转基因烟草进行 GUS 活性检测，结果显示，在花托、茎和开花当天的子房中检测到了 GUS 活性，而在其他部位未检测到 GUS 活性（图 5-29），该启动子可能具有茎和子房特异性（刘灏，2008）。

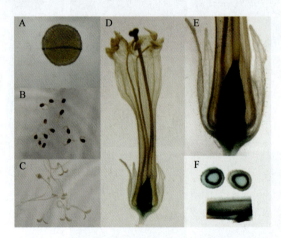

图 5-29　*pHOX2-2∷GUS* 转基因烟草组织化学染色（刘灏，2008）
A. 叶片；B. 胚根；C. 幼苗；D. 花；E. 子房；F. 茎

三、非棉花源种皮/纤维表达启动子

寻找棉花纤维特异或优势表达基因，克隆其启动子并分析其在棉花植株和纤维生长发育过程中的表达特性和调控机制，不仅能深入解析纤维发育相关基因功能，而且还能筛选到纤维特异或优势表达的启动子。然而，由于要确定是否在棉花纤维细胞中表达，必须通过棉花的遗传转化，因此得到转基因验证的纤维特异或优势表达的启动子较少。

为了尽快得到可以应用的启动子序列，借鉴在拟南芥等模式植物的研究结果并结合棉花纤维细胞的发育特点，将在其他植物的种子、外种皮及表皮毛中特异或优势表达的启动子接上报告基因导入棉花中进行表达，获得了一些具有良好应用价值的启动子。

（一）矮牵牛 *FBP7* 基因启动子（*pFBP7*）的功能验证

1. *pFBP7* 在转基因烟草中的表达特性

通过农杆菌介导将 *pFBP7∷GUS* 载体转入烟草中。GUS 染色的结果表明，*pFBP7* 启动子引导的 *GUS* 基因主要在种皮中表达（图 5-30C、D、F），在种子内部没有 GUS 信号（图 5-30 F）。在子房的基部、子房壁及果柄中有微量的表达（图 5-30C、G）。在花器官的其余部分检测不到 GUS 信号，如花药、花丝、柱头、花柱、花冠和胎座（图 5-30C、D、E、F）。另外，对转基因烟草的主根和侧根也进行了 GUS 染色，没有发现 GUS 信号（图 5-30B）。进一步用纯合的 T_2 代幼苗染色，在幼苗的根、下胚轴和子叶中都没有 *GUS* 表达的信号（图 5-30 A）。该结果说明，来源于矮牵牛花的 *pFBP7* 启动子在烟草中具有种皮表达特异性。

图 5-30　*pFBP7* 基因启动子在转基因烟草中的活性分析（罗明，2007）

A. 转基因烟草 T_2 代幼苗。B. 转基因烟草的主根和侧根。C. 转基因烟草的果实，包括子房、花冠、苞叶、种子和胎座。D. 转基因烟草的种子和胎座。E. 转基因烟草的胎座。F. 转基因烟草和野生型烟草的种子；WT. 野生型烟草的种子。G. 转基因烟草的花药、花丝、柱头、花柱、花冠和果柄

2. *pFBP7* 在转基因棉花中的表达特性

通过根癌农杆菌介导的棉花遗传转化和转基因植株的分子生物学鉴定，获得了 *pFBP7∷GUS* 转基因棉花。在转基因棉花开花时，对棉花植株的不同组织和器官进行 GUS 染色鉴定。结果只在棉花胚珠和纤维中检测到 GUS 活性。如图 5-31 所示，*pFBP7* 启动子引导的 *GUS* 基因主要在开花前 1 天（-1DPA）和开花当天（0DPA）的胚珠中表达（图 5-31A、C）。相同时期的野生型胚珠表面没有任何 GUS 信号（图 5-31B、D）。在开花后

5天（5DPA）和10天（10DPA）的胚珠表面和纤维中可以检测到一定的GUS信号（图5-31E、G）。说明 *pFBP7* 在开花前后的胚珠及正在伸长的纤维中表达，在其他组织和器官中不表达（Luo et al.，2007）。

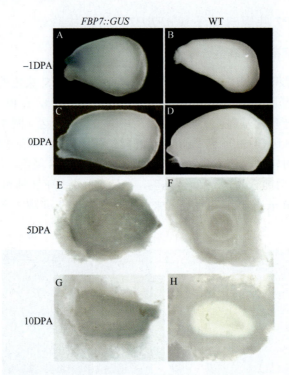

图 5-31　*pFBP7* 基因启动子转基因棉花中的活性分析（罗明，2007；Luo et al.，2007）

A. 开花前1天（-1DPA）的转基因胚珠；B. 开花前1天（-1DPA）的野生型胚珠；C. 开花当天（0DPA）的转基因胚珠；D. 开花当天（0DPA）的野生型胚珠；E. 开花后5天（5DPA）的转基因胚珠和纤维；F. 开花后5天（5DPA）的野生型胚珠和纤维；G. 开花后10天（10DPA）的转基因胚珠和纤维；H. 开花后10天（10DPA）的野生型胚珠和纤维

（二）*BAN* 在转基因棉花中的表达特征

BAN（*BANYULS*）基因编码花青素还原酶，是缩合单宁合成的一个关键酶。来源于拟南芥的 *BAN* 启动子在转基因棉花的花、种子、根和茎中有一定的表达活性。在花器官中，*BAN* 启动 *GUS* 基因在胚珠、花托、紧裹子房的组织中表达（图5-32）。开花后的子房中 *BAN* 特异地在胚珠表皮和纤维中表达，0DPA的珠柄及连接珠柄和合点的组织（后来发育为种脊）中，有较强的 *GUS* 基因表达，而胚珠的其他区域表达稍弱；在2DPA胚珠表面及突起的纤维中都有表达；在5DPA胚珠中表达最强，随后有所降低（图5-32），直到30DPA时都能检测GUS活性，35DPA的种子纵切染色表明，*GUS* 基因严格地在外种皮及纤维中表达，而在内种皮及胚中没有表达。为了进一步阐明该启动子在珠被（种皮）各细胞层的表达情况，取1DPA的胚珠，组织化学染色后进行石蜡包埋切片，切片结果表明，*GUS* 基因的表达部位仅限于在珠被的最外一层——表皮层细胞中表达，无论是纤维细胞还是非纤维细胞中都有较强的GUS信号（图5-33）（罗凤涛，2008；Zhang et al.，2011）。

图 5-32　*BAN* 启动子在棉花花器官及胚珠中的表达（Zhang et al.，2011；罗凤涛，2008）
A. –1DPA 的花。在胚珠、花托、紧裹子房的软组织中检测到 *GUS* 基因表达。B. 开花后不同时期胚珠（种子）GUS
染色，*GUS* 基因在种皮及纤维中表达。Control. 非转基因种子。图中 Bar=1mm

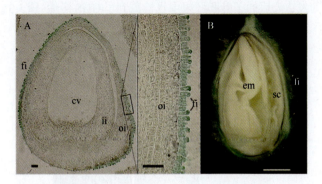

图 5-33　*BAN* 启动子在棉花胚珠和种子中的特异表达部位（Zhang et al.，2011；罗凤涛，2008）
A. 1DPA 胚珠切片；B. 35DPA 种子纵切染色。*GUS* 基因特异地在胚珠外表皮（种皮）及纤维细胞中表达。cv. 中央
空胞；sc. 种皮；em. 胚；fi. 纤维；ii. 内珠被；oi. 外珠被；A 图中 Bar=50μm，B 图中 Bar=2mm

（三）*AAP2* 在转基因棉花中的表达特性

对 *AAP2∷GUS* 转基因棉花各个器官和组织的组织化学染色结果表明，仅在种子胚乳和根的维管束中检测到 GUS 表达活性，茎、叶、胚和其他部位未检测到 *GUS* 基因表达（图 5-34）。进一步发现 *GUS* 基因特异的在韧皮部表达，木质部及其他组织未见有

图 5-34　*AAP2∷GUS* 转基因棉花的组织化学染色分析（罗凤涛，2008）
A. 20DPA 的种子纵切染色（纤维已去除）；B. 开花后 30 天以上的胚珠 GUS 染色；C. 幼茎横切；D. 叶片染色；E. 幼
根染色。es. 胚乳；sc. 种皮；em. 胚；fi. 纤维；Bar=0.2mm

蓝色，说明该启动子在棉花根中也具有表达特异性（图 5-34）。在受精后的胚珠（种子）中，也能检测到 *GUS* 基因的表达，从开花后 20 天的种子开始，胚乳组织中有蓝色出现，而在发育中的胚、种皮、纤维等部位都没有检测到 GUS 活性，这种表达特性一直持续到种子成熟（罗凤涛，2008）。

（四）*AAP1* 在转基因棉花中的表达特征

对 *AAP1*∷*GUS* 转基因棉花各个器官和组织的组织化学染色结果表明，在根、茎、叶、花蕾中均未检测到 GUS 活性，在种子胚中发现有 GUS 活性，主要在胚发育中期开始表达，一直持续到胚发育成熟。在 25DPA 种子胚中检测到有较强的 GUS 信号（图 5-35），而发育成熟的胚中表达较弱；胚的不同组织部位表达强弱也不一样，子叶中表达强，而胚轴、胚根中表达较弱。种子萌发 2 天后的子叶和胚根中也检测到了 GUS 活性（图 5-35）（罗凤涛，2008）。

图 5-35　*AAP1* 启动子在转基因棉花中的表达特性（罗凤涛，2008）
A. 花器官纵切染色（2×）；B. 开花后 25 天的种子纵切 GUS 染色（16×）；C. 萌发 2 天的种子 GUS 染色（8×）；D. 染色后的幼嫩叶片（16×）；E. 幼茎横切（30×）；F. 成熟根染色（6×）。括号中数字表示放大倍数

（五）*NtSC* 在转基因棉花中的表达特征

NtSC∷*GUS* 转基因棉花各个器官和组织的组织化学染色结果表明，*NtSC* 启动子仅在种子胚中表达（图 5-36）。花蕾中的所有部位都没有检测到 *GUS* 基因的表达。胚珠（种子）表面未见 GUS 信号，胚的子叶中表达强，而胚轴、胚根中表达较弱。成熟种子在水中浸泡 5h 后再进行胚的纵切染色，在子叶、胚轴有很深的 GUS 蓝色出现，但萌发 3 天后的种子只在子叶和胚根的根毛区有微弱的蓝色，胚轴中已经没有 *GUS* 基因表达，成熟的茎、叶中未见有 *GUS* 基因表达（图 5-36）（罗凤涛，2008）。

四、棉花纤维特异/优势表达启动子研究的问题和展望

启动子是调控基因表达的重要元件，筛选鉴定纤维特异/优势表达启动子不仅对解析基因功能和阐明纤维发育调控机制具有重要意义，而且是探索基因互作网络和利用基因工程改良纤维产量和品质不可缺少的元件。在过去的十几年中，已经有一些有价值的纤维特异/优势表达启动子被分离并已用于棉花基因功能研究和纤维改良的基因工程，

图 5-36　*NtSC* 启动子在转基因棉花中的表达（罗凤涛，2008）

A. 0DPA 的花纵切染色（2×），没有 GUS 活性；B. 开花后 35 天的种子纵切 GUS 染色（16×），在胚中检测到 *GUS* 基因的表达；C. 水中浸泡 5h 后的种胚染色（16×），在子叶、胚根、胚轴上都有蓝色染出；D. 幼茎横切（30×）；E. 萌发 2 天的种子染色（6×），子叶上有不均匀的蓝色染出，根毛区有较淡的蓝色出现（红色箭头处）；F. 成熟根染色（6×），没有检测到 GUS 活性；G. 染色后的幼嫩叶片（30×）。括号中数字表示放大倍数

取得了较好的效果（吕少溥等，2014）。但是，相对于棉花纤维发育相关基因的克隆和功能分析，纤维特异/优势表达启动子的克隆和功能鉴定进展较慢。到目前为止，已经鉴定的棉花纤维特异/优势表达的基因还不多，其启动子得到分离和功能验证的也很少（吕少溥等，2014）。其中通过棉花遗传转化验证启动子表达功能的更少，远不能满足棉花科学研究和分子育种的需要（郭旺珍等，2003；吕少溥等，2014）。

随着棉花研究的深入和科技的进步，已经能够高通量检测基因表达差异。纤维和营养组织、纤维和胚珠，以及不同纤维（如突变体和野生型、陆地棉和海岛棉、具有相对品质性状的纤维等）、不同纤维发育时期（起始期和伸长期、伸长期和次生壁沉积期等）的基因表达差异已有报道（Shi et al.，2006；Deng et al.，2012）。同时，根据已公布的棉花基因组序列可以快速克隆目的基因的启动子序列。而且棉花遗传转化障碍也在逐渐被克服，为最终明确一个纤维特异/优势表达启动子的表达特征铺平了道路。

为了获得更多棉花纤维特异/优势表达启动子，一方面可以加大棉花基因组中特异表达基因及其启动子的分离和功能鉴定，另一方面可以从其他物种获取或进行人工合成。前人的研究表明，进化上亲缘关系较近的物种，无论在遗传物质组成上，还是在蛋白质功能上都具有更大的相似性，在双子叶植物中存在一系列相似的功能蛋白质组、功能基因组及基因表达调控模式。启动子的表达模式在不同的双子叶植物中也具有相似性（Goossens et al.，1999）。研究证明从已经报道过的其他双子叶植物的特异启动子中寻找适合于棉花的启动子是可行的（Luo et al.，2007；Zhang et al.，2008；罗凤涛，2008）。同时，随着启动子序列研究的不断深入，指导启动子特异表达的元件也将会越来越多，届时可以选择元件来组合成我们需要的启动子，这样的启动子将更有目的性，应用前景更好。

第三节　转基因技术体系的改良及应用

一、转基因技术体系的改良

目前在棉花的遗传转化方面常用的方法主要有 3 种：农杆菌介导转化法（Agrobacterium-mediated gene transfer）、基因枪转化法（particle bombardment）和花粉管通道转化法

（pollen tube pathway）。

农杆菌介导转化法是目前原理研究最清晰、国际上应用最广泛的方法。棉花大部分转化成功的例子皆采用农杆菌介导转化法。其主要原因是：棉花是双子叶植物，易受农杆菌感染，对设备没有特殊要求，转化的外源基因多以单拷贝或双拷贝插入，遗传稳定性好，并且多数符合孟德尔遗传规律，因此转基因植株能较好地为育种提供中间选育材料。农杆菌介导的转基因技术也存在一些缺点：①农杆菌侵染过程中会对受体材料造成不同程度的损伤；②农杆菌介导法依赖于高效的组织培养技术体系，而组织培养严重受基因型、外植体等各种因素的影响；③目前关于农杆菌介导法的分子调控机制已研究的较为深入，但是对相关植物因子的作用机制还知之甚少。

基因枪转化法可以不受寄主的限制，将携带的 DNA 机械的导入受体细胞和组织中，避免农杆菌介导法中因农杆菌污染造成的假阳性，使直接转化顶端分生组织成为可能。根癌农杆菌介导法和基因枪转化法是植物遗传转化的主要方法，两种方法各有优缺点。通过结合两种方法的特性，互相取长补短，就有可能提高转化效率。目前结合转化的途径主要有 3 种，分别为农杆枪法（agrolistic）、基因枪轰击/农杆菌感染法、金粉或钨粉包裹菌体细胞作为微弹轰击法。

花粉管通道转化法由我国学者周光宇在 20 世纪 80 年代初期提出。其基本原理是在植物授粉后向其子房内注射含有目的基因的 DNA 溶液，利用植物开花受精后形成的花粉管通道，使目的基因的 DNA 进入到植物受精卵，然后进一步整合到受体植物的基因组中，得到新的转基因个体。该法的最大优点是不依赖组织培养再生体系，技术简单，不需要装备精良的实验室，常规育种工作者易于掌握。但是花粉管通道法也存在一些缺点：①易受受体植物开花时期的限制；②多为多拷贝转化子；③转化技术不够完善，带有一定的盲目性，对转化机制的系统性研究欠缺，转化效率较低；④容易造成基因沉默，导入外源基因表达效率低；⑤原理研究不清晰，不被普遍认可。

上述的 3 种方法各有优缺点，以农杆菌介导转化法应用最为广泛，获得的转基因材料最多。在 973 项目资助下，中国农业科学院棉花研究所对棉花转基因技术体系进行了改良，已经利用农杆菌介导方法转化验证了大量候选基因的功能，同时对其他两种方法也进行了改良，也验证了部分候选基因的功能。

（一）棉花农杆菌介导法转基因技术的改良

棉花是体细胞胚胎发生和植株再生最困难的植物之一。与其他作物相比，棉花组织培养体系很不完善，主要表现在胚性愈伤组织诱导困难、体胚发生率低、培养周期长、试验重复性差等方面。从而导致棉花农杆菌介导遗传转化效率低、周期长、可利用的转化子少等不利因素，限制了该技术在棉花上广泛的应用。通过对基因型、外植体、激素种类、激素配比、温度与光照等多种因素的研究，目前棉花体细胞胚胎发生和植株再生能力研究有了较大进展，逐渐建立了一些品种或品系的组织培养再生体系。但是成熟的组织培养体系仍然集中在少数品种或仅有的几个模式品种中。

棉花组织培养常用外植体：研究表明不同外植体类型之间在愈伤组织诱导和分化方面存在着差异。因此，棉花组织培养体系的改良与外植体的筛选历来是组织培养工作者的注重点之一。棉花下胚轴作外植体比子叶或真叶作外植体优越（Troloinder and Goodin，1988）。子叶节附近是下胚轴最易形成愈伤组织的部分（张献龙，1990）。Finer（1988）发现用成熟棉株的茎、叶、叶柄作外植体与用无菌幼苗相比，难以诱导愈伤组织。谭晓连和钱迎倩（1988）研究了盆栽拟似棉的叶、叶柄和茎在离体培养中的反应，发现采用茎最容易诱导体细胞胚胎发生和植株再生。未授粉胚珠产生的愈伤组织比授粉胚珠产生的愈伤组织差（宋平，1987）。外植体的放置方向很重要，利用下胚轴作外植体时，必须使表皮与培养基接触，若使切口与培养基接触，会产生生长缓慢的红色愈伤组织（Price et al.，1977）。综合以上资料表明，下胚轴最易诱导愈伤组织，中胚轴和上胚轴次之，子叶较差，叶片和茎段最差。也有研究表明棉花根毛能够再生，但难易程度缺少比较（焦改丽等，2002）。2002年，张海等报道了棉花子叶离体培养与植株再生，但再生频率不高。不同研究者得出的结论有一定差异，可能与不同遗传型材料及诱导培养体系存在较大的差异有关。但总的来说，幼嫩组织比成熟组织易诱导棉花体细胞胚胎发生（迟吉娜等，2004）。

　　常用组织培养品种：通过大量组织培养体系的改良与基因型的筛选研究，中国农业科学院棉花研究所建立了 27 个棉花品种的组织培养体系（刘传亮等，2004）。按照其在农杆菌介导遗传转化中的转化率及通过组织培养获得再生植株的难易程度，分为 3 类。

　　Ⅰ：总体转化率为 5%以上的 4 个品种，即 CCRI24、冀合 321、冀合 713、泗棉 3 号。其中，CCRI24 已成为我国棉花转基因的模式品种。

　　Ⅱ：总体转化率为 0.5%～4.9%的 9 个品种，即 CCRI27、CCRI13、CCRI19、CCRI17、CCRI35、中 51504、中 135、鲁棉 6 号、中 394。

　　Ⅲ：总体转化率为 0.5%以下的 14 个品种，即中 8036、中 2468、中 8037、CCRI12 等 14 个品种（系）。

　　在 973 项目执行期间，中国农业科学院棉花研究所主要对农杆菌介导法转化技术的载体选择、受体基因型限制等方面进行了改进，并取得了较大进展。

　　张朝军等利用陆地棉栽培品种'CRI24'，经过多年反复试验，建立了棉花高效叶柄组织培养和高分化品种选育体系，从'中棉所 24'中选育出了 5 个无菌苗叶柄与下胚轴为外植体均易分化的材料，分别是 CCRI24-2、CCRI24-4（W12）、CCRI24-7、CCRI24-9、CCRI24-15（W10）。从'冀合 312'中选育出 JIHE312-1、JIHE312-2、JIHE312-4 3 个无菌苗叶柄与下胚轴为外植体均易分化的材料。从'中 394'中选育出 A83-13、A83-27 两个无菌苗叶柄与下胚轴为外植体均易分化的材料（表 5-6）。已经在大规模的农杆菌遗传转化中成功应用。

　　无菌苗叶柄和下胚轴经农杆菌浸染和适宜抗生素筛选，抗性愈伤组织的诱导率分别为 84.3%和 46.7%，而两者抗性愈伤组织分化率分别为 65.1%和 71.8%，因此叶柄转化率为 51.8%下胚轴的转化率为 33.5%，利用无菌苗叶柄作外植体的转化效率是下胚轴的 1.55 倍。叶柄抗性愈伤组织诱导率高的原因也可能与叶柄横截面面积大，与农杆菌接触的细胞多有关。利用叶柄组织培养体系从'中棉所 24'中选育高分化率的单株，在进行农杆菌介导遗传转化时，转化效率是筛选前'中棉所 24'的 2.88 倍，转化率稳定在 30%左右。以上述研究结果为主申报了相关专利 4 项，该成果于 2010 年获得国家发明奖（二等奖）一项。

表 5-6　选育株系部分世代间分化率　　　　　　（单位：%）

株系	2004 年	2005 年		2006 年	
	叶柄	叶柄	下胚轴	叶柄	下胚轴
CCRI24-1	94.4	98.5	62.5	99.2	69.3
CCRI24-2	88.9	82.5	91.3	91.5	94.2
CCRI24-3	80.6	73.5	31.3	69.3	41.4
CCRI24-4（W12）	96.1	94.5	100.0	97.5	100.0
CCRI24-6	92.2	83.5	0.0	84.3	0.0
CCRI24-7	88.9	96.5	100.0	89.5	100.0
CCRI24-8	84.5	97.0	0.0	94.6	0.0
CCRI24-9	91.7	91.0	100.0	97.5	100
CCRI24-10	86.1	89.5	26.7	91.3	32.5
CCRI24-15（W10）	97.5	100.0	100.0	100.0	100.0
JIHE312-1	—	90.5	100.0	91.5	100.0
JIHE312-2	—	89.5	100.0	98.5	100.0
JIHE312-3	—	96.5	60.0	95.2	64.3
JIHE312-4	—	89.5	100.0	93.8	100.0
JIHE312-5	—	89.5	68.8	86.3	72.6
A83-13	—	95.2	92.0	94.7	100.0
A83-27	—	91.0	94.0	96.3	94.0

郑武等（2014）利用分化率为 100%的陆地棉品种‘CRI24’，发现体细胞胚胎发生潜能基因 *GhLEC1*、*GhLEC2* 和 *GhFUS3* 表达量极高，而在其他 3 个极难分化的材料 CRI12、CRI41 和 Lu28 中表达水平较低；参与生长素运输和信号转导的基因 *GhPIN7* 和 *GhSHY2* 在 CRI24 中表达很高，同样在其他 3 个难分化材料 CRI12、CRI41 和 Lu28 中表达也很低。将 *AtWuschel* 构建过表达载体转化难分化材料 CRI12，使得其分化率从 0.61%提高到 47.75%。同时，异位表达该基因还能够上调体细胞胚胎发生相关基因 *GhPIN7*、*GhSHY2*、*GhLEC1*、*GhLEC2* 和 *GhFUS3* 的表达。因此推测 *AtWuschel* 促进体细胞胚胎发生的分子机制极有可能是通过改变生长素和细胞分裂素的信号强弱，进而调控下游的 *LEC*、*FUS* 等体细胞胚胎发生相关潜能基因，使棉花愈伤组织的分化能力得到重新激活。该研究首次阐明了 *AtWuschel* 基因促进棉花体细胞胚胎发生的可能分子机制。

（二）棉花体细胞再生的遗传研究

棉花再生能力的遗传问题一直很受关注，利用无菌苗下胚轴为外植体进行研究得到的主要结果有：①Gawel 和 Robacker（1990）研究认为再生能力可以遗传，为数量性状。②张献龙等（1996）的研究结果认为再生能力是质量性状，一对隐性主基因控制胚状体的发生能力，而胚状体诱导率受少数修饰基因控制。③张家明等（1997）提出品种的局限性具有一定规律。在美国，爱字棉和斯字棉系难以再生，岱字棉极难或不能再生，珂字棉系最易再生；在我国，黄河流域品种容易再生，长江流域品种难再生。④一个封闭基因系统（blocker gene system）控制着再生性状。

2008 年后，张朝军等发明了叶柄组织培养体系，并利用叶柄组织培养体系选育到分化率稳定的材料 W10。通过 W10×TM-1 组合的后代遗传分析发现棉花叶柄的分化率主要受 2 对主基因控制。基因间存在加性、显性、上位性，该性状主基因遗传率为 74.68%～83.22%；并标记到 3 个与分化率相关性状的 QTL（LOD≥2.5），分布在 2 个连锁群上，解析 8.4%～58.1% 的表型变异。徐珍珍等（2012）采用 WinQTLcart 软件的复合区间作图法从 F$_2$ 和 F$_{2:3}$ 两个分离世代中共检测到 6 个与棉花叶柄分化性状相关的 QTL，分别定位在 1 号、5 号、9 号、11 号、12 号和 18 号染色体上，可以解释 6.88%～37.07% 的表型变异率。为了进一步验证 QTL 的可靠性，采用单标记分析方法，检测到 3 个与棉花叶柄分化性状相关的 QTL，分别位于 1 号、5 号和 11 号染色体上，可以解释 5.86%～9.70% 的表型变异率。其中 qEC-C5-1 和 qEC-C11-1 在两种方法中均能检测到。

徐珍珍（2013）通过选用的 W10 的自交姐妹系 W10-1（不分化单株）和 W10-2（高分化单株），构建了陆地棉姐妹系体细胞胚胎发生过程的高通量测序文库。得到了 12 722 个转录因子，并且分为 22 类（图 5-37）。锌指结构（zinc finger）占总转录因子的 11.26%，

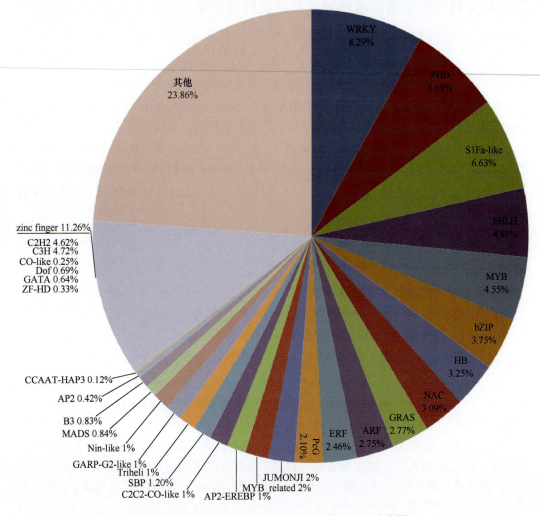

图 5-37　与棉花组织培养分化相关的转录因子分类图

是最丰富的一类转录因子；WRKY family 和其他转录因子，如 PHD、S1Fa-like、bHLH、MYB、bZIP 及 HB 等也表现出不同程度的表达（3%～8%）；其他的转录因子占很少比例。发现一些参与到植物激素信号通路中的转录因子，如生长素信号通路（ARF）、乙烯信号通路（AP2/ERF）、NAC、GRAS 转录因子在分生组织的形成和发育中起着非常重要的作用。在这 22 个不同家族的转录因子中，有一些转录因子曾被报道过与体细胞胚胎发生有关，如 ERF、AP2、B3 和 MADS。

利用该试验转录组数据得到 Unigene 进行 SSR 引物设计，共获得了 1091 对新的 EST-SSR 引物。用两个亲本 TM-1 和 W10（CCRI24）对 1091 对 SSR 引物进行多态性筛选，共筛选到 28 对在两亲本间有多态性的引物，多态率为 2.57%，略大于该试验所有多态性引物的多态性（2.37%）。通过连锁图谱的构建及 QTL 定位，定位到一些与利用转录组开发的 SSR 引物关联的 QTL，2 个加性 QTL、1 个显性 QTL、4 对加性×显性 QTL、3 对显性×加性 QTL 及 3 对显性×显性上位性 QTL。

二、时空调控生长素合成基因增加棉花纤维数量

（一）生长素在纤维细胞起始过程中具有重要作用

1. IAA 在纤维细胞中高量积累

植物激素在植物生长发育过程中具有重要作用。作为重要的植物激素之一，生长素在棉花发育中也具有重要作用。通过检测生长素含量发现，棉花胚珠中 IAA 含量在开花前（-2DPA）较低；到开花当天（0DPA）迅速提高，达到纤维起始阶段的最高值，为 (57.92±17.70)ng/g FW；随后逐渐降低，并在 3～4DPA 时达到最低点；到 5DPA 时，胚珠中的 IAA 含量略有升高的趋势（图 5-38）。推测胚珠中生长素含量的提高与纤维细胞的起始关系密切。

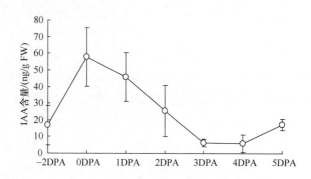

图 5-38　棉花纤维发育早期胚珠中的 IAA 含量变化（张觅，2011）

FW. 鲜重

利用 IAA 单克隆抗体分析生长素在纤维起始阶段胚珠中的动态分布。开花当天（0DPA）有大量 IAA 在纤维细胞突起中积累，而在非纤维细胞中观察不到这种积累。同时，在胚珠其他组织中也未观察到相应的积累信号（图 5-39）。-1DPA 和 2DPA 胚珠中的观察结果进一步显示，此时的纤维细胞中也没有 IAA 大量累积的现象产生。IAA 仅在开花当天的纤维细胞中大量积累。说明胚珠表皮细胞中 IAA 的累积可能是纤维的起始所必

需的；开花当天是生长素促进纤维细胞分化的关键时期。

进而利用生长素响应启动子 *DR5* 控制 RFP（红色荧光蛋白基因）进行棉花遗传转化，观测转基因纤维和胚珠中 RFP 的分布。结果显示（图 5-40）在开花后 2 天的纤维细胞中具有较强的红色荧光信号，而胚珠中的信号较弱。由此说明生长素在纤维细胞中高量积累。

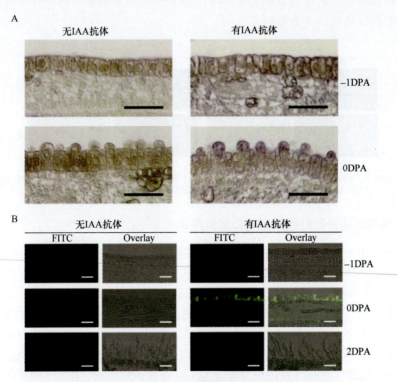

图 5-39　纤维起始阶段胚珠中 IAA 的分布情况（Zhang et al.，2011）

A. AP 显色展示纤维起始阶段胚珠中 IAA 的分布。B. FITC 荧光展示纤维起始阶段胚珠中 IAA 的分布。FITC 指示荧光图片；Overlay 指示荧光和投射光视野叠加后的图片。Bar=40μm

图 5-40　DR5∷RFP 显示 IAA 在纤维细胞中高量积累

2. '徐州142'无绒无絮突变体胚珠外表皮无 IAA 积累

'徐州142'无绒无絮突变体和其野生型是研究棉花起始的良好材料。研究发现，野生型棉花 0DPA 纤维细胞中存在明显 IAA 积累的信号；而在其无绒无絮突变体的胚珠表皮却没有明显的生长素信号累积（图 5-41）。这说明生长素的积累可能是促进胚珠表皮细胞向纤维细胞分化的一个重要因素。

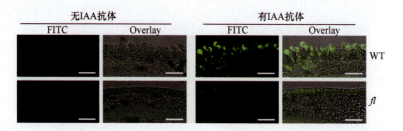

图 5-41 开花当天棉花无絮突变体（*fl*）和野生型（WT）胚珠中 IAA 的分布（Zhang et al.，2011）
FITC 指示荧光图片；Overlay 指示荧光和透射光视野叠加后的图片。Bar=40μm

3. 抑制生长素运输影响纤维细胞的分化和伸长

NPA 和 TIBA 是生长素的运输抑制剂，能阻断生长素的极性运输。PCIB 是一种生长素拮抗剂，在离体条件下能抑制纤维的产生。这 3 种抑制剂被分别用于-1DPA 和 0DPA 的胚珠培养。-1DPA 胚珠培养 1 周后，PCIB 使胚珠表面仅出现极少量的纤维；添加 NPA 的胚珠表面则无任何纤维细胞产生。说明纤维起始受到明显的抑制。而 TIBA 处理的胚珠表面虽然观察不到明显的纤维产生，但放大后却发现大量的纤维细胞突起。这一结果表明 TIBA 对纤维细胞伸长有明显的抑制作用，但对纤维细胞的起始影响似乎不明显。当采用 0DPA 胚珠（此时纤维细胞开始突起）进行离体培养时，添加 PCIB 使胚珠表面产生的纤维量较对照仍有明显减少；但 NPA 的处理却对胚珠表面纤维的发育无明显效果；添加 TIBA，胚珠表面无任何伸长的纤维细胞。对 0DPA 胚珠表面纤维发育的作用效果表明，PCIB 能部分抑制纤维细胞的伸长，NPA 对纤维细胞的伸长影响不明显，TIBA 对纤维细胞的伸长有严重的抑制效果（图 5-42）。

NPA 和 TIBA 两种生长素抑制剂对纤维起始和伸长的抑制效果截然不同，但都与 PCIB 的抑制作用部分类似。当添加 25μmol/L IAA 后，NPA 处理的-1DPA 胚珠表面就有纤维大量出现，TIBA 处理的胚珠表面也观察到纤维细胞的伸长（图 5-43）。再将 IAA 浓度提高到 125μmol/L，添加 NPA 处理的胚珠表面纤维更加致密，添加 TIBA 处理的胚珠表面纤维变化不大。这一结果表明，在提高 IAA 浓度后，NPA 和 TIBA 对纤维发育的抑制效果会被减弱，说明 NPA 和 TIBA 对纤维发育的抑制效果是由于生长素含量降低造成的。同时也说明，生长素对纤维细胞的起始和伸长都有重要作用。

BFA 是蛋白转运抑制剂，具有抑制 IAA 向胞外运输的效果。离体培养发现，BFA 能抑制-1DPA 胚珠表面纤维细胞产生；同时，BFA 处理的 0DPA 胚珠表面纤维细胞也无明显的伸长（图 5-44）。这一结果表明 BFA 对纤维细胞的起始和伸长都存在明显的抑制作用，验证了 PCIB、NPA 和 TIBA 等生长素抑制剂对纤维发育的抑制效果，进一步证实了生长素在纤维细胞分化和伸长中起着重要作用。

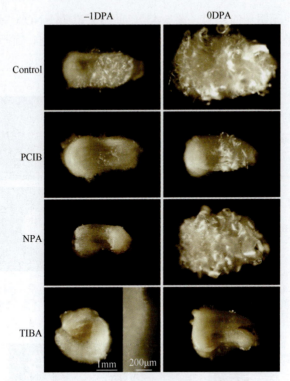

图 5-42 离体条件下，生长素抑制剂对纤维发育的影响（张觅，2011）
-1DPA 和 0DPA 胚珠在添加 50μmol/L 生长素抑制剂的 BT 培养基上培养 1 周

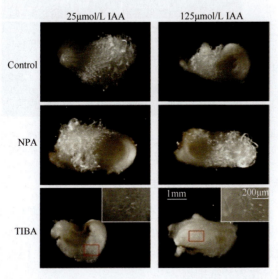

图 5-43 生长素抑制剂 NPA 和 TIBA 的回复试验（张觅，2011）
-1DPA 胚珠在添加 50μmol/L 生长素抑制剂的 BT 培养基上培养 1 周。培养基中的 IAA 浓度分别为 25μmol/L 和
125μmol/L

1-NOA 能特异抑制生长素向胞内的运输，从而影响生长素在组织中的分布。当离体
条件下添加 1-NOA 后，无论-1DPA 的胚珠还是 0DPA 的胚珠，其表面的纤维发育状况和

未处理的胚珠相比均无明显的差别（图 5-45）。此结果说明 1-NOA 对纤维的发育影响不明显。这可能与质子化形式存在的生长素能通过扩散进入细胞，而不能完全阻断生长素进入细胞有关。

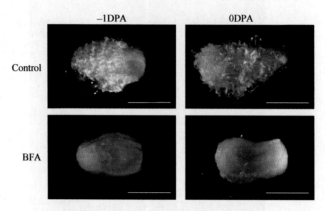

图 5-44　离体条件下 BFA 对胚珠纤维发育的影响（张觅，2011）
-1DPA 和 0DPA 胚珠在添加 25μmol/L BFA 的 BT 培养基上培养 1 周。Bar=1mm

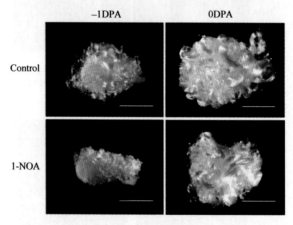

图 5-45　离体条件下 1-NOA 对纤维发育的影响（张觅，2011）
-1DPA 和 0DPA 胚珠在添加 25μmol/L 1-NOA 的 BT 培养基上培养 1 周。Bar=1mm

4. 棉蕾果柄外施生长素及其抑制剂对纤维细胞发育的影响

从开花前 3 天（-3DPA）开始，用溶有 10μmol/L IAA 的羊毛脂涂抹棉蕾果柄，并于 0DPA 时观察胚珠表皮纤维细胞起始数目的变化。IAA 处理的 0DPA 胚珠表面的起始纤维细胞密度较未处理的对照显著增多（图 5-46）。说明外源施用 IAA 可以让开花当天棉花胚珠表皮细胞更多地分化为纤维细胞。

用 NPA 对 -3DPA 的棉蕾果柄进行处理。IAA 单克隆抗体的原位杂交检测发现，经 500μmol/L NPA 处理后的 0DPA 胚珠中 IAA 积累的信号明显减弱，接近阴性对照的水平；而未经 NPA 处理的胚珠纤维细胞中有很强的荧光信号（图 5-47）。这一结果表明，开花前对棉铃进行 NPA 处理，能有效降低 0DPA 时胚珠外表皮中的生长素含量。

NPA 处理的棉铃中部分胚珠表面纤维细胞的起始受到严重抑制，仅出现少量不正常的纤维细胞。而对照棉铃的所有胚珠表面纤维细胞起始均正常（图 5-48）。到 5DPA 时，NPA 处理的棉铃中大部分胚珠纤维伸长受阻（图 5-48）；部分胚珠出现停滞发育，其表面无任何纤维着生，出现类似"光子"表型（图 5-48）。相对应的未处理棉铃中，所有胚珠的纤维均发育正常（图 5-48）。同时，对 5DPA 棉铃中不同纤维长度胚珠所占的比例进行了统计。结果显示：NPA 处理后的两个棉铃中仅少量胚珠纤维的长度超过 2.5mm，大量胚珠的纤维伸长受到抑制，少部分胚珠出现"光子"表型；而未经 NPA 处理的棉铃中绝大部分胚珠纤维发育正常，少部分胚珠的纤维长度低于 2.5mm，没有任何"光子"胚珠出现（图 5-48）。这进一步表明 NPA 能抑制纤维细胞的分化，并影响纤维细胞的伸长；而 NPA 对纤维发育的抑制效果是通过降低胚珠外表皮中生长素的含量引起的。

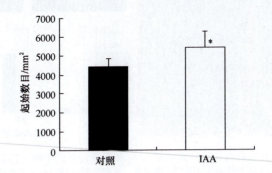

图 5-46　外施 IAA 对 0DPA 胚珠表面纤维起始细胞密度的影响（张觅，2011）

从开花前 3 天开始，用含 10μmol/L IAA 的羊毛脂涂抹棉蕾果柄。以含相同体积 DMSO 的羊毛脂作为对照。取 0DPA 的胚珠在电子显微镜下观察纤维细胞数目。*. 通过 t 测验证实和对照存在显著性差异，$P<0.05$

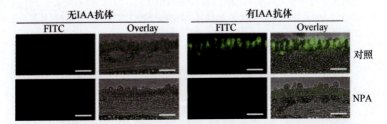

图 5-47　NPA 对开花当天胚珠表面生长素积累的影响（张觅，2011）

从开花前 3 天开始，用含有 500μmol/L NPA 的羊毛脂于涂于棉蕾果柄处。以含相同体积 DMSO 的羊毛脂作为对照。取 0DPA 胚珠用于 IAA 免疫荧光检测。FITC 指示荧光图片；Overlay 指示荧光和透射光视野叠加后的图片。Bar=40μm

（二）种皮特异表达 *iaaM* 基因提高了表皮细胞中生长素含量

采用 IAA 单克隆抗体原位杂交来检测 *FBP7∷iaaM* 转基因棉花胚珠中 IAA 的积累。在转基因棉花 0DPA 胚珠外表皮的纤维细胞中观察到很强的 IAA 信号。经过开花前外施 NPA 处理后，转基因棉花胚珠表皮中的 IAA 信号虽然明显衰减，但仍比 NPA 处理后的野生型胚珠表皮的信号强（图 5-49）。这说明：*FBP7∷iaaM* 转基因棉花 0DPA 胚珠外表皮中的 IAA 含量较野生型有所增加。

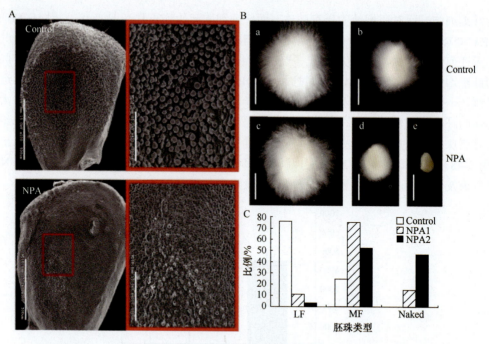

图 5-48　开花前对果柄外施 NPA 对胚珠纤维发育的影响（张觅，2011）

用含有 500μmol/L NPA 的羊毛脂于开花前 3 天涂于果柄处，含相同体积 DMSO 羊毛脂作为对照（Control）。A. 外
施 NPA 后 0DPA 胚珠表面纤维起始情况。NPA 处理后，收获 0DPA 胚珠，经固定、脱水、镀金等处理用于电子显微
镜观察。右侧红色边框的图片为左侧红色方形区域的放大。左侧 Bar=500μm，右侧 Bar=100μm。B. 外施 NPA 后 5DPA
棉铃中胚珠和纤维的发育情况，Bar=2.5mm。Control. 未经 NPA 处理的野生型棉花；NPA. NPA 处理的野生型棉花。
C. 外施 NPA 后单个 5DPA 棉铃中不同发育状况的胚珠占总胚珠的比例。LF. 纤维长度大于 2.5mm 的胚珠；SF. 纤
维长度小于或等于 2.5mm 的胚珠；Naked. 无纤维的胚珠。NPA1 和 NPA2 为 NPA 处理后的不同棉铃

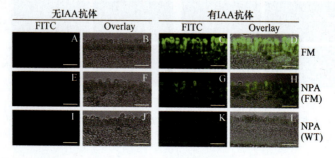

图 5-49　NPA 处理的 *FBP7∷iaaM* 转基因棉花的 0DPA 胚珠中 IAA 的分布情况（张觅，2011）

从开花前 3 天开始，将含有 500μmol/L NPA 的羊毛脂（溶有 DMSO 的羊毛脂作为对照）涂抹在棉面蕾果柄处。取
0DPA 的胚珠用于 IAA 的免疫荧光检测。FM. *FBP7∷iaaM9* 转基因棉花；NPA（FM）. NPA 处理的 *FBP7∷iaaM9*
转基因棉花；NPA（WT）. NPA 处理的野生型棉花。FITC 指示荧光图片；Overlay 指示荧光和透射光视野叠加后的
图片。Bar=40μm

　　进而采用 LC-MS 法测定 IAA 含量，野生型和转基因棉花胚珠中 IAA 含量均在开花
当天达到最高值，随后逐步降低。在所检测的 4 个时期胚珠中，转基因棉花株系 FM9 胚
珠中的 IAA 含量均明显高于野生型。其中，开花当天的转基因棉花胚珠中 IAA 含量比野
生型高出了约 76%；整个检测阶段胚珠中转基因棉花的 IAA 含量较野生型平均提高了约
128%（图 5-50）。同时对另一个转基因株系 FM14 的激素含量测定显示 0DPA 胚珠中 IAA

含量明显提高（图 5-50）。由此证明，*FBP7∷iaaM* 转基因棉花纤维起始阶段的胚珠中内源 IAA 含量的确得到提高。

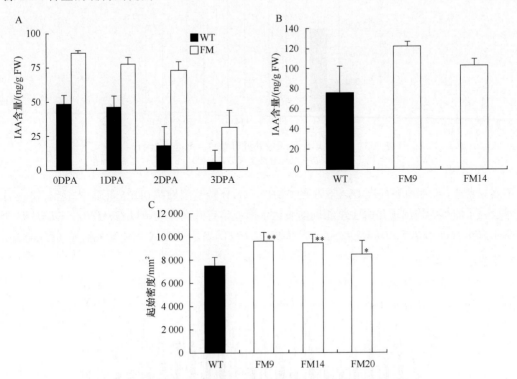

图 5-50　胚珠中 IAA 含量提高促进纤维细胞起始（张觅，2011）

A. 纤维起始阶段 *FBP7∷iaaM* 转基因棉花和野生型胚珠的 IAA 含量；B. *FBP7∷iaaM* 转基因棉花不同株系开花当天胚珠中的 IAA 含量；C. 开花当天 *FBP7∷iaaM* 转基因棉花扫描电子显微镜图片胚珠表面单位面积纤维起始密度。通过 *t* 测验证实和野生型存在显著性差异，*. $P<0.05$；**. $P<0.01$

（三）胚珠表皮细胞中生长素含量的提高促进了纤维细胞的起始，增加了衣分

对开花当天胚珠表面纤维细胞进行统计。FM9、FM14 和 FM20 转基因株系胚珠表面的纤维密度较野生型分别增加了 28.6%、26.6% 和 13.5%，差异达到显著水平；并且起始纤维数目增加的幅度与这 3 个转基因株系胚珠中的 *iaaM* 表达水平一致（$P<0.05$）。这说明胚珠中内源 IAA 含量的提高，促进了 0DPA 胚珠表面起始纤维数目的增加。

对 *FBP7∷iaaM* 转基因棉花成熟纤维进行统计。*FBP7∷iaaM* 转基因棉花成熟纤维数目显著增加（$P<0.05$）；株系 FM9 和 FM14 较野生型分别增加了 39.8% 和 38.9%（图 5-51）。说明内源 IAA 含量的提高促进了纤维细胞的起始，进而使棉花成熟纤维数目增加。

（四）IAA 促进纤维起始的机制研究

1. IAA 增加对纤维发育重要基因的影响

与棉花纤维发育相关的转录因子的基因 *GhHD1*、*GhMYB2*、*GhMYB3*、*GhMYB4*、*GhMYB6*、*GhMYB25*、*GhMYB25-like* 和 *GhMYB109* 等在 BFA 处理的胚珠中都表现出不同程度的下调。其中，*GhMYB25* 的表达在经 BFA 处理后的胚珠中下调尤为明显，几乎检测

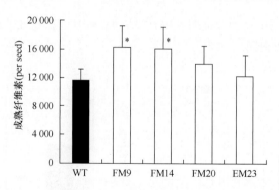

图 5-51　棉花单粒种子成熟纤维数目（张觅，2011）
WT. 野生型棉花；FM. *FBP7∷iaaM* 转基因棉花；EM. *E6∷iaaM* 转基因棉花

不到其表达。而在内源提高 IAA 含量的 *FBP7∷iaaM* 转基因棉花 0DPA 胚珠中，所有检测的
转录因子的基因均出现与野生型相同的表达水平或略有升高。其中以 *GhMYB1*、*GhMYB5*、
GhMYB6、*GhMYB25*、*GhMYB25-like* 和 *GhMYB109* 的表达受 IAA 上调较为明显（图 5-52）。

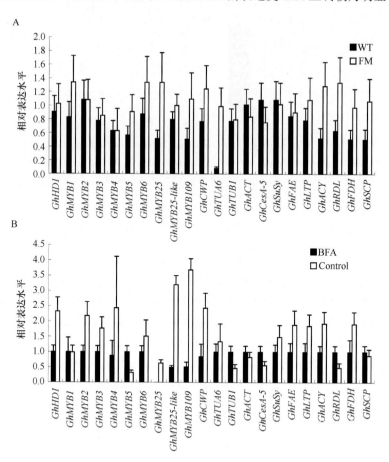

图 5-52　纤维起始相关基因的表达差异（张觅，2011）
A. *FBP7∷iaaM* 转基因（FM）和野生型（WT）棉花 0DPA 胚珠中的基因表达差异。FM. FM9 转基因株系；WT. 野生型棉花。
B. 离体条件下 BFA 处理（BFA）和未处理（Control）胚珠中的基因表达差异。-1DPA 胚珠在含 25μmol/L BFA 的 BT 培养基上
　培养 4 天后用于提取 RNA，对照为加入同等体积的 DMSO 培养的胚珠。*GhHis3*（AF024716）作为表达分析的内标

编码细胞壁蛋白 GhCWP（GhFU1）、蔗糖合成酶 GhSuSy、脂肪酸延长酶 GhFAE、酯转移蛋白 GhLTP、酰基转移酶 GhACY 和类船首饰蛋白 GhFDH 的基因表达类似，均在未经 BFA 处理的胚珠中表达上调（图 5-52）。微管蛋白 GhTUB1、纤维素合成亚基 GhCesA-5 和纤维特异蛋白 GhRDL 的基因在未经 BFA 处理的胚珠中表达均受到明显抑制（图 5-52）。在内源提高 IAA 含量的 *FBP7∶∶iaaM* 转基因棉花 0DPA 胚珠中，GhCWP，细胞骨架蛋白编码基因 *GhTUA6*、*GhACY*、*GhRDL*、*GhFDH*，以及丝氨酸羧肽酶编码基因 *GhSCP* 的表达明显上调，而其他基因的表达差异不明显（图 5-52）。

2. 胚珠中 IAA 含量的提高对其他激素生物合成和代谢的影响

YUCCA 是催化植物内源 IAA 合成色胺途径中的一个限速步骤。*YUCCA* 基因的时空特异表达可能对某些组织、器官的正确发育必不可少。根据拟南芥 *AtYUC1*（AT4G32540）编码的蛋白质序列，在棉花中找到了 11 个同源 EST。在离体条件下经 BFA 处理的胚珠中，*GhYUC3*、*GhYUC4*、*GhYUC5*、*GhYUC6* 和 *GhYUC8* 的表达均受到明显的上调；*GhYUC1*、*GhYUC9*、*GhYUC10* 和 *GhYUC11* 的表达变化不大；*GhYUC2* 略微下调。在 *FBP7∶∶iaaM* 转基因棉花胚珠中，除 *GhYUC9* 的表达略有上调外，所有 *YUCCA* 基因的表达和野生型的差异不明显（图 5-53）。*GhYUC7* 在胚珠中的表达丰度太低以至不能被检测到（图 5-53），可能该基因不参与胚珠中内源 IAA 的合成。这些结果表明，胚珠中 IAA 含量的提高对内源生长素生物合成影响不大。

GA20ox 和 GA3ox 是赤霉素合成途径中的催化酶，催化活性 GA_1 和 GA_4 的产生。在 BFA 处理的胚珠中，*GhGA20ox2* 和 *GhGA20ox3* 的表达表现出明显下调，而 *GhGA3ox1* 的表达则表现上调（图 5-53）。在 *FBP7∶∶iaaM* 转基因棉花胚珠中 *GhGA20ox2*、*GhGA20ox3* 和 *GhGA3ox1* 的表达与野生型相比差别不明显（图 5-53）。由此看出这 3 个赤霉素合成基因中 *GhGA20ox2* 和 *GhGA20ox3* 的表达可能有助于纤维细胞分化，其中 *GhGA20ox2* 的表达可能受到胚珠中 IAA 含量提高的促进，但内源赤霉素含量是否受到 IAA 上调，还有待进一步证实。

GhBR6ox、GhDET2、GhDWF4 和 GhSMT 均是 BR 合成途径上的催化酶。除 *GhSMT* 在 BFA 抑制分化的胚珠中表达不受影响外，*GhDET2* 和 *GhDWF4* 的表达提高，*GhBR6ox* 的表达降低。但在 *FBP7∶∶iaaM* 转基因棉花胚珠中，仅 *GhBR6ox* 的表达量明显提高（图 5-53），其他基因的表达均与野生型差别不大。这些结果表明，*GhBR6ox* 的表达受到 IAA 的上调。

CKX 是植物体内不可逆失活细胞分裂素的氧化酶，是植物体内细胞分裂素代谢中的负调控因子。受 BFA 抑制后的胚珠，其 *GhCKX* 的表达上调；在 *FBP7∶∶iaaM* 转基因棉花胚珠中，*GhCKX* 的表达也有明显提高（图 5-54）。这一结果表明，胚珠中 IAA 含量的提高，*GhCKX* 表达会相应上调，可能有助于内源细胞分裂素含量的减少。生长素与细胞分裂素之间常常存在着拮抗关系。

为了进一步明确内源 IAA 上升对胚珠中细胞分裂素含量的影响，我们测定了 *FBP7∶∶iaaM* 转基因棉花胚珠中内源细胞分裂素 Zeatin 和 ZR 的含量。ZR 的含量在转基因 0DPA 的胚珠和 1DPA 的胚珠中都比野生型略高。Zeatin 在 0DPA 时野生型棉花胚珠中的含量则高于转基因棉花；到 1DPA 时，野生型棉花胚珠中 Zeatin 含量明显降低，而转基因棉花胚珠中的含量却与 0DPA 差别不大，反而高于此时野生型胚珠中的含量（图 5-54）。在离

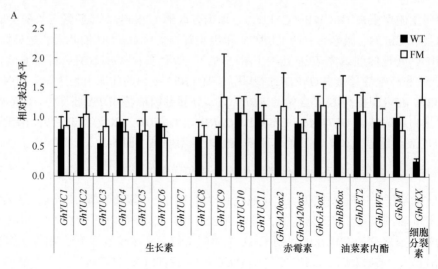

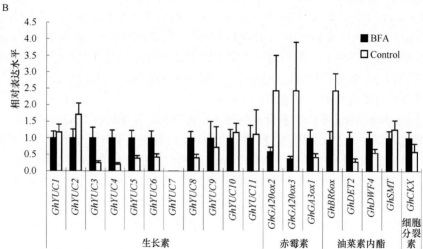

图 5-53　纤维起始相关基因的表达差异（张觅，2011）

A. *FBP7∷iaaM* 转基因和野生型棉花 0DPA 胚珠中的基因表达差异。FM. FM9 转基因株系；WT. 野生型棉花。B. 离体条件下 BFA 处理（BFA）和未处理（Control）胚珠中的基因表达差异。−1DPA 胚珠在含 25μmol/L BFA 的 BT 培养基上培养 4 天后用于提取 RNA，对照为加入同等体积的 DMSO 培养的胚珠。*GhHis3*（AF024716）作为表达分析的内标

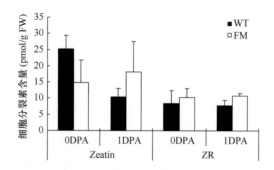

图 5-54　*FBP7∷iaaM* 转基因棉花胚珠中细胞分裂素 Zeatin 和 ZR 的含量变化（张觅，2011）

FW. 鲜重

体条件下增加 Zeatin 的浓度能抑制纤维的分化，而 ZR 对纤维并无明显效果。这暗示内源 IAA 含量提高（*FBP7∷iaaM* 转基因棉花）造成起始纤维细胞的增加，可能与生长素和细胞分裂素的浓度比例有关，但这需要进一步研究来验证。

（五）生长素生物合成酶基因提高棉花产量，改良纤维品质

温室试验表明，*FBP7∷iaaM* 转基因棉花胚珠表皮 IAA 含量的提高，导致纤维起始和成熟纤维数量的增加。在申请并获准农业转基因生物在重庆的中间试验（农基安审字：2007T019）中，连续 4 年对 *FBP7∷iaaM* 转基因棉花的纤维产量和品质等相关性状进行了比较分析。

1. *FBP7∷iaaM* 转基因棉花的衣分和纤维产量显著增加

2008 年和 2009 年，在 8 月下旬到 10 月上旬每 10 天采收棉花，分时段测定衣分和纤维品质。*FBP7∷iaaM* 棉花的衣分明显高于非转基因的对照（图 5-55）。

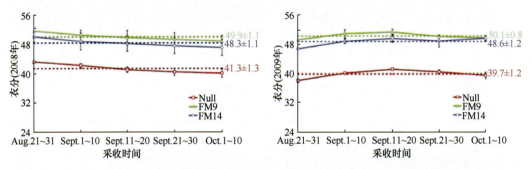

图 5-55　在 2008 年和 2009 年田间试验中棉花衣分的变化（张觅，2011）
虚线表示一年整个收获季节的平均值。FM. *FBP∷iaaM* 转基因棉花；Null. 非转基因分离棉花

2007 年，*FBP7∷iaaM* 转基因棉花 FM9、FM14 和 FM20 3 个株系的衣分分别为 49.4%、48.1%和 43.7%，显著高于非转基植株（40.7%）。而 3 个转基因株系的籽棉产量与野生型相比无显著差异。衣分的提高使转基因株系的纤维产量明显增加，增产幅度分别为28.5%、14.6%和 8.0%。2008 年，转基因棉花延续了 2007 年的结果，仍然表现出明显的高衣分特征（FM9：50.0%；FM14：48.2%；FM20：43.8%）。而转基因棉花的籽棉产量也与对照相近。在纤维产量上，转基因株系 FM9 和 FM14 分别比非转基因对照明显高出23.0%和 16.1%。2009 年，株系 FM9 和 FM14 的衣分分别为 50.1%和 48.6%，同样较非转基因棉花（39.7%）高。而在籽棉产量上，株系 FM9 和非转基因棉花差别不大；FM14株系却略有降低。即便如此，株系 FM9 和 FM14 的纤维产量仍较非转基因棉花（每小区1.69kg）显著提高了 21.3%和 14.2%。综合 3 年的数据显示：转基因棉花的籽棉产量和非转基因棉花相比无明显变化；但株系 FM9 和 FM14 的衣分提高明显，平均值分别为49.8%和 48.3%，而非转基因棉花为 40.6%。衣分的提高导致转基因棉花株系 FM9 和FM14 的纤维产量较对照平均增加了 23.7%和 14.7%。2007～2009 年的田间试验结果表明，*FBP7∷iaaM* 转基因棉花稳定地表现高衣分和高纤维产量的特点，其纤维产量的提高主要源于衣分的增加（表 5-7）。

表 5-7　2007～2009 年 *FBP7∷iaaM* 转基因棉花产量的变化

年份	株系	衣分	籽棉产量 /（kg/plot）	纤维产量 /（kg/plot）
2007	FM9	49.4[a]	3.57[a]	1.76[a]
	FM14	48.1[a]	3.25[a]	1.57[a]
	FM20	43.7[b]	3.38[a]	1.48[a]
	Control	40.7[c]	3.35[a]	1.37[a]
2008	FM9	50.0[a]	3.97[a]	1.98[a]
	FM14	48.2[a]	3.87[a]	1.87[a]
	FM20	43.8[b]	3.95[a]	1.73[b]
	Control	41.3[c]	3.90[a]	1.61[bc]
2009	FM9	50.1[a]	4.10[a]	2.05[a]
	FM14	48.6[b]	3.96[b]	1.93[b]
	Control	39.7[c]	4.25[a]	1.69[c]
3 年平均值	FM9	49.8[a]	3.88[a]	1.93[a]
	FM14	48.3[b]	3.69[b]	1.79[b]
	Control	40.6[c]	3.83[a]	1.56[c]

注：FM. *FBP7∷iaaM* 转基因株系；Control. 非转基因分离世代。显著性分析通过 Fisher 氏保护下的多重比较完成。上标含有相同字母的平均值之间差异不显著（$P<0.05$）。

资料来源：张觅，2011

　　对 2008 年转基因和非转基因棉花的其他产量因子的变化分析表明（表 5-8），转基因株系 FM9 和 FM14 的单株平均棉铃数分别为 20.9 个和 20.5 个，较非转基因棉花分别增加了 1.5 个和 1.1 个，且差异显著。株系 FM20 的单株铃数为 19.8 个，和非转基因棉花（19.4 个）相近。在单铃种子数上，转基因棉花和非转基因对照之间没有明显的差别，均约 24.0 个。衣指是指每百粒种子的纤维质量，是衡量棉花种子对纤维产量贡献率的指标。从表 5-8 可以看出，不同 *FBP7∷iaaM* 转基因株系的衣指均较野生型明显提高。其中株系 FM9 的衣指为 9.8g，较非转基因棉花（8.6g）增加了 1.2g；FM14 和 FM20 的衣指与非转基因棉花相比分别提高了 0.7g 和 0.4g。籽指反映了每百粒棉籽的质量，是衡量种子质量的指标。转基因棉花的籽指均较非转基因对照显著降低。株系 FM9 和 FM14 的籽指分别为 9.9g 和 10.2g，较非转基对照降低了 1.9g 和 1.6g。而株系 FM20 的籽指为 11.8g，与非转基因棉花一致。各个株系的铃重（平均每铃籽棉重）分别为 4.75g（株系 FM9）、4.76g（株系 FM14）、5.05g（株系 FM20）和 4.94g（非转基因棉花）。由此可以看出，虽然转基因棉花的铃重略有下降，由于转基因棉花的单株铃数高于非转基因对照，所以在籽棉产量上转基因棉花和非转基因棉花间差异不显著。从衣指和籽指的变化还可以看出，转基因棉花每粒棉籽随着衣分的增加，种子的质量相应降低。这说明 *FBP7∷iaaM* 转基因棉花改变了碳水化合物在种子中的分配，即通过增加纤维质量的同时降低种子的质量来实现产量的提高。

表 5-8　2008 年 *FBP7∷iaaM* 转基因棉花产量因子的变化

株系	单株铃数	单铃种子数	衣指/g	籽指/g
FM9	20.9[a]	24.1±0.3	9.8[a]	9.9[a]
FM14	20.5[ab]	24.4±0.2	9.3[ab]	10.2[a]
FM20	19.8[bc]	24.3±0.4	9.0[ab]	11.8[b]
Control	19.4[c]	24.2±0.3	8.6[b]	11.8[b]

注：FM. *FBP7∷iaaM* 转基因株系；Control. 非转基因分离世代。显著性分析通过 Fisher 氏保护下的多重比较完成。上标含有相同字母的平均值之间差异不显著（*P*<0.05）。

资料来源：张觅，2011

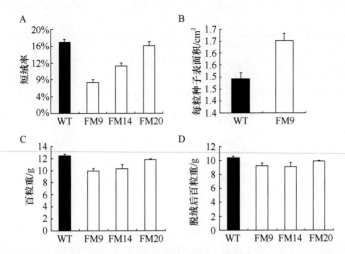

图 5-56　*FBP7∷iaaM* 转基因棉花的短绒率、种子面积和百粒重变化（张觅，2011）
A. 棉籽短绒率；B. 转基因株系 FM9 种子表面积；C. 棉籽百粒重；D. 脱绒后棉籽百粒重

　　FBP7∷iaaM 转基因棉花在温室表现出短绒率降低的表型。田间试验表明，转基因株系 FM9、FM14 和 FM20 的短绒率分别为 7%、11% 和 16%，而野生型棉花棉籽的短绒率为 17%（图 5-56）。从脱绒后的种子表面积观察发现，株系 FM9 的种子表面积较野生型略有增加，也从一个侧面证实了转基因棉花种子的减轻不是由于种子体积的缩小，而是种子内含物的减少（图 5-56）。另外，转基因棉花的棉籽在脱去短绒后，百粒种子的质量降低幅度有所减小。以株系 FM9 为例，其脱去短绒前后的百粒种子质量分别是野生型的 79.4% 和 88.7%（图 5-56）。这说明转基因棉花籽指的降低，除了种子自身质量降低外，短绒量的减少也有一定的贡献。

2. *FBP7∷iaaM* 转基因棉花纤维的马克隆值显著降低

　　马克隆值是评价纤维细度和成熟度的综合指标。马克隆值大于 5.0，意味着纤维偏粗。由于纤维变粗会使纺纱断头增加，造成纺织品质量下降。降低马克隆值已经成为棉花育种的重要课题。纤维检测结果显示，2007 年、2008 年、2009 年，株系 FM9 的马克隆值分别为 4.6、4.5 和 4.6；株系 FM14 为 4.5、4.4 和 4.2；非转基因棉花为 5.2、5.3 和 5.2（表 5-9）。FM9 和 FM14 这两个株系纤维的马克隆值都较非转基因棉花显著降低。而株系 FM20 纤维的马克隆值和非转基因棉花接近，2007 年和 2008 年均为 5.2（表 5-9）。

表 5-9　2007～2009 年 *FBP7∷iaaM* 转基因棉花纤维的马克隆值、长度和强度的变化

年份	株系	马克隆值	纤维长度/mm	纤维强度/（cN/tex）
2007	FM9	4.6^a	30.4±0.2	30.1±0.4
	FM14	4.5^a	30.1±0.5	30.7±0.4
	FM20	5.2^b	30.4±0.7	30.0±0.2
	Control	5.2^b	30.4±0.3	30.1±0.6
2008	FM9	4.5^a	31.1±0.6	29.8±0.7
	FM14	4.4^a	30.8±0.5	29.5±1.1
	FM20	5.2^b	31.4±0.3	30.2±0.8
	Control	5.3^b	31.3±0.5	29.6±0.9
2009	FM9	4.6^a	29.5±0.4	30.9±0.6
	FM14	4.2^b	29.2±0.4	30.4±0.2
	Control	5.2^c	30.1±1.0	31.2±1.6
3 年平均值	FM9	4.5^a	30.3±0.8	30.3±0.6
	FM14	4.4^b	30.0±0.8	30.2±0.6
	Control	5.2^c	30.6±0.6	30.3±0.8

注：FM. *FBP7∷iaaM* 转基因株系；Control. 非转基因分离世代。显著性分析通过 Fisher 氏保护下的多重比较完成。上标含有相同字母的平均值之间差异不显著（$P<0.05$）。

资料来源：张觅，2011

　　在纤维长度和强度方面，每年转基因棉花和非转基因棉花之间未见明显差异（表 5-9）。综合 3 年的数据表明，*FBP7∷iaaM* 转基因棉花纤维长度和强度无明显变化的基础上，马克隆值差异显著。

　　马克隆值受环境影响很大，这从不同时期取样纤维的变化中可以看出（图 5-57）。2008年纤维马克隆值和衣分的变化类似，其数值呈现不断下降的趋势。以非转基因棉花为例，其纤维马克隆值从 5.81 降到 4.57。在采样的 5 个时期，转基因棉花马克隆值始终低于非转基因棉花。2009 年纤维马克隆值呈现出先下降再升高的曲线。同样，不同采样时期转基因棉花纤维马克隆值也始终低于对照。各个株系的马克隆值平均值显示，尽管年内纤维马克隆值变化很大，但年间平均值的差异却较小（图 5-57），说明不同时期取样测定纤维的马克隆值平均值更能稳定地代表纤维的内在品质。

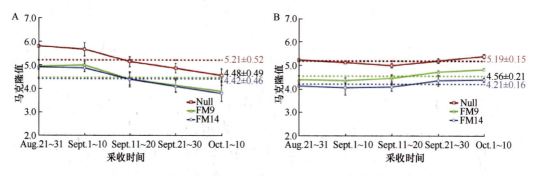

图 5-57　在 2008 年（A）和 2009 年（B）田间试验中纤维的马克隆值变化（张觅，2011）
虚线表示一年整个收获季节的平均值。FM. *FBP7∷iaaM* 转基因棉花；Null. 非转基因分离棉花

进一步验证转基因棉花马克隆值的降低是因为纤维变细造成的，通过石蜡切片观察棉花成熟纤维的变化。结果显示，*FBP7∷iaaM* 转基因棉花的纤维截面小于野生型。测量结果也证实，转基因棉花的纤维截面周长显著小于野生型（*P*<0.5，*n*=300）。同时，转基因棉花纤维的细胞壁厚度和野生型相比无明显差别，且细胞内腔小（图 5-58），表明转基因棉花纤维成熟度较好。这些结果说明 *FBP7∷iaaM* 转基因棉花纤维细度改善是通过减小纤维直径来达到的，且对成熟度并无明显影响；并证实转基因棉花纤维马克隆值的降低是由于细度变化引起，而非成熟度不够所导致。

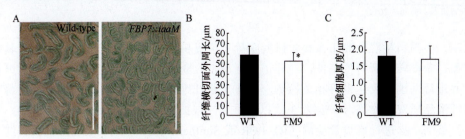

图 5-58 *FBP7∷iaaM* 转基因棉花成熟纤维横切面观察结果（张觅，2011）

A. 棉花纤维横切图，Bar=50μm；B. 纤维横切面外周长统计；通过 *t* 测验证实和野生型存在显著性差异，*. *P*<0.05。
C. 纤维细胞厚度比较

3. *FBP7∷iaaM* 转基因棉花纤维产量和品质同步提高

2010 年田间试验的小区面积扩大到 100m²，种植密度和前 3 年相同。结果显示，转基因棉花衣分显著高于非转基因对照。株系 FM9 和 FM14 衣分分别为 47.8% 和 44.8%；而野生型棉花则为 37.3%。纤维产量和前 3 年一样得到了显著提高。株系 FM9 和 FM14 的纤维产量分别较非转基因棉花提高 34.6% 和 17.5%，高于过去 3 年的水平。值得注意的是，2010 年的株系 FM9 籽棉产量显著增加，但株系 FM14 和非转基因对照差别不大（表 5-10）。

表 5-10 2010 年 *FBP7∷iaaM* 转基因棉花的产量性状

株系	衣分/%	籽棉产量/（kg/plot）	纤维产量/（kg/plot）
FM9	47.8[a]	30.31[a]	14.46[a]
FM14	44.8[b]	28.20[b]	12.62[b]
Control	37.3[c]	28.86[b]	10.74[c]

注：小区面积扩大为 100m²。种植密度和前 3 年一致。除了产量，其他的数据均源自 9 月中旬收获样品。FM. *FBP7∷iaaM* 转基因棉花株系；Control. 非转基因对照。显著性分析通过 Fisher 氏保护下的多重比较完成。上标含有相同字母的平均值之间差异不显著（*P*<0.05）。

资料来源：张觅，2011

2010 年纤维的马克隆值与前 3 年类似，两个转基因株系均为 4.6，非转基因棉花为 5.3。其他品质指标（整齐度、长度、伸长率和强度）方面，株系 FM9 和对照之间也无明显差别，而株系 FM14 的纤维长度和强度有所降低（表 5-11）。

三、转基因优质纤维材料的创制

各纤维品质候选基因由北京大学、中国科学院微生物所、中国农业科学院生物技术

表 5-11　2010 年 *FBP7∷iaaM* 转基因棉花的纤维品质性状

株系	马克隆值	纤维长度/mm	整齐度/%	伸长率/%	纤维强度/（cN/tex）
FM9	4.6[a]	29.72[a]	85.06±0.78	6.67±0.07	30.45[a]
FM14	4.6[a]	28.78[b]	84.81±0.59	6.60±0.07	29.46[b]
Control	5.3[b]	29.67[a]	85.06±0.64	6.71±0.06	30.53[a]

注：除了产量，其他的数据均源自 9 月中旬收获样品。FM. *FBP7∷iaaM* 转基因棉花株系；Control. 非转基因对照。显著性分析通过 Fisher 氏保护下的多重比较完成。上标含有相同字母的平均值之间差异不显著（*P*<0.05）。

资料来源：张觅，2011

研究所、中国科学院上海生命科学研究院等单位提供，利用改良的棉花规模化转基因技术体系，获得转基因再生植株，经分子检测后，收获种子进行田间试验，开花后严格自交，并进行基因的表达量等相关检测，收获足量纤维送交农业部纤维品质检测监督中心进行纤维品质双盲检测，一般为 3 次以上重复。根据纤维检测结果结合分子检测，选择差异显著的单株进行拷贝数检测（RT PCR 或 Southern blot），采取适当方式获得纯合株系，在其目的性状较稳定后，移交育种家进行育种。在上述实验的同时，按照转基因植物安全性评价的要求，进行转基因材料的安全性评价。

2010 年至今，中国农业科学院棉花研究所共验证了与棉花纤维品质相关的基因 34 个。其中 *ACO* 系列、*KCS* 系列、*RRM2* 等基因对棉花纤维品质的改良作用显著，下文将选取个别基因予以详细阐述。其他基因也获得了部分有一定育种价值的转基因材料（表 5-12）。

表 5-12　2010～2013 年验证的部分与纤维改良相关的基因

序号	来源	基因名称	抗性筛选	抗性	性状	作用
1	朱玉贤	*35S-KCS6*	卡那霉素	卡那霉素	纤维增长	显著
2	朱玉贤	*35S-KCS12*	卡那霉素	卡那霉素	纤维增长	显著
3	朱玉贤	*35S-KCS13*	卡那霉素	卡那霉素	纤维增长	显著
4	朱玉贤	*E6-KCS2*	卡那霉素	卡那霉素	纤维增长	显著
5	朱玉贤	*E6-KCS6*	卡那霉素	卡那霉素	纤维增长	显著
6	朱玉贤	*E6-KCS12*	卡那霉素	卡那霉素	纤维增长	显著
7	朱玉贤	*E6-KCS13*	卡那霉素	卡那霉素	纤维增长	显著
8	张春义	*ms3-overexpression*	壮观霉素	潮霉素	纤维增长	不显著
9	张春义	*ms3-antisense*	壮观霉素	潮霉素	纤维变短	显著
10	张春义	*ms3-gus*	壮观霉素	卡那霉素	纤维增长	不显著
11	朱玉贤	*E6-DME-RNAi*	卡那霉素	卡那霉素	纤维增长	不显著
12	朱玉贤	*E6-DRM-RNAi*	卡那霉素	卡那霉素	纤维增长	不显著
13	陈晓亚	*35S∷GFP-GhRDL1*	卡那霉素	卡那霉素	纤维增长	进行中
14	陈晓亚	*35S∷GhRDL1*	卡那霉素	卡那霉素	纤维增长	进行中
15	陈晓亚	*35S∷GhRDL1/35S∷GhEXP1*	卡那霉素	卡那霉素	纤维增长	进行中
16	陈晓亚	*pBI 121-35eRDL1∷RDL1-HA*	卡那霉素	卡那霉素	纤维改良	进行中
17	陈晓亚	*pBI 121-bipRDL1∷RDL1-HA*	卡那霉素	卡那霉素	纤维改良	进行中
18	陈晓亚	*pBI 121-E6∷RDL1-HA*	卡那霉素	卡那霉素	纤维改良	进行中
19	陈晓亚	*pCAMBIA2301-pCelA1∷RDL1-HA*	卡那霉素	卡那霉素	纤维改良	进行中

续表

序号	来源	基因名称	抗性筛选	抗性	性状	作用
20	陈晓亚	*pCAMBIA2301-pRDL1∷HOX3*	卡那霉素	卡那霉素	纤维改良	进行中
21	何祖华	*pCAMBIA1301-GIF1*	卡那霉素	潮霉素	纤维产量和质量	进行中
22	朱玉贤	*35Spt-GhUER1-Nosterm-35Spt -GhGAE3 -Nos term-pC2300*（正对照）	卡那霉素	卡那霉素	纤维改良	进行中
23	朱玉贤	*35Spt-GhGAE3-Nosterm-35Spt -GhUER1-Nosterm-pC2300*（正对照）	卡那霉素	卡那霉素	纤维改良	进行中
24	朱玉贤	*GhKCS12pt-GhUER1-Nosterm-GhUGP2pt-GhGAE3-Nosterm-pC2300*	卡那霉素	卡那霉素	纤维改良	进行中
25	朱玉贤	*GhKCS12pt-GhGAE3-Nosterm-GhUGP2pt -GhUER1-Nosterm-pC2300*	卡那霉素	卡那霉素	纤维改良	进行中
26	朱玉贤	*GhKCS13pt-GhUER1-Nosterm-GhUGP2pt-GhGAE3-Nosterm-pC2300*	卡那霉素	卡那霉素	纤维改良	进行中
27	朱玉贤	*GhKCS13pt-GhGAE3-Nosterm-GhUGP2pt-GhUER1-Nosterm-pC2300*	卡那霉素	卡那霉素	纤维改良	进行中
28	何祖华	*PC1301-gDNA-GIF1*	卡那霉素	潮霉素	纤维产量和质量	进行中
29	薛红卫	*pCAMBIA2301-pRDL1∷PK1-Flag*	卡那霉素	卡那霉素	纤维增长	进行中
30	薛红卫	*pCAMBIA2301-pRDL1∷PK1K38R-Flag*	卡那霉素	卡那霉素	纤维增长	进行中
31	薛红卫	*pCAMBIA2301-pRDL1∷PK1D128N-Flag*	卡那霉素	卡那霉素	纤维增长	进行中
32	刘进元	*pBI121M（SCFP）-GhPLC*	卡那霉素	卡那霉素	纤维增长	进行中
33	刘进元	*pBI121M（SCFP）-GhPLDa*	卡那霉素	卡那霉素	纤维增长	进行中
34	杨金水	*pBin438-csRRM2*	卡那霉素	卡那霉素	纤维增长、产量	显著

（一）*ACO1* 和 *ACO2* 基因功能验证与新材料培育

北京大学朱玉贤课题组克隆了棉花纤维发育相关基因 *ACO* 基因家族中的 *ACO1* 和 *ACO2* 基因。中国农业科学院棉花研究所主要利用农杆菌介导法将 *ACO* 基因转入棉花受体材料中以验证 *ACO1* 与 *ACO2* 基因在棉花伸长中的功能及分子调控机制。将这两个基因分别整合在含有卡那霉素抗性标记的植物表达载体 pBI121 上，并由 *E6* 启动子驱动。2006 年 12 月收到北京大学朱玉贤课题组提供的 *E6-ACO1* 基因，通过农杆菌介导法将其导入到'中棉 24'（CRI24）中，得到 11 个转化子再生苗，2008 年嫁接移栽到温室，2009 年得到 T_0 代的转基因种子。2010 年进入隔离封闭试验地进行初步鉴定筛选，发现不同转化子出现抗生素抗性分离现象，通过对抗生素抗性单株目的基因进行分子检测得到了转基因阳性单株材料。为了防止基因漂移，对阳性单株进行了标记，开花期对所标记的阳性单株进行自交。由于单个阳性单株自交铃较少，收获时将来自于同一转化子的所有阳性单株自交铃混收后轧花取皮棉样送到农业部棉花纤维品质检测中心进行纤维品质检测。从表 5-13 可以看出，11 个转化子中有 7 个转化子材料的纤维长度和纤维强度与受体材料相比均有明显的提高，其纤维长度超过了 30mm。

表 5-13　转 *ACO1* 与 *ACO2* 基因棉花材料 T$_2$ 代纤维品质检测结果（2010 年）

基因名称	转化子名称	平均长度/mm	整齐度	马克隆值	伸长率/%	断裂比强度/（cN/tex）
E6-ACO2	08YA98-1	31.5	84.6	4.06	6.52	29.4
	08YA98-1	31.6	82.1	3.53	6.5	31.9*
	08YA94-1	31.4	85.3	2.85	6.5	31.9*
	08YA100-1	30.3	85.8	4.03	6.5	31.4*
E6-ACO1	08YA121-2	30.3	83.8	3.83	6.5	30.3
	08YA120-2	30.4	83.7	4.03	6.53	31.8*
	08YA121-2	30.9	82.0	3.79	6.53	31.2*
	08YA120-4	30.5	84.4	3.64	6.5	30.9
	08YA120-5	30.2	84.9	4.03	6.5	32.1*
	08YA120-12	29.3	86.6	2.81	6.5	30.1
	08FA3-15	29.8	84.9	4.04	6.5	31.1*
中棉 24	CK	28.3	84.0	3.58	6.47	29.5

经卡那霉素鉴定呈阳性的植株再通过 PCR 检测证明目的基因已被整合到受体植物的基因组 DNA 中（图 5-59）。

图 5-59　转 *ACO2* 基因棉花材料筛选结果

对上述差异显著的材料选择 3 个转化子进行目的基因遗传稳定性检测，通过严格的田间试验与纤维品质检测（表 5-14），发现目的基因对棉花纤维品质的提升幅度较稳定，特别是纤维断裂比强度可以稳定在 32cN/tex 以上（比对照平均提高 2.2cN/tex），达到优质棉的要求，且年度间的变化幅度很小。这些结果表明 *ACO2* 在 CRI24 中具有提高棉花纤维品质的作用。

表 5-14　转 *E6-ACO2* 基因棉花材料 2011~2013 年纤维品质检测结果

转化子	长度/mm	整齐度	马克隆值	伸长率/%	断裂比强度/（cN/tex）
10C0443-4	30.99± 0.23b	86.17	4.09	6.31	33.57± 0.24b
10C0444-4	30.95± 0.34b	85.76	4.15	6.24	32.43± 0.41b
10C0446-5	30.88± 0.46b	84.88	4.12	6.34	32.27± 0.54b
中棉 24（CK）	28.44± 0.39a	83.45	3.86	6.54	30.37± 0.29a

（二）转 *KCS* 基因的棉花纤维改良材料选育

1. 材料选育及遗传稳定性分析

为了验证 *KCS* 系列基因在棉花伸长中的功能及分子机制，2007 年 7 月北京大学朱玉贤课题组提供 *KCS* 系列基因给中国农业科学院棉花研究所，后者通过农杆菌介导法将其导入到'中棉 24'品种中，2008～2009 年得到阳性转化子再生苗，2009 年在温室得到 T_0 代转基因种子。2010 年进入隔离封闭试验地进行鉴定筛选，所得的转化子按株行种植，在苗期对其进行抗生素抗性鉴定，对抗生素抗性单株取样进行分子检测。根据抗生素抗性鉴定与分子检测结果筛选出两者都为阳性的单株进行标记，开花期进行自交，按单株收获自交铃并取皮棉样送农业部棉花纤维品质检测中心进行纤维品质检测（表 5-15），部分材料的纤维长度与强度都有所提高。表明 *KCS* 系列基因能够有效改良棉花纤维品质，为进一步的理论研究与生产育种提供了良好的材料。

表 5-15 转 *KCS* 系列基因纤维品质检测结果（2010 年）

基因名称	转化子名称	平均长度/mm	整齐度	马克隆值	伸长率/%	断裂比强度/（cN/tex）
35S-KCS2	08FA18-1-1	28.64	84.7	4.57	6.55	31.9
	08FA18-2-1	30.67	84.6	4.29	6.53	32.4
	08FA18-3-1	30.28	84.55	3.98	6.55	31.9
	08FA18-5-1	29.88	84.75	4.45	6.55	29.8
	09YA5-8	30.49	84.6	3.34	6.5	31
	09YA5-6	29.93	84.33	3.43	6.5	31.9
	09YA5-12	29.94	85.42	4.31	6.55	30
35S-KCS6	09FA15-6	30.77	84.26	3.35	6.5	30.4
	09YA6-12	30.13	84.66	3.23	6.5	30.5
35S-KCS12	09FA7-5	32.46	84.13	3.23	6.55	30.6
35S-KCS13	08FA19-1	29.7	83.9	5.3	6.7	32.1
	08FA19-3	30.75	85.2	3.84	6.5	32.4
	09FA6-4	30.59	85.7	4.41	6.59	30.9
中 24（CK）		28.39	84.01	3.58	6.47	29.5

2011 年，将从 09YA2-1 转化子中筛选出的阳性单株种成株行，通过田间抗生素鉴定及分子检测，从 11C0326 株行中筛选到 5 株农艺性状较好的阳性单株进行标记，开花时对标记单株进行自交，按单株收获轧花取皮棉，将皮棉送农业部棉花纤维品质检测中心进行纤维品质检测，结果见表 5-16。从表 5-16 可以看出这 5 个单株材料的纤维长度和强度与受体材料相比得到明显改善，特别是 11C0326-2、11C0326-9、11C0326-11 3 株系已达到优质纤维的标准。

2012 年将上一年筛选到的 5 株优质阳性单株材料按株行种植，在苗期对其进行鉴定筛选，从 12C0422 和 12C0423 两个株行材料中筛选到较理想的阳性单株材料 7 份，并对其进行标记，开花期对标记单株进行自交，按单株收获轧花取皮棉送农业部棉花纤维品质检测中心进行纤维品质检测，纤维品质检测结果（表 5-17）显示这 7 份材料的纤维品质与受体材料相比得到明显的改良。

表 5-16 转 *E6-KCS6* 基因 T$_2$ 代单株材料纤维品质检测结果

转化子名称	长度/mm	整齐度	马克隆值	伸长率/%	断裂比强度/(cN/tex)
09YA2-1	31.94	85.5	4.1	6.1	33.7
09YA2-1	32.22	84.6	3.15	6.2	34
09YA2-1	31.85	85.8	4	6.2	32.8
09YA2-1	31.65	84.3	3.67	6.4	31.4
09YA2-1	32.35	85	3.1	6.5	32.7
中24（CK）	28.45	83.4	3.8	6.6	29.1

表 5-17 转 *E6-KCS6* 基因 T$_3$ 代单株材料纤维品质检测结果

转化子名称	长度/mm	整齐度	马克隆值	伸长率/%	断裂比强度/(cN/tex)
09YA2-1	32.15	85.1	3.35	6.5	33.8
09YA2-1	30.31	84.5	3.46	6.5	32.7
09YA2-1	30.4	86.1	3.77	6.6	34.3
09YA2-1	33.85	87.5	3.28	6.6	34.8
09YA2-1	31.59	86	3.33	6.5	33.2
09YA2-1	31.56	86.2	3.31	6.6	35.1
09YA2-1	32.7	85.7	3.01	6.6	34.8
中24（CK）	28.39	84	3.58	6.5	29.5

2013 年将上一年筛选到的 7 株阳性单株材料按株行种植，在苗期对其进行了抗生素鉴定及分子检测，发现 13C0461 和 13C0466 两个株行材料不仅抗生素筛选阳性，而且目的基因表达稳定，开花时对两个株行材料全部做自交，按株行混收自交铃并取皮棉样送农业部棉花纤维品质检测中心进行纤维品质检测，从检测结果（表 5-18）可以看出，该基因的两个株系材料的纤维品质表现优异。

表 5-18 转 *E6-KCS6* 基因 T$_4$ 代株行材料纤维品质检测结果

转化子名称	长度/mm	整齐度	马克隆值	伸长率/%	断裂比强度/（cN/tex）
09YA2-1	31.66	85.8	4.1	6.2	33.3
09YA2-1	32.32	86	4.03	6.1	34.7
CK（CRI24）	28.52	84.4	4.14	6.6	30.8

以上检测结果表明，*KCS* 在'中棉 24'中具有显著提高纤维品质的作用。2014 年已将这两个株系材料在封闭的试验地进行扩繁，苗期涂抹卡那霉素进行鉴定全部为阳性，同时抽样进行分子检测，结果显示所有的样品分子检测结果为阳性。已申报环境释放。

2. 与 *KCS* 相关基因的表达量分析

由于 *KCS* 在纤维品质偏弱的'中棉 24'中具有一定作用，为验证其时空表达规律及基因上下游关系，对相关基因进行了表达量分析。

通过对不同转化子中 *KCS* 表达量的分析（图 5-60），可知无论是转基因植株还是对照（非转基因）植株中，目的基因表达量高峰均出现在开花后 10 天，而这一时期正是纤维伸长速率最快的时期，从而证实目的基因（*GhKCS6*）可能在纤维伸长时期起重要作用。因为目的基因是由组成型启动子（*CaMV 35S*）驱动的，整个纤维发育期转基因植株的目的基因表达量都比对照高。结合纤维品质的结果分析，转化子 FA1 的纤维长度比对照和其他两个转化子的显著增长，可以发现在纤维快速伸长期，*GhKC6* 在转化子 FA1 中的表达量比在其他两个转化子的表达量高，表达量的差异可能就是造成不同转化子纤维差异的原因。另外，3 个转化子中的棉花纤维的断裂比强度都显著优于对照材料，说明过量表达 *GhKCS6* 能够通过调控纤维次生壁加厚从而增强纤维的断裂比强度。

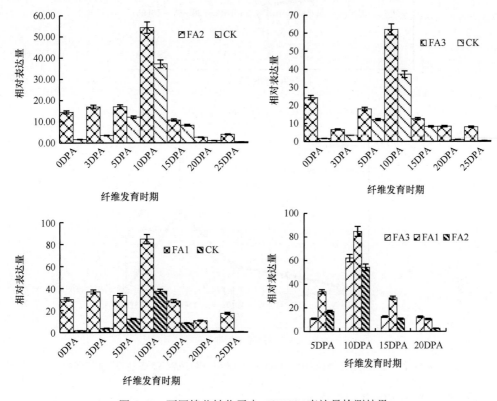

图 5-60　不同棉花转化子中 *GhKCS6* 表达量检测结果

GhEXP1 在不同材料中的表达量：随着纤维发育的进程，其表达量先升高然后降低，在纤维伸长期优势表达；开花后 15 天表达量达到最大，此时 FA1 中 *GhEXP1* 表达量分别比转化子 FA2 和对照材料高 60.27% 和 40.82%（图 5-61），可见其在纤维伸长期起重要作用。其他转化子在不同世代也具有相似的变化趋势，说明转 *GhKCS6* 的材料纤维长度的增加，可能与 *GhKCS6* 表达量的提高从而促进了 *GhEXP1* 表达的提高相关。

GhPEL 的表达是随着纤维发育的进程逐渐升高的，无论是转基因植株还是非转基因的对照'中棉 24'，开花后 15 天 *GhPEL* 的表达量达到最大值，随后降低，这一变化趋势表明其在纤维伸长期确实起着重要作用。图 5-62 中显示的是转化子 FA1 和对照材料中两种基因差值的变化趋势，在纤维发育期 *GhPEL* 表达量和 *GhKCS6* 表达量具有相同的变

化趋势，可推测转基因植株纤维品质的改良可能和 *GhKCS6* 表达提高促进了 *GhPEL* 的表达相关。

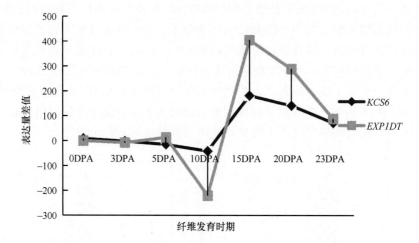

图 5-61　转化子 FA1 中 *GhEXP1* 和 *GhKCS6* 表达量变化趋势

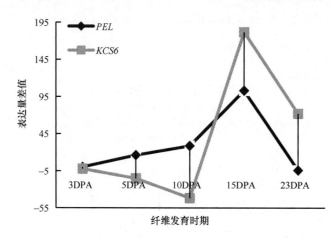

图 5-62　相比对照材料转化子 FA1 中 *GhPEL* 和 *GhKCS6* 表达量变化趋势

3. 转基因材料中 *GhRacB* 的表达情况

图 5-63 显示不同实验材料中 *GhRacB* 在纤维快速伸长期的表达情况，发现不同材料均在开花后 10 天时 *GhRacB* 表达量下降，随后表达量又升高。*GhRacB* 和 *GhKCS6* 两个基因在转化子 FA1 和对照材料中表达量的变化趋势类似，推断两者之间的表达可能存在相关性。

（三）转 *csRRM2* 基因的棉花纤维改良材料选育

拟南芥 *FCA* 基因含有 20 个内含子。其中，内含子 3 和内含子 13 的可变剪接使其产生 4 种不同的成熟转录本，分别命名为 FCA-α、FCA-β、FCA-γ 和 FCA-δ。其中只有 FCA-γ 编码的蛋白质（747aa）具有促进开花的作用，它含有 2 个 RRM 结构域和一个 WW 结构域。FCA-δ 编码的蛋白质只有 2 个 RRM 结构域而不含有 WW 结构域。

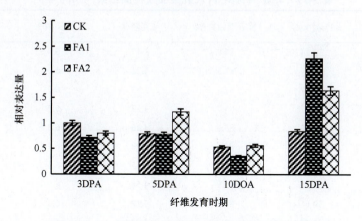

图 5-63 T₃ 代转基因材料和对照中 *GhRacB* 表达量

复旦大学杨金水课题组从油菜中克隆出 *csRRM2* 基因，将该基因构建到植株转基因载体上，载体图谱见图 5-64。利用 PROMEGA 的质粒大量提取试剂盒提取质粒 DNA，并稀释到 1μg/μl。以自交纯合材料'中棉所 12'为转基因受体。2006 年，利用基因枪轰击法获得 PCR 阳性植株 18 株，经 Southern blot 检测获得 12 个转基因阳性材料。

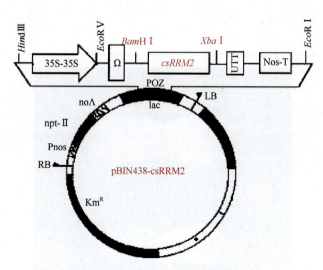

图 5-64 *csRRM2* 植物表达载体图谱

该基因可显著提高棉花纤维品质，纤维品质检测如下：T₁ 代中，纤维检测结果明显高于受体（表 5-19、图 5-65），T₂、T₃ 等世代的结果与之基本相同（数据略）。T₄、T₅ 代检测结果（表 5-20）表明，纤维长度和纤维断裂比强度明显高于受体。T₁ 代中，所有转基因材料的纤维长度平均比对照提高了 3.24mm，断裂比强度也提高了 3.8cN/tex。其他指标同对照相比差别不大。在 T₄、T₅ 代，来自于 4 个转化子的不同株系（9304-1 等编号代表不同株系）的纤维品质在纤维长度、强度方面也比对照大幅度提高。

表 5-19   转基因材料 T_1 代纤维品质检测结果（2008 年）

材料编号	长度/mm	整齐度指数/%	马克隆值	伸长率/%	断裂比强度/（cN/tex）
L001	30.14	84.8	3.47	6.8	32.3
L002	32	87.3	4.72	6.9	29.7
L003	32.27	87.3	3.83	6.9	31.9
L004	31.17	85.7	4.27	6.7	30.1
L005	31.43	85.6	4.46	6.6	28.6
L006	31.19	85.3	3.38	6.7	29.7
L007	30.72	86.2	4.45	6.6	28.7
L008	31.01	85.9	4.58	6.9	29.8
L009	30.68	84.2	4.12	6.5	28.2
L010	31.47	86.3	3.97	6.6	31.1
L011	30.66	86.3	5.08	6.6	28.5
L012	30.18	85.6	4.86	6.6	29.2
转化子平均	31.08	85.9	4.27	6.7	29.8
1	27.21	82.6	4.77	6.1	25
2	27.91	84.8	4.22	6.2	27
3	28.5	84.1	4.27	6.2	26.7
4	27.72	86.3	--	6.4	25.3
受体平均	27.84	84.5	4.42	6.2	26

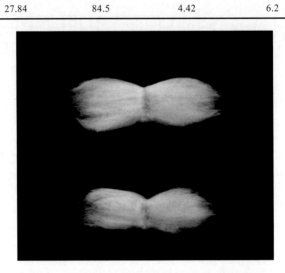

图 5-65   *csRRM2* 转基因材料纤维长度比较图

表 5-20   转 *RRM2* 基因棉花材料的 T_4/T_5 代纤维检测结果（2010 年）

编号	转化子	世代	纤维品质			
			平均长度/mm	马克隆值	伸长率/%	断裂比强度/（cN/tex）
Jan-04	L010	T5	31.50B	5.28	6.9	31.16B
Mar-04	L010	T5	31.85B	5.05	8.4	29.50A
Feb-16	L011	T5	32.43B	3.53	7.2	31.36B

续表

编号	转化子	世代	纤维品质			
			平均长度/mm	马克隆值	伸长率/%	断裂比强度/（cN/tex）
Feb-17	L011	T5	32.18B	4.19	6.1	33.52B
平均			31.99B	4.51	7.1	31.39B
Mar-11	L003	T4	30.22B	3.95	6.1	32.93B
May-11	L003	T4	30.86B	4.43	7.9	34.59B
Jan-19	L004	T4	29.50A	4.69	7.1	33.22B
Apr-19	L004	T4	30.00A	4.6	8.2	31.36B
平均			30.15A	4.42	7.3	33.03B
CRI12	CK		28.88A	3.54	7.1	28.11A

将纤维性状优良的转 *RRM2* 基因材料与生产上常用的品种进行杂交，对纯合的杂交后代材料进行纤维品质检测。结果表明，杂交材料的纤维品质接近或强于母本，同父本比较则显著改良，如'hn9317'×'中287'的纤维长度为30.69mm、断裂比强度为33.1cN/tex，与母本（纤维长度为30.73mm、断裂比强度为32.3cN/tex）基本相当。'Hn9311'×'中3316'的纤维强度则显著强于亲本（表5-21）。

表 5-21　杂交材料纤维检测结果（2011年）

材料	纤维品质检测				
	长度/mm	整齐度指数/%	马克隆值	伸长率/%	断裂比强度/（cN/tex）
Hn9317×中287	30.69	86.3	4.05	6.4	33.1
Hn9317×中3316	31.53	86.7	3.67	6.7	36.6
Hn9311×中287	29.46	88.4	4.09	6.6	31.4
Hn9311×中3316	27.37	87.1	4.22	6.5	28.8
Hn9317	30.73	86.3	4.08	6.9	32.3
Hn9311	28.11	85.9	4.38	5.8	27.7
中287	27.5	83.3	4.4	5.2	25.7
中3316	28.21	86.2	3.76	6.4	28.5
CK（CRI12）	26.92	86.8	3.41	6.7	29.3

结合产量等其他重要性状，选择纤维品质优异的 Hn9317 进行深入研究，2012～2014年其纤维长度稳定在 32mm 以上，断裂比强度稳定大于 32cN/tex。其产量与受体材料相比增产 12%。该材料已申报国际专利，获得中国专利授权（ZL 2010 8 0011070.7）。

利用花粉管通道法以'中3316'为受体也获得 *RRM2* 基因的转化子 11 个，其纤维强度也提高约 3cN/tex。利用农杆菌介导法以 CRI24 为受体获得该基因的转化子数十个，其纤维强度约提高了 2.2cN/tex，其中 3 个转化子长度达到 30.8mm。该材料安全性评价已进入生产性试验阶段。该基因的作用机制目前由复旦大学杨金水课题组进行，初步研究结果表明，csRRM2 可能特异性的抑制某些转录因子的表达，进而最终使转基因植株表现出细胞增大和生物量提高的表型。

（四）纤维改良候选基因验证总体评述

通过 9 年纤维候选基因的验证，发现部分基因对棉花纤维品质有所提升，如上文所介绍的 3 个系列的基因。但是，通过多年的试验发现，基本上所有的降低纤维品质的目的基因（载体）很容易达到目标。当以提高纤维品质为目标时，插入的外源基因可能会受到材料本身基因的作用，当受体材料的纤维品质较差时，可显著改良纤维品质，而且纤维品质越差，改良效果越明显，主要表现在纤维长度和强度的改良上，部分转基因材料的纤维品质接近于优质纤维材料；当纤维品质较好时，尤其当受体材料的纤维强度大于 33cN/tex 时，则很难取得预期效果，转基因后代的纤维品质反而有所下降。

下面为一个典型转化实例。

acsA+acsB 基因对棉花纤维品质改良的作用：浙江大学祝水金课题组等将由 35S 启动子驱动的外源纤维改良基因——木醋杆菌纤维素合酶基因 acsA 和 acsB，构建了串锁 3 个 35S 启动子的高效表达载体，用农杆菌真空渗透转化法，转化常规棉种质系 X-003，获得的 T_1 代和 T_2 代转基因植株。经纤维品质检测，转基因棉的纤维品质得到改良，其中棉花纤维长度、断裂比强度、纤维素含量和衣分都显著增加，见表 5-22。如果将其转入优质纤维的陆地棉品种 'ZM-28' 中，转基因后代的纤维品质则未得到显著改善，见表 5-23。

表 5-22　棉花转 acsA+acsB 基因后代的纤维品质测定结果

材料	代数	纤维长度/mm	断裂比强度/（cN/tex）	马克隆值	纤维素含量/%
	T_1	28.3±1.1b	30.0±0.7b	3.5±0.2b	87.6±2.1b
	T_2	29.4±1.4b	30.7±1.12b	4.0±0.5a	89.2±3.0b
转基因棉	平均	28.9b	30.4b	3.75b	88.4b
CK1（X003）	平均	25.1±0.9a	28.8±0.6a	4.3±0.2a	82.57±1.3a

表 5-23　棉花转 acsA+acsB 基因后代的纤维品质测定结果

材料	代数	纤维长度/mm	断裂比强度/（cN/tex）	马克隆值	纤维素含量/%
	T_1	29.7±1.7a	30.4±2.7a	4.9±0.5	87.1±2.2a
	T_2	29.6±1.4a	32.7±1.12a	4.0±0.5	88.3±3.1a
转基因棉	平均	29.4a	32.2a	4.25	87.7a
CK2（ZM-28）	平均	30.1±0.8a	32.8±0.8a	4.5±0.2	87.5±1.4a

（五）转基因纤维改良材料的培育

2013 年通过对筛选出的高代转基因材料的纤维品质进行分析比较，发现有来自于 6 个基因的 25 份抗性稳定材料的纤维长度和强度明显的优于受体材料（表 5-24），纤维长度全部比受体材料 '中棉 24' 的纤维长度提高了约 3mm。对所获得的材料将继续进行田间农艺性状及抗性稳定性观察，同时进行安全性评价等所要求的各种试验。已将符合移交要求的部分材料移交给相关育种者。结合 973 项目上一期，共培育具有育种价值的转基因材料合计 78 份，这些材料对棉花纤维品质的改良起着重要的促进作用，同时也是进一步挖掘具有更大效应基因的良好研究材料。其中部分材料进入到相应的安全性评价阶段，详见表 5-25。

表 5-24 2013 年优质纤维新种质材料的纤维品质检测结果

材料来源	平均长度/mm	整齐度	马克隆值	伸长率/%	断裂比强度/（cN/tex）	基因名称
13C0561-2	31.78b	86	4.21	6.4	32.7b	*ACO2-E6*
13C0395-2	32.53b	86	4.2	6.2	33.9b	*35S-KCS2*
13C0303-1	32.99b	85.4	4.27	6	34.7b	
13C0303-2	31.80b	84.7	3.57	6.1	34.5b	*35S-KCS12*
13C0315-1	31.58b	84.7	4.09	6.1	32.8b	
13C0320-2	31.64b	82.5	3.35	6.4	29.6a	
13C0320-6	33.05b	83.9	3.86	6.3	30.5b	
13C0320-7	31.85b	82.9	4.13	6.4	30.3b	
13C0325-2	31.73b	85.8	4.23	6.3	31.4b	*35S-KCS13*
13C0328-4	31.92b	83.9	4.07	6.3	33.6b	
13C0328-7	31.88b	84.2	4.21	6.2	34.0b	
13C0442-3	31.63b	86.3	4.39	6.3	31.5b	
13C0461-1	32.48b	85.6	3.49	6.3	33.4b	
13C0461-2	32.19b	85	4.2	6.1	35.1b	
13C0461-4	32.29b	86.2	3.3	6.2	33.7b	
13C0462-3	31.71b	85.9	4.12	6.3	32.1b	
13C0464-4	32.05b	86.5	3.53	6.2	34.7b	
13C0464-5	32.15b	86.4	3.3	6.2	35.2b	*E6-KCS6*
13C0464-8	32.04b	87.1	4	6	37.8b	
13C0464-12	31.77b	85.4	3.77	6.2	35.2b	
13C0467-1	33.67b	86.5	3.1	6	34.8b	
13C0468-3	32.13b	86.9	4	6.3	33.8b	
13C0469-1	32.10b	85.2	3.89	6.2	33.8b	
13C0623-1	31.82b	85.5	4.37	6.2	31.4b	*Ms3-overexpressiom*
CK1（CRI24）	28.52a	84.4	4.14	6.6	30.8a	—
Hn9317	33.29B	87.97	4.12	6.7	33.78B	*csRRM2*
CK2（CRI12）	28.98A	84.67	4.01	6.8	29.87A	—

表 5-25 2010～2013 年获得安全性评价的材料

基因	性状	转化子	中间试验批准时间（年）	环境释放通过时间（年）
KCS6	纤维改良	中 9c323-1 中 9c323-2	2010	
RDL1	纤维改良	CF002	2010	
RRM2	高产	中 0807	2010	2011
ACO2	纤维改良	中 9c260-1 中 9c261-1	2010	2013

同时，西南大学近年来通过克隆鉴定验证了一批对纤维细胞发育有一定效果的启动子及基因，并将其转入到棉花中，从中筛选出 20 个纤维品质较好的转基因新材料，其纤维品质改良效果明显，纤维长度、强度和马克隆值均比野生型得到了优化，特别是GhROT3-AtBIL5、SCFP-GhOR35 两个株系材料的纤维品质可以达到优级水平，不仅纤维长度比野生型分别提高了 4.07mm 和 4.53mm，而且断裂比强度也比野生型分别增加了7.1cN/tex 和 8.9cN/tex，达到了长绒棉的级别，使棉花纤维达到了"长、强、细"的同步改良，符合纺高支纱的纤维品质要求（表 5-26）。2013 年完成了高衣分转基因棉花材料 IF1-1在河北和湖北的生产性试验申请。

表 5-26　20 份优质纤维新材料纤维品质检测结果

株系名称	平均长度/mm	整齐度	马克隆值	伸长率/%	断裂比强度/（cN/tex）
SCFP-iaaM27	30.36	83.6	5.36	6.5	28.6
SCFP-iaaL17	30.34	84.7	5.09	6.5	30
Napin-YlDGAT7	30	87.2	4.27	6.8	30.2
S1-12-1	31.48	84.8	4.69	6.1	31
S1-12-2	30.66	86.1	4.76	6.1	31.1
S1-12-3	30.29	85.3	5.01	6.1	30.2
J14-1	31.6	84.1	4.17	6.2	31.9
J14-2	30.56	84	4.54	6.1	32.8
J14-3	31.32	84.9	4.4	6.2	33.4
S5-3-1	30.23	84.3	4.42	6.3	29.6
S5-3-2	30.66	83.4	4.71	6.1	30.4
GhROT3-AtBIL5	32.16	84.2	4.11	5.7	35.6
GhSMT2-GhROT3	31.16	86	4.22	5.9	34.2
GhROT3-GhDWF4	31.6	86.9	3.81	6	34.9
35S-TT2RNAi9	30.9	85.9	4.14	5.8	36.5
35S-TT2RNAi11	30.28	86.4	4.29	5.9	33.8
35S-TT2RNAi22	30.31	84.7	3.9	5.9	34.6
SCFP-GhOR35	32.62	85.3	3.97	5.8	37.4
SCFP-GhOR32	30.95	86.4	3.87	5.8	34.5
SCFP-GhOR29	31.9	87.1	4.16	5.7	35.3
WT	28.09	85.4	5.23	6.8	28.5

本项目克隆的基因（含启动子）大多是与棉花纤维发育和纤维品质相关的基因，来源于棉花本身，因此转基因棉花的纤维品质改良效果还不很理想，有些基因是通过调节棉花生长激素来改良纤维品质的，所以基因导入棉花后会造成后代转基因材料出现大量的变异，给转基因材料的筛选和利用带来一定的困难。需要注重从其他植物中发掘和克隆与纤维细胞发育相关的基因，并克隆具有纤维特异性表达启动子，以避免对棉花其他性状的正常发育造成影响。研究中也发现，来自于油菜基因的作用反而更加显著。

参 考 文 献

蔡林, 等. 2000. 来自棉花的纤维特异性 β-微管蛋白启动子的分离和鉴定: 新加坡, 008113724, 2000-08-01.

迟吉娜, 马崎英, 韩改英, 等. 2005. 陆地棉组织培养体细胞胚胎发生技术改进. 棉花学报, 17(4): 195-200.

杜磊. 2008. 棉花 GhManA2 基因纤维特异表达启动子的克隆和功能初步分析. 南京: 南京农业大学硕士学位论文.

杜曼丽, 倪勇祥, 李学宝. 2007. 3 个编码 AP2/EREBP 转录因子的基因克隆及其在棉纤维中优势表达的初步分析. 华中师范大学学报(自然科学版), 41(4): 578-582.

房栋, 吕俊宏, 郭旺珍, 等. 2008. 一个新的棉花 MYB 类基因(GhTF1)的克隆及染色体定位分析. 作物学报, 4(2): 207-211.

郭旺珍, 孙敬, 张天真. 2003. 棉花纤维品质基因的克隆与分子育种. 科学通报, 48(5): 410-417.

韩志国, 楚鹰, 郭旺珍, 等. 2006. 棉纤维发育重要基因 FbL2A 的 SNPs 研究及定位. 农业生物技术学报, 14(3): 360-364.

侯磊, 刘灏, 李家宝, 等. 2008. 一个具有棉花纤维细胞特异性的启动子 SCFP. 科学通报, 53(14): 1650-1656.

胡明瑜. 2011. GhDWF4 在棉花纤维发育中的功能与调控机制. 重庆: 西南大学博士学位论文.

胡廷章, 罗凯, 甘丽萍, 等. 2007. 植物基因启动子的类型及其应用. 湖北农业科学, 46(1): 149-151.

焦改丽, 李俊峰, 李燕娥, 等. 2002. 利用新的外植体建立棉花高效转化系统的研究. 棉花学报, 14(1): 22-27.

李宝利. 2011. GhLIM6 基因对棉花纤维发育的影响. 重庆: 西南大学硕士学位论文.

李付广, 刘传亮, 武芝侠, 等. 2010. CsRRM2 基因及其在棉花性状改良上的应用: 中国, ZL2010 80011070. 7.

李学宝, 蔡林, 程宁辉, 等. 2000. 来自棉花的纤维特异性肌动蛋白启动子的分离和鉴定: 新加坡, 00813722, 2000-08-01.

李学宝, 李登弟, 王秀兰, 等. 2009a. 棉花纤维特异表达的水孔蛋白家族基因 GhPIP2: 中国, 200910273363. 1, 2009-12-23.

李学宝, 许文亮, 黄耿青, 等. 2009b. 一个棉纤维特异表达基因 GhPRP5 及其启动子: 中国, 200910273296. 3, 2009-12-16.

李学宝, 黄耿青, 许文亮, 等. 2009c. 一个棉纤维特异性启动子 GhFLA1 的鉴定: 中国, 200910273465. 3, 2009-12-29.

李一醒, 王金发. 1998. 高等植物启动子研究进展. 植物学通报, 15(增刊): 1-6.

李忠旺, 2009. 棉花胚珠特异启动子 PGhASN 引导 iaaL 基因表达对棉花胚珠/纤维发育的影响. 重庆: 西南大学硕士学位论文.

刘传亮, 武芝霞, 张朝军, 等. 2004. 农杆菌介导棉花大规模高效转化体系的研究. 西北植物学报, 24(5): 768-775.

刘灏. 2008. 棉花基因 GhHOX2 启动子的克隆与功能分析. 重庆: 西南大学硕士学位论文.

吕少溥, 王旭静, 唐巧玲, 等. 2014. 棉纤维特异基因及其特异启动子的研究进展. 生物技术进展, 4(1): 1-6.

罗凤涛. 2008. 五个异源启动子在烟草与棉花中的表达特性研究. 重庆: 西南大学硕士学位论文.

罗明. 2007. GhDET2 和 GhKTN1 基因的克隆和功能分析. 重庆: 西南大学博士学位论文.

梅文倩, 秦咏梅, 朱玉贤. 2010. 乙烯, 超长链脂肪酸, 活性氧, 油菜素内酯和赤霉素相互作用调控棉纤维伸长发育的分子机制研究. 生命科学, 1: 7-14.

宁华, 李扬, 龚思颖, 等. 2011. 3 个棉纤维优势表达的 CHS 基因的分子鉴定与表达分析. 华东师范大学学报(自然科学版), 45(2): 272-278.

庞朝友, 秦咏梅, 喻树迅. 2010. 棉花纤维特异转录因子 GhMADS9 的克隆及功能初步分析. 棉花学报, 22(6): 515-520.

任茂智. 2004. 棉花 nodulin-like 和 arf1 基因及其启动子的分离和功能分析. 北京: 中国农业科学院博士学位论文.

单淳敏. 2014. 棉纤维伸长的关键调控因子 GhHOX3 的研究. 北京: 中国科学院大学博士学位论文.

上官小霞, 吴霞, 李燕娥. 2010. 棉花 GhRDLl 基因启动子分析, 华北农学报, 25(1): 6-10.

宋平. 1987. 棉花不同基因型胚珠离体条件下愈伤组织形成的研究. 中国棉花, 6: 15-17.

谭晓连, 钱迎倩. 1988. 不同外植体来源和培养条件对拟似棉植株再生的影响. 遗传学报, 15(2): 81-85.

涂礼莉, 等. 2010. 两个棉花纤维伸长期优势表达的启动子及应用: 中国, 201010582387. 8, 2010-12-06.

王曼莹. 2006. 分子生物学. 北京: 科学出版社.

王诺菌, 于霁雯, 吴嫚, 等. 2014. 棉花 GhMYB0 基因的克隆、表达分析及功能鉴定. 作物学报, 40(9): 1540-1548.

王颖, 麦维军, 梁承邺, 等. 2003. 高等植物启动子的研究进展. 西北植物学报, 23(11): 2040-2048.

吴蔼民, 刘进元. 2005. 棉花半乳糖苷酶基因启动子的分离及其在转基因烟草中的表达. 中国科学, 35(5): 389-397.

夏江东, 程在全, 吴渝生, 等. 2006. 高等植物启动子功能和结构研究进展. 云南农业大学学报(自然科学版), 21(1): 7-14.

肖月华, 罗明, 方卫国, 等. 2002. 利用 YADE 法进行棉花基因组 PCR 步行. 遗传学报, 29(1): 62-66.

徐冰. 2011. 棉花 BURP 蛋白 RDL1 与 α 扩展蛋白结合促进植物生长和结实. 北京: 中国科学院研究生院博士学位论文.

于晓红, 朱勇清, 林芝萍, 等. 2000. 亚洲棉 GAE6-3A 上游序列的分离及其在烟草中的表达. 科学通报, 26(2): 143-147.

张朝军, 李付广, 王晔, 等. 2009. 棉花叶柄组织培养与高分化率材料选育方法: 中国, ZL200610089439. 1.

张春晓, 王文棋, 蒋湘宁, 等. 2004. 植物基因启动子研究进展. 遗传学报, 31(12): 1455-1464.

张海, 易永华, 高晓华, 等. 2002. 棉花子叶离体培养与植株再生. 西北农业学报, 11(1): 84-86.

张家明, 孙雪飘, 郑学勤, 等. 1997. 陆地棉愈伤诱导及胚胎发生能力的遗传分析. 中国农业科学, 30(3): 36-43.

张觅. 2011. 在胚珠表皮中时空调控生长素的生物合成提高转基因棉花的纤维产量和品质. 重庆: 西南大学博士学位论文.

张文静, 胡宏标, 陈兵林, 等. 2007. 棉纤维加厚发育生理特性的基因型差异及对纤维比强度的影响. 作物学报, 33(4): 531-538.

张献龙, 孙济中, 刘金兰. 1991. 陆地棉体细胞胚胎发生与植株再生. 遗传学报, 18(5): 461-467.

张献龙, 孙济中, 刘金兰. 1992. 陆地棉品种"Coker201"胚性与非胚性愈伤组织生化代谢产物的比较研究. 作物学报, 8(3): 176-182.

张献龙. 1990. 陆地棉体细胞胚胎发生、植株再生及其机制的研究. 武汉: 华中农业大学博士学位论文.

张震林, 刘正銮, 周宝良, 等. 2004. 转兔角蛋白基因改良棉纤维品质研究. 棉花学报, 16(2): 72-76.

赵学彬, 唐桂英, 单雷. 2013. 植物Ⅱ型启动子功能研究的常用方法及其进展. 生命科学, 25(6): 580-587.

周桂生, 封超年, 周青, 等. 2005. 高品质陆地棉纤维品质形成特点的研究. 棉花学报, 17(6): 343-347.

朱玉贤, 李毅. 1997. 现代分子生物学. 北京: 高等教育出版社.

朱玉贤, 秦咏梅, 柳皋隽. 2010a. 棉花 FDH 基因的启动子及其应用: 中国, 201010291850, 2010-09-26.

朱玉贤, 秦咏梅, 柳皋隽. 2010b. 棉花 KCS12 基因的启动子及其应用: 中国, 201010540932, 2010-11-10.

邹创. 2014. GhLIM6 基因启动子的分离和功能鉴定. 重庆: 西南大学硕士学位论文.

Aleman L, Kitamura J, Abdel-Mageed H, et al. 2008. Functional analysis of cotton orthologs of GA signal transduction factors GID1 and SLR1. Plant Mol Biol, 68(1): 1-16.

Andrawis A, Solomon M, Delmer D P. 1993. Cotton fiber annexins: a potential role in the regulation of callose synthase. Plant J, 3(6): 763-772.

Bao Y, Hu G, Flagel L E, et al. 2011. Parallel up-regulation of the profilin gene family following independent domestication of diploid and allopolyploid cotton(Gossypium). Proceedings of the National Academy of Sciences, 108(52): 21152-21157.

Beasley C A, Ting I P. 1973. The effect of plant growth substances on in-vitro fiber development from fertilized cotton ovules. Am J Bot , 60(2): 130-139.

Beasley C A, Ting I P. 1974. Effect of plant growth substances on in vitro fiber development from unfertilized cotton ovules. Am J Bot, 61(2): 188-194.

Benjamin L. 2005. Genes Ⅷ. 余龙, 江松敏, 赵元寿主译. 北京: 科学出版社, 678-679.

Bidney D, Scelonge C, Martich J, et al. 1992. Microprojectile bombardment of plant tissue increases transformation frequency by Agrobacterium tumefaciens. Plant Mol Biol, 18(2): 301-313.

Brown R M, Saxena I M. 2000. Cellulose biosynthesis: A model for understanding the assembly of biopolymers. Plant Physiology and Biochemistry, 38(1): 57-67.

Chi J A, Han Y C, Wang X F, et al. 2013. Overexpression of the Gossypium barbadense actin-depolymerizing factor 1 gene mediates biological changes in transgenic tobaco. Plant Mol Biol Rep, 31(4): 833-839.

Connolly D L, Shanahan C M, Weissberg P L. 1998. The aquaporins: A family of water channel proteins. The International Joural of Biochemistry and Cell Biology, 30(2): 169-172.

Cosgrove D J. 2000. Loosening of plant cell walls by expansins. Nature, 407(6802): 321-326.

Cosgrove D J. 2005. Growth of the plant cell wall. Nature Review. Mol Cell Biol, 6(11): 850-861.

De Lucas M, Daviere J M, Rodriguez-Falcon M, et al. 2008. A molecular framework for light and gibberellin control of cell elongation. Nature, 451(7177): 480-484.

Delaney S K, Orford S J, Martin-Harris M, et al. 2007. The fiber specificity of the cotton FSltp4 gene promoter is regulated by an AT-rich promoter region and the AT-hook transcription factor GhAT1. Plant Cell Physiol, 48(10): 1426-1437.

Delemer D P, Haigler C H. 2002. The regualtion of metablic flux to cellulose, a major sink for carbon in plant. Metab Eng, 4(1): 22-28.

Delmer D P, Potikha T S. 1997. Structures and functions of annexins in plants. Cell Mol Life Sci, 53(6): 546-553.

Deng F L, Tu L L, Tan J F. et al, 2012. GbPDF1 is Involved in cotton fiber initiation via the core cis-element HDZIP2ATATHB2. Plant Physiol, 158(2): 890–904.

Dill A, Jung H S, Sun T P. 2001. The DELLA motif is essential for gibberellin-induced degradation of RGA. P Natl Acad Sci USA, 98(24): 14162-14167.

Finer J J. 1988. Plant regeneration from somatic embryogenic suspension cultures of cotton(*Gossypium hirsutum* L.). Plant Cell Rep, 7(6): 399-402.

Gawel N J, Robacker C D. 1990. Somatic embryogenesis in two *Gossypium hirsutum* genotypes on semi-solid versus liquid proliferation media. Plant Cell Tiss Org, 23(3): 201-204.

Gong S Y, Huang G Q, Sun X, et al. 2014. Cotton KNL1, encoding a class II KNOX transcription factor, is involved in regulation of fibre development. J Exp Bot, 65(15): 4133-4147.

Goossens A, Dillen W, De Clercq J, et al. 1999. The arcelin-5 gene of *Phaseolus vulgaris* directs high seed-specific expression in transgenic *Phaseolus acutifolius* and *Arabidopsis* plants. Plant Physiol, 120(4): 1095-1104.

Gou J Y, Wang L J, Chen S P, et al. 2007. Gene expression and metabolite profiles of cotton fiber during cell elongation and secondary cell wall synthesis. Cell Res, 17(5): 422-434.

Guan X Y, Li Q J, Shan C M, et al. 2008. The HD-Zip IV gene *GaHOX1* from cotton is a functional homologue of the *Arabidopsis* GLABRA2. Physiol Plantarum, 134(1): 174-182.

Guan X Y, Song Q X, Chen Z J. 2014. Polyploidy and small RNA regulation of cotton fiber development. Trends Plant Sci, 19(8): 516-528.

Guinn G, Brummett D L. 1988. Changes in abscisic acid and indoleacetic acid before and after anthesis relative to changes in abscission rates of cotton fruiting forms. Plant Physiol, 87(3): 629-631.

Han J, Tan J F, Tu L L, et al. 2014 . A peptide hormone gene, GhPSK promotes fibre elongation and contributes to longer and finer cotton fibre. Plant Biotechnol J, 12(7): 861-871.

Han L B, Li Y B, Wang H Y, et al. 2013. The dual functions of WLIM1a in cell elongation and secondary wall formation in developing cotton fibers. Plant Cell, 25(11): 4421-4438.

Hao J, Tu L L, Hu H Y, et al. 2012. GbTCP, a cotton TCP transcription factor, confers fibre elongation and root hair development by a complex regulating system. J Exp Bot, 63(17): 6267-6281.

Harmer S, Orford S, Timmis J. 2002. Characterisation of six α-expansin genes in *Gossypium hirsutum*(upland cotton). Mol Genetic Genomics, 268(1): 1-9.

He Y J, Guo W Z, Shen X L, et al.　2008. Molecular cloning and characterization of a cytosolic glutamine synthetase gene, a fiber strength-associated gene in cotton. Planta, 228(3): 473-483.

Ho M H, Saha S, Jenkins J N, et al. 2010. Characterization and promoter analysis of a cotton RING-type ubiquitin ligase(E3)gene. Mol Biotechnol, 46(2): 140-148.

Hong G J, Xue X Y, Mao Y B, et al. 2012. *Arabidopsis* MYC2 interacts with DELLA proteins in regulating sesquiterpene synthase gene expression. Plant Cell, 24(6): 2635-2648.

Hou X, Lee L Y, Xia K, et al. 2010. DELLAs modulate jasmonate signaling via competitive binding to JAZs. Dev Cell, 19(6): 884-894.

Hsu C Y, An C F, Saha S M, et al. 2008. Molecular and SNP characterization of two genome specific transcription factor genes GhMyb8 and GhMyb10 in cotton species. Euphytica, 159(1): 259-273.

Hsu C Y, Greech R G, Jenkins J N, et al. 1999. Analysis of promoter activity of cotton lipid transfer protein gene *LTP6* in transgenic tobacco plants. Plant Sci, 143(1): 63-70.

Hsu C Y, Jenkins J N, Saha S, et al. 2005. Transcriptional regulation of the lipid transfer protein gene *LTP3* in cotton fibers by a novel MYB protein. Plant Sci, 168(1): 167-181.

Huang G Q, Gong S Y, Xu W L, et al. 2013. A fasciclin-like arabinogalactan protein, GhFLA1, is involved in fiber initiation and elongation of cotton. Plant Physiol, 161(3): 1278-1290.

Huang G Q, Xu W L, Gong S Y, et al. 2008 . Characterization of 19 novel cotton *FLA* genes and their expression profiling in fiber development and in response to phytohormones and salt stress. Physiol Plantarum, 134(2): 348-359.

Huang Y Q, Liu X, Tang K X, et al. 2013. Functional analysis of the seed coat-specific gene *GbMYB2* from cotton. Plant Physiol Bioch, 73: 16-22.

Huang Y Q, Wang J, Zhang L D, et al. 2013. A cotton annexin protein anxGb6 regulates fiber elongation through its interaction with actin 1. PLoS ONE, 8(6): e66160.

Humphries J, Walker A, Timmis J, et al. 2005. Two WD-repeat genes from cotton are functional homologues of the *Arabidopsis thaliana* Transparent Testa Glabra1(*TTG1*)gene. Plant Mol Biol, 57(1): 67-81.

John M E, Crow L J. 1992. Gene expression in cotton(*Gossypium hirsutum* L.)fiber: Cloning of the mRNAs. P Natl Acad Sci USA, 89(13): 5769-5773.

John M E, Keller G. 1995. Characterization of mRNA for a proline-rich protein of cotton fiber. Plant Physiol, 108(2): 669-676.

John M E, Keller G. 1996. Metabolic pathway engineering in cotton fiber: Biosynthesis of polyhydroxybutyrate in fiber cells. P Acad Sci USA. 93(23): 12768-12773.

John M E. 1996. Structural characterization of genes corresponding to cotton fiber mRNA, E6: reduced E6 protein in transgenic plants by antisense gene. Plant Mol Biol, 30(2): 297-306.

Joshi C P. 1987. An inspection of the domain between putative TATA box and translation start site in 79 plant genes. Nucleic Acids Res, 15(16): 6643-6653.

Kim H J, Murai N, Fang D D, et al. 2011. Functional analysis of *Gossypium hirsutum* cellulose synthase catalytic subunit 4 promoter in transgenic *Arabidopsis* and cotton tissues. Plant Sci, 180(2): 323-332.

Kim H J, Triplett B A. 2004. Characterization of GhRac1 GTPase expressed in developing cotton (*Gossypium hirsutum* L.) fibers. BBA-Gene Struct Expr, 1679(3): 214-221.

Kong Y, Zhou G, Yin Y, et al. 2011. Molecular analysis of a family of *Arabidopsis* genes related to galacturonosyl transferases. Plant Physiol, 155(4): 1791-1805.

Lee J, Burns T H, Light G, et al. 2010. Xyloglucan endotransglycosylase/hydrolase genes in cotton and their role in fiber elongation. Planta, 232(5): 1191-1205.

Li B, Li D D, Zhang J, et al. 2013. Cotton AnnGh3 encoding an annexin protein is preferentially expressed in fibers and promotes initiation and elongation of leaf trichomes in transgenic *Arabidopsis*. Journal of Integrative Plant Biol, 55(10): 902-916.

Li C H, Zhu Y Q, Meng Y L, et al. 2002. Isolation of genes preferentially expressed in cotton fibers by cDNA filter arrays and RT-PCR. Plant Sci, 163: 1113-1120.

Li D D, Ruan X M, Zhang J, et al. 2013. Cotton plasma membrane intrinsic protein 2s(PIP2s)selectively interact to regulate their water channel activities and are required for fibre development. New Phytol, 199(3): 695-707.

Li H B, Qin Y M, Pang Y, et al. 2007. A cotton ascorbate peroxidase is involved in hydrogen peroxide homeostasis during fibre cell development. New Phytol, 175(3): 462-471.

Li L, Wang X L, Huang G Q, et al. 2007. Molecular characterization of cotton GhTUA9 gene specifically expressed in fibre and involved in cell elongation. J Exp Bot, 58(12): 3227-3238.

Li X B, Cai L, Cheng N H, et al. 2002. Molecular characterization of the cotton *GhTUB1* gene that is preferentially expressed in fiber. Plant Physiol, 130(2): 666-674.

Li X B, Fan X P, Wang X L, et al. 2005. The cotton *ACTIN1* gene is functionally expressed in fibers and participates in fiber elongation, The Plant Cell, 17(3): 859-875.

Li X B, Xu D, Wang X L, et al. 2010. Three cotton genes preferentially expressed in flower tissues encode actin-depolymerizing factors which are involved in F-actin dynamics in cells. J Exp Bot, 61(1): 41-53.

Li X R, Wang L, Ruan Y L. 2010. Developmental and molecular physiological evidence for the role of phosphoenolpyruvate carboxylase in rapid cotton fibre elongation. J Exp Bot, 61(1): 287-295.

Li Y J, Liu D Q, Tu L L, et al. 2010. Suppression of *GhAGP4* gene expression repressed the initiation and elongation of cotton fiber. Plant Cell Rep, 29(2): 193-202.

Li Y, Ning H, Zhang Z T, et al. 2011. A cotton gene encoding novel MADS-box protein is preferentially expressed in fibers and functions in cell elongation. Acta Bioch Bioph Sin, 43(8): 607-717.

Lightfoot D J, Malone K M, Timmis J N, et al. 2008. Evidence for alternative splicing of MADS-box transcripts in developing cotton fibre cells. Mol Gen Genet, 279(1): 75-85.

Liu D Q, Tu L L, Li Y J, et al. 2008. Genes encoding fasciclin-like arabinogalactan proteins are specifically expressed during cotton fiber development. Plant Mol Biol Rep, 26: 98-113.

Liu H C, Creech R G, Jenkins J N. 2000. Cloning and promoter analysis of cotton lip transfer protein gene ltp3. Biochimma et Biophysica Acta, 1487(1): 106-111.

Liu H W, Shi R F, Wang X F, et al. 2013. Characterization and expression analysis of a fiber differentially expressed fasciclin-like arabinogalactan protein gene in sea island cotton fibers. PLoS ONE, 8(7): e70185.

Loguerico L L, Zhang J Q, Wilkins T A. 1999. Differential regulation of six novel MYB-domain genes defines two distinct expression patterns in allotetraploid cotton (*Gossypium hirsutum* L.). Mol Gen Genet, 261(4): 660-671.

Luo M, Xiao Y H, Li X B, et al. 2007. GhDET2, a steroid 5α-reductase, plays an important role in cotton fiber cell initiation and elongation. Plant J, 51(3): 419-430.

Ma D P, Liu H C, Tan H, et al. 1997. Cloning and characterization of a cotton lipid transfer protein gene specifically expressed in fiber cells. BBA-Lipids and Lipid Metabolism, 1344(2): 111-114.

Ma D P, Tan H, Si Y. 1995. Differential expression of a lipid transfer protein gene in cotton fiber. Biochim Biophys Acta, 1257(1): 81-84.

Machado A, WuY , Yang Y, et al. 2009. The MYB transcription factor GhMYB25 regulates early fibre and trichome development. Plant J, 59(1): 52-62.

McQueen-Mason S J, Cosgrove D J. 1995. Expansin mode of action on cell walls(analysis of wall hydrolysis, stress relaxation, and binding. Plant Physiol, 107(1): 87-100.

Meng C M, Zhang T Z, Guo W Z. 2009. Molecular cloning and characterization of a novel *Gossypium hirsutum* L. *bHLH* gene in response to ABA and drought stresses. Plant Mol Biol Rep, 27(3): 381-387.

Michailidis G, Argiriou A, Darzentas N, et al. 2009. Analysis of xyloglucan endotransglycosylase/ hydrolase(*XTH*)genes from allotetraploid(*Gossypium hirsutum*)cotton and its diploid progenitors expressed during fiber elongation. J Plant Physiol, 166(4): 403-416.

Mohnen D. 2008. Pectin structure and biosynthesis. Curr Opin Plant Biol, 11(3): 266-277.

Murase K, Hirano Y, Sun T P, et al. 2008. Gibberellin-induced DELLA recognition by the gibberellin receptor GID1. Nature, 456(7221): 459-463.

Nieuwland J, Feron R, Huisman B A, et al. 2005. Lipid transfer proteins enhance cell wall extension in tobacco. Plant Cell, 17(1): 2009-2019.

Orford S J, Timmis J N. 1998. Specific expression of an expansin gene during elongation of cotton fibres. Biochim. Biophys. Acta, 1398(3): 342-346.

Pang C Y, Wang H, Pang Y, et al. 2010. Comparative proteomics indicates that biosynthesis of pectic precursors is important for cotton fiber and *Arabidopsis* root hair elongation. Mol Cell Proteomics, 9(9): 2019-2013.

Park W, Scheffler B E, Bauer P J, et al. 2010. Identification of the family of aquaporin genes and their expression in upland cotton(*Gossypium hirsutum* L.). BMC Plant Biol, 10: 142.

Paterson A H, Wendel J Γ, Gundlach H, et al. 2012. Repeated polyploidization of *Gossypium* genomes and the evolution of spinnable cotton fibres. Nature, 492(7429): 423-427.

Pear J R, Kawagoe Y, Schreckengost W E, et al. 1996. Higher plants contain homologs of the bacterial *celA* genes encoding the catalytic subunit of cellulose synthase. P Nat Acad Sci USA, 93(22): 12637-12642.

Preuss M L, Delmer D P, Liu B. 2003. The cotton kinesin-like calmodulin-binding protein associates with cortical microtubules in cotton fibers. Plant Physiol, 132(1): 154-160.

Preuss M L, Kovar D R, Lee Y R, et al. 2004. A Plant-specific kinesin binds to actin microfilaments and interacts with cortical microtubules in cotton fibers. Plant Physiol, 136(4): 3945-3955.

Price J H, Smith R H, Grumbles R M. 1977. Callus cultures of six species of cotton(Gossypium L.)on defined media. Plant Sci Lett, 10: 115-119.

Pu L, Li Q, Fan X P, et al. 2008. The R2R3 MYB Transcription factor GhMYB109 is required for cotton fiber development. Genetics, 180(2): 811-820.

Qin Y M, Hu C Y, Pang Y, et al. 2007. Saturated very-long-chain fatty acids promote cotton fiber and Arabidopsis cell elongation by activating ethylene biosynthesis. Plant Cell, 19(11): 3692-3704.

Qin Y M, Hu CY, Zhu Y X. 2008. The ascorbate peroxidase regulated by H_2O_2 and ethylene is involved in cotton fiber cell elongation by modulating ROS homeostasis. Plant Signal and Behavior, 3(3): 194-196.

Qin Y M, Pujol F M, Hu C Y, et al. 2007. Genetic and biochemical studies in yeast reveal that the cotton fibre-specific GhCER6 gene functions in fatty acid elongation. J Exp Bot, 58(3): 473-481.

Qin Y M, Pujol F M, Shi Y H, et al. 2005. Cloning and functional characterization of two cDNAs encoding NADPH-dependent 3-ketoacyl-CoA reductased from developing cotton fibers. Cell Res, 15(6): 465-473.

Rinehart J A, Petersen M W, John M E. 1996. Tissue specific and developmental regulation of cotton gene FbL2A. Plant Physiol, 112(3): 1331-1334.

Ruan M B, Liao W B, Zhang X C, et al. 2009. Analysis of the cotton sucrose synthase 3(Sus3)promoter and first intron in transgenic Arabidopsis. Plant Sci, 176: 342-351.

Ruan Y L, Chourey P S. 1998. A fiberless seed mutation in cotton is associated with lack of fiber cell initiation in ovule epidermis and alteration in sucrose syhthase expression and carbon partitioning in developing seeds. Plant Physiol, 118(2): 399-406.

Ruan Y L, Llewellyn D J, Furbank R T, et al. 2005. The delayed initiation and slow elongation of fuzz-like short fibre cells in relation to altered patterns of sucrose synthase expression and plasmodesmata gating in a lintless mutant of cotton. J Exp Bot, 56(413): 977-984.

Ruan Y L, Llewellyn D J, Furbank R T. 2001. The control of single-celled cotton fiber elongation by developmentally reversible gating of plasmodcsmata and coordinated expression of sucrose and K^+ transporters and expansin. Plant Cell, 13(1): 47-60.

Ruan Y L, Llewellyn D J, Furbank R T. 2003. Suppression of sucrose synthase gene expression represses cotton fiber cell initiation, elongation, and seed development. Plant Cell, 15(4): 952-964.

Ruan Y L, Xu S M, White R, et al. 2004. Genotypic and developmental evidence for the role of plasmodesmatal regulation in cotton fiber elongation mediated by callose turnover. Plant Physiol, 136(4): 4104-4113.

Seagull R W. 1990. The effects of microtubule and microfilament disrupting agents on cytoskeletal arrays and wall deposition in development cotton fiber. Protoplasma, 159(1): 44-59.

Seagull R W. 1992. A quantitative electron microscopic study of changes in microtubule arrays and wall microfibril orientation during in vitro cotton fiber development. Journal Cell Sci, 101: 561-577.

Serna L, Martin C. 2006. Trichomes: different regulatory networks lead to convergent structures. Trends in Plant Science, 11(6): 274-280.

Shan C M, Shangguan X X, Zhao B, et al. 2014. Control of cotton fibre elongation by a homeodomain transcription factor GhHOX3. Nature Commun, 5: 5519.

Shangguan X X, Xu B, Yu Z X, et al. 2008. Promoter of a cotton fibre MYB gene functional in trichomes of Arabidopsis and glandular trichomes of tobacco. J Exp Bot, 59(13): 3533-3542.

Shi Y H, Zhu S W, Mao X Z, et al. 2006. Transcriptome profiling, molecular biological, and physiological studies reveal a major role for ethylene in cotton fiber cell elongation. Plant Cell Physiol, 18(3): 651-664.

Shimizu Y, Aotsuka S, Hasegawa O, et al. 1997. Changes in levels of mRNAs for cell wall-related enzymes in growing cotton fiber cells. Plant Cell Physiol, 38(3): 375-378.

Shin H, Brown R M. 1999. GTPase Activity and Biochemical Characterization of a Recombinant Cotton Fiber Annexin. Plant Physiol, 119(3): 925-934.

Shindy W W, Smith O E. 1975. Identification of plant hormones from cotton ovules. Plant Physiol, 55(3): 550-554.

Showalter A M. 1993. Structure and function of plant cell wall proteins. Plant Cell, 5(1): 9-23.

Smart L B, Vojdani F, Maeshima M, et al. 1998. Genes involved in osmoregulation during turgor-driven cell expansion of developing cotton fibers are differentially regulated. Plant Physiol, 116(4): 1539-1549

Sun F, Liu C L, Wu Z X, et al. 2012. A conserved RRM domain of *B. napus* FCA improves cotton fiber quality and yield by regulating cell size. Mol Breeding, 30(1): 93- 101

Sun Y, Allen R. 2005. Functional analysis of the *BIN2* genes of cotton. Mol Gent Genomics, 274(1): 51-59.

Sun Y, Fokar M , Asami T, et al. 2004. Characterization of the brassinosteroid insensitive 1 genes of cotton. Plant Mol Biol, 54(2): 221-232.

Sun Y, Veerabomma S, Abdel-Mageed H A, et al. 2005. Brassinosteroid regulates fiber development on cultured cotton ovules. Plant Cell Physiol, 46(8): 1384-1391.

Suo J, Liang X, Pu L, et al. 2003. Identification of GhMYB109 encoding a R2R3 MYB transcription factor that expressed specifically in fiber initials and elongating fibers of cotton(*Gossypium hirsutum* L.). BBA-Gene Structure Exp, 1630(1): 25-34.

Szymanski D B, Lloyd A M, Marks M D. 2000. Progress in the molecualr genetic analysis of trichome initiation and morphogenesis in *Arabidopsis*. Trends Plant Sic, 5(5): 214-219.

Taliercio E, Boykin D. 2007. Analysis of gene expression in cotton fiber initials. BMC Plant Biol, 7: 22.

Tan H, Creech R G, Jenkins J N, et al. 2001 . Cloning and expressionanalysis of two cotton(*Gossypium hirsutum* L.)genes encoding cell wall proline-rich proteins. DNA Sequence, 12(5-6): 367-380.

Tang W, He Y, Tu L, et al. 2014. Down-regulating annexin gene GhAnn2 inhibits cotton fiber elongation and decreases Ca^{2+} influx at the cell apex. Plant Mol Biol, 85(6): 613-625.

Trolinder N L, Goodin J R. 1988. Somatic embryogenesis in cotton(*Gossypium*)I. Eeffets of source of explants　and hormone regime. Plant Cell Tiss Org Culture, 12(1): 31-42.

Tu L L, Zhang X L, Liang S G, et al. 2007. Genes expression analyses of sea-island cotton(*Gossypium barbadense* L.)during fiber development. Plant Cell Rep, 26(8): 1309-1320.

Walford S A , Wu Y R, Llewellyn D J, et al. 2012. Epidermal cell differentiation in cotton mediated by the homeodomain leucine zipper gene, GhHD-1. Plant J, 71(3): 464-478.

Walford S A, Wu Y R, Llewellyn D J, et al. 2011. GhMYB25-like: a key factor in early cotton fibre development. Plant J, 65(5): 785-797.

Wang H H, Guo Y, Lv F N, et al. 2010 . The essential role of *GhPEL* gene, encoding a pectate lyase, in cell wall loosening by depolymerization of the de-esterified pectin during fiber elongation in cotton. Plant Mol Biol, 72(4-5): 397-406.

Wang H Y, Wang J, Gao P, et al. 2009 . Down-regulation of *GhADF1* gene expression affects cotton fibre properties. Plant Biotechnol J, 7(1): 13-23.

Wang H Y, Yu Y, Chen Z L, et al. 2005. Functional characterization of *Gossypium hirsutum* profilin 1 gene(*GhPFN1*)in tobacco suspension cells. Planta, 222(4): 594-603.

Wang J, Wang H Y, Zhao P M, et al. 2010. Overexpression of a Profilin(GhPFN2)promotes the progression of developmental phases in cotton fibers. Plant Cell Physiol, 51(8): 1276-1290.

Wang K, Wang Z, Li F, et al.　2012 . The draft genome of a diploid cotton *Gossypium raimondii*. Nat Genet, 44(10): 1098-1103.

Wang L K, Niu X W, Lv Y H, et al. 2010. Molecular cloning and localization of a novel cotton annexin gene expressed preferentially during fiber development. Mol Biol Rep, 37(7): 3327-3334.

Wang L, Cook A, Patrick J W, et al. 2014. Silencing the vacuolar invertase gene GhVIN1 blocks cotton fiber initiation from the ovule epidermis, probably by suppressing a cohort of regulatory genes via sugar signaling. Plant J, 78(4): 686-696.

Wang L, Li X R, Lian H, et al. 2010. Evidence That high activity of vacuolar invertase is required for cotton fiber and *Arabidopsis* root elongation through osmotic dependent and independent pathways, respectively. Plant Physiol, 154(2): 744-756.

Wang M Y, Zhao P M, Cheng H Q, et al. 2013. The cotton transcription factor TCP14 functions in auxin-mediated epidermal cell differentiation and elongation. Plant Physiol, 162(3): 1669-1680.

Wang S, Wang J W, Yu N, et al. 2004. Control of plant trichome development by a cotton fiber *MYB* gene. Plant Cell, 16(9): 2323-2334.

Wu A M, Hu J, Liu J Y. 2009. Functional analysis of a cotton cellulose synthase A4 gene promoter in transgenic tobacco plants. Plant Cell Rep, 28(10): 1539-1548.

Wu A M, Ling C, Liu J Y. 2006. Isolation of a cotton reversibly glycosylated polypeptide (GhRGP1)promoter and its expression activity in transgenic tobacco. J Plant Physiol, 163(4): 426-435.

Wu Y, Machado A C, White R G, et al. 2006 . Expression profiling identifies genes expressed early during lint fibre initiation in cotton. Plant Cell Physiol, 47(1): 107-127.

Wu Y, Xu W, Huang G, et al. 2009. Expression and localization of GhH6L, a putative classical arabinogalactan protein in cotton(*Gossypium hirsutum*). Acta Bioch Bioph Sin, 41(6): 495-503.

Xiao Y H, Li D M, Yin M H, et al. 2010. Gibberellin 20-oxidase promotes initiation and elongation of cotton fibers by regulating gibberellin synthesis. J Plant Physiol, 167(10): 829-837.

Xu B, Gou J Y, Li F G, et al.　2013. A cotton BURP domain protein interacts with α-expansin and their co-expression promotes plant growth and fruit production. Mol Plant, 6(3): 945-958.

Xu T, Qu Z, Yang X Y, et al. 2009. A cotton kinesin GhKCH2 interacts with both microtubules and microfilaments. Biochem J, 421(2): 171-180.

Xu Z Z, Zhang C J, Zhang X Y, et al. 2013. Transcriptome profiling reveals auxin and cytokinin regulating somatic embryogenesis in different sister lines of cotton cultivar CCRI24. J Intergr Plant Biol, 55(7): 631-642.

Yang S S, Cheung F, Lee J J, et al. 2006. Accumulation of genome-specific transcripts, transcription factors and phytohormonal regulators during early stages of fiber cell development in allotetraploid cotton. Plant J, 47(5): 761-775.

Yang Y M, Xu G N, Wang B M, et al. 2001. Effects of plant growth regulators on secondary wall thickening of cotton fibres. Plant Growth Regul, 35(3): 233-237.

Yang Z, Zhang C, Yang, X, et al. 2014. PAG1, a cotton brassinosteroid catabolism gene, modulates fiber elongation. New Phytol, 203(2): 437-448.

Zhang C J, Yu S X, Fan S L, et al. 2011. Inheritance of somatic embryogenesis using leaf petioles as explants in upland cotton. Euphytica, 181(1): 55–63.

Zhang C W, Guo L L, Wang X L, et al. 2007. Molecular characterization of Four ADF genes differentially expressed in cotton. Journal Genet Genomics, 34(4): 347-354.

Zhang D, Hrmova M, Wan C H, et al. 2004. Members of a new group of chitinase-like genes are expressed preferentially in cotton cells with secondary walls. Plant Mol Biol, 54(3): 353-372.

Zhang F, Liu X, Zuo K J, et al. 2011. Molecular cloning and expression analysis of a novel SANT/MYB gene from *Gossypium* barbadense. Mol Biol Rep, 38(2): 2329-2336.

Zhang F, Zuo K J, Zhang J Q, et al. 2010. An L1 box binding protein, GbML1, interacts with GbMYB25 to control cotton fibre development. J Exp Bot, 61(13): 3599-3613.

Zhang M, Zheng X L, Song S Q, et al. 2011. Spatiotemporal manipulation of auxin biosynthesis in cotton ovule epidermal cells enhances fiber yield and quality. Nature Biotechnol, 29(5): 453-458.

Zhao G R, Liu J Y. 2002. Isolation of a cotton RGP gene: a homolog of reversibly glycosylated polypeptide highly expressed during fiber development. BBA-Gene Struct Exp, 1574(3): 370-374.

Zheng H, Rowland Q, Kunst L. 2005. Disruptions of the *Arabidopsis* enoyl-CoA reductase gene reveal an essential role for very-long-chain fatty acid synthesis in cell expansion during plant morphogenesis. Plant Cell, 17(5): 1467-1481.

Zheng W, Zhang X Y, Yang Z R, et al. 2014. At wuschel promotes formation of the embryogenic callus in *Gossypium hirsutum*. PLoS ONE, 9(1): e87502

Zhou L, Duan J, Wang X M, et al. 2011. Characterization of a novel annexin gene from cotton(*Gossypium hirsutum* cv CRI 35)and antioxidative role of its recombinant protein. Journal of Integrative Plant Biol, 53(5): 347-357.

Zhu Y Q, Xu K X, Luo B, et al. 2003. An ATP-bingding cassette transproter GhWBC1 from elongating cotton fibers. Plant Physiol, 133(2): 580-588.

Zhu Y X. 2010. The epigenetic involvement in plant hormone signaling. Chinese Scie Bull, 55(21): 2198-2203.

第六章　优质高产棉花新品种的分子改良

　　棉花是世界上重要的经济作物之一，有 4 个栽培种，其中陆地棉的产量最高，是世界上最主要的棉花栽培种，占世界棉花产量的 95%。棉花产量和品质性状属于数量性状，受环境影响较大，其表型是基因型与环境共同作用的结果。此外，棉花纤维产量和纤维品质性状之间存在负相关，同步改良棉花产量和品质有一定的难度。这也是常规育种根据产量和纤维品质表型选择未能达到预期结果的原因之一。生物技术的发展为作物性状改良提供了新的途径，通过转基因或分子标记辅助选择技术，可以从分子水平上进行基因操作和调控，实现产量和纤维品质性状的同步改良。

　　近年来，随着棉纺织业的迅猛发展，我国棉花需求与日俱增，供需矛盾日益突出。我国棉花从 2002 年进口 18 万 t 猛增至 2011 年的 335.6 万 t，2002~2011 年累计进口 2148 万 t，占同期全球棉花净出口量的 26.9%。我国棉花纤维内在品质相对较差，纤维强度偏低；长度、强度、细度等主要品质指标不协调；纤维类型单一，我国棉花纤维 95%主要集中在中绒棉类型，缺乏适纺 60 支以上高支纱的长纤维，以及适纺牛仔布、地毯、纱布的粗短纤维。在稳定棉花种植面积的情况下，解决上述问题最有效的途径是培育高产、优质、多抗、高效的棉花新品种。由于陆地棉的遗传基础狭窄，纤维品质、产量和抗性等重要性状之间存在负相关，使得以表型选择为主的传统育种技术，难以实现棉花纤维品质、产量和抗逆性等多基因的有效聚合。

　　进入 21 世纪后，随着基因组学、生物信息学等新兴学科的迅猛发展，植物育种理论和技术正在发生重大变革，多学科深度的交叉融合催生育种技术进入分子水平，育种效率得到了极大提升。通过多基因聚合等分子改良手段培育高产、优质、多抗、高效农作物新品种，已成为国内外学者研究的热点。在 973 项目的资助下，我国在棉花纤维品质与产量分子改良基础研究、棉花抗衰老的分子机制、棉花抗旱耐盐的分子改良、复杂性状遗传网络分析方法及应用、优质高产多抗棉花新品种的分子改良等方面取得了较大进展。

第一节　棉花纤维品质和产量性状的遗传分析方法

一、基于混合线性模型的复合区间作图法

　　复杂性状的表型变异由多个基因位点（quantitative trait loci，QTL）所控制，并且对性别等环境因子很敏感（Mackay，2001）。剖析复杂性状的遗传结构具有很大挑战，特别是分析 QTL 间互作、QTL 与环境互作、上位性与环境互作及更多复杂的高维互作效应。目前已有一些方法用来检测 QTL 与环境互作及 QTL 间的上位性（Kao et al.，1999；Piepho，2000；Sen and Churchill，2001；Ljungberg et al.，2004），然而这些方法都没有把上位性、基因与环境互作整合在同一个定位体系中。Wang 等（1999）提出了基于

混合线性模型的复合区间作图法（MCIM），能同时分析 QTL 上位性及 QTL 与环境互作。Yang 等（2007）提出用 QTL 全模型来剖析复杂性状的遗传结构，把多个 QTL 的主效应、上位性，以及这些效应与环境的互作效应整合到同一个模型体系，采用 Henderson Ⅲ 的 F 统计量来检验 QTL 单位点效应及成对 QTL 间上位性效应的显著性，基于最终的 QTL 全模型，通过吉布斯抽样的贝叶斯方法来估计和检验 QTL 的各项遗传参数。

（一）QTL 定位方法

1. QTL 定位模型

假定从两个纯合亲本（P_1 和 P_2）衍生而来的一重组自交系（RIL）或加倍单倍体（DH）群体，在 p 个不同的环境中进行试验，目标性状总共受 s 个 QTL（Q_1，Q_2，$\cdots$，Q_s）和 t 对上位性 QTL 的调控。每个 QTL 位点有两种基因型类型（QQ 和 qq），设定 Qk 的加性效应系数为 x_{ki}，当 Qk 的基因型为 $QkQk$ 和 $qkqk$ 时，其值分别为 1 和–1。实际分析中，因检测位置的 QTL 基因型未知，这些系数 x_{ki} 需要通过侧临标记的分子标记基因型来确定（Jiang and Zeng，1997）。将环境效应作为随机效应，第 i 个系在第 j 个环境中的表型值（y_{ij}）可以用下列混合线性模型表示：

$$y_{ij} = \mu + \sum_k^s a_k x_{ki} + \sum_{\substack{k,h \in (1,\cdots,s) \\ k \neq h}}^t aa_{kh} x_{ki} x_{hi} + e_j + \sum_k^s ae_{kj} x_{ki} + \sum_{\substack{k,h \in (1,\cdots,s) \\ k \neq h}}^t aae_{khj} x_{ki} x_{hi} + \varepsilon_{ij} \quad (6\text{-}1)$$

其中，μ 为群体均值；a_k 为 Qk 的加性效应，固定效应；aa_{kh} 为 Qk 和 Qh 之间的加加上位性效应，固定效应；e_j 为第 j 个环境的效应，随机效应；ae_{kj} 为 Qk 的加性与第 j 个环境的互作效应，随机效应；aae_{khj} 为 aa_{kh} 与环境 j 的互作效应，随机效应；ε_{ij} 为残差效应。在此模型中，存在上位性的两个 QTL 可能存在单位点的效应，也可能仅存在上位性互作。

模型（6-1）可以用如下矩阵形式表示：

$$\mathbf{y} = \mathbf{1}\mu + \mathbf{X}_A \mathbf{b}_A + \mathbf{X}_{AA} \mathbf{b}_{AA} + \mathbf{U}_E \mathbf{e}_E + \sum_{k=1}^s \mathbf{U}_{A_k E} \mathbf{e}_{A_k E} + \sum_{h=1}^t \mathbf{U}_{AA_h E} \mathbf{e}_{AA_h E} + \mathbf{e}_\varepsilon$$

$$= \begin{bmatrix} \mathbf{1} & \mathbf{X}_A & \mathbf{X}_{AA} \end{bmatrix} \begin{bmatrix} \mu & \mathbf{b}_A^{\mathrm{T}} & \mathbf{b}_{AA}^{\mathrm{T}} \end{bmatrix}^{\mathrm{T}} + \sum_{u=1}^r \mathbf{U}_u \mathbf{e}_u + \mathbf{I}\mathbf{e}_\varepsilon \quad (6\text{-}2)$$

$$= \mathbf{X}\mathbf{b} + \sum_{u=1}^{r+1} \mathbf{U}_u \mathbf{e}_u$$

其中，$\mathbf{y}$ 为个体表型值组成的 $n \times 1$ 阶向量，n 为总的观察值数目；$\mathbf{1}$ 为所有元素为 1 的 $n \times 1$ 阶向量；$\mathbf{b}_A = \begin{bmatrix} a_1 & a_2 & \cdots & a_s \end{bmatrix}^{\mathrm{T}}$；$\mathbf{b}_{AA} = \begin{bmatrix} aa_1 & aa_2 & \cdots & aa_t \end{bmatrix}^{\mathrm{T}}$；系数矩阵分别为 $\mathbf{X}_A$ 和 $\mathbf{X}_{AA}$；$\mathbf{e}_{A_k E} = \begin{bmatrix} ae_{k1} & ae_{k2} & \cdots & ae_{kp} \end{bmatrix}^{\mathrm{T}} \sim (\mathbf{0}, \sigma_{A_k E}^2 \mathbf{I})$；$\mathbf{e}_{AA_k E} = \begin{bmatrix} aae_{k1} & aae_{k2} & \cdots & aae_{kp} \end{bmatrix}^{\mathrm{T}} \sim (\mathbf{0}, \sigma_{AA_k E}^2 \mathbf{I})$；对应的系数矩阵分别为 $\mathbf{U}_E$、$\mathbf{U}_{A_k E}$、$\mathbf{U}_{AA_h E}$；$\mathbf{e}_\varepsilon$ 为残差效应，也是 $n \times 1$ 阶向量；$\mathbf{e}_\varepsilon \sim (\mathbf{0}, \sigma_\varepsilon^2 \mathbf{I})$；$\mathbf{I}$ 为一个 $n \times n$ 阶单位矩阵。

2. 扫描检测 QTL

在模型（6-1）中，假定所有 QTL 的位置都已知。实际上，这些信息在定位之前并不清楚。首先需要采用一个系统的作图策略去搜索效应显著的 QTL，在此基础上，基于 QTL 全模型来估算 QTL 的各项遗传效应分量，并作出显著性推断。

1）一维扫描定位 QTL

基于下面模型，在全基因组范围内，通过表型和每个标记区间做基于 Henderson Ⅲ 的 F 检验，搜索得到所有可能存在 QTL 的候选标记区间：

$$y_{ij} = \mu_j + \alpha_{tj}^- \xi_{ti}^- + \alpha_{tj}^+ \xi_{ti}^+ + \varepsilon_{ij} \tag{6-3}$$

其中，t（$t=1, \cdots, T$）为在 T 个总区间中的第 t 个标记区间；μ_j 为第 j 个环境的效应；α_{ti}^- 为在环境 j 中第 t 个区间左侧标记的加性效应，对应系数为 ξ_{ti}^-；α_{ti}^+ 为在环境 j 中第 t 个区间右侧标记的加性效应，对应的系数为 ξ_{ti}^+；其余参数与模型（6-1）中对应参数具有相同含义。

将扫描得到的候选标记区间的效应作为协变量，构建模型（6-4），然后基于模型（6-4），以 1cM 为步长，在全基因组范围内做基于 Henderson Ⅲ 的 F 检验，搜索显著的 QTL 位点。假设已经搜索到 c 个显著的候选标记区间，则可采用下面模型来分析某一个推断 QTL（检测位点）的效应显著性：

$$y_{ij} = \mu_j + a_{kj}x_i + \sum_{t=1}^{c}(\alpha_{tj}^- \xi_{ti}^- + \alpha_{tj}^+ \xi_{ti}^+) + \varepsilon_{ij} \tag{6-4}$$

其中，a_{kj} 为推断 QTL（第 k 个检测位点）在环境 j 中的加性效应，其余参数的含义与模型（6-1）和模型（6-3）中对应参数相同。

2）二维扫描定位上位性 QTL

将扫描得到的候选标记区间作为模型（6-5）的协变量，然后基于模型（6-5），在全基因组范围内做基于 Henderson Ⅲ 的 F 检验，二维搜索得到显著的二互作标记区间：

$$y_{ij} = \mu_j + \alpha\alpha_j^{A^-B^-} \xi_j^{A^-} \xi_j^{B^-} + \alpha\alpha_j^{A^+B^+} \xi_j^{A^+} \xi_j^{B^+} + \sum_{k=1}^{c}(\alpha_{kj}^- \xi_{kj}^- + \alpha_{kj}^+ \xi_{kj}^+) + \varepsilon_{ij} \tag{6-5}$$

其中，A 和 B 为检测的一对互作标记区间；$\alpha\alpha_j^{A^-B^-}$ 和 $\alpha\alpha_j^{A^+B^+}$ 为区间 A 和区间 B 两侧标记在环境 j 中的加加上位性效应，对应系数为 $\xi_j^{A^-} \xi_j^{B^-}$ 和 $\xi_j^{A^+} \xi_j^{B^+}$；其余参数与模型（6-1）和模型（6-3）有相同的定义。

将搜索得到的 QTL 及显著的互作标记区间作为模型（6-6）的协变量，然后基于模型（6-6），在检测到的显著的互作标记区间中做基于 Henderson Ⅲ 的 F 检验，二维搜索得到具有显著上位性效应的成对互作位点：

$$y_{ij} = \mu_j + aa_{khj}x_{ki}x_{hi} + \sum_{k=1}^{c} a_{kj}x_{ki} + \sum_{l=1}^{f}(\alpha\alpha_{jl}^{A^-B^-} \xi_{jl}^{A^-B^-} + \alpha\alpha_{jl}^{A^-B^-} \xi_{jl}^{A^+B^+}) + \varepsilon_{ij} \tag{6-6}$$

其中，aa_{khj} 为位点 k 与 h 在环境 j 中的加加上位性效应；其他参数与前面模型中的参数定义相同。

3）检验误差与假阳性控制

如上所述，定位 QTL 的过程主要包括标记区间选择、成对互作标记区间选择、检测单位点效应显著的 QTL、检测具有显著上位性效应的成对 QTL。在这些步骤中，都要在全基因组范围内进行多重检验，因此需要确定一个 F 统计量的临界值来控制假阳性。MCIM 方法采用置换检验（Doerge and Churchill, 1996）来确定 F 统计量的临界值。因为式(6-3)~式(6-6)都是复杂的模型，它们不仅包含被检测的变量，还包含背景控制的变量，如果直接随机置换观察值，将导致性状表型值和背景遗传效应间的关系发生混乱，从而导致 F 统计量的临界值偏低。因此对于复杂的模型，置换检验需要做一些调整，为此，先用协变量对性状观察值调整，再对调整后的性状表现值置换顺序。为了使全基因组检测的试验误差控制在全局 0.05 或 0.01 水平，对每一步检测都进行 1000 次或 2000 次置换检验，从而确定全基因组水平的临界值。超过临界值的峰所对应位点即为鉴别的 QTL 位点，为控制假阳性，我们用所有有鉴别的 QTL 构建 QTL 全模型，采用逐步回归法进行模型选择，剔除假阳性 QTL。

3. 遗传效应估算与显著性检验

在明确显著的 QTL 数目及位置信息后，采用模型（6-1）分析 QTL 的各项遗传效应分量，估算每个位点的遗传率。为获得这些效应值，我们首先用最小范数二阶无偏估计（MINQUE）法，估算模型的各项随机效应方差，用普通最小二乘法（OLSE）估计各项固定效应值，用调整无偏预测法（AUP）预测各项随机效应值。然后把这些值作为初始值，用马尔科夫链蒙特卡洛（MCMC）方法进行吉布斯抽样，根据各参数的抽样分布来估计参数的效应值，检验效应的显著性。

（二）模拟研究与实例分析

1. 蒙特卡洛模拟

蒙特卡洛模拟探讨了不同遗传率和样本大小对定位结果的影响（Yang et al., 2007）。为了使模拟尽可能接近真实情况，我们选用了一个作物的真实图谱，它包括 1095 个标记，总长为 2037.6cM，标记之间的平均距离为 1.86cM。假定一个复杂的性状受 5 个 QTL 控制，分别记为 Q_1、Q_2、Q_3、Q_4、Q_5，其中 4 个 QTL 参与了 3 对上位性，分别记为 EQ1、EQ2 和 EQ3。表 6-1 和表 6-2 列出了这些 QTL 的位置和效应的详细信息。根据真实的遗传图谱和假定的遗传结构，分别产生由 100 个和 200 个基因型组成的两个 RIL 作图群体，用 I 和 II 表示。模拟设置 3 个环境，20% 和 40% 两种遗传率，每一种情况都执行 200 次模拟。

表 6-1 和表 6-2 列出了模拟 QTL 的位置、效应估计值及标准误。总体上，我们的模型和分析方法可以给出合理精确的参数估计，以及对假阳性有很好的控制。在两种不同遗传率水平下，增加样本大小，可以提高检测 QTL 的功效和参数估计的精确性，位置估计的置信区间会变窄小。通过比较参数估计的准确性、检测 QTL 和上位性的功效及假阳性，可以发现，结果会随着遗传率的增加而变好。对于贡献率大于 4% 的 QTL，即使在样本大小为 100、总遗传率为 20% 的情况下，定位功效也超过 90%。在所有的情况下，上位性的定位功效要高于单位点 QTL 的定位。

表 6-1　模拟 QTL 的位置、效应和相对贡献率的估算

QTL		遗传率/% 20%					40%				
		Q_1	Q_2	Q_3	Q_4	Q_5	Q_1	Q_2	Q_3	Q_4	Q_5
RC/%		2.42	1.88	4.20	3.43	1.15	4.84	3.76	8.40	6.86	2.31
染色体		3	5	6	8	10	3	5	6	8	10
位置/cM		31.98	60.31	42.64	52.27	65.50	31.98	60.31	42.64	52.27	65.50
估计值（标准误）	I	32.22 (1.74)	60.43 (1.87)	42.70 (1.11)	52.74 (1.90)	65.10 (2.89)	32.07 (1.47)	60.68 (1.11)	42.60 (0.94)	52.58 (1.61)	65.54 (2.55)
	II	32.04 (0.95)	61.04 (3.63)	42.63 (0.51)	52.59 (0.68)	65.81 (1.54)	32.04 (0.79)	60.72 (0.57)	42.59 (0.44)	52.57 (0.58)	65.74 (1.31)
SI 长度/cM	I	4.06	4.97	4.10	3.18	3.66	3.54	4.71	3.58	2.73	3.63
	II	3.52	4.80	4.04	3.05	4.23	2.64	3.58	3.11	2.37	3.01
a		−2.78	0.00	2.90	−3.31	10.92	−2.78	0.00	2.90	−3.31	1.92
估计值（标准误）	I	−2.94 (0.50)	−0.17 (0.81)	2.92 (0.62)	−3.35 (0.56)	2.37 (0.65)	−2.79 (0.39)	−0.04 (0.47)	2.90 (0.45)	−3.26 (0.45)	1.98 (0.36)
	II	−2.80 (0.26)	−0.04 (0.32)	2.93 (0.26)	−3.28 (0.27)	1.91 (0.23)	−2.78 (0.18)	−0.02 (0.21)	2.92 (0.19)	−3.28 (0.19)	1.88 (0.18)
ae_1		0.00	−2.04	2.58	0.00	0.00	0.00	−2.04	2.58	0.00	0.00
估计值（标准误）	I	0.04 (0.22)	−2.17 (0.61)	2.38 (0.66)	−0.02 (0.31)	−0.01 (0.24)	0.02 (0.11)	−2.04 (0.36)	2.47 (0.43)	−0.01 (0.18)	−0.00 (0.18)
	II	−0.00 (0.15)	−2.04 (0.38)	2.51 (0.37)	0.01 (0.15)	0.00 (0.16)	0.00 (0.11)	−2.05 (0.26)	2.55 (0.26)	0.01 (0.11)	0.00 (0.10)
ae_2		0.00	−0.67	−1.31	0.00	0.00	0.00	−0.67	−1.31	0.00	0.00
估计值（标准误）	I	0.00 (0.20)	−0.72 (0.56)	−1.19 (0.51)	0.01 (0.21)	0.05 (0.30)	0.00 (0.11)	−0.68 (0.37)	−1.26 (0.36)	0.01 (0.15)	0.01 (0.18)
	II	0.02 (0.16)	−0.68 (0.32)	−1.29 (0.33)	−0.03 (0.15)	0.00 (0.15)	0.00 (0.12)	−0.67 (0.23)	−1.31 (0.23)	−0.02 (0.11)	−0.00 (0.10)
ae_3		0.00	2.72	−1.27	0.00	0.00	0.00	2.72	−1.27	0.00	0.00
估计值（标准误）	I	−0.05 (0.23)	2.89 (0.55)	−1.19 (0.52)	0.00 (0.26)	−0.03 (0.28)	−0.02 (0.11)	2.70 (0.34)	−1.23 (0.36)	−0.00 (0.15)	−0.01 (0.17)
	II	0.02 (0.14)	2.65 (0.38)	−1.23 (0.34)	0.01 (0.16)	−0.00 (0.15)	−0.01 (0.10)	2.67 (0.25)	−1.25 (0.23)	0.01 (0.12)	−0.00 (0.10)
功效/%	I	76.5	41.5	95.5	95.0	28.5	92.0	83.5	99.5	99.5	52.5
	II	100.0	99.5	100.0	100.0	89.5	100.0	100.0	100.0	100.0	99.0

注：RC. 相对贡献率；SI. 置信区间的长度；I 和 II 分别代表 100 和 200 的群体大小，对 I 和 II 在遗传率为 20%的情况下分别为 0.0584 和 0.0413，在遗传率为 40%的情况下分别为 0.0413 和 0.0412，在遗传率为 20%的情况下的假阳性发现率分别为 0.0413 和 0.0413，在遗传

表 6-2　上位性估算的模拟结果

上位性		遗传率/%					
		20%			40%		
		EQ_1 (Q_1-Q_4)	EQ_2 (Q_2-Q_4)	EQ_3 (Q_2-Q_5)	EQ_1 (Q_1-Q_4)	EQ_2 (Q_2-Q_4)	EQ_3 (Q_2-Q_5)
RC/%							
aa		1.37	3.33	2.22	2.74	6.67	4.43
		-2.09	2.58	-2.66	-2.09	2.58	-2.66
估计值（标准误）	I	-2.35 (0.41)	2.29 (0.53)	-2.44 (0.44)	-2.03 (0.34)	2.37 (0.42)	-2.45
	II	-2.02 (0.27)	2.48 (0.29)	-2.50 (0.34)	-2.04 (0.50)	2.51 (0.22)	-2.53
aae_1		0.00	-1.79	0.00	0.00	-1.79	0.00
估计值（标准误）	I	0.01 (0.19)	-1.41 (0.63)	-0.03 (0.27)	0.01 (0.12)	-1.57 (0.42)	0.02 (0.12)
	II	0.02 (0.15)	-1.69 (0.32)	-0.00 (0.13)	0.02 (0.11)	-1.74 (0.23)	0.00 (0.09)
aae_2		0.00	2.16	0.00	0.00	2.16	0.00
估计值（标准误）	I	-0.04 (0.21)	1.86 (0.64)	-0.00 (0.21)	-0.02 (0.12)	1.94 (0.46)	0.00 (0.13)
	II	-0.02 (0.15)	2.06 (0.37)	0.00 (0.12)	-0.01 (0.11)	2.10 (0.25)	0.00 (0.08)
aae_3		0.00	-0.37	0.00	0.00	-0.37	0.00
估计值（标准误）	I	0.03 (0.20)	-0.43 (0.47)	0.03 (0.12)	0.01 (0.12)	-0.38 (0.37)	-0.02 (0.15)
	II	-0.01 (0.14)	-0.39 (0.31)	-0.00 (0.12)	-0.01 (0.11)	-0.38 (0.22)	0.00 (0.09)
功效/%	I	16.5	85.0	39.5	29.0	93.0	67.0
	II	78.0	99.0	94.5	87.5	100.0	98.0

注：RC. 相对贡献率；I 和 II 分别代表 100 和 200 的群体大小，对 I 和 II 在遗传率为 20% 的情况下的假阳性发现率分别为 0.1627 和 0.0512，在遗传率为 40% 的情况下分别为 0.1538 和 0.0473

2. 水稻数据的实例分析

两个纯系亲本'IR64'和'Azucena'杂交创建的 DH 群体，123 个基因型，分别于 1995 年在海南、1996 年和 1998 年在杭州以随机区组设计进行田间种植，重复两次（Yang et al.，2007）。12 条染色体上的 175 个分子标记覆盖了 2005cM 的基因组区域（Huang et al.，1997），对产量性状进行了 QTL 研究。

通过置换检验，在 0.05 显著性水平下，共检测到了 6 个 QTL 和 3 对上位性 QTL。以性状名开始，结合所在染色体的编号和标记区间序号命名 QTL。6 个 QTL 中，只有其中两个 QTL（Yd3-13 和 Yd4-10）有加性效应，而且都对环境敏感（表 6-3）。除了 Yd4-10，参与上位性的 QTL 都没有主效应。特别对于 Yd10-2，参与了 3 对上位性，但是不存在主效应。此外，在本研究中，大约有 31.8% 的遗传变异可被这些没有主效应的上位性 QTL 所解释。

在 QTL 定位研究中，我们提出了一个全模型，整合了所有 QTL 的主效应、上位性、QTL 与环境互作效应，同时发展了一个全基因组范围内搜索显著 QTL 的系统定位策略（Yang et al.，2007）。王道龙等（Wang et al.，1999）提出了两位点模型，可以利用多环境数据分析上位性及其与环境的互作。然而，这个方法在定位策略上存在一些不足，需要优化：①它通过逐步回归模型对各个环境分别选择协变量，没有控制全基因组的假阳性；②基因组扫描阶段，只扫描候选标记对的相邻标记区间；③无法确定推断 QTL 显著性的试验水平的阈值，这样可能会导致较高的 QTL 假阳性；④用似然比检验来搜索显著的 QTL 和成对的上位性 QTL，用 Jackknife 重复抽样技术进行显著性检验，这种方法需要大量的统计计算。Yang 等（2007）采用置换检验来确定试验水平的临界值，可有效控制筛选候选标记区间的假阳性；基于 QTL 全模型进行模型选择，能有效地剔除可能的假阳性 QTL；基于 Henderson III 的 F 统计量来检验标记区间和 QTL 的显著性，避免了大 V 矩阵的求逆。此外，对 QTL 全模型，用贝叶斯方法来估算和检验参数的效应值及显著性，也避免了对大矩阵的求逆运算，同时提供了所有参数效应的无偏估计（表 6-1、表 6-2），因此，该 QTL 定位方法和分析策略极大地提高了计算分析的效率，对剖析数量性状的遗传结构和挖掘具有环境特异性或广适性利用价值的 QTL 具有重要的意义。

二、基于 MCIM 的多变量 QTL 分析方法

产量等综合性状遗传机制的剖析都需要对其成分性状进行相应分析，这些成分性状往往呈现较强相关性，不仅存在表型上的关联，也存在遗传上的关联。对于这些性状，我们需要回答：是否存在一因多效的 QTL，性状之间遗传相关程度有多大，这个遗传相关是 QTL 一因多效引起还是紧密连锁引起。目前，已有一些学者提出了多种统计分析方法用于多性状基因定位。Jiang 和 Zeng（1995）提出用多变量回归模型同时分析多个数量性状，搜索控制这些性状的候选基因位点，采用极大似然比方法检验 QTL 显著性。极大似然法需要用迭代法分别估计在原假设和备择假设下的参数值，会大大增加计算量。该方法把多个环境数据当成多个性状处理，因而其计算结果中的 QTL 位点与环境互作效应并非真正的互作效应，并且当数据同时存在多个数量性状和多个实验环境时，将难以处理。Lang 和 Whittaker（2001）提出用半参数统计方法分析多性状数据，即用广义

表 6-3 水稻产量的 QTL 定位

QTL	Yd3-13	Yd4-10	Epistasis	(Yd4-9, Yd10-2)	(Yd4-10, Yd10-2)	(Yd8-15, Yd10-2)
染色体	3	4	染色体	(4, 10)	(4, 10)	(8, 10)
位置/cM	179.2	124.2	位置/cM	(91.4, 6.6)	(124.2, 6.6)	(156.2, 6.6)
SI	174.2-185.2	116.2-132.2	SI	(82.3-101.4, 3.0-18.6)	(116.2-132.2, 3.0-18.6)	(149.1-162.2, 3.0-18.6)
a（P 值）	-0.88 (0.0002)	-1.77 (0.0000)	aa（P 值）	0.65 (0.0149)	0.82 (0.005)	-0.88 (0.0002)
ae_1（P 值）	1.11 (0.0236)	1.56 (0.0097)	aae_1（P 值）	-0.68 (0.1923)	0.00 (0.9971)	0.46 (0.2539)
ae_2（P 值）	-1.21 (0.0013)	-1.77 (0.0001)	aae_2（P 值）	1.07 (0.0091)	0.00 (0.9964)	-0.52 (0.1169)
ae_3（P 值）	0.12 (0.7337)	0.18 (0.6686)	aae_3（P 值）	-0.43 (0.2510)	0.00 (0.9993)	0.07 (0.8243)

注：SI. 置信区间；QTL 以 Yd 开始结合所在染色体和标记区间命名

估计方程拟合多个数量性状的联合分布，但这一方法不能分析上位性及 QTL 与环境互作。Yang 等于 2007 年提出了基于混合线性模型的全模型 QTL 定位方法和策略（Yang et al.，2007），但只能用于单个性状的分析。我们将在此方法框架下，发展多性状联合 QTL 的定位方法。

（一）遗传模型和方法

假设定位群体是 DH 或 RIL 群体，共有 m 个性状、p 个环境、n 个基因型，则第 j 个基因型在第 k 个环境下第 i 个性状的表型值 y_{ijk} 可以被下面的混合线性模型表示：

$$y_{ijk} = \mu_i + \sum_l a_{il} x_{lj} + \sum_{l<h} aa_{ilh} x_{lj} x_{hj} + e_k + \sum_l ae_{ilk} x_{lj} + \sum_{l<h} aae_{ilhk} x_{lj} x_{hj} + \varepsilon_{ijk} \quad (6\text{-}7)$$

其中，μ_i 为第 i 个性状的群体均值；a_{il} 为第 i 个性状的第 l 个 QTL（Qil）的加性效应，固定效应，对应系数为 x_{lj}；aa_{ilh} 为 Qil 与 Qih 的加加上位性效应，固定效应；e_k 为第 k 个环境的随机效应；ae_{ilk} 和 aae_{ilhk} 分别为加性与环境互作效应、加加上位性与环境互作效应，都是随机效应；ε_{ijk} 为残差效应。

我们采取基于 MCIM 的全模型作图策略进行全基因组一维和二维扫描检测 QTL。在定位过程中，我们用 Wilk's Lambda 统计量代替 F 统计量，用于检测 QTL 的显著性。在明确所有单位点 QTL 和成对互作 QTL 后，构建多性状定位 QTL 全模型。通过模型选择，剔除可能的假阳性 QTL，从而获得最终的 QTL 全模型。基于最终的全模型，运用吉布斯抽样的贝叶斯方法（Wang et al.，1994），逐个性状地估算每个 QTL 的效应值并进行显著性检验。

（二）模拟研究

为检验多性状联合 QTL 定位分析方法的有效性，进行了 200 次蒙特卡洛模拟试验。假设存在一个重组自交系群体，基因型数目为 200，在 3 个不同环境下分别获得 3 个相互关联的性状观察值。模拟中假设作物共有 6 条染色体，每条染色体有 11 个等间距的分子标记，间离设为 10cM。设置 3 个模拟性状，均受 5 个 QTL 作用，记作 Q_1、Q_2、Q_3、Q_4 和 Q_5，其中 4 个 QTL（分别为 Q_1、Q_2、Q_4 和 Q_5）参与到 3 对二互作上位性，分别记作 EQ$_1$（Q_1/Q_4）、EQ2（Q_2/Q_4）和 EQ3（Q_2/Q_5）。为让模拟结果更真实，不是所有的单位点 QTL 和二互作上位性 QTL 都具有一因多效。每个性状中，所有单位点 QTL 和二互作上位性 QTL 的遗传贡献率总和为 20%。参数设置见表 6-4 和表 6-5。由于影响 3 个关联性状的 QTL 位置和效应大小已经确定，因而性状 1 和性状 2、性状 1 和性状 3，以及性状 2 和性状 3 之间的遗传相关系数能被确定，分别为–0.12、–0.03 和 0.33。此外，还设置了 3 个性状间环境及随机残差上的 Pearson 相关系数。性状 1 和性状 2、性状 1 和性状 3，以及性状 2 和性状 3 之间的环境相关系数分别为–0.14、–0.07 和 0.26，它们之间的随机残差相关系数分别为–0.28、0.12 和 0.16。通过这些相关系数，可以获得 3 个性状间的表现型相关系数。经过 200 次模拟，平均后的性状 1 和性状 2、性状 1 和性状 3，以及性状 2 和性状 3 之间的表现型相关系数分别为–0.15、0.01 和 0.33。为研究多性状联合定位与单性状定位的差异，比较了两种定位方法的模拟结果，分别记作 J123（3 性状联合 QTL

定位），以及 S1（仅针对性状 1 的 QTL 定位）、S2（仅针对性状 2 的 QTL 定位）、S3（仅针对性状 3 的 QTL 定位）。

　　表 6-4 和表 6-5 列出了模拟结果，可以发现，基于多变量混合线性模型的多性状联合 QTL 定位能够有效和准确估计各单位点 QTL 和二互作上位性 QTL 的位置、主效应及其与环境互作效应，QTL 定位功效较高，假阳性发现率控制在低水平。此外，QTL 位点的位置估计值、主效应及其与环境互作效应的估计值都较接近参数的设定值，并且标准误很低，说明这种多性状联合 QTL 定位方法能够有效和准确估计 QTL 各项参数。

　　QTL 的贡献率是影响 II 类错误的重要因素，较高的 QTL 贡献率能提高 QTL 定位功效。与单性状不同，QTL 对多个数量性状的遗传率不仅包含了其对单个性状的影响程度，也综合了其一因多效的因素。若一个 QTL 存在一因多效，并且在每个性状中有较大的遗传率，则其对这些相关性状具有突出的贡献率。例如，单位点 QTL 中 Q_4 具有一因三效作用，并且在第 2 个和第 3 个性状中都具有较大的遗传贡献率，分别为 4.43% 和 5.02%，因而其对这 3 个性状作用大小特别突出，而它的定位功效也是 5 个单位点 QTL 中最高的。相反地，Q_5 只对一个性状产生影响，其在 3 个性状中的贡献率之和最小，定位难度会增加，然而其定位功效也达到 100%。EQ_2 具有一因三效作用，定位功效几乎达到 100%，能较容易定位该对互作 QTL；而 EQ_3 只对性状 1 具有效应，定位功效达到 99%，略低于 EQ_1 和 EQ_2 的定位功效。这些结果表明，QTL 对相关性状的总遗传率是影响定位功效的重要因素。

　　此外，我们还发现多性状联合 QTL 定位方法能比较准确判断 QTL 是一因多效还是单独影响其中某一性状。对此模拟，共设置了 5 个单位点 QTL，包括具有一因三效的 Q_4、具有一因二效的 Q_1 和 Q_2，以及只影响一个性状的 Q_3 和 Q_5。以 Q_1 为例，其对性状 1 和性状 3 均有影响，对这两个性状的分析，定位功效非常高，都达到 100%；而对与其无关的性状 2，定位功效较低，只有 12%。不仅单位点 QTL 如此，二位点互作成对 QTL 也是如此。例如，EQ_1，其对性状 2 和性状 3 都存在作用，对性状 1 没有任何效应，性状 2 和性状 3 的定位功效都接近 100%，而性状 1 只有 11.5%。说明这种基于多变量的联合 QTL 定位方法能显著区分 QTL 是一因多效还是只对单一性状具有影响。

　　比较多性状联合 QTL 定位与单性状 QTL 定位，可以发现，多性状联合 QTL 定位的统计检验功效比单性状 QTL 定位高。在表 6-4 中，虽然两种 QTL 定位方法的统计功效都接近或达到 100%，但对于一些遗传率相对较小的 QTL，如第一个模拟中的 Q_4，单性状 QTL 定位方法的统计检验功效相对略低，只有 98%，而多性状 QTL 定位方法的统计功效达到 100%。对于二互作上位性 QTL 模拟结果，多性状联合 QTL 定位统计功效明显比单性状 QTL 定位高。对于贡献率相对较高的二互作上位性 QTL，如性状 2 和性状 3 中的 EQ_2（贡献率分别为 3.47% 和 4.00%）和性状 1 中的 EQ_3（贡献率为 5.70%），多性状联合 QTL 定位和单性状 QTL 定位功效都较高，都接近或达到 100%。而对于贡献率相对较低的二互作上位性 QTL，如性状 2 中的 EQ_1（贡献率为 2.84%）和性状 1 中的 EQ_2（贡献率为 3.07），多性状联合 QTL 定位的功效明显较高，都接近 100%，而单性状定位功效则偏低，分别只有 78.0% 和 54.5%。QTL 分析中，上位性 QTL 比单位点 QTL 对定位方法更敏感，也不易鉴别，据此可以得出，多性状联合 QTL 定位的统计检验功效比单性状 QTL 定位高。由于设置的 QTL 相对分散，两种分析方法都能较准确估计 QTL 位置，但对某些位点，如 Q_2 和 Q_4，多性状 QTL 定位方法估计更为准确，位置估计的标准误更小。

表 6-4　单位点 QTL 参数设置及蒙特卡洛模拟结果

QTL参数	类别	Q_1	Q_2	Q_3	Q_4	Q_5
贡献率/%		4.18/—/3.50	—/3.95/4.24	—/5.31/—	3.29/4.43/5.02	4.75/—/—
所在染色体		1	2	4	5	6
位置	设定值	44.00	75.00	52.00	24.00	33.00
	J123	44.31 (±1.84)/44.04 (1.77)/44.31 (1.84)	74.50 (1.95)/74.89 (1.53)/74.89 (1.53)	51.78(1.91)/51.93(2.19)/51.90 (2.36)	24.39 (1.37)/24.39 (1.37)/24.39 (1.37)	33.37 (2.18)/33.50 (1.74)/32.96 (2.88)
	S1/S2/S3	44.02 (2.28)/—/44.41 (2.62)	—/74.77 (2.10)/74.76 (2.59)	—/52.06 (2.12)/—	24.08 (2.38)/24.27 (1.99)/24.04 (2.29)	33.38 (2.20)/—/—
a	设定值	-2.78/—/-2.84	—/-2.53/1.72	—/3.17/—	1.72/-2.61/-2.58	-3.49/—/—
	J123	-2.69 (0.46)/-0.06 (0.96)/-2.68 (0.41)	0.08 (0.84)/2.40 (0.43)/1.65 (0.41)	0.04 (0.81)/3.05 (0.45)/-0.12 (0.79)	1.61 (0.45)/-2.56 (0.41)/-2.50 (0.36)	-3.37 (0.40)/-0.07 (0.79)/-0.15 (0.77)
	S1/S2/S3	-2.70 (0.45)/—/-2.70 (0.42)	-2.40 (0.44)/1.67 (0.39)	-3.06 (0.44)/—	1.65 (0.43)/-2.52 (0.43)/-2.46 (0.38)	-3.36 (0.40)/—/—
ae_1	设定值	2.00/—/0.00	—/2.66/2.69	—/2.50/—	2.42/-0.15/-2.32	0.00/—/—
	J123	1.54 (0.80)/0.00 (0.00)/-0.01 (0.14)	0.05 (0.24)/2.33 (0.64)/2.38 (0.53)	0.00 (0.00)/-2.23 (0.60)/-0.03 (0.16)	2.12 (0.54)/0.00 (0.15)/-2.07 (0.48)	0.01 (0.08)/0.04 (0.23)/0.04 (0.22)
	S1/S2/S3	1.53 (0.81)/—/-0.00 (0.12)	-2.34 (0.64)/2.37 (0.55)	0.00 (0.00)/-2.25 (0.58)	2.11 (0.54)/0.00(0.15)/-2.08 (0.48)	0.01 (0.08)/—
ae_2	设定值	-1.02/—/0.00	-1.35/-0.17	—/0.25/—	-0.15/2.58/0.23	0.00/—/—
	J123	-0.33 (0.91)/0.00 (0.00)/-0.01 (0.07)	0.00 (0.34)/-0.62 (1.07)/0.00 (0.17)	0.00 (0.00)/0.00 (0.00)/0.03 (0.28)	-0.01 (0.18)/2.31 (0.54)/0.02 (0.26)	0.00 (0.00)/0.05 (0.38)/-0.04 (0.21)
	S1/S2/S3	-0.31 (0.92)/—/-0.01 (0.10)	-0.60 (1.07)/0.00 (0.17)/-0.03 (0.29)	-0.03 (0.29)/—	-0.01(0.19)/2.24(0.57)/0.00 (0.00)/0.02 (0.26)	0.00 (0.00)/—
ae_3	设定值	-0.98/—/0.00	—/-1.31/-2.51	—/2.25/—	-2.26/-2.43/2.09	0.00/—/—

续表

QTL参数	类别	Q_1	Q_2	Q_3	Q_4	Q_5
ae$_3$	J123	-0.30 (0.89) /0.00 (0.00) / 0.01 (0.08)	0.00 (0.00) /-0.86 (0.95) / -2.25 (0.58)	0.00 (0.00) /1.95 (0.72) / 0.03 (0.17)	-1.96 (0.58) /-2.18 (0.57) / 1.86 (0.59)	0.00 (0.00) /-0.03 (0.43) / 0.00 (0.00)
	S1/ S2/S3	-0.29 (0.89) /—/0.00 (0.00)	-0.84 (0.96) /-2.23 (0.60) /	-1.97 (0.70) /—	-1.96 (0.62) /-2.22 (0.55) / 1.78 (0.62)	—/—
功效/%	J123	100.0/12.0/100.0	13.0/100.0/100.0	9.0/100.0/14.5	100.0/100.0/100.0	100.0/13.0/14.0
	S1/ S2/S3	100.0/—/99.5	—/100.0/99.5	—/100.0/—	98.0/100.0/100.0	100.0/—

注：表格列出了 200 次蒙特卡洛模拟中各个单位点 QTL 参数估计值（标准误），J123、S1、S2、S3 分别表示 3 个性状联合分析和性状 1、性状 2、性状 3 单独定位分析；*a* 为加性效应，*ae* 为加性与环境互作效应，"—"为没有设定参数；3 个性状的假阳性发现率分别为 0.92%、1.06% 和 1.05%

表 6-5　二互作上位性参数设置及蒙特卡洛模拟结果

QTL 参数	类别	EQ_1 (Q_1/Q_4)	EQ_2 (Q_2/Q_4)	EQ_3 (Q_2/Q_5)
贡献率/%				
aa	设定值	-/2.84/3.24	3.07/3.47/4.00	5.70/—/—
	J123	-/-2.90/-2.73	1.67/-2.28/2.45	2.96/—/—
	S1/ S2/S3	-0.34 (0.59) /-2.61 (0.62) /-2.42 (0.56)	0.00 (1.67) /-2.04 (0.53) /-0.02 (2.47)	0.00 (2.96) /-0.64 (0.81) /-0.48 (0.67)
	S1/ S2/S3	-/-2.70 (0.48) /-2.33 (0.61)	0.00 (1.67) /-2.70 (0.48) /0.00 (2.45)	0.00 (2.96) /—/—
*aae*₁	设定值	-/0.00/0.00	-1.53/2.25/0.53	0.54/—/—
	J123	0.00 (0.00) /-0.00 (0.15) /0.00 (0.00)	-0.83 (1.11) /1.49 (1.19) /0.05 (0.55)	0.06 (0.56) /0.00 (0.00) /0.11 (0.35)
	S1/ S2/S3	-/-0.00 (0.18) /-0.01 (0.09)	-1.10 (0.94) /1.45 (1.22) /0.07 (0.56)	0.07 (0.57) /—/—
*aae*₂	设定值	-/0.00/0.00	2.59/0.00/-1.99	-2.02/—/—
	J123	0.06 (0.48) /0.00 (0.00) /0.00 (0.00)	2.00 (0.96) /0.00 (0.01) /-1.36 (1.01)	-1.29 (1.15) /0.00 (0.00) /0.00 (0.00)
	S1/ S2/S3	-/0.00 (0.00) /0.01 (0.08)	2.30 (0.68) /0.00 (0.01) /-1.30 (1.04)	-1.27 (1.19) /—/—
*aae*₃	设定值	-/0.00/0.00	-1.05/-2.26/1.45	1.48/—/—
	J123	-0.08 (0.36) /0.00 (0.00) /0.00 (0.00)	-0.22 (1.00) /-1.50 (1.18) /0.70 (1.09)	0.68 (1.14) /0.00 (0.00) /0.00 (0.00)
	S1/ S2/S3	-/0.00 (0.00) /-0.01 (0.11)	-0.30 (0.96) /-1.45 (1.22) /0.66 (1.11)	0.68 (1.15) /—/—
功效/%	J123	11.5/99.5/99.0	99.5/99.5/100.0	99.0/9.5/10.5
	S1/ S2/S3	-/78.0/99.5	54.5/99.5/100.0	96.0/—/—

注：表格列出了 200 次蒙特卡洛模拟中各个二互作上位性效应估计值（标准误），J123、S1、S2、S3 分别表示 3 个性状联合分析和性状 1、性状 2、性状 3 单独定位分析；*aa* 为加加上位性效应，*aae* 为加加上位与环境互作效应，"—"为没有设定值参数；3 个性状的假阳性发现率分别为 8.09%、8.35%和 8.47%

三、基于 MCIM 的种子性状 QTL 分析方法

作物种子，如水稻、小麦、大麦和玉米是人类和动物主要的食物和营养来源，同时也是工业原材料。为提高作物种子的产量和品质，在作物研究中，了解作物种子的遗传基础非常重要。作物种子主要是由双受精形成的二倍性胚胎和三倍性胚乳组成。大量研究表明，种子的遗传发育和进化受母体效应、胚胎效应和胚乳效应的作用。近年来，已有一些研究者提出了一些种子性状 QTL 定位的统计方法。Kao（2004）考虑到三倍体的遗传特点，提出了多区间作图的 QTL 定位方法。2005 年，Hu 和 Xu（2005）提出了同时考虑母体与子代基因组效应的 QTL 定位方法，把二倍体母体效应和三倍体胚乳效应整合在同一个 QTL 定位模型中。Wen 和 Wu（2007）进一步提出了胚乳性状的区间作图法，这个方法是基于两步等级设计，把种子直接效应和母体间接效应整合在一个遗传模型中。这些方法是以回归模型为基础，把各种效应当成固定效应，而且在模型中只能包括一个或一对 QTL，定位和效应估算的功效和精度有限。如果一条染色体上存在多个 QTL，那么检测的 QTL 将会受其周围 QTL 的干扰，造成位置和效应估算有偏。此外，它们还忽略了环境效应及基因与环境的互作效应。为了解决上述问题，并且进一步提高作物种子性状定位功效，我们在 MCIM 框架下发展了种子性状的 QTL 分析方法，把母体效应、胚胎效应、胚乳效应及基因与环境的互作效应整合在同一个遗传模型中（Qi et al., 2014）。我们的方法已能应用于 DH、RIL、IF₂ 群体双向回交或随机交配等作图群体，并研制了配套的分析程序，分析程序可从网站 http://ibi.zju.edu.cn/software 下载。

（一）QTL 定位方法

1. QTL 定位模型

对一衍生于两个纯合亲本（P1，P2）的交配作图群体，假设在 p 个不同的环境下进行遗传实验，每个环境设置 b 个区组，某一种子性状的变异受 s 个 QTL（Q_1，Q_2，$\cdots$，Q_s）的作用，则环境 h 中第 j 个区组内第 i 个株系后代种子性状表型观测值 y_{hij} 可用下面的混合线性模型（6-8）表示

$$y_{hij} = \mu_h + \sum_{k=1}^{s}(a_k^m x_{ki}^{Am} + d_k^m x_{ki}^{Dm} + a_k^e x_{ki}^{Ae} + d_k^e x_{ki}^{De}) + e_h$$

$$+ \sum_{k=1}^{s}(ae_{kh}^m x_{ki}^{Am} + de_{kh}^m x_{ki}^{Dm} + ae_{kh}^e x_{ki}^{Ae} + de_{kh}^e x_{ki}^{De}) + B_{j(h)} + \varepsilon_{hij} \tag{6-8}$$

其中，a_k^m 和 d_k^m 分别为 Qk 的母体加性和显性效应，对应系数分别为 x_{ki}^{Am} 和 x_{ki}^{Dm}；ae_{kh}^m 和 de_{kh}^m 分别为 Qk 的母体加性与环境 h 的互作效应，母体显性与环境 h 的互作效应，$ae_{kh}^m \sim (0, \sigma_{AmE}^2)$，$de_{kh}^m \sim (0, \sigma_{DmE}^2)$；$a_k^e$、$d_k^e$ 分别为 Qk 的胚乳加性、胚乳显性效应，对应系数分别为 x_{ki}^{Ae} 和 x_{ki}^{De}；ae_{kh}^e、de_{kh}^e 分别为 Qk 的胚乳加性与环境的互作效应、胚乳显性与环境的互作效应，$ae_{kh}^e \sim (0, \sigma_{AeE}^2)$，$de_{kh}^e \sim (0, \sigma_{DeE}^2)$；$\mu_h$ 为群体在环境 h 中的平均数；e_h 为第 h 个环境的随机效应，$e_h \sim (0, \sigma_E^2)$；$B_{j(h)}$ 为环境内的区组效应，$B_{j(h)} \sim (0, \sigma_B^2)$；$\varepsilon_{hij}$ 为剩余效应，$\varepsilon_{hij} \sim (0, \sigma_\varepsilon^2)$。

如果分析的性状主要受母体和胚遗传效应控制，则模型（6-8）需作如下调整：

$$y_{hij} = \mu_h + \sum_{k=1}^{s}(a_k^m x_{ki}^{Am} + d_k^m x_{ki}^{Dm} + a_k^o x_{ki}^{Ao} + d_k^o x_{ki}^{Do}) + e_h$$

$$+ \sum_{k=1}^{s}(ae_{kh}^m x_{ki}^{Am} + de_{kh}^m x_{ki}^{Dm} + ae_{kh}^o x_{ki}^{Ao} + de_{kh}^o x_{ki}^{Do}) + B_{j(h)} + \varepsilon_{hij} \tag{6-9}$$

其中，a_k^o 和 d_k^o 分别为 Qk 的胚加性和显性效应，对应系数分别为 x_{ki}^{Ao} 和 x_{ki}^{Do}；ae_{kh}^o、de_{kh}^o 分别为 Qk 的胚加性、胚显性与环境的互作效应，$ae_{kh}^o \sim (0, \sigma_{AoE}^2)$，$de_{kh}^o \sim (0, \sigma_{DoE}^2)$；其余参数的含义与模型（6-8）中的相同。

2. 定位策略

在模型（6-8）和模型（6-9）中，我们假定每个 QTL 的基因型和位置都已知。实际上，这些信息在定位之前并不清楚。我们首先需要确定所有 QTL 的位置，然后通过观测 QTL 两侧标记的基因型，根据条件概率来推断每种效应的期望系数，而 QTL 各项效应则通过混合线性模型获得。我们采用全基因组一维扫描搜索单位点效应显著的 QTL（Yang et al.，2007；Qi et al.，2014）。不失一般性，以模型（6-8）为例阐述我们的定位策略。

1）候选区间筛选与 QTL 检测

在全基因组范围内，通过一维扫描搜索可能存在 QTL 的候选标记区间。然后把搜索到的候选标记区间作为协变量来控制背景遗传效应，在全基因组范围内以 1cM 为步长扫描，对每一检测位点做基于 Henderson Ⅲ 的 F 检验。下列模型用来在全基因组范围内搜索显著的候选标记区间

$$y_{hij} = \mu_h + \alpha_{th}^{+m} \zeta_{ti}^{+Am} + \delta_{th}^{+m} \zeta_{ti}^{+Dm} + \alpha_{th}^{+e} \zeta_{ti}^{+Ae} + \delta_{th}^{+e} \zeta_{ti}^{+De}$$

$$+ \alpha_{th}^{-m} \zeta_{ti}^{-Am} + \delta_{th}^{-m} \zeta_{ti}^{-Dm} + \alpha_{th}^{-e} \zeta_{ti}^{-Ae} + \delta_{th}^{-e} \zeta_{ti}^{-De} + B_{j(h)} + \varepsilon_{hij} \tag{6-10}$$

其中，t（$t=1$，…，T）为在 T 个总区间中的第 t 个标记区间；α_{th}^{+m} 和 δ_{th}^{+m} 分别为在环境 h 中第 t 个区间右侧标记的母体加性、显性效应，对应系数分别为 ζ_{ti}^{+Am} 和 ζ_{ti}^{+Dm}；α_{th}^{-m} 和 δ_{th}^{-m} 分别为在环境 h 中第 t 个区间左侧标记的母体加性、显性效应，对应系数分别为 ζ_{ti}^{-Am} 和 ζ_{ti}^{-Dm}；α_{th}^{+e} 和 δ_{th}^{+e} 分别为在环境 h 中第 t 个区间右侧标记的胚乳加性、显性效应，对应系数分别为 ζ_{ti}^{+Ae} 和 ζ_{ti}^{+De}；α_{th}^{-e} 和 δ_{th}^{-e} 分别为在环境 h 中第 t 个区间左侧标记的胚乳加性、显性效应，对应系数分别为 ζ_{ti}^{-Ae} 和 ζ_{ti}^{-De}；其余参数的含义与模型（6-8）中的相同。

如果共检测到 s 个显著的候选区间，那么可采用下面模型检测某一位点 QTL 效应的显著性：

$$y_{hij} = \mu_h + a_h^m x_i^{Am} + d_h^m x_i^{Dm} + a_h^e x_i^{Ae} + d_h^e x_i^{De}$$

$$+ \sum_{t=1}^{s}(\alpha_{th}^{+m} \zeta_{ti}^{+Am} + \delta_{th}^{+m} \zeta_{ti}^{+Dm} + \alpha_{th}^{+e} \zeta_{ti}^{+Ae} + \delta_{th}^{+e} \zeta_{ti}^{+De})$$

$$+ \sum_{t=1}^{s}(\alpha_{th}^{-m} \zeta_{ti}^{-Am} + \delta_{th}^{-m} \zeta_{ti}^{-Dm} + \alpha_{th}^{-e} \zeta_{ti}^{-Ae} + \delta_{th}^{-e} \zeta_{ti}^{-De}) + B_{j(h)} + \varepsilon_{hij} \tag{6-11}$$

其中，a_h^m 和 d_h^m、a_h^e 和 d_h^e 分别为检测位点 QTL 在环境 h 中的母体加性和显性效应、胚乳加性和显性效应；其余参数的含义与模型（6-8）和模型（6-10）中对应参数相同。在

一个特定的区域内，当某个位置的 F 值超过通过置换检验（Doerge and Churchill，1996）所确定的阈值时，就认为这个位置存在 QTL。

按 MCIM 定位策略，通过置换检验确定 F 统计量的阈值，用检测到的单位点效应显著的 QTL，构建 QTL 全模型，使用逐步回归法进行模型选择，剔除假阳性 QTL，确定最终的 QTL 数目及位置。

2）遗传效应估算与显著性检验

在明确显著的 QTL 数目及 QTL 位置信息后，利用所有 QTL 构建模型（6-8）或模型（6-10），根据 QTL 位置及母体植株两侧相邻标记基因型信息，可推算母体植株、种子胚或胚乳 QTL 条件概率，从而确定模型中的各项效应系数。基于构建的 QTL 全模型，按 MCIM 采用的效应分析方法（Yang et al.，2007），估算各项 QTL 效应分量，检验效应的显著性。

（二）模拟研究

对方法的可靠性和无偏性进行了模拟研究。采用 IF_2 双回交设计，400 个基因型和两个环境。遗传图谱包含 5 条染色体，每条染色体上均匀分布了 11 个分子标记，相邻标记的遗传间距设置为 10cM，设定了 6 个 QTL（Q_1、Q_2、Q_3、Q_4、Q_5、Q_6）控制一个种子性状，其中 Q_5 和 Q_6 在同一条染色体上。Q_4 只有母体效应，Q_1 和 Q_5 只有胚乳效应，其余 3 个 QTL 同时存在母体效应和胚乳效应。

上述模拟结果见表 6-6 和表 6-7。在遗传率为 25%、群体结构为 200∶2（200 个 IF_2 母体植株，每个母体植株产生 2 个后代）时，结果显示，参数的估计值都接近于设定的真值，最大的位置偏差（估计值–真值）为 0.3cM，其余所有的 QTL 相对于真值的偏差都小于 1%。多数 QTL 的定位功效都达到了 100%，即使最低的 Q_4 也达到 94%。对 QTL 效应的估计（表 6-6），估计值几乎都接近于真值，大多数 QTL 相对于真值的偏差小于 5%，所有 QTL 都是小于 10%。主效应的估计要略好于环境互作效应。母体和胚乳的加性与环境互作效应的估算要略好于显性与环境的互作效应。所有的母体和胚乳的加性与环境互作效应相对于真值的偏差均小于 15%，而母体和胚乳的显性与环境互作效应相对于真值的偏差均大于 15%（表 6-7）。

表 6-6　QTL 位置与主效应的估计和定位功效

QTL	染色体	位置		a^m		d^m		a^e		d^e		功效/%
		真值	估计值（标准误）	真值	估计值（标准误）	真值	估计值（标准误）	真值	估计值（标准误）	真值	估计值（标准误）	
Q_1	1	75	74.91（2.47）	0	0.11（0.68）	0	−0.01（0.86）	3.77	3.54（0.56）	2.61	2.55（0.60）	100
Q_2	2	34	34.05（2.92）	3.5	3.16（0.88）	2.6	2.36（0.84）	−3.5	−3.16（0.63）	−2.6	−2.41（0.67）	100
Q_3	3	44	44.30（1.39）	3.3	3.39（0.73）	2.5	2.48（0.78）	4.1	3.88（0.49）	1.9	1.87（0.56）	100
Q_4	4	53	52.96（3.69）	2	1.99（0.71）	3.1	2.92（0.86）	0	0.01（0.47）	0	−0.03（0.59）	94
Q_5	5	6	6.06（2.20）	0	−0.03（0.73）	0	0.01（0.82）	−3.3	−3.08（0.56）	−1.8	−1.68（0.63）	100
Q_6	5	77	77.04（1.69）	3.2	3.16（0.72）	2.3	2.17（0.78）	3.3	3.12（0.50）	2.1	2.01（0.60）	100

注：QTL 的位置是指 QTL 与相同染色体上第一个分子标记间的遗传距离；a^m（d^m）、a^e（d^e）分别为 QTL 母体加性（显性）效应、胚乳加性（显性）效应；功效：在显著性水准为 0.05 的情况下，QTL 被检测到的比例

表 6-7 QTL 与环境互作效应的估计

QTL	染色体	ae_1^m 真值	ae_1^m 估计值(标准误)	ae_2^m 真值	ae_2^m 估计值(标准误)	de_1^m 真值	de_1^m 估计值(标准误)	de_2^m 真值	de_2^m 估计值(标准误)	ae_1^e 真值	ae_1^e 估计值(标准误)	ae_2^e 真值	ae_2^e 估计值(标准误)	de_1^e 真值	de_1^e 估计值(标准误)	de_2^e 真值	de_2^e 估计值(标准误)
Q_1	1	0	0.01 (0.13)	0	-0.01 (0.13)	0	-0.00 (0.18)	0	0.00 (0.18)	0	0.01 (0.09)	0	-0.01 (0.09)	0	-0.01 (0.16)	0	0.01 (0.16)
Q_2	2	0	-0.01 (0.14)	0	0.01 (0.14)	0	-0.01 (0.18)	0	0.01 (0.18)	0	0.01 (0.09)	0	-0.00 (0.09)	0	0.00 (0.15)	0	-0.00 (0.15)
Q_3	3	-1.4	-1.39 (0.50)	1.4	1.42 (0.52)	-1.6	-1.33 (0.58)	1.6	1.32 (0.58)	-1	-0.88 (0.36)	1	0.88 (0.35)	1	0.64 (0.56)	-1	-0.62 (0.56)
Q_4	4	1.2	1.03 (0.42)	-1.2	-1.05 (0.43)	-1.2	-0.77 (0.64)	1.2	0.78 (0.64)	0	0.05 (0.15)	0	-0.05 (0.15)	0	0.00 (0.17)	0	-0.01 (0.17)
Q_5	5	0	0.07 (0.23)	0	-0.07 (0.23)	0	0.02 (0.20)	0	-0.01 (0.20)	1.1	0.99 (0.28)	-1.1	-1.02 (0.27)	1.2	0.96 (0.57)	-1.2	-0.95 (0.57)
Q_6	5	0	0.05 (0.21)	0	-0.05 (0.21)	0	0.01 (0.16)	0	-0.01 (0.16)	1.3	1.16 (0.25)	-1.3	-1.11 (0.26)	1.1	0.79 (0.54)	-1.1	-0.80 (0.54)

注：ae_1^m、ae_2^m、de_1^m、de_2^m、ae_1^e、ae_2^e、de_1^e、de_2^e 分别为 QTL 母体加性、母体显性、胚乳加性、胚乳显性、胚乳显性与环境 1、胚乳显性与环境 2 的互作效应

　　把多个 QTL 的母体和后代效应、环境互作效应，整合在同一个作图体系中，更好地描述了种子性状受母体与自身基因协同调控的遗传特征。基因对性状的作用强弱往往呈现出环境特异性特征，即存在基因与环境的互作。为选育广适性或环境特异性新品种，明确基因与环境的互作机制尤为重要。种子性状的 QTL 分析需要同时考虑母体植株及种子自身基因组的作用，尽管我们的方法分析的参数要多于其他方法，但我们采用基于 Henderson Ⅲ 的 F 检验来检测 QTL 显著性，避免了大矩阵的求逆，提高了计算分析的效率。另外，用置换检验确定试验水平的临界值，以及基于全模型的 QTL 定位策略，有效地控制了 QTL 假阳性，提高了 QTL 效应估算的精确性。

四、基于 MCIM 的关联分析方法

　　关联分析是数量性状 QTL 定位的另一个主要方法。基于基因组水平上的多态性标记（如 SNP 标记、甲基化标记、SSR 标记等），国际上已经提出了若干数量性状 SNP（QTS）关联分析方法。目前一些熟知的软件，如 PLINK（Purcell et al.，2007）、PIAM（pair-wise interaction-based association mapping）（Liu et al.，2011）等都采用了线性回归模型，只考虑加性和加加上位性效应，不能分析标记位点与环境互作效应，这可能会降低分析功效，而且无法估算杂种优势。基因与环境互作是复杂性状遗传的重要特征，也被认为是遗传率估算缺失的重要原因（Eichler et al.，2010；Manolio et al.，2009）。环境因子对人类疾病的发生与发展具有重要影响（Caspi et al.，2002；2003），准确检测基因位点与环境互作可提高个体基因型预测的精度，对疾病的预测预防、作物育种潜力的评价都具有十分重要的意义。

　　随着高通量技术的快速发展，各种组学的中间表型数据已被用于复杂性状的遗传机制剖析（Brem et al.，2002；Klose et al.，2002；Luscombe et al.，2004；Zhu et al.，2004）。QTT 定位是指性状表现型观察值对基因转录谱的关联分析（Passador-gurgel et al.，2007；Ayroles et al.，2009；Harbison et al.，2009）。目前的研究已发现一些基因转录谱探针与复杂性状有紧密关联（Passador-gurgel et al.，2007；Ayroles et al.，2009；Harbison et al.，2009），所采用分析方法仅仅是将性状观察值与基因转录值做简单的 Pearson 相关或简单回归。然而，这些方法没有考虑性别、年龄等协变量的作用，并且只能寻找显著的单位点转录谱探针，无法定位上位性。此外，无法估计转录谱探针与环境互作效应。鉴于已有方法的局限性，我们提出了基于混合线性模型的数量性状转录座（QTT）定位方法和分析策略。该方法同样适用于数量性状相关蛋白（QTP）和代谢物（QTM）的定位分析。

（一）基于混合线性模型的关联分析方法

1. 关联分析模型

　　1）数量性状与 SNP 的关联分析（QTS）模型

　　假设一个由 n 个个体组成的自然群体，目标性状的变异受 s 个 SNP 及 t 对互作 SNP 与环境的协同调控；此外，c 个协变量对性状的变异也存在一定的作用。在 p 个环境下调查了该群体的性状表型，那么第 i 个个体在第 j 个环境中的性状观察值可以用以下混合

线性模型表示（$i=1,2,\cdots,n; j=1,2,\cdots,p$），

$$y_{ij} = \mu + \sum_{k=1}^{c} x_{ki}b_k + e_j + \sum_{k=1}^{s}(a_k u_{A_{ki}} + d_k u_{D_{ki}}) + \sum_{k=1}^{s}(ae_{kj}u_{A_{ki}} + de_{kj}u_{D_{ki}})$$

$$+ \sum_{\substack{k,h=1\\k\neq h}}^{t}(aa_{kh}u_{A_{ki}}u_{A_{hi}} + ad_{kh}u_{A_{ki}}u_{D_{hi}} + da_{kh}u_{D_{ki}}u_{A_{hi}} + dd_{kh}u_{D_{ki}}u_{D_{hi}}) \qquad (6\text{-}12)$$

$$+ \sum_{\substack{k,h=1\\k\neq h}}^{t}(aae_{khj}u_{A_{ki}}u_{A_{hi}} + ade_{khj}u_{A_{ki}}u_{D_{hi}} + dae_{khj}u_{D_{ki}}u_{A_{hi}} + dde_{khj}u_{D_{ki}}u_{D_{hi}}) + \varepsilon_{ij}$$

其中，μ 为群体平均值；b_k 为第 k 个协变量效应，固定效应，具有系数 x_{ki}；e_j 为第 j 个环境的效应，固定效应；a_k 和 d_k 分别为第 k 个 SNP 的加性和显性效应，具有系数 $x_{A_{ki}}$ 和 $x_{D_{ki}}$，与第 j 个环境的互作效应分别为 ae_{kj} 和 de_{kj}；aa_{kh}、ad_{kh}、da_{kh}、dd_{kh} 分别为第 k 个与第 h 个 SNP 标记间的加加、加显、显加、显显上位性效应，它们与第 j 个环境的互作效应分别为 aae_{khj}、ade_{khj}、dae_{khj} 和 dde_{khj}；ε_{ij} 为随机残差效应。在这个模型中，群体均值、c 个协变量效应、环境效应均为固定效应，其余效应都为随机效应。对于 SNP 标记，任一位点只有 3 种基因型类型，模型中的效应系数可根据标记基因型类型加以确定。每个 SNP 位点，可以将其中一种纯合类型的加性效应系数定义为 1，另一种纯合类型的加性效应系数定义为–1，显性效应系数定义为 0；杂合基因型的加性效应系数定义为 0，显性效应系数定义为 1。

如果研究群体是由纯合个体所组成，如 DH 或 RIL 群体，或多个纯合群体的混合等，因每个位点只有两种纯合基因型类型，无法分析显性及显性相关的上位性效应，模型（6-12）需要调整到下面的缩减模型：

$$y_{ij} = \mu + \sum_{k=1}^{c} x_{ki}b_k + e_j + \sum_{k=1}^{s} a_k u_{A_{ki}} + \sum_{k=1}^{s} ae_{kj}u_{A_{ki}} + \sum_{\substack{k,h=1\\k\neq h}}^{t} aa_{kh}u_{A_{ki}}u_{A_{hi}} + \sum_{\substack{k,h=1\\k\neq h}}^{t} aae_{khj}u_{A_{ki}}u_{A_{hi}} + \varepsilon_{ij} \quad (6\text{-}13)$$

2）数量性状与转录组的关联分析（QTT）模型

假设一个群体由 n 个样本个体组成，在 p 个不同环境中分别进行田间试验，p 个不同环境条件下，每个样本个体的基因转录谱表达值和性状观察值都已知，并且一个目标性状受 s 个单位点和 t 对二互作上位性转录座位及 c 个协变量所作用，那么第 i 个个体在第 j 个环境中的性状观察值 y_{ij} 可以表示为（$i=1,2,\cdots,n; j=1,2,\cdots,p$）：

$$y_{ij} = \mu + \sum_{k=1}^{c} x_{ki}b_k + e_j + \sum_{k=1}^{s} q_k w_{ki} + \sum_{\substack{k,h=1\\k\neq h}}^{t} qq_{kh}w_{ki}w_{hi} + \sum_{k=1}^{s} qe_{kj}w_{ki} + \sum_{\substack{k,h=1\\k\neq h}}^{t} qqe_{khj}w_{ki}w_{hi} + \varepsilon_{ij}$$

$$(6\text{-}14)$$

其中，μ 为群体平均值；b_k 为第 k 个协变量效应，固定效应，具有系数 x_{ki}；e_j 为第 j 个环境的效应；q_k 为第 k 个转录座的效应，具有分布 $q_k \sim (0, \sigma_k^2)$，系数为 w_{ki}，即标准化后的基因转录谱表达值；qq_{kh} 为转录座 k 和转录座 h 之间的二互作上位性效应，具有分布 $qq_{kh} \sim (0, \sigma_{kh}^2)$；$qe_{kj} \sim (0, \sigma_{qke}^2)$ 和 $qqe_{khj} \sim (0, \sigma_{qq_{kh}e}^2)$ 分别为 q_k 和 qq_{kh} 与第 j 个环境的

互作效应；$\varepsilon_{ij} \sim (0, \sigma_\varepsilon^2)$ 为随机残差效应。以上模型中除群体均值及环境效应为固定效应外，其他所有效应都作随机效应处理。

2. 基因组搜索策略

上述两个模型都为关联分析全模型，用于估算各显著关联位点的遗传参数。在使用这些模型前，首先需要鉴别出效应显著的单个位点或互作效应显著的成对位点。我们采用 MCIM 检测 QTL 相同扫描策略，用基于 Henderson III 的 F 统计量检测单位点、成对位点效应的显著性。首先基因组一维搜索，筛选出单位点效应显著的候选基因位点，然后，将一维搜索出的候选位点放入模型，控制背景遗传效应，全基因组二维搜索互作效应显著的成对候选互作位点。当筛选出所有候选位点后，用这些位点构建上述关联分析全模型，并进行模型选择，剔除假阳性位点。

全基因组一维、二维扫描搜索效应显著的单位点、成对位点，需要进行大量的统计检验，为有效控制试验水平的统计误差，我们用置换检验（Doerge and Churchill，1996）方法来确定全局水平 F 统计量的阈值。由于模型中可能包含年龄、性别等协变量，以及显著的单位点 SNP 标记等，不能简单地随机置换性状观察值顺序，否则会打乱性状与协变量之间的关系。鉴于此，我们先用协变量调整性状观察值，再对调整后的性状表现值置换顺序。一般建议进行 1000 次置换检验，可以将全局的一类错误控制在 0.05 左右。

3. 效应值与遗传率估算

当筛选出所有显著关联位点（单位点、成对互作位点）后，构建性状与 SNP 或性状与转录组的关联分析全模型，通过模型选择获得最终全模型。基于全模型，采用马尔科夫链蒙特卡洛方法（MCMC）进行吉布斯抽样，获得各项随机效应的抽样分布，用分布的均值估算效应值，用 t 统计量检验效应的显著性。

对于任何样本群体，群体表型方差（V_P）是基因型方差（V_G）、基因型与环境互作方差（V_{GE}）和残差方差（V_ε）之和，进一步可以将 V_G 和 V_{GE} 分解到各位点的遗传效应分量方差，即

$$\begin{aligned}V_P &= V_G + V_{GE} + V_\varepsilon \\ &= (V_A + V_{AA}) + (V_{AE} + V_{AAE}) + V_\varepsilon\end{aligned} \tag{6-15}$$

在关联分析全模型中，各位点及其与环境互作效应都是均值为零的随机效应，因此，用效应值平方作为归因于此效应分量的遗传方差。根据各位点、成对互作位点的效应估算值，可以计算各项效应的遗传方差，用模型（6-15）可得到表型方差，用表型方差做分母，可得到各位点各项遗传分量的遗传率。

（二）棉花产量性状的关联分析研究

1. 试验材料与方法

试验材料是 323 份来源于国内外不同国家和地区的陆地棉品种及品系。这些材料的遗传背景复杂，家系信息不清，部分品系具有 *G.barbadense*、*G.thurberi*、*G.arboreum*、*G.sturtianum*、*G.bickii* 和 *G.anomalum* 等野生血缘，故运用关联分析进行研究（Jia et al.,

2014)。

试验从 2007~2009 年连续 3 年进行，分别种植于代表长江流域棉区的江苏南京、黄河流域棉区的河南安阳、西北内陆棉区的新疆库车。大田试验采用顺序排列，每份材料种植 3 次重复，每重复 2 行，行长 5m、行宽 0.7m，田间管理按一般大田生产管理技术进行。3 个生态实验点分别在吐絮期调查了铃数，收获期每小区收取棉株中部正常吐絮铃 100 个，计算铃重（g）、衣分（%），测定皮棉产量。

采用 CTAB 法提取棉花基因组 DNA，SSR 引物序列均来自 Cotton Microsatellite Database（CMD）网站（http://www.cottonssr.org）公布的引物序列，由上海生工生物工程技术服务有限公司合成。选用群体中 20 个形态差异较大的材料进行多态性引物的筛选，并进行 PCR 扩增。观察 PCR 扩增产物凝胶电泳结果，统计清晰稳定且易于辨认的条带。在凝胶的某个相同迁移率位置上有 DNA 条带的记为"1"，无 DNA 条带的记为"0"，并记录每条带的分子质量。共 5600 个 SSR 标记。对产量性状和纤维品质性状分别进行广义多因子维度缩减法（GMDR）分析（Lou et al.，2007），分别筛选出与产量性状存在潜在关联标记 651 个，对筛选出的标记进行关联分析。

2. 结果分析

对棉花产量性状进行了全基因组关联分析（Jia et al.，2014），结果表明（表 6-8、表 6-9），基因型与环境互作遗传率远高于基因型遗传率（$h_{GE}^2 \hat{=} 38.26\%$，$h_G^2 \hat{=} 10.80\%$），而且主要申加加上位性遗传率构成（$h_{AAE}^2 \hat{=} 34.05\%$）。我们列出了较显著且至少在 2 个环境中稳定的位点（$-\log_{10}P>8.0$ 和 $h_{GE}^2>1.0\%$，$h_G^2>0.5\%$）。在与产量有关的位点中，1 个单位点（NAU3011-2）和 6 对上位性互作位点与环境高度相关，可以通过选择高频等位基因型 *QQ*（NAU3011–197）和 *QQ×QQ*（MUCS101–330×MGHES18–228、NAU3325–238×TMB1989–255、NAU3608–245×HAU773–170），以及低频等位基因型 *qq×qq*（HAU1794–320×TMB10–375、NAU1362–225×NAU3774–248、NAU3325–238× HAU423–175）来提高棉花产量。

表 6-8　棉花产量及其组分性状的遗传率　　　　　　　（单位：%）

性状	h_A^2	h_{AA}^2	h_{AE}^2	h_{AAE}^2	h_{G+GE}^2
产量	0.20	10.6	4.21	34.05	49.06
铃数	3.87	9.28	8.89	41.93	63.98
铃重	21.48	22.01	0.63	18.73	62.85
衣分	6.58	57.78	0.29	7.64	72.29

注：h_A^2、h_{AA}^2、h_{AE}^2、h_{AAE}^2 分别为加性效应遗传率、加加上位性效应遗传率、加性与环境互作效应遗传率、加加上位性与环境互作效应遗传率；h_{G+GE}^2 为基因型、基因型与环境互作效应遗传率

对于棉花铃数性状，加加上位性遗传率最大（$h_{AAE}^2 \hat{=} 41.93\%$），这表明铃数主要受特异性环境上位性控制。3 个单一位点的加性遗传率大于 0.5%，以及 10 对环境特异性的上位性位点的遗传率大于 1.0%（表 6-10），这表明可以通过选择基因型 *QQ*（HAU1385–150）和 *qq*（MGHES41–333、NAU1102–241），在所有 9 个环境中提高铃数。我们可以

进一步通过选择 HAU1029–197×NAU1125–3 来提高安阳与南京生态区的铃数，通过选择其他 9 对上位性位点，其中包括 7 个上位性位点的基因型 QQ 呈正效应来提高南京生态区域中的铃数。

表 6-9　与棉花产量显著关联的位点及其遗传效应和遗传率

位点	效应	预测值	$-\log_{10}P$	h^2/%	候选基因
NAU3011–197	ae_3y_1	· 1.01	11.32	1.04	IPR000679
	ae_3y_3	1.56	25.93		
HAU1794–320×	aae_3y_1	−1.58	26.17	0.96	—×
TMB10–375	aae_3y_3	−0.99	10.82		Gorai.004G126800
MUCS101–330×	aae_3y_1	0.98	10.97	0.65	Cotton_A_29394×IPR001128
MGHES18–228	aae_3y_3	1.06	12.52		
NAU1362–225×	aae_3y_1	−0.84	8.05	0.79	IPR001764×
NAU3774–248	aae_3y_2	−1.15	14.61		IPR002913
	aae_3y_3	−1.04	12.03		
NAU3325–238×	aae_3y_1	−1.03	11.93	0.72	IPR000778×
HAU423–175	aae_3y_3	−1.25	17.12		IPR001461
NAU3325–238×	aae_3y_1	1.44	21.74	1.00	IPR000778×
TMB1989–255	aae_3y_3	1.15	14.23		Cotton_A_24169
NAU3608–245×	aae_3y_1	1.10	13.26	0.73	IPR000719×
HAU773–170	aae_3y_3	0.89	8.99		IPR007087

注：ae_3y_1. 在南京生态区域 2007 年的加性与环境互作效应；ae_3y_3. 在南京生态区域 2009 年的加性与环境互作效应；aae_3y_1. 在南京生态区域 2007 年的上位性与环境互作效应；aae_3y_2. 在南京生态区域 2008 年的上位性与环境互作效应；aae_3y_3. 在南京生态区域 2009 年的上位性与环境互作效应；$\log_{10}P$. $-\log_{10}$（P 值）；h^2（%）. 遗传率（%）

表 6-10　与棉花铃数显著关联的位点及其遗传效应和遗传率

位点	效应	预测值	$-\log_{10}P$	h^2/%	候选基因
HAU1385–150	a	0.30	42.29	0.68	IPR003245
MGHES41–330	a	−0.27	34.72	0.55	IPR000297
NAU1102–241	a	−0.28	37.61	0.60	IPR003329
	ae_3y_1	−0.38	8.35	0.63	
	ae_3y_2	−0.46	11.99		
	ae_3y_3	−0.52	14.80		
GH111–245×	aae_3y_1	0.37	8.25	0.37	—×
NAU874–215	aae_3y_3	0.39	8.93		IPR001128
GH111–245×	aae_3y_1	0.55	16.75	0.96	—×
NAU5433–330	aae_3y_3	0.84	37.43		IPR001865
HAU1029–197×	aae_1y_2	0.47	12.16	1.59	IPR001012×
NAU1125–243	aae_1y_3	0.55	16.85		IPR016196
	aae_3y_1	0.93	46.13		
	aae_3y_3	0.63	21.32		
HAU1969–375×	aae_3y_1	1.08	60.86	2.43	IPR000181×
JESPR42–128	aae_3y_3	1.27	83.72		Gorai.009G322400

续表

位点	效应	预测值	$-\log_{10}P$	$h^2/\%$	候选基因
HAU1639–320× NAU5099–233	aae_3y_1	0.38	8.55	0.53	IPR000217× IPR001214
	aae_3y_3	0.50	14.18		
NAU2715–184× JESPR42–128	aae_3y_2	−0.63	22.12	0.65	IPR004022× Gorai.009G322400
	aae_3y_3	−0.38	8.43		
NAU2873–352× NAU5433–330	aae_3y_1	−0.50	13.93	0.77	IPR003311×IPR001865
	aae_3y_3	−0.77	32.56		
NAU4042–175× GH111–245	aae_3y_1	0.47	12.53	0.64	Cotton_A_04013× —
	aae_3y_3	0.68	25.62		
STV61–131× NAU3305–155	aae_3y_1	−0.91	43.35	1.49	DUF1685× IPR002913
	aae_3y_2	−0.65	22.48		
TMB1181–220× NAU3563–149	aae_1y_1	0.60	19.26	1.25	Gorai.002G088500×IPR003311
	aae_1y_2	0.42	9.91		

注：a. 加性效应；ae_3y_1、aae_3y_3、aae_3y_1、aae_3y_2、aae_3y_3 与表 6-9 定义相同；ae_3y_2. 在南京生态区域 2008 年的加性与环境互作效应，aae_1y_1. 在安阳生态区域 2007 年的上位性与环境互作效应，aae_1y_2. 在安阳生态区域 2008 年的上位性与环境互作效应，aae_1y_3. 在安阳生态区域 2009 年的上位性与环境互作效应；$\log_{10}P$. $-\log_{10}$（P 值）；h^2（%）. 遗传率（%）

棉花铃重（表 6-11）的总遗传率（$h_{\mathrm{G+GE}}^2 \triangleq 62.85\%$）主要有加性（$h_{\mathrm{A}}^2 \triangleq 21.48\%$）、加加上位性（$h_{\mathrm{AA}}^2 \triangleq 22.01\%$）及加加上位性与环境互作（$h_{\mathrm{AAE}}^2 \triangleq 18.73\%$）组成，这表明

表 6-11　与棉花铃重显著关联的位点及其遗传效应和遗传率

位点	效应	预测值	$-\log_{10}P$	$h^2/\%$	候选基因
NAU3744–200	a	−0.07	66.02	1.29	IPR020828
TMB312–212	a	−0.06	54.75	1.07	IPR011335
TMB1296–230	a	0.07	60.15	1.18	IPR002591
BNL1313–180	a	0.08	95.32	1.89	—
NAU3588–315	a	−0.15	299.91	6.14	—
GH132–180	a	−0.06	47.17	0.92	IPR001611
JESPR274–129	a	−0.06	43.33	0.84	—
JESPR101–122	a	0.05	42.82	0.83	IPR004813
NAU3305–155	a	−0.05	42.63	0.83	IPR002913
NAU5099–280	a	0.05	42.79	0.83	IPR001214
TMB1963–243	a	−0.05	37.99	0.73	—
HAU1385–155	a	0.05	36.04	0.7	IPR003245
BNL3033–175	a	−0.05	33.68	0.65	IPR008540
NAU2931–250	a	−0.04	27.91	0.53	IPR001841
NAU1163–160	a	−0.04	26.63	0.51	—
TMB312–212× GH132–180	aae_2y_1	−0.08	11.95	0.35	IPR011335× IPR001611
	aae_2y_2	−0.07	8.79		
NAU3013–245× NAU5163–216	aae_3y_1	−0.09	12.53	0.66	Cotton_A_34510× IPR002917
	aae_3y_3	−0.08	10.01		

注：a. 加性效应；aa. 加加上位性效应；aae_2y_1. 在新疆生态区域 2007 年的上位性与环境互作效应；aae_2y_2. 在新疆生态区域 2008 年的上位性与环境互作效应；aae_3y_1. 在南京生态区域 2007 年的上位性与环境互作效应；aae_3y_3. 在南京生态区域 2009 年的上位性与环境互作效应；$\log_{10}P$. $-\log_{10}$（P 值）；h^2（%）. 遗传率（%）

铃重的遗传效应在各个环境中相对稳定。15 个单个加性位点的遗传率大于 0.5%，2 对加加上位性与环境互作位点的遗传率大于 1.0%。考虑到环境因素的微弱影响，我们可以选择可靠稳定的位点来提高不同生态区域的棉花产量。

对于棉花衣分，总遗传率（$h_{G+GE}^2 \cong 72.29\%$）主要归因于加加上位性（$h_{AA}^2 \cong 57.78\%$），表明棉花衣分在各个环境中都很稳定，而且主要受加加上位性控制。与棉花产量及其他 2 个组分性状相比较，大多数单位点和上位性位点的遗传率较小，仅 2 个单位点和 5 对上位性位点的遗传率大于 0.5%（表 6-12），这表明衣分主要受微效多基因控制。在这个自然群体中，通过选择 2 个加性位点（NAU3325–238、NAU3519–200）和 5 对上位性位点可以提高不同生态区的衣分。

表 6-12　与棉花衣分显著关联的位点及其遗传效应和遗传率

位点	效应	预测值	$-\log_{10}P$	h^2/%	候选基因
NAU3325–238	a	−0.44	164.11	2.47	IPR000778
NAU3519–200	a	−0.23	46	0.67	IPR000719
NAU3519–220×	aa	0.29	71.31	1.04	IPR000719×
TMB1268–157					IPR002048
HAU1185–174×	aa	−0.21	38.63	0.55	IPR000194×
TMB1791–217					IPR000209
TMB1638–189×	aa	0.21	37.87	0.54	IPR002109×
DPL513–320					—
NAU3110–292×	aa	−0.20	36.04	0.52	IPR003329×
NAU2862–248					IPR001841
JESPR101–122×	aa	−0.20	35.61	0.51	IPR004813×
BNL1231–228					—

注：a. 加性效应；aa. 加加上位性效应；$\log_{10}P$. $-\log_{10}$（P 值）；h^2（%）. 遗传率（%）

在本研究中，我们可以看到一些位点与多个性状有关。4 个位点（DPL910-2、HAU639-2、NAU1155-2、NAU4042-2）与研究的 4 个性状都有关联，22 个位点与其中的 3 个性状有关，61 个位点与其中的 2 个性状有关。一般来说，我们可以利用这些共有的位点来同时改良多个性状。但是，41 个控制棉花产量性状的位点并没有在其组分性状分析中被检测到。这表明棉花产量，作为复杂生化路径的作用结果，可能仍有一些受多基因控制的未知构成因素，对其遗传变异具有重要的作用。

从研究结果中我们还可发现，上位性是棉花产量和其组分性状的重要遗传基础，大多数具有单独效应的位点都会参与上位性互作。共有 293 个互作位点与产量性状及其组分性状有关，许多没有主效应的位点仍然可以与其他位点一起影响产量性状。此外，还可发现许多位点与其他若干位点一起控制棉花产量及其组分性状的表型变异。例如，NAU2126-3 与另外 4 个位点（HAU773-5、NAU3377-6、TMB10-2、GH501-4）一起影响棉花产量性状，但它们的效应大小不同。NAU2126-3 可以认为是这些上位性互作的核心位点，这种现象表明可能存在更高阶的互作影响棉花产量及其组分性状的变异。

（三）棉花产量及成分性状与转录组的关联分析

1. 试验材料

用 QTT 关联分析方法分析了棉花转录组标记与棉花产量性状间的关联（Yang et al.，2012）。试验群体是由 8 个陆地棉自交系经不完全双列杂交获得的，含 8 个亲本和 10 个 F_1 杂交后代共 18 个样本，试验采用 3 次重复完全随机区组设计，在 7 个不同黏土环境（试验点）下实施，每个试验点都是中等肥力且采用标准田间管理。调查了棉花产量及成分性状的表型。同时，从 7 个环境中分别采集现蕾期 10 天后的棉花花蕾，从中提取 RNA，每个样品做 3 次重复，混合后用于 Affymetrix 基因芯片转录组分析，每个芯片包含 20 000 个转录组标记。

2. 结果分析

选取其中一个环境中的产量表型性状与其花蕾期表达转录组标记作关联分析。该环境群体均值为 108.3kg，变异方差为 583.8。检测到 11 个数量性状转录组（QTT）与产量性状存在显著关联，共解释了 89.6% 的遗传率。选取其中 6 个遗传率相对较大（>5.0%）的转录组标记作深入分析，其 GenBank ID 及推定的基因功能描述列于表 6-13。结果可知，有 4 个转录组与产量呈负相关，表明这 4 个转录组低表达能增加产量；另外 2 个转录组与产量呈正相关，表明这 2 个转录组高表达可以提高产量。

表 6-13　棉花花蕾中检测到的与皮棉产量显著相关的表达基因

QTT ID	GenBank ID	候选基因	效应值	遗传率/%
Q1999	DT049282	*Amine oxidase、putative*	−13.59	31.62
Q1951	CO120827	*Nodulin MtN3-like protein*	−10.64	19.38
Q1271	CO127124	*UDP-glycosyltransferase 83A1-like*	−7.44	9.49
Q1708	CD486429	*Short chain alcohol dehydrogenase*	6.39	6.99
Q1521	DW505577.1	*Skp1、putative*	6.35	6.9
Q1778	DT466217	*WRKY transcription factor 48*	−5.43	5.05

五、基于 MCIM 的分析软件开发

（一）QTLNetwork 软件简介

1. 简介

QTLNetwork 主要用于交配作图群体的 QTL 分析，它可以分析的作图群体主要有 DH、RIL、BC、F_2、IF_2 和 B_xF_y 群体（F_1 经多次回交和自交的后代群体），能分析 QTL 上位性及其与环境互作效应，并能够对 QTL 定位结果进行可视化。这个软件是基于混合线性模型的复合区间作图法（MCIM）配套研制，可以从网站 http：//ibi.zju.edu.cn/software 下载，在软件的安装目录下有一个软件使用说明文档，详细介绍了 QTLNetwork 软件的输入数据文件格式、结果输出文件等内容。QTLNetwork 软件还提供了基于 QTL 信息的后代基因型设计功能，详细内容请参考软件说明文档。

2. 数据文件格式

1）图谱文件格式

QTL 连锁分析需要输入两个数据文件，其中一个是图谱文件，包含有关分子连锁图的信息，如染色体的数目、每条染色体上的分子标记数目及排列顺序、分子标记间的遗传距离等信息，包括 General description 和 Map body 两部分内容。

General description 位于图谱文件的前面，形式如下：

_DistanceUnit cM
_Chromosomes　　4
_MarkerNumbers　6　4　7　9

共有 4 个条目，顺序任意。每个条目都是一个关键词加上指定的内容。每个关键词必须以下划线"_"开始，且不能包含任何表分隔符［如空格或跳格键（Tab）］。如果指定的内容超过两个，必须使用表分隔符将相邻的两个指定内容分开。关键词和有关指定内容必须在同一行。关键词和有关指定内容不区分大小写。

_DistanceUnit 指定图谱文件中遗传距离的单位，"cM"表示厘摩尔、"M"表示摩尔。

_Chromosomes 指定染色体（连锁群）数目。

_MarkerNumbers 指定每条染色体上的分子标记数目，数目的顺序必须与 Map body 中的连锁群（有关列）顺序一致。

Map body 以关键字"*MapBegin*"开始，"*MapEnd*"结束，形式如下：

MapBegin

Marker#	Ch1	Ch2	Ch3	Ch4
1	0.00	0.00	0.00	0.00
2	9.84	11.26	7.45	9.85
3	10.22	8.69	9.10	10.93
4	8.25	9.87	10.66	10.70
5	9.79		10.16	10.10
6	7.47		8.34	11.30
7			11.21	9.30
8				7.23
9				11.78

MapEnd

第二行中"Marker#"、"Ch1"、"Ch2"、"Ch3"、"Ch4"分别为各列的字段名。第一列的"Marker#"是每条染色体上分子标记的顺序号，最大的顺序号即为最大连锁群（标记数目最多的染色体）的标记数。从第二列到第四列（Ch1~Ch4）分别代表每一条染色体或连锁群，相邻标记间的遗传距离。每条染色体上的第一个标记的遗传距离设定为 0，作为这条染色体上连锁图的开始。第二个标记的遗传距离是第一个标记和第二个标记间的遗传距离，第三个标记的遗传距离是第二个标记和第三个标记间的遗传距离，依次类推。第二列到第四列的顺序必须与关键词_MarkerNumbers 后面数字的顺序一致。

2）数据文件格式

QTL 分析需要的另一个文件是数据文件，包含试验设计信息、群体的基因型信息及各个体的表型观测值等。整个文件由 4 部分构成："**General description**"、"**Marker data body**"、"**Trait data body**"和"**Some comment lines**"。

General description 指定数据文件的基本功能，通常在数据文件的顶部。和图谱文件一样，每个条目都由一个关键词加上指定的内容组成。每个关键词必须以下划线"_"开始，并且不能包含任何表分隔符（如空格和 Tab 键）。一般有 8 个条目，其顺序可以随意改变。形式如下：

```
_Population     DH
_Genotypes      200
_Observations 400
_Environments        Yes
_Replications No
_TraitNumber 1
_TotalMarker  64
_MarkerCode  P1=1 P2=2 F1=3 F1P1=4 F1P2=5
```

_Population 指定分析的群体类型，一些常用的群体如下。

RI population 两个纯系亲本杂交后连续自交产生的重组自交系群体，可用 RI 或 RIL 指代该群体。

BC population F_1 与亲本中的其中一个杂交分离产生的群体，可用 B1 和 B2 分别代表 BC_1（F_1 与亲本 P_1 回交）和 BC_2（F_1 与亲本 P_2 回交）群体。

F2 population 两个自交系杂交产生 F_1 代，F_1 代自交或近亲自交产生 F_2 代群体，直接用 F2 表示。

Immortalized F2（IF2）population DH 或 RI 群体中个体随机交配产生的群体（称为永久 F_2 群体），来自 DH 群体随机交配的指定为 IF2DH，来自 RI 群体随机交配的指定为 IF2RI。

BxFy population F_1 与亲本中的其中一个回交 x 代，再自交 y 代。每一代中都允许自交、回交或创建 DH。下图展示了 BxFy 群体产生的过程。

$p_1 \times p_2$	$p_1 \times p_2$	$p_1 \times p_2$	$p_1 \times p_2$
|	|	|	|
F_1	$P_1 \times F_1$	$F_1 \times P_2$	$F_1 \times P_2$
|⊗	|	|	|
F_2	$P_1 \times B_1$	$P_1 \times B_2$	$P_1 \times B_2$
|⊗	|	|	|
F_3	$P_1 \times B_1 B_1$	$B_2 B_1$	$B_2 B_1$
|⊗	|	|⊗	|双单倍体
F_4	$B_1 B_1 B_1$	$B_2 B_1 F$	$B_2 B_1 D$

_Genotypes 指定定位群体的基因型总数目。

_Observations 指定所研究群体的性状观测值的总数。

_Environments 指定试验设计的环境情况。如果试验在多个环境条件下进行，关键字_Environments 后写"Yes"，否则写"No"。

_Replications 指定试验设计的重复和区组情况。如果试验设计有重复或区组，关键字_Replications 后写"Yes"，否则写"No"。

_TraitNumber 指定分析的性状个数。

_TotalMarker 指定数据文件中的标记总数。此数必须与图谱文件中_MarkerNumbers 后面各数总和相等。

_MarkerCode 定义分子标记基因型的编码规则。有 5 个可能的字符说明，每一个都像一个等式，但是在等式中不能有空格键。等号的左边指定标记的基因型：

P1：分子标记基因型与 P_1 相同；

P2：分子标记基因型与 P_2 相同；

F1：分子标记基因型与 F_1 相同；

F1P1：分子标记基因型与 P_2 不相同（P_1 是显性的，或不能区分是 P_1 和 F_1 标记基因型类型）；

F1P2：分子标记基因型与 P_1 不相同（P_2 是显性的，或不能区分是 P_2 和 F_1 标记基因型类型）。

等号右边是标记基因型类型的编码。标记编码必须是一个字母或数字。点号"."用来表示缺失的标记或性状值。除了 F_2 代群体，不需要为所有可能的标记类型编码。例如，如果标记数据来自于 DH 群体，只需要指定 P1 和 P2 的标记类型代码。

Marker data body 这部分内容以关键字"*MarkerBegin*"开始，"*MarkerEnd*"结束。分子标记的顺序必须与图谱文件中每条染色体上的标记顺序一致。由于电子表格软件中的列数有限制，软件提供了两种排列分子标记数据的格式类型。第一种格式中，第一行的第一字段为"#Ind"，后续字段是标记的名称；第一列是个体（基因型）的名称，第二列开始为分子标记基因型代码。第二种格式中，第一行第一个字段为"#Mk"，后续字段是基因型的名称；第一列是分子标记名称，第二列开始是分子标记基因型代码。各行都以英文分号结尾。

格式 I:

```
*MarkerBegin*
#Ind   Mk1  Mk2  Mk3  Mk4  Mk5  Mk6  Mk7  Mk8  Mk9  ;
1      1    1    1    2    2    2    2    1    1    ;
2      1    1    .    1    1    2    2    2    2    ;
3      2    .    2    1    1    1    1    2    2    ;
……                                               ;
89     2    2    2    2    .    1    1    .    1    ;
90     1    1    2    2    2    2    2    1    1    ;
*MarkerEnd*
```

格式 II:

MarkerBegin

#Mk	1	2	3	4	5	…	48	49	50	…	88	89	90	;
Mk1	1	1	1	2	1		2	2	1		1	2	1	;
Mk2	1	1	1	.	2		1	2	1		1	2	1	;
Mk3	1	.	1	2	2		2	2	2		1	2	2	;
Mk4	2	1	1	1	1		1	2	2		1	2	2	;
Mk5	2	1	.	1	1		1	1	1		2	.	2	;
Mk6	2	2	2	1	1		1	1	1		2	1	2	;
Mk7	2	2	2	1	1		2	1	1		2	1	1	;
Mk8	2	2	2	1	2		2	1	2		1	.	1	;
Mk9	1	2	2	2	2		2	2	2		2	1	1	;

MarkerEnd

Trait data body 这部分内容放在"*TraitBegin*"和"*TraitEnd*"之间，数据包括环境（如果存在）、重复（如果存在）和个体的名称或编号，以及分析性状的观测值。第二行是指示字段和性状的名字。字段的个数取决于试验设计，如果试验设计有环境和重复，3 个字段必须都包含：第一个字段是环境（Env#），第二个字段是重复（Rep#），第三个字段是个体（Geno#）。如果试验没有环境或重复，对应的列必须移除。另外，在每行观测值的尾部需要使用一个分号";"结尾。下面是"Trait data body"的一个示例：

TraitBegin

Env#	Rep#	Geno#	Trait1	Trait2	Trait3	;
1	1	1	2.44	7.4	10.04	;
1	1	2	2.4	4.32	8.55	;
……						
1	1	90	3.54	8.19	10.74	;
1	2	1	3.17	6.91	11.86	;
1	2	2	1.9	4.31	11.36	;
……						
1	2	90	3.22	10.54	11.48	;
2	1	1	5.74	12.78	11.27	;
2	1	2	7.65	7.02	11.96	;
……						
2	1	90	6.58	13.92	9.94	;
2	2	1	6.01	10.22	9.95	;
2	2	2	6.22	11.99	7.81	;
……						
2	2	90	7.98	13.21	12.03	;

TraitEnd

第二节　棉花纤维优质高产分子改良的遗传基础

一、棉花纤维品质和产量相关性状的 QTL 定位

表型研究针对控制某一数量性状的所有基因效应综合结果用统计学的方法加以分析。不能确定单个基因效应及其在染色体的位置。随着分子技术的发展，数量性状的研究从宏观层次进入微观层次发展，即逐渐从表型、新陈代谢往蛋白质、mRNA、SNP 方向发展。QTL 研究为数量性状从表型到基因的研究起到了桥梁作用。QTL 定位依赖一定的遗传模型。最简单的模型为加性–显性模型。该模型将总遗传效应（G）分解为加性遗传效应（A）和显性遗传效应（D）两个分量。表现型方差（V_p）的分量组成为 $V_p=V_G+V_e=V_A+V_D+V_e$。其中 V_G 为基因型方差，V_e 为机误方差，V_A 为加性效应方差，V_D 为显性效应方差；基因的加性和显性效应在各种环境下可能表现不一致，考虑到环境与遗传效应互作，因此，遗传模型发展为：$V_p=V_G+V_{GE}+V_{AE}+V_{DE}+V_e$。$V_{GE}$、$V_{AE}$、$V_{DE}$ 分别表示基因型与环境互作方差、加性与环境互作方差、显性与环境互作方差。上述模型基于不同基因座位的遗传效应是累加的，非等位基因之间不存在互作效应（上位效应），但是有些性状的非等位基因之间存在不同程度的互作效应。因此遗传模型得到进一步发展，包括了上位效应，即 $V_P=V_G+V_e=V_A+V_D+V_I=V_A+V_D+V_{AA}+V_{DD}+V_{AD}+V_e$，其中，$V_I$ 为上位效应方差，V_{AA} 为加性与加性上位效应，V_{DD} 为加性与显性上位效应，V_{AD} 为加性与显性上位效应。如果影响数量性状的基因上位性效应在不同环境下表现不一致，遗传模型还包括上位性与环境的互作效应，即 $V_P=V_G+V_{GE}+V_e=V_A+V_D+V_{IE}+V_e=V_A+V_D+V_{AAE}+V_{DDE}+V_{ADE}+V_e$，其中，$V_{IE}$ 为上位与环境互作效应方差，V_{AA} 为加性与加性上位与环境互作效应，V_{DDE} 为加性与显性上位与环境互作效应，V_{ADE} 为加性与显性上位效应。前面的遗传模型基于胚基因组这一套遗传体系上构建的模型。针对植物种子性状，其除了受其核基因的遗传效应影响外，还在不同程度上受到母体基因型的影响。种子性状 QTL 定位的遗传模型从一套遗传体系（胚基因组或胚乳）已扩展成两套遗传体系（胚基因组或胚乳基因组和母体基因组）。

DNA 分子标记稳定性好，是 QTL 定位的常用标记，主要有以下几种：RFLP，即限制性片段长度多态性，是最早用于 QTL 定位的 DNA 分子标记；RAPD，即随机扩增多态性，是第一种用于基因定位的 PCR 标记，由于该技术简单、易操作，因此，其被广泛应用；SSR 标记，是第二代 DNA 分子标记，又称为微卫星标记，目前仍被广泛应用。AFLP，即扩增片段长度多态性，基于 RFLP 与 PCR 相结合的分子标记；STS 标记，即序列标记位点标记；SNP，即单核苷酸多态性标记；SRAP 是一种操作简便、遍布整个基因组的 PCR 分子标记，在克隆测序目标片段方面具有一定的优势。不同种类的分子标记各有优势。目前，许多研究常将不同标记联合使用，这为 QTL 定位的精确性奠定了基础。

常用的 QTL 定位作图方法有单标记分析法（如方差分析法）、区间作图法、复合区间作图法、基于混合线性模型的复合区间作图方法、多区间作图法及完整连锁图作图法、多亲本作图法。研究表明，基于混合线性模型的复合区间作图方法相对更完善，能够直接分析数量性状基因的加性、显性、上位性及 QTL 与环境的互作效应等。作图方法从双亲本到多亲本发展，从单遗传体系往多遗传体系发展。不同统计分析方法，各有不同优

缺点，但总的发展趋势是往提高精确度和有效性方向发展。

QTL 定位需要构建特定的作图群体。作图群体由初级群体（F$_2$、BC、RIL、DH 群体等）往次级群体（近等基因系群体）发展、由临时群体（F$_2$、BC 群体）往永久群体（RIL、DH 群体）发展、由单一群体（如 F$_2$ 群体）往复合群体（如 F$_2$ 及 F$_{2:3}$ 群体）发展。

F$_2$ 群体构建简单省时，既能提供丰富的遗传信息，又能同时估计加性效应和显性效应。但该群体最大的缺点不能重复使用。不能检测出效应小或不稳定的 QTL。BC 群体是由 F$_1$ 代与亲本之一回交产生的群体，其提供的信息量少于 F$_2$ 代群体，且可供作图的材料有限，不能多代使用，所以在 QTL 作图中难以广泛使用。RIL 群体是经杂种 F$_1$ 多代自交产生的纯系，染色体间重组概率加大，作图的精确度较高，可重复利用。但建立 RIL 群体，花费很大，耗时较长，且不能估计显性效应。DH 群体是由杂种 F$_1$ 代产生的单倍体花药自然或人工加倍获得的二倍体纯系。该群体的产生时间短、速度快，且标记信息可以长期使用。但在花粉培养过程中，对某些基因座位而言，可能产生异常分离。此外，染色体分离重组少，难于有效区分比较紧密的连锁。也不能估计显性效应。近等基因系群体，遗传背景相似，仅有少数染色体片段的差异，如导入系和替换系（染色体单片段代换系），能使整个基因组的多个 QTL 分解为只存在一个或几个 QTL 分离，能消除背景及主效 QTL 的干扰，从而能检测到微效 QTL。"永久 F$_2$"群体：通过 RIL 群体株系间的随机配对杂交而产生"永久 F$_2$"群体，其相当于一个 F$_2$ 群体，能提供丰富的遗传信息。由于 RIL 为纯合系，可以长期保存，随时可创建"永久 F$_2$"群体，因此，该群体消除了 F$_2$ 代群体不能重复试验的弊端。

（一）棉花纤维发育相关分子标记开发

1. 新的棉花纤维发育相关的 SSR 分子标记的开发和筛选

于霁雯研究团队以纤维长度存在显著差异的两个陆海回交近交系 NMGA-062（32.58mm）和 NMGA-105（27.06mm）为材料，利用 Illumina HiSeqTM 2000 对 0DPA、3DPA 的胚珠及 10DPA 的纤维进行 RNA-Seq 测序，*De novo* 拼接获得 98 464 个基因。通过 MISA 软件对其搜索 SSR 位点，共得到新的 SSR 标记位点 1711 个，新设计 SSR 引物 800 多对。部分纤维发育相关基因存在的 SSR 标记位点如表 6-14 所示。

表 6-14　部分新设计 SSR 引物的标记位点

GeneID	Annotation	SSR loci
Unigene13928_All	profilin（*Gossypium hirsutum*）	（TA）7
Unigene15470_All	HyPRP1（*Gossypium hirsutum*）	（CCA）7
CL721.Contig4_All	aquaporin PIP1-2（*Gossypium hirsutum*）	（TG）8
CL565.Contig3_All	alpha-expansin 2（*Gossypium hirsutum*）	（AT）6
CL4663.Contig3_All	alpha-1，4 glucan phosphorylase（*Gossypium hirsutum*）	（CTT）5
Unigene2104_All	beta-tubulin 1（*Gossypium hirsutum*）	（CT）6
CL228.Contig1_All	beta-ketoacyl-CoA synthase（*Gossypium hirsutum*）	（TTC）6
CL14931.Contig3_All	cellulose synthase catalytic subunit（*Gossypium hirsutum*）	（TA）6
CL4448.Contig2_All	calcium dependent protein kinase 1（*Gossypium hirsutum*）	（TA）6
Unigene34767_All	class III peroxidase（*Gossypium hirsutum*）	（AC）6
CL1645.Contig2_All	*GhMYB9*（*Gossypium hirsutum*）	（AGC）5
CL4270.Contig2_All	endo-1，4-beta-glucanase（*Gossypium hirsutum*）	（AAG）5

2. 新的棉花纤维发育相关的 SNP 分子标记的开发和定位

1）棉花纤维发育 SNP 位点筛选和染色体定位

构建了以'徐州 142'（XZ142）及其无绒无絮突变体（XZ142w）的 1500 株 F₂代分离群体。对控制'徐州 142'无绒无絮突变体光子性状的短绒控制基因 *n2* 进行精细定位，控制长纤维发育的基因 *Li3* 进行初定位。同时对'徐州 142'及其突变体（–3DPA、0DPA）进行 RNA-Seq 分析，共得到差异表达基因 1953 个，在两个材料中有 SNP 差异的差异基因共 1074 个，其中在每个差异基因内存在 SNP 位点个数见图 6-1，从图中我们可以得到约 60%的差异基因内存在 1 个或 2 个 SNP 差异位点。

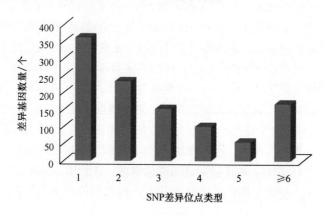

图 6-1　差异基因所包含 SNP 位点图示

同时我们将所得到的 1953 个差异基因同时与亚洲棉（A₂）和雷蒙德氏棉（D₅）基因组比较，发现有 1881 个能够在亚洲棉中找到同源基因，1831 个能够在雷蒙德氏棉中找到同源基因，根据基因在染色体的位置同时又将这些差异基因进行了染色体定位（图 6-2）。

2）棉花纤维品质和产量相关的 SNP 位点鉴定

将已知的纤维发育相关基因利用电子克隆获得目标基因的全长，寻找 SNP 位点，设计 304 对引物，在 4 个陆地棉、2 个海岛棉、2 个二倍体中利用 SSCP 技术进行检测，获得有清晰带型的 219 对，在二倍体中多态性位点引物有 137 对、四倍体中多态性位点引物有 92 对（表 6-15）。

为了验证有多态性的 SSCP 引物是否存在真实 SNP 位点，对部分多态性产物进行单条带回收、连接、转化、测序。测序结果发现确实存在真实的 SNP 位点。图 6-3 所示的是对其中一个纤维发育基因 *KCR2* 分别进行的聚丙烯酰胺凝胶和测序检测，箭头分别表示多态性位点和测序测的 SNP 位点。

利用本实验已有群体进行检测，将得到的 103 个 SSCP 标记位点与本实验室已有的 476 个 SSR 标记位点，利用 Joinmap4.0 进行遗传连锁图谱的构建。得到包含 409 个标记位点总长为 2054.33cM 的连锁图谱，共有 57 个 SSCP（SNP）标记位点进入连锁群，其中有 18 个位点被定位到染色体上，39 个位点被定位到连锁群上（图 6-4）。

对纤维品质产量的 QTL 定位发现，与 SSCP（SNP）标记连锁的 QTL 有 8 个（铃重 1 个、籽棉 1 个、长度 2 个、整齐度 1 个、伸长率 1 个、断裂比强度 2 个）。例如，ANN

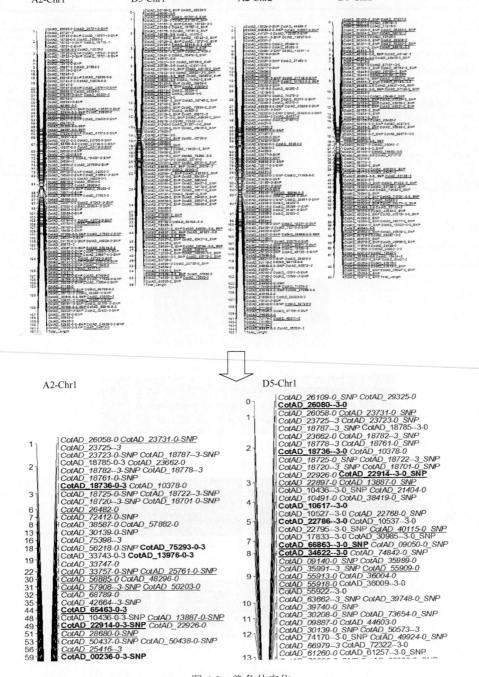

图 6-2　染色体定位

染色体定位字体含义列表：不同材料只有一个时期上调基因标识为斜体下划线，下调基因标识为斜体；不同材料，两个时期都上调，标识为加粗下划线，两个时期都下调，标识为加粗；在两个时期，表达趋势不同的为正常字体，没有标识。A2-Chr1、D5-Chr1 分别代表亚洲棉 1 号染色体、雷蒙德氏棉 1 号染色体。各标识号所代表的含义：CotAD_33747-0. 基因 CotAD_33747 在不同材料 0DPA 中基因表达有差异；CotAD_33757-0-SNP. 基因 CotAD_33757 在 0DPA 中基因表达有差异，且存在 SNP；CotAD_36185-3. 基因 CotAD_36185 在–3DPA 中基因表达有差异；CotAD_16433--3-SNP. 基因在–3DPA 表达有差异，存在 SNP；CotAD_10436-0-3-SNP. 基因在 0DPA 和 –3DPA 中同时存在基因表达差异，且有 SNP

表 6-15　部分 SSCP 引物

基因名称	引物数	扩增数	多态性	
			二倍体	四倍体
ADP-glucose pyrophorylase large subunit	30	16	9	6
ADP-glucose pyrophorylase small subunit	19	8	4	1
apyrase	24	11	6	6
Ketoacyl-CoA-reductase	25	15	10	8
Enoyl-CoA-reductase	10	3	0	2
Gibberellin 20-oxidase	17	14	11	6
Profilin	21	15	10	5
Annexin	29	23	10	9
vacouolar-invertase	14	14	12	4
衣分基因	20	17	15	8
SNP 位点的 Contig	25	15	11	6
GL、*HOX* 等	70	68	39	31
总计	304	219	137	92

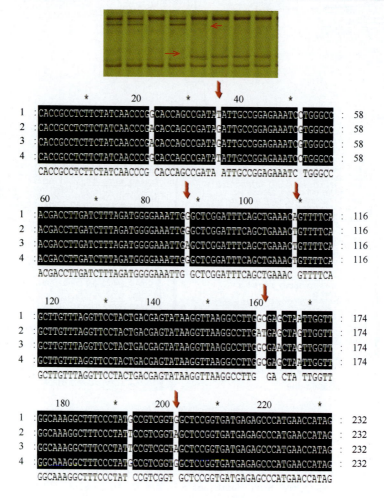

图 6-3　*KCR2-1* 检测结果

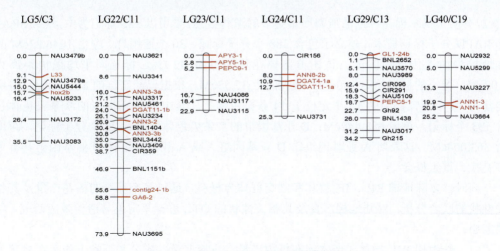

图 6-4 SSCP（SNP）在连锁图谱的构建

（annexin，膜连蛋白）是钙依赖性磷脂结合蛋白，参与细胞分化和细胞骨架蛋白间的相互作用等，与纤维发育有关。在棉花纤维发育伸长阶段特异表达（Wang et al.，2010）。在本实验 QTL 检测中发现该基因定位到与铃重有关的 QTL 附近，如 *qBW-40-1*（图 6-5）。实验结果表明，本研究开发的功能基因 SNP 可用于连锁图谱的构建、QTL 定位，为分子辅助改良棉花纤维品质产量性状奠定基础。

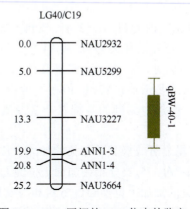

图 6-5 QTL 区间的 SNP 位点的鉴定

（二）陆地棉优异纤维品质性状的 QTL 定位

1. HS46×MARCABUCAG8US-1-88 陆地棉重组近交系群体

中国浙江大学与美国密西西比大学合作，创建了一套包含 188 个重组近交系的群体。基于这套含 188 株系的重组近交系，配置成含有 376 个组合的永久 F₂ 代群体。由于这套重组近交系的 188 个株系间存在较大的性状差异，通过大量的杂交组合，在 IF₂ 代群体中各性状变异幅度更大。用该群体进行 QTL 定位较 RIL 群体更精确，定位信息也更丰富（同时定位基因的加性效应和显性效应）。此外，在相同的 RIL 群体基础上，通过群体与亲本的回交，构建了一套包括 380 个回交 F₁ 代的回交群体。通过两个群体的协同分析和基因定位,有助于揭示棉花纤维品质和产量更多的遗传信息。采用以 SSR 标记为主,结合 SRAP 和 RAPD 分子标记技术,建立了包含 388 个分子标记、30 个连锁群、覆盖 1946.22cM 的陆地棉种内遗传连锁图谱。该图覆盖棉花基因组的 42.1%,标记间平均遗传距离为 5.02cM,最小的标记间距为 0cM,最大间距 37.53cM。根据已经定位的 SSR 标记,将所构建的 30 个连锁群中的 15 个定位于 14 条染色体上。其中 A 亚基因组的 7 条染色体包含 133 个标记,覆盖 683.442cM;D 亚基因组的 7 条染色体中拥有 70 个分子标记,跨度为 363.004cM。这表明 A 亚基因组比 D 亚基因组大或 A 亚基因组较 D 亚基因组具有更多交换、重组机会。

同时,以陆地棉 RIL、IF$_2$ 群体和回交群体为材料,通过多个环境的棉花产量及其相关性状的联合分析,对陆地棉产量及其相关性状的 QTL 进行了定位与遗传效应研究,结果表明:

(1)陆地棉 RIL 群体,亲本间在籽棉产量、皮棉产量、衣分和籽指上均存在显著差异,同时群体在 4 个环境下的籽棉产量、皮棉产量、衣分、铃重、衣指和籽指方面具有较高的变异范围,其分布均呈正态分布,是一个良好的遗传研究群体。

(2)对 4 个环境下的棉花产量及其相关性状的方差分析表明,环境因素对棉花产量及其相关性状具有较大影响。因此,在棉花产量及其相关性状的 QTL 定位中,忽视环境因素及其与遗传互作的 QTL 定位结果是有偏的。本研究采用 RIL 群体为研究材料,对 4 个环境的棉花产量及其相关性状调查数据进行联合 QTL 定位,其研究的结果将更具有科学性。

(3)检测到与籽棉产量相关的 QTL 共 33 个、皮棉产量相关的 QTL 位点共 23 个、与衣分有关的 QTL 共 6 个、与铃重有关 QTL 共 14 个、与籽指有关 QTL 共 20 个、与衣指有关的 QTL 共 13 个。可见,影响棉花产量及其相关性状的 QTL 数目较多,反映了棉花产量及其相关性状的复杂遗传特点。但在不考虑 QTL 上位性效应,以及 QTL 与环境互作效应的情况下,所能检测到的与棉花产量及其相关性状的加性 QTL 数目并不多。

(4)共检测到与籽棉产量显著或极显著相关的加加上位性 QTL 共 21 对、与皮棉产量相关加加上位性 QTL 共 10 对、与衣分相关加加上位性 QTL 2 对、与铃重相关的加加上位性 QTL 7 对、与籽指相关的加加上位性 QTL 6 对和与衣指有关加加上位性 QTL 9 对。同时,所检测到的加加上位性位点的总贡献率也较加性 QTL 大。这表明上位性效应是影响棉花产量及其相关性状的重要因素。大量加加上位性 QTL 是通过互补位点之间相互修饰、相互激活来发挥作用的。

(5)检测到与纤维品质 5 项指标相关的 QTL 共 26 个。检测到与棉花纤维 2.5%跨长相关的 QTL 共 6 个,分布在 4 条染色体或连锁群上,即 6 号染色体上 1 个,连锁群 LG2、LG7、LG10 上分别有 1 个、2 个和 2 个。找纤维整齐度相关的 QTL 共 3 个,分别位于 8 号染色体、LG6 和 LG8 上。检测到 6 个与纤维伸长率有关的 QTL,分别位于 18 号染色体、LG2、LG5、LG7、LG10 和 LG13 上。检测到的与断裂比强度有关的 6 个 QTL 分别位于 3 号、7 号、8 号、15 号染色体和 LG10 上,其中 8 号染色体上有 2 个位点。检测到与马克隆值相关的 QTL 共 4 个,其中 2 个位于 13 号染色体上,另外两个在 LG9 和 LG10 上各有 1 个。

2. SGK9708×0-153 陆地棉重组近交系的群体

贾菲等（2011）以高产材料'SGK9708'为母本、高纤维强度材料'0-153'为父本构建的包含 196 个家系的陆地棉重组自交系群体（$F_{6:8}$）为作图群体，利用 13 998 对 SSR 引物进行亲本多样性检测，构建了一个包含 400 个 SSR 标记位点的陆地棉种内遗传连锁图谱，并对 10 个环境下 [2007 年，河南安阳；2008 年，河南安阳、河北曲周和山东临清；2009 年，河南安阳、河北曲周和新疆阿克苏；2010 年，河北高邑、河南安阳和河南郑州（分别表示为 07ay、08ay、08lq、08qz、09ay、09qz、09xj、10gy、10ay 和 10zz）] 纤维品质性状进行了 QTL 分析，定位多环境下稳定的纤维品质性状主效 QTL，并揭示其遗传基础，为棉花纤维品质的分子标记辅助聚合育种提供理论依据。

1）表型数据分析

表 6-16 为 10 个环境下 RIL 群体和亲本的基本统计分析。对两个亲本在 10 个环境下纤维品质数据进行方差分析，其中两个亲本的纤维长度、断裂比强度、马克隆值和纤维整齐度的差异均极显著，仅纤维伸长率差异不显著。RIL 群体的 5 个纤维品质性状的偏度绝对值都小于 1，基本符合正态分布，尤其是断裂比强度，在 10 个环境中都表现出明显的正态分布，重组自交系群体在 10 个环境中超高亲数目分别为 5（2.55）、13（6.63%）、10（5.10%）、10（5.10%）、8（4.08%）、14（7.14%）、4（2.04%）、11（5.61%）、57（29.08%）和 13（6.63%）。

表 6-16　陆地棉重组自交系群体多环境纤维品质性状表现

| 性状 | 环境 | 亲本 | | RIL 群体 | | | | | | | |
		0-153	SGK9708	最小值	最大值	变幅	平均值	标准差	变异系数	偏度	峰度
纤维长度 /mm	07ay	31.14	27.44	25.62	32.39	6.77	28.97	1.42	4.91	−0.12	−0.25
	08ay	31.24	28.18	26.67	33.65	6.98	30.19	1.43	4.73	−0.16	−0.47
	08lq	30.00	26.67	25.75	32.54	6.79	29.32	1.42	4.86	−0.08	−0.27
	08qz	30.21	27.54	25.99	32.85	6.86	29.53	1.46	4.96	0.04	−0.52
	09ay	29.79	26.71	25.02	31.83	6.81	28.50	1.34	4.70	0.14	−0.25
	09qz	30.65	28.61	26.62	33.07	6.45	30.32	1.41	4.64	−0.18	−0.42
	09xj	30.19	26.65	23.81	32.99	9.18	27.91	1.67	5.99	0.23	0.19
	10gy	30.27	26.01	24.57	33.69	9.13	28.26	1.71	6.04	0.03	−0.33
	10ay	30.07	27.29	24.93	32.78	7.85	29.04	1.53	5.27	−0.21	−0.36
	10zz	30.97	28.35	25.80	33.53	7.73	29.90	1.55	5.18	−0.29	−0.19
纤维整齐度 /%	07ay	86.00	84.30	82.20	88.00	5.80	85.45	1.19	1.39	−0.30	−0.30
	08ay	86.55	84.80	82.70	87.65	4.95	85.56	0.89	1.04	−0.49	0.49
	08lq	85.50	83.30	82.35	86.95	4.60	84.74	0.99	1.17	−0.24	−0.22
	08qz	85.75	83.95	83.15	88.05	4.90	85.74	0.89	1.03	−0.01	0.00
	09ay	86.45	81.70	78.90	87.10	8.20	83.68	1.48	1.77	−0.34	0.27
	09qz	85.30	84.65	80.75	88.05	7.30	85.22	1.43	1.68	−0.84	0.53
	09xj	86.50	82.50	77.10	87.50	10.40	83.51	1.69	2.03	−0.45	0.90
	10gy	84.70	80.05	78.65	86.10	7.45	82.61	1.45	1.76	−0.17	−0.47
	10ay	85.25	82.70	80.60	86.60	6.00	83.86	1.08	1.29	−0.22	−0.16
	10zz	84.75	84.10	79.90	86.70	6.80	83.94	1.12	1.34	−0.32	0.39

续表

性状	环境	亲本		RIL 群体							
		0-153	SGK9708	最小值	最大值	变幅	平均值	标准差	变异系数	偏度	峰度
马克隆值	07ay	4.50	4.68	3.30	5.94	2.65	4.63	0.44	9.51	−0.09	0.39
	08ay	5.00	5.35	3.44	6.35	2.91	4.97	0.44	8.87	0.22	0.84
	08lq	4.54	5.19	3.16	5.72	2.56	4.43	0.44	9.99	−0.09	−0.16
	08qz	4.28	5.37	3.13	5.30	2.17	4.36	0.44	10.20	−0.17	−0.54
	09ay	4.18	4.51	2.95	5.29	2.34	4.25	0.43	10.13	−0.20	−0.07
	09qz	3.37	4.72	2.57	5.16	2.59	3.93	0.57	14.49	−0.15	−0.61
	09xj	4.46	4.65	3.25	5.58	2.33	4.50	0.46	10.14	−0.16	−0.23
	10gy	3.99	4.25	2.38	6.57	4.19	4.10	0.65	15.74	0.06	0.66
	10ay	4.59	5.07	2.41	6.14	3.73	4.42	0.52	11.68	−0.15	0.93
	10zz	4.02	5.22	2.21	5.19	2.98	3.94	0.58	14.80	−0.13	−0.32
纤维伸长率/%	07ay	6.20	6.80	6.05	7.50	1.45	6.72	0.27	4.00	0.26	0.03
	08ay	6.65	6.35	6.15	6.70	0.55	6.45	0.09	1.44	−0.38	0.59
	08lq	6.50	6.15	5.90	6.70	0.80	6.35	0.15	2.31	−0.25	0.16
	08qz	6.50	6.50	6.20	6.65	0.45	6.43	0.09	1.48	−0.27	−0.25
	09ay	6.60	6.25	5.90	6.90	1.00	6.36	0.17	2.61	−0.06	0.45
	09qz	6.75	6.45	6.25	7.15	0.90	6.65	0.15	2.27	0.03	0.15
	09xj	6.40	6.20	6.00	6.40	0.40	6.27	0.08	1.23	−0.25	0.13
	10gy	6.65	5.90	5.55	6.95	1.40	6.38	0.22	3.44	−0.26	0.72
	10ay	6.65	6.35	6.15	6.85	0.70	6.52	0.14	2.08	−0.35	0.00
	10zz	6.30	6.50	6.10	6.80	0.70	6.51	0.12	1.79	−0.29	1.80
断裂比强度/（cN/tex）	07ay	33.75	25.65	23.65	36.75	13.10	29.02	2.24	7.71	0.40	0.66
	08ay	32.60	25.60	24.65	35.30	10.65	29.62	1.98	6.69	0.22	0.18
	08lq	33.40	24.20	23.55	38.70	15.15	29.76	2.37	7.95	0.36	0.54
	08qz	34.50	26.70	25.35	37.75	12.40	31.06	2.32	7.47	0.30	0.19
	09ay	33.20	25.60	22.90	35.90	13.00	29.11	2.26	7.77	0.28	0.17
	09qz	37.30	26.95	28.35	39.75	11.40	33.38	2.43	7.29	0.45	−0.07
	09xj	33.90	25.60	24.20	36.30	12.10	29.46	1.98	6.72	0.27	0.15
	10gy	32.25	23.95	22.85	34.90	12.05	28.33	2.28	8.06	0.22	−0.34
	10ay	29.75	25.40	23.95	33.85	9.90	28.60	1.91	6.69	0.27	−0.29
	10zz	33.30	27.95	25.75	36.40	10.65	30.38	2.02	6.64	0.19	−0.07

2）连锁图谱的构建与染色体定位

利用 13 998 对不同来源的 SSR 引物进行亲本间多态性筛选，得到的 382 对多态性引物在 196 个家系群体中扩增出 442 个多态性位点，其中显性标记 171 个（‘0-153’显性 90 个、‘SGK9708’显性 81 个），共显性标记 271 个。

利用 Join map3.0 进行标记位点分离比（1∶1）卡方检验，共有 211 个标记表现偏分离，占标记总数的 47.7%。

标记的偏分离现象在玉米、水稻和棉花等各种作物的连锁图谱的构建中普遍存在（Lacape et al.，2005；Zhang et al.，2006；He et al.，2007；Zhang et al.，2009；Wu et al.，2010；Gutiérrez et al.，2010；Zhou et al.，2011；Li et al.，2011）。与前人的研究（Xu et al.，

1997）重组自交系群体的偏分离比例在 40%左右，较其他作图群体更高的结论是一致的。

在对 442 个多态性位点进行连锁分析后，利用其中的 400 个标记构建了遗传图谱（图6-6）。

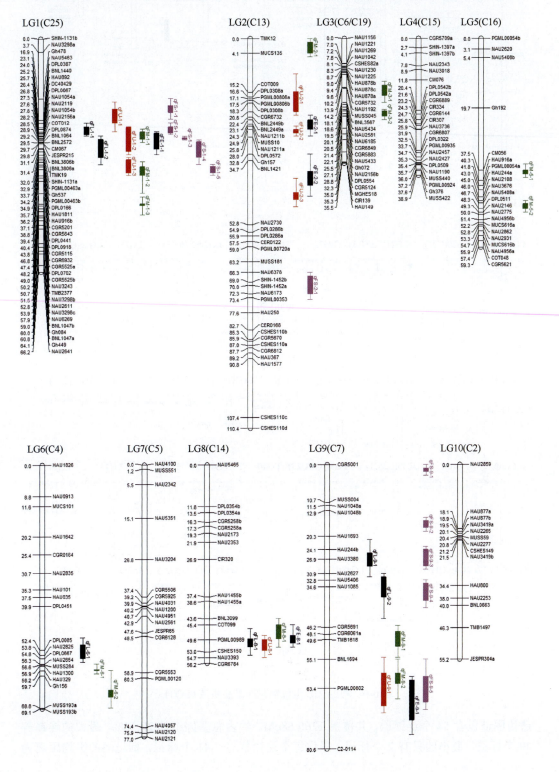

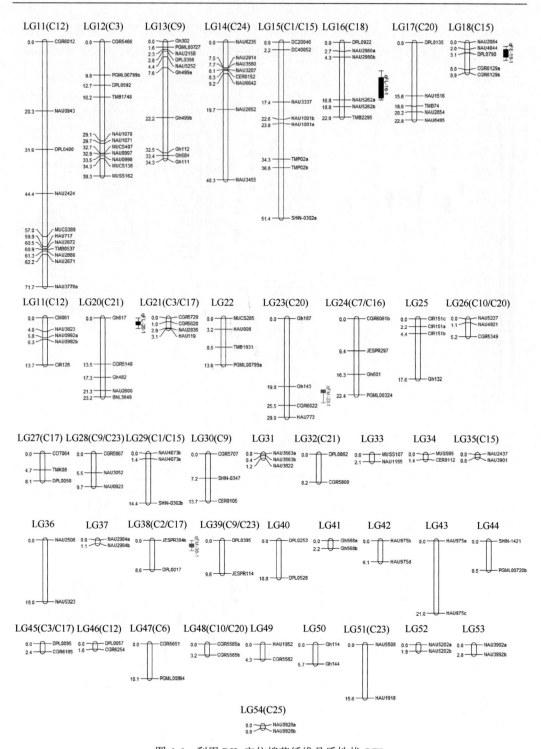

图 6-6　利用 RIL 定位棉花纤维品质性状 QTL

遗传图谱包含 54 个连锁群，共覆盖 1260.68cM，约占总基因组的 28.33%，最大的连锁群 49 个标记，最小的只有 2 个标记，平均每个连锁群有 7.41 个标记，标记间的平均距离为

3.15cM。根据前人的研究结果将 54 个连锁群中的 42 个定位到 23 条染色体上，12 个连锁群定位到 A 组染色体上，15 个连锁群定位到 D 组染色体上，15 个连锁群同时定位到 A 组和 D 组两个同源染色体上，其余 12 个连锁群未与染色体建立联系。

3）纤维品质性状的 QTL 定位

采用 WinQTLCar2.5 的复合区间作图法（CIM）对纤维品质的 5 个性状分别进行单个环境的 QTL 定位，共得到 48 个能在至少 3 个环境下检测到的纤维品质 QTL。

（1）纤维长度：共检测到 8 个与纤维长度相关的 QTL，主要位于 Chr7、Chr21 和 Chr25。其中 qFL-1-1、qFL-9-2 和 qFL-20-1 能分别在 10 个、8 个和 9 个环境下检测到且 LOD>2.70，平均解释 11.58%、10.28%和 8.96%的表型变异，为表现突出的多环境下稳定的主效 QTL。

增效基因来自 '0-153' 的 QTL 共有 5 个：qFL-1-1 和 qFL-1-2 都位于 Chr25 上，能分别在 10 个和 6 个环境下检测到，解释 6.67%~15.45%和 5.43%~14.23%表型变异，可分别增加纤维长度 0.47~0.64mm 和 0.37~0.63mm。qFL-9-1 和 qFL-9-2 都位于 Chr7 上，能分别在 7 个和 8 个环境下检测到，解释的表型变异分别为 4.84%~8.57%和 7.99%~13.11%，可增加纤维长度分别为 0.37~0.49mm 和 0.45~0.67mm。qFL-6-1 位于 Chr4 上，能在 4 个环境下检测到，解释的表型变异为 4.20%~9.48%，可增加纤维长度 0.29~0.42mm。

增效基因来自 SGK9708 的 QTL 共有 3 个：qFL-8-1、qFL-16-1 和 qFL-20-1 分别位于 Chr14、Chr18 和 Chr21 上，能分别在 5 个、3 个和 9 个环境下检测到，解释的表型变异分别为 3.61%~6.53%、4.80%~7.44% 和 5.41%~15.53%，可分别增加纤维长度 0.28~0.38mm、0.34~0.40mm 和 0.32~0.57mm。

（2）马克隆值：共检测到 15 个与马克隆值相关的 QTL，主要位于 Chr7 和 Chr25 上。

增效基因来自 'SGK9708' 的 QTL 共有 9 个：qFM-1-1、qFM-1-2 和 qFM-1-3 位于 Chr25 上，能分别在 3 个、8 个和 5 个环境下检测到，分别解释 2.56%~5.50%、6.10%~9.15% 和 4.56%~6.49%的表型变异，可分别增加马克隆值 0.08~0.15、0.12~0.19 和 0.10~0.15。qFM-3-1 和 qFM-3-2 位于 Chr6 上，能分别在 5 个和 3 个环境下检测到，分别解释 4.01%~8.46%和 1.34%~3.95%的表型变异，可分别增加马克隆值 0.10~0.16 和 0.07~0.11。qFM-9-1 和 qFM-9-2 都位于 Chr7 上，能分别在 3 个和 6 个环境下检测到，解释的表型变异分别为 8.14%~13.50%和 5.39%~18.93%，可分别增加马克隆值 0.14~0.17 和 0.10~0.25。qFM-8-1、qFM-23-1 分别位于 Chr14 和 Chr20 上，能分别在 3 个和 6 个环境下检测到，解释的表型变异分别为 3.98%~5.37% 和 2.10%~6.89%，可分别增加马克隆值 0.10~0.11 和 0.08~0.13。

增效基因来自 '0-153' 的 QTL 共有 6 个：qFM-5-1 和 qFM-5-2 位于 Chr16 上，能分别在 4 个和 5 个环境下检测到，解释的表型变异分别为 3.94%~6.59%和 2.67%~8.50%，可分别增加马克隆值 0.09~0.14 和 0.08~0.12。qFM-6-1 和 qFM-6-2 都位于 Chr4 上，都能在 3 个环境下检测到，解释的表型变异分别为 3.70%~5.78%和 3.21%~6.60%，可分别增加马克隆值 0.09~0.12 和 0.08~0.14。qFM-2-1 和 qFM-38-1 分别位于 Chr13 和 LG38 上，能分别在 4 个和 3 个环境下检测到，解释的表型变异分别为 2.23%~7.56%和 3.98%~4.97%，可分别增加马克隆值 0.07~0.17 和 0.09~0.10。

（3）断裂比强度：共检测到 11 个与纤维强度相关的 QTL，且增效基因全部来自

'0-153'，主要位于 Chr7 和 Chr25。其中，*qFS-1-2*、*qFS-1-4* 和 *qFS-9-5* 能在至少 8 个环境下检测到且 LOD 值都大于 5.30，平均解释的表型变异分别为 15.65%、15.03% 和 19.64%，为表现突出的多环境下稳定的主效 QTL。

qFS-1-1、*qFS-1-2*、*qFS-1-3*、*qFS-1-4* 和 *qFS-1-5* 都位于 Chr25 上，分别在 5 个、8 个、3 个、9 个和 3 个环境下检测到，解释的表型变异分别为 7.60%~20.35%、10.29%~21.96%、9.80%~14.67%、8.88%~22.25% 和 11.86%~19.03%，可分别增加断裂比强度 0.66~1.16cN/tex、0.72~1.16cN/tex、0.71~1.00cN/tex、0.64~1.13cN/tex 和 0.85~0.95cN/tex。*qFS-9-1*、*qFS-9-2*、*qFS-9-3*、*qFS-9-4* 和 *qFS-9-5* 都位于 Chr7 上，能分别在 4 个、3 个、7 个、5 个和 9 个环境下检测到，解释的表型变异分别为 3.92%~7.56%、2.00%~6.68%、2.05%~8.38%、5.97%~13.82% 和 11.69%~28.69%，可分别增加断裂比强度 0.43~0.65cN/tex、0.35~0.66cN/tex、0.42~0.69cN/tex、0.60~0.77cN/tex 和 0.78~1.27cN/tex。*qFS-2-1* 位于 Chr13 上，能在 6 个环境下检测到，解释 2.12%~6.58% 的表型变异，可增加断裂比强度 0.37~0.65cN/tex。

（4）纤维整齐度：共检测到 8 个与纤维整齐度相关的 QTL，主要位于 Chr7、Chr13 和 Chr25 上。

增效基因来自 '0-153' 的 QTL 有 7 个：*qFU-1-1*、*qFL-1-2* 和 *qFU-1-3* 都位于 Chr25 上，能分别在 5 个、7 个和 4 个环境下检测到，解释的表型变异分别为 1.57%~6.59%、2.97%~10.63% 和 4.77%~12.36%，可增加纤维整齐度分别为 0.17%~0.49%、0.29%~0.51% 和 0.23%~0.54%。*qFU-2-1*、*qFU-2-2* 和 *qFU-2-3* 都位于 Chr13 上，能分别在 3 个、3 个和 4 个环境下检测到，解释的表型变异分别为 3.38%~7.01%、3.43%~9.41% 和 3.99%~10.10%，可增加纤维整齐度分别为 0.20%~0.41%、0.20%~0.41% 和 0.21%~0.38%。*qFU-9-1* 位于 Chr7 上，能在 7 个环境下检测到，解释的表型变异为 8.15%~14.15%，可增加纤维整齐度 0.32%~0.50%。

增效基因来自 'SGK9708' 的 QTL 有 1 个：*qFU-8-1* 位于 Chr14 上，能在 6 个环境下检测到，能解释 2.45%~7.04% 的表型变异，可增加纤维整齐度 0.17%~0.37%。

（5）纤维伸长率：共检测到 6 个与纤维伸长率相关的 QTL，主要位于 Chr13 和 Chr25 上。

增效基因来自 '0-153' 的 QTL 有 4 个：*qFE-2-1* 和 *qFE-2-2* 位于 Chr13，能分别在 4 个和 3 个环境下检测到，分别解释 2.81%~8.69%、5.65%~9.32% 的表型变异，可分别增加纤维伸长率 0.02%~0.04% 和 0.03%~0.04%。*qFE-1-1* 和 *qFE-9-1* 分别位于 Chr25 和 Chr7 上，能分别在 6 个和 4 个环境下检测到，分别解释 2.85%~12.62% 和 8.57%~10.51% 的表型变异，可分别增加纤维伸长率 0.02%~0.05% 和 0.03%~0.06%。

增效基因来自 'SGK9708' 的 QTL 有 2 个：*qFE-8-1* 和 *qFE-18-1* 分别位于 Chr14 和 Chr15 上，都能在 3 个环境下检测到，分别解释 3.91%~9.02% 和 6.85%~18.55% 的表型变异，可分别增加纤维伸长率 0.02%~0.05% 和 0.03%~0.04%。

（6）多环境下稳定的主效 QTL：共检测到 48 个至少能在 3 个环境下检测到的稳定的 QTL，其中 17 个 QTL 至少能在 6 个环境下检测到，包括 5 个纤维长度性状 QTL（*qFL-1-1*、*qFL-1-2*、*qFL-9-1*、*qFL-9-2* 和 *qFL-20-1*）、3 个纤维整齐度 QTL（*qFU-1-2*、*qFU-8-1* 和 *qFU-9-1*）、3 个马克隆值 QTL（*qFM-1-2*、*qFM-9-2* 和 *qFM-23-1*）、1 个纤维伸长率 QTL（*qFE-1-1*）、5 个断裂比强度 QTL（*qFS-1-2*、*qFS-1-4*、*qFS-2-1*、*qFS-9-3* 和

qFS-9-5）。这些多环境稳定 QTL 中，*qFL-1-1*、*qFL-9-2*、*qFL-20-1*、*qFM-1-2*、*qFS-1-2*、*qFS-1-4* 和 *qFS-9-5* 7 个 QTL 至少可在 8 个环境下检测到，其中 *qFL-1-1*、*qFL-9-2*、*qFS-1-2*、*qFS-1-4* 和 *qFS-9-5* 5 个 QTL 可以解释较大的表型变异（平均 PV>10%），为多环境下稳定的表现突出的主效 QTL，利用这些 QTL 进行分子标记辅助选择，可显著提高棉花的纤维品质。

4）与前人结果的比较

虽然当前 QTL 定位研究选用不同作图群体和标记，导致了不同研究结果间详细比较的困难，但将本研究中检测到的 48 个纤维品质性状相关的主效 QTL 与前人的研究结果（Kohel et al.，2001；Paterson et al.，2003；Mei et al.，2004；Chee et al.，2005；Draye et al.，2005；Shen et al.，2005；2007；Wang et al.，2006；2007；He et al.，2007；Qin et al.，2008；Zhang et al.，2009；Wu et al.，2009；Lacape et al.，2005；2010）进行比较，仍可以得到相似的结果。

（1）纤维长度 QTL：本研究检测到的 8 个纤维长度 QTL 主要位于 Chr7、Chr21 和 Chr25 上。*qFL-1-1* 和 *qFL-1-2* 位于 Chr25 上，与相关的研究结果（Lacape et al.，2005；Shen et al.，2005；2006）一致。其中，*qFL-1-2* 与 Lacape 等（2005）定位的 *LEN-2-c25*、Shen 等（2005；2007）定位的 *qFL-D6-1* 和 *qFL-D6-1* 有共同的标记 BNL3806，可能为相同的 QTL。*qFL-9-1* 和 *qFL-9-2* 与 Chee 等（2005）检测到的 FL07.1，Shen 等（2005）检测到的 *qFL-7-1a*、*qFL-7-1c*，Chen 等（2008）检测到的 *FL*，以及 Zhang 等（2009）检测到的 *FL2*，共同位于 Chr7 上，但由于缺乏共有的连锁标记无法判断它们是否为共同的 QTL。Lacape 等（2010）检测到位于 Chr21 上的纤维长度 QTL，与本研究检测到的 *qFL-20-1* 位于相同的染色体上。

（2）断裂比强度 QTL：检测到的 11 个断裂比强度 QTL 位于 Chr7、Chr13 和 Chr25 上，*qFS-1-1*、*qFS-1-2*、*qFS-1-3*、*qFS-1-4* 和 *qFS-1-5* 5 个 QTL 位于 Chr25 上，与一些学者的研究结果（Kohel et al.，2001；Paterson et al.，2003；Shen et al.，2007；Lacape et al.，2005；2010）一致，其中 *qFS-1-4* 与 Lacape 等（2005）定位的 *STR-25* 有共同的标记 BNL3806，可能为相同的 QTL；*qFS-9-1*、*qFS-9-2*、*qFS-9-3*、*qFS-9-4* 和 *qFS-9-5* 5 个断裂比强度 QTL 位于 Chr7 上，与相关的研究结果（Chen et al.，2008；Zhang et al.，2009；Lacape et al.，2010）一致。与 *qFS-9-1* 连锁的标记 MUSS004、与 *qFS-9-4* 连锁的标记 NAU1085、与 *qFS-9-5* 连锁的标记 BNL1694 都能在 T586×Yumian 1 群体（Zhang et al.，2009）的 Chr7 中检测到，但 Zhang 等（2009）仅在 Chr7 上检测到 1 个断裂比强度 QTL *FS2*，且与上述 3 个标记不紧密连锁，不能确定为相同的 QTL。在 Chen 等（2008）的研究中也可以检测到 1 个断裂比强度 QTL（*FS1*）附近的不紧密连锁标记 BNL1694，同样无法断定 *FS1* 与 *qFS-9-5* 为相同的 QTL。*qFS-2-1* 位于 Chr13，还没有断裂比强度 QTL 位于 Chr13 的相关报道。

（3）马克隆值 QTL：检测到的 15 个马克隆值 QTL 中，以位于 Chr4、Chr6、Chr7、Chr16 和 Chr25 上的 QTL 为主，这与前人的研究结果（Paterson et al.，2003；Lacape et al.，2005；Chee et al.，2005；Shen et al.，2005；2007；Wang et al.，2006；Zhang et al.，2009；Lacape et al.，2010）一致。*qFM-1-2* 与 Shen 等（2005）在 popA 中检测到的 *qFM-25-1a* 都位于 Chr25 上，且都与 BNL3806 紧密连锁，可能为相同的 QTL。此外，Lacape 等（2005）

检测到的 *FIN-c25*、Shen 等（2007）检测到的 *qFMIC-D6-1* 和 Wang 等（2006）检测到的 3 个马克隆值 QTL（*qFMIC-D6-1*、*qFMIC-D6-2* 和 *qFMIC-D6-3*）都位于 Chr25 上，但由于缺乏共有的紧密连锁标记也不能确定它们与 *qFM-1-2* 是否为共同的 QTL。与 *qFM-9-2* 紧密连锁的标记 BNL1694 能在 T586×Yumian 1 群体（Zhang et al.，2009）的 Chr7 中检测到，但 BNL1694 不与 *FF1* 紧密连锁。

（4）纤维整齐度 QTL：检测到的 8 个纤维整齐度 QTL 位于 Chr7、Chr13、Chr14 和 Chr25 上，而见诸报道的相关研究（Paterson et al.，2003；Lacape et al.，2005；2010；Zhang et al.，2009）中，纤维整齐度 QTL 主要存在于 Chr7 和 Chr14 上，位于 Chr13 和 Chr25 上的纤维整齐度 QTL 少有报道。

（5）纤维伸长率 QTL：检测到的 6 个纤维伸长率 QTL 主要位于 Chr7、Chr13、Chr14 和 Chr25 上，与相关的研究（Wang et al.，2006；2007；Qin et al.，2008；Wu et al.，2009；Zhang et al.，2009）基本一致，仅位于 Chr13 上的纤维伸长率 QTL 报道较少。

5）纤维比强度 QTL 在染色体上的分布

在棉花纤维品质育种中，纤维比强度是最重要的性状之一，而提高纤维比强度也是当前育种工作者的主要目标之一。本研究检测到的纤维比强度 QTL 位于 Chr25（D6）、Chr7（A7）和 Chr13（A13）上。其中，5 个位于 Chr25 上的纤维比强度 QTL 主要分布于标记区间 Gh478~CGR5643，且其对应的 LOD 峰值最小为 3.70（图 6-7）；5 个位于 Chr7 的纤维比强度 QTL 均匀分布于整个连锁群，且无论可解释的表型变异还是 LOD 峰值，第 5 个 QTL 都远大于前 4 个 QTL（图 6-8）。

通过上述与前人结果的比较可发现，本研究的 Chr25 连锁图与 Lacape 等（2005）的 Chr25 连锁图谱有 3 个共同标记（BNL1440、BNL3806 和 BNL1047）且有 2 个标记（BNL1440 和 BNL3806）位于本研究中 5 个纤维比强度 QTL 聚集的区域 Gh478~CGR5643；与 Shen 等（2007）的 Chr25 连锁图谱有 2 个共同标记（BNL3806 和 TMK19）且 2 个标记都位于本研究中 5 个纤维比强度 QTL 聚集的区域 Gh478~CGR5643。本研究的 Chr7 连锁图与 Zhang 等（2009）的 Chr7 连锁图有 5 个共同标记（MUSS004、NAU1048、NAU2627、NAU1085 和 BNL1694），但这 5 个共有标记均与其定位到的纤维比强度 QTL *FS2* 位于不同的连锁群。Saha 等（2004；2006）和 Jenkins 等（2007）利用含有海岛棉染色体片段的代换系证明了 Chr25 上含有可以显著增加纤维比强度的位点，并且这些位点都来自于海岛棉 '3-79'，Lacape 等（2005）检测到的位于 Chr25 上的 *STR-c25* 增效基因同样来自于海岛棉 'VH8-4602'，也说明 Chr25 上的纤维比强度优质基因可能来自海岛棉；Zhang 等（2009）检测到的位于 Chr7 上的 *FS2* 增效基因虽然来自于陆地棉 'Yumian1'，但 'Yumian1' 的亲本之一 '7231-6' 为海岛棉渐渗系，这说明 Chr7 上的纤维比强度优质基因也很可能来自海岛棉。

结合前人的相关研究（Kohel et al.，2001；Paterson et al.，2003；Zhang et al.，2003；2009；Mei et al.，2004；Park et al.，2005；Lin et al.，2005；Lacape et al.，2005；2010；Shen et al.，2005；2007；Wang et al.，2006；He et al.，2007；Chen et al.，2008；2009；Qin et al.，2008；Wu et al.，2009）可发现，纤维比强度 QTL 主要分布在 D 组 Chr14（D2）、Chr15（D1）、Chr16（D7）、Chr18（D13）、Chr20（D10）、Chr22（D4）、Chr23（D9）和 Chr25（D6）上，以及 A 组 Chr3（A3）、Chr7（A7）、Chr9（A9）和 Chr10（A10）上。

纤维比强度 QTL 定位结果的差异可能是由于选用不同的亲本、作图群体和标记导致的连锁图谱覆盖棉花基因组的区域不同造成的，纤维比强度 QTL 在染色体上的具体分布情况还需要进一步构建饱和的遗传图谱并结合基因组学和生物信息学等方法进行验证。

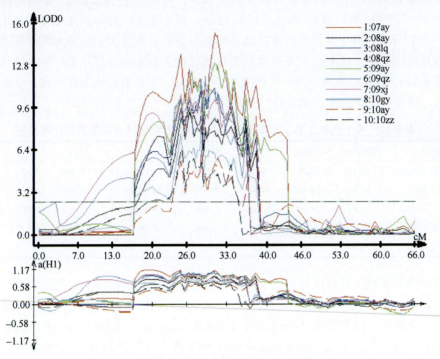

图 6-7 25 号染色体纤维比强度 LOD 值的变异

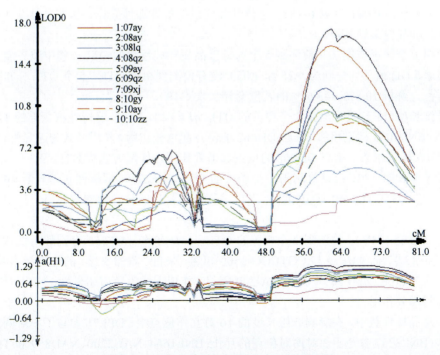

图 6-8 7 号染色体纤维比强度 LOD 值的变异

3. DH962×冀棉 5 号群体 QTL 定位

张献龙研究团队以 DH962 为母本、冀棉 5 号为父本构建 $F_{2:3}$ 分离群体并自交。2004年夏季在湖北汉川市华严国营农场进行 $F_{2:3}$ 试验，随机取 137 个家系，采用随机区组三重复设计，每行 12 株，株距 35cm、行距 85cm，两个亲本在每个重复中种植 3 次。从表6-17 中可以看出，两个亲本在纤维品质（除整齐度外）性状上存在很大的差异，适合于进行数量性状研究。对 $F_{2:3}$ 家系纤维相关性状进行正态分布检测并进行基本遗传特性分析（表 6-17）。纤维品质性状中，比强度缺少低亲值，可能是随机取样所致。正态分布检测表明，所有性状都符合正态分布。

表 6-17　两个亲本及 $F_{2:3}$ 家系的产量、纤维性状的统计分析及正态分布检测

性状	冀棉 5 号	DH962	平均值	标准差	变幅	方差	斜度	峰度
纤维长度/mm	28.19	32.46	31.61	1.030	28.93~34.47	1.060	0.307	0.468
整齐度/%	83.93	84.03	84.91	0.677	83.37~86.83	0.458	0.255	-0.189
比强度/（cN/tex）	25.84	34.40	30.56	1.406	26.73~34.47	1.977	0.015	-0.007
伸长率/%	7.10	6.11	6.51	0.298	5.70~7.30	0.089	0.121	0.149
马克隆值	4.30	4.21	4.12	0.319	3.23~4.83	0.102	-0.244	-0.049

对纤维品质相关性状进行正态分布及性状之间的相关性检验。用已经构建包含 471个标记、总长 3070.2cM、覆盖棉花基因组 65.88%左右的陆地棉分子标记连锁图进行 QTL分析。利用复合区间作图法（composite interval mapping ，CIM）对全基因组进行主效QTL 扫描。用排列测验法（permutation test）估算各个性状的 LOD 显著性阈值，重复抽样 1000 次。利用 EPISTACY 软件对该分离群体的 145 个共显性标记进行两位点的上位性互作分析（$P<0.001$）（表 6-18），上位性效应包括加性加性互作、加性显性互作、显性加性互作和显性显性互作。

应用复合区间作图法共检测到 5 个与纤维品质相关性状的 QTL，其中整齐度和比强度在显著 LOD 值下（分别为 4.25 和 4.05）没有检测到相关 QTL。5 个 QTL 分布在 5 个连锁群上，解析 10.87%~43.67%的表型变异（表 6-19）。

纤维长度（FL）：只检测到 2 个相关的 QTL，*qFL3* 和 *qFL32*，解析性状变异的 12.36%。*qFL3* 与 BNL3033 标记相邻，来自 DH962 的位点起增效作用，作用方式为超显性。*qFL32* 与 CIR305 标记相邻，来自 DH962 的位点起增效作用，作用方式为显性。

纤维伸长率（FE）：只检测到 1 个相关的 QTL，*qFE10*，解析性状变异的 10.87%。该 QTL 与 AGTGTG-750 标记相邻，来自'冀棉 5 号'的位点起增效作用，作用方式为加性。

马克隆值（MV）：检测到 2 个相关的 QTL，*qMV19* 和 *qMV26*，分别解析性状变异的26.30%和 12.97%。*qMV19* 与 CGTCGG-1500 相邻，来自'冀棉 5 号'的位点起增效作用，作用方式为加性。*qMV26* 与 CTTTTA-300 相邻，作用方式为负向超显性，来自'DH962'的位点起增效作用。

纤维品质性状中，在影响纤维长度的 16 对互作位点中，DPL71 参与了 5 对两对位点的互作；BNL3257 参与了 3 对两对位点的互作；BNL1664、NAU2200、NAU859 和 TMB408

参与了两对位点的互作。在影响纤维整齐度的 4 对互作位点中，只有 BNL3545 参与了两对位点的互作。在影响纤维伸长率的 4 对互作位点中，BNL3071 参与了 3 对位点的互作。在影响马克隆值的 6 对互作位点中，BNL3806 参与了两对位点的互作。

表 6-18　影响棉花产量、品质相关性状的两位点互作（$P<0.001$）

性状	位点 1	连锁群/染色体	位点 2	连锁群/染色体	类型	P	贡献率/%
纤维长度	BNL1664	1	NAU2200	22（9）	AA	0.000 02	14.81
	BNL1664	1	NAU859	22（9）	AA	0.000 02	13.37
	BNL3257	1	BNL3874	22（9）	AA	0.000 09	13.92
	BNL3257	1	NAU2200	22（9）	AA	0.000 04	14.52
	BNL3257	1	NAU859	22（9）	AA	0.000 05	13.08
	BNL3436**	35（25）	NAU2317	31（10）	AD	0.000 14	14.98
	BNL3655	4（25）	DPL71	5（19）	DA	0.000 33	14.79
	BNL830	14（15）	TMB0409	6	AD	0.000 27	14.04
	CIR043	Unlinked	TMB791	6	AD	0.000 64	13.69
	DPL71	5（19）	DPL752	6	DA	0.000 66	20.02
	DPL71	5（19）	NAU2238	4（25）	AD	0.000 30	17.68
	DPL71	5（19）	NAU905	4（25）	AD	0.000 33	14.79
	DPL71	5（19）	TMB0436	4（25）	AD	0.000 35	14.65
	CTCGTA-800	6	NAU2354	Unlinked	AA	0.000 03	18.05
	MGHES-6	11（23）	TMB408	3	AD	0.000 11	14.84
	MUCS133	11（23）	TMB408	3	AD	0.000 11	14.69
纤维整齐度	BNL3545	27（14）	BNL663	48（2）	AA	0.000 26	14.85
	BNL3545	27（14）	DPL218	11（23）	DA	0.000 02	14.75
	HAU042	20（5）	NAU2317	31（10）	DD	0.000 21	14.11
	MGHES-75**	44	TMB0403	10（13）	DA	0.000 36	13.68
强度	BNL663	48（2）	JESPR114	11（23）	AD	0.000 39	15.67
	DPL461	37	TMB0889	16（20）	AD	0.000 20	15.17
	HAU042	20（5）	NAU2126	5（19）	AD	0.000 04	13.18
伸长率	BNL3071	16（20）	ACAACA-1250	6	AD	0.000 05	15.08
	BNL3071	16（20）	ACTACA-1250	6	AD	0.000 03	15.07
	BNL3071	16（20）	TMB0791	6	AD	0.000 19	13.65
	BNL3257	1	BNL4028	18（9）	AA	0.000 49	14.60
马克隆值	BNL3806**	4（25）	DPL218	11（23）	AA	0.000 19	15.23
	BNL3806**	4（25）	JESPR114	11（23）	AA	0.000 07	14.40
	BNL584**	35（25）	CIR017	29（6）	DD	0.000 84	13.43
	JESPR190	24（20）	NAU2126	5（19）	AA	0.000 12	14.95
	GACACC-190	7（26）	TMB0758	11（23）	AA	0.000 22	13.49
	MGHES70	18（9）	MUSB1135	38（18）	DD	0.000 34	15.74

注：AA. 加性加性互作；AD. 加性显性互作；DA. 显性加性互作；DD. 显性显性互作。

*互作位点可以解析的性状的变异。

**QTL 标记

表 6-19　与棉花产量、纤维性状相关的 QTL 及其统计特征

性状	连锁群及染色体	QTL名称	标记区间	邻近标记	LOD阈值	LOD值	加性 A	显性 D	显性度 D/A	模式	贡献率 /%
纤维长度	3	qFL3	CAACTA-720~TGTTGG-440	BNL3033	4.15	4.42	0.22	0.50	2.27	OD	12.36
	32	qFL32	CIR305~TATAAG-1080	CIR305		8.59	1.40	1.25	0.89	D	43.67
纤维伸长率	10 (13)	qFE10	S1255~GTACAG-460	AGTGTG-750	4.00	4.22	−1.43	−0.05	0.03	A	10.87
马克隆值	19	qMV19	CAGTCG-780~TTGTGT-200	CGTCGG-1500	4.01	4.42	−4.47	−0.81	0.18	A	26.30
	26 (8)	qMV26	CTTTTA-300~STV30	CTTTTA-300		4.01	0.07	−1.84	−26.29	OD	12.97

（三）海岛棉优异纤维品质性状的 QTL 定位

1. 陆海回交近交系（BIL）群体

　　于霁雯研究团队利用陆地棉'SG747'和海岛棉'Giza75'的 146 个 BC₂F₅ 回交近交系群体，构建了一张包含 392 个 SSR 多态性标记位点、遗传距离为 2895cM 的遗传图谱。结合 5 个环境 3 个棉花生态区多点试验数据进行纤维品质和产量 QTL 定位，共检测到 28 个纤维品质相关 QTL、39 个产量相关 QTL，每个 QTL 能解释表型贡献率的 6.65%~25.27%。其中 29 个 QTL 位于棉花 A 亚基因组，38 个 QTL 位于棉花 D 亚基因组。其中 8 个（12%）稳定 QTL 能在多于 2 个环境下检测到，纤维品质性状有 2 个（1 个纤维强度和 1 个纤维整齐度）、产量和产量组分有 6 个（3 个皮棉产量、1 个籽棉产量、1 个衣分和 1 个铃重）（图 6-9）。该研究首次利用陆海回交近交系群体对棉花纤维品质和产量性状进行 QTL 定位，为海岛棉优异基因渗入到陆地棉中进而实现分子标记辅助选择育种打下了基础。

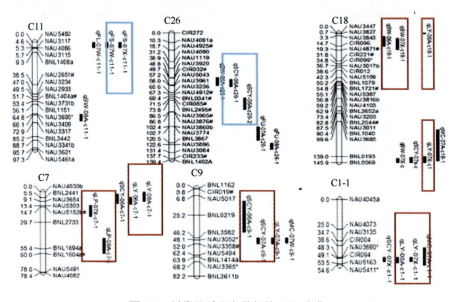

图 6-9　纤维品质和产量相关 QTL 定位

马留军等（2013）以'中棉所 45'背景的陆海渐渗系为材料进行了多环境 QTL 筛选。结合分子检测的数据和 332 个渐渗系 3 个世代 4 个环境（中棉所 45×海 1 BC_4F_3 单株、$BC_4F_{3:4}$ 株系，以及河南安阳、新疆石河子 2 个试点的 $BC_4F_{3:5}$ 株系）产量和纤维品质性状的数据进行 QTL 定位，共检测到 QTL 193 个，其中与纤维品质性状相关的 QTL 123 个、与产量相关的 QTL 70 个。在 2 个及以上环境中都能被检测到的 QTL 41 个（2 个环境都能被检测到的 QTL 有 32 个，在 3 个环境都能被检测到的 QTL 有 8 个，在 4 个环境均能被检测到的 QTL 1 个，其中与前人研究一致的 QTL 有 28 个。一些稳定的来源于海岛棉'海 1'的纤维强度的 QTL 申请了专利（专利号为 201310481269.1）。QTL 数统计表 6-20。

表 6-20 2 个以上世代或环境检测到的 QTL 数统计

性状	PH	FB	BP	SI	BW	LP	FL	FM	FE	FU	FS	合计
QTL 数/个	13	3	12	16	10	16	22	14	38	12	37	193

注：BW. 铃重；LP. 衣分；SI. 籽指；PH. 株高；FB. 果枝数；BP. 单株铃数

张金凤等（2012）和何蕊等（2013）分别以'中棉所 36'背景的陆海渐渗系为材料进行多环境 QTL 筛选。结合分子检测的数据和 408 个渐渗系 3 个世代 5 个环境（中棉所 36×海 1 BC_5F_3 单株、$BC_5F_{3:4}$ 株系，以及河南安阳、新疆石河子、辽宁辽阳 3 个试点的 $BC_5F_{3:5}$ 株系）产量和纤维品质性状的数据进行 QTL 定位，共检测到 QTL 166 个，与产量相关的 QTL 有 102 个，与纤维品质相关的 QTL 有 64 个，其中多环境稳定的有 60 个。QTL 数统计见表 6-21。

表 6-21 2 个以上世代或环境检测到的 QTL 数

性状	PH	FB	BP	SI	BW	LP	FL	FM	FE	FU	FS	合计
QTL 数/个	16	17	17	15	13	24	22	10	13	7	12	166

注：BW. 铃重；LP. 衣分；SI. 籽指；PH. 株高；FB. 果枝数；BP. 单株铃数

2. 陆海 $F_{2:3}$ 群体和测交（TC）群体

以中棉所 36×海 7124 的 186 个 F_2 代单株作为作图群体，利用 TRAP、SSR、AFLP 和 SRAP 4 种不同类型标记构建了标记个数为 1097、覆盖棉花基因组遗传距离 4536.7cM 的连锁图谱。以此图谱为基础，目前利用 F_2、$F_{2:3}$、TC{中 45×[（中棉所 36×7124）F_2]}3 个群体共定位了 177 个纤维品质和产量相关 QTL。其中在两个群体以上都检测稳定 QTL 24 个（纤维品质 16 个 QTL、产量相关 8 个 QTL），3 个群体都检测到 QTL 1 个（图 6-10）。

和前人研究结果比较发现，纤维长度主要是在 Chr1、Chr3、Chr6、Chr9、Chr12、Chr14、Chr15、Chr19 和 Chr26 上（He et al.，2007；Wu et al.，2009；Zhang et al.，2009；Lacape et al.，2010；Yu et al.，2013）。其中 Chr12 上的除了 He 等没检测到，其他研究者都检测到了。纤维强度主要是在 Chr1、Chr4、Chr7、Chr12、Chr14、Chr16、Chr18 和 Chr23 上（Zhang et al.，2009；Lacape et al.，2010）。纤维伸长率主要是在 Chr9、Chr12、Chr14、Chr19 和 Chr24 上（Zhang et al.，2009；Lacape et al.，2010；Yu et al.，2013）。

纤维整齐度主要是在 Chr2、Chr5、Chr6、Chr9、Chr10、Chr12、Chr15、Chr16、Chr21、Chr22 和 Chr24 上（Zhang et al.，2009；Lacape et al.，2010；Yu et al.，2013）。SCY 主要是在 Chr1、Chr10、Chr14、Chr20 和 Chr21 上（He et al.，2007；Wu et al.，2009；Yu et al.，2013）。LY 主要是在 Chr1、Chr3、Chr14、Chr15 和 Chr18 上（He et al.，2007；Wu et al.，2009；Yu et al.，2013）。LP 主要是在 Chr5 和 Chr25 上（Shen et al.，2007；Yu et al.，2013）。

　　BW 主要是在 Chr18 上（Yu et al.，2013）。SI 主要是在 Chr3、Chr6 和 Chr7 上（He et al.，2007；Wu et al.，2009）。

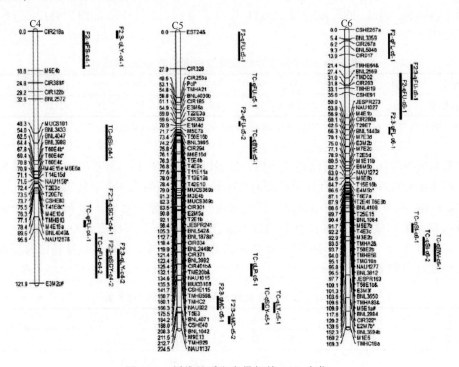

图 6-10　纤维品质和产量相关 QTL 定位

　　张献龙研究团队将'邯郸 208'和'Pima90'杂交产生的 $F_{2:3}$ 家系种植于华中农业大学试验田，考察品质性状（纤维长度、比强度和马克隆值），用于 QTL 定位。双亲各 4 个小区的性状值，求其平均值和标准差，表示为亲本的性状表现，结果见表 6-22。对 4 个重复的双亲性状值进行 t 测验，检验双亲间差异的显著性。表 6-22 中的 t 测验的概率值（Prob）显示纤维长度、比强度和马克隆值 3 个性状，双亲间存在极显著的差异。从表 6-22 中可以看出，群体中比强度、马克隆值的均值介于两亲本之间，纤维长度均值超过了高值亲本。对 $F_{2:3}$ 各性状用 VisualBasic 宏进行频数分布分组，并用 Excel 2003 作出各性状频率分布图（图 6-11）。采用 SAS 8.0e（SAS Inc.，Cary，NC 1999）软件的 PROC MEAN 过程，进行（正态分布的）正态性的检验（表 6-22）。从图 6-11 的频率分布图和表 6-22 中各性状的峰度和斜度两个统计量来看，只有马克隆值的分离表现为明显的偏态分布（不符合正态分布），其他性状均表现为比较正常的正态分布（表 6-22）。对于不符合正态分布的马克隆值，在 Excel 2003 中取对数（$\log_{10}$）进行转换，转换后再次进行正态性的检验，均符合正态分布（表 6-22）。

表 6-22　亲本间各性状平均值间的差异及 69 个 $F_{2:3}$ 家系表型数据的统计分析

	长度/mm	断裂比强度/（cN/tex）	马克隆值	log MV
邯郸 208	30.3	33.4	5.10	—
	±0.34	±0.74	±0.05	
Pima90	35.5	45.8	4.24	—
	±1.48	±3.23	±0.34	
$Prob^k$	0.0041**	0.0097**	0.0088**	—
平均值 $F_{2:3}$	31.95	35.81	4.49	0.65
标准差	1.467	2.022	0.473	0.045
最大值 $F_{2:3}$	28.85	31.6	3.54	0.549
最小值 $F_{2:3}$	35.3	40.05	6.42	0.808
变异系数	0.05	0.06	0.11	0.07
偏斜度	0.074	0.033	0.841	0.322
峰度	−0.619	−0.731	3.097	1.557

*、**分别表示 0.05、0.01 显著水平的差异

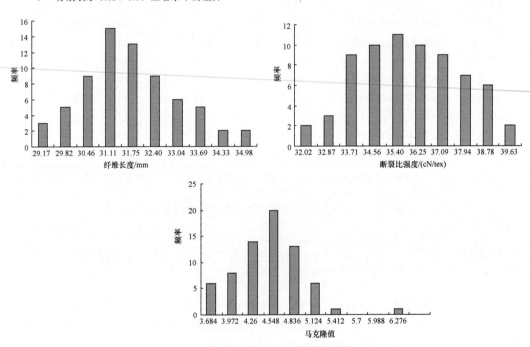

图 6-11　$F_{2:3}$ 家系各性状均值的频率分布图

以 1029 个标记位点的连锁图为基础（见本书第一章），利用软件 QTL Cartographer V2.0，以 $F_{2:3}$ 家系的性状值用复合区间作图法进行 QTL 检测（Zeng，1993；Basten et al.，1994；1997），LOD 设定为 3.0，共检测出 16 个 QTL。（表 6-23）对控制每个性状的 QTL 分述如下。

纤维强度：检测出 3 个 QTL。其中有 2 个控制纤维强度的 QTL 位于 A02 连锁群上，并且表现较强的超显性效应。在 *qFSA02a* 和 *qFSchr23* 两个位点上，来自'Pima90'的等位基因具有降低纤维强度的效应，而在 *qFSA02a* 上，来自'邯郸 208'的等位基因具

有降低纤维强度的效应。这些 QTL 所能解释的表型变异为 15.26%(*qFSA02b*)~37.12% (*qFSA02a*)。

表 6-23　以 F₂ 单株和 F₂:₃ 家系，用复合区间作图法对纤维产量与品质相关的 QTL 检测结果

QTL name	Marker interval	State[①]	LOD	A[②]	D[③]	d/a[④]	R^2	GA[⑤]
纤维强度/（cN/tex）								
qFSA02a	CIR354~m3e2-420	new	3.25	−0.62	2.29	−3.67	0.371	OD
qFSA02b	CIR244~BNL3627	qFS1	3.86	0.16	−0.83	−5.17	0.153	OD
qFSchr23	m8e17-700~m11e11-780	qFS2	4.58	−1.10	1.06	−0.96	0.160	D
纤维长度/mm								
qFLA02	CIR354~m3e2-420	new	3.07	−1.49	−1.91	1.28	0.488	OD
qFLchr01	BNL3580~JESPR289a	qFL4	6.77	−0.74	−0.09	0.12	0.276	A
qFLchr06	m10e10-430~m8e17-300	qFL2	3.17	−0.43	−0.45	1.06	0.110	D
qFLchr09	JESPR230a~BNL1672a	qFL3	4.54	−0.84	1.28	−1.53	0.195	OD
qFLchr14	m7e11-360~BNL1059a	qFL1	3.82	−0.41	−0.07	0.17	0.134	A
马克隆值								
qMVA02	BNL3627~m2e5-720	qMV7	3.18	−1.59	−1.51	0.95	0.097	D
qMVA03	m7e11-400~m5e17-650	qMV5	3.9	1.91	2.51	1.31	0.184	OD
qMVchr10	m14e16-300~m1e4-700	qMV4	4.2	−1.40	−0.27	0.19	0.189	A
qMVchr14a	m7e11-360~BNL1059a	qMV1	5.1	1.63	1.2	0.74	0.196	PD
qMVchr14b	BNL1059a~m4e9-420	qMV2	5.81	1.26	0.59	0.47	0.182	PD
qMVchr14c	m4e9-420~m14e12-800	qMV3	3.08	1.72	0.21	0.12	0.158	A
qMVchr22	RNL448~BNL1047a	new	4.56	0.60	−1.65	−2.77	0.215	OD
qMVD03	BNL2655b~BNL269	qMV6	4.81	−2.12	1.95	−0.92	0.176	D

①State、new 表示最新研究中新检测出的 QTL；其他表示以前报道过的 QTL，在最新的研究中重新检测出来。该列中的 QTL 名为 Lin 等（2005）和 He 等（2005）检测出的 QTL 结果。

②A. 加性效应，正值表示来自父本 'Pima90' 的等位基因具有增加表型值的效应。

③D. 显性效应。

④各 QTL 的显性效应与加性效应的比值。

⑤GA. QTL 作用模式；A. 加性（|d/a|=0~0.2）；PD. 部分显性（|d/a|=0.21~0.80）；D. 显性（|d/a|=0.81~1.20）；OD. 超显性（|d/a|>1.2）；R^2. 所能解释的表型变异

纤维长度：检测出 5 个 QTL。其中 *qFLA02*、*qSIA02*、*qFSA02a* 位于相同的标记区间。在这些位点上，来自 'Pima90' 的等位基因具有降低纤维长度的效应。这些 QTL 所能解释的表型变异为 11.03%(*qFLchr06*)~48.77%（*qFLA02*）。

马克隆值：检测出 8 个 QTL。有 3 个控制马克隆值的 QTL 位于 Chr14 上，并且连锁很近。*qMVchr14a* 和 *qFLchr14* 位于相同的标记区间。在 *qMVA02*、*qMVchr10* 和 *qMVD03* 3 个位点上，来自 'Pima90' 的等位基因具有降低马克隆值的效应，在其余的 5 个 QTL 位点上，来自 '邯郸 208' 的等位基因具有降低马克隆值的效应。控制马克隆值的 8 个 QTL 所能解释的表型变异为 9.71%(*qMVA02*)~21.47%（*qMVchr22*）。

张献龙研究团队对 '邯郸 208' 为母本和 'Pima90' 为父本的杂交群体，进一步通过单籽传法（SSD）形成 F₆:₇ 高世代群体，利用软件 GGT（Ver，2006）进行标记-性状间的关联分析/作图。以-10LOG（p）≥2 为阈值，对纤维的 5 个品质指标检测到标记-性状间的关联（marker-trait association）结果见表 6-24。"$-\log_{10}(P)$"的值达到 3.5 以上的标记，其可解释的表型变异均在 10%以上。CIR009 和 BNL3511a 能解释的表型变异最高，分别达到 15%、17%。

表 6-24 渗入系群体纤维品质的显著性标记位点和平均数比较

LG	标记	长度		整齐度		马克隆值		强度		伸长率	
		$-\log_{10}(P)$	R^2	$-\log_{10}(P)$	R^2	$-\log_{10}(P)$	R^2	$-\log_{10}(P)$	R^2	$-\log_{10}(P)$	R^2
A03	CIR003					2.4	0.07	3.6*	0.11		
A03	BNL1066			2.1	0.06			3.2	0.02		
A03	BNL3592b							3.4*	0.10		
A03	BNL1681									2	0.05
A03	BNL3411							2	0.05		
A03	BNL2589	2.9*		2.4	0.07			3*	0.08	3.4*	0.10
A03	BNL1034							2.1	0.03		
Chr1	BNL2827			2.1	0.06						
Chr1	BNL2921	2.5	0.07								
Chr2	JESPR179b									2.3	0.06
Chr3	BNL2443b					3.1*	0.09				
Chr3	BNL1059							2.1	0.06	2.4	0.07
Chr3	BNL226			2.4*	0.07			3.1*	0.09	2	0.06
Chr3	BNL3259							3.4*	0.10	2.2	0.06
Chr4	BNL4015					2	0.05				
Chr5	BNL2656							3.1*	0.09	2.6	0.07
Chr6	BNL2884b							2	0.05		
Chr7	BNL3319a									3.2*	0.09
Chr9	BNL3031			3.1*	0.09			4*	0.12	3.4*	0.10
Chr9	BNL1672							2.4	0.07		
Chr9	BNL3582							2.8	0.08		
Chr9	BNL2590					2*	0.05	2	0.06		
Chr10	BNL2960a	2.7	0.08							4.3*	0.13
Chr12	BNL3537c							2.5	0.07	2.5*	0.07
Chr12	BNL1673							2.4	0.07	2.2	0.06
Chr14	CIR181							2.8	0.08	3.3*	0.09
Chr15	CIR009							5*	0.15	3.3	0.10
Chr15	CIR009b							2.6*	0.07	2	0.05
Chr15	BNL2440b	2.2	0.06					3.1*	0.09	2.2	0.06
Chr15	CIR411							2.4	0.06	3.3*	0.09
Chr15	BNL3345							2.4	0.07	2.5*	0.07
Chr16	TMHB09							2	0.05		
Chr17	BNL2471							2.7	0.08	2	0.05
Chr17	BNL2706a							2.1	0.06		
Chr20	CIR121							2.3	0.06		

续表

LG	标记	长度		整齐度		马克隆值		强度		伸长率	
		$-\log_{10}(P)$	R^2	$-\log_{10}(P)$	R^2	$-\log_{10}(P)$	R^2	$-\log_{10}(P)$	R^2	$-\log_{10}(P)$	R^2
Chr20	BNL3838					2.2	0.06	2.3	0.06		
Chr20	BNL3379b							2.1	0.06		
Chr20	BNL3646a	3.1*	0.09	2.9*	0.08						
Chr20	BNL3646b	3*	0.09								
Chr20	BNL3646	2	0.05								
Chr20	BNL2553	2.8	0.08								
Chr22	CIR244	2	0.05								
Chr22	BNL448	2.6	0.07					4.3*	0.13	3.7*	0.11
Chr23	BNL1579b							2.3	0.06		
Chr23	CIR060			2.8	0.08			3.7*	0.11	2.2	0.06
Chr23	JESPR151			2.2	0.06			3.5	0.10	2.5	0.07
Chr23	BNL3511a			2.4	0.07			5.7*	0.17	2.3	0.06
Chr23	BNL3511b			2.3	0.06			3	0.09	2.1	0.06
Chr23	JESPR208							2.1	0.06		
Chr25	BNL3436							2.1	0.06		
Chr26	BNL3510							2.1	0.06		
D02	BNL2895							2.1	0.06		
D02	JESPR135									2.6	0.07
D02	BNL1404	3.5*	0.10					2.4	0.07	4.2	0.12
D03	BNL1521									2.4	0.07
D03	BNL3084							2.1	0.06		
D08	BNL1611	2.3	0.06					2.4	0.07	2.7	0.08
D08	BNL1878							2.9*	0.08	3.1	0.09
D08	BNL3535b							3.6*	0.10	2.1	0.06
D08	BNL3347							4.1*	0.12	2.3	0.06

注：R^2. 标记与性状值间的相关系数的平方；P. 相关值对应的概率；*. 标注该标记同时被 one-way ANOVA 检测出来

对于纤维长度，有 4 个标记（BNL2589、BNL3646b、BNL3646a 和 BNL1404）同时用单向方差分析和关联分析/作图检测出来。关联分析确认的表型变异解释率比单向方差的数据偏高。

对于整齐度，有 3 个标记（BNL3646a、BNL3031 和 BNL226）同时用两种方法检测出来，表型变异解释率的数据很一致。

对于马克隆值，有 2 个标记（BNL2590 和 BNL2443b）同时用两种方法检测出来。

对于纤维强度，有 16 个标记同时用两种方法检测出来。"$-\log_{10}(P)$"的值越大，其表型变异解释率越高，如 BNL448、CIR009 和 BNL3511a 分别能解释高达 13%、15%、17%的纤维强度变异。其中标记 CIR009 与 BNL2440b、BNL3347 与 BNL3535b、CIR060 与 BNL3511a、BNL226 与 BNL3259 区段分别为近邻标记，所形成的标记区段存在影响纤维强度的遗传因子。

对于伸长率，单向方差分析的结果中除 BNL3602 外，其他 9 个标记又用关联分析的方法检测出来，其中 BNL2960a 所能解释的伸长率变异最高，为 13%［"$-\log_{10}(P)$"值为 4.3］。

张献龙研究团队还构建了'鄂棉 22'与'3-79'的回交群体。陆地棉'鄂棉 22'是国内自育品种，具有纤维产量高的特点（高籽棉产量、高衣分）。海岛棉'3-79'是引进品种，具有纤维长度、强度和细度优等特点。2005 年，在武汉将所有 BC_1 种子播种，组建 BC_1 群体，最终有 141 个 BC_1 单株获得了可供性状考查的 BC_1F_2 家系。2006 年，在华中农业大学棉花试验田种植 BC_1F_2 家系，设置两个重复，随机区组排列，单行小区，每行 10 株，各重复内均设置双亲作为对照。田间试验株距 0.40m，行距 0.85m。

以母本'鄂棉 22'的 6 个重复、父本'3-79'的 4 个重复、F_1 的 4 个重复的纤维品质性状平均值表示为它们的性状表现，进行分析比较检验双亲间差异的显著性（表 6-25）。纤维长度、马克隆值、纤维伸长率和纤维强度，双亲间存在极显著的差异；双亲整齐度的差异也达到显著水平。F_1 代在整齐度、马克隆值、纤维伸长率、纤维强度等性状方面表现为中亲优势，在长度这一性状上表现为超亲优势。

表 6-25　亲本间及 F_1 代纤维品质性状的差异

材料	性状				
	长度/mm	整齐度/%	马克隆值	伸长率/%	强度/（cN/tex）
鄂棉 22	26.60	82.75	5.99	6.95	24.95
Pima3-79	33.86	85.90	4.41	4.68	37.60
t Stat	18.39**	4.28*	8.69**	7.08**	14.95**
Probe（$T \leqslant t$）[①]	0.0001	0.0187	0.0001	0.0001	0.0005
F_1	35.40	84.80	4.81	5.40	34.69

注：①表示 t 测验检验双亲间各性状无差异的概率。

*、**分别表示 0.05、0.01 显著水平的差异

BC_1 单株和 BC_1F_2 家系的纤维品质及棉铃各性状的表现如表 6-26 所示，除马克隆值外，各性状在 BC_1 单株中和 BC_1F_2 家系中的最大值都超过了高值亲本，各性状的均值都介于两亲本之间。

表 6-26　BC_1 单株和 BC_1F_2 家系的纤维品质及棉铃数据的统计分析

群体	研究内容	长度/mm	整齐度/%	马克隆值	伸长率/%	强度/（cN/tex）
BC_1 单株	最大值	37.00	86.30	5.72	7.45	38.60
	最小值	25.40	79.90	2.70	4.80	25.40
	平均值	30.96	83.68	4.40	6.05	30.92
	标准差	2.23	1.29	0.59	0.54	2.45
	变异系数	0.07	0.02	0.13	0.09	0.08
BC_1F_2 家系	最大值	32.77	85.80	5.91	8.65	34.80
	最小值	25.01	80.25	2.89	5.00	22.65
	平均值	29.17	83.07	4.72	6.44	29.28
	标准差	1.49	0.99	0.61	0.58	1.97
	变异系数	0.05	0.01	0.13	0.09	0.07

　　以 917 个标记的图谱为基础，利用复合区间作图法共检测出 11 个与纤维长度、整齐度、马克隆值、伸长率、强度相关的 QTL（表 6-27）。

表 6-27　BC₁单株和BC₁F₂家系的纤维品质及棉铃性状值用复合区间作图法进行 QTL 检测的结果

QTL 名称[①]	检测群体	QTL 位置	LOD	$R^{2[②]}$/%	加性效应[③]	QTL 的标记区间
长度/mm						
qFLchr11	BC₁	LG15/Chr11	3.5	11.36	−1.49	DPL585-BNL1151
qFLchr12	BC₁	LG17/Chr12	4.7	15.64	−1.74	MGHES31-BNL598
整齐度/%						
qFUchr14	BC₁F₂	LG24/Chr14	3.3	12.43	−0.89	BNL3034-NAU2312
马克隆值						
qMVchr23	BC₁F₂	LG39/Chr23	3.6	12.02	0.33	BNL1648-TMB1758
伸长率/%						
qFEchr11	BC₁	LG15/Chr11	3.9	15.63	0.40	TMB2803-CIR399
qFEchr19	BC₁	LG34/Chr19	3.9	15.30	−0.39	MGHES30a-BNL3602
qFEchr23	BC₁F₂	LG39/Chr23	2.7	9.80	−0.32	DPL12-BNL1648
强度/（cN/tex）						
qFSchr5	BC₁	LG7/Chr05	3.7	12.46	−1.70	TMB0193-MUCS108
qFSchr6	BC₁F₂	LG9/Chr06	4.6	11.13	−1.14	DPL238-DPL101
qFSchr11	BC₁	LG15/Chr11	5.4	16.82	−2.00	DPL585-BNL1151
qFSchr24	BC₁F₂	LG41/Chr24	4.0	9.85	1.10	NAU2434-DPL191

①QTL 名称以英文斜体小写 q 开头，紧随其后的是性状名称的英文缩写和 QTL 所处的染色体。
②R^2 指 QTL 所能解释的表型变异。
③加性效应，正值表示来自父本‘Pima3-79’的等位基因具有增加表型值的效应

　　纤维长度：在 BC₁ 世代检测出 2 个 QTL，分别定位在区间 DPL585~BNL1151（LG15/Chr11）和 MGHES31~BNL598（LG17/Chr12），在两个位点 qFLchr11 和 qFLchr12，来自‘Pima3-79’的等位基因均具有降低纤维长度的效应，所能解释的表型变异分别为 11.36%和 15.64%。

　　纤维整齐度：在 BC₁F₂ 世代检测出 1 个 QTL-qFUchr14，定位在区间 BNL3034~NAU2312（LG24/Chr14），来自‘Pima3-79’的等位基因均具有降低纤维整齐度的效应，能解释 12.43%的表型变异。

　　马克隆值：在 BC₁F₂世代检测出1个QTL-qMVchr23，定位在区间 BNL1648~ TMB1758（LG39/Chr23），来自‘Pima3-79’的等位基因均具有增加纤维马克隆值的效应，加性效应值为 0.33，能解释 12.02%的表型变异，其 LOD 值为 3.6。

　　纤维伸长率：在 BC₁ 世代和 BC₁F₂ 世代各检测出 2 个 QTL 和 1 个 QTL，依次分别定位在区间 TMB2803~CIR399（LG15/Chr11）、MGHES30a~BNL3602（LG34/Chr19）和 DPL12~BNL1648（LG39/Chr23），在位点 qFEchr11 上，来自‘Pima3-79’的等位基因具有增加纤维伸长率的效应，加性效应值为 0.40，其 LOD 值为 3.9，这 3 个 QTL 所能解释的表型变异分别为 15.63%（qFEchr11）、15.30%（qFEchr19）、9.80%（qFEchr23）。

　　纤维强度：在 BC₁ 世代和 BC₁F₂ 世代各检测出 4 个 QTL，分别定位在区间 TMB0193~MUCS108（LG7/Chr05）、DPL585~BNL1151（LG15/Chr11）和 DPL238~DPL101（LG9/Chr06）、NAU2434~DPL191（LG41/Chr24），在 qFSchr24 位点上，来自‘Pima3-79’

的等位基因具有增加纤维强度的效应,加性效应值为 1.10,其 LOD 值为 4.0,这 4 个 QTL 所能解释的表型变异为 9.85%(*qFSchr24*)~16.82%(*qFSchr11*)。

(四)基于达尔文氏棉导入系的棉花纤维品质相关 QTL 定位

2008 年在华中农业大学棉花试验田种植 106 个导入系及陆地棉亲本,未设重复,株系内随机选择单株后代自交;得到的自交种子于 2009 年分别在湖北省鄂州市农业科学研究所、黄冈师范教学实验基地种植两个重复。

两年三地试验中,调查田间性状,9 月中旬收集棉株中上部 15~20 朵考种花,取 12~14g 纤维样品,寄至国家纤维品质监督检验测试中心,纤维品质检测仪为 HVI900 系纤维检测仪,HVICC 校准,检测条件为温度 20℃、相对湿度 65%。检验的项目有上半部平均长度、纤维整齐度、断裂比强度、伸长率和马克隆值 5 项指标。因为 HD661 未获得相应的检测结果,所以只对其余的 105 份种质系进行分析。

5 项指标在 3 个环境中的频数分布,除 2008 年学校有 3 项指标外,纤维品质性状 5 项指标在其余的 2 个环境中均表现连续分布,呈现多基因控制的特点。5 项指标的基本参数在 3 个环境有所差异,但是变动的趋势基本保持一致,这种差异是由生长的年份、生长的地点及栽培技术水平等诸多外界因素造成的(表 6-28)。横向来看,上半部平均长度、马克隆值、断裂比强度的变异系数比较大,说明这 3 项指标在同一环境的不同种质系之间差异比较人,聚集了较多的表型变异,变异范围的跨度也比较广,这就有利于进行关联分析,提高发现与 QTL 显著关联位点的概率。

表 6-28 3 个生长环境中纤维品质性状 5 项指标基本参数

纤维品质指标	生长环境	平均值	标准差	最大值	最小值	变异系数/%
上半部平均长度	08 华农	27.50	1.84	32.29	23.05	6.69
	09 鄂州	26.91	1.66	31.50	21.65	6.17
	09 黄州	27.71	1.45	31.57	24.48	5.23
整齐度指数	08 华农	84.38	1.48	86.40	77.10	1.75
	09 鄂州	84.19	1.73	87.55	78.10	2.05
	09 黄州	83.52	1.39	86.60	79.95	1.66
马克隆值	08 华农	5.63	0.75	7.15	4.17	13.32
	09 鄂州	5.25	0.69	6.90	3.60	13.14
	09 黄州	5.38	0.60	6.70	4.18	11.15
伸长率	08 华农	6.44	0.14	6.80	6.10	2.17
	09 鄂州	6.25	0.09	6.50	5.95	1.44
	09 黄州	6.64	0.14	6.95	6.25	2.11
断裂比强度	08 华农	27.50	1.92	34.40	23.10	6.98
	09 鄂州	27.85	2.30	34.10	22.50	8.26
	09 黄州	29.11	1.62	34.50	26.05	5.57

分别计算 3 个环境的纤维品质性状 5 项指标的平均值,应用 TASSEL 软件的混合线性模型,以群体的 Q 值矩阵和 K 值矩阵为协方差,分别与位于连锁图上的 311 个位点的分子标记数据在 5%的等位基因频率过滤条件下进行逻辑回归率测验,得到 3 个环境下与纤维品质性状显著关联的位点(表 6-29)。

表 6-29　3 个环境下纤维品质性状关联分析结果（$P<0.05$）

性状	08 华农			09 鄂州			09 黄州		
	Chr	Locus	R^2/%	Chr	Locus	R^2/%	Chr	Locus	R^2/%
UHM	8	TMB2899***	5.9	1	BNL846*	8.5	8	TMB2899***	4.4
UHM	9	DPL222***	3.1	4	MUSB1050a*	5.4	9	DPL222***	3.8
UHM	12	BNL2578*	3.4	8	TMB2899***	11.9	12	BNL3281**	2.2
UHM	12	BNL3281**	2.7	9	DPL222***	7.7	19	BNL3875**	7.1
UHM	16	BNL1022**	2.3	16	BNL1022**	5.8	21	MUSB849**	3.6
UHM	21	MUSB810**	4.7	19	BNL3875**	4.8	21	MUSB810**	4.1
UHM	23	BNL2690**	2.8	21	MUSB849**	5.6			
UHM	24	DPL461*	2.3	23	BNL2690**	5.3			
UHM	26	DPL890*	2.4						
UI	2	TMB1738**	5.8	1	BNL846*	7.1	2	TMB1738**	6.8
UI	9	DPL222**	3.7	4	MUSB1050a*	6.0	3	MUSS172*	6.0
UI	16	BNL1022**	2.0	4	BNL2821b*	2.8	12	DPL443*	9.9
UI	17	DPL45*	3.0	6	BNL3295*	4.1	19	BNL3875*	14.8
UI	17	TMB1540*	2.7	8	TMB2899*	13.4	21	MUSB810**	4.9
UI	21	MUSB810**	7.1	9	DPL222**	6.1			
UI				16	BNL1022**	5.9			
UI				23	BNL2690*	3.3			
MIC	1	BNL846***	6.1	1	BNL846***	7.0	1	BNL846***	9.6
MIC	8	TMB2899**	13.7	5	CIR373*	3.3	3	JSP109*	5.7
MIC	14	BNL1510*	3.7	6	DPL847*	6.3	8	TMB2899**	7.9
MIC	18	BNL3479*	3.7	9	DPL395*	4.7	11	MUSB1076*	5.1
MIC	22	MUSB1050b*	4.1	23	JESPR95***	4.1	21	MUSB810*	7.9
MIC	23	JESPR95***	4.5	24	DPL191**	6.1	23	JESPR95***	8.3
MIC	24	DPL191**	5.3	24	MUSS250*	3.2	23	DPL262*	6.6
ELO	1	HAU76a*	4.6	1	DPL513*	14.4	3	MUSS162**	4.6
ELO	3	BNL3267*	6.4	3	MUSS162**	5.3	5	MUSS106*	4.9
ELO	5	DPL837*	4.8	5	CIR373*	8.9	9	BNL511*	4.8
ELO	12	BNL2578*	8.1	8	TMB2899*	6.0	9	DPL222**	8.2
ELO	18	MUSB685a**	5.1	9	DPL222**	11.1	19	BNL3875***	7.3
ELO	19	BNL3875***	6.8	19	BNL3875***	7.7	20	DPL442*	9.4
ELO	21	MUSB953a*	6.6	21	MUSB685a**	5.1			
ELO	21	MUSB849*	4.9	23	BNL2690*	4.4			
ELO	24	DPL461**	4.3						
STR	8	TMB2899**	8.2	1	DPL513*	8.0	1	BNL846**	5.0
STR	8	BNL3255*	8.3	1	BNL846**	6.1	9	DPL222**	5.1
STR	12	BNL2578*	7.8	4	MUSB1050a*	5.2	19	BNL3875***	11.1
STR	19	BNL3875***	10.5	4	BNL2821b*	3.7	23	BNL2690***	3.5
STR	23	BNL2690***	6.2	5	CIR373*	4.1	23	DPL262*	5.2
STR	23	JESPR95**	4.9	8	TMB2899**	11.8	23	JESPR95**	5.7
STR	24	DPL461*	3.0	9	DPL222**	7.7			
STR				9	DPL395*	7.5			
STR				16	BNL1022*	3.9			
STR				19	BNL3875***	8.3			
STR				23	BNL2690***	5.9			

*环境特异表达的位点；

**两个环境中同时稳定表达的位点；

***3 个环境中稳定表达的位点

　　$P<0.05$ 显著条件下关联位点分别累计为 38 个、42 个、30 个，总计 47 个位点与纤维品质性状 5 项指标显著关联，对纤维品质变异的解释率平均为 6.0%，分布在 2.2%~14.8%。混合线性模型对 3 个环境中纤维品质性状变异平均解释率分别为 38.2%、29.5%、29.3%。

　　同一个环境内，很多位点都与一个以上的指标关联，也有些引物在不同的环境中检测到与不同的指标关联。纵向比较来看，2008 年华中农业大学棉花试验田，共有 27 对引物累计 38 个位点/次与 5 项指标关联，有 9 个位点与上半部平均长度显著关联、有 6 个位点与整齐度指数显著关联、有 7 个位点与马克隆值显著关联、有 9 个位点与伸长率显著关联、有 7 个位点与纤维强度显著关联，对表型变异的解释率平均为 5.1%，分布在 2.0%~13.7%。

　　2009 年鄂州棉花实验基地有 20 对引物累计 42 个位点/次与 5 项指标显著关联，8 个位点与上半部平均长度显著关联、8 个位点与整齐度指数显著关联、7 个位点与马克隆值显著关联、8 个位点与伸长率显著关联、11 个位点与纤维比强度显著关联，对表型变异的解释率平均为 6.5%，分布在 2.8%~14.4%。

　　2009 年黄州实验基地有 18 对引物累计 30 个位点与 5 项指标显著关联，6 个位点与上半部平均长度显著关联、5 个位点与整齐度指数显著关联、7 个位点与马克隆值显著关联、6 个位点与伸长率显著关联、6 个位点与纤维强度显著关联，对表型变异的解释率平均为 6.6%，分布在 2.2%~14.8%。

　　横向来看，DPL222 和 TMB2899 在 3 个环境中均与上半部平均长度显著关联，对纤维上半部平均长度变异的解释率平均值分别为 4.9%和 7.1%。BNL846 和 JESPR95 在 3 个环境中均与马克隆值显著关联，对马克隆值变异的解释率平均值分别为 7.6%和 5.6%。BNL3875 在 3 个环境中均与纤维伸长率显著关联，对纤维伸长率变异的解释率平均为 7.3%。BNL3875、BNL2690 与纤维比强度在 3 个环境中均表现为显著关联，两对引物对纤维强度变异的解释率分别平均为 10.0%和 5.2%。

　　6 个位点在两个环境中表现与纤维上半部平均长度显著关联，4 个位点在两个环境中表现与整齐度指数显著关联，2 个位点在两个环境中均表现与马克隆值显著关联，4 个位点在两个环境中表现与伸长率显著关联，4 个位点在两个环境中表现与纤维比强度显著关联。

　　5 个位点与纤维上半部平均长度在特异的环境中表现显著关联，11 个位点与整齐度指数在特异的环境中表现显著关联，11 个位点与马克隆值在特异的环境中表现显著关联，16 个位点与伸长率在特异的环境中表现显著关联，10 个位点与纤维比强度在特异的环境中表现显著关联。

　　54 个 EST-SSR 位点中检测到 5 个与纤维品质指标显著关联的位点（表 6-30），MUSS106 位于 6 号连锁群/5 号染色体，基序为 TA，距 5'端 13 个脱氧核苷酸，开放读码框从第 363~581 个脱氧核苷酸，未预测到其功能，在特定的环境中与纤维伸长率显著关联。MUSS162 位于 4 号连锁群/3 号染色体，基序为 TC，距 5'端 11 个脱氧核苷酸，在两个环境中被检测到与伸长率显著相关。MUSS172 位于 4 号连锁群/3 号染色体，基序为 CTT，距 5'端 7 个脱氧核苷酸，开放读码框从第 1~354 个碱基，与整齐度显著相关。MUSS250 位于 41 号连锁群/24 号染色体，基序为 TG，距 5'端 7 个脱氧核苷酸，开放读码框从第 643~939 碱基，BLASTx 结果可能功能与棉属质膜内在蛋白 PIP1-2 相似度比较高，同源性达到了 96%，在特定的环境中与马克隆值显著关联。HAU076a 位于 2 号连锁群/1 号染色体，基序为 TTTTG，距 5′端 3 个核苷酸，开放读码框从第 112~507 个脱氧核苷酸，未预测到其功能，在特定的环境中与纤维伸长率显著相关。

表 6-30　　与纤维品质显著关联的 EST-SSR 位点概况

标记位点	连锁群/染色体	基序和距 5′端位置	开放读码框	功能预测	关联指标
MUSS106	06/05	TA（13）	363~581	—	ELO
MUSS162	04/03	TC（11）	N/A	—	ELO
MUSS172	04/03	CTT（7）	1~354	—	UI
MUSS250	41/24	TG（7）	643~939	Aquaporin PIP1-2	MIC
HAU076a	02/01	TTTTG（3）	112~507	—	ELO

注：EST 的序列信息来自于 CMD 数据库（http://www.cottonmarker.org），ORF 是指 ORF 的起始位置到终止位置

二、棉花种子品质相关性状的 QTL 定位

自古以来，棉花在世界上主要作为纤维植物而被人类种植。因此，关于棉花的遗传改良研究主要集中在棉花产量、纤维品质及棉花抗性方面。尽管棉籽具有较高的经济价值，但迄今为止，关于棉籽品质性状的遗传改良研究相对于棉花纤维来说，仍然很少。而且多数研究仅限于表型研究，如棉籽营养成分变异、杂种优势和配合力研究。只有少数文章报道了棉花品质性状遗传的初步研究。

棉籽是食用油的重要来源之一。棉籽油具有独特的脂肪酸组分，包括 26%棕榈酸（16：0）、2%硬脂酸（18：0）、15%油酸（18：1）、55%亚油酸（18：2）等。棕榈酸和硬脂酸属饱和脂肪酸，油酸、亚油酸、亚麻酸为不饱和脂肪酸。其中，油酸为单不饱和脂肪酸，亚油酸和亚麻酸属人体必需脂肪酸，为多不饱和脂肪酸。前者能降低血液中胆固醇，防止胆固醇在血管壁上沉积，有利于心脑血管；而后者有利于智力和视力，具有抗衰老，调节血脂，降压，防癌等作用。棉籽油作为食用油，除了对健康有益外，还能增加食物风味，而且具有很好的稳定性。随着人类生活水平的提高，不饱和脂肪酸的需求增大。因此，棉籽油分子遗传改良研究具有重要意义。

棉籽含有丰富的蛋白质，最初主要作为动物饲料的一个重要的蛋白质来源，现已以各种形式用于人类食品。全球每年的棉籽产量非常可观，随着人口的增长，棉籽蛋白利用将会受到越来越多的重视。但用其喂养动物的研究报道，一些氨基酸，如赖氨酸、甲硫氨酸、亮氨酸、异亮氨酸及丝氨酸等不足，从而抑制动物生长。以上说明棉籽中蛋白质及氨基酸含量的改良具有重要意义。

棉籽含有丰富优质的营养物质，但由于棉酚的存在，棉籽的利用受到限制。因此，棉酚成为棉籽研究的最重要性状之一。色素腺体为棉属植物的一个基本特征，分布于棉花植株各器官，其内含有棉酚及其他衍生物。在成熟棉籽中，棉酚是腺体里的主要存储物，它属于萜烯类化合物。作为植物抗毒素，它使棉花免受病虫害侵袭，起到防御的作用。它对人类及单胃动物具有毒性，因此它的存在严重影响了棉籽的利用价值。一直以来，人类采用各种方法来消除棉酚达到棉籽利用的目的。消除棉酚主要有两大类方法。

其一，化学方法；其二，遗传改良。化学方法有两个主要弊端，即处理成本高；棉籽营养成分损失大。因此，人类欲通过棉酚的遗传改良使棉花成为棉花纤维和棉籽两用的经济作物。

以陆地棉重组近交系群体为材料，通过随机交配创造"永久 F_2"群体，采用包括基因型和基因型×环境互作的双子叶植物二倍体种子数量性状遗传模型及相应软件，可从表型的角度分析陆地棉种子性状在胚、母体、细胞质 3 个遗传体系中的遗传特性。同时，利用能够进行双子叶植物种子品质性状 QTL 定位的遗传模型及其软件，对控制蛋白质及氨基酸表现的胚和母体核基因组两套遗传体系 QTL 同时进行定位，可分析这些 QTL 的胚加性、胚显性和母体加性主效应及其相应的环境互作效应，为棉籽品质性状的分子遗传及分子改良提供依据和信息。

1. 棉籽营养品质性状表现

双亲及"永久 F_2"群体的棉籽棉酚、蛋白质、油分含量的两年表型数据分析结果列于表 6-31。结果表明，这些性状在亲本之间均表现出显著差异，有利于基因定位。亲本'HS46'的蛋白质含量高于'MAR'，油分含量低于'MAR'。亲本'HS46'的棉酚含量在 2009 年高于'MAR'，而在 2010 年表现相反。在"永久 F_2"群体中，这些性状表现为连续变异，呈正态分布，表明其为复杂的受多基因控制的数量性状，适合基因定位分析。"永久 F_2"群体中的油分、棉酚和蛋白质的平均表现随着年份的不同而变化，表明这 3 个性状受环境的影响。

表 6-31　棉籽蛋白质、油分和棉酚含量在"永久 F_2"群体及亲本中的表现　（单位：%）

年份	性状	永久 F_2						亲本	
		平均值	标准差	最大值	最小值	偏度	峰度	HS46	MAR
2009	OC	33.07	1.51	38.44	28.68	0.29	0.82	31.01a	31.49b
	PC	33.87	1.89	38.32	28.56	−0.15	−0.33	35.01a	34.02b
	GC	0.94	0.17	1.48	0.56	0.41	−0.07	1.08a	0.97b
2010	OC	30.43	0.90	33.34	27.80	−0.03	0.32	29.70A	30.69B
	PC	34.25	0.92	36.79	31.23	−0.08	0.09	35.07a	33.53b
	GC	1.27	0.10	1.56	0.97	0.04	0.15	1.27a	1.33b

注：PC. 蛋白质；OC. 油分；GC. 棉酚

双亲及"永久 F_2"群体棉籽的 7 种必需氨基酸含量的两年表型数据分析结果列于表 6-32。结果表明，这些性状在亲本之间存在显著差异，有利于基因定位。亲本'HS46'中的这 7 种必需氨基酸在两个年份中均高于 MAR。"永久 F_2"群体中这些性状变异幅度大，表现为连续变异，呈正态分布，表现出数量性状特点。除 Lys 外，其他氨基酸都存在着双向超亲分离现象。Phe、Leu、Lys 和 Val 含量在两年的差异较大，说明其更易受环境条件变化的影响。

双亲及"永久 F_2"群体的棉籽非必需氨基酸含量的两年表型数据分析结果列于表 6-33。结果表明，这些性状在亲本之间的差异除 2009 年 Gly 和 Pro 的含量外，均表现出显著差异，有利于基因定位。在两年中，亲本'HS46'的非氨基酸含量均高于 MAR。这些性状在"永久 F_2"群体中表现为连续变异，且存在着双向超亲分离现象，呈正态分布，其偏度和峰度的绝对值都小于 1，因此，这适合于进行 QTL 分析。Asp、Ser、Glu 和 Arg 含量在两年的表现差异较大，说明其更易受环境条件变化的影响。

表 6-32　棉籽必需氨基酸含量在"永久 F_2"群体及亲本中的表现　（单位：%）

年份	性状	平均	永久 F_2					亲本	
			标准差	最小值	最大值	偏度	峰度	HS46	MAR
2009	Phe	2.27	0.12	1.93	2.62	−0.01	−0.06	2.33a	2.30b
	Leu	2.29	0.1	2.03	2.53	−0.13	−0.28	2.43A	2.32B
	Lys	1.77	0.05	1.63	1.91	−0.03	−0.24	1.98a	1.97b
	Thr	1.18	0.04	1.07	1.29	−0.05	−0.17	1.26a	1.25b
	Ile	1.25	0.05	1.11	1.38	−0.13	−0.28	1.32a	1.30b
	Val	1.7	0.07	1.52	1.86	−0.15	−0.25	1.81a	1.78b
	Met	0.53	0.02	0.47	0.57	−0.2	0.09	0.59a	0.58b
2010	Phe	2.4	0.07	2.21	2.57	−0.11	−0.51	2.46A	2.37B
	Leu	2.34	0.06	2.18	2.51	0.04	−0.24	2.38A	2.30B
	Lys	1.83	0.04	1.72	1.97	0.26	0.46	1.86A	1.80B
	Thr	1.22	0.03	1.14	1.3	0.02	0.17	1.24A	1.20B
	Ile	1.28	0.04	1.19	1.39	0.05	−0.17	1.31A	1.26B
	Val	1.78	0.05	1.64	1.9	−0.08	−0.45	1.81A	1.74B
	Met	0.52	0.01	0.49	0.56	0.18	−0.18	0.53A	0.51B

表 6-33　棉籽非必需氨基酸含量在"永久 F_2"群体及亲本中的表现　（单位：%）

年份	性状	永久 F_2						亲本	
		平均值	标准差	最大值	最小值	偏度	峰度	HS46	MAR
2009	Asp	3.56	0.19	4.10	3.11	0.16	−0.30	3.95a	3.90b
	Ser	1.49	0.05	1.61	1.35	−0.28	−0.23	1.53a	1.50b
	Glu	8.46	0.44	9.57	7.33	−0.07	−0.40	9.23a	8.90b
	Gly	1.63	0.06	1.79	1.47	−0.06	−0.38	1.76	1.73
	Ala	1.52	0.05	1.66	1.37	−0.06	−0.28	1.64a	1.60b
	Tyr	1.02	0.06	1.21	0.86	−0.01	0.25	1.05a	0.99b
	His	1.14	0.06	1.35	0.97	0.25	0.36	1.26a	1.20b
	Arg	4.87	0.32	5.60	3.94	−0.20	−0.39	5.33a	5.11b
	Pro	1.35	0.07	1.52	1.16	−0.32	−0.09	1.41	1.37
2010	Asp	3.67	0.12	4.14	3.31	0.46	0.83	3.76A	3.57B
	Ser	1.53	0.03	1.62	1.42	−0.11	−0.11	1.55A	1.51B
	Glu	8.96	0.28	9.60	8.18	−0.08	−0.43	9.17A	8.80B
	Gly	1.70	0.04	1.82	1.57	−0.03	−0.02	1.73A	1.67B
	Ala	1.56	0.04	1.67	1.44	0.04	0.00	1.59A	1.53B
	Tyr	1.02	0.03	1.10	0.92	−0.17	−0.43	1.04A	1.00B
	His	1.17	0.04	1.28	1.07	0.20	0.03	1.19A	1.14B
	Arg	5.36	0.22	5.96	4.76	0.08	−0.13	5.50A	5.15B
	Pro	1.40	0.04	1.50	1.29	−0.12	−0.41	1.43A	1.38B

2. 棉籽品质性状遗传特性分析

1）方差分析

蛋白质、油分和棉酚含量的遗传方差分量估计值列于表 6-34。蛋白质含量的遗传基因型与环境互作效应方差占遗传方差总量的 94.2%。因此，该性状主要受基因型与环境互作效应控制，说明环境因素在很大程度上影响蛋白质含量的变异，在遗传主效应中主要受母体加性和母体显性效应控制。在基因型×环境互作效应中，种子直接加性×环境互作效应和种子直接显性×环境互作效应方差在 1%的显著水平下被检测到。总体来看，蛋白质含量主要受基因加性效应控制，其次受控于基因显性效应。

表 6-34　棉籽棉酚、蛋白质、油分的遗传效应和环境互作效应的方差分量估计值

性状	V_{Ao}	V_{Do}	V_{Am}	V_{Dm}	V_C	V_{AoE}	V_{DoE}	V_{AmE}	V_{DmE}	V_{CE}	V_e
GC	0.008**	0.000	0.071**	0.000	0.000	0.0005**	0.001**	0.000	0.066**	0.066**	0.010**
PC	0.000	0.006**	0.397**	0.103+	0.000	0.884**	0.192**	0.000	3.813	3.291	0.582**
OC	0.143**	0.000	0.000	4.020**	7.176**	0.000	0.246**	1.538**	0.000	0.658**	0.970**

注：V_{Ao}. 直接加性方差；V_{Do}. 直接显性方差；V_C. 细胞质方差；V_{Am}. 母体加性方差；V_{Dm}. 母体显性方差；V_{AoE}. 胚加性互作方差；V_{DoE}. 胚显性互作方差；V_{CE}. 细胞质互作；V_{AmE}. 母体加性与环境互作方差；V_{DmE}. 母体显性与环境互作方差；V_e. 机误方差。*、**分别为达到 0.05、0.01 显著水平

油分含量的遗传主效应方差分量和基因×环境互作效应方差分量分别占遗传方差总量的 82.3%和 17.7%，说明油分含量主要受遗传主效应控制。在遗传主效应中，主要受细胞质效应控制，母体显性效应也起着重要作用。在基因型与环境互作效应中，检测到显著的细胞质与环境互作效应、母体加性与环境互作效应和种子直接显性与环境互作效应，说明环境的作用不可忽视。进一步分析显示，母体加性与环境互作效应方差分量占遗传基因环境互作效应方差总量的大部分比例，说明油分含量在基因型与环境互作效应中，主要受母体加性与环境互作效应控制。总体来看，油分含量同时受控于胚、细胞质及母体三套遗传体系，其中，以细胞质效应为主，其次为母体效应。

棉酚含量的遗传主效应方差占遗传方差总量的 37.2%，说明该性状主要受基因×环境互作效应控制，环境因素对性状的变异产生重要的影响。从各项遗传方差分量的显著性来看，该性状同时受控于胚、细胞质和母体三套遗传体系，其中，以母体遗传效应为主。进一步分析显示，在遗传主效应中，主要受控于母体加性效应。在基因型×环境互作效应中，主要受种子直接显性×环境互作效应和细胞质×环境互作效应控制。总体来看，棉酚含量主要受基因加性效应控制，但基因显性效应也起着重要作用。

上述性状的机误方差均达到一定的显著水平。说明这些性状除了受各种遗传主效应和基因型×环境互作效应的控制外，还明显受到环境机误或抽样误差的影响。

2）棉籽品质的遗传率

遗传率是度量性状遗传变异占表现型变异相对比例的重要遗传参数。在性状的育种上，考虑性状的遗传率有利于提高育种效率。

蛋白质、油分和棉酚具有中等的总狭义遗传率（$h^2_G + h^2_{GE}$），分别为 48.7%、64.6%和 60.9%（表 6-35），说明这些性状在育种中进行早世代选择有一定效果。从普通遗传率和互作遗传率的比例来看，油分含量以普通遗传率为主；蛋白质含量以互作遗传率为主，

说明其受环境影响较大；棉酚两种遗传率差异不大。进一步分析显示，在普通遗传率中，蛋白质含量的各项普通遗传率分量不显著，棉酚含量以母体普通遗传率为主，油分含量以细胞质普通遗传率为主。在普通狭义遗传率中，蛋白质含量和棉酚含量均以细胞质互作遗传率为主；油分以母体加性与环境互作遗传率为主。

表 6-35　棉籽营养品质性状的遗传率分量估计值

性状	普通遗传率			互作遗传率		
	h^2_{Go}	h^2_C	h^2_m	h^2_{GoE}	h^2_{CE}	h^2_{mE}
PC	0.000	0.000	0.042	0.094	0.351*	0.000
GC	−0.020	0.000	0.296**	0.003	0.330*	0.000
OC	0.010	0.487**	0.000	0.000	0.045	0.104**

注：h^2_{Go}. 普通直接遗传率；h^2_C. 普通细胞质遗传率；h^2_m. 普通母体遗传率；h^2_{GoE}. 互作直接遗传率；h^2_{CE}. 互作细胞质遗传率；h^2_{mE}. 互作母体遗传率

*、**分别表示在 0.05 水平和 0.01 水平上显著相关

3）棉籽品质的遗传相关性

研究棉籽性状间的遗传相关性，有利于指导同步改良品质性状、提高育种效果。由于相关来自各种效应互作的结果，因此，遗传相关可具体剖分为胚加性相关、胚显性相关、母体加性相关、细胞质相关及各种互作相关等。胚加性相关或母体加性相关显著的成对性状，由于加性效应能在后代累加和稳定遗传，可以在早世代进行单粒或单株间接选择；以细胞质相关的成对性状由于主要由母体遗传，也可以在早世代选择；以显性相关为主的成对性状，以高世代选择改良为好；存在较大互作相关的成对性状则应注意在不同环境条件下进行选择。各种遗传相关分量的研究从遗传本质上反映性状间各种基因效应的关系，根据这些具体真实的相关进行性状选择，可进一步提高育种效率。

蛋白质含量与油分的表型相关系数 r_P 和基因型相关系数 r_G 都达到显著水平（表6-36）。遗传主效应相关中，油分与蛋白质以 r_{Am} 为主；在遗传互作相关中，油分与蛋白质以胚显性与环境互作相关（r_{DE}）为主。总体上，油分与蛋白质含量主要呈负相关。这说明两者同时改良具有一定难度。

表 6-36　棉籽营养品质间的遗传相关系数估计值

相关系数	油分与蛋白质	油分与棉酚	蛋白质与棉酚
r_A	0.00	0.54**	0.00
r_D	0.00	0.00	0.00
r_C	0.00	0.00	0.00
r_{Am}	−0.93**	0.00	1.00
r_{AE}	0.00	0.00	−0.10**
r_{DE}	−1.00**	−0.23**	1.00**
r_{CE}	1.00	1.00**	1.00**
r_{AmE}	0.00	0.00	0.00
r_P	−0.27**	0.17*	−0.16**
r_G	−0.24**	0.15*	−0.12**

注：r_A. 胚加性相关；r_D. 胚显性相关；r_C. 细胞质相关；r_{Am}. 母体加性相关；r_{AE}. 胚加性互作相关；r_{DE}. 胚显性相关；r_{CE}. 细胞质互作相关；r_{AmE}. 母体加性互作相关；r_P. 表型性相关；r_G. 基因型相关。

*、**分别表示达到 0.05 和 0.01 显著水平

棉酚与油分含量的表型相关系数（r_P）和基因型相关系数（r_G）都达到显著水平，且都表现正相关，其主要归因于胚加性（r_A）和细胞质与环境互作（r_{CE}）呈正相关。由于胚显性与环境互作相关系数（r_{DE}）为显著负值，表明在一定环境下的杂交组合中，可能会得到低棉酚高油分的材料。棉酚与蛋白质没有检测到显著的遗传主效应相关性。但在遗传互作相关中，棉酚与蛋白质遗传相关以细胞质与环境互作相关（r_{CE}）和显性与环境互作相关（r_{DE}）为主，均表现为显著的正相关，但两者在胚加性与环境互作相关系数、表型和基因型相关系数均表现显著的正值，表明在某种环境下，棉酚和蛋白质也可以同步改良。

3. 棉籽品质性状的 QTL 定位

蛋白质和氨基酸含量在本研究中的"永久 F_2"群体中表现出复杂的数量性状遗传特性。仅通过表型所获取的遗传信息来进行性状改良，难以达到理想的效果。因此，需要在分子层次对这些性状进行进一步分析，为性状的分子标记辅助选择育种及基因图位克隆奠定基础。

1）棉籽蛋白质含量的 QTL 定位

收获"永久 F_2"群体的棉籽，脱壳、磨粉后，在密闭容器平衡水分至 7%，然后进行近红外线扫描。采用秦利（2009）构建的蛋白质含量定标模型，将本材料的光谱数据转换成蛋白质含量数据。联合两年的蛋白质含量数据，采用针对双子叶作物种子的多遗传体系基因定位模型，运用新发展的 QTL Network-CL-2.0-Seed 软件，对蛋白质含量进行 QTL 定位分析。

本研究检测到了 6 个控制蛋白质含量的 QTL，共解释了 58.5%的表型变异，单个 QTL 的表型贡献率为 1.41%~37.28%。3 个 QTL（qPC-5、qPC-22 和 qPC-25）已分别定位在 A 亚基因组 5 号染色体，D 亚基因组 22 号、25 号染色体上。其他 3 个 QTL（qPC-LG3、qPC-LG5 和 qPC-LG6）在染色体上的位置还未确定。4 个 QTL（qPC-25、qPC-LG5、qPC-LG6 和 qPC-5）同时在胚基因组和母体基因组上表达。2 个 QTL（qPC-22 和 qPC-LG3）主要在胚基因组上表达。3 个 QTL（qPC-22、qPC-25 和 qPC-5）具有环境互作效应。

qPC-5 定位在 A 亚基因组 5 号染色体的 BNL3992（c5）和 TMB1667 标记之间，遗传贡献率最高，为 37.28%。其中胚加性贡献率为 10.77%，说明该 QTL 为控制蛋白质含量的主效 QTL。该 QTL 同时具有显著的胚加性主效应、胚显性主效应和母体加性主效应，还检测到了显著的胚显性环境互作效应。该 QTL 具有最大的胚加性主效应、来自 MARCABUCAG8US-1-88 等位基因的增效作用，其还具有最大的胚显性主效应。由于胚的显性效应值占遗传效应值的主要部分，故该位点的基因显性作用对蛋白质含量起着重要作用。

qPC-25 的遗传贡献率为 8.94%。其中胚加性贡献率为 5.23%，母体加性贡献率为 1.06%，表明该 QTL 也为一个重要的控制蛋白质含量的位点。该 QTL 同时具有显著的胚加性主效应、胚显性主效应和母体加性主效应，还检测到胚加性与环境互作效应和母体加性与环境互作效应。胚加性效应来自 HS46 的等位基因的增效作用，母体加性主效应来自 MARCABUCAG8US-1-88 的等位基因的增效作用。这两种遗传主效应方向相反，表明该 QTL 在胚基因组和母体基因组上的表达方向不一致。该 QTL 的胚加性主效应和母体加性主效应及其相应的环境互作效应值占遗传效应值的大部分，表明该 QTL 的表达主要受基因的加性效应控制。同时其还易受环境的影响。

qPC-LG5 的遗传贡献率为 7.02%，胚加性贡献率为 5.55%。只检测到极显著的胚加性主效应和母体加性主效应，且方向相反。表明该 QTL 在胚和母体两套遗传体系中的表达不一致。胚加性主效应来自 MARCABUCAG8US-1-88 的等位基因的增效作用，母体加性主效应来自 HS46 的等位基因的增效作用。该 QTL 未发现环境互作效应，表明其在不同环境下能稳定表达。

总体来看，控制蛋白质的这些 QTL 表达主要受遗传主效应控制，其中以基因的加性主效应为主，但环境也是影响蛋白质含量的一个重要因素。

2）棉籽氨基酸含量的 QTL 定位

棉籽氨基酸含量的 QTL 定位共检测亮氨酸（Leu）、苯丙氨酸（Phe）、苏氨酸（Thr）、缬氨酸（Val）、甲硫氨酸（Met）、异亮氨酸（Ile）和赖氨酸（Lys）7 个必需氨基酸，以及天冬氨酸（Asp）、丝氨酸（Ser）、谷氨酸（Glu）、甘氨酸（Gly）、丙氨酸（Ala）、酪氨酸（Tyr）、组氨酸（His）、精氨酸（Arg）和脯氨酸（Pro）9 个非必需氨基酸含量的 QTL。

（1）亮氨酸（Leu）：共检测到 5 个与亮氨酸含量相关的 QTL，共解释了 41.2% 的表型变异。单个 QTL 的表型贡献率为 3.91%~15.74%。其中，遗传主效应与环境互作效应的贡献率分别为 39.84% 和 1.36%。共有 3 个 QTL 已定位在特定的染色体上。4 个 QTL 都具有极显著的胚加性和母体加性主效应，且方向相反。仅 1 个 QTL 分布在胚基因组上。2 个 QTL 具有环境互作效应。

（2）苯丙氨酸（Phe）：共检测到 8 个 QTL，共解释 54.2% 的表型变异。单个 QTL 的表型贡献率为 1.99%~11.98%。遗传主效应与环境互作效应的贡献率分别为 50.23% 和 3.97%。6 个 QTL 同时在胚基因组和母体植株基因组上表达，2 个 QTL 仅在胚基因组上表达。6 个 QTL 已定位在特定的染色体。5 个 QTL 具有显著的环境互作效应。

（3）苏氨酸（Thr）：共检测到 3 个 QTL，能解释 56.78% 的表型变异。单个 QTL 的表型贡献率为 2.13%~35.28%。遗传主效应与环境互作效应的贡献率分别为 21.5% 和 35.28%。在 3 个 QTL 中，其中 2 个 QTL 同时在胚和母体两个基因组上表达，1 个仅在胚基因组上表达。仅发现 1 个 QTL 具有环境互作效应。

（4）缬氨酸（Val）：6 个 QTL 共解释 64.32% 的表型变异。单个 QTL 的表型贡献率为 1.46%~31.2%。遗传主效应与环境互作效应的贡献率分别为 21.75% 和 42.57%。一个 QTL（*qVal-18*）同时在胚和母体基因组上表达。4 个 QTL 主要在胚基因组或母体基因组上表达。5 个 QTL 具有显著的环境互作效应。共有 4 个 QTL 已明确了染色体的位置。

（5）甲硫氨酸（Met）：检测到 3 个与甲硫氨酸有关的 QTL，共解释 44.01% 的表型变异，单个 QTL 的表型贡献率为 10.37%~20.1%。遗传主效应与环境互作效应的贡献率分别为 24.78% 和 23.09%。在 3 个 QTL 中，其中 2 个主要在胚基因组上表达，1 个同时在胚和母体两套遗传体系上表达。另外，发现 2 个 QTL 具有显著的环境互作效应。

（6）异亮氨酸（Ile）：与异亮氨酸相关的 6 个 QTL 共解释 60.95% 的表型变异。遗传主效应与环境互作效应的贡献率分别为 22.32% 和 38.63%。单个 QTL 的表型贡献率为 3.9%~23.02%。3 个 QTL（*qIle-5*、*qIle-LG11* 和 *qIle-LG5-1*）同时在胚基因组和母体基因组上表达。3 个 QTL（*qIle-22*、*qIle-23* 和 *qIle-LG5-2*）主要在胚基因组或母体基因组上表达。2 个 QTL 具有环境互作效应。3 个 QTL 已定位在染色体上。

（7）赖氨酸（Lys）：4 个与赖氨酸含量相关的 QTL，共解释 55.52%的表型变异。单个 QTL 的表型贡献率为 2.24%~32.55%。遗传主效应与环境互作效应的贡献率分别为 22.37%和 33.15%。2 个 QTL（*qLys-LG5* 和 *qLys-LG11*）同时在胚基因组和母体基因组上表达。2 个 QTL（*qLys-22* 和 *qLys-LG11*）检测到显著的环境互作效应。共有 2 个 QTL 已定位在染色体上。

（8）天冬氨酸（Asp）：本实验共检测到 2 个与天冬氨酸含量连锁的 QTL，共解释 47.73%的表型变异。单个 QTL 贡献率为 21.47%~26.26%。遗传主效应与环境互作效应的贡献率分别为 22.17%和 25.56%。

（9）丝氨酸（Ser）：共检测 5 个与丝氨酸含量相关的 QTL，解释 62.41%的表型变异。单个 QTL 的表型贡献率为 2.41%~38.32%。遗传主效应与环境互作效应的贡献率分别为 17.48%和 44.93%。4 个 QTL（*qSer-5*、*qSer-LG5*、*qSer-LG6-1* 和 *qSer-LG6-2*）同时在胚基因组和母体基因组上表达。4 个 QTL 检测到环境互作效应。2 个 QTL 的染色体位置已经确定。4 个 QTL 的胚显性主效应达到显著水平。

（10）谷氨酸（Glu）：2 个 QTL 共解释 23.37%的表型变异。遗传主效应与环境互作效应的贡献率分别为 13.68%和 9.69%。单个 QTL 的表型贡献率为 8.67%~15.1%。2 个 QTL 都已定位在染色体上。1 个 QTL 同时在胚和母体基因组上表达。1 个 QTL 检测到显著的环境互作效应。

（11）甘氨酸（Gly）：与甘氨酸含量相关的 2 个 QTL 共解释 60.95%的表型变异。单个 QTL 的表型贡献率为 19.12%~41.83%。遗传主效应与环境互作效应的贡献率分别为 19.12%和 41.83%。2 个 QTL 同时在胚和母体两个基因组上表达。

（12）丙氨酸（Ala）：共检测到 2 个控制丙氨酸含量的 QTL，能解释 53.65%的表型变异。单个 QTL 的表型贡献率为 17.43%~36.22%。遗传主效应与环境互作效应的贡献率分别为 19.1%和 34.55%。

（13）酪氨酸（Tyr）：本研究检测到 6 个控制酪氨酸含量的 QTL，共解释 52.94%的表型变异。单个 QTL 贡献率为 0.4%~26.89%。遗传主效应与环境互作效应的贡献率分别为 17.8%和 35.14%。4 个 QTL（*qTyr-5*、*qTyr-9*、*qTyr-25* 和 *qTyr-LG10*）同时在胚基因组和母体基因组上表达。5 个 QTL 检测到显著的环境互作效应。所有 QTL 都具有显著的胚加性主效应。5 个 QTL 已定位在染色体上。

（14）组氨酸（His）：检测到 3 个与组氨酸相关的 QTL，共解释 52.71%的表型变异。单个 QTL 的表型贡献率为 9.31%~23.62%。遗传主效应与环境互作效应的贡献率分别为 20.16%和 32.55%。所有 QTL 都主要在一套遗传体系中表达。发现 2 个 QTL 具有环境互作效应。在 3 个 QTL 中，已有 2 个定位在染色体上。

（15）精氨酸（Arg）：本研究发现 5 个 QTL 与精氨酸含量有关，共解释 59.34%的表型变异。在所有 QTL 的总遗传效应中，遗传主效应与环境互作效应所解释的表型变异分别为 17.83%和 41.51%。单个 QTL 的表型贡献率为 0.87%~38.68%。4 个 QTL（*qArg-5*、*qArg-LG4*、*qArg-LG5* 和 *qArg-LG11*）同时在胚基因组和母体基因组上表达。2 个 QTL 具有显著的环境互作效应。

（16）脯氨酸（Pro）：共检测到了 5 个控制脯氨酸含量的 QTL，解释了 60.23%的表型变异。单个 QTL 的表型贡献率为 3.41%~36.51%。遗传主效应与环境互作效应的贡献率分别为 29.53% 和 30.7%。4 个 QTL（*qPro-5*、*qPro-25*、*qPro-LG5* 和 *qPro-LG6*）同时在胚基因组和母体基因组上表达。3 个 QTL 具有显著的环境互作效应。大多数 QTL 具有显著的胚加性主效应或母体主效应。3 个 QTL 已定位在染色体上。

三、棉花纤维品质分子标记聚合选择

随着纺织工业的不断发展，对棉花纤维品质，尤其是纤维强度的要求越来越高，优质且高产成为棉花育种的新目标（Kohel et al.，2001；Qin et al.，2009）。棉花的品质性状和产量性状均属数量性状，其表现型受基因型和环境共同影响，且品质性状和产量性状之间存在较大的负相关（Meredith et al.，2000；Guo et al.，2005；Zhang et al.，2007）。常规育种需要的群体大、周期长、成本高、预见性差，对纤维品质与产量进行同步改良有很大的难度（Beckmann and Soller，1986；Shi et al.，2007）。

要提高同步改良的效率，最理想的方法是直接对基因型进行选择。分子标记辅助选择是借助与目标性状紧密连锁标记的基因型，选择分离群体中含有目标基因的个体，有利于快速聚合目标基因，克服不利性状连锁，减少群体种植规模，加速育种进程，极大地缩短了育种周期；而且分子标记辅助选择可以在植物生长的任何阶段对目标基因进行鉴定，不受环境的影响（Ribaut et al.，1999；Guo et al.，2005；Semagn et al.，2006；Shi et al.，2007）。近几年，棉花分子标记技术发展迅速，多种标记不断添加，已有大量棉花纤维品质相关的 QTL 被定位在分子标记遗传连锁图谱上，这为分子标记辅助选择提供了有利条件（Ulloa and Meredith，2000；Ulloa et al.，2002；Zhang et al.，2003；Paterson et al.，2003；Rong et al.，2004；Nguyen et al.，2004；Lacape et al.，2005；2009；Wang et al.，2006；Guo et al.，2007；Qin et al.，2008；Chen et al.，2009；Sun et al.，2012；Yu et al.，2013）。袁有禄等（2001）利用（7235×TM-1）F_2 群体定位了一个来自'7235'的高强主效 QTL，该 QTL 位于 Chr10 上，与 6 个 RAPD 标记和 2 个 SSR 标记连锁，标记区间覆盖遗传距离 15.5cM，可以解释 35.0% 和 53.8% 的 F_2 与 $F_{2:3}$ 表型变异（Yuan et al.，2001；），可以在不同世代、不同遗传背景和不同生态环境中检测到（Shen et al.，2001；Yi et al.，2004；Guo et al.，2005；Shi et al.，2007；Dong et al.，2009）。石玉真等（2007）以转基因抗虫棉品种'sGK321'和'sGK9708'为轮回亲本，分别与优质丰产品种'太121'和高纤维品质渐渗种质系'7235'杂交的 F_1 世代材料杂交并回交，配置了两套杂交回交组合，运用与一个已定位的高强纤维 QTL 紧密连锁的 2 个 SSR 标记，对这两套杂交组合的不同世代群体进行分析，表明此高强纤维主效 QTL 在不同的遗传背景中，经过多代杂交、回交和自交后，能够稳定遗传而且 QTL 效应稳定；利用此高强纤维主效 QTL 的分子标记进行辅助选择提高棉花纤维强度效果是显著的（Shi et al.，2007；Li et al.，2013）。

分子标记辅助选择可用于基因聚合育种，通过传统杂交、回交、复交将目标 QTL 聚合到同一个基因组，在分离世代中通过分子标记筛选含有多个 QTL 的个体，实现多个目标 QTL 的聚合（He et al.，2004；Dong et al.，2009）。许多作物中抗虫和抗病性状的辅助聚合选择研究已逐步展开，王芙蓉等（2007）利用来自高抗黄萎病品种'鲁棉研 22 号'的 3 个抗黄萎病 QTL 的分子标记，对'鲁棉研 22 号'与'鲁原 343'组配的杂交 F_5 群体进行辅助聚合选择，发现标记 NAU751 和 BNL1395 的抗性基因型均能显著增加后代的黄萎病抗性，两个标记的抗性基因型聚合后，后代抗性水平提高极显著（Wang et al.，2007）。利用与棉花根结线虫抗性相关的 2 个基因连锁的 2 个 SSR 标记 CIR316 和 BNL3661 对 2 个组合 M240RNR×FM966 和 Clevewilt6×PI563649 的群体后代进行了辅助选择，结果表明，这两个基因聚合的效应显著（Gutierrez et al.，2010；Jenkins et al.，2012）。有关棉花纤维品质性状的聚合研究也有报道，郭旺珍等（2005）利用优异纤维种质系 '7235' 和长江流域推广品种 '泗棉 3 号' 为亲本，配置了系统育种和修饰回交聚合育种两套群体，基于来自 '7235' 的 2 个高强纤维主效 QTL 的分子标记，在上述育种群体中进行了分子标记辅助选择效率研究，表明 QTLfs-1 在不同环境条件下均稳定表达，它对不同遗传背景的育种群体均有显著的选择效果，QTLfs-2 在高世代育种群体中表现较高的选择效率；对 QTLfs-1 和 QTLfs-2 进行聚合选择，中选单株的纤维强度显著提高（Guo et al.，2005）。董章辉等（2009）以 2 个品种（系）'TG41' 和 'sGK156'，以及 3 个纤维品质优异的种质系 '7235'、'HS427-10' 和 '0-153' 为亲本，配置了 3 套组合的双交 F_1 群体，利用 3 个纤维长度 QTL 相关的 SSR 标记进行辅助选择。表明 3 个标记的选择都表现出显著的遗传效应；当用 2 个或 3 个 QTL 同时聚合选择时，随着聚合到 QTL 个数的增多，单株平均纤维长度增大，选择效果越来越好（Dong et al.，2009）。而关于多个纤维强度 QTL 在不同世代聚合效应的研究未见报道。王天抗等（2014）以优质材料 '0-153'、'新陆早 24' 与推广品种 '冀棉 516'、'鲁棉研 28' 为亲本，通过单交、双交获得 F_1 群体材料，然后根据 4 个连锁标记检测纤维强度主效 QTL 的有无，结合纤维品质测定结果，初步明确 3 个主效 QTL 的分子标记辅助选择效果及 QTL 之间的聚合对强度性状的影响，这对于研究多个基因的聚合效应及创制纤维品质优异的棉花新材料具有十分重要的意义。

利用 3 个纤维品质优异的种质系 '7235'、'HS427-10' 和 '0-153' 与 2 个大面积推广的抗虫棉品种 'CCRI41' 和 'sGK156' 为亲本，配置了（sGK156×HS427-10）×（0-153×7235）、（TG41×HS427-10）×（0-153×7235）和（sGK156×0-153）×（sGK156×HS427-10）组合的双交 F_1 和/或 F_6 群体，对 6 个纤维强度主效 QTL 连锁的 6 个 SSR 标记进行辅助选择，并对不同 QTL 的聚合效应进行了研究。

（一）选用 QTL 及连锁标记

QTL-1 和 QTL-2 位于 Chr25 上，都来源于 '0-153'，作图群体为（0-153×SGK9708）RILs，QTL-1 在染色体上的位置为 25.2~26.4cM，与 6 个 SSR 标记连锁，能在 8 个环境中检测到，解释 10.29%~21.96% 的表型变异，标记区间覆盖遗传距离为 25.2~26.4cM；QTL-2 在染色体上的位置为 29.2~31.1cM，与 10 个 SSR 标记连锁，能在 9 个环境中检测到，解释 8.88%~22.25% 的表型变异，标记区间覆盖遗传距离为 5.0cM，该两个 QTL 相距 2.8~5.9cM（Sun et al.，2012）；QTL-3 位于 Chr7 上，在染色体上的位置为 60.2~66.8cM，来源于 '新陆早 24'，作图群体为（新陆早 24×鲁棉研 28）F_2，与 2 个 SSR 标记连锁，能在 $F_{2:3}$ 中解释 14.28% 的表型变异，标记区间覆盖遗传距离为 8.3cM（孔凡金，2011）。本研究中 QTL-1 和 QTL-3 选用连锁标记分别为 DPL0387 和 BNL1694，QTL-2 选用连锁标记为 PGML00463 和 TMK19，其中，DPL0387、PGML00463 和 BNL1694 为共显性标记，TMK19 为显性标记。

（二）单个分子标记辅助选择效应

对 3 个纤维强度 QTL 连锁的 4 个标记在双交 F₁ 世代进行检测（表 6-37），与 *QTL-1* 连锁的标记 DPL0387 在 2 个群体中++单株的平均纤维强度分别为 32.03cN/tex 和 32.62cN/tex，++与--单株的平均纤维强度差值分别为 1.47cN/tex 和 1.26cN/tex，差异达到了显著或极显著水平；而+-与--单株的平均纤维强度差值分别为 0.21cN/tex 和 0.32cN/tex，差异不显著，即该标记位点杂合状态下，纤维强度值偏低亲；与 *QTL-2* 连锁的标记 PGML00463 为共显性标记，在 2 个群体中++单株的平均纤维强度分别为 32.11cN/tex 和 32.58cN/tex，++与--差值分别为 1.51cN/tex 和 1.31cN/tex，在 Pop2 中+-与--差值为 0.83cN/tex，差异达到了显著或极显著水平，而在 Pop1 中+-与--差值为 0.18cN/tex，差异不显著；与 *QTL-2* 连锁的标记 TMK19 为显性标记，在 2 个群体中+单株的平均纤维强度分别为 31.73cN/tex 和 32.42cN/tex，+与-差值分别为 1.25cN/tex 和 1.09cN/tex，差异达到了极显著水平；与 *QTL-3* 连锁的标记 BNL1694 在 Pop1 中++单株的平均纤维强度为 31.21cN/tex，++与--差值为 0.80cN/tex，差异达到了显著水平，+-与--差值为 0.84cN/tex，差异不显著；在 Pop2 中++与--差值为 0.21cN/tex，差异不显著，+-单株的平均纤维强度为 32.50cN/tex，与--差值为 1.14cN/tex，差异达到了极显著水平。结果表明，*QTL-1*、*QTL-2*

表 6-37　分子标记辅助选择稳定性分析

QTL	连锁标记	群体	基因型	纤维强度/（cN/tex）	单株/个	差值/（cN/tex）	P 值
QTL-1	DPL0387	Pop1	--	30.56	172		
			+-	30.77	27	0.21	>0.05
			++	32.03	24	1.47	<0.05
		Pop2	--	31.36	411		
			+-	31.68	91	0.32	>0.05
			++	32.62	87	1.26	<0.01
QTL-2	PGML00463	Pop1	--	30.60	179		
			+-	30.78	26	0.18	>0.05
			++	32.11	18	1.51	<0.05
		Pop2	--	31.27	411		
			+-	32.10	84	0.83	<0.01
			++	32.58	94	1.31	<0.01
	TMK19	Pop1	-	30.48	177		
			+	31.73	46	1.25	<0.01
		Pop2		31.33	445		
			+	32.42	144	1.09	<0.01
QTL-3	BNL1694	Pop1	--	30.41	132		
			+-	31.25	23	0.84	>0.05
			++	31.21	68	0.80	<0.05
		Pop2	--	31.36	318		
			+-	32.50	88	1.14	<0.01
			++	31.57	183	0.21	>0.05

和 *QTL-3* 在双交 F$_1$ 世代 2 个遗传背景下均具有显著的遗传效应，标记 DPL0387、PGML00463、TMK19 和 BNL1694 的辅助选择效应明显。其中，与 *QTL-2* 有关的两个连锁标记 PGML00463 和 TMK19 在 2 个群体都能检测到，由于 PGML00463 为共显性标记，其纯合显性单株效应值要高于显性标记 TMK19。

由于标记 BNL1694 在 Pop2 中+−与−−单株的平均纤维强度差异达到了极显著水平，++与−−的差异未达到显著水平，因此，与 *QTL-3* 连锁的标记 BNL1694 在 Pop2 的聚合效应研究用+−单株代替++单株进行分析。

（三）两个位点 QTL 聚合效应检测

与 3 个纤维强度 QTL 连锁的共显性标记在双交 F$_1$ 世代的聚合效应分析（表 6-38），*QTL-1×QTL-2* 组合在两个群体中同时聚合到 2 个 QTL 单株与 2 个 QTL 均无单株的平均纤维强度差值分别为 1.51cN/tex 和 1.31cN/tex，差异达到了显著或极显著水平，但与只聚

表 6-38　两个位点 QTL 聚合效果检测

QTL 组合	群体	连锁标记		纤维强度 /（cN/tex）	株数/个	差值 /（cN/tex）	P 值
		DPL0387	PGML00463				
QTL-1×QTL-2	Pop1	++	++	32.05	14		
		−−	−−	30.54	163	1.51	<0.05
		++	−−	30.75	4	1.30	>0.05
		−−	++	33.40	3	−1.35	>0.05
	Pop2	++	++	32.52	68		
		−−	−−	31.21	377	1.31	<0.01
		++	−−	33.52	11	−1.00	>0.05
		−−	++	33.36	17	−0.84	>0.05

QTL 组合	群体	连锁标记		纤维强度 /（cN/tex）	株数/个	差值 /（cN/tex）	P 值
		DPL0387	BNL1694				
QTL-1×QTL-3	Pop1	++	++	33.90	6		
		−−	−−	30.34	103	3.56	<0.01
		++	−−	30.95	16	2.95	<0.05
		−−	++	30.88	50	3.02	<0.05
	Pop2	++	+−	33.78	9		
		−−	−−	31.05	230	2.73	<0.01
		++	−−	32.66	50	1.12	>0.05
		−−	+−	32.41	68	1.37	>0.05

QTL 组合	群体	连锁标记		纤维强度 /（cN/tex）	株数/个	差值 /（cN/tex）	P 值
		PGML00463	BNL1694				
QTL-2×QTL-3	Pop1	++	++	33.40	4		
		−−	−−	30.30	105	3.10	>0.05
		++	−−	31.52	13	1.88	>0.05
		−−	++	31.00	55	2.40	>0.05
	Pop2	++	+−	34.08	12		
		−−	−−	31.04	236	3.04	<0.01
		++	−−	32.32	50	1.76	<0.05
		−−	+−	32.38	62	1.70	<0.05

合到其中 1 个 QTL 单株的平均纤维强度差异不显著，表明 *QTL-1×QTL-2* 组合聚合 2 个 QTL 与单个 QTL 效应相当。

QTL-1×QTL-3 组合在两个群体中同时聚合到 2 个 QTL 时单株平均纤维强度达到最大，分别为 33.90cN/tex 和 33.78cN/tex，与两个 QTL 均无单株的平均纤维强度差值分别为 3.56cN/tex 和 2.73cN/tex。在 Pop1 中与只聚合到其中 1 个 QTL 单株的差值分别为 2.95cN/tex 和 3.02cN/tex，差异达到了显著或极显著水平；在 Pop2 中与只聚合到其中 1 个 QTL 单株的差值达到了 1.12cN/tex 和 1.37cN/tex，差异不显著。

QTL-2×QTL-3 组合在两个群体中同时聚合到 2 个 QTL 时单株平均纤维强度达到最大，分别为 33.40cN/tex 和 34.08cN/tex。在 Pop2 与两个 QTL 均无单株的平均纤维强度差值为 3.04cN/tex，与只聚合到其中 1 个 QTL 单株的差值分别为 1.76cN/tex 和 1.70cN/tex，差异达到了显著或极显著水平；在 Pop1 中与只聚合到其中 1 个或 0 个 QTL 单株的差异分别达到了 1.88cN/tex、2.40cN/tex 和 3.10cN/tex，差异均不显著。结果表明，*QTL-1×QTL-3* 与 *QTL-2×QTL-3* 组合两个位点 QTL 的聚合能表现出显著的累加效应，聚合 2 个 QTL 能显著提高单株的纤维强度。

（四）分子标记辅助选择的稳定性

QTL 连锁标记选择效应的稳定性是分子标记应用于辅助育种选择的重要条件，棉花纤维品质相关 QTL 的稳定性研究已有报道，袁有禄等（2001）利用（7235×TM-1）F$_2$ 群体定位了一个来自'7235'的高强主效 QTL，该 QTL 位于 Chr10 上，与 6 个 RAPD 标记和 2 个 SSR 标记连锁，标记区间覆盖遗传距离为 15.5cM，可以解释 35% 和 53.8% 的 F$_2$ 与 F$_{2:3}$ 表型变异，可以在不同世代、不同遗传背景和不同生态环境中检测到（沈新莲等，2001；易成新等，2004；Guo et al.，2005）。石玉真等（2007）以转基因抗虫棉品种'sGK321'和'sGK9708'为轮回亲本，分别与优质丰产品种'太 121'和高纤维品质渐渗种质系'7235'杂交的 F$_1$ 世代材料杂交并回交，配置了两套杂交回交组合，运用与一个已定位的高强纤维 QTL 紧密连锁的 2 个 SSR 标记，对这两套杂交组合的不同世代群体进行分析，表明此高强纤维主效 QTL 在不同的遗传背景，经过多代杂交、回交和自交后，能够稳定遗传而且 QTL 效应稳定；利用此高强纤维主效 QTL 的分子标记进行辅助选择提高棉花纤维强度效果是显著的。

本研究选用 2 个纤维品质优异材料作为供体亲本，其中的 3 个主效 QTL 已定位。同时还选用了 2 个纤维品质一般但产量较高的抗病品种作为 QTL 的受体亲本，组配了 2 个双交 F$_1$ 群体，以进一步明确所选 QTL 效应的稳定性和应用效果；在优质亲本'0-153'的 Chr7 上也定位到了纤维强度的 1 个主效 QTL，该 QTL 与 BNL1694 连锁，能在（0-153×SGK9708）F$_2$ 和 F$_{2:3}$ 中检测到，分别解释 19.83% 和 16.67% 的表型变异，与 QTL-3 可能为同一个 QTL；*QTL-1*、*QTL-2* 和 *QTL-3* 在本研究双交 F$_1$ 世代 2 个群体中显性（纯合）背景下都能检测到显著的遗传效应，表明这些纤维强度的主效 QTL 在不同遗传背景中效应稳定，杂合显性背景下遗传效应不显著，进一步明确了开展分子标记辅助选择的必要性。

QTL-1×QTL-2 组合在两个群体中同时聚合 2 个 QTL 的单株平均纤维强度分别为 32.05cN/tex 和 32.52cN/tex，*QTL-1* 辅助选择++单株的平均纤维强度分别为 32.03cN/tex

和 32.62cN/tex，*QTL-2* 辅助选择++单株的平均纤维强度分别为 32.11cN/tex 和 32.58cN/tex，双标记与单标记选择的单株平均纤维强度差异不显著，而且 *QTL-1* 和 *QTL-2* 都位于 Chr25 上，在遗传连锁图谱上，二者的最大遗传距离小于 6cM，因此，*QTL-1* 和 *QTL-2* 很可能是同一个 QTL，标记 DPL0387、PGML00463 和 TMK19 都与该 QTL 连锁。

（五）QTL 聚合效应分析

分子聚合育种的重要任务就是利用分子标记辅助选择技术将分布在不同遗传背景中的目标基因聚合到同一个遗传背景中。本研究两个 QTL 位点聚合分析中，*QTL-1×QTL-3* 和 *QTL-2×QTL-3* 组合在两个群体中聚合到 2 个 QTL 单株平均纤维强度比只聚合到其中 1 个 QTL 单株都有所增加，表明这两个组合 QTL 之间具有累加效应。*QTL-2×QTL-3* 聚合效果检测中，在 2 个群体中，只聚合到其中 1 个 QTL 的单株与 2 个 QTL 均无的单株相比，平均纤维强度分别增加了 0.70~1.34cN/tex，而同时聚合到这两个 QTL 时单株平均纤维强度分别增加了 3.10 cN/tex 和 3.04 cN/tex，比这 2 个 QTL 单独聚合的效应之和分别增加了 0.60cN/tex 和 1.00cN/tex，说明 *QTL-2* 与 *QTL-3* 之间存在明显的互作效应。除 QTL 之间的互作，林忠旭等（2009）以 DH962×冀棉 5 号的 F[2:3] 家系为分析群体，对 145 个共显性标记进行两位点的互作分析，共检测到 75 对互作位点，其中 9 对属于 QTL 与非 QTL 之间的互作，66 对属于非 QTL 位点与非 QTL 位点之间的互作，互作类型以加性显性互作和显性加性互作为主。近年来，通过分子标记作图在水稻、玉米、小麦和大豆等中发现了上位互作的普遍存在。另外，在 QTL 聚合效应的检测中，由于部分基因型分组中单株数目较少，"*t* 测验"中差异达到显著水平的标准更加严格。例如，*QTL-2×QTL-3* 组合在 Pop1 中同时聚合到 2 个 QTL 的只有 4 个单株，平均纤维强度为 33.40cN/tex，与 2 个 QTL 均无的材料相比，增加 3.10cN/tex，差异仍未达到显著水平。

本研究在由 4 个亲本通过单交、双交获得的 2 个 F[1] 群体中，检测出了单个 QTL 位点及 2 个 QTL 位点聚合的纤维强度显著遗传效应，明确了可以利用育种低世代群体研究聚合效应；同时，这 2 个组配的群体都以推广的高产抗病品种为背景，期望通过不同优质纤维品质性状 QTL 的聚合，进一步获得在品质、产量和抗病性方面都能得到同步改良的材料。

第三节　棉花抗逆高产分子改良的遗传基础

棉花叶片早衰是一个世界性的问题，不仅发生于我国主要产棉区，在美国和澳大利亚等产棉区也十分普遍，已经引起各国棉花科技工作者的高度重视。一旦发生早衰，棉株叶片局部发育异常，很大程度上抑制其作为源的功能，胁迫棉铃发育，对棉花产量和品质的形成十分不利。轻度早衰常减产 10%左右，重度早衰则可减产 20%~50%，而且叶片早衰导致棉花纤维强度的降低、纤维长度变短、纤维整齐度下降，从而降低棉花纤维的成纱质量。因此，研究棉花抗衰老分子机制、筛选抗衰老功能基因对棉花产量和品质的同步提高具有重要意义。

随着人口的急剧增加和气候条件的日益恶化，土壤的干旱化、盐碱化等逆境已经成为世界农业可持续发展的重要限制因素。我国是土壤干旱盐碱化最为严重的国家之一，作为全世界人均水资源最贫乏的国家之一，人均水资源仅为世界平均水平的 1/4；预计到 2020 年前后，农业缺水将达 1000 亿 m^3。我国北方地区水资源量和耕地面积分别占全国 17% 和 64%，造成耕地和可利用水资源比例严重失衡。我国北方干旱和半干旱的耕地有 6600 万 hm^2，华北和西北地区等已经成为重旱区和特旱区。干旱缺水进而引起农业水环境恶化，造成水土流失严重和土地盐碱荒漠化。我国盐碱化耕地面积 5.2 亿亩，在世界上占第 4 位，仅次于澳大利亚、墨西哥、阿根廷。大量闲置未用的旱地盐碱地，成为我国可利用的潜在耕地资源。

棉花是干旱、盐碱地区的先锋作物之一。但干旱、盐碱等逆境容易造成棉花早衰，从而致使减产降质，因此，筛选抗衰老、抗旱、耐盐碱等功能基因，培育抗旱、耐盐碱棉花新品种，可以开发和利用北方旱地、盐碱地及新疆盐碱旱地，不仅可节约我国农田用水，还能改良和利用旱地盐碱地，有利于缓解粮棉争地矛盾，对确保我国粮棉安全，具有重要的战略意义。

棉花黄萎病是毁灭性的、对产量影响最大的病害，其防治是继棉铃虫之后又一生产难题。黄萎病属于土传维管束病害，其主要致病菌大丽轮枝菌寄主范围广，且在土壤中存活时间长达 10 年以上（Klosterman et al.，2009）。大丽轮枝菌通过棉花根系侵染、定殖，进而引起植株系统发病；导致维管束堵塞，叶片坏死、落叶、导管组织萎蔫和变色（Sink and Grey，1999）。实践证明，杀菌剂和其他化学手段对于防治黄萎病收效甚微。尽管一些栽培措施，如适量播种、灌溉、施肥和轮作倒茬能在一定程度上影响黄萎病的发展，但没有一项栽培措施能有效控制该病害（Kamal，1985）。遗传抗性被认为是最有效、持久的防治方法，目前还没引起足够重视。

一、棉花抗衰老功能基因筛选

（一）棉花叶片衰老转录组

1. 棉花叶片 cDNA 文库构建和 EST 测序

cDNA 文库的构建是分子生物学研究的重要技术，对新基因发现起着非常重要的作用。迄今为止，在其他的动物、植物中已成功的利用 cDNA 文库技术进行了很多功能基因的克隆和研究。对于棉花而言，在分子生物学水平上的研究远远滞后于拟南芥、水稻等植物，而且在公共数据库中拥有基因序列数量也远远低于其他作物，因此利用棉花特定组织中的 mRNA 反转录成相应的 cDNA 构建可表达的 cDNA 文库，为克隆棉花中一些重要基因提供了便利。EST 技术是功能基因组学和比较基因组学研究的重要组成部分。在公共数据库 NCBI 的 EST 数据库中已收录了大量的棉花的 EST 序列，但是主要集中在棉花纤维和胚珠等组织，与棉花叶片相关的 EST 序列很少。所以获得棉花叶片发育的 EST 序列，为研究棉花叶片发育和衰老的分子机制及基因表达调控网络提供序列基础。

喻树迅研究团队以陆地棉'中棉所 36'盛花期的叶片样品为材料，构建了均一化的全长 cDNA 文库，并随机挑取 10 000 多个单克隆进行 EST 测序，并将得到的序列与 NCBI 等公共核酸、蛋白质数据库进行比对分析，对序列进行功能注释和功能分类。这些序列可为研究陆地棉叶片发育及相关基因的克隆和表达谱分析提供有价值的信息资源（Lin et al.，2003）。

构建的'中棉所 36'叶片发育全长 cDNA 初级文库含有 5.12×10^6 个独立克隆，重组率为 96%，具备较高的库容，符合质量要求。通过随机挑取板上的单克隆，进行琼脂糖凝胶电泳检测。检测结果：插入片段大小均为 850~4000bp，平均插入片段长度>1kb。随机挑取 48 个克隆子抽提质粒进行双向测序，通过序列分析预测 ORF 氨基酸长度，以及与 NCBI NR 库进行 BLASTP 同源比对，全长比例为 88.6%。提取全长 Uncut cDNA 文库（载体 pDONR222）混合质粒，对文库进行均一化处理，从而得到了包含有 7.68×10^5 个总克隆数的均一化全长 cDNA 文库。为了验证文库的均一化的效果，通过 qRT-PCR 检测了两个文库总质粒中两个内参基因（actin，18S rRNA），结果表明，两个内参基因的表达量均一化后分别降低了 144 倍和 194 倍，这表明该文库的均一化效果好。

从构建好的'中棉所 36'全长均一化 cDNA 文库中随机挑取 11 623 个克隆，经过 3' 端测序，共获得 11 623 条序列，通过去载体序列和低质量序列等严格处理后，得到高质量 EST 序列 9874 条，提交到 NCBI GenBank dbEST 数据库，登录号为 JZ110066-JZ119939。对高质量序列采用 phrap 软件进行拼接和组装，得到 Singlet 3539 条（68.2%），Contig 1652 条（31.8%），其中组装成 Contig 的 EST 共有 8036 条，共得到 Unigene 5191 条，EST 的冗余率为 47.4%，Unigene 的平均长度大约为 682.5bp。本文库为全长均一化文库，经过拼接后发现有 3539 条（68.2%）单一序列，而在 1652 个 Contig 中，885 条（53.6%）仅有 2 个 EST、363 条（21.97%）有 3 个 EST、156 条（9.44%）有 4 个 EST、96 条（5.21%）有 5 个 EST。所以在 Contig 中，平均每个 Contig 仅由 3.8 条 EST 组成，而在整个 Unigene 中，平均每个 Unigene 中只有 1.9 个 EST 组成，因此该文库的均一化效果较好。通过将本研究产生的所有 EST 和 Unigene 分别与 DFCI Cotton Gene Index（http: //compbio.dfci. harvard.edu/cgi-bin/tgi/gimain.pl?gudb = cotton）中所有棉属的 351 954 条 EST 和 117 992 条 Unique sequence 进行 Blast 比较发现，本研究产生的 9874 条高质量的 EST 中有 24.3% 未在棉属 EST 中比对上，而经过拼接的 5191 条 Unigene 中有 19.1% 未在棉属所有 Unique sequence 中比对上。所以本研究为整个棉属分别新增加了 2400 条 EST 和 991 条 Unique sequence。

将组装好的 Unigene 用 BlastX 进行基因注释，分别用 NCBI 中非冗余核酸数据库 nt、蛋白质数据库 nr、SwissProt 和 Interpro 进行比对注释，发现在 5191 条 Unigene 中，有 4183 条（79.7%）序列可以在 nt 库中找到匹配序列，而在蛋白质库中分别有 4383 条、2973 条和 3199 条序列分别在 nr、SwissProt 和 Interpro 中找到匹配序列，分别占总数的 84.4%、57.3%和 61.6%。从 nr 库的注释情况来看，有 808 条序列没有与库中任何一个蛋白质匹配上，在能匹配上的所有序列中，发现与蓖麻、葡萄和杨树匹配上的最多，分别为 25%、23.1%和 22.2%，而与棉花匹配上的只有 490（11.2%）条序列。

将所有 Unigene 利用 InterPro 在 domain 的水平上进行注释，通过 InterProSca 得到了能比对上的所有基因隶属的蛋白质家族、domain 及功能位点等信息。所有 Unigene 中有 3199 个基因归类到 1150 个 InterPro 家族。其中富集基因较多的 InterPro 家族是 protein kinase, core（IPR000719，89 Unigene）、zinc finger、RING- type（IPR001841，41 Unigene）、WD40 repeat（IPR001680，36 Unigene）、beta tubulin（IPR000217，30 Unigene）、cytochrome P450（IPR001128，29 Unigene）、RNA recognition motif 和 RNP-1（IPR000504，29 Unigene）。

将所有的序列分别与常用于基因功能分类的数据库 KEGG 比较分析，对这些序列从不同的方面进行功能分类。通过 KEGG pathway 注释，只有 1415 条序列有注释，参与 293 个不同的 KEGG pathway 过程。基因富集较多的一些 pathway 多属于代谢方面，大约有 329 个基因参与 Metabolic pathway，接着是次生代谢物的生物合成、核糖体、逆境中微生物代谢、氨基酸的生物合成、碳代谢、内质网中蛋白质加工、氧化磷酸化作用、RNA 转运等。

该研究共产生了 9874 条高质量的 EST 序列，这些序列来自于棉花盛花期，包括幼嫩叶片、成熟叶片、衰老叶片整个生育期的叶片发育过程，最大可能地包含了棉花叶片发育各个时期的所有基因，是首次对棉花整个叶片发育过程进行的大规模 EST 测序，为将来棉花全基因组测序、叶片发育表达谱和基因克隆及功能分析提供了很好的序列基础。本研究产生的 EST 中有 24.3% 的 EST 为新的 EST，经过拼接的 5191 条 Unigene 中有 19.1% 未在棉属所有 Unique sequence 中比对上，这丰富了目前 EST 的数据，不仅为克隆新基因及表达谱分析提供了参考，也能为棉花基因组测序研究提供一种辅助，是具有重要意义的序列信息和资源。

2. 陆地棉叶片衰老表达谱的构建和分析

数字基因表达谱（DGE）利用新一代高通量测序技术和高性能计算分析技术，能全面、经济和快速地检测某一物种特定组织在特定状态下的基因表达情况。喻树迅研究团队利用新一代高通量测序技术构建了陆地棉叶片发育和衰老过程的表达谱，为探讨棉花叶片衰老分子机制提供了重要线索。

利用室内条件下种植的棉花品种'中棉所 36'，通过观察叶片的表型、测定各叶片样品的叶绿素和丙二醛的含量（图 6-12）发现，叶片的顶端在 35 天出现了黄化，随后黄化区域逐渐扩大。而叶绿素的含量从 5 天开始，持续上升一直到 25 天达到最大值，接着逐渐下降。而丙二醛的含量随着叶片发育的进行，持续上升。本研究选择叶绿素含量最高的 25 天和衰老中期的 65 天的样品为转录组测序的分析材料，选择 15 天、25 天、35 天、45 天、55 天及 65 天的样品（包括幼嫩期叶片、成熟叶片及衰老各个时期的叶片）为数字基因表达谱的分析材料。

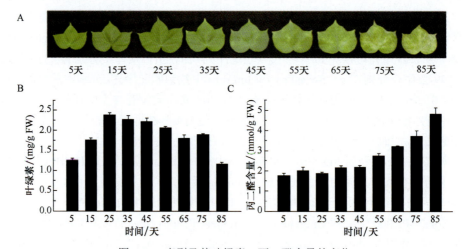

图 6-12　表型及其叶绿素、丙二醛含量的变化

A. 陆地棉叶片不同发育时期的表型变化；B. 叶片各个时期叶绿素含量的测定；C. 叶片各个时期丙二醛含量的测定

　　运用 Illumina HiSeq™ 2000 测序平台对陆地棉'中棉所 36'成熟叶片（25 天）和衰老叶片（65 天）两份材料进行了转录组测序，去掉低质量的序列后，两个文库分别得到了 51 773 042 条和 52 558 410 条的 clean reads 的数据，Contig 的平均长度为 315bp 和 319bp，Contig 的 N50 分别为 503bp 和 514bp。经过 Trinity 和 Tgicl 软件进一步的序列拼接，去冗余处理及聚类，得到尽可能长的非冗余序列，两个文库共得到 82 867 条 Unigene，而其平均长度为 764bp，Unigene 的 N50 为 1188bp。在 300~1000nt 时 Unigene 占 75%（62 224 条 Unigene），大于 3000nt 的较少（1.6%，1338）。测序得到的短序列（clean read）已经上传至 NCBI 中的 Sequence Read Archive 数据库（http://www.ncbi.nlm.nih.gov/sra/），获得登录号：SRR654707。

　　随后，又测序得到了 6 个数字基因表达谱：15 天、25 天、35 天、45 天、55 天和 65 天，每个文库分别产生了大约 480 万条 raw tag，去掉低质量的 tag 后，每个文库分别产生了 430 万~460 百万条 clean tag，后续分析都基于 clean tag。经过测序所得的原始序列都带有一段 3' adaptor 序列，并且含有少量低质量序列及各种杂质成分。经过一系列数据处理，得到 clean tag，后续分析都基于 clean tag。6 个样品共得到 27 385 365 条长度为 21bp 的 clean tag，平均每个样品都产生超过 450 万的 tag。测序数据饱和性分析结果表明，所得 tag 数量充足能够进行下一步的分析。经测序所得到的 clean tag，以最多允许 1 个碱基错配的标准匹配到棉花参考数据库中的基因上，所用的参考数据库包括 3 个：第一个是得的转录组数据，第二个是前期构建的棉花全长均一化 cDNA 文库，第三个是 DFCI（http://compbio.dfci.harvard.edu/cgi-bin/tgi/gimain.pl?gudb=cotton）中所有棉属的 Unique sequence。将所有 clean tag 先匹配到第一个数据库，未匹配上的 clean tag 再逐步与另外的数据库匹配，分析表明每个样品中平均有 52.66% 左右的 tag 能够唯一匹配到参考数据库中的一条序列。在所有能唯一匹配到基因的 tag 中，与转录组参考数据库匹配上的有 55.2% 的 tag 种类，与 DFCI 棉属参考数据库匹配上的有 40.7% 的 tag 种类，而与叶片全长均一化文库参考数据库匹配上的有 4.1% 的 tag 种类。这些单一匹配的 tag 称为 unambiguous clean tag，每个样品中大约有 240 万个 unambiguous clean tag。这些 tag 用于计算每个基因的表达量并采用 TPM 进行平衡化。在本实验中共有 49 890 个基因能够被 unambiguous clean tag 所匹配上，后续分析是基于这些基因进行的。

　　与传统表达谱分析的方法不同，数字基因表达谱测序的方法是根据匹配到基因上 tag 数量的多少来计算该基因在样品中的表达量的。为了验证数字表达谱基因表达分析的结果，本实验用了两种方法来进行验证。第一种方法是，在转录组测序的两个样品 25 天和 65 天数据中随机挑选在数字表达谱中也能找到的基因进行表达量分析，并计算这两者之间各个基因在这两个时期表达变化的倍数。转录组测序的各个基因表达变化的结果与数字表达谱得到的结果，变化趋势基本上一致（$r=0.80$，$P<0.001$）。第二种方法是，随机选取不同功能分类、不同表达模式的 25 个基因进行 qRT-PCR 分析，但其中有 4 个基因没有特异性扩增结果或扩增结果不是目标条带。采用 SAS 软件中 Pearson correlation coefficient 算法对这两种方法的结果进行相关性分析，整体上来说，qRT-PCR 的结果与数字表达谱的结果变化趋势基本一致。但因为两者算法不同，倍数有所差别。因此，以上结果表明本实验数字表达谱得到的各个基因表达量的分析结果基本可靠。

　　将所有数字表达谱测序的样品两两做差异分析，采取严格的算法筛选两样本间的差异表达基因。为了筛选得到棉花叶片衰老过程的重要基因，采用了以下 3 个标准筛选差异表达基因：①两个样品中的原始表达量（raw intensity）至少有一个大于 10；②标准表达量的差异倍数为至少 2 倍；③FDR≤0.001。只有同时符合这 3 个标准才被认为是差异表达的基因。

通过以上标准的筛选，共从数字表达谱里筛选获得 4398 个差异表达基因。具有相似表达模式的基因通常协同调控某些生物学过程，为了得到在陆地棉叶片衰老过程中协同调控的基因，将 4398 个差异表达基因用 MultiExperiment Viewer（MeV，v4.7.4）软件基于 K-mean 和等级聚类的方法分别进行了聚类分析。首先通过 K-mean 的方法，我们将 4398 个差异表达基因按照表达模式聚成了 49 个小类，随后将得到的 49 个小类用等级聚类的方式又进行了聚类分析（图 6-13）。从图 6-13B 上可以清晰地看到每类基因在叶片发育各个时期的表达变化情况，从整体上来看，不管是上调基因还是下调基因，其基因表达变化的主要时期都发生在 25~35 天。基于表达模式这些基因能被分成主要的两大类。第一类是 2325 个随着叶片发育进行下调表达的基因，包括 1~17 类；第二类是 2064 个随着叶片发育的进行上调表达的基因，包括 29~49 类。而包含 9 个基因的 28 类则表现出更为复杂的表达模式。

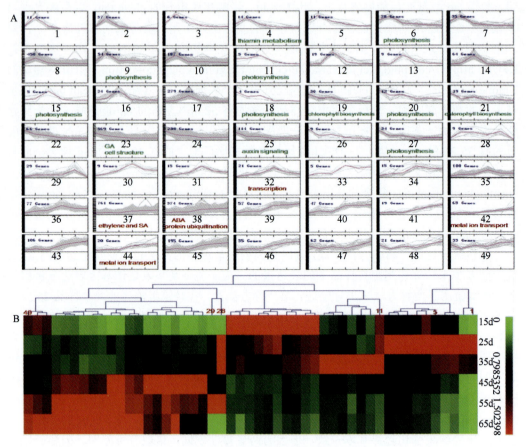

图 6-13 差异表达基因的 MeV 聚类分析

A. 差异表达基因的 K-mean 聚类分析结果；图中绿色为下调的部分 GO，红色为上调的部分 GO。

B. 每类基因对应的表达模式图

　　为了从整体上分析基因的表达谱，揭示棉花叶片发育过程中差异表达基因参与的功能类别，运用 GO 富集工具 BiNGO（Maere et al.，2005）对 49 类基因进行了 GO 富集分析（图 6-14）。对于下调表达的基因：在分子组分方面，类囊体、质体、细胞膜、细胞质和细胞壁显著富集；在参与的生物学过程方面，光合作用、次级代谢过程、碳水化合物及脂类代谢过程显著富集；而在分子功能方面仅有结构分子活性显著富集。所有这些显著富集的功能分类对细胞生长都是必需的，但是在叶片衰老过程都下调表达了。细胞结构完整性的丧失，如细胞膜、类囊体、质体、细胞壁等，导致细胞内稳态的破坏，最终导致衰老的叶片中细胞生命活动的结束。对于上调表达的基因而言，则呈现出完全不同的一种情形，显著富集的功能分类主要是一些参与应激反应的防御和保护过程。在参与的生物学过程方面，显著富集的是胞内刺激反应、生物刺激反应、细胞间通信、信号转导及胁迫反应；在分子功能方面，显著富集的是激酶活性、转移酶活性、转录因子活性、受体结合及催化活性；而在分子组分方面富集的很少。同时，为了研究基因表达的动力学过程，我们对每个小类也进行了 GO 富集分析。图 6-14 中我们也标注了一些小类中明

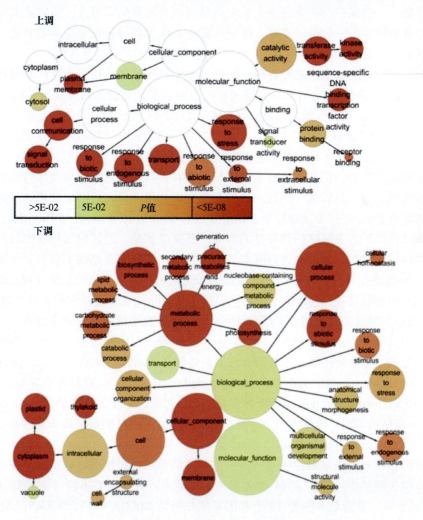

图 6-14　叶片衰老过程中上调基因和下调基因的 GO 富集分析

显富集的分子功能类别。对于下调表达的基因，毫无疑问的是，叶绿素合成基因和光合作用相关基因在下调的小类中显著富集。第 4 小类中硫胺素代谢相关基因、第 23 小类和第 25 小类中赤霉素刺激应答的基因，以及参与生长素信号途径的基因显著富集。同时，第 2 小类中许多与细胞结构相关的基因明显富集。而对于上调表达的基因，则相对而言少一些。在第 37 小类中，许多与乙烯和水杨酸刺激或信号有关的基因显著富集。在第 38 小类中，一些与蛋白质泛素化和脱落刺激相关的基因显著富集。在第 42 小类和第 44 小类中，金属离子转运功能相关基因显著富集。结果提示这些显著富集的功能分类在棉花叶片发育和衰老过程有很重要的作用。

本实验中以 corrected P 值<0.05 为阈值，满足此条件的 pathway 定义为在差异表达基因中显著富集的 pathway。结果发现 1129 个下调表达基因参与了 106 条代谢途径，726 个上调表达基因参与了 97 条代谢途径。在下调表达的基因中有 5 条代谢途径显著富集，而在上调表达的基因中只有 3 条代谢途径显著富集。许多典型的衰老相关 pathway，如光合作用、光合作用天线蛋白、卟啉和叶绿素代谢途径及碳固定途径在下调差异表达基因中显著富集。一些保护性的途径在上调表达基因中显著富集。另外，植物激素信号转导通路在上调表达基因中也明显富集。这些结果与 GO 富集分析结果很多都具有一致性。这些结果表明，这些 pathway 可能在叶片发育和衰老过程中有重要作用。

在上述分析的基础上，进行陆地棉叶片衰老相关基因与其他植物叶片衰老相关基因比较分析。在植物叶片衰老过程中，前面研究已鉴定了大量衰老相关基因（SAG），在叶片衰老数据库 LSD 中共收录了 5356 个 SAG，包括 44 种植物，最多的是拟南芥（3744 个 SAG）。这些 SAG 编码许多不同功能的蛋白质，包括大分子降解、营养物质循环再利用、转录调节和激素应答等。在本研究中，我们在发育和衰老叶片中共鉴定到了 4398 个差异表达基因，然而，棉花叶片衰老分子机制或者说基因表达模式与其他物种的异同点还不是很清楚。为了分析这一问题，我们将数字表达谱获得的所有差异表达基因与衰老数据库里所有 SAG 进行了比较分析，结果发现有 2433 个差异基因（55%）能在 LSD 中找到同源基因，比对上最多的物种是拟南芥，其次是水稻。通过将这些基因与对应的比对最好的结果按照其功能注释进行分类，结果表明，这些同源基因主要是参与蛋白质降解/修饰、转录调控途径、信号转导、脂类/碳水化合物代谢、氧化还原化反应、营养物质循环再利用和运输途径。结果提示，这些途径在棉花叶片衰老过程中有重要作用。另外，在 LSD 数据库里没能找到同源基因的 1965 个基因可能是棉花叶片衰老过程中特异的，将这些基因与众多数据库，如 NR、NT、swissprot 等进行比对注释，发现有 70%的基因是未知功能的，而能被注释上的基因有许多是与光合作用相关的基因（e.g., photosystem I/II reaction center subunit, light-harvesting complex II protein），叶绿体降解基因（e.g., chlorophyll a/b binding protein），核糖体蛋白基因，初级、次级代谢基因（e.g., cytochrome P450），锌指结构蛋白，转录因子，等等。这些未知的基因可能是以后研究棉花叶片衰老分子调控网络的研究目标和方向。

转录因子在基因表达调控中是一类很重要的调节子，据报道，转录因子在叶片衰老过程中有很关键的作用。在 4398 个差异表达基因中，共鉴定了 649 个转录因子，分成 54 个基因家族。数量最多的前 10 个基因家族分别为 MADS（71）、WRKY（51）、C3H（49）、AP2-EREBP（36）、FAR1（35）、NAC（30）、bHLH（27）、DBP（20）、GRAS（20）

和 SET（20）家族，其中许多转录因子家族都在植物应对生物学胁迫、非生物学胁迫和衰老中有重要作用。聚类分析结果表明，许多转录因子家族都呈现出上调表达的趋势，如 WRKY 家族基因和 MADS 家族基因在早期 25 天就明显上调。另外一个明显上调的家族是 NAC 大家族，有许多研究表明 NAC 家族的很多基因参与衰老和各种胁迫相关的过程。另外，在以前衰老研究报道中差异表达的家族，如 AP2-EREBP、bZIP、GRAS、MYB、DBP 和 HB 家族也在我们研究中上调表达。同时，C3H 家族也在 35 天开始上调表达。而有些家族，如 bHLH、SET 和 PHD 开始上调表达的时间稍晚，在 45 天开始。

（二）抗氧化酶类与棉花叶片衰老

1. 不同棉花材料叶片发育生化指标变化比较

喻树迅研究团队利用早衰品种'中棉所 10 号'、不早衰品种'辽 4086'和早熟不早衰品种'中棉所 16 号'3 种不同衰老基因型棉花品种为材料，研究棉花叶片中的叶绿素含量、抗氧化酶活性（CAT、SOD、APX 和 POD）、丙二醛（MDA）和 H_2O_2 含量的变化及其基因表达规律。

叶绿素是光合作用的重要色素，其含量高低与光合作用强弱有很大关系。3 种不同衰老基因型的叶绿素含量，自 10 天叶龄的叶片测定开始，叶绿素含量较低，随着叶片发育，叶绿素含量逐渐升高，至 25 天达到高峰，之后逐渐降低，至 55 天降至最低值；3 种不同衰老基因型品种叶绿素含量在 30 天前差异不显著，35~55 天，不早衰品种'中棉所 16'和'辽 4086'的叶绿素含量显著高于早衰品种'中棉所 10'，但早熟不早衰的'中棉所 16'和不早衰'辽 4086'差异不显著。由此表明，35 天是棉花叶片衰老的关键时期，不早衰品种'中棉所 16'和'辽 4086'光合作用能力显著高于早衰品种'中棉所 10'（图 6-15）。

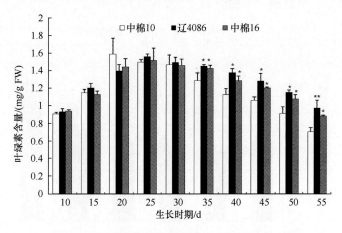

图 6-15　不同衰老基因型棉花品种的叶绿素含量

H_2O_2 是植物体内代谢的重要物质，其含量高低表明植株体内抗氧化物酶活力强弱。3 种不同衰老基因型 H_2O_2 含量与叶绿素含量的变化规律正好相反，10 天叶龄的叶片，H_2O_2 含量最高，随着叶片发育，H_2O_2 含量逐渐降低，至 30 天，H_2O_2 含量降至最低，之后，随着叶片逐渐衰老，H_2O_2 含量逐渐升高；3 种不同衰老基因型 H_2O_2 的含量自 30 天以后，随着叶片的衰老，早衰品种'中棉所 10'的 H_2O_2 含量显著高于不早衰的品种'中棉 16' 和 '辽 4086'，但不早衰品种 '中棉所 16' 和 '辽 4086' 之间差异并不显著。由此表明，早熟不早衰品种 '中棉所 16' 和不早衰品种 '辽 4086' 的抗衰老能力显著高于早衰品种 '中棉所 10'（图 6-16）。

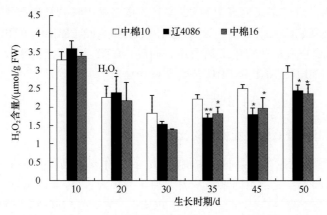

图 6-16　不同衰老基因型棉花品种的 H_2O_2 含量

MDA 是植物体内各种氧化反应最终产物之一，其含量的高低可表明植物体的膜脂过氧化程度，即表明植物的衰老程度。3 种不同衰老基因型的 MDA 含量均在 30 天前差异不明显，随着叶片的发育，MDA 含量逐渐上升，到叶片衰老后期，MDA 含量达到最高峰；其早衰品种 '中棉所 10'，自 10 天叶龄的叶片测定开始，至衰老后期 50 天，MDA 含量均高于早熟不早衰品种 '中棉所 16' 和不早衰品种 '辽 4086'，30~50 天，差异达显著水平。由此表明，早熟不早衰品种 '中棉所 16' 和不早衰品种 '辽 4086' 的膜脂过氧化程度显著低于早衰品种 '中棉所 10'（图 6-17）。

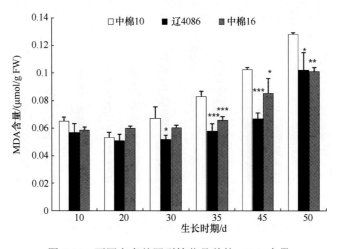

图 6-17　不同衰老基因型棉花品种的 MDA 含量

抗坏血酸（ascorbic acid，AsA）作为植物体内一种重要的自由基清除剂，在减少膜脂过氧化作用对细胞造成的损伤、增强植物抵抗逆境胁迫能力等过程中起着非常重要的作用。3 种不同衰老基因型品种，自叶片发育初期（10 天叶龄），AsA 的含量最高，随着叶片的发育，逐渐降低，至叶片发育后期 50 天，AsA 的含量降至最低；其中，不早衰的品种'中棉所 16'和'辽 4086'AsA 含量均高于早衰品种'中棉所 10',30~50 天,差异达显著水平(图 6-18A)。而同样为抗氧化剂的 GSH,在叶片的整个生育期中,其含量变化不明显;同时,3 个材料之间在叶片的整个生育期 GSH 的含量也没有显著的差异(图 6-18B)。由此表明,早熟不早衰品种'中棉所 16'和不早衰品种'辽 4086'的抗氧化能力显著高于早衰品种'中棉所 10'的原因可能是 AsA 起重要作用。

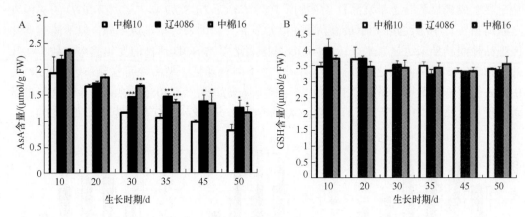

图 6-18　不同衰老基因型棉花品种的 AsA(A)和 GSH(B)含量

过氧化氢酶(catalase,CAT)是催化 H_2O_2 分解成 O_2 和 H_2O 的酶,存在于细胞的过氧化物酶体内,是过氧化物酶体的标志酶,约占过氧化物酶体酶总量的 40%。3 种不同衰老基因型品种 CAT 活性均在叶片发育至 30 天达到高峰,之后逐渐降低;在整个叶片发育过程中,不早衰品种'中棉所 16'和'辽 4086'的 CAT 活性均高于早衰品种'中棉所 10',除 10 天叶龄的叶片外,差异均达显著或极显著水平;CAT 编码基因分析结果表明,编码 CAT 基因的表达量与其酶活性的变化规律一致,且 3 种不同衰老基因型品种之间差异更明显(图 6-19)。

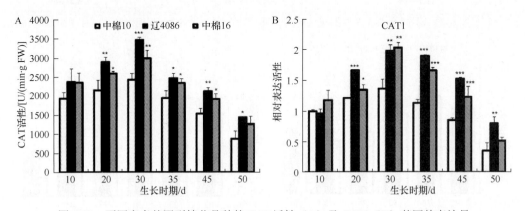

图 6-19　不同衰老基因型棉花品种的 CAT 活性(A)及 CAT1(B)基因的表达量

超氧化物歧化酶(superoxide dismutase,SOD)是活性氧清除反应过程中第一个发挥作用的关键酶,在棉株整个生长发育过程中起着非常重要的作用。3 种不同衰老基因型品种 SOD 活性均在叶片发育至 20 天达到高峰,之后逐渐降低,但早衰品种'中棉所 10'SOD 活性降低速率较快,不早衰品种'中棉所 16'和'辽 4086'SOD 的活性,在叶片发育 20~35 天保持最高水平，直到 45 天才开始迅速降低；在整个叶片发育过程中，不早衰品种'中棉所 16'和'辽 4086'的 SOD 活性均高于早衰品种'中棉所 10'，除 10 天叶龄的叶片外，差异均达显著或极显著水平。通过对编码不同亚型 SOD 的各个基因表达量进行 qRT-PCR 分析。结果表明，*eCu/Zn-SOD*、*cCu/Zn-SOD* 和 SOD 活性的变化趋势一致，即从叶片发育 20 天开始，不早衰品种'中棉所 16'和'辽 4086'基因的表达量显著或极显著高于早衰品种'中棉所 10'；*ChlCu/Zn-SOD* 和 *FeCu/Zn-SOD* 的基因表达量均在发育 10 天的叶片中最高，随着叶片发育，基因表达量迅速下降，但不同衰老基因型品种间差异未达显著水平；*Mn-SOD* 基因表达量与 SOD 活性的变化趋势一致，在叶片发育 20~45 天基因表达量维持较高水平，但不同衰老基因型品种间差异未达显著水平。由此表明，早熟不早衰品种'中棉所 16'和不早衰品种'辽 4086'的清除活性氧能力显著高于早衰品种'中棉所 10'，且以 *eCu/Zn-SOD*、*cCu/Zn-SOD* 基因为主（图 6-20）。

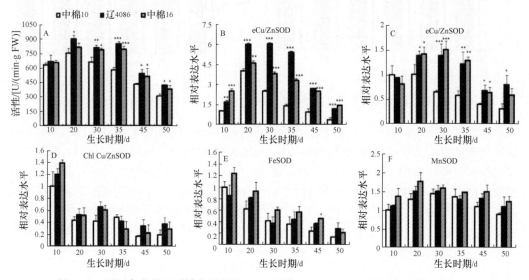

图 6-20　不同衰老基因型棉花品种的 SOD 活性（A）及 SOD 基因表达量（B~F）

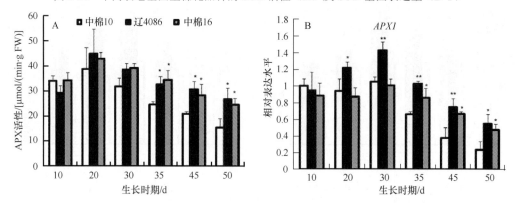

图 6-21　不同衰老基因型棉花品种的 APX 活性（A）及 *APX1* 基因表达量（B）

抗坏血酸过氧化物酶（antiscorbutic acid peroxidase，APX）是植物体又一抗氧化系统酶类，和 SOD、CAT 共同作用，将过氧化物分解为 H$_2$O 和 O$_2$，解除 H$_2$O$_2$ 的为害，它在植物抗衰老、抗盐碱和抗病方面有重要的作用。3 种不同衰老基因型品种 APX 活性均在叶片发育至 20 天达到高峰，之后逐渐降低，但早衰品种'中棉所 10'APX 活性降低速率较快；在整个叶片发育过程中，不早衰品种'中棉所 16'和'辽 4086'的 APX 活性均高于早衰品种'中棉所 10'，但在叶片衰老后期 35~50 天叶龄的叶片 APX 活性差异达显著水平（图 6-21）。*APX1* 基因的表达量同酶活性的变化趋势大致相同，即从叶片发育 20 天开始，不早衰品种'中棉所 16'和'辽 4086'基因的表达量显著或极显著高于早衰品种'中棉所 10'。

2. 抗衰老生化性状的遗传分析

选用两种衰老基因型的短季棉品种（系）6 个，其中早衰类型品种（系）3 个，'中棉所 10 号'、'中 652585'和'豫早 28'；早熟不早衰类型品种（系）3 个，'辽 4086'、'中 061723'和'豫早 1201'；配成 6×6 双列杂交组合，其中包括 6 个双亲和 30 个正反交 F$_1$ 代和 30 个正反交 F$_2$ 代。利用 ADAA（ADE）模型进行加性-显性-上位性遗传效应分析和 ADMP 模型进行加性-显性-母体-父体遗传效应分析。研究 CAT、POD 和 SOD 的活性，MDA 和叶绿素的含量等抗衰老生化性状的遗传特性及相关关系。

CAT 活性（表 6-39）：整个生育时期未检测 CAT 活性的加性效应，但在棉株发育至 24 天、36 天、66 天和 100 天时，其加性与环境的互作效应达到显著水平，其方差分量分别为 3.06%、16.24%、16.29% 和 8.76%；播种后 9~85 天，CAT 活性的显性效应达到

表 6-39　叶片不同发育时期 CAT 活性方差分量比率的估计值

	9 天	24 天	36 天	50 天	66 天	85 天	100 天
ADAA 模型							
V_A/V_P	0	0	0	0	0	0	0
V_D/V_P	34.69**	0	8.41**	31.93**	19.57**	27.96**	0
V_{AA}/V_P	10.78**	25.15**	12.70**	3.47**	4.43**	4.74**	1.40
V_{AE}/V_P	0	3.06**	16.24**	0	16.29**	0.5	8.76**
V_{DE}/V_P	9.75**	10.38**	44.46**	29.96**	30.52**	10.39**	20.63**
V_{AAE}/V_P	7.34**	9.57**	0	0	0	5.37**	0
V_e/V_P	37.43**	51.84**	18.19**	34.65**	29.19**	51.01**	69.21**
ADMP 模型							
V_A/V_P	0	0	0	0	0	0	2.43**
V_D/V_P	30.78**	9.58**	0	14.84**	2.71**	2.49*	2.26
V_M/V_P	1.73	0	1.31	4.30**	5.19**	19.09**	0
V_F/V_P	0	0	12.04**	6.71**	17.53**	1.81*	0
V_{AE}/V_P	0	1.14	9.28**	0	9.68**	6.60**	0
V_{DE}/V_P	16.22**	26.77**	25.93**	15.97**	15.10**	4.84**	10.05**
V_{ME}/V_P	13.01**	27.73**	10.55**	0	10.52**	0	4.07**
V_{FE}/V_P	0	0	1.89**	9.30**	5.92**	6.21**	6.57**
V_e/V_P	38.26**	34.79**	39.01**	48.89**	33.35**	58.96**	74.62**

注：V_A、V_D、V_{AA}、V_{AE}、V_{DE}、V_{AAE}、V_e、V_P、V_M、V_F、V_{ME} 和 V_{FE} 分别表示加性方差、显性方差、加性上位性方差、加性与环境互作效应方差、显性与环境互作效应方差、上位性与环境互作效应方差、机误方差、表现型方差、父本效应方差、母本效应方差、父本效与环境互作效应方差、母本效与环境互作效应方差。

*. 显著达到 0.05 水平；**. 显著达到 0.01 水平，下同

显著水平，其方差分量分别为 34.69%（9 天）、8.41%（36 天）、31.93%（50 天）、19.57%（66 天）和 27.96%（85 天）；整个生育时期的显性与环境的互作效应均达到显著水平；播种后 9~85 天，CAT 活性的上位性效应达到显著水平，其方差分量分别为 10.78%（9 天）、25.15%（24 天）、12.70%（36 天），上位性与环境的互作效应虽小但也被检测到。CAT 活性的父本效应和母本效应均显著受环境条件的影响。由此表明，CAT 活性以显性效应和加加上位性遗传效应为主，但同时显著受环境条件的影响。

POD 活性（表 6-40）：POD 活性的加性效应，在整个生育时期均达显著水平，但在播种后 24~50 天，其加性效应不受环境的影响，方差分量分别为 9.82%（24 天）、18.86%（36 天）和 7.87%（50 天）；POD 活性的显性效应，在播种后 9 天、50 天、66 天和 100 天均被显著的检测到；在播种后 24~50 天，POD 活性的上位性效应较大且受显著受环境的影响，方差分量分别为 32.53%（24 天）、53.78%（36 天）和 28.18%（50 天）；POD 活性的父本效应和母本效应，在播种后 24~50 天均显著受环境条件的影响。由此表明，POD 活性以加性效应和加加上位性与环境的互作遗传效应为主，POD 是棉株发育最关键的抗衰老保护酶之一。

表 6-40　叶片不同发育时期 POD 活性方差分量比率的估计值

	9 天	24 天	36 天	50 天	66 天	85 天	100 天
ADAA 模型							
V_A/V_P	0	9.82**	18.86**	7.87**	0	0	4.06**
V_D/V_P	12.52**	0	1.43	10.17**	18.92**	0	33.42**
V_{AA}/V_P	12.20**	0	0	0	0.31	12.29**	0
V_{AE}/V_P	10.67**	0.9	0	0	12.40**	15.18**	4.61**
V_{DE}/V_P	45.11**	0	0	0	0	41.50**	28.60**
V_{AAE}/V_P	0	32.53**	53.78**	28.18**	0	0	0
V_e/V_P	19.49**	56.75**	25.93**	53.78**	68.36**	31.03**	29.31**
ADMP 模型							
V_A/V_P	9.63**	5.31**	0.59	3.04**	0	3.63**	0
V_D/V_P	0	0	0	1.05	14.39**	0	5.21**
V_M/V_P	13.65**	0	1.15	0	0	1.42*	8.68**
V_F/V_P	0	0	0	0	3.94**	0	7.35**
V_{AE}/V_P	0	0	0	0	7.95**	14.33**	2.73**
V_{DE}/V_P	26.80**	13.81**	45.88**	4.94**	0	36.36**	9.04**
V_{ME}/V_P	0	30.35**	12.77**	11.92**	0	0	0
V_{FE}/V_P	20.84**	2.37**	15.10**	3.03**	0	11.90**	1.89*
V_e/V_P	29.08**	48.16**	24.51**	76.02**	73.72**	32.36**	65.11**

SOD 活性（表 6-41）：在棉株生育后期，即播种后 66~100 天，SOD 活性的加性效应达显著水平，其遗传方差分量分别为 11.56%（66 天）、11.80%（85 天）和 13.84%（100 天）；SOD 活性的显性效应仅在播种 66 天达显著水平，遗传方差分量为 40.33%；除播种后 36 天，整个生育时期的 SOD 活性的上位性与环境的互作效应较大，且达显著水平，其方差分量为 28.89%（9 天）、41.52%（24 天）、13.73%（50 天）、24.93%（66 天）、29.51%

（85 天）和 41.28%（100 天）。SOD 活性的父本效应和母本效应较小。由此表明，SOD 活性以加性效应和加加上位性与环境的互作遗传效应为主，SOD 是棉株发育最关键的抗衰老保护酶之一。

表 6-41　叶片不同发育时期 SOD 活性方差分量比率的估计值

	9 天	24 天	36 天	50 天	66 天	85 天	100 天
ADAA 模型							
V_A/V_P	17.13**	0.79	0	2.55*	11.56**	11.80**	13.84**
V_D/V_P	0	0	0	0	40.33**	5.17**	0
V_{AA}/V_P	0	7.60*	18.79**	0	0	0	0
V_{AE}/V_P	0	0	17.23**	8.32**	0	0	0
V_{DE}/V_P	0	0	42.01**	0	0	0	0
V_{AAE}/V_P	28.89**	41.52**	0	13.73**	24.93**	29.51**	41.28**
V_e/V_P	53.98**	50.09**	21.97**	75.41**	23.19**	53.51**	44.88**
ADMP 模型							
V_A/V_P	6.34**	3.75**	0	0	0	0	6.33**
V_D/V_P	9.44**	8.66**	0	2.13	7.19**	6.20**	0
V_M/V_P	0	0	2.97**	0	2.62**	10.49**	0
V_F/V_P	0	0	6.70**	0	1.19	0	0
V_{AE}/V_P	5.52**	0	7.32**	9.06**	9.13**	13.56**	0
V_{DE}/V_P	0	41.16**	53.01**	1.44	0	0	23.92**
V_{ME}/V_P	0	4.83**	4.60**	0	0	0	0
V_{FE}/V_P	0	5.06**	1.37	0	0	10.16**	0
V_e/V_P	78.69**	36.54**	24.02**	87.36**	79.8**	59.60**	69.75**

MDA 含量（表 6-42）：在棉株生育后期，即播种后 50~100 天，MDA 含量的加性效应达显著水平，其遗传方差分量分别为 24.81%（50 天）、13.81%（66 天）、14.38%（85 天）和 4.77%（100 天）；MDA 含量的显性效应仅在播种后 100 天时达到显著水平；MDA 含量的上位性与环境的互作效应较大，其遗传方差分量分别为 86.24%（9 天）、85.25%（24 天）、28.64%（36 天）、8.23%（50 天）、19.16%（66 天）和 27.88%（85 天）；MDA 含量的父本效应和母本效应在播种后 66 天均被检测到，且达显著水平。由此表明，MDA 含量以加性效应和加加上位性与环境的互作遗传效应为主，且受父本效应、母本效应与环境互作效应的影响。

叶绿素含量（表 6-43）：在播种后 9~66 天，叶绿素含量的遗传以显性效应为主，其遗传方差分量超过 30%，但显著受环境条件的影响；叶绿素含量的加性遗传方差仅在播种后 85 天和 100 天达显著水平，其遗传方差分量分别为 7.28% 和 11.61%；叶绿素含量的加性与环境的互作效应在播种后 9 天、24 天、50 天和 66 天均被显著的检测到；叶绿素含量的上位性效应在播种后 24 天和 66 天达显著水平；叶绿素含量的上位性与环境的互作效应在播种后 36 天、85 天和 100 天达显著水平，其遗传方差分量分别为 29.48%、50.78% 和 29.93%；叶绿素含量的父本效应和母本效应及与环境的互作效应均达显著水平。由此表明，叶绿素含量的遗传以显性效应为主。

表 6-42　叶片不同发育时期 MDA 含量方差分量比率的估计值

	9 天	24 天	36 天	50 天	66 天	85 天	100 天
ADAA 模型							
V_A/V_P	0	3.45**	0	24.81**	13.81**	14.38**	4.77**
V_D/V_P	3.06**	1.26**	0	0	0	0	40.59**
V_{AA}/V_P	7.05**	0	2.96*	0	0	0	0
V_{AE}/V_P	0	0	0	0	0	0	0
V_{DE}/V_P	0	0	0	0	0	0	25.83**
V_{AAE}/V_P	86.24**	85.25**	28.64**	8.23**	19.16**	27.88**	0
V_e/V_P	3.64**	10.05**	68.40**	66.95**	67.03**	57.73**	28.82**
ADMP 模型							
V_A/V_P	0	0	1.94**	8.93**	8.53**	4.15**	0
V_D/V_P	0	0	5.34**	8.05**	4.68**	0.04	0
V_M/V_P	4.21**	1.74**	0	0	0	0	1.67*
V_F/V_P	6.08**	0	0	0.96	0	0	2.35**
V_{AE}/V_P	0	8.06**	0	0	0	1.89*	10.86**
V_{DE}/V_P	70.91**	64.44**	4.93**	0	0	0	23.23**
V_{ME}/V_P	6.37**	3.94**	39.41**	4.00**	8.84**	0	0
V_{FE}/V_P	4.60**	7.50**	0.3	0	0.87	0	0
V_e/V_P	7.83**	14.32**	48.08**	78.07**	77.08**	93.92**	61.89**

表 6-43　叶片不同发育时期叶绿素含量方差分量比率的估计值

	9 天	24 天	36 天	50 天	66 天	85 天	100 天
ADAA 模型							
V_A/V_P	0	3.98**	0	0	0	7.28**	11.61**
V_D/V_P	49.91**	0	34.65**	36.20**	45.79**	0	0
V_{AA}/V_P	2.73	12.94**	0	0	3.81**	0	0
V_{AE}/V_P	4.02**	10.55**	0	5.88**	8.18**	0	0
V_{DE}/V_P	3.09*	26.85**	0	23.28**	39.96**	4.20**	0
V_{AAE}/V_P	0	0	29.48**	0	0	50.78**	29.93**
V_e/V_P	40.25**	45.67**	35.86**	34.64**	2.27**	37.74**	59.46**
ADMP 模型							
V_A/V_P	0	27.26**	0	0	0	0.26	1.75**
V_D/V_P	0	0	0	6.98**	0	0	0
V_M/V_P	16.49**	1.61	10.70**	0	28.41**	1.51*	0
V_F/V_P	12.36**	0	15.60**	10.99**	30.71**	0	0
V_{AE}/V_P	1.89**	2.23*	0	0	0	0	3.41**
V_{DE}/V_P	0	9.92**	16.67**	0	5.58**	54.96**	0
V_{ME}/V_P	3.25**	4.00**	3.33**	6.51**	8.96**	1.76	0
V_{FE}/V_P	2.12**	2.81**	0	10.08**	12.33**	2.03*	0
V_e/V_P	63.88**	52.17**	53.71**	65.44**	14.01**	39.48**	94.83**

抗衰老生化性状间遗传和表型相关关系（表 6-44）：CAT 与 POD、SOD、MDA 和叶绿素含量之间，在播种后 35 天和 85 天存在显著的遗传和表型正相关，在播种后 66 天存在显著的遗传和表型负相关；POD 与 SOD、MDA 和叶绿素含量之间，在棉株发育 50 天前存在显著表型正相关，在播种后 85 天和 100 天存在显著的遗传负相关；SOD 与 MDA 和叶绿素含量之间，在播种后 100 天存在显著的遗传正相关，在播种后 24 天和 36 天存在显著的表型正相关；MDA 含量与叶绿素含量之间，在播种后 66 天和 100 天存在显著的遗传正相关，在播种后 50 天存在显著的表型正相关。由此表明，MDA 含量和叶绿素含量分别与 SOD 存在显著的遗传和表型正相关，进一步表明，SOD 是短季棉棉株体内抗衰老的关键酶。

表 6-44　叶片不同发育时期抗衰老生化性状间遗传和表型相关关系的估计值

性状	9 天	24 天	36 天	50 天	66 天	85 天	100 天
			遗传相关系数				
CAT&POD	−0.288	0.176	0.565**	0.163	−0.210	0.662*	−0.852
CAT&SOD	−0.200*	0.212*	0.653	0.469	−0.442**	0.864**	0.310
CAT&MDA	−0.396	0.044	0.521**	0.417**	−0.414**	0.865**	0.184
CAT&叶绿素	−0.039	0.044	0.476**	0.417*	−0.406**	0.860**	0.183
POD&SOD	0.300	0.457	0.369	0.366	0.605	−0.167	−0.867**
POD&MDA	0.516	0.344	0.433*	0.542	0.383	−0.221*	−0.863**
POD&叶绿素	0.582	0.345	0.401*	0.542	0.373	−0.141**	−0.864**
SOD&MDA	0.288	0.404	0.373	0.323	0.832	0.498	0.357**
SOD&叶绿素	0.341	0.404	0.380	0.323	0.815	0.517	0.357**
MDA&叶绿素	0.523	0.486	0.483	0.502	0.495**	0.438	0.502*
			表型相关系数				
CAT&POD	0.034	0.050	0.177	0.061	−0.085*	0.123	−0.163
CAT&SOD	0.347	0.185**	0.255	0.258	−0.261**	0.437	0.131
CAT&MDA	−0.087	0.057	0.249*	0.170	−0.432**	0.266	0.076
CAT&叶绿素	0.002	0.057*	0.229*	0.170	−0.420**	0.321	0.076
POD&SOD	0.445	0.485**	0.445*	0.341	0.341	−0.154	−0.045
POD&MDA	0.703**	0.389**	0.612*	0.607**	0.257	−0.227	−0.126
POD&叶绿素	0.565*	0.389**	0.525	0.607**	0.249	0.155	−0.127
SOD&MDA	0.443	0.486**	0.464*	0.437	0.604	0.343	0.354
SOD&叶绿素	0.347	0.486**	0.419*	0.437	0.589	0.572*	0.354
MDA&叶绿素	0.541*	0.689**	0.610*	0.705*	0.609	0.398	0.705

（三）一氧化氮信号调控与棉花叶片衰老

一氧化氮（nitric oxide，NO）一种具有水溶性和脂溶性的信号分子，调控植物种子萌发、根形态建成、花器官发生、气孔运动、病原菌防卫反应、非生物胁迫等许多进程。前人研究表明，NO 在延缓植物叶片衰老方面也可能发挥着重要作用。随着叶片的衰老 NO 含量显著减少，过表达 NO 降解酶，即 NO 双加氧酶加速拟南芥叶片的衰老。两个 NO 含量减少的拟南芥突变体 *noa1* 和 *dnd* 叶片衰老进程显著加快。然而，也有研究表明，

NO 加速了细胞程序化死亡。例如，水稻中一个 CAT 的突变导致的 NO 的显著积累，从而促进了叶片衰老，研究认为突变体中 H_2O_2 的增加诱导了 NO 的合成，导致了细胞的程序化死亡。另有研究表明，NO 参与镉诱导的细胞程序化死亡，抑制 NO 的合成可以降低细胞的死亡率。可见，NO 在植物叶片衰老过程中的作用及其调控机制均较为复杂。因此，利用叶片衰老速率不同的棉花种质资源，研究 NO 在棉花叶片衰老中的作用，将进一步阐明棉花叶片衰老的分子机制，并为棉花叶片衰老性状的分子改良提供优异基因资源，具有重要的理论意义和经济价值。喻树迅研究团队研究了 NO 对棉花叶片衰老的作用，发现 NO 可能是通过调控乙烯的合成延缓叶片衰老（孟艳艳等，2011；Meng et al.，2011）。

1. NO 对棉花叶片衰老的作用分析

　　利用 3 个不同类型的衰老材料，分析了不同生育时期 NO 含量的变化（图 6-22），结果表明，在叶片发育初期 NO 含量最高，随着生育过程的推进，NO 含量逐渐降低，3 个材料表现出相同的趋势；而且在 35 天以前 3 个材料之间没有达到显著性差异。35 天的时候，NO 在不同衰老类型的叶片中的含量开始出现差异。其中两个不早衰材料（'中棉所 16' 和 '辽 4086'）的水平无显著差异，但与早衰材料相比都显著高于后者（'中棉所 10'）。叶片发育的 35~50 天，早衰品种和不早衰品种之间 NO 含量的差异都达到了显著水平；而两个不早衰材料之间的差异不大。

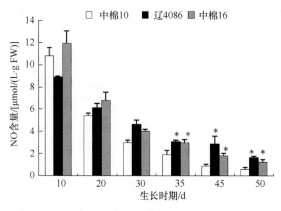

图 6-22　3 个材料中 NO 含量在不同时期的变化

　　子叶衰老过程中，喷施 NO 的处理组植株和喷施清水的对照组植株的叶绿素含量都呈现出先升高后降低的趋势（图 6-23），最高值出现在子叶展开后 14 天。除了子叶展开后 7 天，两组植株的叶绿素含量没有显著差异外，其他时期处理组植株的叶绿素含量都高于对照组，并且差异显著。

　　喷施 NO 能延缓叶片衰老进程，以 '中棉所 10' 为材料观察子叶衰老过程的表型特征发现（图 6-24），对照组和处理组的子叶在完全展开后 7 天叶面积稍小、颜色稍淡，表明叶片还处于生长初期；在 14 天时叶面积最大、颜色最深，暗示此时叶片处于旺盛生长期。从第 21 天开始，能观察到两组植株的叶片边缘有失绿变黄的迹象；在 28 天时，对照组中叶片由边缘向内侧变黄，约半叶失绿；但是处理组中的失绿情况要减轻很多，失绿面积相对较小。在子叶完全展开后 34 天，对照组的子叶完全变黄；而在 NO 处理的试验组中，叶片失绿的情况要轻于对照组，约有半叶仍保持绿色。

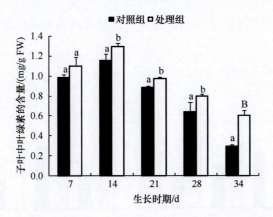

图 6-23　不同处理下'中棉所 10'子叶中叶绿素含量的变化

图 6-24　棉花子叶在不同发育时期的表型特征

外源 NO 能诱导 CAT 酶活性升高（图 6-25），尽管对照组和处理组的 CAT 酶活随着叶片的衰老而逐渐下降，但是喷施 NO 的植株的 CAT 酶活在子叶的整个生育期内始终高于对照组植株，并且从 14~34 天差异都达到了显著或极显著水平。编码 CAT 的基因表达和酶活的表现趋势大致相同，从子叶展开后 7 天一直到子叶展开后的 34 天，处理组基因的相对表达量都显著高于对照组。无论是对照组还是处理组，基因的相对表达量都在 14 天达到最高值。

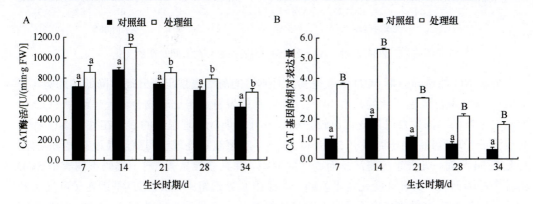

图 6-25　CAT 活性（A）及其编码基因（B）在不同时期的变化

APX 和 CAT 一样都是清除 H_2O_2 的保护酶类，外源 NO 能诱导 APX 活性提高（图 6-26），在两组植株中，APX 的活性都在 14 天达到了最大值，生育期进一步推进，基因的表达量逐渐降低。但是从子叶展开 7 天一直到最后时期，处理组植株的 APX 酶活始终高于对照组的酶活,并且除了 7 天外,差异达到显著或极显著,基因表达量的变化和酶活变化趋势相同。

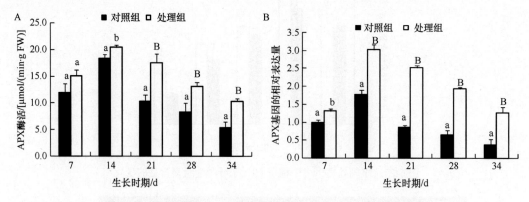

图 6-26　APX 酶活(A)及其编码基因(B)在不同时期的变化

外源 NO 能抑制 POD 活性,两组试验植株呈现相同的 POD 酶活变化趋势(图 6-27),总的酶活随着子叶叶龄的增长而升高。除了子叶展开后 7 天两组酶活没有显著的差异外,其他时期中,处理组植株的 POD 活性都低于对照组。编码 POD 的相关基因的表达趋势和酶活变化趋势一致,处理组的表达量低于对照组。

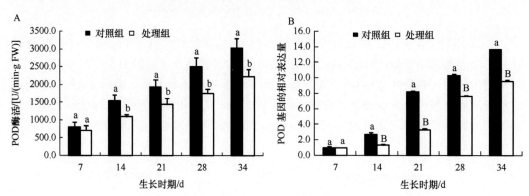

图 6-27　POD 活性(A)及其编码基因(B)在不同时期的变化

外源 NO 能诱导后期 SOD 活性提高,对照组的酶活表现出先升高后降低的趋势(图 6-28),最高值出现在子叶展开后 14 天,与叶片的发育趋势比较吻合。处理组中 SOD 总酶活在子叶的不同发育时期变化比较平缓。子叶前期,处理组中的活性在外源 NO 存在时反而低于对照组;当子叶展开 21 天和 28 天,对照组和处理组的酶活性没有显著差异;但是在 34 天时,处理组的酶活反而高于对照组,并且差异显著。对于编码不同类型 SOD 的各个基因而言,其表达变化也不相同。对照组和处理组中,*MnSOD* 基因在子叶发育的不同时期相对表达量的变化不明显,而且两组之间没有显著性的差异。*cCu/Zn SOD* 基因的表达量和 SOD 总酶活的变化相似。对照组中,*cCu/Zn SOD* 基因表达量在 14 天最高,随后逐渐下降;处理组中,*cCu/Zn SOD* 基因的表达先是低于对照组到后期又高于对照组,除了 21 天和 28 天外,其他几个时期基因的表达量都达到了显著性差异。*ChlCu/Zn SOD* 和 *FeSOD* 基因的变化趋势比较相似,都在子叶展开后的 7 天其表达量最高,随着叶片的进一步发育基因表达量逐渐降低，两组植株之间都没有显著差异。

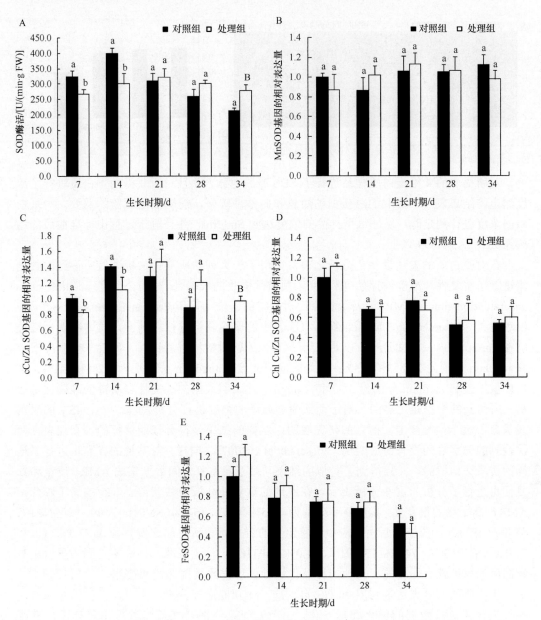

图 6-28 子叶中 SOD 活性（A）及其编码基因（B~E）在不同时期的变化

2. NO 诱导的棉花叶片蛋白质组学分析

外施不同浓度 SNP 溶液或 cPTIO 溶液后，我们发现 100μmol/L 的 SNP 溶液和先用 cPTIO 处理 4h 后再转入 100μmol/L 的 SNP 溶液中的两组植株，与对照相比没有明显的形态学改变。但是高浓度的 SNP（1mmol/L）溶液处理后，棉花叶片发生了显著的生理变化。如图 6-29A 所示，高浓度的 SNP 处理条件下，叶片上出现了干枯的失绿区，约占叶面积的 50%。对各组植株的叶绿素进行测定后发现，高浓度的 SNP（1mmol/L）处理后，和对照相比，植株的叶绿素下降了近 40%（图 6-29B）。

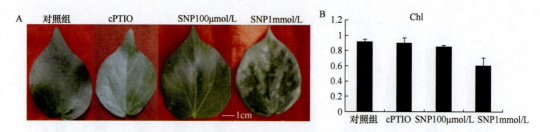

图 6-29　不同浓度 NO 处理下植株的形态变化（A）和叶绿素含量变化（B）

对所提取的 4 组蛋白质样品进行了 SDS 凝胶电泳，并且对所获得的蛋白质进行了浓度测定，结果表明，提取的总蛋白的质量和完整性较好，能够满足试验的需要。对蛋白质的浓度进行测定时，保证每个样品的浓度达到 5mg/ml，并且测定过程中标准曲线的相关系数 R^2 达到 0.99 以上。

在对蛋白质的表达量变化分析之前，采用了一系列的质量评估标准对所得到的数据集进行了重复性和准确性评估（图 6-30）。质谱数据集的准确性、时间公允度（accurate mass and retention time，AMRT）及数据库比对分析的评价均采用 Protein Expression software PLGS2.3（Waters Crop，Manchester，UK）中的聚簇分析进行。其中，质谱准确性应控制在 5ppm[①]之内。本试验中，以对照组（CK）为例对数据进行评估，发现平均强度误差和 mediam 分别为 2.28% 和 2.3%；平均时间公允度和 mediam 分为别为 1.2% 和 1.1%；平均质量误差和 mediam 分别为 3.37 和 2.6ppm。这表明数据的重复性和质谱的准确性都较高，所得到的数据是可靠的。对于两次喷雾质谱的强度进行分析发现，一个 45℃ 的对角线贯穿于整个检测范围。前人的研究表明，这样的结果是符合预期目标的，它代表在两次检测的喷雾之间没有明显变化（Vissers et al.，2007）。同样，对其他的样品也进行了这样的质量评估检测，并且得到了类似的结果。对不同重复之间数据集的 AMRT 质量和重复性也进行了分析。这些分析表示，在不同的重复性分析中共获得了多少的离子碎片。AMRT 离子簇的重复性，其重复率分别为 46.5%（CK）、46.0%（SNP100）、49.7%（SNP1）、45.8%（cPTIO）。至少在两次反应中都鉴定到的蛋白质数所占的比例分别为 77.3%（CK）、71.2%（SNP100）、74.5%（SNP1）、72.0%（cPTIO）。结果表明，这些鉴定到的蛋白质具有高度的可信性。同样的，其他的样品也进行了这样的数据评估和检测。

蛋白质的相对表达量利用 PLGS 自动均一化功能进行分析。本试验中，糖基磷酸化酶作为内参进行数据的优化和均一化。3 个处理组分别与处理组进行比对分析，表达水平的显著性差异界定为 20%，以（1.2±0.2）倍的变化作为一个阈值来界定蛋白质是否显著上调或下调表达。如果一个蛋白质在不同组中既有上调表达又有下调表达，则根据差异最大的数值将其归入上调组或下调组中。试验中，共鉴定出了 433 个蛋白质，去除重复和未显著变化的蛋白质，最后得到了 121 个差异蛋白质。其中上调表达的蛋白质共有 25 个，下调表达的蛋白质有 71 个，另外还有 25 个在不同组中特异表达的蛋白质。从图 6-31A 中可知，上调表达的 25 个蛋白质中有 8 个是在 3 个处理当中全部上调表达的，

① 1ppm=1×10⁻⁶，下同

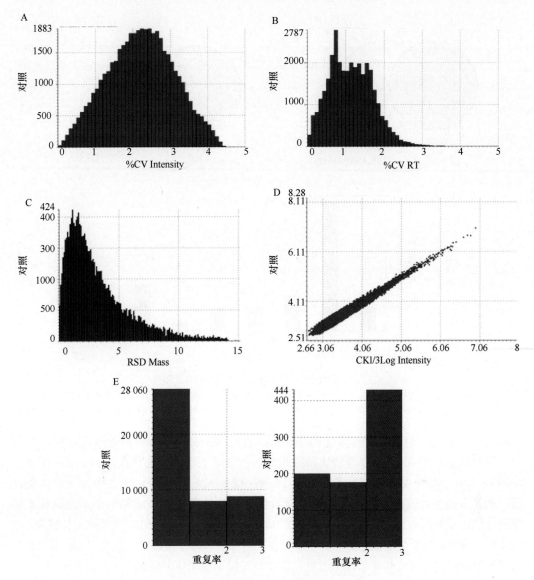

图 6-30　对照样品的数据重复性评估

表明这些蛋白质只要有 NO 存在的条件下都会上调表达。而另外 5 个蛋白质则在 NO 存在的任何两组处理中都上调表达。下调表达的 71 个蛋白质中有 25 个在 3 组处理中全部下调表达，而任何两种处理中都下调表达的蛋白质有 9 个。并且发现在 SNP 为 1mmol/L 的处理组中，下调表达的蛋白质数目为 32 个，占总的下调表达蛋白质的 45%。另外，当外施 NO 或其抑制剂时，诱导了一些蛋白质的特异性表达，其总数为 25 个，且分布在不同处理组中。其中，没有发现单独受 SNP 1mmol/L 调控的特异蛋白质，而 cPTIO 处理条件下特异表达的蛋白质数多达 11 个，表明这 11 个蛋白质在 NO 作用受到抑制时其表达模式发生转变。另外，有 2 个蛋白质在有 NO 存在的条件下不表达，仅在对照中表达，暗示着这 2 个蛋白质受到 NO 的负调控。

　　所得到的蛋白质进一步分类：①根据 UniProtKB（http：//www.uniprot.org/uniprot/）

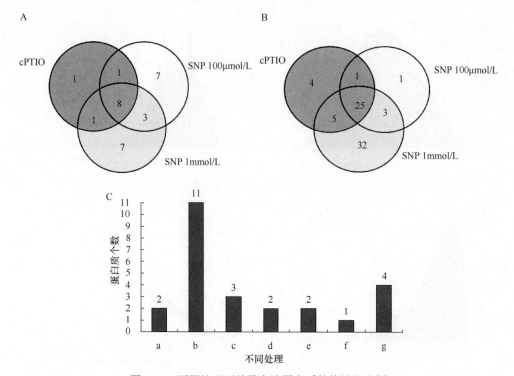

图 6-31　不同处理下差异表达蛋白质的统计和分析

A. 上调表达的蛋白。B. 下调表达蛋白。C. 不同处理下特异表达的蛋白质；a. CK；b. cPTIO；c. SNP100μmol/L；d. SNP1mmol/L+SNP100μmol/L；e. cPTIO+SNP100μmol/L；f. cPTIO+SNP1mmol/L；g. cPTIO+SNP100μmol/L+SNP1mmol/L

网站上每个蛋白质的注释及其参与的生化途径进行功能分类；②根据亚细胞定位进行分类，其方法是利用 SherLoc2 的默认设置预测蛋白质的亚细胞分布（Briesemeister et al.，2009）。121 个差异表达蛋白质共被分为 14 类（图 6-32A），其中一类是未知功能的蛋白质。功能分类中，参与光合作用、碳水化合物代谢、氨基酸的合成和代谢及能量代谢途径所占的蛋白质所占比例最大，分别为 21.7%、15.5%、12.4%和 11.6%。亚细胞定位发现（图 6-32B），这些蛋白质分别位于叶绿体、线粒体、细胞质和高尔基体中，但是有 42.1%的蛋白质在细胞中的具体位置和分布还不清楚，除此之外位于叶绿体中的蛋白质数目最多。

信号通路分析发现，NO 广泛地参与细胞的各种生理活动，并且对光合作用、氧化磷酸化和蛋白质加工过程产生了明显的调控作用。高浓度的 NO 会对细胞产生毒害作用，并且这种毒害作用可能是通过抑制光合元件的表达、减弱 ATP 合成能力及引起蛋白质错误折叠和装配而产生的。特别地，该研究发现 NO 调控乙烯合成途径中两个关键酶，0.1mmol/L SNP 显著降低了 ACC 合酶和甲硫氨酸腺苷转移酶的基因表达水平，并且这两个酶在蛋白质水平的表达也显著降低；而 NO 清除剂的存在则使得这两个酶的基因表达不受抑制甚至是升高，蛋白质水平的表达也不受抑制。推测外源 NO 能够延缓衰老可能是通过调控乙烯的合成而发挥作用的。

3. NAC 转录因子与棉花叶片衰老

NAC 转录因子是植物中最大的转录因子家族之一，它们参与到多种发育过程与生物和非生物胁迫响应之中。目前发现拟南芥基因组中包含 135 个 NAC 成员，水稻中有 75 个、

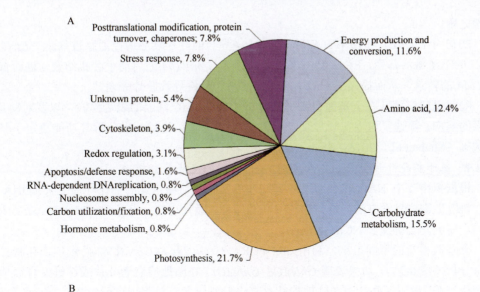

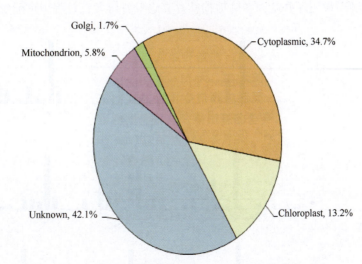

图 6-32　鉴定所得 121 个蛋白质的功能分类（A）和亚细胞定位（B）

雷蒙德氏棉中有 145 个。NAC 转录因子在植物叶片衰老中过程中发挥着重要作用。

拟南芥 NAP 基因（*NAC-LIKE*、*ACTIVATED BY AP3/PI*）在拟南芥叶片衰老过程中受到转录调控。NAP 缺失突变体表现为延迟衰老，而过表达 NAP 的转基因植株则表现为早衰。水稻（*Oryza sativa*）和芸豆（*Phaseolus vulgaris*）中的 NAP 同源基因——*OsNAP* 和 *PvNAP*，能恢复拟南芥 *AtNAP* 缺失突变体的延缓叶片衰老的表型，说明 NAP 基因在不同植物中是保守的。

拟南芥 VNI2（*VND-INTERACTING2*）是一个对 ABA 敏感的 NAC 转录因子，它通过调控一系列的 *COLD-REGULATED*（*COR*）和 *RESPONSIVE TO DEHYDRATION*（*RD*）基因，将 ABA 介导的非生物胁迫信号整合到叶片衰老中。在 ABA 存在的情况下，*VNI2* 基因能被高盐诱导。*VNI2* 转基因过表达植株中，叶片衰老被延缓；但其缺失突变体中却加速了衰老。*VNI2* 转录因子通过直接与 *COR* 和 *RD* 的启动子结合，进而调控它们的表达。研究认为 *VIN2* 转录因子作为一个分子桥梁，将植物对环境胁迫的响应整合到叶片寿命的调整之中。

2013 年，*ORE1* 与 *EIN2*、*EIN3*、*miR164* 参与的叶片衰老调控通路被揭示。*EIN3* 是 *EIN2* 的下游激活基因，EIN3 蛋白可以通过直接与 *miR164* 的启动子区相结合，进而抑制 *miR164* 的转录，从而提高了 *ORE1* 的转录水平，最终导致叶片衰老。

喻树迅研究团队在全基因组水平上分析了棉花 *NAC* 基因的表达模式，以及对胁迫、激素的响应，筛选了与棉花叶片衰老相关的 *NAC* 基因，为进一步分析其功能奠定了坚实的基础（Shah et al.，2013；Shah et al.，2014）。

1）基于棉花叶片全长 cDNA 文库 *NAC* 基因的克隆及分析

根据拟南芥中 NAC 转录因子序列，参照实验室前期构建的棉花叶片全长 cDNA 文库，利用生物信息学方法，得到棉花中同源序列，设计引物，克隆到 *GhNAC8~GhNAC17* 基因，序列均已提交到 NCBI 数据库。

分别取棉花的不同组织，利用 qRT-PCR，对 *GhNAC8~GhNAC17* 的组织表达特异性进行分析（图 6-33）。结果表明 *GhNAC8~GhNAC17* 在陆地棉衰老叶片或纤维发育后期过程变化显著，说明这些基因在陆地棉叶片衰老及纤维发育过程中可能发挥着重要的作用。

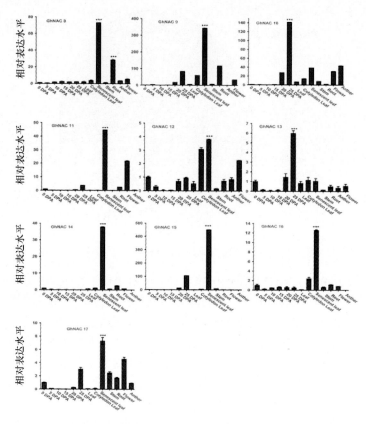

图 6-33　*GhNAC8~GhNAC17* 的组织表达特异性

GhNAC8~GhNAC12 和 *GhNAC14* 在 ABA 处理后，表达量逐步上升，48h 表达量达到最大；*GhNAC13*、*GhNAC15*、*GhNAC16*、*GhNAC17* 在 12h 或 24h 表达量达到最大，随后下降。不同基因在棉花子叶自然衰老过程中，*GhNAC8*、*GhNAC9*、*GhNAC10*、*GhNAC12*

表达量上调，相反 *GhNAC13*、*GhNAC14*、*GhNAC16* 的表达量下调。说明不同基因的功能不同。

分别用 15%PEG6000 和 200mmol/LNaCl 处理棉花幼苗，在不同时间收集样品，荧光定量分析基因表达。结果表明，干旱处理后，*GhNAC8*、*GhNAC9* 和 *GhNAC11*~*GhNAC16* 变化明显。*GhNAC10* 在干旱处理 4h 后表达量达到最大值，随后下调。*GhNAC8*、*GhNAC12* 和 *GhNAC16* 在 PEG 处理 6h 或 8h 后，表达量最大。

GhNAC8、*GhNAC11*、*GhNAC13* 和 *GhNAC16* 在高温处理后，上调表达，其在高温处理 10h 表达量达到最大，相反其余 6 个基因表达量下调。相似地，*GhNAC8*~*GhNAC13*、*GhNAC15* 和 *GhNAC16* 在低温处理时上调表达。

2）棉花基因组草图公布后的 *NAC* 基因克隆及分析

根据拟南芥 NAC 中的 105 个基因，利用中国农业科学院棉花研究所等单位联合公布的雷蒙德氏棉全基因组序列，继续在陆地棉中克隆了 *GhNAC18*~*GhNAC77* 共 60 个新的 *NAC* 基因，利用 MEGA 4.0 作图，可知 *GhNAC18*~*GhNAC77* 可分为 7 个亚家族（图 6-34）。进而又将其锚定在雷蒙德氏棉基因组上的 *GhNAC18*~*GhNAC77*，它们分布于 D 组 13 条染色体上，不同染色体上分布的基因密度有差异，其中 6 号染色体和 7 号染色体中均有 7 个 *NAC* 基因。

利用陆地棉不同组织进行了 *GhNAC18*~*GhNAC77* 组织特异性表达分析，发现有 18 个 *NAC* 基因在棉花叶片中优势表达，图 6-35 所示为这些基因在棉花叶片衰老不同时期的表达谱，可见 *GhNAC19*、*GhNAC37*、*GhNAC40* 在棉花叶片衰老过程中变化最大。

ABA 和乙烯是关键的植物激素，参与高盐、低温、盐等胁迫反应，而乙烯参与果实成熟、衰老、纤维发育等途径，对陆地棉研究非常重要。*GhNAC32* 在 ABA 处理后期上调表达，但对乙烯却不敏感；*GhNAC70* 同 *GhNAC32* 相反，对 ABA 不敏感；*GhNAC40* 在两种激素处理后期均上调表达。

聚乙二醇（PEG）和盐处理不同时间后，取棉花幼苗的根，荧光定量分析发现 *GhNAC41*、*GhNAC 54*、*GhNAC55* 在盐处理后，表达量先上升后下调，表达量变化显著，同时，*GhNAC55* 对 PEG 不敏感，*GhNAC41*、*GhNAC55* 较为敏感。PEG 和盐处理后，取棉花幼苗的叶片，荧光定量分析结果发现 *GhNAC34*、*GhNAC47*、*GhNAC48*、*GhNAC54*、*GhNAC55*、*GhNAC56*、*GhNAC62* 在 PEG 和盐处理后 4h 或 6h，表达量达到最大，随后表达量下调。

二、棉花抗旱耐盐性状的遗传分析与基因克隆

（一）棉花抗旱耐盐性状的鉴定与遗传分析

种质资源遗传多样性分析是种质创新的基础，遗传多样性是物种遗传信息的总和，是生物多样性和遗传育种研究及材料创新的基础和核心。遗传多样性的丰富与否，决定了该物种对不利逆境条件的适应能力强弱，也决定其利用潜力的大小。干旱和土壤盐渍化是制约棉花产量的主要因子，提高和改良棉花品种的耐旱、耐盐碱能力已经成为棉花育种中的重点目标，而从丰富的棉花种质资源中筛选鉴定适合在盐碱地开发的耐盐品种显得尤为重要。

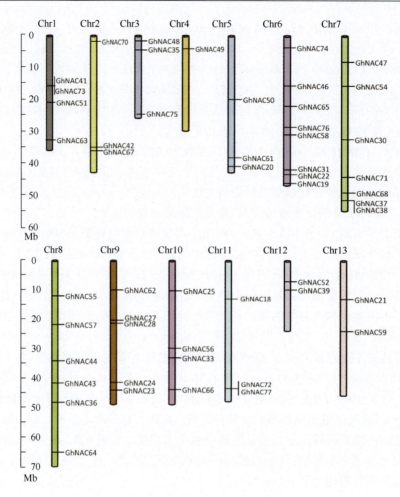

图 6-34　*GhNAC18~GhNAC77* 在雷蒙德氏棉基因组上的分布

　　我国过去选育的棉花品种，大多是由美国引进的岱字棉、斯字棉、德字棉、福字棉、金字棉，以及从苏联引进的 24-21 等和从乌干达引进的乌干达 3 号等经系统选择或杂交育成的，这些引进的原始种质称为基础种质。同时，育种者利用上述基础种质系选、杂交而培育的主要品种（系），包括抗逆性品种（系），称为骨干品种（系）。通过抗逆性骨干品种（系）的亲缘分析，可以明确我国现有抗逆棉花品种（系）的基础血缘组成，把握以提高耐盐性为主要目的抗逆性育种的研究方向，在干旱盐碱地改良与利用上具重要的理论与实践意义。

　　叶武威等（2006）认为，棉花苗期是拒盐的，而成株期是吸盐的（或称为是耐盐的）。与盐胁迫对棉花造成的伤害类型相对应，棉花抵抗盐胁迫的伤害主要有渗透胁迫和离子毒害两个方面。

　　叶武威等（2006）发现，棉花吸盐量具发育阶段性，尽管棉花萌发阶段几乎不吸盐，但成株期是吸盐的，且吸盐量很高，反映了棉花在不同的发育阶段，其耐盐机制可能不同。而且，棉花全植株的吸盐量与材料的耐盐性无关。在 NaCl 胁迫下，耐盐性不同的棉花根、茎、叶内 Na^+ 积累量差异明显，但同一浓度下，耐盐性不同的材料间全株含量没

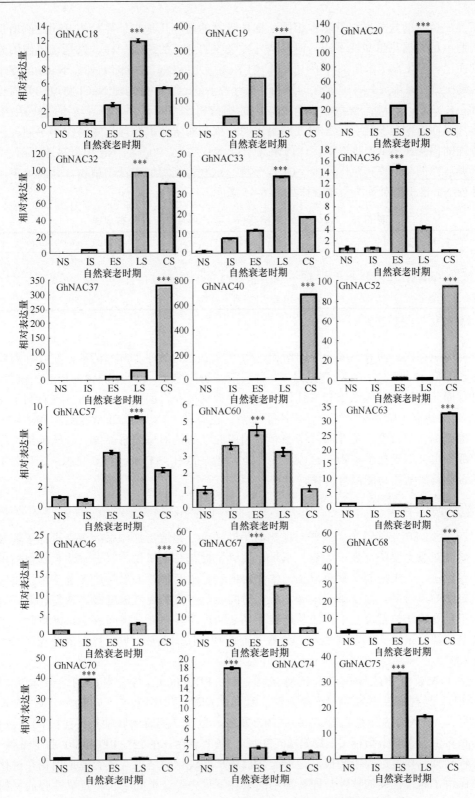

图 6-35　*GhNAC18~GhNAC77* 在棉花叶片衰老不同时期的表达谱

有差异,全株的盐分累积量基本相同。棉株吸收的盐分几乎与外界盐浓度同比例增长。这表明,尽管棉花耐盐性不同,但其从外界吸收的 Na^+ 的总量一样,只是在体内的分布不同而已。棉花根茎木质部汁液中 Na^+、Cl^- 浓度及叶片 Na^+ 含量随着外界 NaCl 浓度增大而迅速上升。锻炼后具有适应性的棉苗,其叶片 Na^+、Cl^- 含量均随 NaCl 胁迫加强而迅速增加,K^+、Ca^{2+}、Mg^{2+} 含量和没有适应性的棉苗相比差异不大,而且均不随外界 NaCl 胁迫加强而有明显变化。这些研究结果表明,棉花的耐盐机制与大麦等作物不同。耐盐性较强的棉花在 NaCl 胁迫下,体内阳离子以 Na^+ 为主,90% 的 Na^+ 积累在地上部,"脉内再循环"的 Na^+ 较其他作物少,Cl^- 也一样。这些特征类似于盐生植物。盐胁迫下,棉株体内 Na^+ 累积绝对量的分布规律如表 6-45 所示。

表 6-45　NaCl 胁迫下棉花根、茎、叶中 Na^+ 的分布规律

耐盐性	低浓度(0.20% NaCl)	高浓度(0.40% NaCl)
不耐盐	根>茎、叶	根>茎、叶
稍耐盐	根、叶>茎	根、叶>茎
强耐盐	根、叶>茎	叶>根、茎

资料来源:叶武威,2000

与对照相比,随着土壤盐分的增加,Cl^- 含量在茎内几乎增加 16 倍,在叶片和铃内增加了 7 倍,叶和茎内 Cl^- 的含量最多,并局限在表皮细胞、腺毛、腺体及棉叶的蜜腺中,而进行同化作用的薄壁细胞和气孔保卫细胞中含量极少。这种区域分布,既有利于缓解 NaCl 对其他离子的抑制,维持体内离子平衡;也有利于减少 NaCl 对膜结构和功能的伤害,提高棉花耐盐性。棉花叶片蜜腺和多细胞腺毛的结构与分布部位(叶脉基部,靠近木质部)也类似于盐生植物的盐腺,其功能叶蜜腺的 H^+-ATPase 活力很强。这些分泌组织是否兼具泌盐的功能尚有待探讨。

1. 棉花耐旱性鉴定

20 世纪 80 年代以来,人们对植物耐旱性评价、鉴定指标体系的建立进行了较多探索,研究对象主要是小麦、大麦、玉米、高粱、棉花等农作物。鉴定方法主要包括田间直接鉴定法、人工控制干旱胁迫法、生化胁迫鉴定法及自然失水胁迫鉴定法等。田间直接鉴定法简单可靠,但受季节限制,所需时间长,工作量大,速度慢,重复性差;人工控制干旱胁迫法包括反复干旱法和连续干旱法两种,其缺点与田间鉴定结果雷同;生化胁迫鉴定法多采用 PEG 胁迫处理,克服了前两种方法周期长、重复性差的缺点(张雪妍等,2007)。

中国农业科学院棉花研究所曾采用 15% PEG6000(与之对应的溶液水势约为 –0.4MPa)竖直滤纸法在 30℃恒温条件,调查 3 天时的发芽势、7 天时的发芽率、3 天时的芽总长、3 天时的芽总质量、7 天时的胚根长,以及 7 天时的胚轴长、胚根长/胚芽长、芽的相对生长率 8 个指标(王俊娟等,2011)。研究表明,在 15% PEG6000 胁迫条件下,下胚轴受抑制程度远大于胚根,这可能是棉花长期进化的结果,或者说是棉花在进化过程中保留了这一优良的特性,即在不利的条件下优先保证根的生长。抗旱性强的材料胚根长度大于抗旱性弱的材料,抗旱性强的品种根干重和单株冠干重均高于抗旱性弱的品

种，干旱胁迫促进了根系的生长发育，中度和严重水分条件下，根系干重增加，冠干重降低，两个品种呈现相同的规律性。

干旱胁迫对棉花初生根数目影响不明显，但对单株次生根数目影响较大，中度和严重干旱胁迫促进了次生根数目的增加。研究对相对发芽势、相对发芽率、相对 3 天芽总长、相对 7 天胚根长、相对 7 天胚轴长、相对胚根长/胚芽长值、芽的相对生长率 7 个指标与平均隶属函数相关性研究结果表明，相对 7 天胚根长与平均隶属函数存在着极显著相关性，所以在育种的早期世代，可以选用相对 7 天胚根长这一单一的指标对陆地棉进行萌发期抗旱性鉴定，达到高效、快速的目的，而在育种的高代材料筛选中，应考虑 7 个指标的综合效应，对其抗旱性进行综合评价（张雪妍等，2009）。

叶武威等（2006）在形态学研究和大量棉花种质材料抗旱性鉴定的基础上，提出 3% 作为耐旱鉴定中土壤含水量的下限，制定出棉花耐旱性鉴定方法及分级评价的行业标准，即旱棚苗期反复干旱法，是指棉苗对土壤 3% 极限含水量等干旱条件（或水分胁迫）的相对适应能力。在旱棚的水泥池中铺无菌沙壤土，播种前浇水达到种子在大田播种出苗所需的水分，设置 1 个或 2 个耐旱对照品种。播种后齐苗、定苗后 15 天调查各处理实有苗数，然后进行干旱处理。土壤水分降为 3% 时，浇饱和水使苗恢复，再干旱处理使土壤水分降为 3%，如此反复 3 次，计算各处理成活苗率及相对成活苗率。以相对成活苗率评价棉花种质苗期耐旱性。按照相对成活苗率将不同的材料分为 4 个等级：相对成活苗率大于等于 90 的为高抗旱，相对成活苗率大于等于 75 而小于 89.9 的为抗旱，相对成活苗率大于等于 50 而小于 74.9 的为耐旱，相对成活苗率小于 50 的为不耐旱。此方法简单易行，适于大批量种质材料的耐旱性评价。

棉花抗旱鉴定方法——3% 水分胁迫法。

按照 GB/T 1.1—1993《标准化工作导则》制定棉花抗旱性鉴定技术与评价标准。对棉花抗旱性鉴定程序、条件、指标、评价进行规范化、模式化、精确化、等级化研究，以及相关的验证研究。

（1）研究抗旱性鉴定的方法确定抗旱性鉴定主要操作程序，并进行方法验证。①在旱棚（池、箱）底部铺 15cm 的无菌砂壤土，播种前浇水达到种子在大田播种出苗所需的水分。棉种用温汤浸种，并在播时拌多菌灵药剂。②行距 10cm、株距 6cm、行长 1m、齐苗后定苗每行 13~15 株苗，每个处理重复 3 次，每次重复设一个对照，随机排列。③苗齐后 15 天，调查各处理实有总苗数，然后进行干旱处理。④在土壤水分降为 3% 时，浇饱和水使苗恢复，再干旱处理使土壤水分仍降为 3%，如此反复 3 次，计算各处理成活苗率。

（2）对抗性结果的评价方法进行合理分析，制定分析的准确方法，验证以相对成活苗率评价棉花抗旱性的可靠程度。

成活苗率（%）=成活苗数（株）/每行总苗数（株）×100%

相对成活苗率（%）=（品系成活苗率×50）/对照成活苗率×100%

（3）对棉花抗旱性鉴定技术的评价标准进行相应的制定工作。

评价标准：高抗旱：相对成活苗 90% 以上；

抗旱：相对成活苗 75%~89%；

耐旱：相对成活苗 50%~74%；

不抗旱：相对成活苗 50%以下。

另外，某些形态、生理、生化指标与耐旱性有关，可能作为耐旱鉴定指标，但是存在诸多缺点，如设备投资大、能源消耗大，操作因难，与实际情况差异大，难以大批量操作等，需进一步研究和完善。

（4）采用旱棚（或温室）鉴定和大田全生育期鉴定或实际（小样本）抗性鉴定相结合，进一步科学地完善抗性鉴定法；全生育期的抗性鉴定（小样本）结果用于苗期大样本鉴定结果的验证。

2. 棉花耐盐性鉴定

棉花的耐盐性是一个十分复杂的性状，涉及多种生理生化代谢途径和诸多基因调控，不但受棉花自身遗传因素影响，还受外界环境条件和栽培措施的影响，而且各栽培种之间、品种之间，以及同一品种的不同生育阶段、不同组织器官之间耐盐性都存在较大的差异，很可能存在多种不同的耐盐机制，至今尚未形成统一认识，在很多领域尚存在不同看法和争论（贾银华等，2009）。棉花种子萌发是种子生活史中的关键阶段，也是进行棉花耐盐性研究的重要时期。在不同的的生长发育阶段，棉花的耐盐能力不同，以萌发到出苗时期最小。

前人多采用双层滤纸法研究棉花萌发期的耐盐性。由于棉花种子上带有一定量的真菌，这些真菌在滤纸上容易感染，使某些幼苗难以成活而增加实验误差。另外，单纯盐水与自然状态下的盐土含盐量有一定的差别，容易影响实验结果的可靠性。目前，在耐盐碱评价鉴定方面常用的鉴定方法主要有发芽指标法、营养液法、组织培养法和大田鉴定法。发芽指标法是指芽期耐盐碱性鉴定时，随机挑选饱满种子均匀置于垫滤纸的培养皿中，加入配好的盐碱溶液，调查记载种子的发芽数。营养液法是在温室或人工气候室中，当出苗后加入一定量的盐碱溶液，调查生长速率、生长量、株高、叶数、根长等，也可以在生长过程中测定组织水分或渗透势。组织培养法是指将大量细胞置于致死盐碱浓度的培养基内培养，以筛选出能存活的抗性细胞。大田鉴定法是指在生育期间调查出苗速率、出苗率、幼苗生长势、植株生长速率，成熟期测量各植株性状及产量性状下降的百分数。彭振等（2014）测定地上部分鲜重、根鲜重、叶片相对含水量、叶绿素荧光参数、相对电导率、MDA 含量、抗氧化酶类活性等 13 个与耐盐性相关的重要指标。利用灰色关联聚类、主成分分析和逐步回归等方法综合评价陆地棉苗期耐盐性，认为最大光化学效率（F_v/F_m）可以作为鉴定陆地棉苗期耐盐性的关键指标。山东农业大学沈法富等计算不同盐浓度条件下，棉花叶片总面积和叶片鲜重减少的百分数和花粉萌发率的相关性，并对相关系数进行检验，以确定棉花整体植株的耐盐性和棉花花粉耐盐性。

叶武威研究团队通过对棉花耐盐性的生理遗传研究，确立了 0.4%盐量作为棉花耐盐鉴定的最佳值，建立了 0.4%盐胁迫法，即棉苗对土壤 NaCl 含量在 0.4%极限条件下生物相对存活能力（王俊娟等，2007）。调查施盐 15 天后调查成活苗数，以生长点的死活为成活标准，生长点死的为死苗，生长点活的为活苗，并计算成活苗率，成活苗率＝活苗数/总苗数×100%，将对照的成活苗率进行汇总，计算每处理的相对成活苗率（%）=50/对照成活苗率×100%。按照相对成活苗率将不同的材料分为 4 个等级：相对成活苗率大于等于 90%的为高抗盐，相对成活苗率大于等于 75%而小于 89.9%的为抗盐，相对成活苗率大于等于 50%而小于 74.9%的为耐盐，相对成活苗率小于 50%的为不耐盐（王俊娟等，2010；2011）。

棉花耐盐鉴定方法——0.4%盐胁迫法。

按照 GB/T 1.1—1993《标准化工作导则》制定棉花耐盐性鉴定技术与评价标准。对棉花耐盐性鉴定程序、条件、指标、评价进行规范化、模式化、精确化、等级化研究。

（1）研究耐盐性鉴定的方法确定耐盐性鉴定主要操作程序，并进行方法验证。①在 15cm 厚的无菌砂壤土的盐池（平底水泥池，规格为 90m×2m×0.15m）中进行试验。②播种前浇水达到种子在大田播种出苗所需的水分。棉种用温汤浸种，并在播时拌多菌灵药剂。③种子随机播种，行距 15cm、株距 6cm，设 3 个重复，行长 2m，每个处理重复 3 次，每次重复设一个对照，随机排列。④棉花出苗后定苗，每行 13~15 株苗，株距 15cm；长至 3 片真叶时，记载每行的有效苗数，同时测定土壤的含盐量。⑤按土壤含盐量 0.4%（扣除土壤原含的盐量），每行平均施盐（NaCl），用喷壶浇清水，保证盐份完全溶解入土。⑥施盐后 10 天，统计各材料的成活苗数（以生长点活为活苗）。

（2）对耐盐性结果的评价方法进行合理分析，制定分析评价的准确方法，验证以相对成活苗率评价棉花抗旱性的可靠程度。

成活苗率（%）=成活苗数（株）/每行总苗数（株）×100%

相对成活苗率（%）=（品系成活苗率×50）/对照成活苗率×100%

（3）对棉花耐盐性鉴定技术的评价标准进行相应的制定工作，以相对成活苗率来判定棉花的耐盐性，并把棉花材料的耐盐性分以下 4 级：不耐（0.0%~49.9%）、耐（50.0%~74.9%）、抗（75.0%~89.9%）、高抗（大于等于 90.0%）。

在耐盐性的分子鉴定方面，中国农业科学院棉花研究所针对棉花耐盐性复杂、耐盐基因显性标记难以筛选、单标记鉴定棉花耐盐性有困难等问题，提出用多标记组合法鉴定棉花耐盐性（张丽娜等，2010）。从 5053 对 SSR 引物中筛选了 26 对清晰度高、稳定性好的 SSR 核心引物，构建了 48 份棉花耐盐相关种质的 DNA 指纹图谱。通过分析比较单标记和多标记组合的鉴定效率，确定 Y190、Y159 和 Y258 三标记组合鉴定棉花耐盐性最为经济有效。从 DNA 快速提取到 PCR 扩增和产物检测及多标记组合鉴定等环节进行分析探讨，初步制定了一套适于棉花耐盐性分子鉴定的方法，即多标记组合鉴定法（张丽娜等，2011）。并用 11 份材料对该方法进行了验证，结果表明和盐池鉴定结果的相符率达 90.91%。初步研究结果表明多标记组合鉴定法可用于棉花耐盐分子标记辅助鉴定。该鉴定方法结果稳定可靠、操作简单、经济高效，相比形态学鉴定法具有高效准确、省时省力、不受季节限制等优点，展示了较好的应用前景，更好地服务于生产实践中棉花耐盐性的鉴定和评价，且该 SSR 标记组合鉴定方法对其他相关作物的耐盐性鉴定研究具有借鉴作用。

3. 棉花耐盐种质资源的遗传分析

中国农业科学院棉花研究所在我国历年耐盐性鉴定的基础上，筛选 60 份陆地棉品种（系）为材料进行亲缘关系的系谱分析（叶武威等，2007；王俊娟等，2008；王俊娟等，2010）。这些材料不仅系谱来源清楚，而且代表了我国不同年代育成的主推品种。材料的选取具有较广泛的代表性，其中材料育成的年份横跨 20 世纪 40 年代至 21 世纪初，材料的育成单位分别来自于长江流域棉区、黄河流域棉区、北部特早熟棉区、西北内陆棉区四大棉区的 16 个省（市）。

试验采用 0.4%盐胁迫法并采用欧氏距离、离差平方和方法，进行系统聚类分析。通过对血缘系数的聚类分析可以看出，棉花耐盐性骨干品种（系）的原始血缘主要来源于岱字棉、乌干达棉、金字棉、苏联棉系 4 个基础种质。

第一是岱字棉，在 60 份材料中，有 53 份材料含有岱字棉血统，占总材料数的 88.33%，其中岱字棉血统占 75%以上的有 4 份，占含岱字棉血统品种（系）的 0.67%，含 50%~75%岱字棉血统的材料有 13 份，含 25%~50%岱字棉血统的材料有 22 份。

第二是乌干达棉，在 60 份材料中，有 49 个种质含有乌干达 3 号的血统，占总品种数的 81.67%；其中乌干达棉血统占 50%~75%的材料有 4 份，含 25%~50%乌干达棉血统的材料 14 份，含 25%以下乌干达棉血统的种质高达 31 份，但没有 1 份材料含 75%以上乌干达棉血统。

第三是金字棉，在 60 份材料中，有 47 个材料含有其血统，占总品种数的 78.33%；其中有 3 份材料含有 100%的金字棉血统；金字棉血统占 75%以上的材料有 4 份，金字棉血统占 50%~75%的材料有 2 份，金字棉血统含 25%~50%的材料有 19 份，金字棉血统含 25%以下的材料高达 22 份。

第四是苏联棉系，在 60 份材料中，有 39 个材料含有苏联的 24-21、克克 1543、108 夫、司 4744 或塔什干 3 号血统，占总品种数的 65%；其中苏联棉血统占 75%以上的种质有 1 份，即锦棉 6，含有 75%的塔什干 3 号血统。苏联棉血统占 50%~75%的材料有 3 份，苏联棉血统含 25%~50%的材料有 13 份；苏联棉血统含 25% 以下的材料高达 22 份。另外，斯字棉、福字棉、爱字棉及其他血统所含的种质比较少，分别是 10 份、10 份、7 份、21 份。

研究表明，在棉花 8 类基础种质中，育成的耐盐性品种（系）主要集中在以下 4 个基础种质，分别为岱字棉、乌干达棉、金字棉、苏联棉系。

岱字棉：由美国选育出的陆地棉品种，中国在 1933 年引进岱字 10 号，1950 年引进岱字 15 号，由于当时它具有产量高、品质好、衣分高、抗逆性好和适应性强的特点，1955~1958 年先后在长江和黄河流域大面积推广，云南、广西也引入试种。1964 年引进光叶岱字棉（鄂光棉），1970 年、1972 年引进岱字 16 号（鄂岱棉），1973 年引进岱字 25 号，1977 年引进岱字 61 号。岱字棉是中国引进陆地棉以来发展最快的一个棉种，种植面积曾达到 80%。在本试验的 60 份材料中，有 53 份含有岱字棉血统，占全部材料的 88.33%，这 53 个材料的耐盐性平均相对成活苗率为 59.33%。它是耐盐性基础种质的重要来源之一。

乌干达棉：1959 年从乌干达进口原棉中混杂种子的统称。这些种子经试种系选出乌干达 3 号、乌干达 4 号。乌干达 3 号表现为植株较紧、茸毛较多，后定名为中棉所 7 号；乌干达 4 号株型稍松散、茸毛较少。两个品种纤维品质都很优良，配合力较高，杂种后代重组类型多，通过系统选育和杂交育种分别培育出 100 余个新品种。在本试验的 60 份材料中，有 49 份含乌干达棉血统，占全部材料的 81.67%，这 49 份耐盐材料的耐盐性平均相对成活苗率为 60.15%，它是耐盐性基础种质的重要来源之一。

金字棉：1890 年由 T. J. King 从美国北卡罗林纳州的糖块棉（Sugar Loaf，又译为塔糖棉）中选得丰产单株繁殖而成。经几年的观察与繁殖后，认为新品系有结铃多、早熟性好的特点，与原来的糖块棉大不相同，故而定名为金氏改良棉（King's improved）并开始推广。20 世纪初引人朝鲜，我国于 1919 年从朝鲜引入金字棉。王道均等（1982）研究指出，山西特早熟棉区新中国成立前普遍种植金字棉。在本试验的 60 份材料中，有 49 份含金字棉血统，占全部材料的 78.33%，这 47 份耐盐材料的耐盐性平均相对成活苗率为 60.45%，它也是耐盐性基础种质的重要来源之一。

苏联棉系：包括苏联的 24-21、克克 1543、108 夫、司 4744、塔什干 3 号等，苏联棉克克 1543 于 1955 年由苏联引入我国，先后在新疆、甘肃、山西生态条件相对较差的地区大面积种植过，其作为基础种质衍生的品种 80 多个。在本试验的 60 份材料中，有 39 份含苏联棉系血统，占全部材料的 65%，这 39 份耐盐材料的耐盐性平均相对成活苗率为 59.57%，它也是耐盐性基础种质的主要来源之一。

4. 棉花耐旱种质资源的遗传分析

在棉花耐旱种质资源的遗传分析方面，中国农业科学院棉花研究所从 5053 对 SSR 引物中筛选出具有多态性的引物 246 对，在此基础上，选取 4 个萌发期抗旱性典型的材料（2 个抗旱新研 96-48、中 9409，2 个不抗旱银山 6 号、鑫秋 1 号）对 SSR 引物进行进一步筛选，最终筛选出 93 对差异明显、带型清晰、容易分辨的引物对 30 份种质资源进行 PCR 扩增（王俊娟等，2011）。共检测出 352 个等位基因变异，平均每个 SSR 位点有 3.785 个，变化为 1~8 个；其中多态性等位变异为 283 个，占 80.398%。SSR 引物所检测的位点多态信息含量（PIC），平均值为 0.616、最大值为 0.860、最小值为 0.165，PIC 值在 0.8 以上的多态性 SSR 位点有 6 个，即 BNL3442、BNL3410、HAU1058、DPL209、HAU524、CSHES62；PIC 值为 0.78~0.79 的多态性 SSR 位点有 6 个，分别为 Gh268-3、NAU1269、NAU1042、NAU3991、NAU1221、CSHES87；基因型多样性（H'）平均为 1.081，变化为 0.305~2.025。由此表明，30 份陆地棉种质资源具有丰富的 SSR 多态性。利用 NTSYS-pc2.2 软件计算出不同材料间的遗传相似性系数矩阵，30 份抗旱性不同的种质资源间的 Jaccard 相似性系数为 0.491~0.958，平均值为 0.658，分布在 0.60~0.69 区间的材料占总材料的 47.586%。

抗旱性不同的陆地棉种质资源的遗传相似系数主要分布在 0.60~0.69，在此范围内，抗旱材料与耐旱材料分布的最多，分别达 61.11% 和 61.90%。另外，抗旱材料与耐旱材料的遗传相似系数在 0.70~0.79 的频率也接近，分别为 27.78% 和 28.57%。高抗旱材料的遗传相似系数除了在 0.60~0.69 分布较高，达 52.38% 外，在 0.50~0.59 分布也比较高，达 38.10%。同时，所有类型中，只有高抗旱类型的遗传相似系数在 0.40~0.49 分布最多，达 4.76%。不抗旱材料的遗传相似系数在 0.60~0.69 分布较高，在 0.70~0.79 分布也较高，二者的分布比例很接近，分别为 47.62% 和 47.51%。说明高抗材料之间的遗传关系较远，其抗旱性来源于不同的遗传基础；而不抗旱材料之间的遗传关系较近，所以推测种质间的遗传多样性降低的过程导致了抗旱性性状的丢失。基于 Jaccard 相似性系数，采用类平均法（UPGMA）对 30 份陆地棉种质资源进行聚类分析。在阈值为 0.64 时，30 份种质可划分为 4 个类群。

第 I 大类群：包含 1 份材料，即高抗旱材料中 9409，表明该材料与其他材料之间的亲缘关系均较远。

第Ⅱ大类群：包含有 21 份材料，数目最多，占总材料的 70%左右，包括中国农业科学院棉花研究所、河南、河北、山东和新疆棉区的一些品种和自主选育的部分材料，材料来源广泛。这 21 份材料中包括了 4 种抗旱类型，其中高抗旱材料 4 份、抗旱材料 6 份、耐旱材料 4 份、不抗旱材料 6 份。

第Ⅲ大类群：包含有 5 份材料。这 5 份材料中，包含 1 份高抗旱类型、1 份抗旱材料和 3 份不抗旱材料。

第Ⅳ大类群：包含 3 份材料，其中 1 份高抗旱材料、2 份耐旱材料。

（二）棉花抗旱耐盐相关基因的克隆与功能分析

从种质资源中挖掘和鉴定影响耐盐、抗旱的有利基因，对阐明抗旱、耐盐的遗传机制和培育抗旱、耐盐新品种具有十分重要的理论与现实意义。近几年依靠 973 计划的支持，许多与棉花抗旱耐盐相关的基因被克隆和分析。这些基因主要包括渗透调节基因、蛋白质类基因（如信号转导中的蛋白激酶基因等）及转录因子等。在逆境条件下，渗透调节基因通过合成脯氨酸、甜菜碱、糖类和多胺类等渗透调节物质维持植物中的渗透平衡；蛋白激酶基因产物是细胞信号转导中的组分，这些基因能促进植物对干旱失水反应和逆境信号的传递，启动抗逆基因的表达；转录因子通过与相关基因的特异性结合来调控其表达，进而产生相关调控蛋白等物质增强植物在逆境中的生存能力（陈亚娟等，2009）。为了解棉花种质在干旱胁迫下叶片蛋白质组分的变化，张德超等（2013）选用棉花四大栽培种的抗旱和不抗旱材料测定正常浇水、短期干旱和长期干旱下叶片 4 种蛋白质组分含量变化，研究表明，棉花四大栽培种短期干旱胁迫后叶片中清蛋白含量均升高，陆地棉和海岛棉短期干旱胁迫后醇溶蛋白含量降低。miRNA 是在真核生物中发现的一类内源性的非编码小 RNA。近年来的研究发现，miRNA 作为基因表达中的一类负调控子，不仅在植物新陈代谢、器官发育及组织分化中起重要的作用，而且可以响应植物的生物和非生物逆境胁迫，在植物感受逆境胁迫而做出适应性调整的过程中发挥着重要的作用。下文中主要对抗旱耐盐相关蛋白质类基因、转录因子、蛋白质激酶类信号因子这 3 类抗逆基因和调控基因表达的负调控子 miRNA 的研究现状及其生物学机制进展进行综述，讨论并分析这些基因在应用中尚待解决的问题，为发掘更多的抗逆性基因资源和进一步开展分子育种工作提供参考。

1. 抗旱耐盐相关蛋白质类基因

S-腺苷甲硫氨酸：在植物有机体中，*S*-腺苷甲硫氨酸作为辅助因子参与各种细胞生理生化反应。首先，它是主要的甲基供体，参与蛋白质、核酸、多糖和脂肪酸的转甲基反应；其次，它参与植物细胞专一性的代谢途径，如植物激素乙烯生物合成的前体物质，也是细胞壁成分类苯基丙烷合成所必需的。此外，*S*-腺苷甲硫氨酸在脱羧基后为多胺生物合成提供多氨基供体。陆地棉 *S*-腺苷甲硫氨酸合成酶基因（*GhSAMS*）与盐地碱蓬中该蛋白质的亲缘关系最近。*GhSAMS* 的表达受盐胁迫诱导，在盐敏感材料中诱导被推迟，而且，该基因表达水平在耐盐材料'中 9835'中明显高于在盐敏感材料'中 S9612'中（周凯等，2011）。有研究表明，盐胁迫下，*S*-腺苷甲硫氨酸增加植物根部细胞壁合成和修复，进而增加细胞间水分运输通道，这能够赋予根部更多的选择性，减少木质部对盐

离子的吸收。同时，也能够补偿质外体运输过程中的水分和有机溶质的流失。也有研究认为，盐胁迫下，乙烯含量的增加引起 S-腺苷甲硫氨酸增加，因为在乙烯合成中，由 S-腺苷甲硫氨酸到 ACC 是其限速步骤。目前，这一观点尚存争议。

V-PPase：V-PPase 是一类新的离子转运酶。在植物液泡膜中，存在着大量的 H^+ 无机焦磷酸酶（H^+-PPase），它由 71~80kDa 分子质量的单一多肽链组成。盐胁迫条件下，V-PPase 为液泡中离子和其他溶质的积累提供驱动力。研究表明，盐胁迫下 V-PPase 的活性增加，这表明 V-PPase 在植物耐盐性方面起着重要作用。同时，在大麦根细胞中，V-PPase 和 Na^+/H^+ 逆向转运蛋白的活性是共协调的，这进一步证明了它的重要性。根据棉花耐盐抑制消减（SSH）文库中的一个耐盐 Unigene 序列设计特异性引物，利用 cDNA 末端快速扩增（RACE）技术首次克隆了陆地棉焦磷酸酶基因，将其命名为 GhVP（宋丽艳等，2011）。生物信息学分析显示，该基因包含一个 2301bp 的完整开放读码框，编码 766 个氨基酸的多肽，与拟南芥和烟草的同源性分别达 90% 和 93%。RT-PCR 结果显示，GhVP 的表达丰度随着盐处理时期的增加而变化，盐处理 6h 表达量最高，随后开始下降。盐胁迫下，H^+-PPase 通过水解底物焦磷酸为 Na^+/H^+ 逆向转运蛋白提供驱动力，以促进 Na^+ 在细胞内的分布，以消除 Na^+ 的毒害。

水通道蛋白：植物水通道蛋白（aquaporin，AQP）在逆境胁迫中通过促进细胞内外的跨膜水分运输、调节细胞内外水分平衡及细胞的胀缩等来维持细胞渗透压防止渗透伤害。冰叶龙须海棠根中的水通道蛋白基因表达水平的波动与盐胁迫下叶片细胞的膨压变化呈正相关。目前，在陆地棉中已经克隆得到 3 个水通道蛋白基因（GhAQP2~GhAQP4）。生物信息分析表明 3 个基因编码蛋白均含有 6 个跨膜区、2 个 NPA 结构域，其氨基酸序列具备 MIP 超家族典型的蛋白质保守区序列特征（李伟等，2013）。GhAQP2 在纤维伸长后期优势表达，GhAQP3 在下胚轴和子叶中高表达，GhAQP4 在纤维伸长前期优势表达。利用反义基因技术抑制拟南芥质膜 PIP1b 的表达，PIP1a 的表达也受到抑制，原生质体透性降低为对照的 1/3，而根量增加 5 倍，说明根量的增加弥补了水孔蛋白数量的不足和导水率的降低。

其他蛋白质类基因：棉花抗逆性是由多个基因协同参与和调控的过程。其他蛋白质类基因，如谷胱甘肽还原酶（glutathione reductase，GR）基因参与抗坏血酸–谷胱甘肽循环途径，GR 是植物体重要的抗氧化酶类。干旱等逆境胁迫都会引起 GR 活性的提高，逆境胁迫下产生的活性氧超出活性氧清除系统的清除能力时就会产生氧化损伤。过量的活性氧导致电子传递活性的丧失、蛋白质的降解，使光合机制遭到破坏，光合速率降低，谷胱甘肽还原酶是一种重要的受逆境胁迫表达的酶类。陆地棉谷胱甘肽还原酶基因（GhGR）在抗旱材料‘中 H177’的根、茎和叶中受到干旱诱导上调表达，在叶中表达多且敏感，可能与叶片感知干旱胁迫比较敏感的生理基础相关，在后期叶片和根中表达量很高，其表达量的增加对抵御干旱胁迫具有积极的响应（宋贵方等，2012）。基因枪转化和实时荧光定量 PCR 分析表明 GhGR 定位于洋葱的细胞膜和细胞核膜，并且其表达量受干旱胁迫诱导上调表达。陆地棉硫氧还蛋白基因（GhTrx）表达受干旱胁迫诱导，在干旱诱导下，该基因在抗旱材料‘中 H177’中上调表达，在根中的表达量明显高于在叶片中的（宋贵方等，2011）。在干旱胁迫时 GhTrx 在根部进行大量表达，对抵御外界的干旱威胁起着关键作用，可能对提高陆地棉抗旱性方面具有一定的作用。质体转录活性因子

GhPTAC 编码蛋白为转录活跃的染色体（TAC）的一个组分，参与叶绿体基因组转录终止/抗终止调节（周凯等，2007）。*GhPTAC* 受盐胁迫诱导上调表达，在耐盐材料'中9806'中表达水平明显高于盐敏感材料'中S9612'。*N*-乙酰氨基葡糖转移酶基因（*GhGnT*）受盐胁迫诱导上调表达，在耐盐材料'中9806'的表达水平明显高于在盐敏感材料'中S9612'中的，与芯片结果一致（周凯等，2011）。利用 TargetP 1.1 和 toppred 分析，GhGnT 蛋白跨线粒体膜。有研究发现在小麦中糖基转移酶 TaUGT1 和 TaUGT2 受盐诱导上调表达，而且转化糖基转移酶亚基 *STT3a* 基因的杜氏盐藻耐盐性得到提高。因此，我们认为该基因与耐胁迫密切相关，并推测 *GhGnT* 的高表达对提高陆地棉耐盐性有一定作用。*GhGnT* 基因的克隆及分析为以后的功能验证及耐盐种质的创新奠定了基础。

2. 转录因子基因

转录因子是可以和基因启动子区域中顺式作用元件发生特异性作用的 DNA 结合蛋白。在逆境条件下，和抵抗逆境相关的转录因子可以调控多个抗逆基因的同时表达和逆境信号的传递，与单纯改造或导入单个功能基因相比，增强一些关键转录因子的调节能力也许是提高植物抗逆能力的更好途径（李丽芳等，2004）。

乙烯应答因子（ethylene responsive factor，ERF）含有一个保守的 AP2/EREBP 结构域，通过结合 GCC 顺式元件来调控下游病程相关基因的表达，同时也可以参与植物的非生物胁迫应答。陆地棉 ERF 亚组的 *GhERF4*、*GhERF2*、*GhERF3*、*GhERF6* 和 *GhERF1* 响应盐、低温和干旱胁迫及乙烯和 ABA 处理，在一定程度上提高了非生物逆境抗性（单国芳等，2012）。*GhERF79* 属于 ERF 转录因子基因家族内的 A-1 亚族。该基因表达受盐胁迫和植物激素诱导，在耐盐材料'中9806'中的诱导表达水平显著高于盐敏感材料'中棉所12'；外源激素 ABA、ET（ethylene）、MeJA（methyl jasmonate）可以显著诱导 *GhERF79* 的表达，推测其可能在棉花响应盐胁迫途径中发挥重要功能（王洁琳等，2013）。但目前棉花转化周期较长，大多棉花 ERF 转录因子基因现在仅处于基因克隆、体外功能鉴定和在模式生物中进行功能鉴定上，棉花 ERF 参与抗逆的机制还需进一步研究。

NAC（NAM、ATAF 和 CUC）类转录因子是植物中一类重要的转录因子，主要作用是调控植物体生长发育和提高植物对环境胁迫的适应能力（柳展基等，2007）。目前，已经在棉花中克隆得到 10 个 NAC 类转录因子基因（*GhNAC8*~*GhNAC17*），这些基因分为 3 个家族。通过启动子分析和表达量检测表明，*GhNAC8*、*GhNAC9* 和 *GhNAC11*~*GhNAC16* 在 PEG 处理后叶片中表达量显著上升。*GhNAC10* 在 PEG 处理 4h 后在根中表达量显著上升，随后下降。*GhNAC8*、*GhNAC12* 和 *GhNAC16* 处理 6h 后在根中表达量显著上升。*GhNAC8*、*GhNAC11* 和 *GhNAC15* 在 NaCl 处理 2h 后表达量显著上升，而 *GhNAC12*~*GhNAC14*、*GhNAC16* 处理 4~8 h 后表达量显著上升。

MYB 类转录因子是植物转录因子的最大家族之一（陈清等，2009）。它们在植物的生长发育、生物和非生物胁迫反应及在调节多种基因的表达中起着重要作用。研究表明，在逆境胁迫下拟南芥的 *AtMYB2* 转录因子基因表达明显增强，同时增强了相关干旱应答基因的表达。*GaMYB2* 为克隆亚洲棉（*Gossypium arboreum* L.）MYB 家族的一个新基因，氨基酸序列与已报道的水稻（BAA23338.1）、小麦（AAT37168.1）等的序列有 40.50%~68.20%的相似性。亚细胞定位表明该基因在细胞核中表达，实时荧光定量 PCR 结果表明该基因在根和花中的表达量较高，并且响应17%的PEG6000模拟干旱胁迫处理，上调表达（杨召恩等，2013）。

WRKY转录因子在植物的胁迫应答反应和生长发育过程中发挥着重要的作用。目前在许多植物，如拟南芥、水稻、野燕麦、番茄、大麦和辣椒中都已克隆到该家族基因。WRKY转录因子的命名源于其DNA结合域N端有一段高度保守的WRKY氨基酸序列。根据WRKY结构域的数量（I组蛋白1个WRKY结构域和另外2组2个WRKY结构域）和锌指基序（III组蛋白中是C2HC）的结构，将WRKY转录因子分为3个亚组，陆地棉 GhWRKY4 基因有3个外显子和2个内含子，编码蛋白质定位在洋葱表皮细胞核。冷处理后，GhWRKY4 mRNA 的表达量在12h显著升高，其他时间不变。高盐处理后，GhWRKY4 mRNA 的表达量在0~4h逐渐显著升高，4~12h又逐渐显著下降。这些结果表明 GhWRKY4 可能参与植物对高盐和冷胁迫的响应。而在干旱处理条件下 GhWRKY4 mRNA 表达没有显著的变化趋势，推测该基因受干旱处理的诱导。

3. 蛋白激酶类信号因子

大量实验证实，蛋白质磷酸化和去磷酸化过程在细胞的信号识别与转导中起着重要作用，而细胞信号识别与转导直接关系着植物体对环境变化的感应和对逆境信息的传递，在这个过程中蛋白激酶起着重要作用。

钙依赖而钙调素不依赖的蛋白激酶（calcium-dependentand calmodulin-inde-pendent protein kinase，CDPK）在植物体生长、发育和逆境信号的传递等生理活动的 Ca^{2+} 信号转导中发挥着重要作用，CDPK在植物抗逆性作用中的研究逐渐成为热点之一。AtCPK23 也是CDPK蛋白激酶家族的一员，拟南芥在转入 AtCPK23 基因后表现为对干旱和高盐的高耐受性，研究结果表明 AtCPK23 可能是通过改变气孔的开闭来调节植物对干旱和高盐的响应（Ma and Wu，2007）。目前，在陆地棉中 GhCPK1 已经被克隆，乙烯可能通过CDPK激活NADPH氧化酶，释放活性氧，促进纤维伸长。在二倍体棉花——雷蒙德氏棉中41个 CDPK 已经被克隆。在低温胁迫下，GrCPK2、GrCPK7、GrCPK11、GrCPK14、GrCPK18、GrCPK27、GrCPK31 和 GrCPK35 表达量上升，而 GrCPK、GrCPK19 和 GrCPK29 表达量下降。

在植物中，盐超敏感（salt overly sensitive，SOS）信号转导途径是一条高盐胁迫特异的信号途径，其中有 Ca^{2+}、钙调蛋白和钙调磷酸酶的参与。SOS1、SOS2 和 SOS3 在同一信号转导途径中起作用。SOS1 编码质膜上的 Na^+/H^+ 反向运输蛋白；SOS2 编码一种丝氨酸/苏氨酸蛋白激酶；SOS3 编码与钙调磷酸酶B类蛋白质同源的 Ca^{2+} 结合蛋白。SOS3 与 SOS2 的相互作用，以及 SOS2 的活化都需要 Ca^{2+} 的参与。SOS3 与 SOS2 蛋白C端的21个氨基酸的基序相互作用，从而激活 SOS2 的激酶活性。SOS3 和 SOS2 蛋白复合体直接对 SOS1 进行磷酸化，调节其离子转运活性。

目前，在陆地棉中克隆了质膜 Na^+/H^+ 逆向转运蛋白途径中的1个蛋白磷酸化同源基因 GhSOS2（李付振，2010）。该基因成熟 mRNA 的剪接存在2种可选择性的剪接体，GhSOS2a 和 GhSOS2b。GhSOS2a 在非盐胁迫和盐胁迫条件下的根茎组织、叶组织均表达，但 GhSOS2b 仅在盐胁迫条件下的根茎组织、叶组织中表达，且表达量远高于 GhSOS2a。在棉花盐胁迫过程中，GhSOS2b 参与棉花的质膜 Na^+/H^+ 逆向转运蛋白途径并发挥一定作用。

4. 内源性的非编码小 RNA——miRNA

　　miRNA 在生物体内行使重要的发育调控功能，已经有越来越多的证据证实 miRNA
几乎参与了所有细胞的生理反应，包括在 DNA 复制、基因的表达调控、抵御逆境胁迫等
方面都有着重要的功能。山东农业大学选用耐盐品系'山农 91-11'和盐敏感品系'鲁棉
6 号'两种棉花品系为实验材料，利用双通道 miRNA 芯片技术检测了 miRNA 在盐胁迫
条件下的诱导表达情况，发现 miRNA 不仅可以受到外界盐胁迫条件的诱导而表达差异显
著，而且在不同耐盐类型棉花材料中的表达水平不一致（Yin et al.，2012）。通过荧光定
量 PCR 的检测，发现有 7 个 miRNA 在耐盐和盐敏感两个棉花品系中的差异表达显著。
在高盐胁迫条件下，miR156 家族中的 3 个成员（miR156a、miR156d 和 miR156e）和 miR169
在耐盐品系'山农 91-11'中表达量下调。目前，大量的研究表明 miR156 无论是在单子
叶植物中还是在双子叶植物中都靶向 SBP-box 类转录因子，并且行使同样的功能，即作
为一种正向调控因子，调控芽的分化，以及负责植物从营养生长到生殖生长的转换。在
高盐胁迫条件下，这种 miRNA 家族表现为下调模式，其原因可能是作为一种正向调控子，
促使靶基因 SBP-box 转录因子表达量上调，进而改变调控路径中下游基因的表达，是植
物进入一种处于防御阶段的生长发育形式。也就是说，许多在发育过程起重要作用的
miRNA 在植物抵抗逆境胁迫过程中也发挥重要作用，植物的发育过程和抵抗逆境胁迫过
程并不是完全独立的。许多处于胁迫条件下的植物往往会产生异常的发育表型，因此我
们可以将处在逆境时期的植物看成处于一种特定的发育时期。此外，在高盐胁迫条件下，
miR167a 在耐盐品系'山农 91-11'中表达量上调。Yang 等（2006）提出对于 miR167
存在以下调控路径，即 auxin-miR167-ARF8-OsGH3-2，说明 miR167 在高盐处理下表达
量上升，抑制了其靶基因 *ARF8* 的表达，进而作用于 *GH3* 基因，从而影响植物激素的动
态平衡和信号转导（Yang et al.，2006）。总之，在盐胁迫下，一方面受胁迫诱导 miRNA
表达量上升，从而下调它的下游靶基因，这些基因可能是一些植物抵御环境胁迫的负调
控因子；另一方面，某些 miRNA 受到胁迫环境后表达量会下降，从而可以上调它的靶基
因，这些基因可能是植物抵御环境胁迫反应的正调控因子。

三、棉花抗黄萎病相关基因克隆与分析

　　常规种内杂交育种可以实现抗病性状的有效转移，然而陆地棉中缺乏抗黄萎病材料，
使得利用传统育种方法在陆地棉种内改良黄萎病抗性很难突破（Cai et al.，2009）。海岛
棉具有优异的黄萎病抗性，这为提高陆地棉抗病性提供了很好的机会。半个多世纪的育
种实践表明，陆地棉和海岛棉虽然可以通过人工杂交产生杂种后代，但陆海种间杂交常
易出现异常分离、连锁累赘、杂种不育；此外，借助分子育种技术将海岛棉的抗病性导
入陆地棉还受到抗病基因缺乏和有潜力的分子标记少的限制。因此挖掘功能基因或分子
标记有利于研究者将海岛棉优良的抗病基因导入陆地棉品种中。

　　目前，棉花抵御黄萎病的抗病/防御机制取得了一定进展。研究表明，类萜烯途径在
植物抵御病原菌方面具有重要贡献（Tan et al.，2000；Luo et al.，2001；Xu et al.，2004）。

苯丙烷类途径也起着关键的保护作用（Smit and Dubery, 1997; Pomar et al., 2004; Gayoso et al., 2010; Xu et al., 2011）。一批抗病相关基因，如编码 14-3-3 类蛋白、*PR10*、抗细胞凋亡（*p35*）因子、类甜蛋白、major latex protein（*MLP*）和 *GbVe* 等，以及诱导过敏反应的 *HpaIXoo* 基因（Hill et al., 1999; Zhou et al., 2002; Wang et al., 2004; Chen and Dai, 2010; Munis et al., 2010; Tian et al., 2010; Zhang et al., 2012a）被鉴定出来。此外，转录激活乙烯反应元件结合因子基因（Qin et al., 2004）、氧转运非共生血红素基因（Qu et al., 2005）、*NDR1* 和 *MAPKK*（Gao et al., 2011）也被证实与抗黄萎病相关。上述研究表明，在棉花-黄萎病菌复杂的互作过程中，多种防御途径被激活。尽管从陆地棉中已鉴定出一些防御相关的基因，但其分子机制仍不清楚。

转录组代表了特定时期全部细胞表达的信息的集合，目前棉花上已有关于转录组分析的报道，如干旱相关的 cDNA 文库（Zhang et al., 2009）、黄萎病菌胁迫下的 SSH 文库（Zhang et al., 2012b），但关于高抗海岛棉转录组的研究报道很少。虽然棉花 A、D 基因组已经完成测序（Wang et al., 2012; Li et al., 2014），但植物与病原菌互作过程的复杂性意味着公开的基因组数据在今后研究中的应用仍有很大局限，包括特定发育阶段或某些胁迫条件下全部转录组的检测，以及棉花对黄萎病菌防御反应分子机制的解析。因此，系统全面的转录组分析对阐明基因组功能元件、揭示细胞和组织的分子组分非常重要，大量的转录组数据有助于我们发现抗黄萎病关键途径或基因，构建棉花-黄萎病菌互作过程中基因表达谱的高密度芯片。基于此，本课题组构建了黄萎病菌胁迫下抗病海岛棉品种的全长 cDNA 文库，通过大规模测序，获得了 23 126 个 Unigene，发现了一些重要的代谢途径和关键基因，为深入研究棉花抗黄萎病分子机制奠定了基础，也为今后制备棉花基因芯片提供了重要的基因资源。

（一）黄萎病菌胁迫下海岛棉全长 cDNA 文库构建及分析

利用 SMART 技术构建了黄萎病菌胁迫下抗病海岛棉品种 'Pima90-53' 的全长 cDNA 文库，原始文库滴度为 1.1×10^6 pfu/ml，重组率为 92.3%。对随机挑选的 1000 个 cDNA 克隆进行 PCR 扩增，用 1% 琼脂糖凝胶电泳检测，结果表明随机插入片段为 500~3000bp，主要集中在 1000~3000bp，平均插入片段长度为 1.8kb。

随机挑选 5 万个克隆进行测序，成功测序 46 192 个克隆。经序列拼接，去除低质量序列后，获得 23 126 个 Unigene，其中跨叠群（Contig）2661 个、单条序列（singleton）20 465 个。每个 Contig 包含 2~1537 个 EST，平均长 783bp。78% 的 Contig 包含 5 个或更少的 EST，仅有 5.0% 的 Contig 含有 26 个以上的 EST。说明文库的构建质量好，基因的重复测序较少，可以有效地筛选出低丰度表达基因。每个 Unigene 中的 EST 数量分布表明，几个高度冗余的基因被鉴定出来，99 个 Unigene 的 EST 在 25 个以上（图 6-36）。

将 Unigene 在 NR、SWISS-PROT、TREMBL、CDD、PFAM 数据库中进行 BLAST 比对，结果显示基因的最佳匹配分别为 78.07%、59.71%、78.43%、57.88%、80.24%。综合比对结果，22 446 条（占总数的 97.1%）与已知或推测功能的基因具有同源性；其中 10 060 个 Unigene 与功能已知蛋白质具有同源性，12 386 个 Unigene 与未知功能蛋白质具有同源性，此外，仍有 680 个 Unigene 未获得任何同源序列信息，这些基因可能是海岛棉特有的新基因。

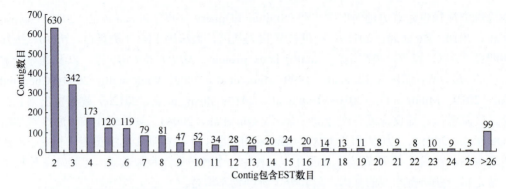

图 6-36　基于成簇的 EST 数量 1981 个 Contig 的分布（引自 Zhang et al.，2013a）

采用 GO 功能分类方法可将 Unigene 分为三大类，即细胞组分、生物学过程和分子功能，分别包含 11 305 个、6893 个和 8383 个 Unigene，占 Unigene 总数的 48.8%、29.8% 和 36.2%。对库中所有有注释的基因进行 GO 功能分类，捕获到参与植物防御机制（defense mechanism）、细胞骨架（cytoskeleton）、信号转导活性（signal transducer activity）、次生代谢物合成、转运与分解（secondary metabolites biosynthesis，transport and catabolism）、细胞壁（膜、被膜）生物合成（cell wall/membrane/envelope biogenesis）及脂转运与代谢（lipid transport and metabolism）等大量表达基因。

利用 Pathway Tools 对编码酶的 Unigene 进行 KEGG Pathway 分析，共预测到 289 个生化途径。其中新陈代谢类（metabolism）富集得最多（8017 个），其次是病害类（3190 个）、遗传信息处理类（genetic information processing，2354 个）、生物系统类（organismal system，1901 个）、细胞加工类（cellular processing，1077 个）及环境信息处理类（environmental information processing，773 个）。本研究获得的 EST 涵盖了最重要的生物代谢途径，如植物-病原体相互作用、植物激素信号转导、钙信号和苯丙烷生物合成等（图 6-37）。

通过 Blast 分析确定了 3027 个棉花 Unigene 与其他植物中已知的防御相关基因同源，这些基因可被分为 9 个主要类群，即 perception of PAMP by PRR、effector-triggered immunity（ETI）、离子流、转录因子、活性氧迸发、病程相关蛋白（PR 蛋白）、程序性细胞死亡、植物激素和细胞壁修饰。KEGG 分析显示这些 Unigene 明显富集在已知的抗病相关代谢途径或信号途径中，说明这些基因和途径在棉花和其他植物中高度保守，推测其与棉花根系对黄萎病菌的防御反应紧密相关。

为了初步明确基因的功能，从参与抗病代谢路径的基因中挑选出 18 个基因，研究了其黄萎病菌诱导后的表达情况。荧光定量 PCR 结果显示，18 个基因表达模式可以划分为三大类。①病菌诱导后，基因的转录水平较接菌前大幅度增加，如 *TPL* 在 2hpi 被快速诱导，在 36hpi 其表达量高出对照 100 倍，在 72hpi 其表达量高出对照高达 300 倍；此外，*CYS*、*VPE*、*GPXs*、*NPR1*、*AOS* 和 *MPK4* 在接菌后的表达量也都超出对照 20~80 倍。②病菌诱导后，基因的转录水平较接菌前（对照）增加 2~6 倍，这些基因包括 *MPK3*、*MPK18*、*RPP8*、*EREBP–like*、*Catalase*、*SERK1*、*EDS1*、*ADH*、*SAG* 和 *BAK*。③接菌后，基因的表达水平降低，如 *UXS1* 基因。此外，我们比较了一些基因在不同抗性棉花品种的表达模式，发现 *AOS*、*MPK4*、*CYS* 和 *RPP8* 4 个基因在抗病海岛棉（Pima90-53）、较感病陆地棉（邯

208）能够快速被诱导或高水平表达（图 6-38）。

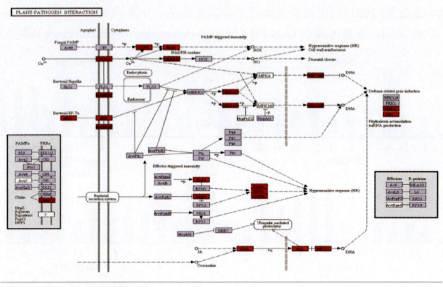

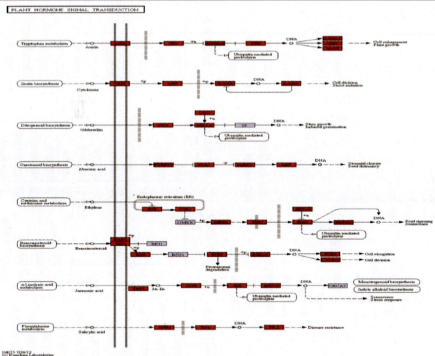

图 6-37 EST 涵盖的部分重要 KEGG 途径（引自 Zhang et al.，2013a）
红色代表注释上的基因

（二）抗黄萎病相关基因的克隆及功能研究

基于上述从全长 cDNA 文库获得的 Unigene 和同源克隆法，我们对一些候选基因进行了克隆及功能初步分析。

1. 棉花跨膜受体蛋白基因 *GbVe* 的克隆与功能分析

Kawchuk 等（2001）利用图位克隆方法首次从番茄上分离了 *Verticillium wilt resistance gene*，即 *Ve* 基因，该基因属于 *LRR-TM*（leucine-rich repeat transmembrane）类基因，是

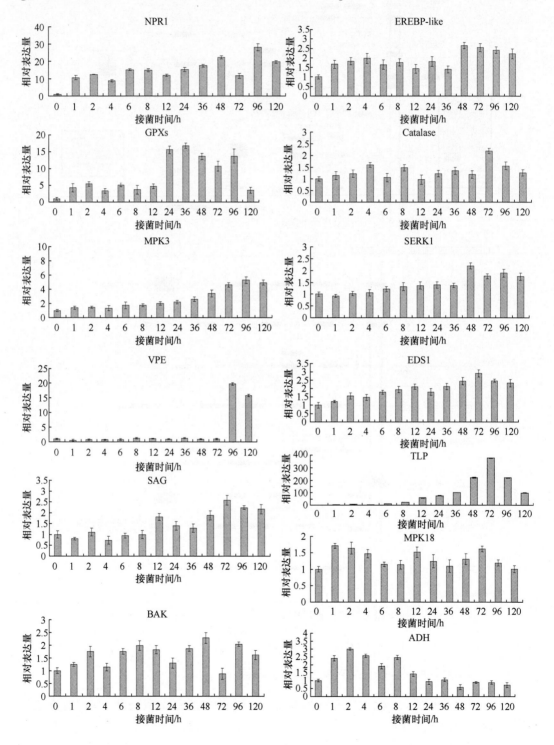

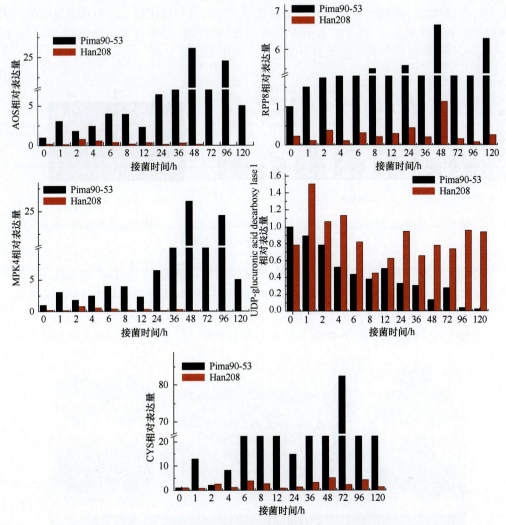

图 6-38　部分抗病基因在黄萎病菌诱导下的表达变化
（引自 Zhang et al.，2013a）

植物应答病原菌侵染重要的受体类抗病基因（Wang et al.，2008），在感病马铃薯中超表达 Ve，转基因马铃薯表现出对黑白轮枝菌 1 号小种的抗性。随后研究者又对该基因开展了深入的研究，提出番茄中 Ve 基因位点上仅 Ve1 对大丽轮枝菌 1 号生理小种具有抗性，而 Ve2 不能介导抗黄萎病反应（Fradin et al.，2009）。Chai 等（2003）研究发现，转 SlVe1 马铃薯提高了其抗大丽轮枝菌的能力。

本研究从海岛棉'Pima90-53'中克隆到 GbVe 基因，全长为 3819bp，其中开放读码框为 3387bp，无内含子，NCBI 注册号为 EU855795，编码 1128 个氨基酸，具有 LRR-RI superfamily 保守结构域。含有信号肽，属于跨膜蛋白。GbVe 与番茄 Ve 基因具有相对较高同源性（57%）。

RT-PCR 显示，大丽轮枝菌胁迫下 Ve 在抗、感棉花品种中呈现出不同的表达模式。在抗病'Pima90-53'中，Ve 被快速诱导，且在接菌后 2h 出现表达高峰，比相应接水对照高出 2 倍，并持续此高表达直至接菌后 12h，随后呈逐渐递减趋势，并逐渐趋于对照水平。在感病的'中棉所 8 号'中，*Ve* 被缓慢诱导，直至接菌后 12h 出现表达峰值，比相应接水对照高出近 1 倍（图 6-39A）。半定量 RT-PCR 结果显示，接菌后 2h，*Ve* 在'Pima90-53'的根、茎和叶组织均有表达，且根中表达量最高（图 6-39B）。

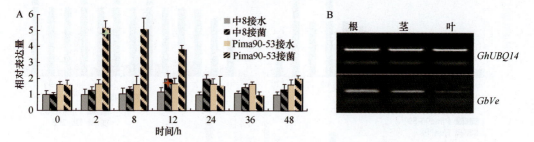

图 6-39　黄萎病菌胁迫下 *Ve* 在不同棉花品种中的表达（A）及组织特异性表达（B）分析（引自 Zhang et al.，2011）

构建了植物超表达载体 pCamE-GbVe 转化拟南芥，获得 27 个 T$_3$ 代纯合株系。采用蘸根接种法接种孢子浓度为 5×10^7cfu/ml 的大丽轮枝菌，转基因株系较 Col 野生型相比，抗病性明显增强（图 6-40A~C）。接菌后，野生型叶片黄化、萎蔫甚至干枯，植株严重变矮，生长明显受到抑制（图 6-40D~F）。统计结果表明，接菌后的野生型株高较接水对照

图 6-40　转基因拟南芥抗病性鉴定（引自 Zhang et al.，2011）

A~C. 转基因拟南芥接菌后 10 天、14 天、28 天的生长情况；D~F. 野生型接菌后 10 天、14 天、28 天的生长情况；G. 接菌后 21 天转基因拟南芥与野生型株高比较；H. 野生型接菌后维管束褐变情况；I. 转基因拟南芥接菌后维管束褐变情况

降低了 52.57%，地上部鲜重降低了 50.52%。与之相比，转基因株系的生长延缓得到明显改善，株高相对正常，茎秆较粗壮（图 6-40G），但较接水对照叶片还是表现出一定黄化症状（图 6-40A~C）。转基因株系的株高较接水对照降低了 11.52%~19.62%，地上部鲜重降低了 22.30%~25.60%。在显微镜下观察植株茎秆纵切面发现，野生型植株维管束变褐（图 6-40H），而转基因植株的维管束基本看不到明显的褐变（图 6-40I）。

采用组织分离法对接菌后的转基因拟南芥及野生型植株进行病菌分离。试验结果表明，大丽轮枝菌在二者体内的繁殖速率具有明显差异。野生型的 7 段茎秆中有 6 段茎秆长出浓密的菌丝，与之相比，转基因不同株系的茎秆中分别只有 2 段有菌丝生长，而且菌丝致密度明显较野生型的菌丝疏松（图 6-41）。说明转基因株系植株体内黄萎病菌的积累量显著少于野生型植株。

图 6-41 转基因拟南芥茎秆病菌分离试验（引自 Zhang et al.，2011）
A. 接菌后 10 天，野生型和转基因植株的发病症状；B. 接菌后 10 天，野生型和转基因茎秆分离菌丝量比较

2. 棉花丝氨酸/苏氨酸蛋白激酶基因 *GbSTK* 克隆及分析

丝氨酸/苏氨酸蛋白激酶（serine/threonine protein kinase，STK）是负责防御信号转导中的一个重要蛋白质。在植物-病菌互作中，STK 的主要作用是从病菌感知、传递外界信号。人们从不同植物中分离出参与抗病的 *STK* 基因，包括 *Pto*、*Prf*、*Pti1*、*RPS5* 和 *PR5K*（Zhou et al.，1995；Qi et al.，2012；Singh et al.，2012）。

本研究从海岛棉 'Pima90-53' 中克隆获得 *GbSTK*，其 cDNA 全长为 1917bp，包括 1314bp 的 ORF，编码 437 个氨基酸，预测蛋白质分子质量为 47.87kDa、等电点为 8.487。ExPASy-Prosite 分析，*GbSTK* 在第 147~418 位氨基酸含有保守的 STK 结构域、信号肽和跨膜区。N 端催化区域高度保守，含有 protein kinase ATP-binding site（第 153~176 位氨基酸）。此外，催化区域还有 11 个 potential protein kinase C phosphorylationsites、10 个 *N*-myristoylation sites 和 1 个 potential transmembrane-spanning region。

利用 RT PCR 技术研究了 *GbSTK* 在黄萎病菌和分子信号诱导下的表达模式（图 6-42）。与未接菌的对照相比，*GbSTK* 在黄萎病菌诱导的棉苗根组织中明显上调表达，在接菌后 24~48h（hpi）表达量高，在 36hpi 达到高峰，暗示 *GbSTK* 参与了棉花对黄萎病菌的抗性。用 NaCl 处理棉花 24h 时，*GbSTK* 的表达显著受到诱导，是未处理对照的 5 倍。外源喷施激素 SA、MeJA 或 MV 时，*GbSTK* 均被诱导，意味着该基因参与了活性氧胁迫反应和 JA/SA 信号途径。

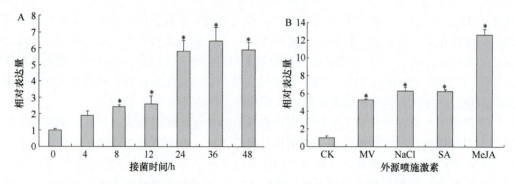

图 6-42　黄萎病菌和信号分子诱导下 *GbSTK* 的表达分析（引自 Zhang et al.，2013b）
A. 黄萎病菌诱导；B. NaCl 和信号分子诱导 24h，*GhUBQ4* 为内参基因

　　为了验证 *GbSTK* 的功能，以 pBI121 为骨干载体，构建了 *GbSTK* 真核超表达载体并转化拟南芥进行功能分析。接菌后 21 天，与转基因植株相比，野生型表现为叶片严重失绿，维管束明显变褐，鲜重更低，抗性明显不如转基因株系好，植株叶片仍保持绿色，维管束褐变轻仅有轻微的颜色变化（图 6-43）。这些结果表明，*GbSTK* 增强了转基因拟南芥的黄萎病抗性。

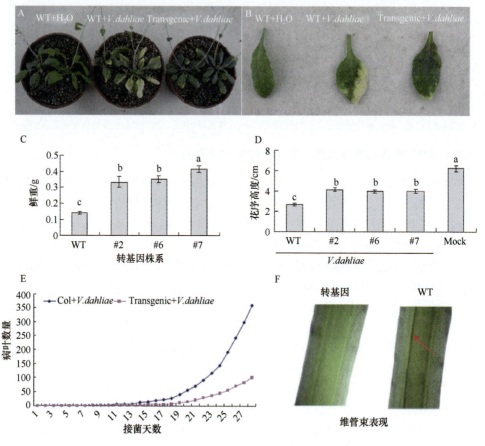

图 6-43　野生型和转基因拟南芥接菌后的表型差异（引自 Zhang et al.，2013b）
A、B. 拟南芥抗性；C、D. 鲜重和花序高度；E. 病叶数量；F. 维管束表现

此外，在正常生长条件下，H_2O_2 在野生型和转基因植株中没有明显的积累。但黄萎病菌胁迫后 96h，转基因植株 H_2O_2 积累较少，这与用 H_2O_2 处理后的表现一致（图 6-44A、B），且抗氧化物相关基因显著上调（图 6-45A），表明转基因植株通过增强体内活性氧（ROS）清除能力来维持体内活性氧的平衡。而且 *GbSTK* 还激活了水杨酸、茉莉酸和乙烯途径重要抗病标记基因表达（图 6-45B），提高了转基因植株的抗病性。

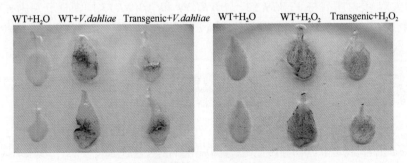

图 6-44　胁迫条件下，野生型和转基因植株活性氧积累（引自 Zhang et al.，2013b）

A. 黄萎病菌胁迫；B. H_2O_2 处理

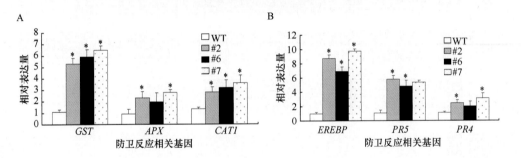

图 6-45　野生型和转基因植株活性氧清除相关基因（A）及防卫反应相关基因（B）的
表达分析（引自 Zhang et al.，2013b）

3. 棉花转录因子基因 *GbWRKY1* 的克隆与功能研究

WRKY 类转录因子是一类含有由约 60 个氨基酸残基组成高度保守的 WRKY 域的锌指蛋白，靠近 N 端的一个 WRKYGQK 结构存在于所有成员中，在该结构域的 C 端有一个新型的锌指结构：C_2-H_2 或 C_2-HC。自 Ishiguro 和 Nakamura（1994）从甘薯中克隆到第一个 *WRKY* 转录因子 SPF1 以来，在不同的植物，如大豆（Schmutz et al.，2010）、大麦（Mangelsen et al.，2008）、高粱（Pandey and Somssich，2009）、水稻（Song et al.，2010）、松树（Liu and Ekramoddoullah，2009）等中分离出了 *WRKY* 基因。

WRKY 是植物重要的转录因子家族，尽管最早被鉴定的植物 *WRKY* 基因的功能在于调控甜马铃薯（*Impoea batatas*）糖信号途径的建立（Ishiguro and Nakamura，1994），但随着大量 *WRKY* 基因被克隆，现已证实植物 *WRKY* 基因主要的生物学功能在于调控植物抗病反应及其信号转导途径的建立（Eulgem and Somssich，2007；Ishihama and Yoshioka，2012）。当植物受到不同病原物，如病毒、细菌及真菌菌侵染，以及防御信号物质诱导时，*WRKY* 基因的转录、蛋白质合成及结合活性均有显著变化（Yang et al.，2009），从而调节不同的抗性反应，包括正调控抗病反应和负调控抗病反应。目前，海岛棉 *WRKY* 基因

尚未见报道。

　　我们从海岛棉全长 cDNA 文库中获得长为 1971bp 的 *WRKY* 基因序列，包括 5′端非编码区 271bp、3′端非编码区 230bp，ORF 为 1470bp，编码一个由 489 个氨基酸构成的多肽。其编码蛋白质保守结构域包括两个 WRKY 基本结构域，属于 *WRKY* 转录因子 I 组，将其命名为 *GbWRKY1*，在 GenBank 注册号为 JF831361。

　　GbWRKY1 蛋白序列与 *VvWRKY2*、*AtWRKY4* 和 *AtWRKY3* 同源性分别为 62%、61% 和 59%。利用 DNAMAN 软件进行氨基酸序列分析发现，都有两个高度保守的 WRKY 结构域及 $CX_4CX_{22\sim23}HX_1H$ 锌指结构（图 6-46）。

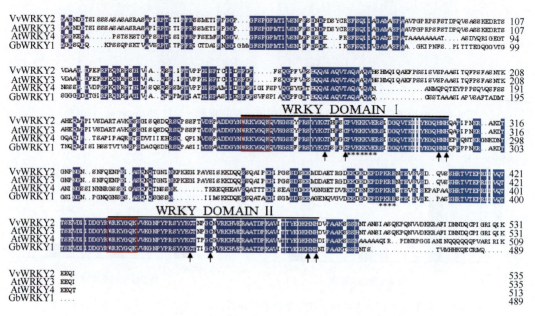

图 6-46　GbWRKY1 蛋白序列 NCBI 同源性分析（引自 Zhang et al.，2012c）
蓝色部分表示相同的氨基酸，直线下面是两个保守的 WRKY 结构域，红色框内为保守 WRKYGQK 氨基酸、锌指结构的 CC 和 HH，*表示可能的核定位信号（NLS）

　　利用 Northern blot 研究 *GbWRKY1* 的表达特异性，发现 *GbWRKY1* 在 'Pima90-53' 的根、茎和叶组织中均表达。*GbWRKY1* 在接菌后被诱导表达，8h 出现表达高峰，随后呈逐渐递减趋势，并逐渐趋于对照水平（图 6-47）。

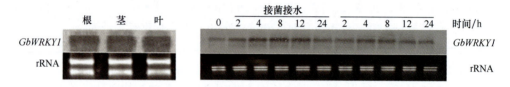

图 6-47　*GbWRKY1* 时空表达特异性分析（引自 Zhang et al.，2012c）

　　RT PCR 检测 *GbWRKY1* 在不同激素诱导下的表达情况，结果显示，2mmol/L SA 诱导 8h，*GbWRKY1* 表达量开始下降，12h 时表达量达到最低，24h 基本恢复正常水平；100μmol/L MeJA 诱导下，*GbWRKY1* 表达量迅速积累和上升，12h 达到最高值，24h 表达量明显下降；2mmol/L ACC 诱导下，*GbWRKY1* 表达量持续上升，12h 明显上升，且上升趋势持续到 24h（图 6-48）。

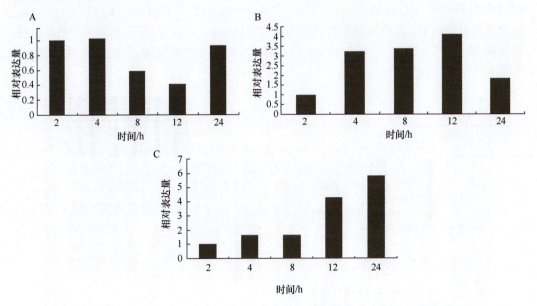

图 6-48 *GbWRKY1* 在 SA（A）、MeJA（B）和 ACC（C）处理后不同时间点的 RT PCR 分析（引自 Zhang et al.，2012c）

构建了植物超表达载体 pCamE-GbWRKY1，转化获得拟南芥纯合株系。采用伤根注射接种法接种孢子浓度为 $1×10^7$cfu/ml 的大丽轮枝菌。接种后，Col 野生型表现出叶片黄化、萎蔫，转基因株系较野生型叶片鲜绿（图 6-49），表明转基因株系提高了黄萎病抗性。

图 6-49 转基因拟南芥抗病性鉴定（引自 Zhang et al.，2012c）

4. 棉花谷胱甘肽 *S*-转移酶基因 *GhGST* 的克隆和功能分析

谷胱甘肽 *S*-转移酶是一组与细胞解毒有关的胞质二聚体蛋白，通过催化谷胱甘肽（GSH）与细胞内外源性的毒性物质结合成复合物，再经一系列反应将该复合物排出体外，从而达到解毒细胞的目的。在植物上谷胱甘肽 *S*-转移酶主要行使解毒除草剂的功能，还没见到与棉花抗黄萎病相关的报道。我们通过对黄萎病菌接种处理陆地棉'冀棉 20'构建的 SSH 文库中的 234 个阳性克隆进行测序，筛选出一个 751bp 的谷胱甘肽-*S*-转移酶亚基编码基因片段,借助生物信息学和 RACE 方法,获得了完整的基因序列,命名为 *GhGST*。其 cDNA 全长为 919bp,其中 ORF 为 678bp,编码 225 个氨基酸,预测分子质量为 25.82kDa。BLAST 分析表明 GhGST 属于 tau 亚家族,含有 2 个保守域,即 GST_N_Tau 和 GST_C_Tau;还含有已报道的 tau 类更为保守的一些结构域（Droog,1997）,第一个为保守的组氨酸-赖氨酸-赖氨酸三联体,位于第 52~54 位;第二个是保守的组氨酸-天冬氨酸-甘氨酸,位于第 60~62 位（图 6-50）。

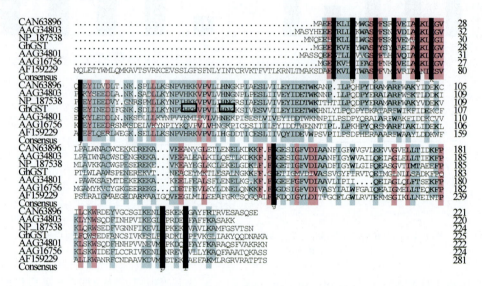

图 6-50　GhGST 与 *Arabidopsis thaliana*（NP_187538）、*Glycine max*（AAG34801、AAG34803）、*Vitis vinifera*（CAN63896）、*Lycopersicon*（AAG16756）和 *Gossypium hirsutum*（AF159229）编码的氨基酸序列的相似性比对（引自 Li et al.,2008）

黑色区域为完全保守区域,粉红色和天蓝色区域为强保守区域,两个 GST 保守区用框架标出

　　半定量 RT-PCR 分析显示,*GhGST* 在棉苗的根、茎和叶等营养器官中都表达,但在根中的表达量明显高于在茎和叶中的（图 6-51A）。黄萎病菌胁迫下,棉苗根系 *GhGST* 的表达量较未接菌对照明显增加（图 6-51B、C）,说明棉花 *GhGST* 是组成型表达基因且在不同营养器官中表达水平存在差异。

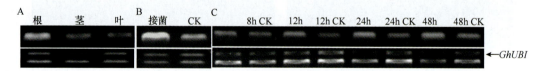

图 6-51　*GhGST* 的组织特异性及黄萎病菌胁迫下的表达分析（引自 Li et al.,2008）

　　以 pET-32A 为骨干载体,构建了 pET-GhGST 原核表达载体。SDS-PAGE 显示,IPTG 诱导下,重组质粒在大肠杆菌 BL21（DE3）中成功表达 45kDa 的目的蛋白质,而且 3 个独立克隆获得的目的蛋白质大小一致,去除 20.4kDa 本底融合多肽序列,*GhGST* 表达的蛋白质分子质量大小为 25kDa 左右,但空载体对照没有获得目的蛋白质（图 6-52）。

　　GhGST 酶活试验分析显示,重组蛋白的细菌粗细胞超声波产物对谷胱甘肽-*S*-转移酶特异底物 1-氯-2，4-二硝基苯（CDNB）有较高的活性。两个独立的重组克隆在 IPTG 诱导下的活性值分别为 262.1±10.7 和 280.82±26.95，但是对照对 CDNB 的活性很微弱，活性值为 2.12±1.77，这个结果也暗示了 GhGST 融合蛋白对 CDNB 也具有活性，且两个 GhGST 融合蛋白亚基能够形成谷胱甘肽 *S*-转移酶的功能单位并对 CDNB 行使功能。

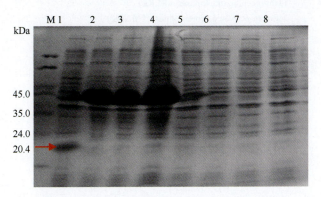

图 6-52　GhGST 的原核表达 SDS-PAGE 分析（引自 Li et al.，2008）
M. protein marker MP102；1. IPTG 诱导的 pET32A 载体；2~4. IPTG 诱导的重组蛋白；5. 未被诱导的 pET32A；
6-8. 未被诱导的重组蛋白

将 *GhGST* 连接 pBI121 构建得到真核表达载体 pBI121-GhGST。采用叶盘法转化烟草，经两轮筛选获得纯合株系。黄萎病抗性鉴定结果显示，接菌后 10 天，转基因烟草的黄萎病抗性明显好于野生型对照，长势强、发病轻（图 6-53A）；接菌后 18 天，转基因和野生型的黄萎病表现差异更大，转基因烟草生长正常，而野生型的叶片已明显萎蔫，植株长势很弱（图 6-53B）。

图 6-53　转基因株系与对照接菌后 10 天（A）和 18 天（B）的抗性表现

5. 从全长 cDNA 文库中克隆的其他抗病相关基因

基于海岛棉全长 cDNA 文库测序获得的 Unigene 的 EST，通过将部分克隆完整测序，获得 100 多个基因的 ORF 或全长序列（表 6-46）。在植物与病原菌互作过程中，已有报道表明，这些基因在抗病防御或信号转导方面具有重要作用，大量的抗病基因的挖掘为进一步解析棉花抗黄萎病分子机制奠定了基础，也为深入研究棉花抗病机制提供了重要的基因资源。

表 6-46　克隆的部分全长基因及其参与的代谢路径

路径	名称	全长/bp
Perception of PAMPs by PRRs	Chitin elicitor receptor kinase（CERK1）	1860
	Elicitor-responsive proteins（ERG）	730
	BRI1-Associated receptor Kinase 1	1314
	Somatic embryogenesis receptor-like kinases（SERKs）	899
	Plant receptor-like kinases（RLKs）	2686
	Mitogen-activated protein kinase（MAPK）	1287
	LRR receptor-like serine/threonine-protein kinase FLS2	1626
Effector-triggered immunity（ETI）	TMV resistance protein	1683
	Disease resistance protein（RPS2）	2689
	NBS-LRR resistance gene（RPP8）	2658
	RPM1 Interacting Protein 4（RIN4）	837
Ion Fluxes	Calcineurin B-like proteins（CBL）	932
	Calmodulin（CaM）	730
	Calcium binding protein	930
	Calmodulin-like protein（CML）	930
Transcription factors（TFs）	ERF，EREBP-like	652
	WRKY33	763
	WRKY	929
	BHLH47	932
	GRAS	781
Oxidative burst	Ascorbate peroxidase	753
	Thioredoxin peroxidases	785
	Glutathione peroxidases（GPXs）	895
	Cationic peroxidases	933
	Protein disulfide-isomerase（PDI）	974
	Catalase	1479
	PR1C	613
Pathogenesis-related（PR）proteins	Beta-1，3-glucanase-like genes（PR2 homologs）	957
	PR1 protein	934
	Chitinase（PR3 and 8 homologs）	897
	Thaumatin-like protein（PR5）	941
Programmed cell death（PCD）	Apoptosis inducing factor homolog（AIF）	694
	Nitric oxide synthase	934
	Enhanced disease susceptibility 1（EDS1）	1848
	Non-expression of PR gene 1（NPR1）	486
Plant hormones	Pathogen-inducible salicylic acid glucosyltransferase（SGT1）	932
	Phenylalanine ammonia lyase（PAL）	1851
	Lipoxygenase（LOX）	2519
	Allene oxide synthase（AOS）	1572
	Jasmonate ZIM-motif（JAZ）proteins	878
	1-aminocyclopropane-1-carboxylic acid oxidase（ACO）	484
Cell wall modification	Polyphenol oxidase	934
	4-coumarate-CoA ligase	861
	Glutathione-S-transferase（GST）	869
	Caffeic acid 3-O-methyltransferase	741
	Cellulose synthase	2232
	Sucrose synthase	2430
	UDP-glucuronic acid decarboxylase 1	1299

第四节 优质高产多抗棉花新品种的分子改良

一、陆海渐渗优质材料创制

棉花是世界性的重要经济作物，棉花纤维是重要的纺织工业原料，棉花在我国国民经济中占重要地位。在棉的两个四倍体栽培种中，海岛棉具有优异的纤维品质，纤维长、强、细，但产量低；而陆地棉产量高，适应性广，但品质差（Percy et al.，2006）。如果能将陆地棉的高产基因和海岛棉的优质基因有效结合，对我国棉花产量和纤维品质同步改良有着重要的意义。长期以来，为了把二者的优良性状结合在一起，育种家们利用常规育种手段和方法，尝试过多种努力，但收效甚微。实践证明，利用常规的育种手段和方法把二者的优良性状结合在一起很难（Percy et al.，2006）。渐渗系是通过种间杂交高代回交的方法把供体亲本的染色体片段导入到陆地棉背景中，因而对同一个陆地棉遗传背景的含有海岛棉不同染色体片段的渐渗系进行研究，不但对数量性状研究、基因聚合研究等有重大意义，而且对分子同步改良纤维品质和产量提供有效信息及理论手段。渐渗系在番茄、水稻、玉米等作物的研究中已得到广泛应用（张桂权，2009）。在国家973项目的资助下，通过几年的努力，在棉花陆海杂交回交及高代回交自交渐渗系的研究上已取得很大的进展。

（一）陆海种间杂交纤维品质性状的遗传

石玉真等（2009）利用3个纤维品质优异的海岛棉品系（海1、7124和吉扎75）和4个陆地棉品种或系（中棉所45、中棉所36、中棉所37和中394，）及其12个F_1代杂交组合为材料，系统研究了陆海种间杂交纤维品质和产量性状的遗传，得出了一些重要的结果：纤维品质中除纤维整齐度受环境的影响较大（39.3%）外，强度以加性效应为主，为72.5%，显性效应虽然达到了极显著水平但数值相对较小，仅为11.7%。长度、整齐度和伸长率的显性效应值分别大于相应的加性效应值；铃重以加性效应为主，为54.3%，显性效应相对较小，为21.6%。衣分主要由加性效应和显性效应共同控制，其加性效应和显性同等重要，分别为43.8%和49.8%。在杂种优势方面，纤维品质性状（纤维长度、强度、马克隆值、整齐度和伸长率）和产量性状（铃重和衣分）具有明显的杂种优势，而且纤维长度具有超亲高亲现象、纤维马克隆值具有超低亲现象。陆海种间杂交纤维品质的遗传不同于陆陆种内杂交纤维品质的遗传，并对这4套组合的回交后代群体的纤维品质和产量性状进行了遗传研究。

（二）高密度分子连锁图谱的构建

中国农业科学院棉花研究所棉花分子育种课题组实验室以中棉所36×海1的BC_1F_1群体为作图群体，利用不同来源的23 569对SSR引物对亲本及F_1代进行多态性筛选，筛选出2365对含有'海1'显性带的多态性引物，将这些多态性引物对BC_1F_1群体进行基因型检测，利用JoinMap 4.0构建了含有2292个SSR标记位点、分布于26个连锁群（分别对应26个染色体）、总图距为5115.17cM的分子连锁图谱，覆盖整个基因组，标记间平均距离为 2.23cM，是目前标记位点较多、标记位点间距较小、覆盖基因组最长的一张 SSR 分子连锁图谱。这为在全基因组水平上检测高代回交渐渗系群体的渗入片段情况奠定了基础。为通过标记辅助选择将海岛棉基因渐渗入陆地棉奠定了基础。部分连锁群见图 6-54。

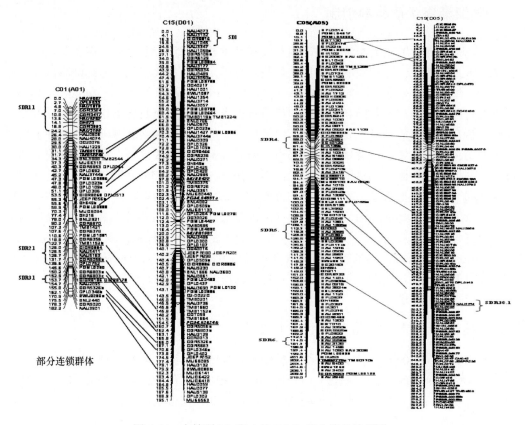

图 6-54　中棉所 36×海 1 的 BC_1F_1 部分遗传连锁群

（三）渐渗系高代群体的构建

中国农业科学院棉花研究所分子育种课题组以纤维品质优异的海岛棉品系'海 1'为供体亲本，陆地棉栽培品种'中棉所 45'、'中棉所 36'及品系'中棉所 394'分别为轮回亲本，采用家系回交法构建了'中棉所 36'×'海 1'、'中棉所 45'×'海 1'两套不同世代回交的渐渗系群体（张保才，2006；杨泽茂，2009；梁燕，2010，兰孟焦，2011）。'海 1'是显性无腺体海岛棉材料，具有优良纤维品质性状（纤维长度为 32.93mm，断裂比强度为 42.37cN/tex，马克隆值为 4.60）和高抗黄萎病的特性，'中棉所 36'和'中棉所 45'是生产上大面积推广的具有代表性的早熟丰产、中熟丰产抗虫陆地棉栽培品种（石玉真，2009）。对获得的不同世代的渐渗系单株、株行及株系进行了评价和分子鉴定（杨泽茂，2009；梁燕，2010；兰孟焦，2011；张金凤，2012；尹会会，2012；马留军，2013）。

（四）渐渗系表型性状的评价

张金凤等（2012）对'中棉所 36'背景的渐渗系进行了表型评价。通过对'中棉

36'דؚ1'BC$_5$F$_3$（1942 个单株）、BC$_5$F$_{3:4}$（1942 个株行），以及河南、新疆、辽宁 3 个试点的 BC$_5$F$_{3:5}$（408 个系）的产量和纤维品质的评价（图 6-55），获得了大量在产量和纤维品质性状上优于轮回亲本的渐渗系材料。各群体的上半部平均长度和断裂比强度的超亲比例分别为 34.96%~68.87% 和 22.76%~48.48%，上半部平均长度最高达 33.96mm，断裂比强度最高达 34.00cN/tex（表 6-47 和图 6-56 和图 6-57），并获得纤维优质稳定的渐渗系（表 6-48）。

表 6-47　'中棉所 36'דؚ1'的 BC$_5$F$_3$、BC$_5$F$_{3:4}$、BC$_5$F$_{3:5}$群体主要纤维品质性状的描述性统计分析

性状	群体	年份	群体大小	平均值	最小值	最大值	超亲比例/%	变异系数/%	偏度	峰度
上半部平均长度/mm	BC$_5$F$_3$总单株	2009	1942	27.24	22.41	32.19	34.96	4.99	0.12	0.27
	挑选 BC$_5$F$_3$单株	2009	658	27.83	23.59	32.19	54.86	5.54	−0.11	−0.18
	BC$_5$F$_{3:4}$株行	2010	658	28.48	25.4	32.25	47.57	3.85	−0.01	−0.001
	BC$_5$F$_{3:5}$株系（AY）	2011	408	28.51	25.71	32.01	68.87	3.38	0.01	0.32
	BC$_5$F$_{3:5}$株系（SHZ）	2011	408	28.2	24.6	30.94	62.75	3	0.45	0.73
	BC$_5$F$_{3:5}$株系（LY）	2011	408	29.83	26.61	33.96	58.09	3	0.4	1.65
马克隆值	BC$_5$F$_3$总单株	2009	1942	3.65	2	6.19	21.63	15.99	−0.17	0.05
	挑选 BC$_5$F$_3$单株	2009	658	3.69	2	6.19	26.29	14.78	−0.13	0.71
	BC$_5$F$_{3:4}$株行	2010	658	4.23	2.96	5.42	48.63	7.91	−0.36	1.21
	BC$_5$F$_{3:5}$株系（AY）	2011	408	3.9	2.93	4.81	52.94	6.53	−0.4	1.54
	BC$_5$F$_{3:5}$株系（SHZ）	2011	408	4.24	3.27	5.02	69.85	6.63	−0.26	0.33
	BC$_5$F$_{3:5}$株系（LY）	2011	408	4.04	3.26	5.02	72.55	6.25	0.13	0.61
断裂比强度/（cN/tex）	BC$_5$F$_3$总单株	2009	1942	26.57	21.4	36.5	22.76	8.48	0.49	0.07
	挑选 BC$_5$F$_3$单株	2009	658	27.74	21.4	36.5	48.48	9.92	−0.08	−0.61
	BC$_5$F$_{3:4}$株行	2010	658	28.65	25.2	32.2	40.27	4.65	−0.06	−0.29
	BC$_5$F$_{3:5}$株系（AY）	2011	408	28.73	25.3	33	45.58	4.16	0.17	0.25
	BC$_5$F$_{3:5}$株系（SHZ）	2011	408	27.74	23.85	30.9	47.59	3.84	0.1	0.36
	BC$_5$F$_{3:5}$株系（LY）	2011	408	29.88	26.5	34	46.08	3.5	0.08	0.69

资料来源：张金凤等，2012

兰孟焦（2011）、尹会会（2012）、马留军（2013）分别对'中棉所 45'背景的不同世代渐渗系进行了了评价。通过对'中棉所 45'דؚ1'BC$_4$F$_3$（1985 个单株）、BC$_4$F$_{3:4}$（1985 个株行），以及河南、新疆 2 个试点的 BC$_4$F$_{3:5}$（332 个系）的产量和纤维品质的评价，获得了大量在产量和纤维品质性状上优于轮回亲本的渐渗系材料。各群体的上半部平均长度和断裂比强度的超亲比例分别为 80.72%~90.66% 和 78.92%~88.86%，上半部平均长度最高达 35.63mm，断裂比强度最高达 36.10cN/tex；各群体的铃重和衣分的超亲比例分别为 18.67%~51.51% 和 27.41%~53.61%。铃重最大值达到 7.32g，超亲比例最高达到 51.51%，衣分最大值达到 41.17，超亲比例最高达到 53.61%（部分数据见表 6-49 和图 6-58）。

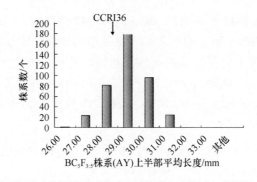

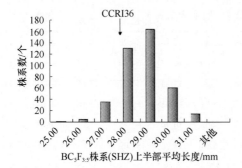

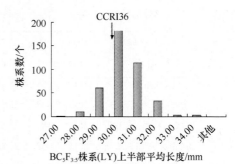

图 6-55　BC$_5$F$_{3:5}$ 纤维长度在 3 个环境中的统计分布图（张金凤等，2012）

AY. 河南安阳；SHZ. 新疆石河子；LY. 辽宁辽阳

表 6-48　部分具有稳定优异品质性状的渐渗系（'中棉所 36'×'海 1'的 BC$_5$F$_{3:5}$）

材料号	安阳（AY）				石河子（SHZ）				辽阳（LY）			
	BW	LP	FL	FS	BW	LP	FL	FS	BW	LP	FL	FS
11001	5.0	34.1	32.0	30.6	5.7	36.5	30.9	29.8	6.4	32.6	34.0	34.0
11002	4.5	35.1	30.0	29.9	4.5	36.3	30.5	30.2	4.1	35.3	31.8	30.8
11003	4.5	32.1	30.2	30.4	5.3	37.8	29.8	29.4	4.8	35.8	31.2	31.5
11004	4.3	35.4	30.2	31.5	4.9	37.3	29.2	29.2	4.8	35.1	30.6	31.8
11005	4.8	35.4	29.2	30.3	5.1	37.2	29.4	29.8	5.2	35.6	30.9	31.8
11006	5.4	35.3	30.7	31.2	5.4	37.9	29.5	29.1	4.7	36.2	31.4	31.3
11007	5.1	33.1	29.7	31.5	5.8	40.3	29.4	29.2	5.9	34.8	31.1	31.8
11008	5.2	32.1	30.1	30.2	5.5	38.2	30.7	30.7	6.3	34.3	32.2	31.6
11009	4.8	37.8	30.6	33.0	5.0	39.1	30.0	29.0	4.6	36.3	32.0	32.5
11010	4.5	34.1	29.5	31.3	5.0	34.6	30.8	30.4	4.9	36.1	31.6	31.2
11011	4.9	35.4	29.9	30.1	5.4	39.2	30.0	30.0	5.5	36.4	32.0	32.6
11012	4.7	35.1	30.2	30.7	5.2	37.5	29.3	30.1	5.5	35.8	31.1	31.5
11013	4.9	33.5	30.2	29.5	5.3	38.4	29.9	29.0	5.2	37.2	31.2	31.4
11014	4.5	35.4	30.3	31.3	4.7	39.1	29.2	29.9	5.6	36.5	33.2	32.9
11015	4.7	38.6	30.3	30.6	5.5	42.4	30.2	28.0	6.4	38.9	33.3	32.4
11016	4.7	35.4	30.7	31.1	4.5	39.2	29.4	30.5	5.8	37.7	31.6	31.4
中棉所 36	4.8	38.3	28.1	28.8	5.2	41.1	27.9	27.8	5.7	38.6	29.6	29.9

注：BW、LP、FL 和 FS 分别代表铃重、衣分、纤维上半部平均长度和断裂比强度，其单位分别为 g、%、mm 和 cN/tex。

资料来源：张金凤等，2012

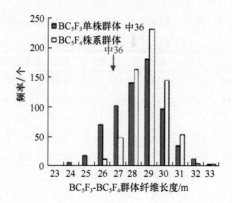

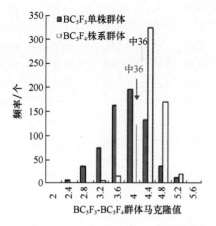

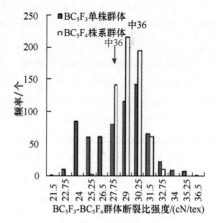

图 6-56 两个世代的纤维品质的统计分布图

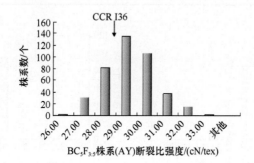

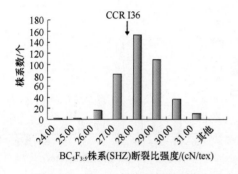

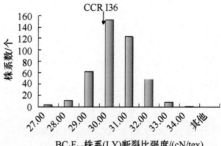

图 6-57 BC₅F₃:₅ 纤维断裂比强度在 3 个环境中的统计分布图（张金凤等，2012）
AY. 河南安阳；SHZ. 新疆石河子；LY. 辽宁辽阳

表 6-49　'中棉所 45'×'海 1'的 BC_4F_3、$BC_4F_{3:4}$、$BC_4F_{3:5}$ 群体主要纤维品质性状和产量性状的描述性统计分析

性状	群体	年份	样本数	平均值	最小值	最大值	极差	超亲比例/%	变异系数/%	偏度	峰度
上半部平均长度/mm	BC_4F_3	2009	332	29.32	23.95	33.89	9.94	88.55	5.02	−0.05	0.64
	$BC_4F_{3:4}$	2010	332	31.29	27.86	35.63	7.77	90.66	4.20	0.39	0.76
	$BC_4F_{3:5}$（AY）	2011	332	30.24	25.04	35.02	9.98	80.72	4.47	−0.29	1.16
	$BC_4F_{3:5}$（XJ）	2011	332	30.29	26.97	34.42	7.45	88.25	4.26	0.48	0.62
断裂比强度/（cN/tex）	BC_4F_3	2009	332	28.69	23.10	34.60	11.50	88.86	7.22	−0.13	−0.24
	$BC_4F_{3:4}$	2010	332	30.40	26.00	36.10	10.10	88.86	4.97	−0.06	0.81
	$BC_4F_{3:5}$（AY）	2011	332	30.46	26.15	35.50	9.35	78.92	4.91	0.16	0.13
	$BC_4F_{3:5}$（XJ）	2011	332	29.25	26.00	33.90	7.90	83.43	5.01	0.61	0.42
马克隆值	BC_4F_3	2009	332	3.82	2.06	6.53	4.47	25.90	17.03	0.05	0.28
	$BC_4F_{3:4}$	2010	332	4.46	3.33	6.43	3.10	67.77	10.54	0.36	0.94
	$BC_4F_{3:5}$（AY）	2011	332	3.99	2.88	5.35	2.47	40.060	10.17	0.09	0.26
	$BC_4F_{3:5}$（XJ）	2011	332	4.41	3.20	5.49	2.29	61.140	9.17	−0.19	0.15
铃重/g	BC_4F_3	2009	332	4.70	2.59	7.31	4.72	51.51	18.43	0.36	0.25
	$BC_4F_{3:4}$	2010	332	5.68	3.51	7.32	3.81	18.67	11.14	−0.15	0.19
	$BC_4F_{3:5}$（AY）	2011	332	5.14	3.27	6.57	3.29	25.300	9.49	−0.12	0.47
	$BC_4F_{3:5}$（XJ）	2011	332	5.47	3.74	7.31	3.57	31.930	10.54	0.01	0.19
衣分/%	BC_4F_3	2009	332	31.29	16.95	41.17	24.22	53.61	11.37	−0.35	1.18
	$BC_4F_{3:4}$	2010	332	28.10	21.43	39.56	18.13	37.65	10.15	0.10	0.02
	$BC_4F_{3:5}$（AY）	2011	332	29.90	21.70	38.19	16.48	45.783	10.36	0.01	−0.01
	$BC_4F_{3:5}$（XJ）	2011	332	31.68	22.00	40.39	18.39	36.140	10.52	−0.12	−0.26

资料来源：马留军等，2013

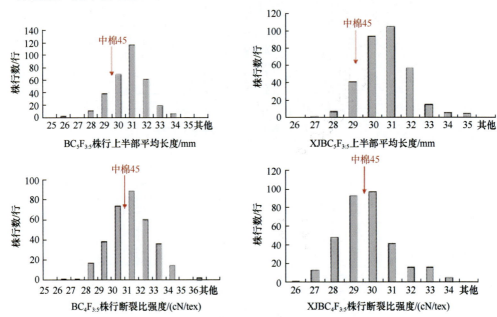

图 6-58　'中棉所 45'×'海 1' $BC_4F_{3:5}$ 河南、新疆品质性状正态分布图（马留军等，2013）

（五）渐渗系的分子检测鉴定

马留军等（2013）从本实验室构建的覆盖棉花全基因组的分子遗传图谱上，每5~10cM选择一个 SSR 标记，共挑选 459 个标记，对'中棉所 45'背景的渐渗系群体进行了分子检测，利用 GGT32 软件进行分析，结果为：332 个渐渗系（BC₄F₃:₅株系）在检测的 5039cM 范围内恢复到轮回背景的比例很高，平均背景恢复率达 97.5%，单个渐渗系的遗传背景恢复率为 93%~99.6%。导入的海岛棉纯合片段平均长度为 44.1cM，最长为 166.3cM、最短为 5cM；导入的海岛棉总片段长度平均为 126.3cM，最长为 352.7cM、最短为 20.16cM（表 6-50）。在 332 个渐渗系中，有 5 个渐渗系含有 2 个海岛棉片段，有 16 个渐渗系含有 3 个海岛棉片段，其余渐渗系含有 4 个或 4 个以上的海岛棉片段。332 个渐渗系中含有海岛棉片段数最少为 2 个、最多为 26 个，代换片段个数主要集中在 3~17 个，代换片段长度集中在 35~235cM（图 6-59）。

表 6-50　332 个 BC₄F₃:₅株系'海 1'片段导入情况统计分析

组成	陆地棉'中棉所 45'片段		海岛棉'海 1'片段				代换总长度/cM	代换总比例/%
	长度/cM	比例/%	杂合		纯合			
			长度/cM	比例/%	长度/cM	比例/%		
最小值	4686.3	93.0	5.0	0.1	5.0	0.1	20.16	0.4
最大值	5018.8	99.6	246.9	4.9	166.3	3.3	352.7	7.0
平均值	4912.7	97.5	82.2	1.6	44.1	0.9	126.3	2.5

注：统计代换片段最小值时，统计的是不为零的最小值
资料来源：马留军等，2013

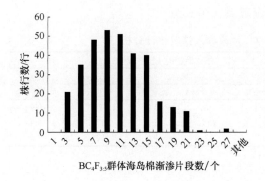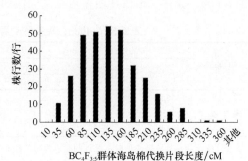

图 6-59　'中棉所 45'背景的渐渗系海岛棉片段数及片段总长度统计（马留军等，2013）

对 3 个世代渐渗系群体 BC₄F₃ 单株、BC₄F₃:₄ 株行和 BC₄F₃:₅ 株系进行纤维品质综合评价，筛选出许多纤维品质性状在 3 个世代均表现优良的渐渗系，与海岛棉片段的导入有关。表 6-51 列出了 9 个优良 BC₄F₃:₅ 株系海岛棉片段导入情况，以及 BC₄F₃:₅ 株系对应的 3 个世代 2 个主要纤维品质性状纤维上半部平均长度和断裂比强度的表现。纤维上半部平均长度和断裂比强度均为 30mm 和 30cN/tex 之上，在 3 个世代表现稳定。这些株系所含海岛棉'海 1'片段为 3~20 个，其中'MBI6312'株系所含海岛棉'海 1'片段最多，含有 20 个海岛棉'海 1'片段；MBI6316 株系含海岛棉'海 1'片段最少，含有 3 个海岛棉'海 1'片段。

表 6-51　　纤维品质优良的 10 个株系海岛棉导入情况的统计数据

2011 年 株系号	海 1 杂合 片段/个	海 1 纯合 片段/个	海 1 总片段 数/个	上半部平均长度/mm			断裂比强度/（cN/tex）		
				2009 年	2010 年	2011 年	2009 年	2010 年	2011 年
MBI6064	7	4	11	32.31	34.3	30.92	31	32.6	32.45
MBI6068	12	1	13	31.63	33.75	33.67	33.2	33.5	33.15
MBI6132	4	2	6	31.62	32.38	30.82	31.8	32.9	32.4
MBI6289	9	5	14	31.29	31.31	31.25	32.5	31.2	32
MBI6312	6	14	20	32.21	34.47	32.53	31.4	31.7	34.1
MBI6313	10	5	15	32.56	35.24	33.94	32.5	30.8	35.5
MBI6315	1	5	6	31.64	34.77	32.42	31.5	30.7	32.8
MBI6316	1	2	3	32.31	34.76	31.12	31.5	32.3	31.25
MBI6347	13	4	17	31.61	34.44	31.11	33.2	30.5	32
中棉所 45	—	—	—	27.52	29.66	29.15	26.09	28.33	29.24

资料来源：马留军等，2013

　　张金凤（2012）和何蕊（2013）从本实验室构建的覆盖棉花全基因组的分子遗传图谱上，每 5~10cM 选择一个 SSR 标记，共挑选 459 个标记，对'中棉所 36'背景的渐渗系群体进行了分子检测，利用 GGT32 软件进行分析，结果如下所述。

　　408 个 BC_5F_3 单株恢复到轮回亲本背景的比例为 90.5~99.8%，平均为 97.5%。导入的海岛棉纯合片段平均长度为 4.4cM，最长为 22cM；导入的海岛棉总片段长度平均为 5.4cM，最长为 17cM（表 6-52）。在 408 个渐渗系中有 1 个单株没有检测到海岛棉片段，有 9 个单株只含有 1 个海岛棉片段，24 株含 2 个海岛棉片段，25 株含有 3 个片段，349 株含有 4 个以上片段。海岛棉渐渗片段主要集中在 2~11 个片段，长度集中在 24~192cM（图 6-60）。获得了渐渗片段覆盖全基因组的渐渗系（图 6-61）。

表 6-52　　408 个渐渗系'海 1'片段导入情况统计分析

组成	陆地棉'中棉所 36'片段		海岛棉'海 1'片段					
	长度/cM	比例/%	杂合		纯合		代换总	代换 总比例/%
			长度/cM	比例/%	长度/cM	比例/%	长度/cM	
最小值	4565.3	90.6	5	0.1	5	0.1	10.1	0.2
最大值	5039	100	307.4	6.1	257	5.1	473.7	9.4
平均值	4913.5	97.5	53.5	1.1	72	1.4	125.5	2.5

　　注：统计代换片段最小值时，统计的是不为零的最小值。

（六）渐渗系的基因聚合效应

　　利用'中棉所 36'背景的渐渗系和'中棉所 45'背景的渐渗系构建了两两杂交聚合的 IF_2 群体和双交聚合的大群体，对 2 套渐渗系的双列杂交 50 个 F_1（'中棉所 36'ב'海 1'渐渗系 25 个 F_1；'中棉所 45'ב'海 1'渐渗系 25 个 F_1）及其亲本、IF_2 群体 105 个 F_1（'中棉所 36'ב'海 1'渐渗系 55 个 F_1；'中棉所 45'ב'海 1'渐渗系 50 个 F_1）及其双亲 210 个，在 2012 年和 2013 年分别设置了 3 个环境的试验，分别种植在河南安阳、商丘、郑州、辽宁和湖南常德，双交 F_1 大群体 4 个 2012 年分别在河南安阳和湖南常德各种植 2 个。初步分析的结果表明，渐渗系两两聚合，产量和纤维品质性状存在明显的杂种优势现象；多个渐渗系聚合杂交纤维品质性状也存在明显的杂种优势现象。

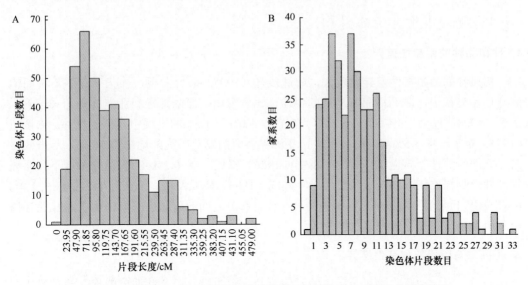

图 6-60　'中棉所 36'背景的渐渗系群体海岛棉染色体片段代换情况统计

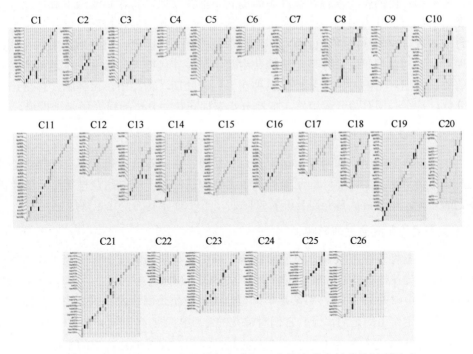

图 6-61　'中棉所 36'背景的渐渗系在 26 条染色体上的的基因型图示
为轮回亲本背景；为纯合海 1 片段；为杂合海 1 片段

二、棉花抗旱耐盐新材料创制

我国棉花抗逆和品质育种迫切需要拓宽种质的遗传基础，常规育种技术仍然是现代棉花育种的基础。深入开展经典遗传学、数量遗传学和群体遗传学研究，探索棉花种质资源各种农艺性状的遗传规律，重点开展群体之间的相互轮回选择研究，努力创造新种质，供育种家改良新品种是未来棉花种质资源工作的重要任务之一。

（一）影响棉花耐盐性的因素

1. 种和品种的耐盐性差异

棉属种间的耐盐性差异比较大，叶武威等（1997）研究发现，棉花 4 个栽培种间的耐盐性差异很大，非洲棉和海岛棉的耐盐性比较突出，而陆地棉和亚洲棉则相对较差；袁辉（1924）报道，鸡脚棉（亚洲棉）在含盐 1.0%及 1.5%的土壤中尚稍能发芽；宋希庳（1926）报道，在 1.5%浓度的盐水中，亚洲棉材料的发芽率为陆地棉的 16 倍，品种或材料之间的耐盐性差异也较突出；郑步青（1926）报道，在 0.2%~0.3%盐分浓度下，亚洲棉品种鸡脚棉比江阴白籽生长较佳；叶武威（1994）研究发现，某些陆地棉材料在 1.0% NaCl 浓度下可以发芽。总之，种和品种（或材料）之间的耐盐性差异证明了耐盐性育种中采用系选、杂交等育种方法均有效。

2. 不同发育阶段的耐盐性差异

一般认为，幼苗阶段和开花结铃时期对盐分较为敏感，三叶期前的棉花幼苗耐盐性最小，随着棉花苗的生长发育耐盐性不断提高，但在蕾期、初花期渐趋下降，至开花结铃盛期耐盐能力上升为最强。生育阶段的耐盐性差异，既与棉花苗龄、健壮程度有关，也与每个生育阶段转换时期体内酶对环境特别敏感有关。因此，萌发出苗期、花芽分化期、现蕾期、初花期等发育始期，是棉花耐盐水平差异最明显的时期，也是筛选品种耐盐性的关键时期。早熟、中熟陆地棉品种在二、三叶期，苗龄小，苗体嫩，体内已开始花芽分化，这个时期对盐分最敏感。但盐分影响棉花花芽分化的研究还未见报道。

3. 不同组织和器官的耐盐性差异

生长发育旺盛的组织和器官，如生长点、幼根、新叶对盐分很敏感。棉根对盐分有一定的适应调节能力，功能叶的耐盐性大于老叶和新叶。子叶的耐盐性很强，能反映出品种上的差异。在幼苗从自养向异养转换时期，子叶对环境的变化也很敏感。

4. 土壤类型对棉花耐盐性的影响

棉花的耐盐性还受土壤盐分类型的影响。据中国科学院南京土壤研究所（1978）调查认为，棉花对各种盐分的敏感程度依次为 $MgSO_4 > MgCl_2 > Na_2CO_3 > Na_2SO_4 > NaCl > NaHCO_3$。罗宾（1983）认为，不论是单一型盐渍环境还是混合型盐渍环境，对棉花的伤害来说，起决定作用的是阴离子，它们对棉花的毒性程度依次为 $CO_3^{2-} > Cl^- > SO_4^{2-}$，轻度的氯化物盐渍化造成的伤害相当于重度硫酸盐盐渍化；混合型盐渍化的毒性比单一的硫酸盐或氯化物要轻，氯化物对棉花的毒性因碳酸盐的存在而加重，因重碳酸盐的存在而减轻。因此，进行棉花耐盐研究时，应与当地土壤盐分类型相结合。

5. 栽培措施对棉花耐盐性的影响

种子处理、水肥调控、化学调节等栽培措施可提高棉花耐盐性。通过逐渐加大盐浓度的浸种法，可以提高棉花当代耐盐性。$Ca(NO_3)_2$ 浸种有利于盐渍环境中的棉花种子萌发，微量元素处理种子也能提高耐盐能力。增施 N、P、K、Ca、S 等肥料，可以缓解 NaCl 对棉花的盐害。后期喷施 1% KH_2PO_4 或微肥有利于花铃期耐盐能力的提高。适当提高土壤含水量及棉花整个生育期均衡供应水分，可大大减轻盐害。利用地膜覆盖技术，保持土壤一定的湿度，既有缓解盐分上升作用，又有利于提高棉花耐盐性。棉花体内 ABA 含量与其耐盐性有很大关系，外源 ABA 处理可以提高根、叶、木质部的 ABA 水平，提高棉花耐盐能力。缩节安（DPC）浸种有利于棉花种子及幼苗抗逆性的提高，苗期处理可以提高棉根活力，增加棉叶叶绿素、可溶性蛋白质的含量，降低和减轻叶膜脂过氧化产物 MDA 的积累，延缓叶片衰老，也引起棉铃内部 ABA 含量的上升。总之，棉花耐盐性是一个十分复杂的问题，不但受遗传控制、与生理生化特性有关，还受环境条件、栽培措施的影响。

（二）盐胁迫对棉花个体发育和代谢的影响

1. 萌发出苗

出苗是盐渍土棉花生产上的一大难题。棉籽在较高 NaCl 浓度下虽仍有能发芽的报道（叶武威等，1994），但一般来讲，当土壤含盐量为 0.2%~0.3%时出苗困难，0.4%~0.5%时不能出土，大于 0.65%时则很难发芽。NaCl 主要影响种子吸水膨胀，造成萌发慢，萌发率低，盐浓度越大，这种渗透胁迫越严重。种子在萌发出苗过程中，体内储存的有机物质进行分解、转化并进行新的有机物合成代谢。NaCl 胁迫会影响这些代谢过程中的酶活性，特别是脂肪分解过程中的一些酶，如脂肪酶等。

2. 幼苗生长

出苗后，棉花经历从自养向异养的过渡，此时盐分胁迫引起幼苗畸形，子叶难平展，严重时叶绿素合成受阻，形成黄化苗。二、三叶期的棉苗体内已开始花芽分化，此时对盐分最为敏感。盐胁迫导致棉花叶片发软、色暗、功能期短，脱落早，侧根发生少、发生区呈黄褐色，干物质积累减少，生长停滞，甚至死苗。随着盐胁迫时间加长或强度加大，苗高、叶面积、绿叶数、侧根数等指标减少量也越大。从干物质积累的根冠比来看，使根冠比变大，说明棉花地上部所受伤害更大。棉苗叶片脱落早，是由于细胞中 NaCl 浓度高，叶片基部易形成离层。干物质积累减少，是因为体内物质同化作用较分解作用对盐胁迫更敏感。环境中较高浓度的 Cl^-，抑制棉苗对 NO_3^-、$H_2PO_4^-$ 等阴离子的吸收，引起必需元素缺乏。叶片中 Cl^- 浓度高，体内蛋白质降解大于合成，游离 NH_3 增加很快。因此，施 NH_4^+-N 较 NO_3^--N 为 N 源的棉苗生长所受抑制更重。

耐盐性差的棉苗，光合作用受 NaCl 胁迫的影响大。盐分主要是通过干扰气孔运动、减少 CO_2 摄入量来影响光合作用。在盐胁迫下，细胞内 CO_2 分压上升，不利于 CO_2 进入细胞；膨压下降，保卫细胞正常的形态受破坏，气孔导性减弱，CO_2 净同化率低。NaCl 胁迫还影响棉叶的光合效能。耐盐锻炼后的棉苗叶面积、叶绿素、蛋白质含量及 RuBP 羧化酶活力均有所增加，CO_2 净同化率上升。

3. 生育进程和果节数

盐胁迫下，棉株一般表现为生长势下降，出叶进程减慢，果枝数目减少，以及现蕾、开花、结铃数目减少，现蕾、开花推迟，成熟期变晚。若胁迫严重，则出现现蕾、开花提早，成熟期提前，全生育期变短，形成"小老苗"；盐胁迫影响棉花有机物的同化、运输和激素代谢等生理过程，造成蕾铃脱落增加，产量降低。蕾铃总脱落率随 NaCl 胁迫而上升，低盐浓度时，蕾脱落率高；盐浓度加大，则蕾脱落率变低，铃脱落率增高。棉花幼嫩器官，特别是生长锥对盐分很敏感。生长锥的器官原始体及其分化被破坏或抑制，是盐胁迫阻碍生育进程，减少果枝、果节数的主要原因。

NaCl 胁迫会极大地影响棉花的生育期，叶武威（2000）研究中棉所 23、荆州退化棉、启丰棉 4 选、朝阳棉 70、咸棉 73-145、原光 3 号、锦育 6 号、襄北 1 号、车杂 1 号及黑山棉 1 号 10 个不同生育期的品种，发现土壤含盐量 0.42%的胁迫，生育期较早的品种吐絮提早 1~2 天，生育期晚的品种延迟吐絮 1~7 天。

4. 棉铃发育及纤维成熟

盐胁迫对棉花衣分影响不大，对纤维长度、细度、强度、成熟度影响较大。Eva. Kurth 等（1986）在 NaCl 对棉花（Acala SJ-2）分生组织细胞生长发育的研究，发现 NaCl 在 25~100mol/L 时有利于棉花细胞伸长和质量增加，但细胞变细，因此认为一定浓度的 NaCl 有利于棉花细胞的增长而不增粗。叶武威（2000）认为，盐分（土壤含盐量 0.42%）有利于棉花纤维细胞的增长而不是增粗，也能提高棉花纤维长度（图 6-62）和降低马克隆值及细度（图 6-63），这个结论和 Eva. Kurth 的结论吻合，表明 NaCl 对棉花细胞的作用机制是一致的。这个试验同时还发现，盐胁迫对纤维品质与棉花的生育期有一定的影响。

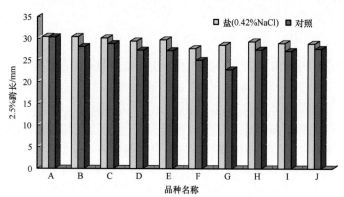

图 6-62 盐分（NaCl）对棉花纤维 2.5%跨长的影响
A. 中棉所 23；B. 荆州退化棉；C. 启丰棉 4 选；D. 朝阳棉 70；E. 咸棉 73-145；F. 原光 3 号；G. 锦育 6 号；
H. 襄北 1 号；I. 车杂 1 号；J. 黑山棉 1 号选系

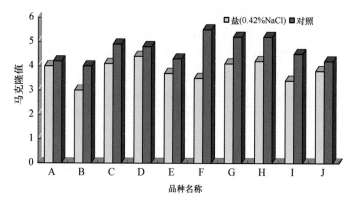

图 6-63 盐分（NaCl）对棉花纤维马克隆值的影响
A. 中棉 23；B. 荆州退化棉；C. 启丰棉 4 选；D. 朝阳棉 70；E. 咸棉 73-145；F. 原光 3 号；G. 锦育 6 号；
H. 襄北 1 号；I. 车杂 1 号；J. 黑山棉 1 号选系

棉铃发育受到抑制，铃重、种子质量有所下降，纤维中糖分含量增加，纤维素含量降低，含水量上升。这可能是由于成熟期推迟，或棉铃内部渗透势小，铃壳失水、开裂早，花铃期缩短，导致棉铃及纤维发育不充分，糖分转化率下降所致。

5. 盐对棉花造成的生理伤害

一般认为对棉花的伤害存在着渗透胁迫和离子毒害两种作用。渗透胁迫通常是由于土壤的盐分过高，水势降低，使植物吸水困难，造成生理干旱。这种作用与干旱导致的棉花伤害表现相似。另外，盐还能导致营养亏缺，从而影响、阻止对一些矿质元素的吸收。渗透胁迫还表现为对质膜的直接影响，质膜是直接受到盐胁迫的第一道屏障，当其受到盐胁迫后，发生一系列的胁变，它的组分、透性、运输和离子流等都发生变化，使质膜的正常生理功能受到伤害。赵可夫（1989）分别利用不同的棉花材料观察到盐胁迫导致棉花细胞质膜的透性增大和最初离子的外渗。沈法富等（1995）利用 1% 的 NaCl 处理棉花幼苗，发现棉花叶片中 K^+ 强烈外流。如果溶液中加入 Ca^{2+}，则可以阻碍这种有 N^+ 引起的 K^+ 的外流；如果用等渗的 PEG 处理幼苗，棉花叶片保持 K^+ 的能力既不增加也不减小。由于 PEG 对棉花叶片保持 K^+ 外流的能力无效和 Ca^{2+} 可阻碍 K^+ 外渗，故 K^+ 的外流不是渗透效应，而是盐离子直接破坏细胞质膜的结果。

离子毒害通常是指细胞质膜产生胁变后，进一步影响细胞的生理代谢、遗传功能及其机制，从而不同程度上破坏细胞的分裂、增殖等生理功能。具体表现为以下两个方面：一是干扰正常的生理代谢，导致代谢的失调，使棉花的光合作用降低，呼吸作用加强，蛋白质合成降低、分解增大等；二是限制细胞的生长和分裂，导致棉花的生长和发育受到抑制。叶武威等（2000）发现，NaCl 胁迫对有丝分裂指数（mitotic index）的影响较大，通过对 NaCl 处理过的根尖进行细胞学观察发现，NaCl 浓度为 0.2~0.5mol/L 时，有丝分裂指数显著下降，细胞有丝分裂明显受到抑制，表明高浓度 NaCl 对棉花种子萌发，以及下胚轴、主根、侧根生长的抑制作用主要是由于抑制了有丝分裂的结果。同时发现，NaCl 处理后出现染色体异常情形，如 C-有丝分裂（C-mitosis）、染色体桥（chromosome bridge）、染色体粘连（chromosome stickiness）、染色体及细胞器消解（chromosome and organelle melting）等现象。0.1~0.5mol/L NaCl 处理 24h、48h、72h、96h、120h 均有不同比例的 C-有丝分裂出现，NaCl 诱导产生的 C-有丝分裂和秋水仙素产生的有明显区别；NaCl 诱导产生的染色体桥大多出现于高浓度、时间处理长的情况下。在时间上，染色体桥主要出现在 48~120h。在浓度上，主要出现在 0.3mol/L 处理在 48h 以后；染色体粘连的出现主要集中在 48~120h、0.2mol/L 以上高浓度处理中；染色体及细胞器的消解在 0.3~0.5mol/L 处理 72h 以上。这是 NaCl 离子毒害的细胞学证据。

（三）抗旱耐盐新材料的创制

在我国棉花转基因育种中主要采用农杆菌介导法、花粉管通道法和基因枪导入法等。农杆菌介导法是目前植物基因工程研究中最常用的方法，现在成功转化的植物实例中有80%左右是通过农杆菌介导实现的。人们将目的基因插入到经过改造的 T-DNA 区，借助农杆菌的感染实现外源基因向植物细胞的转移与整合，然后通过细胞和组织培养技术，再生出转基因植株。农杆菌介导技术与其他转基因技术相比，具有技术成熟、简便易行、导入受体作物的外源基因明确、导入与转化机制清楚、转化率高、转育周期短、遗传变异幅度小、农艺和经济性状受干扰少、遗传性状稳定快等特点。

通过花粉管通道法的转育可以直接获得转基因棉花种子，其操作简便，省工省时，不需要棉花组织培养和诱导再生棉株等人工培养过程，避免了基因型依赖性和组织培养中产生的体细胞变异，对所有的棉花受体材料均可以进行转化，且转化速率快，当年转化，当年可获得转基因棉株。转基因棉株的抗虫性表达突出，综合农艺性状与受体亲本基本一致。花粉管通道法受棉花自然花期，特别是环境条件影响较大。其基因转化率较低，一般仅在1%左右。山东农业大学沈法富等发明了一种提高棉花花粉管通道导入基因转化率的方法（专利号：ZL200410036058·8），即在 TE 缓冲液中加入甲基磺酸乙酯（ethyl methane sulfonate，EMS）。利用花粉管通道技术，将含有 IPT 基因的表达载体 pBG121 导入不同的陆地棉品种（中棉所 10 号、中棉所 24 号和中棉所 36 号）中，使用改进缓冲液的棉花平均转化率比传统的缓冲液的平均转化率提高了 2 倍。

采用基因枪进行外源基因导入的基本原理是通过火药爆炸、高压放电和高压气体驱动作为动力加速载有外源基因的钨或金粉粒，使其进入有细胞壁受体作物品种的细胞，达到外源基因被整合到受体基因组内，进而实现被表达的目的。基因枪导入法的最大优点是可以转化棉花多种组织和器官，被转化棉花品种的受体可以是胚性悬浮细胞、愈伤组织、未成熟胚、分生组织，也可以是花粉和茎尖等。该项导入技术不受导入作物基因型种类和被导入作物器官的限制，但转化的可靠性差，整合效率较低，稳定遗传表达效率在所有外源基因导入技术中也是最低的。

在 973 项目的支持下，中国农业科学院棉花研究所对国内外常用的 13 类植物转化载体进行了系统研究，从中筛选出 3 类适宜该体系的高效转化载体，其中 pBI121/131 载体的转基因植株阳性率达 76.4%，转化共收获棉桃 1200 个。

与此同时，对基因枪转化方法进行了探索，不是采用传统的台式基因枪，而是利用便携式 GDS-80 基因枪。台式基因枪法一般轰击幼胚、叶圆片或愈伤组织等，以获得转基因植株，整个装备比较笨重和需要固定，因此实验操作地点比较受限制，而利用便携式 GDS-80 基因枪可以直接在棉花大田活体转化棉花花粉。在转化的第一天下午采集花朵，第二天上午收集花粉，收集好的花粉放于干净的培养皿内。将金粉和质粒的悬浮液加入到基因枪内，轰击采集的新鲜花粉 1 次或 2 次，轰击后的花粉涂抹于雄蕊的柱头上，收获成熟种子。该方法易操作，污染少，缩短了时间，成活率相对提高，为开辟转基因新途径打下了基础。

目前，分子标记辅助选择技术、转基因技术和分子设计育种的发展，促使棉花种质资源和遗传改良得到突飞猛进的发展，棉花种质新材料数量大幅度增多，抗逆性表现优异的新材料，如中 115047 为转 TTTU 基因（美国引进基因）材料：茎秆粗壮，整个生育期长势健壮，生育期117天，植株近塔形，叶片中等，叶色深绿，铃大卵圆形，铃重 6.0 克，吐絮畅，霜前衣分 40.3%，断裂比强度 28.5cN/tex，马克隆值 4.0，高抗棉铃虫，抗枯萎、耐黄萎病。在河北衡水旱地试验表现突出，在 2012 年的旱棚全生育期干旱试验中，抗旱指数为 78.9%，抗旱级别为抗旱。'中 118074'为转基因耐盐棉花新材料，转 TTTU 基因（美国引进基因）材料，出苗好，长势强，植株塔形，结铃性强，霜前花率高，抗病能力强，耐枯萎病和黄萎病，抗棉铃虫。产量表现：参加所级品比，表现优良；桃大，铃重 5.6~6.2g。2011 年在盐碱地试验中，平均亩产为 465.6 斤[①]，其产量比对照耐盐品种'中 9806'增产 10.8%，纤维指标为上半部平均长度 28.7mm、整齐度指数 80.4%、断裂比强度为 28.7cN/tex、衣分 40.5%。2012 年耐盐指数为 80.3，耐盐级别为抗盐。在新疆石河子盐碱地的品比试验中表现突出。

杜氏盐藻是一种单细胞的嗜盐绿色浮游植物。前人在真菌的研究中发现杜氏盐藻甘油醛-3-磷酸脱氢酶（GAPDH）表现出抗盐碱、抗干旱胁迫、抗高温、耐低温等功能，是一种非常重要的抗逆境胁迫基因。中国农业科学院棉花研究所克隆得到杜氏盐藻耐盐基因甘油醛-3-磷酸脱氢酶基因（GAPDH），通过构建杜氏盐藻 GAPDH 基因绿色荧光融合表达载体（pBI121-GAPDH::GFP），发现 GAPDH 基因编码蛋白质定位于细胞膜上。用基因枪活体技术转化棉花花粉，经过授粉，收获棉花种子，对 T_0 代种子进行分子检测，检测到具有特异性条带的植株 26 株，PCR 产物直接测序验证，通过比对分析测序，表明两株棉花是阳性植株。随后对转基因棉花种子进行了耐盐性检测，发芽率比非转基因种子显著提高。

三、棉花光敏雄性不育系材料创制

杂种优势是生物界普遍存在的一种现象，它是指杂种后代在生活力、产量及品质等方面优于两个亲本的现象。杂种优势已经在水稻、玉米、油菜等作物中广泛应用并取得显著经济效果。棉花作为世界上最重要的经济作物之一，具有明显的杂种优势，其优良的杂种 F_1 代通常比常规品种增产 10%~20%，品质也较对照有所提高。目前，棉花杂交种的生产主要通过人工去雄、授粉制种，这种方法工序繁杂、效率低，需要大量的劳动力。随着劳动力成本的不断提高，人工去雄、授粉的杂交种制种成本也随之提高，严重影响了杂交种在生产上的推广，选育能够简化杂交种制种程序的雄性不育系是提高制种效率、推广棉花杂交种的有效途径，也是激励育种者组配更多杂交组合、培育更多高产优质棉花杂交种的有效途径。

航天诱变育种能产生大量变异，为作物育种提供了新的思路和方法。2006 年，中国农业科学院棉花研究所喻树迅院士研究团队将 10 个棉花品种通过实践八号育种卫星搭载进行诱变，在'中 040029'的后代中发现了具有芽黄表型的光敏雄性不育株。经过 4 年 8 代选育后，获得了该光敏雄性不育株海南（短日照）可育、安阳（长日照）不育的光敏雄性不育系'中 9106'，并对其特性及其配置杂交种的优势进行了研究（Ma et al., 2012; Ma et al., 2013; 马建辉等，2013）。'中 9106'的育性由光照时间调控，该不育系在光照周期为 11.0~12.5h 的地区（如海南三亚）表现为可育，自交可高效繁殖不育系；该不育系在光照周期为 13.0~14.5h 的地区（如河南安阳）表现为不育，能够高效配置杂交种。除此之外，'中 9106'还具有子叶芽黄性状，可依据此性状在棉花早期剔除非光敏雄性不育株，进一步保证制种纯度。该成果可大大降低杂交种制种成本，为棉花杂交种的培育及推广奠定了基础。

（一）棉花光敏雄性不育系'中 9106'的选育

2006 年 9 月 9 日，实践八号育种卫星搭载海岛棉 A3023 和 A3025，以及陆地棉中 50191、中 04002、中 040029、中 501、中 502181、中 YS-4、中 030415、中 030041 共 10 份材料升空进行航天诱变处理，在近地轨道航行 355h 后，于 9 月 24 日返回地面。

2006 年 10 月，将航天诱变种子与其对照种植于海南三亚，调查整个生育期的田间

---

① 1 斤=500g，下同

性状，在'中 040029'航天诱变材料中发现了芽黄突变体植株（图 6-64），其正常可育，在海南三亚自交留种。

图 6-64　突变植株子叶表现芽黄（A），对照品种呈现正常绿色（B）

2007 年 4 月，将芽黄突变体自交种种植于河南安阳，发现自交后代中出现雄性不育株（图 6-65），推测该材料的育性可能受环境因素的调控。

图 6-65　雄性不育系材料的植株和花器官（A），以及可育材料植株及花器官（B）

2007~2010 年，在河南安阳和海南三亚两地通过回交选育及嫁接的方法（图 6-66），选育稳定的芽黄光敏不育材料，并最终在 2010 年 4 月获得芽黄标记的光敏雄性不育系棉花'中 9106'（图 6-67）。

A
中040029　　　　　　　　　　2006-9 航天诱变
　↓
芽黄标记突变体　　　　　　　　2006-10 三亚
　⊗
芽黄标记突变体表现不育　　　　2007-7 安阳
　│× 中040029
　↓
　F₁　　　　　　　　　　　　　2007-10 三亚
　├────
F₁ 不育并具有芽黄标记　　　　　2008-4 安阳
　│× F₁
可育并具有芽黄标记　　　　　　2008-10 三亚
　⊗
不育并具有芽黄标记　　　　　　2009-4 安阳
　│× F₁
可育并具有芽黄标记　　　　　　2009-10 三亚
　⊗
芽黄标记光敏不育系　　　　　　2010-4 安阳

B
中040029　　　　　　　　　　2006-9 航天诱变
　↓
芽黄标记突变体　　　　　　　　2006-10 三亚
　⊗
芽黄标记突变体表现不育　　　　2007-4 安阳
　嫁接
可育　　　　　　　　　　　　　2007-10 三亚
　⊗
不育并具有芽黄标记　　　　　　2008-4 安阳
　嫁接
可育　　　　　　　　　　　　　2008-10 三亚
　⊗
不育并具有芽黄标记　　　　　　2009-4 安阳
　嫁接
可育　　　　　　　　　　　　　2009-10 三亚
　⊗
芽黄标记光敏不育系　　　　　　2010-4 安阳

图 6-66　'中 9106'选育过程
A. 芽黄标记光敏不育系回交选育过程；B. 芽黄标记光敏不育系嫁接选育过程

（二）'中 9106'的芽黄特性

'中 9106'子叶表现为淡黄色，至真叶期顶叶表现芽黄。'中 9106'及其野生型'中 040029'的第一至第五真叶的叶绿素含量测定表明，在顶叶、第二真叶、第三真叶和第四真叶时期，突变体和野生型的叶绿素含量差异达到了极显著水平，但随着植株生长，突变体的叶绿素含量逐渐升高，至第五真叶时其叶绿素含量与其野生型已无差异（图6-68）。

图 6-67　'中9106'植株特性

A. '中9106'子叶期表现芽黄；B. '中9106'六叶期；C. '中9106'成株期；D. '中9106'在河南安阳长日照条件下开花当天花药不开裂，表现为不育；E. '中9106'在海南三亚短日照条件下开花当天散粉可育

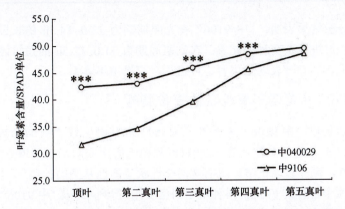

图 6-68　'中9106'及其野生型'中040029'的叶绿素含量变化

***显著性差异达到0.001水平

（三）'中9106'的光温敏特性

　　'中9106'在河南安阳的花期从7月初持续到8月月底，其不育性状表现稳定；在海南三亚的花期从11月初持续到翌年的3月，如果温度正常则表现可育，但遇温度较低天气育性会发生转换，变为不育。两地光温数据（安阳数据来自中国农业科学院棉花研究所栽培室，三亚数据来自三亚市气象局）及'中9106'的育性表现（表6-53）表明，'中9106'在安阳长日照条件下生长，温度为20.5~31.5℃时不育性状表现稳定；在三亚短日照条件下生长，温度适宜时可育，异常低温时转换为不育。安阳和三亚两地的温度重叠为20.5~26.6℃，在此温度范围内，'中9106'在长日照条件下表现为不育，在短日照条件下表现为可育，所以我们推断该材料的育性主要受到光照周期的影响，温度起次要作用。

表 6-53　'中9106'在安阳与海南的光温条件及育性表现

研究内容	安阳	三亚
光照周期/h	13.0~14.5	11.0~12.5
温度/℃	20.5~31.5	14.5~26.6
育性	不育	高温可育

为了进一步探索温度对'中 9106'育性的影响,我们观察了'中 9106'在人工气候室中同一光照条件(12h)下不同温度(24.0℃、23.0℃、22.0℃、21.5℃、21.0℃、20.0℃)的育性表现(表 6-54)。从表 6-57 可以看出,'中 9106'在平均温度大于等于 21.5℃时表现可育,在小于等于 21.0℃时表现不育。

表 6-54　'中 9106'在同一光照不同温度条件下的育性表现(12h 光照:12h 黑暗)

时间		平均温度/℃					
		24.0	23.0	22.0	21.5	21.0	20.0
温度设置	0:00~4:00	20.0	19.0	18.0	17.5	17.0	16.0
	4:00~8:00	22.0	21.0	20.0	19.5	19.0	18.0
	8:00~12:00	26.0	25.0	24.0	23.5	23.0	22.0
	12:00~16:00	28.0	27.0	26.0	25.5	25.0	24.0
	16:00~20:00	26.0	25.0	24.0	23.5	23.0	22.0
	20:00~24:00	22.0	21.0	20.0	19.5	19.0	18.0
育性		可育	可育	可育	可育	不育	不育

综合上述分析结果表明,'中 9106'在光照周期为 13.0~14.5h 的长日照条件下不育性状表现稳定,可进行杂交种的配置;在光照周期为 11.0~12.5h 的短日照条件下,日平均温度大于等于 21.5℃时表现为可育,可进行自交繁殖不育系。

(四)'中 9106'芽黄及不育性状的遗传特性

2010 年,我们以'中 9106'为母本,'H559'和其野生型'中 040029'为父本构建了两个群体。2011 年将两个群体的 F_1 代材料种植于河南安阳,田间调查发现所有 F_1 代材料均没有芽黄,育性表现正常,说明这两个性状受隐性基因的控制。

2012 年将两个群体的 F_2 代材料种植于河南安阳,得到 435 株'中 9106'与'中 040029'的 F_2 代群体,以及 241 株'中 9106'与'H559'的 F_2 代群体。田间调查发现'中 9106'与'中 040029'的 F_2 代群体中有 100 株材料表现芽黄不育,335 株材料表现正常,符合 3:1 的分离比,并且没有芽黄或不育单一性状的材料出现;'中 9106'与'H559'的 F_2 代群体中有 55 株表现芽黄不育,186 株表现正常,也符合 3:1 的分离比,在此 F_2 代群体中也没有发现芽黄或不育单一性状的材料(表 6-55)。以上分析表明,芽黄和不育性状受一对或两对紧密连锁的隐性基因的控制。

表 6-55　'中 9106'杂交后代 F_2 代群体性状表现

杂交组合	芽黄不育	正常	χ^2 (1, 0.05)=3.84
F_2(中 9106×中 040029)	100	335	0.9387(3:1)
F_2(中 9106×H559)	55	186	0.6099(3:1)

(五)'中 9106'败育的细胞学特性

'中 9106'于河南安阳种植时,7 月月初开花至 8 月月底花药一直不开裂,不育性表现稳定,碾开其花药仅发现少量花粉粒存在。长日照条件下开花当天的'中 9106'及其野生型'中 040029'的花粉粒碘染观察它们的花粉粒活力时发现,'中 040029'(图 6-69A)中的花粉粒较大,碘染呈黑色,活力强;而'中 9106'(图 6-69B)的花粉粒较小,很多花粉粒不规则,碘染呈淡黄色没有活力。

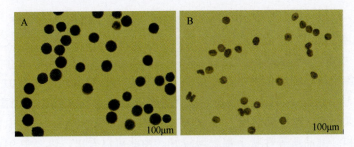

图 6-69 花粉粒活力检测
A. '040029' 花粉粒活力检测；B. '中 9106' 花粉粒活力检测

'中 9106' 和 '中 40029' 长日照条件下的四分体时期、单核期、双核期、开花前 3 天和开花前 1 天共 5 个时期的花药样品的石蜡切片（图 6-70）表明，长日照条件下 '中 9106' 和 '中 040029' 的花药壁发育均正常，绒毡层在四分体至单核期的发育过程中正常降解，两个材料四分体时期的花粉粒均可正常分裂形成单核花粉粒（图 6-70A、B、F、G）；两个材料单核期至开花前一天（图 6-70B~E、G~J），'中 040029' 花粉粒细胞质逐渐增多，至开花前一天花粉粒细胞质非常充实；而 '中 9106' 花粉粒细胞质未发生变化，至开花前一天在其花粉粒中没有细胞质物质的存在。

依据上述观察结果，初步推断 '中 9106' 是因花粉粒细胞质发生降解而导致花粉粒失去活性，从而导致 '中 9106' 雄性不育的。

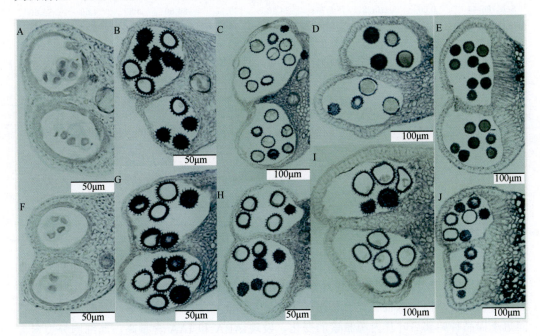

图 6-70 '中 040029'（A~E）和 '中 9106'（F~J）四分体时期、单核期、双核期、
开花前 3 天和开花前 1 天的石蜡切片观察

（六）'中 9106' 杂种优势分析

2011 年 8 月，以 '中 9106' 为母本，陆地棉 'D24'、'H109'、'H559'、'SF01'、

'SGK186-44'、'SGK958'、'SGK927'、'中棉所 45'、'中植棉 2 号'和'中植棉 8 号'
10 个材料为父本配置了 10 个杂交组合。2012 年，将 10 个杂种 F₁ 代、父本材料及常规
对照'鲁 272'种植于河南安阳，行长为 8m，行距为 0.8m，每个材料 3 个重复。完全吐
絮之后，统计各个材料的产量性状和纤维品质，发现'中 9106'与'SF01'、'SGK927'
和'中植棉 2 号'所配 F₁ 代产量品质性状优势明显，其中与'SF01'所配杂种 F₁ 代产
量性状超父本 8.63%，超常规对照'鲁 272'达 17.4%（表 6-56），与'中植棉 2 号'所
配组合在产量和纤维品质等性状上都表现较好。由此可以看出，以'中 9106'为母本，
可以筛选出高产优质杂交组合生产杂交种。

表 6-56　'中 9106'组织培养杂交种的杂种优势分析

父本材料	超父本/%	超对照	铃重	衣分	上半部平均长度/mm	整齐度指数/%	马克隆值	伸长率/%	反射率/%
D24	0.00	16.36	5.95	38.82	28.61	83.70	5.65	5.50	70.70
D24（F₁）	−10.54	4.10	5.84	37.93	30.06	86.20	5.32	4.90	74.90
H109	0.00	9.61	5.99	37.48	30.45	87.30	4.21	5.20	76.90
H109（F₁）	−4.45	4.73	5.77	43.80	31.12	88.10	5.48	4.70	71.40
H559	0.00	7.02	5.51	33.12	29.73	85.20	4.36	4.00	71.10
H559（F₁）	−13.12	−7.01	5.17	38.82	30.32	86.40	4.70	5.00	74.10
SF01	0.00	8.07	5.48	40.05	32.34	87.00	5.06	5.60	75.40
SF01（F₁）	8.63	17.4	5.72	39.55	29.04	85.40	5.26	5.00	74.40
SGK186-44	0.00	10.78	5.74	34.58	29.11	84.60	4.87	4.60	73.60
SGK186-44（F₁）	−18.26	−9.44	5.12	37.30	30.95	85.50	4.66	5.30	74.30
SGK958	0.00	15.33	5.37	36.81	32.96	87.60	4.79	5.40	75.00
SGK958（F₁）	−13.14	0.17	5.62	41.14	30.78	86.60	4.35	5.80	73.20
SGK927	0.00	8.55	5.18	39.81	28.94	84.90	4.74	5.50	71.80
SGK927（F₁）	1.64	10.34	5.55	39.19	29.83	85.10	5.33	5.10	72.80
中 45	0.00	−5.64	4.33	38.22	31.71	87.00	4.53	4.90	75.80
中 45（F₁）	0.68	−5.00	5.14	40.12	27.90	82.90	4.70	4.80	76.00
中植棉 2 号	0.00	−6.73	5.27	37.42	29.96	86.10	5.37	4.40	73.80
中植棉 2 号（F₁）	15.55	7.77	5.72	39.81	30.77	84.30	5.03	4.10	71.60
中植棉 8 号	0.00	1.58	4.89	40.59	28.91	84.80	4.73	7.30	72.40
中植棉 8 号（F₁）	0.24	1.83	5.08	40.00	30.05	86.10	4.79	5.50	72.20

四、棉花抗早衰老材料创制

　　Guinn 等（1993）研究棉花大田叶片衰老过程中叶片光合作用和 ABA、细胞分裂素
的关系，证明棉花叶片的细胞分裂素含量的下降和 ABA 含量的上升是启动棉花叶片衰老
的主要诱因，从而导致棉花光合作用的下降和叶片的衰老。沈法富等（2002）比较了不
同短季棉品种始絮后叶片内源激素的变化，发现 ABA 和 IAA 含量高，而细胞分裂素含
量低的品种易早衰。沈法富等（2003）以陆地棉品种'辽棉 9 号'的去根幼苗为材料，
对其进行暗诱导衰老培养，测定在不同培养条件下棉花去根幼苗叶片内源激素含量、SOD
酶活性和 MDA 含量的变化，结果表明，棉花去根幼苗叶片的衰老首先是细胞分裂素含
量的下降，继而引起细胞质内细胞对钙离子浓度的下降和清除活性氧酶类的变化，进而
导致膜脂过氧化的加强，从而引起叶片可溶性蛋白质含量的下降和叶绿素的降解，结果

使叶片衰老，进一步证实了棉花叶片的早衰最初是由于植株体内细胞分裂素含量的下降所引起的，因此，延缓棉花叶片的衰老可以通过提高叶片内细胞分裂素的含量来实现。

异戊烯基转移酶是催化细胞分裂素生物合成的第一个限速酶，目前，已经从根癌农杆菌（*A.tumefociens*）中克隆了编码异戊烯基转移酶基因（*IPT*）。Smigocki 和 Owens（1988）利用 CaMV35S 启动子驱动 *IPT* 基因在转基因烟草中过量表达，转基因植株表现为细胞分裂素含量增加叶片衰老延迟，同时，植株也出现了一些形态发育及生理生化过程的异常，如植株矮化丛生、叶片小而圆、顶端优势丧失、根系不能形成等。其原因可能是 CaMV35S 启动子与 *IPT* 基因构建的嵌合基因在植物体内非特异性表达，CTK 除影响叶片衰老外，还影响叶片的许多发育进程，因此，利用 *IPT* 基因转化植物以延缓叶片衰老，关键是选择合适的启动子。

1994 年 Lohman 等从拟南芥中克隆出一组衰老相关基因 *SAG*，并证明其中 *SAG12* 是在高度衰老叶片中特异表达。Gan 和 Amasino 等将 *SAG12* 特异启动子与 *ipt* 基因连接，构建出一个可延缓衰老的自调控系统。该系统的优点是：当转基因植物叶片开始衰老时，衰老专一型基因 *SAG12* 启动子开始启动，*IPT* 基因开始表达，细胞分裂素含量增加；而当细胞分裂素增加到一定浓度，叶片衰老延迟，启动子关闭，这就使基因产物保持一定水平，从而防止了细胞分裂素的过量产生而影响植株的正常生长发育。通过根癌农杆菌介导转化获得转 *PSAG12-IPT* 基因烟草植株，结果表明，转基因植株与野生型相比，叶片衰老大大延迟，并由此而导致花数和生物量增加等；但形态方面无明显差别，根系发育完全，顶端优势得到保持，叶片光合能力延长。随后不同学者将 *PSAG12-IPT* 嵌合基因转入水稻（Lin et al.，2002；王亚琴，2005）、小麦（Xi et al.，2004；Sykorova et al.，2008）、番茄（封碧红等，2003）黑麦草（Li et al.，2004）、玉米（Robson et al.，2004）等几十种作物中，并都成功的获得了具有良好延迟衰老特性的后代植株。于晓红等（2000）利用种子特异表达的菜豆蛋白启动子与 *IPT* 基因构建载体转化棉花来改善棉花纤维的长度。结果表明，转基因棉花种子中的细胞分裂素含量明显提高，转基因棉花幼苗与对照相比普遍矮壮，但根系却更为发达；初生根系生长受抑制，但次生根数目增多，且相对对照明显增长；但是，没有达到预期的增加纤维长度的目的，可能与启动子非纤维细胞特异表达有关。

沈法富等（2004）对衰老棉花叶片差异表达的基因进行研究发现，编码棉花半胱氨酸蛋白酶的基因（*Ghcysp*）是一个衰老特异表达的基因，不受逆境衰老的调控。本实验克隆了 *Ghcysp* 启动子并将其与 *IPT* 基因构建嵌合基因，利用花粉管通道技术将其导入早衰型陆地棉'中棉所 10 号'，获得了稳定遗传的纯合的转 *PGHCP::IPT* 基因后代。从生理生化、基因的表达和调节控制水平上阐明了棉花叶片衰老过程中 *IPT* 基因的表达与细胞分裂素含量、抗氧化酶活性系统的关系与作用机制，对揭示植物衰老的机制具有重要的理论意义，对提高棉花产量、改善棉花纤维品质具有重要的实践意义。

（一）Ghcysp 启动子的克隆及功能元件分析

编码棉花衰老特异表达基因半胱氨酸蛋白酶（Ghcysp）基因是一个棉花叶片发育过程中的衰老特异性表达基因（Shen et al.，2004）。利用接头 PCR 技术，获得 Ghcysp 启动子基因序列（GenBank GQ919043）。通过序列比较，Ghcysp 启动子基因序列区段包含转录起始位点和一小段 5'端非翻译区。Ghcysp 启动子基因序列中的翻译起始密码子（ATG）的 A 定义为+1。在 Ghcysp 启动子基因序列中找到真核基因转录启动子元件 TATA 盒（–106~ –99）和 CAAT 盒（–158~ –151）。利用 PlantCARE 分析 Ghcysp 启动子序列，结果发现了多个潜在的应答元件和结合位点，主要包括光响应元件、MYB 结合位点、不同的激素反应元件（GA、ABA、CK 等）及各种胁迫元件（激发子、干旱、冷害、伤害、盐害、热激等）。在启动子序列中位点–569~ –564 的序列（TATTAG）是黄瓜中的一种反应细胞分裂素依赖的蛋白质结合新的顺式调控元件（CDPB）（Fusada et al.，2005）。在 *Ghcysp* 基因的 5'端区域，植物的 MYB-like 序列结合到位于–696~ –691（序列 TAAGTG）位点。MYB 类识别位点也已确定在该启动子区域，其作为植物基因反应顺式作用元件参与 ABA 响应的信号转导（Abe et al.，2003）。在 1045bp 的启动子区域包含了一些衰老特异基因表达、细胞分裂素反应元件，或其他外界胁迫引起的相应的顺式调控元件，这说明 Ghcysp 启动子的表达可能是受光调节、激素、各种胁迫等许多复杂因素的诱导表达调控。

（二）转 *PGHCP::IPT* 基因棉花的筛选与田间衰老表现

利用花粉管通道技术，将 *PGHCP::IPT* 基因转化‘中棉所 10 号’，分别进行了 3 批次转化，收获的种子在田间种植，当棉花幼苗长出第一片或二片真叶后，用 5000mg/L 的卡那霉素对转 *PGHCP::IPT* 基因棉花后代进行田间筛选，涂抹 1 周后，转基因棉花的叶片表现为正常绿色，而未转基因植株的叶片出现黄斑。对卡那霉素筛选为阳性的植株再进行 PCR 和 Southern blot 检测，选择 PCR 和 Southern blot 检测阳性的植株与‘中棉所 10 号’回交，按单株分别收获转基因回交种子，3 批次共获得 24 个转基因单株。

对 24 个转基因单株回交种子进一步进行筛选，结果发现有 12 个单株回交后代中阳性植株和阴性植株比例为 1：1，5 个单株回交后代中阳性植株和阴性植株比例为 3：1，3 个单株回交后代中阳性植株和阴性植株比例为 7：1，其余 4 个单株回交后代中阳性植株和阴性植株没有固定比例，这表明有 12 个株系为单拷贝插入，5 个株系为双拷贝插入，3 个株系为 3 个拷贝插入。选择不同批次单拷贝插入的 3 个单株中的阳性株进行自交收获种子。

在良好的土壤灌溉条件下，种植纯合转 *PGHCP::IPT* 株系和非转基因株系，田间调查结果显示，纯合 *PGHCP::IPT* 株系叶片衰老明显迟于非转基因株系叶片。非转基因株系出现 4~6 衰老叶片的时间比相应的转基因株系叶片早 2 周。非转基因株系第 10 主茎叶片（除子叶算起）在叶片展开 20 天后达到最大完全展开面积，叶片展开 40 天后呈现衰老迹象，叶片展开 48 天时 20%~40%叶片呈现衰老迹象，叶片展开 55 天时 40%~60%叶片开始衰老，叶片展开 58 天时 60%~80%叶片处于衰老状态，叶片完全坏死大约在叶片展开 60 天后。纯合转 *PGHCP::IPT* 棉花植株叶片从叶片展开 20 天达到最大展开面积，大约在叶片展开 50~55 天时出现最初的衰老迹象，S1 和 S2 大约在叶片展开 51 天，S3 大约在叶片展开 53 天。纯合 *PGHCP::IPT* 植株叶片从全面展开到最初衰老迹象出现的时间比非转基因植株推迟 10~15 天，但纯合转 *PGHCP::IPT* 植株（S1、S2、S3）株系叶片出现衰老最初迹象并完全坏死分别在 72 天、74 天和 75 天。从叶片的展开至叶片枯死脱落时间比较，纯合转 *PGHCP::IPT* 株系和非转基因株系差异显著。

田间调查结果表明，*PGHCP::IPT* 株系和非转基因株系均在种植后 8 天出苗，40 天现蕾、61 天开花、80 天盛花、95 天盛铃、110 天吐絮，二者的生育期性状没有差异。选取盛花期（80 天）、盛铃期（95 天）和吐絮期（110 天）比较纯合转 *PGHCP::IPT* 株系和非转基因株系的单株衰老叶片数，统计结果（表 6-57）表明，在盛花期（80 天），纯合转 *PGHCP::IPT* 株系主茎叶片还处在完全绿色的状态，没有衰老症状，而对照 C1、C2 和 C3 株系单株分别平均有 2.5 个、2.8 个和 2.1 个衰老叶片；在盛铃期（95 天），纯合 *PGHCP::IPT* 株系 S1、S2 和 S3 单株主茎叶片分别平均有 1.6 个、2.1 个、1.5 个衰老，而对照 C1、C2 和 C3 株系单株分别为 4.8 个、5.2 个和 4.1 个衰老叶片；在吐絮期（110 天），S1 仅有 4 个衰老叶片，S2 和 S3 有 3 个衰老叶片，此时对照非转基因株系植株主茎叶片已基本完全衰老甚至脱落。在相同发育期的情况下，纯合 *PGHCP::IPT* 植株株系比其对照衰老延迟 15 天左右。

表 6-57 转基因株系（S1、S2、S3）和相对应的非转基因株系（C1、C2、C3）在种植 80 天、95 天和 110 后植株的衰老叶片数（以叶绿素测定为零为标准）统计比较

材料	种植天数/DAP					
	80	SE	95	SE	110	SE
S1	0.2	0.2	1.6	0.3	2.9	0.3
C1	2.5	0.2	4.8	0.3	7	0.5
S2	0	0	2.1	0.2	3.4	0.3
C2	2.8	0.3	5.2	0.4	6.5	0.4
S3	0	0	1.5	0.2	2.6	0.2
C3	2.1	0.2	4.1	0.3	6.2	0.4

注：SE. 标准误差；*n*=4

（三）转 *PGHCP::IPT* 棉花叶片叶绿素含量

对纯合转 *PGHCP::IPT* 株系和非转基因株系第 10 主茎叶从叶片展开 20~60 天的叶绿素含量变化（图 6-71）分析表明，纯合转 *PGHCP::IPT* 株系和非转基因株系叶片中总的叶绿素含量从叶片展开 40~60 天都逐渐减少，纯合转 *PGHCP::IPT* 植株叶片的叶绿素含量减少幅度明显低于非转基因植株的。在叶片展开 45 天和 50 天时，纯合转 *PGHCP::IPT* 株系 S1 叶片叶绿素含量减少幅度仅约为对照 C1 的 40.7%，S2/C2 和 S3/C3

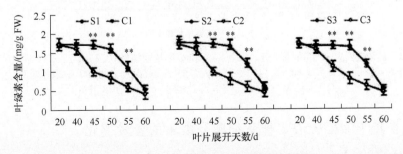

图 6-71 转 *PGHCP::IPT* 植株（S1、S2、S3）和非转基因植株（C1、C2、C3）第 10 节位点主茎叶展开不同天数（20 天、40 天、45 天、50 天、55 天和 60 天）叶绿素含量分析
设 4 个重复，*、**. *P* <0.05、*P* <0.01 的差异水平

比较均具有类似的趋势。在叶片展开 60 天时，对照株系 C1、C2 和 C3 叶片的叶绿素含量为零，此时已完全衰老，而纯合转 *PGHCP::IPT* 植株叶片叶绿素仍保持较高含量。这些结果表明，在相同发育阶段，非转基因株系的叶绿素的降解明显早于纯合转 *PGHCP::IPT* 株系。

（四）转 *PGHCP::IPT* 株系 *IPT* 基因的表达

测定了棉花植株第 10 节位点叶片展开 20~60 天后衰老叶片的 *IPT* 基因的表达量。Northern blot 分析（图 6-72）结果显示，在纯合转 *PGHCP::IPT* 植株株系（S1、S2、S3）叶片未到达衰老时期，检测不到 *IPT* 基因的表达信号，在叶片展开 45 天时 *IPT* 基因表达量达到最高峰，而后下降；而在非转基因株系叶片中没有检测到 *IPT* 基因的表达。

图 6-72　转 *PGHCP::IPT* 植株（S1、S2、S3）和非转基因植株（C1、C2、C3）第 10 节位点主茎叶展开不同天数（20 天、40 天、45 天、50 天、55 天和 60 天）的 Northern blot 分析

利用 qRT-PCR 技术，对比纯合转 *PGHCP::IPT* 株系（S1、S2、S3）和非转基因植株（C1、C2、C3）叶片 *IPT* 基因的表达差异进行分析，结果（图 6-73）显示，纯合转 *PGHCP::IPT* 株系（S1、S2、S3）在植株第 10 节位点叶片展开 40 天之前 *IPT* 基因的转录表达水平几乎检测不到，在 45 天达到其高峰，50 天后缓慢下降，最终从 55~60 天开始剧烈下降，60 天以后其表达量几乎检测不到。在叶片展开 40 天的衰老叶片中，转 *PGHCP::IPT* 株系 S1、S2 和 S3 的叶片 *IPT* 表达水平分别比对应的非转基因株系高 746%、600%、498%。这些结果表明，纯合转 *PGHCP::IPT* 植株中的 *IPT* 基因的表达可能由一个衰老启动信号诱导启动，而在幼叶和完全成熟叶片中是被抑制的。

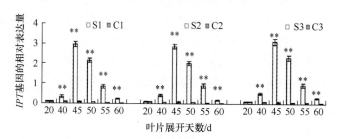

图 6-73　转 *PGHCP::IPT* 植株（S1、S2、S3）和非转基因植株（C1、C2、C3）第 10 节位点主茎叶展开不同天数（20 天、40 天、45 天、50 天、55 天和 60 天）的 *IPT* 基因相对表达量水平分析
设 4 个重复，*、**分别表示在 $P<0.05$、$P<0.01$ 的差异水平

（五）纯合转 *PGHCP::IPT* 株系细胞分裂素的含量变化

比较纯合转 *PGHCP::IPT* 株系和非转基因株系第 10 节位点叶片展开 20 天、40 天、45 天、50 天、55 天和 60 天的细胞分裂素的两个主要组成部分 Z+ZR 和（异戊烯腺嘌呤和异戊烯基腺苷）iP+iPA 的含量变化。结果（图 6-74）表明，在叶片展开 20 天和 40 天

之前，纯合转 *PGHCP::IPT* 株系和非转基因株系之间的 Z+ZR 含量没有显著差异；叶片展开 40~60 天后，纯合转 *PGHCP::IPT* 株系和非转基因株系的叶片 Z+ZR 含量都不断下降，但是，纯合转 *PGHCP::IPT* 株系的 Z+ZR 含量显著高于非转基因植株系的。叶片展开 55 天和 60 天时转 *PGHCP::IPT* 植株的 Z+ZR 含量水平与非转基因植株相比，差异极显著（*P*<0.01）。

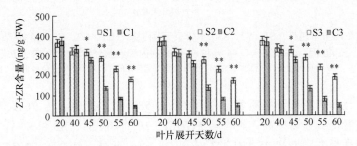

图 6-74 转 *PGHCP::IPT* 植株（S1、S2、S3）和非转基因植株（C1、C2、C3）第十节位点
主茎叶展开不同天数（20 天、40 天、45 天、50 天、55 天和 60 天）的 Z+ZR 含量分析
每个实验设 4 个重复，*、** 表示 *P*<0.05、*P*<0.01 的差异水平

转 *PGHCP::IPT* 株系和非转基因株系之间 iP+iPA 的含量变化与 Z+ZR 含量的变化趋势与差异水平基本一致（图 6-75）。叶片展开 40 天以前，二者内部总的内源细胞分裂素含量水平没有差异，叶片展开 50 天时，转基因株系 S1、S2 和 S3 衰老叶片的细胞分裂素含量（Z+ZR 和 iP+iPA 之和）分别比与之相对应的非转基因株系的含量水平高 79.8%、86.5% 和 90.1%（图 6-76）。叶片展开 50 天以后，直至叶片衰老甚至干枯脱落，纯合转 *PGHCP::IPT* 植株（S1、S2、S3）和非转基因植株（C1、C2、C3）细胞分裂素的含量水平差异达极显著水平（*P*<0.01）。细胞分裂素含量与 *IPT* 基因的表达水平对比分析结果表明，在衰老叶片中细胞分裂素含量与 *IPT* 基因的表达量呈正相关。

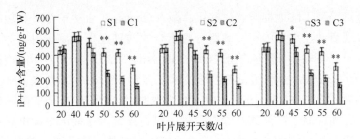

图 6-75 转 *PGHCP::IPT* 植株（S1、S2、S3）和非转基因植株（C1、C2、C3）第 10 节位点主茎叶
展开不同天数（20 天、40 天、45 天、50 天、55 天和 60 天）的 iP + iPA 含量分析
每个实验设 4 个重复，*、** 表示 *P*<0.05、*P*<0.01 的差异水平

（六）纯合转 *PGHCP::IPT* 株系产量和纤维品质变化

田间性状和细胞分裂素含量及其抗氧化酶活性系统的测定结果表明，纯合转 *PGHCP::IPT* 株系比非转基因株系具有明显的延缓衰老的特性。二者的生育期没有任何差异，这表明转 *PGHCP::IPT* 基因并没有对棉花植物的生长发育产生不利影响。为了证实转 *PGHCP::IPT* 基因是否在延缓衰老的同时可以提高棉花的产量和纤维品质，田

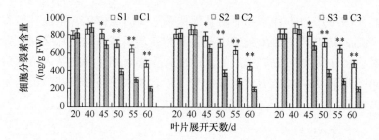

图 6-76 转 *PGHCP::IPT* 植株（S1、S2、S3）和非转基因植株（C1、C2、C3）第 10 节位点主茎叶展开
不同天数（20 天、40 天、45 天、50 天、55 天和 60 天）的内源细胞分裂素（Z+ZR，iP+iPA）含量分析
每个实验设 4 个重复，*、** 分别表示在 P <0.05、P <0.01 的差异水平

间产量数据统计和棉花纤维品质鉴定分析（表 6-58）结果表明，转 *PGHCP::IPT* 基因植
株单株籽棉产量得到显著提高，纯合转 *PGHCP::IPT* 株系 S1、S2 和 S3 籽棉产量比相对
应的非转基因株系分别增产 25.4%、23.8% 和 26.1%。此外，纯合转 *PGHCP::IPT* 棉花株
系纤维一致性、纤维强度和纤维长度均比非转基因株系显著提高。

表 6-58 三个转基因株系（S1、S2、S3）和对应的非转基因株系（C1、C2、C3）的
产量因素指标及纤维品质调查统计

材料	总铃数 /（个/hm²）	铃重 /g	籽棉产量 /（kg/hm²）	衣分/%	皮棉产量 /（kg/hm²）	马克 隆值	纤维长度 /mm	纤维强度 /（cN/tex）	整齐度 /%	伸长率 /%
S1	842 531a	4.8a	4 044a	38.8a	1 569a	3.8a	31.2a	30.2a	86.4a	6.4b
C1	767 857b	4.2b	3 225b	36.3a	1 171b	3.9a	28.1b	28.3b	83.4b	6.5a
S2	851 798a	4.6a	3 918a	39.2a	1 536a	3.7a	31.5a	30.8a	87.4a	6.4a
C2	771 951b	4.1b	3 165b	36.5a	1 155b	3.8a	28.6b	28.1b	82.3b	6.6a
S3	860 826a	4.9a	4 218a	39.2b	1 653a	3.8a	31.9a	30.1a	86.4a	6.4a
C3	815 854a	4.1b	3 345b	36.4b	1 218b	3.8a	29.1b	28.4b	81.5b	6.4a

本研究分离得到了陆地棉半胱氨酸蛋白酶（Ghcysp）启动子并对其功能作用元件进
行了分析，发现启动子序列中存在细胞分裂素合成的绑定蛋白质作用元件，是一个特异
型的衰老启动子。将棉花半胱氨酸蛋白酶（Ghcysp）启动子与 *IPT* 基因连接构建成植物
表达载体 *PGHCP::IPT*，并利用花粉管通技术将含有 *PGHCP::IPT* 嵌合基因的质粒转入
到早衰型陆地棉品种'中棉所 10 号'中，结果表明，转 *PGHCP::IPT* 基因棉花后代在叶
片衰老的初期明显提高了叶片的叶绿素含量、细胞分裂素含量水平和抗氧化酶的活性，
有效的延缓了棉花叶片的衰老的发生。转 *PGHCP::IPT* 基因棉花的一些田间农艺性状（如
改善总铃数、铃重、衣分的结果、籽棉产量）和纤维品质（如纤维长度、纤维整齐度、
纤维强度等）也得到了提高。通过不同启动子与 *IPT* 基因连接并通过不同的转基因方法
将其导入改良受体中，已经得到延缓衰老的转基因小麦（Sykorova et al.，2008）和玉米
（Robson et al.，2004）等作物。

关于纯合转 *PGHCP::IPT* 棉花纤维品质提高的原因，一方面，转基因株系延缓了叶
片衰老，延长了叶片的光合作用时间，增加了光合物质的积累，为纤维发育提供了更多
能量和物质；另一方面，纤维发育过程中，棉花纤维也伴随衰老过程，可能启动细胞分
裂素的表达，促进纤维的伸长，改善棉花的纤维品质。

五、棉花优质高产分子聚合新品种选育

（一）早熟棉花纤维品质性状的遗传特性及生化辅助育种技术

利用两种衰老基因型的棉花品种（系）6个，其中早衰类型品种（系）3个，即中棉所10号、中652585和豫早28；早熟不早衰类型品种（系）3个，即辽4086、中061723和豫早1201，配成6×6双列杂交组合，研究纤维品质性状的遗传效应表明（表6-59），棉花纤维品质性状的遗传以显性效应为主，存在与环境的互作效应。纤维长度、断裂比强度、马克隆值和纤维伸长率的显性效应方差分量分别为37.41%、32.55%、3.61%和50.78%；上位性效应方差分量分别为13.62%、1.81%、12.65%、25.78%和11.0%。

表 6-59　纤维品质性状方差分量比率的估计值

特性	纤维长度/mm	纤维整齐度/%	断裂比强度/（cN/tex）	马克隆值	纤维伸长率/%
V_A/V_P	0	0	0	0	0
V_D/V_P	37.41**	0	32.55**	3.61**	50.78**
V_{AA}/V_P	13.62**	1.81*	12.65**	25.78**	11.00**
V_{AE}/V_P	2.07**	1.97**	0	6.46**	0
V_{DE}/V_P	26.67**	0.42	31.57**	42.98**	23.69**
V_{AAE}/V_P	0	12.01**	0	0	3.05**
V_e/V_P	2.52**	1.01*	6.07**	0.24**	0.73**

注：V_A、V_D、V_{AA}、V_{AE}、V_{DE}、V_{AAE}、V_e、V_P分别表示加性方差、显性方差、加性上位性方差、加性与环境互作效应方差、显性与环境互作效应方差、上位性与环境互作效应方差、机误方差、表现型方差

*. 显著达到0.05水平；

**. 显著达到0.01水平，下同

通过研究早衰品种'中棉所10'、不早衰品种'辽4086'和早熟不早衰品种'中棉所16'3种不同衰老基因型短季棉品种叶片中的叶绿素含量、抗氧化酶活性（CAT、SOD、APX和POD）、MDA和H_2O_2含量的变化规律及其基因表达特征，与抗衰老生化性状（CAT、POD和SOD活性，以及MDA和叶绿素含量）的遗传规律，明确了生化物质的最佳选择时期，确定早熟不早衰品种的生化物质的相对选择标准，建立了棉花不早衰生化辅助育种技术体系。将早熟不早衰生化辅助育种技术与常规育种技术相结合，育成的棉花品种'中棉所24'、'中棉所27'、'中棉所36'的断裂比强度较对照提高了1.4~2.8cN/tex。

在国家973项目支持下，将早熟不早衰生化辅助育种技术与常规育种和转基因育种技术相结合育成'中棉所50'和'中棉所74'。'中棉所50'是早熟、丰产的棉花品种。2005年和2007年分别通过河南省（豫审棉2005003号）和国家（国审棉2007013）农作物品种审定委员会审定。2009年1月1日获得国家新品种保护权（CNA20050568.8）。该品种自审定至今（2014年），连续9年为国家短季棉区试和生产试验、河南省夏棉区试和生产试验、江苏省早熟机采棉区试和生产试验的对照品种。生育期为105天，铃重为5.0~5.3g，衣分为39.6%~40.5%，国家夏棉品种区试中比对照'中棉所30'增产了29.4%，居参试品种的第一位。'中棉所74'是特早熟棉花品种，2009年通过国家品种审定委员

会审定（国审棉 2009017）。黄河流域棉区麦后直播生育期 99 天，株型较紧凑，在国家黄河流域棉区超早熟棉花品种区试中平均皮棉较对照'鲁棉研 19'增产 32.0%，居参试品系第一位。

（二）优质高产棉花的分子标记聚合育种

通过分子标记聚合创造的优质棉花种质材料用于棉花新品种培育，育成并通过审定的棉花新品种 6 个。

中棉所 70：利用优质渐渗系与高产陆地棉品种或品系进行杂交或回交，培育优质高产新材料或新品种。'中棉所 70'（袁有禄等，2009）是利用优质陆海渐渗系培育的国内第一个通过国家审定的优质抗虫棉品种。HVICC 纤维上半部平均长度为 32.5mm、断裂比强度为 33.5cN/tex、马克隆值为 4.3，适纺 60 支以上的高支纱，是生产优质棉及种植业结构调整的理想品种。试验示范结果表明，该品种表现适应性广，适于油后移栽、麦后移栽、麦棉套种、蒜棉套种等不同种植模式，表现为早熟、优质、抗病、高产、不早衰，在长江流域棉区耐高温等特点，2009 年从河北邯郸、湖南常德、湖北黄梅、江西九江、江苏宿迁、江苏南京 6 个试点收取 50kg 皮棉，并对其纤维品质进行检测，平均纤维长度为 32.99mm、断裂比强度为 34.92cN/tex、马克隆值为 4.19，结果说明'中棉所 70'不仅在黄河流域表现优质，在长江流域纤维品质同样表现突出。利用以上 6 试点皮棉进行纺纱试验，'中棉所 70'皮棉生产出的 40 支、60 支、80 支纱的强力最小值分别为 188.1、113.8、76.0（图 6-77、图 6-78），均显著高于对照品种'229'（分别为 150.9、106.6、55.8）。'中棉所 70'具有纺 60 支、80 支等中高支纱潜力，表明该品种具有广阔的优质专用棉产业化前景。为保证该优良品种生产最大的经济效益、产业化的快速发展，发明了对其进行准确、快速稳定的分子检测方法，该方法申请了国家专利，并于 2014 年获得授权（专利号为 CN201210009203.8）。'中棉所 70'的大规模种植推广，将为农民增收、大幅度提升我国棉花纤维品质及纺织品质量，对提高我国纺织企业效益和纺织品国际竞争力具有十分重要的意义。

图 6-77 '中棉所 70'试纺 60 支纱

图 6-78　'中棉所 70'纺 80 支纱

中棉所 78（MB4318）：为转基因抗虫棉'sGK 中 156'与优质渐渗系杂交选育而成，2010 年通过河南省审定（豫审棉 2010010），2009 年获黄河流域棉区生产应用的农业转基因生物安全证书［农基安证字（2009）第 176 号］。该品种抗枯萎耐黄萎病，吐絮畅，易采摘，纤维色泽好。2007 年、2008 年、2009 年经农业部棉花品质监督检验测试中心测定（HVICC）：纤维上半部平均长度分别为 31.6mm、31.4mm、32.8mm，断裂比强度分别为 31.2cN/tex、32.2cN/tex、32.2cN/tex，马克隆值分别为 4.7、5.1、3.9，伸长率分别为 6.1%、6.6%、4.9%，反射率分别为 73.6%、73.9%、77.7%，黄度分别为 7.6、6.7、7.8，整齐度指数分别为 85.8%、86.4%、85.6%，纺纱均匀性指数分别为 155.6、158.0、166.3，纤维品质优。产量表现为：2007 年省杂交棉区试，平均亩产籽棉、皮棉、霜前皮棉为 226.8kg、91.5 kg、84.1kg，比对照'豫杂 35'增产 6.0%、1.1%、0.6%；2008 年平均亩产籽棉、皮棉、霜前皮棉分别为 194.5kg、83.6kg、78.3kg，比对照'豫杂 35'增产 3.0%、1.6%、1.2%。

优质彩色棉新品种'浙大 5 号'：'浙大 5 号'母本为转基因常规棉品种，2014 年通过浙江省审定，通过系统选择的方法从转基因抗虫棉品种'浙 905'中筛选的高产、优质、高衣分转基因抗虫棉种质系；父本'ZMS12'是通过分子标记辅助育种选育的优质棕色棉种质系。2010~2011 年参加浙江省彩色棉区试，其中 2010 年籽棉亩产为 242.3kg，为对照的 100.3%；平均皮棉亩产为 93.3kg，为对照'慈抗杂 3 号'的 93.8%。2011 年区试亩产籽棉 253.2kg，为对照的 96.8%，平均皮棉 89.9kg，为对照'慈抗杂 3 号'的 81.9%。两年省区试平均亩产籽棉 247.8kg，为对照'慈抗杂 3 号'的 98.6%；平均皮棉产量为 91.6kg，比对照减产 12.5%。该品种纤维品质优良，上半部分纤维跨长为 29.6mm、纤维整齐度为 85.0%、断裂比强度为 29.2cN/tex、伸长率为 5.7%，马克隆值为 5.0，达优质白色棉水平。

优质棉花新品种'慈抗杂 6 号'：由浙江大学应用陆地棉重组近交系群体获得的与纤维品质相关的 QTL 所对应的分子标记（包括与纤维长度相关的分子标记 NAU3351 和 NAU4051，与纤维强度相关的分子标记 TMD20 和 TML05），经 2 年 3 代这几个分子标记聚合于 2007 年育成的优质显性无腺体抗虫种资源。将该种质资源与慈溪市农业科学研究所育种成的育种材料进行测配，于 2008 年配置出优质杂交棉新组合'慈抗杂 6 号'，

2009~2010 年参加浙江省棉花区试和生产试验，2011 年参加浙江省生产试验，2012 年通过浙江省审定。该纤维品质两年平均上半部纤维平均长度为 30.3mm、整齐度为 85.75%、马克隆值为 4.95、伸长率为 4.59%、反射率为 75.8%、黄度为 7.58、均匀度指数为 152.15、断裂比强度为 32.4cN/tex，属优质棉品种。杂种 F_1 代种子棉酚含量为 0.012%。2012 年通过浙江省品种审定。

　　优质棉新品种'农大棉 13 号'：河北农业大学棉花遗传育种研究室育成，2013 年 4 月经河北省作物品种审定委员会审定，审定编号：冀审棉 2013001 号。生育期 126 天，出苗较好，整个生育期长势较壮。植株较高，株型较松散。茎秆粗壮，叶片较大，铃较大，卵圆形。单株结铃性强，吐絮一般。单株果枝数 13.9 个，第一果枝节位 6.9，单株成铃 20.9 个，铃重 5.6g，籽指 10.7g，衣分 35.1%，霜前花率 86.2%。2011~2012 年区域试验，籽棉亩产 231.8kg，霜前籽棉亩产 200.0kg，皮棉亩产 81.5kg，霜前皮棉亩量 70.5kg。2011~2012 年，农业部棉花品质监督检验测试中心检测结果：上半部平均长度 32.4mm、断裂比强度 33.2cN/tex、马克隆值 4.2、整齐度指数 84.9%、伸长率 5.7%、反射率 75.9%、黄度 7.2、纺纱均匀指数 164。2011~2012 年，河北省农林科学院植物保护研究所鉴定结果：枯萎病病指为 9.95、黄萎病相对病指为 33.46，属抗枯萎耐黄萎类型。

　　中棉所 86：2012 年通过河南省审定（豫审棉 2012002），该品种是一个种子高油的抗虫杂交新品种，种子油分 32.13%、铃重 7.1g、衣分 39.5%、平均亩产籽棉 255.4kg、霜前皮棉 98.1kg，分别比对照'豫杂 35'增产 19.8%，上半部平均长度 30.09mm、断裂比强度 29.13cN/tex、马克隆值 5.0。黄萎病病指为 22.8、黄萎病病指为 12.2，属耐枯萎、耐黄萎病品种。

参 考 文 献

陈亚娟, 李付广, 刘传亮, 等. 2009. 植物渗透调节研究进展及与棉花耐旱遗传改良. 分子植物育种, 7: 149.

葛瑞华, 兰孟焦, 石玉真, 等. 2012. 陆海 BC_4F_3 和 $BC_4F_{3:4}$ 代主要农艺性状的相关和通径分析. 中国农学通报, 28(03): 127-130.

何蕊, 石玉真, 张金凤, 2014. 陆地棉染色体片段代换系(BC_5F_3、$BC_5F_{3:4}$、$BC_5F_{3:5}$)株高的 QTL 定位. 作物学报, http://www.cnki.net/kcms/detail/11.1809.S.20140116.1703.019.html

贾银华, 孙君灵, 潘兆娥, 等. 2013. 陆地棉种质资源群体结构与抗旱、耐盐性状的关联分析. 中国棉花学会 2013 年年会论文汇编.

江媛, 范述丽, 宋美珍, 等. 2011. 棉花叶绿体基因 RNA 编辑位点的测定及分析. 植物学报, 46(4): 386-395.

兰孟焦, 杨泽茂, 石玉真, 等. 2011. 陆海 BC_4F_2 和 BC_4F_3 代换系的评价及纤维产量与品质相关 QTL 的检测. 中国农业科学, 44(15): 3086-3097.

李爱国, 张保才, 李俊文, 等. 2008. AB-QTL 法定位陆海杂种棉花产量相关性状. 分子植物育种, 6(3): 504-510.

李付振, 邱新棉, 王美兴, 等. 2010. 棉花盐胁迫途径中蛋白磷酸化同源基因(*GhSOS2*)2 种剪接体的克隆及表达分析. 中国农业科学, 43: 4341.

李骏智, 杨泽茂, 李俊文, 等. 2009. 利用陆海杂种 BC1 群体构建棉花遗传连锁图谱并初步定位产量性状相关的 QTL. 中国农学通报, 25(09): 11-18.

李莲, 石玉真, 李俊文, 等. 2009. 陆海杂种高代回交自交系纤维细度性状相关性分析. 棉花学报, 21(5):

356-360.

李伟, 商海红, 范森淼, 等. 2013. 三个陆地棉水孔蛋白基因的克隆与表达分析. 作物学报, 39: 222.

李锡花, 吴嫚, 于霁雯, 等. 2013. 棉花纤维发育早期 RNA-Seq 转录组分析. 棉花学报, 25(3): 189-196.

梁燕, 贾玉娟, 李爱国, 等. 2010. 棉花 BC5F2 渐渗系的产量及品质相关性状表型分析及 QTL 定位. 分子植物育种, 8(2): 221-230.

刘广平, 朱卫平, 李俊文, 等. 2008. 陆海杂种 F$_1$ 成熟纤维的电镜观察初步分析. 安徽农业科学, 36(13): 5363-5365.

刘国元, 吴嫚, 于霁雯, 等. 2014. 雷蒙德氏棉 *AGO* 基因家族的生物信息学预测与分析. 棉花学报, 2014, 26(5): 411-419.

马建辉. 2013. 芽黄标记棉花光敏雄性不育系的选育及花药发育机理研究. 杨陵: 西北农林科技大学博士学位论文.

马留军, 石玉真, 兰孟焦, 等. 2013. 棉花陆海染色体片段代换系群体纤维产量与品质表现的评价. 棉花学报, 25(6): 486-495.

孟艳艳, 范术丽, 宋美珍, 等. 2011. NO 对生长发育中棉花叶片 NO 含量及其对抗氧化物酶的影响. 作物学报, 37(10): 1828-1836.

南文智, 吴嫚, 于霁雯, 等. 2013. 利用高通量测序技术鉴定棉纤维发育相关 miRNAs 及其靶基因. 棉花学报, 25(4): 300-308.

彭振, 何守朴, 孙君灵, 等. 2014. 陆地棉苗期耐盐性的高效鉴定方法. Plant Physiol Biochem, 40: 476.

单国芳, 刘传亮, 张朝军, 等 2012. 棉花中 ERF 亚族转录因子抗逆育种潜力的研究进展. 中国农学通报, 28: 7.

沈法富, 李静, 范术丽, 等. 2003. 不同短季棉品种发育进程中主茎叶内源激素的变化动态, 中国农业科学, 36(9): 1014-1019.

沈法富, 李静, 范术丽, 等. 2003. 棉花叶片衰老过程中激素和膜脂过氧化的关系, 植物生理与分子生物学学报, 29(6): 589-592.

石玉真, 刘爱英, 李俊文, 等. 2007. 与棉花纤维强度连锁的主效 QTL 应用于棉花分子标记辅助育种. 分子植物育种, 5(4): 521-527.

石玉真, 刘爱英, 李俊文, 等. 2008. 陆海杂种棉花自然吐絮铃与霜后大铃的纤维品质差异比较分析. 中国农学通报, 24(7): 140-147.

石玉真, 刘爱英, 李俊文, 等. 2008. 陆海种间杂交铃重和衣分的遗传及其 F$_1$ 群体优势分析. 中国农学通报, 24(2): 139-143.

石玉真, 刘爱英, 李俊文, 等. 2008. 陆海种间杂交纤维品质性状的遗传及其 F$_1$ 群体优势分析. 棉花学报, 20(1): 56-61.

石玉真, 张保才, 李俊文, 等. 2008. 棉花纤维品质性状主要由母体植株基因型决定. 遗传, 30(11): 1466-1476.

宋贵方, 樊伟丽, 王俊娟, 等. 2012. 陆地棉干旱胁迫响应基因 *GhGR* 的克隆及特征分析. 中国农业科学, 45: 1644.

宋贵方, 周凯, 王俊娟, 等. 2011. 陆地棉干旱胁迫相关基因 *GhTrx* 的克隆及表达. 西北植物学报, 31: 1951.

宋丽艳, 叶保香, 赵云雷, 等. 2010. 陆地棉耐盐相关基因(GhVP)的克隆及分析. 棉花学报, 22: 285.

王洁琳, 邹长松, 陆才瑞, 等. 2013. 陆地棉耐盐相关基因 *GhERF79* 的克隆与分析. 棉花学报, 25: 95.

王俊娟, 樊保香, 叶武威, 2008. 2007 年棉花资源材料耐盐性鉴定结果简报. 中国棉花学会 2008 年年会论文汇编.

王俊娟, 樊伟莉, 叶武威, 等. 2010. 陆地棉萌发出苗期耐盐鉴定方法的研究及应用. 江苏农业科学, 96: 87.

王俊娟, 王德龙, 樊伟莉, 等. 2011. 陆地棉萌发至三叶期不同生育阶段耐盐特性. 生态学报, 31: 3720.

王俊娟, 叶武威, 王德龙, 等. 2014. 陆地棉芽期的抗旱性研究. 中国棉花, 26(5): 411-419.

王俊娟, 叶武威, 王德龙, 等. 2010. 几个陆地棉品种萌发出苗期耐盐性差异比较. 中国棉花, 37: 7.

王俊娟, 叶武威, 王德龙, 等. 2011. PEG 胁迫条件下 41 份陆地棉种质资源萌发特性研究及其抗旱性综合评价. 植物遗传资源学报, 12: 840.

王俊娟, 叶武威, 周大云, 等. 2007. 盐胁迫下不同耐盐类型棉花的萌发特性. 棉花学报, 19: 315.

王俊娟, 张德超, 王德龙, 等. 2001. 陆地棉萌发期抗旱相关种质资源遗传多样性研究. 中国棉花学会 2011 年年会论文汇编.

王诺菡, 于霁雯, 吴嫚, 等. 2014. 棉花 GhMYB0 基因的克隆、表达分析及功能鉴定. 作物学报, 40(9): 1540-1548.

王诺菡. 2014. 棉花 MYB 转录因子的克隆与功能验证. 杨陵. 西北农林科技大学硕士学位论文.

徐楚年, 余炳生, 张仪, 等. 1987. 棉花四个栽培种纤维发育早期扫描电镜的比较研究. 北京农业大学学报, 13(3): 255-262.

杨泽茂, 李骏智, 李爱国, 等. 2009. 利用高代回交和分子标记辅助选择构建棉花渐渗系. 分子植物育种, 7(2): 233-241.

杨召恩, 杨作仁, 刘坤, 等. 2013. 一个亚洲棉 MYB 家族新基因的克隆及特征分析. 中国农业科学, 46: 195.

叶武威, 庞念厂, 王俊娟, 等. 2006. 盐胁迫下棉花体内 Na$^+$ 的积累、分配及耐盐机制研究. 棉花学报, 18: 279.

叶武威, 王俊娟, 樊保香. 2007, 棉花耐盐骨干种质的亲缘关系分析. 中国棉花学会 2007 年年会论文汇编.

尹会会, 石玉真, 杨中旭, 等. 2014. 海岛棉染色体片段代换系 BC$_4$F$_4$ 产量及纤维品质主成分分析. 山东农业科学, 46(1): 19-22.

喻树迅, 宋美珍, 范术丽, 等. 2007. 双价转基因抗虫棉中棉所 45 的丰产性及生理特性研究. 棉花学报, 19(3): 227-232.

袁友禄, 石玉真, 李俊文, 等. 2014. 鉴定优质抗虫杂交棉中棉所 70 品种真实性和/或品种纯度的 SSR 分子标记方法: 中国, CN201210009203.8.

袁友禄, 石玉真, 马留军, 等. 2013. 来自海岛棉海 1 与棉花纤维强度有关的分子标记及其应用: 中国, 201310481269.1.

袁有禄, 石玉真, 李俊文, 等. 2009. 转基因抗虫优质杂交棉——中棉所 70. 中国棉花, 2: 17.

张德超, 阴祖军, 王德龙, 等. 2013. 棉花四大栽培种干旱胁迫下叶片蛋白质组分变化. 分子植物育种, 11: 1098.

张金凤, 石玉真, 梁燕, 等. 2012. 陆地棉染色体片段代换系(BC5F3 和 BC5F3: 4)产量和纤维品质性状表现的初步评价. 植物遗传资源学报, 13(5): 773-781.

张丽丽. 2012. 三个棉花生长素信号转导途径相关基因的克隆与鉴定. 南京: 南京农业大学硕士学位论文.

张丽娜, 叶武威, 王俊娟, 等. 2010. 棉花耐盐相关种质资源遗传多样性分析. 生物多样性, 18: 142.

张丽娜, 叶武威, 王俊娟, 等. 2010. 棉花耐盐性的 SSR 鉴定研究. 分子植物育种, 8: 891.

张雪妍, 刘传亮, 王俊娟, 等. 2007. PEG 胁迫方法评价棉花幼苗耐旱性研究. 棉花学报, 7: 205.

周凯, 宋丽艳, 王俊娟, 等. 2011. 陆地棉(G. hirsutum L.)N-乙酰氨基葡萄糖转移酶基因(GhGnT)的克隆及耐盐性功能分析. 分子植物育种, 9: 309.

周凯, 宋丽艳, 叶武威, 等. 2011. 陆地棉耐盐相关基因 GhSAMS 的克隆及表达. 作物学报, 37: 1012.

周凯, 叶武威, 王俊娟, 等. 2007. 陆地棉质体转录活性因子基因 GhPTAC 的克隆及其耐盐性分析. 作物学报, 31: 1951.

Ayroles J F, Carbone M A, Stone E A, et al. 2009. Systems genetics of complex traits in *Drosophila melanogaster*. Nature Genet, 41: 299-307.

Azuma A, Kobayashi S, Mitani N, et al. 2008. Genomic and genetic analysis of Myb-related genes that regulate anthocyanin biosynthesis in grape berry skin. Theor Appl Gene, 117(6): 1009-1019.

Basra A S, Malik C P. 1984. Development of the cotton fiber. Int Rev Cytol, 89: 65-113.

Brem R B, Yvert G, Clinton R, et al. 2002. Genetic dissection of transcriptional regulation in budding yeast. Science, 296: 752-755.

Cai Y F, He X H, Mo J C, et al. 2009. Molecular research andgenetic engineering of resistance to *Verticillium wilt* in cotton. Afr J Biotechnol, 8: 7363-7372.

Calderini O, Bovone T, Scotti C, et al. 2007. Delay of leaf senescence in *Medicago sativa* transformed with the ipt gene controlled by the senescence-specific promoter SAG12. Plant Cell Rep, 26: 611-615.

Caspi A, McClay J, Moffitt T E, et al. 2002. Role of genotype in the cycle of violence in maltreated children. Science, 297: 851-854.

Caspi A, Sugden K, Moffitt T E, et al. 2003. Influence of life stress on depression: moderation by a polymorphism in the 5-HTT gene. Science, 301: 386-389.

Chae K, Isaacs C G, Reeves P H, et al. 2012. *Arabidopsis* small auxin-up RNA 63 promotes hypocotyl and stamen filament elongation. Plant J, 71: 684-697.

Chai Y, Zhao L, Liao Z, et al. 2003. Molecular cloning of a potential *Verticillium dahliae* resistance gene SlVe1 with multi-site polyadenylation from *Solanum licopersicoides*. DNA Sequence 14: 375-84.

Chen J Y, Dai X F. 2010. Cloning and characterization of the *Gossypium hirsutum* major latex protein gene and functional analysis in *Arabidopsis thaliana*. Planta, 231: 861-873.

Doerge R W, Churchill G A, 1996. Permutation tests for multiple loci affecting a quantitative character. Genetics, 142: 285-294.

Droog F. 1997. Plant glutathione S-transferases, a tale of theta and tau. J Plant Growth Regul, 16: 95-107.

Dubos C, Stracke R, Grotewold E, et al. 2010. MYB transcription factors in *Arabidopsis*. Trends Plant Sci, 15(10): 573-581.

Eichler E E, Flint J, Gibson G, et al. 2010. VIEWPOINT Missing heritability and strategies for finding the underlying causes of complex disease. Nat Rev Genet, 11: 446-450.

Eulgem T, Somssich I E. 2007. Networks of WRKY transcription factors in defense signaling. Curr Opin Plant Biol, 10: 366-371.

Fradin E F, Zhang Z, Juarez Ayala J C, et al.(2009)Genetic dissection of *Verticillium wilt* resistance mediated by tomato Ve. Plant Physiol, 150: 320-333.

Gao X Q, Wheeler T, Li Z H, et al. 2011. Silencing *GhNDR1*and *GhMKK2* compromises cotton resistance to *Verticillium wilt*. Plant J, 66: 293-305.

Gayoso C, Pomar F, Novo-Uzal E, et al. 2010. TheVe-mediated resistance response of the tomato to *Verticillium dahliae* involves H_2O_2, peroxidase and lignins and drives PAL gene expression.BMC Plant Biol, 10: 232-251.

Gee M A, Hagen G, Guilfoyle T J. 1991. Tissue specific and organ specific expression of soybean auxin responsive transcripts GH3 and SAURs. Plant Cell, 3: 419-430.

Gil P, Green P J. 1997. Regulatory activity exerted by the SAUR AC1 promoter region in transgenic plants. Plant Mol Biol, 34: 803-808.

Harbison S T, Carbone M A, Ayroles J F, et al. 2009. Co-regulated transcriptional networks contribute to natural genetic variation in *Drosophila* sleep. Nat Genet, 41: 371-375.

Hill M K, Lyon K J, Lyon B R. 1999. Identification of disease response genes expressed in *Gossypium hirsutum* upon infection with the wilt pathogen *Verticillium dahliae*. Plant Mol Biol, 40: 289-296.

Hovav R, Udall J A, Hovav E, et al. 2008. A majority of cotton genes are expressed in single-celled fiber. Planta, 227(2): 319-329.

Hu Z, Xu C. 2005. A new statistical method for mapping QTLs underlying endosperm traits. Chinese Sci Bull, 50: 1470-1476.

Huang N, Parco A, Mew T, et al. 1997. RFLP mapping of isozymes, RAPD and QTLs for grain shape, brown planthopper resistance in a doubled haploid rice population. Mol Breeding, 3: 105-113.

Ishida T, Kurata T, Okada K, et al. 2008. A genetic regulatory network in the development of trichomes and root hairs. Annu Rev Plant Biol, 59: 365-386.

Ishiguro S, Nakamura K. 1994. Characterization of a cDNA encoding a novel DNA-binding protein, SPF1, that recognizes SP8 sequences in the 5' upstream regions of genes coding for sporamin and β-amylase from sweet potato. Mol Gen Genet, 244: 563-571.

Ishihama N, Yoshioka H. 2012. Post-translational regulation of WRKY transcription factors in plant immunity. Curr Opin Plant Biol, 15: 431-437.

Jia Y, Sun X, Sun J, et al. 2014. Association mapping for epistasis and environmental interaction of yield traits in 323 cotton cultivars under 9 different environments. PLoS ONE, 9: e95882.

Jiang C, Zeng Z B. 1995. Multiple trait analysis of genetic mapping for quantitative trait loci. Genetics, 140: 1111-1127.

Jiang C, Zeng Z B. 1997. Mapping quantitative trait loci with dominant and missing markers in various crosses from two inbred lines. Genetica, 101: 47-58.

Jiang Y, Fan S L, Song M Z, et al. 2012. Identification of RNA editing sites in cotton(*Gossypium hirsutum*) chloroplasts and editing events that affect secondary and three-dimensional protein structures. Genet Mol Res, 11(2): 987-1001.

Kamal M E. 1985. Integrated control of *Verticillium wilt* of cotton. Plant Dis, 69: 1025-1032.

Kao C H, Zeng Z B, Teasdale R D. 1999. Multiple interval mapping for quantitative trait loci. Genetics, 152: 1203-1216.

Kao C H. 2004. Multiple-interval mapping for quantitative trait loci controlling endosperm traits. Genetics, 167: 1987-2002.

Kawchuk L M, Hachey J, Lynch D R, et al. 2001. Tomato Ve disease resistance genes encode cell surface-like receptors. P Natl Acad Sci USA, 98: 6511-6515.

Klose J, Nock C, Herrmann M, et al. 2002. Genetic analysis of the mouse brain proteome. Nat Genet, 30: 385-393.

Klosterman S J, Atallah Z K, Vallad G E, et al. 2009. Diversity, pathogenicity, and management of Verticillium species. Annu Rev Phytopathol, 47: 39-62.

Knauss S, Rohrmeier T, Lehle L. 2003. The auxin-induced maize gene *ZmSAUR2* encodes a short-lived nuclear protein expressed in elongating tissues. J Biol Chem, 278: 23936–23943.

Lange C, Whittaker J C. 2001. Mapping quantitative trait loci using generalized estimating equations. Genetics, 159: 1325-1337.

Li F G, Fan G Y, Wang K B, et al. 2014. Genome sequence of the cultivated cotton *Gossypium arboreum*. Nat Genet, 46(6): 567-572.

Li Z K, Wang X K, Ma J, et al. 2008. Cloning and characterization of a tau glutathione S-transferase gene in *Gossypium hirsutum*. Genes Genet Syst, 83: 219-225.

Lin M, Lai D Y, Pang C Y, et al.2013. Generation and analysis of a large-scale expressed sequence tag database from a full-length enriched cDNA library of developing leaves of *Gossypium hirsutum* L. PLoS ONE, 8(10): e76443.

Liu J J, Ekramoddoullah A K. 2009. Identification and characterization of the WRKYtranscription factor family in *Pinus monticola*. Genome, 52: 77-88.

Liu J, Wu Y, Yang J, et al. 2008. Protein degradation and nitrogen remobilization during leaf senescence. J Plant Biol, 51: 11-19.

Liu Y D; Yin Z J, Yu J W, et al. 2012. Improved salt toleranceand delayed leaf senescence in transgenic cotton expressing the Agrobacterium IPT gene. Biol Plantarum, 56(2): 237-246.

Liu Y, Xu H, Chen S, et al. 2011. Genome-wide interaction-based association analysis identified multiple new susceptibility loci for common diseases. Plos Genet, 7: e1001338.

Ljungberg K, Holmgren S, Carlborg Ö. 2004. Simultaneous search for multiple QTL using the global optimization algorithm DIRECT. Bioinformatics, 20: 1887-1895.

Lou X Y, Chen G B, Yan L, et al. 2007. A generalized combinatorial approach for detecting gene-by-gene and gene-by-environment interactions with application to nicotine dependence. Am J Hum Genet, 80: 1125-1137.

Luo P, Wang Y H, Wang G D, et al. 2001. Molecular cloning andfunctional identification of(+)-delta-cadinene-8-hydroxylase, acytochrome P450 mono-oxygenase(CYP706B1)of cotton sesquiterpene biosynthesis. Plant J, 28: 95-104.

Luscombe N M, Babu M M, Yu H Y, et al. 2004. Genomic analysis of regulatory network dynamics reveals large topological changes. Nature, 431: 308-312.

Ma J H, Wei H L, Liu J, et al. 2013. Selection and characterization of a novel photoperiod-sensitive male sterile line in upland cotton. J Integr Plant Biol, 55(7): 608-618.

Ma J H, Wei H L, Song M Z, et al. 2012. Transcriptome profiling analysis reveals that flavonoid and ascorbate-glutathione cycle are important during anther development in upland cotton. PLoS ONE, 7(11): e49244.

Ma Q F, Wu M, Pei W F, et al. 2014. Quantitative phosphoproteomic profiling of fiber differentiation and initiation in a fiberless mutant of cotton, BMC Genomics, 15(1): 466.

Mackay T F C. 2001. The genetic architecture of quantitative traits. Annu Rev Genet, 35: 303-339.

Mangelsen J, Kilian K W, Berendzen U H, et al. 2008. Phylogenetic and comparative gene expression analysis of barley(Hordeum vulgare)WRKY transcription factor family reveals putatively retained functions between monocots and dicots. BMC Genomics, 9: 194-130.

Manolio T A, Collins F S, Cox N J, et al. 2009. Finding the missing heritability of complex diseases. Nature, 461: 747-753.

Martin C, Paz-Ares J. 1997. MYB transcription factors in plants. Trends Genet, 13(2): 67-73.

Meng Y Y, Liu F, Pang C Y, et al. 2011. Label-free quantitative proteomics analysis of cotton leaf response to nitric oxide. J Proteome Res, 10(12): 5416-5432.

Munis M F H, Tu L L, Deng F L, et al. 2010. A thaumatin-like protein gene involved in cotton fiber secondary cellwall development enhances resistance against Verticillium dahliae andother stresses in transgenic tobacco. Biochem Bioph Res Co, 393: 38-44.

Nadeau J A. 2009. Stomatal development: new signals and fate determinants. Curr Opin Plant Biol, 12(1): 29-35.

Pandey S P, Somssich I E. 2009. The role of WRKY transcription factors in plant immunity. Plant Physiol, 150: 1648-1655.

Passador-Gurgel G, Hsieh W P, Hunt P, et al. 2007. Quantitative trait transcripts for nicotine resistance in Drosophila melanogaster. Nat Genet, 39: 264-268.

Piepho H P. 2000. A mixed-model approach to mapping quantitative trait loci in barley on the basis of multiple environment data. Genetics, 156: 2043-2050.

Pomar F, Novo M, Bernal M A, et al. 2004. Changes in stemlignins(monomer composition and crosslinking)and peroxidase arerelated with the maintenance of leaf photosynthetic integrity during Verticillium wilt in Capsicum annuum. New Phytol, 163: 111-123.

Purcell S, Neale B, Todd-Brown K, et al. 2007. PLINK: a tool set for whole-genome association and population-based linkage analyses. Am J Hum Genet, 81: 559-575.

Qi D, DeYoung B J, Innes R W. 2012. Structure-function analysis ofthe coiled–coil and leucine-rich repeat domains of the RPS5 disease resistance protein. Plant Physiol, 158: 1819-1832.

Qi T, Jiang B, Zhu Z, et al. 2014. Mixed linear model approach for mapping quantitative trait loci underlying crop seed traits. Heredity, 113: 224-232.

Qin J, Zhao J Y, Zuo K J, et al. 2004. Isolation andcharacterization of an ERF-like gene from Gossypium barbadense.Plant Sci, 167: 1383-1389.

Qu Z L, Wang H Y, Xia G X. 2005. GhHb1: a nonsymbiotic hemoglobin gene ofcotton responsive to infection by Verticillium dahliae. Biochim Biophys Acta, 1730: 103-113.

Rabinowicz P D, Braun E L, Wolfe A, et al. 1999. Maize R2R3 Myb genes: sequence analysis reveals amplification in the higher plants. Genetics, 153(1): 427-444.

Reddy V S, Ali G S, Reddy A S. 2002. Genes encoding calmodulin binding proteins in the Arabidopsis genome. J Biol Chem, 277: 9840-9852.

Schmutz J, Cannon S B, Schlueter J, et al. 2010. Genome sequence of the palaeopolyploid soybean. Nature, 463: 178-183.

Sen Ś, Churchill G A. 2001. A statistical framework for quantitative trait mapping. Genetics, 159: 371-387.

Shah S T, Pang C Y, Fan S L, et al. 2013. Isol287(15): ation and expression profiling of GhNAC transcription factor genes in cotton(*Gossypium hirsutum* L.)during leaf senescence and in response to stresses. Gene, 531: 220-234.

Shah S T, Pang C Y, Hussain A, et al. 2014. Molecular cloning and functional analysis of NAC family genes associated with leaf senescence and stresses in *Gossypium hirsutum* L.. Plant Cell Tiss Org, 287(2): 167-186.

Shen F F, Yu S X, Han X L, et al. 2004, Cloning and characterization of a gene encoding cysteine proteases from senescent leaves of *Gossypium hirsutum*. Chinese Sci Bull, 49(24): 2601-2607.

Shen F F, Yu S X, Xie Q E, et al. 2006, Identification of genes associated with cotyledon senescence in upland cotton　Chinese Sci Bull, 51(9): 1085-109.

Singh S, Vivek S, Bezbaruah R, et al. 2012. Prediction of thethree-dimensional structure of serine/threonine protein kinasepto of *Solanum lycopersicum* by homology modelling. Bioinformation, 8: 212-215.

Sink K, Grey W E. 1999. A root-injection method to assess *Verticillium wilt* resistance of peppermint (*Mentha×Piperita* L.)and its use in identifying resistant somaclones of cv Black Mitcham. Euphytica, 106: 223-230.

Smit F, Dubery L A. 1997. Cell wall reinforcement in cotton hypocotyls in response to a *Verticillium dahliae* elicitor. Phytochemistry, 44: 811-815.

Song M Z, Fan S L, Pang C Y, et al. 2014. Genetic analysis of the antioxidant enzymes, methanedicarboxylic aldehyde(MDA)and chlorophyll contentin leaves of the short season cotton(*Gossypium hirsutum* L.). Euphytica, 198: 153–162.

Song Y, Ai C R, Jing S J, et al. 2010. Research progress on function analysis of rice *WRKY* gene. Rice Sci, 17: 60-72.

Sykorova B, Kuresova G, Daskalova S, et al. 2008. Senescence-induced ectopic expression of the A. tumefaciens ipt gene in wheat delays leaf senescence, increases cytokinin content, nitrate influx, and nitrate reductase activity, but does not affect grain yield. J Exp Bot, 59: 377-387.

Tan X P, Liang W Q, Liu C J, et al. 2000. Expression patternof(+)-delta-cadinene synthase genes and biosynthesis of sesquiterpenealdehydes in plants of *Gossypium arboreum* L.. Planta, 210: 644-651.

Tian J, Zhang X Y, Liang B G, et al. 2010 Expression of baculovirus anti-apoptotic genes p35 and op-iapin cotton(*Gossypium hirsutum* L.)enhances tolerance to *Verticillium wilt*. PLoS ONE, 5: e14218.

Wang C, Rutledge J, Gianola D. 1994. Bayesian analysis of mixed linear models via Gibbs sampling with an application to litter size in Iberian pigs. Genet Sel Evol, 26: 91-115.

Wang D, Zhu J, Li L, et al. 1999. Mapping QTLs with epistatic effects and QTL×environment interactions by mixed linear model approaches. Theor App Genet, 99: 1255-1264.

Wang G D, Ellendorff U, Kemp B, et al. 2008. Genome-wide functional investigation into the roles of receptor-like proteins in *Arabidopsis*. Plant Physiol, 147: 503-517.

Wang K B, Wang Z W, Li F G, et al. 2012. The draft genome of a diploid cotton *Gossypium raimondii*. Nat Genet, 44: 1098-1103.

Wang S, Bai Y, Shen C, et al. 2010. Auxin-related gene families in abiotic stress response in *Sorghum bicolor*. Funct Integr Genomic, 10: 533-546.

Wang Y Q, Chen D J, Wang D M, et al. 2004. Over-expression of Gastrodia anti-fungal protein enhances *Verticillium wilt* resistance in coloured cotton. Plant Breed, 123: 454-459.

Wen Y, Wu W. 2007. Interval mapping of quantitative trait loci underlying triploid endosperm traits using F3 seeds. J Genet Genomic, 34: 429-436.

Wu J, Liu S, He Y, et al. 2012. Genome-wide analysis of SAUR gene family in Solanaceae species. Gene, 509: 38-50.

Xie Q E, Liu Y D, Yu S X, et al. 2008. Detection of DNA ladder during cotyledon senescence in cotton. Biol Plantarum, 52(4): 654-659.

Xu L, Zhu L F, Tu L L, et al. 2011 Lignin metabolism has a central role in the resistance of cotton to the wilt fungus *Verticillium dahliae* as revealed by RNA-Seq-dependent transcriptional analysis and histochemistry. J Exp Bot, 62: 5607-5621.

Xu Y H, Wang J W, Wang S, et al. 2004. Characterization of GaWRKY1, a cotton transcription factor that regulates the sesquiterpenesynthase gene(+)-delta-cadinene synthase-A. Plant Physiol, 135: 507-515.

Yang B, Jiang Y Q, Rahman M H, et al. 2009. Identification and expression analysis of WRKY transcription factor genes in canola(*Brasssica napus* L.)in response to fungal pathogen s and hormone treatments. BMC Plant Biol, 9: 68-86.

Yang D, Ye C, Ma X, et al. 2012. A new approach to dissecting complex traits by combining quantitative trait transcript(QTT)mapping and diallel. Cross analysis. Chinese Sci Bull, 57(21): 2659-2700.

Yang J H, Han S J, Yoon E K, et al. 2006. Evidence of an auxin signal pathway, microRNA167-ARF8-GH3, and its response to exogenous auxin in cultured rice cells. Nucleic Acids Res, (34): 1892-1899.

Yang T, Poovaiah B W. 2000. Molecular and biochemical evidence for the involvement of calcium/calmodulin in auxin action. J Biol Chem, 275: 3137–3143.

Yin Z J, Yan L, Yu J W, et al. 2012. Difference in miRNA expression profiles between two cotton cultivars with distinct salt sensitivity. Mol Biol Rep, (39): 4961-4970.

Yu J, Yu S, Gore M, et al. 2013. Identification of quantitative trait loci across interspecific F2, F2: 3 and testcross populations for agronomic and fiber traits in tetraploid cotton. Euphytica, 191(3): 375-389.

Yu J, Zhang K, Li S, et al. 2013. Mapping quantitative trait loci for lint yield and fiber quality across environments in a *Gossypium hirsutum*×*Gossypium barbadense* backcross inbred line population. Theor App Genet, 126(1): 275-287.

Yu S X, Song M Z, Fan S L, et al. 2005. Biochemical genetics of short-season cotton cultivars that express early maturity without senescence. J Integr Plant Biol, 47(3): 334-342.

Zhang B L, Yang Y W, Chen T Z, et al. 2012a. Island cotton *GbVe1* gene encoding areceptor-like protein confers resistance to both defoliating andnon-defoliating isolates of *Verticillium dahliae*. PLoS ONE, 7: e51091.

Zhang J F, Sanogo S, Flynn R, et al. 2012b. Germplasmevaluation and transfer of *Verticillium wilt* resistance from Pima(*Gossypium barbadense*)to upland cotton(*G. hirsutum*). Euphytica, 187: 147-160.

Zhang L, Li F G, Liu C L, et al. 2009. Construction and analysis of cotton(*Gossypium arboreum* L.)drought-related cDNA library. BMC Res Notes, 2: 120.

Zhang S L, Wang X F, Zhang Y, et al. 2012c. *GbWRKY1*, a novel cotton(*Gossypium barbadense*)*WRKY* gene isolated from a bacteriophage full-length cDNA library, is induced by infection with *Verticillium dahliae*. Indian J Biochem Bio, 49: 405-413.

Zhang Y, Wang X F, Ding Z G, et al. 2013a. Transcriptome profiling of *Gossypium barbadense* inoculated with *Verticillium dahliae* provides aresource for cotton improvement. BMC Genomics, 14: 637.

Zhang Y, Wang X F, Li Y Y, et al. 2013b. Ectopic expression of a novel Ser/Thr protein kinase from cotton(*Gossypium barbadense*), enhances resistance to *Verticillium dahliae* infection and oxidative stress in *Arabidopsis*. Plant Cell Rep, 32: 1703-1713.

Zhang Y, Wang X F, Yang S, et al. 2011. Cloning and characterization of a Verticillium wilt resistance genefrom *Gossypium barbadense* and functional analysisin *Arabidopsis thaliana*. Plant Cell Rep, 30: 2085-2096.

Zhao P, Zhang N, Yin Z J, et al. 2013. Analysis of differentially expressed genes in response to endogenous cytokinins during cotton leaf senescence, Biol Plantarum. 57(3): 425-432.

Zhou J, LohY T, Bressan R A, et al. 1995. The tomato genePti1 encodes a serine/threonine kinase that is phosphorylated by Pto and is involved in the hypersensitive response. Cell, 83: 925-935.

Zhou X J, Lu S, Xu Y H, et al. 2002. A cotton cDNA(GaPR-10)encoding a pathogenesis-related 10 protein with *in vitro* ribonuclease activity. Plant Sci, 162: 629-636.

展　望

棉花是我国的重要经济作物，常年种植面积 8000 万亩。我国是世界最大的棉花生产国，又是最大的消费国。我国主要植棉区农业人口达到 2 亿多人，直接从事棉纺及相关行业人员达到 2000 多万人，间接就业人员达到 1 亿人。保持和发展我国棉花生产对促进农业增效、农民增收、农村经济稳定和社会稳定具有重要意义。

近年来，我国棉花科研，特别是棉花纤维发育和改良基础研究及应用研究取得了长足的发展，研究水平已挤身于世界先进行列。我国拥有世界第四的棉花种质资源中期库，保存种质资源 8868 份，其中陆地棉 7362 份、陆地棉野生种系 350 份、海岛棉 633 份、亚洲棉 433 份、草棉 18 份、野生种 32 份。我国在海南三亚拥有野生棉种质圃，活体保存陆地棉野生种系 350 份、野生种 41 个。对大多种质资源进行了鉴定与评价，建立了相应的数据系统。这些基础研究工作为我国棉花纤维发育的基础研究提供了材料基础。利用基因操作技术，将生长素合成酶基因 *iaaM* 的表达进行调控，可显著促进种子表皮纤维细胞的突起数量，进而提高衣分和降低马克隆值，实现产量性状和纤维品质性状的同步改良。将来源于油菜 *FCA* 基因中编码 RRM2 结构域的 cDNA 片段构建了转基因载体，获得了一批产量性状有明显改良的转基因棉花植株。转基因棉花表现出显著的植株生物量，特别是棉铃重的增加。通过转录组分析、胚珠离体培养等技术，以及乙烯在棉花纤维发育伸长过程中的作用，进一步研究发现超长链脂肪酸通过调控乙烯合成而促进棉花纤维的伸长，揭示了以乙烯信号为中心的棉花纤维伸长信号通路。将多种转基因技术进行了有效的组装，实现了流水线操作，建立了高效、规模化的棉花转基因技术体系，年产转基因植株 20 000 株以上，有效降低了转基因运行成本，将农杆菌介导的基因转化周期由 10~12 个月缩短到 5~6 个月，建立了外源基因功能验证平台。此外，开展了基于分子标记的棉花遗传连锁图谱构建、数量性状位点（QTL）定位、辅助选择育种应用研究，经多个 QTL 的聚合，以及海岛棉优质纤维性状的渐渗，育成了一批优质纤维的棉花新品种和新材料。这些研究成果的取得为棉花纤维发育的基础研究和纤维品质改良实践提供了有力的保障。

然而，我国棉花生产也面临重大的问题，主要包括：

（1）棉花生产总量不能满足原棉需求。我国每年的棉花自给率只有 70%左右，需进口 30%左右，高档优质原棉的自给力更低。棉花已成为我国继大豆和食用油之后的第三大进口农产品。由于受耕地面积减少、粮食安全、粮棉比价等因素影响，我国棉花种植面积不可能大幅度增长，唯一的途径是加强科技创新，提高棉花单产和纤维品质，进而提升我国棉花生产科技水平和国际市场竞争力。

（2）病虫害发生严重。棉花主产区枯萎病、黄萎病逐年加重，特别是棉花黄萎病目前仍没有有效抗源，抗黄萎病育种滞后。黄萎病在黄河流域、长江流域、新疆三大棉区呈发展态势，因黄萎病导致棉花常年减产 15%~20%。此外，随着抗虫棉的推广普及，棉铃虫被基本控制，但是由于农药使用量大幅度下降，原来零星发生的蚜虫、盲蝽象、烟粉虱等刺吸式次生害虫逐渐上升为主要害虫,危害逐年加重;棉田用药量出现反弹,成为影响我国棉花生产的重要问题。

(3)植棉效益下降。由于棉种、农药、化肥等生产资料的大幅度涨价,特别是农村劳动力价格因素,植棉比较效益普遍下降;农村劳动力向城市的转移,用工密集型的棉花产业已受到严重的挑战。

针对以上棉花产业中存在的问题,我国的棉花生产只能在"不与粮争田"的前提下,提高我国棉花科技创新能力,从以下几方面实现我国棉花生产的健康发展。

(1)扩大盐碱旱地种植棉花面积。我国约 1/2 国土面积处干旱、半干旱区,即使在非干旱地区的主要农业区,也不时受到旱灾侵袭。在我国耕地中有较大面积的中低产田,其中大部分是由于干旱和盐碱所致,灌溉地区次生盐渍化田地还在逐年增加。天津、山东、河北、江苏、浙江沿海地区约有 500 万亩盐碱滩涂有待开发。棉花是耐盐先锋作物,又是耐旱作物之一。这些地区将成为扩大棉花种植面积的重点发展方向。因此,研究棉花耐盐、旱生物学特性,以及盐旱胁迫下的棉花生长发育、棉花纤维的生发育学、棉花产量和品质形成将是我国棉花基础研究和应用研究的重要领域。

(2)发挥生物技术优势,克隆抗病、抗旱、抗盐碱等新基因,迅速转化育种,以适应未来棉花生产发展的新需求。

(3)为解决棉花生产成本高、劳动力稀缺问题,要大力发展快乐植棉,即利用规模化、信息化、精准化、全程机械化、社会服务化来发展棉花生产。因此,我们用生物技术提供支撑,解决生育期、集中吐絮、适时落叶等重大问题,以适应未来生产全程机械化的生产需求。

(4)改革棉花种植制度,扩大麦棉两熟,解决我国棉花供需矛盾的另一个有效途径是扩大粮棉复种指数,缓解粮棉争地,实现粮棉两熟。在棉花育种中,培育适于黄河流域棉区、长江流域棉区麦(油)后直播超早熟新品种及适于北方特早熟棉区种植的短季棉新品种是解决我国粮棉争地矛盾的必由之路。然而,生育期与棉花产量和纤维品质存在着显著的负相关,研究特早熟短季棉的生长发育,特别是棉花纤维伸长、次生壁纤维素的积累和品质形成等基础研究工作将为高产优质的短季棉新品种选育提供理论支撑,并必将推动一年多熟短季棉生产的发展。

(5)棉副产品的综合利用,提高植棉效益。轧去纤维后剩下的棉籽由短绒、种壳和种仁组成。种仁占棉籽的 50%左右,其中含有丰富的蛋白质和脂肪。陆地棉的棉仁中含有 40%左右的蛋白质,其含量相当于稻米、小麦和玉米的 3 倍,且氨基酸组成合理,富含人体必须的各种氨基酸,尤其富含赖氨酸;含油量高达 35%以上,能与花生和油菜籽媲美,且棉籽油中的不饱和脂肪酸含量较高,特别是亚油酸含量极高,是一种优质的植物油资源。此外,棉子油对热的稳定性较芝麻油和花生油好,有较好的烹调品质,用棉油加工的食品可延长储藏销售时间,是高质量的食用油。除棉子蛋白质和棉子油外,棉子仁中还含有一定量的维生素 B 和维生素 E 等营养成分,具有很高的营养价值。棉花不仅是重要的纤维作物,还是重要的油料作物和饲料作物。充分利用棉副产量必将对稳定和发展棉花生产具有重要的作用。开展棉籽蛋白质、脂肪等营养成分的育种改良,可在不影响棉花纤维产量和品质的前提下,促进棉副产品的利用。因此,除了进行棉花纤维的基础研究和应用研究外,对棉籽营养品质的基础研究,包括棉花营养品质的遗传基础、棉籽营养品质与纤维品质互作与基因调控、棉籽营养品质的分子改良等必将是棉花科研工作的重要研究内容。